机械工程制图

（第二版）

主　编　张黎骅　张建军

副主编　郑　严　伍志军　张道文

科 学 出 版 社

北　京

内 容 简 介

机械制图作为工程技术人员必须掌握的技术语言，是机械工程类学科的一门技术基础课程。学好机械制图，为后续专业课程的学习以及设计能力的培养打下基础。

本书按照现行《技术制图》和《机械制图》国家标准，结合作者团队二十余年教学经验，并参考国内外同类书籍编写而成。本书理论体系严谨，知识点明确，以机械图样的绘制和识读为主线，以计算机绘图为辅助，深入浅出地介绍机械图样的绘制和识读的基本方法及理论。本书主要内容包括制图基础知识与技能、AutoCAD 绘图基础、正投影基础、立体及其表面交线的投影、组合体的视图及尺寸标注、轴测投影、机械图样的表达方法、标准件和常用件、零件图、装配图。

本书既可作为普通高等学校机械类、近机类本科专业的基础课教材，也可供其他相关专业使用或参考。

图书在版编目(CIP)数据

机械工程制图/张黎骅，张建军主编. —2 版. —北京：科学出版社，2023.3
ISBN 978-7-03-074311-4

Ⅰ. ①机…　Ⅱ. ①张…　②张…　Ⅲ. ①机械制图-高等学校-教材
Ⅳ. TH126

中国版本图书馆 CIP 数据核字（2022）第 240234 号

责任编辑：杨　昕　宋　芳 / 责任校对：王万红
责任印制：吕春珉 / 封面设计：东方人华平面设计部

科学出版社 出版
北京东黄城根北街 16 号
邮政编码：100717
http://www.sciencep.com
天津市新科印刷有限公司 印刷
科学出版社发行　　各地新华书店经销
*
2012 年 12 月第　一　版　　开本：787×1092　1/16
2023 年 3 月第　二　版　　印张：24 1/2
2023 年 3 月第十一次印刷　　字数：608 000

定价：88.00 元

（如有印装质量问题，我社负责调换〈新科〉）
销售部电话 010-62136230　编辑部电话 010-62135319-2032

第二版前言

党的二十大报告指出，坚持把发展经济的着力点放在实体经济上，推进新型工业化，加快建设制造强国、质量强国。实施产业基础再造工程和重大技术装备攻关工程，支持专精特新企业发展，推动制造业高端化、智能化、绿色化发展。为了深入贯彻加快建设制造强国、质量强国的发展战略。必须坚持科技是第一生产力、人才是第一资源、创新是第一动力的理念。

机械制图是制造业的技术交流的语言，能识读和绘制机械图样是制造行业人才所必须具备的基本素质，是培养机械行业高质量人才所开设的最基础的课程之一。本书将机械制图绘图知识与 AutoCAD 知识和技能有机融合，以达到掌握读图和绘图知识与培养计算机绘图能力并重的目标。

为了适应新形势下新工科教学改革的发展要求，满足普通高等学校机械类、近机类各专业的教学需要，本书按照机械类“画法几何及机械制图”大纲的基本要求进行编写。在编写过程中，始终以培养应用型人才为目标，抓住绘图和识图的主线，突出基础理论，注重实践环节，强调学以致用，力求做到内容精练、重点突出。

本书主要内容包括制图基础及画法几何、机械制图、计算机绘图。制图基础及画法几何部分遵循认知规律，加强手工画图的训练，使学生掌握正投影法的基本理论及其应用，培养和发展空间想象能力、空间分析和解决问题能力。机械制图部分注重理论与工程实际相结合，培养学生具有绘制和阅读中等复杂程度的零件图和装配图的基本能力。计算机绘图部分主要培养学生应用典型的绘图软件进行计算机绘图和构型设计的能力。

本版在第一版的基础上，按现行《技术制图》和《机械制图》进行更新，并新增 AutoCAD 2021 绘图软件的常用绘图命令和图形处理的基本使用方法，要求学生达到能够应用计算机绘制机械工程图样，培养学生查阅零件设计手册和制图国家标准的能力。

本书由四川农业大学张黎骅、西南大学张建军任主编，西南科技大学郑严、四川农业大学伍志军、西华大学张道文任副主编，全书由张黎骅统稿。具体编写分工如下：四川农业大学韩丹丹编写第 1 章，西南科技大学郑严编写第 2 章，四川农业大学陈霖编写第 3 章，西华大学张道文编写第 4 章，滁州学院吕小莲编写第 5 章，浙江林学院赵超编写第 6 章，西南大学张建军编写第 7 章，四川农业大学张黎骅、伍志军编写第 8、9 章，西南科技大学张文编写第 10 章。此外，四川农业大学蔡金雄、秦代林、左平安、袁森林、邱清宇、罗惠中、聂均杉、李奇强、周扬等在稿件整理、计算机绘图、多媒体素材制作等方面做了大量工作。

本书在编写过程中，得到了同行专家的热情帮助，也参考和借鉴了许多国内同类教材，在此特向有关作者致谢。

由于编者水平有限，书中难免存在不足之处，恳请读者批评指正。

第一版前言

为了适应教学改革的发展，满足普通高等学校机械工程以及相关专业的教学需要，并针对教学时数减少的特点，本书按照新制定的机械类“画法几何及机械制图”大纲的基本要求进行编写。在编写过程中，始终以培养应用型人才为目标，突出基础理论，注重实践环节，强调学以致用，力求做到内容精炼、重点突出，并且便于学生自学。

本书的内容主要有四部分，即画法几何、制图基础、机械制图、计算机绘图。画法几何部分遵循认知规律，将画法几何的内容集中，并对内容作了大幅度的精简，删减了绕平行轴旋转法、立体表面的展开等部分内容，适当地减少了有关点、线、面的综合图解问题，降低了画法几何的难度，加强了手工画图的训练，以提高学生的构图能力。在机械制图部分包含普通高等学校机械工程以及相关专业对工程图学课程的需求，并注重理论与工程实际相结合，突出培养机械形体图示表达能力和绘图基本技能。计算机绘图部分主要以提高学生的空间思维能力及培养学生实际动手能力为重点，介绍 AutoCAD 2012 绘图软件的常用绘图命令和图形处理的基本方法，要求学生达到能够应用计算机绘制本专业的工程图样，并培养学生贯彻国家相关标准的意识。

本书由四川农业大学张黎骅、西南大学张建军任主编，西南石油大学郑严、四川农业大学吕小荣、西华大学张道文任副主编，全书由张黎骅统稿。本书编写具体分工为：四川农业大学吕小荣（第 1 章），四川农业大学张黎骅、李光辉、邓启国（第 2、8、9 章），四川农业大学曾赟（第 3 章），西华大学张道文（第 4 章），滁州学院吕小莲（第 5 章），浙江林学院赵超（第 6 章），西南大学张建军（第 7 章），成都大学程跃（第 10 章），重庆大学李伟、四川农业大学刘涛涛（第 11 章）。此外，四川农业大学的邓国陶、赖海六、王超、罗刚、袁敏、昝俊、曾政、王瑞、何家梅等同学在稿件整理和计算机绘图等方面做了大量工作。

本书在编写过程中，得到了同行和专家的热情帮助，也参考和借鉴了许多国内同类教材，在此特向有关作者致谢。

由于编者水平有限，本书难免存在不足之处，恳请广大读者和同行批评指正。

目 录

绪　论

“机械工程制图”是研究绘制机械工程图样理论、方法和技术的一门基础课程，并为其他相关课程的学习提供基础支撑。机械工程制图的实质是使用规定的方式、方法清楚地表达机器设备或机械零件的形状、结构、尺寸、材料和技术要求的技术文件。在现代工业生产中，技术人员在设计、制造、安装机械、电器、仪器仪表等各种设备时都离不开机械图样。机械图样以投影法为理论基础，图示为手段，工程对象为表达内容。

1. 本课程的研究对象

机械工程制图研究对象是机械工程图样。在工程界根据投影原理、标准或有关规定表达工程对象，并附必要的技术说明的图形文件称为工程图样。工程图样是工程技术中一种重要的技术资料，是工程技术人员表达思想的语言，是工程技术部门广泛使用的技术交流工具。在机械设计、制造和建筑施工时都离不开工程图样。设计者通过图样表达设计思想、意图和要求；制造者依据图样加工、检验、装配等；使用者通过图样了解机器的结构特点和性能；在技术交流、科技合作时，也要用图样来交流科学技术成果和先进技术经验。因此，工程图样被誉为“工程界的技术语言”或“工程师的语言”。

目前，机械图样分为两类。一类为零件图，反映零件的形状、结构、尺寸、材料以及制造、检验时所需要的技术要求等，用以指导该零件的加工、检验。图 0-1 所示为带轮的立体图，图 0-2 为带轮的零件图，整个视图采用一个全剖面主视图和局部视图就可清楚地表达带轮零件。从图中可知，绘图比例为 1∶2，带轮的材料为 45 优质碳素钢，两个带槽中心距为 15mm，带轮总宽为 35mm，带轮最大直径为ϕ126mm，带轮中心孔直径为ϕ22mm，带轮加工完成后进行淬火处理等。另一类为装配图，是部件和整机装配、调试的依据，图 0-3 所示是齿轮式机油泵的结构，图 0-4 所示是齿轮式机油泵的装配图。齿轮式机油泵的装配图采用三视图中的主视图和左视图来表达机油泵总成各零件的装配关系。从图中可以看出，机油泵由 17 个零件组成，每个零件的名称、数量、材料等信息可从明细栏中查阅。机油泵的总成总长为 118mm、总宽为 85mm、最高为 95mm、安装孔采用 M6×30 的螺钉，中心距为 70mm 等。其中装配图和零件图的作用如图 0-5 所示。

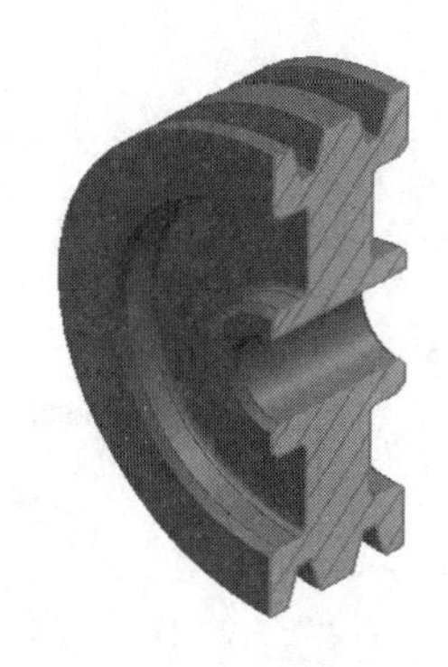

图 0-1　带轮的立体图

2. 本课程的目的和任务

本课程是机械类专业的一门理论性和实践性均较强的专业基础课程，主要研究解决空间几何问题以及绘制、阅读机械工程图样的理论和方法。其目的是培养学生的绘图和读图的能力，并通过实践，培养他们的空间想象能力。

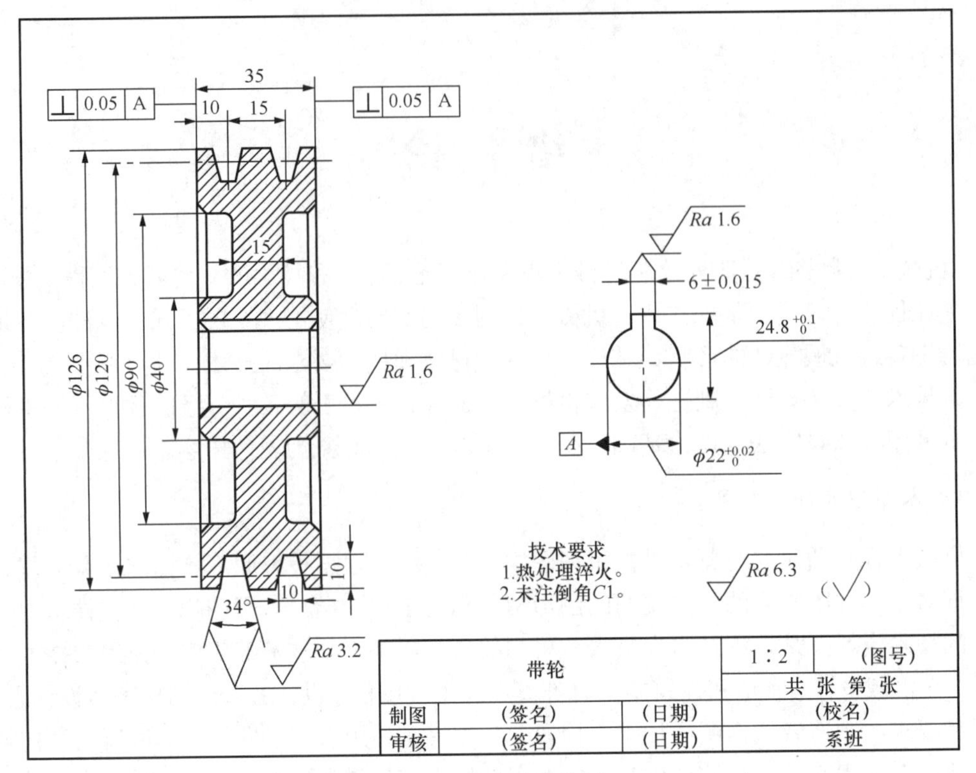

图 0-2 带轮的零件图

图 0-3 齿轮式机油泵的结构

本课程的主要任务如下：

1）掌握投影法（主要是正投影法）的基本理论及其应用。

2）培养空间想象能力和空间几何问题的图解能力。

3）学习、贯彻工程制图的有关国家标准，培养绘制和阅读机械类工程图样的初步能力。

4）培养认真负责的工作态度和严谨细致的工作作风。

5）在学习过程中有意识地提升自学能力、分析问题及解决问题的能力。

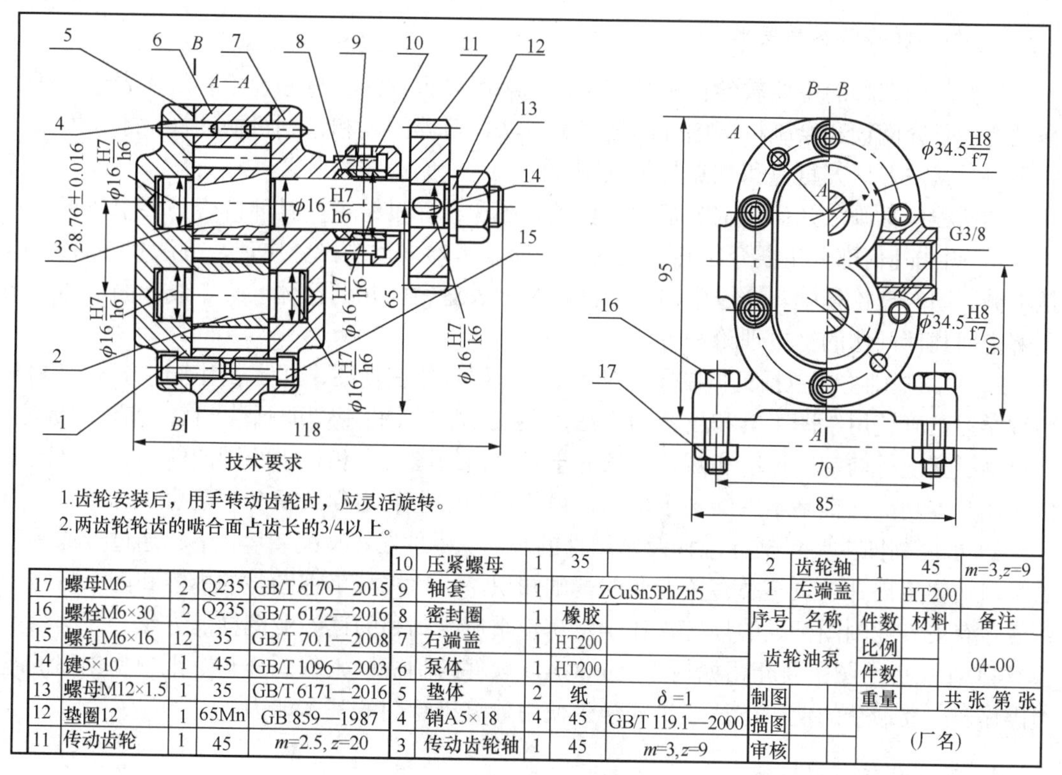

序号	名称	件数	材料	备注
17	螺母M6	2	Q235	GB/T 6170—2015
16	螺栓M6×30	2	Q235	GB/T 6172—2016
15	螺钉M6×16	12	35	GB/T 70.1—2008
14	键5×10	1	45	GB/T 1096—2003
13	螺母M12×1.5	1	35	GB/T 6171—2016
12	垫圈12	1	65Mn	GB 859—1987
11	传动齿轮	1	45	m=2.5, z=20
10	压紧螺母	1	35	
9	轴套	1	ZCuSn5PhZn5	
8	密封圈	1	橡胶	
7	右端盖	1	HT200	
6	泵体	1	HT200	
5	垫体	2	纸	δ=1
4	销A5×18	4	45	GB/T 119.1—2000
3	传动齿轮轴	1	45	m=3, z=9
2	齿轮轴	1	45	m=3, z=9
1	左端盖	1	HT200	

齿轮油泵	比例		04-00
	件数		
制图	重量		共　张　第　张
描图	（厂名）		
审核			

图 0-4　齿轮式机油泵的装配图

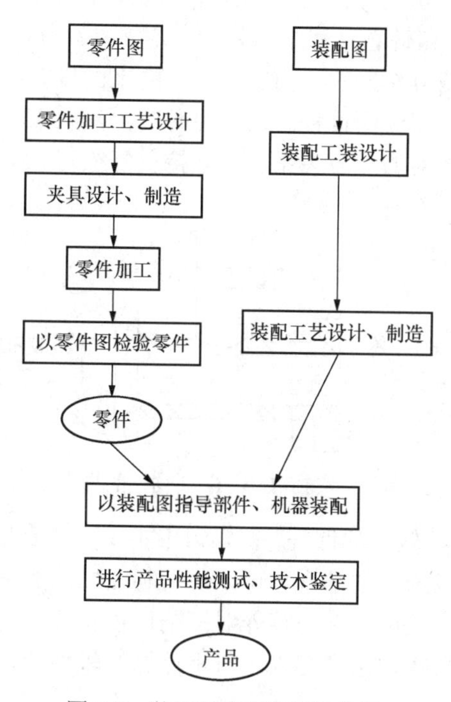

图 0-5　装配图和零件图的作用

3. 本课程的内容与要求

机械制图课程的主要教学目标是在学习和运用投影方法、投影理论和形体表达方法的基础上，研究阅读和绘制机械图样的技术和方法，培养阅读和绘制机械图样基本技能的一门学科。其主要研究重点和难点是机械图样的表达、阅读与绘制。

本课程包括画法几何、制图基础、机械制图和计算机绘图，具体内容与要求如下：

1）画法几何部分主要介绍点、直线、平面及基本立体的投影原理、方法和投影特性，是机械制图的理论基础。通过学习投影法，掌握表达空间几何形体（点、线、面、体）和图解空间几何问题的基本理论和方法。

2）制图基础主要包括机械制图的基本规定、组合体三视图、机件常用表达方法等内容。通过学习正确使用绘图工具和仪器的方法，掌握工程形体投影图的画法、读法和尺寸标注，并贯彻国家现行的制图标准和规范，培养学生使用绘图工具和徒手绘图的能力。达到既强化制图基本功，又提高学生的动手能力，最终增强学生的工程意识和规范意识。

3）机械制图主要包括标准件及常用件的画法、零件图、装配图等内容。通过专业制图的学习，逐步提升学生熟悉有关专业的基础知识，了解机械工程图样的内容和图示特点，并遵守有关专业制图标准的规定，让学生初步掌握绘制和阅读专业图样的方法。

4）计算机绘图主要介绍如何用 AutoCAD 软件绘制机械工程图样与三维模型创建的基本操作及主要命令的使用方法，培养学生使用计算机绘图的基本能力。

4. 本课程的学习方法

1）本课程的理论基础是画法几何，其基本任务是研究空间的几何元素和物体与其投影之间的关系。在学习过程中要注意将投影分析和空间想象相结合，培养空间想象能力是一个重要的学习目的，在听课和解题过程中，注意将实物、模型或立体图与二维平面图形（投影图）联系起来思考。如图 0-6 所示，由实物绘制的平面投影图，即绘图过程，再由平面投影图想象出的空间物体，即读图过程。在学习时应由浅入深，逐步理解三维空间物体和二维平面图形（投影图）之间的对应关系，并坚持反复练习。

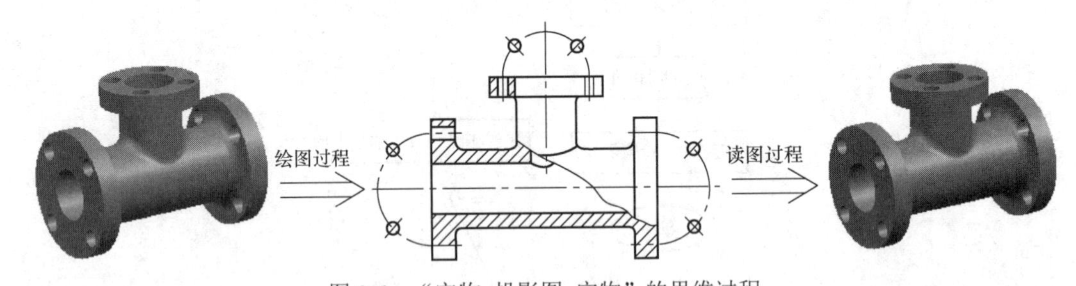

图 0-6 “实物-投影图-实物”的思维过程

2）本课程是一门实践性较强的课程，在学习中不仅要认真地完成一定数量的习题，还要通过习题来理解和应用投影法的基本理论，贯彻制图标准的基本规定，掌握制图的基础知识，训练手工绘图的操作技能，并与培养对三维形体相关位置的空间逻辑思维和形象思维能力、绘图和读图能力紧密地结合起来。对于计算机软件绘图，需要多次练习，保证足够的上机操作时间。

3）学习制图基础，应了解、熟悉和严格遵守国家标准的有关规定，培养严格按照国家制图标准的规定绘制图样的习惯，小到一条线、一个尺寸，大到图样的表达。只有按国家规定的制图标准绘制的工程图样才能成为工程界技术交流的语言。

4）本课程是一门培养严谨、细致学风的课程。机械图样是加工的依据，往往会因为图样上一条线的疏忽或一个数字的差错，造成废品或产品返工，浪费时间，甚至导致重大经济损失。所以从初学制图开始，就应严格要求，培养认真负责的工作态度和严谨细致的良好学风，做到一丝不苟，力求所绘制的图样投影正确无误，尺寸齐全合理，表达完善清晰，符合国家标准和加工制造的要求。

5）注重培养自学能力。在自学中要循序渐进和抓住重点，将基本概念、基本理论和基础知识掌握好，深入理解有关理论内容和扩展知识面。

案例故事

大国工匠胡双钱

中国商飞上海飞机制造有限公司数控机加车间钳工组组长胡双钱，人们称赞他为航空“手艺人”。

在国产C919首架飞机的制造过程中，有着数百万个零件，其中80%是我国第一次设计并生产，复杂程度可想而知。大飞机的零件加工精度要求达到十分之一毫米级，有的孔径公差相当于人的头发丝的三分之一，夸张地说“难于上青天”。虽然身处布江现代化数控车床的车间里，但是打磨、钻孔、抛光以及对重要零件的细微调整等，这些大飞机需要的精细活，都是靠胡双钱带领钳工团队手工完成，有时还要临时救急，效率显而易见。胡双钱长久秉持严谨的工作作风和工匠精神，将那些本来要靠细致编程的数控车床来完成的零部件，用自己的双手和一台传统的铣钻床制造了出来。胡双钱已经在这个车间里工作了几十年，经他手完成的零件，没有出过一个次品。

在中国民用航空生产一线，很少有人能比胡双钱更有发言权，他也因此被授予全国劳动模范、全国“五一”劳动奖章、上海市质量金奖等荣誉称号。

思　考　题

1．何谓机械图样？机械制图的研究对象是什么？
2．为什么工程图样称为“工程界的语言”？
3．什么叫零件图？什么叫装配图？
4．如何学好机械制图？

第 1 章　制图基础知识与技能

教学要求

本章主要介绍机械制图标准中的图纸幅面、比例、字体、图线等制图基本规定和尺寸注法，以及常用的绘图方法。通过本章学习，重点熟悉技术制图国家标准和机械制图国家标准的基本规定和制图基本知识，掌握手工制图的绘图方法和平面图形的画图步骤。

1.1　制图国家标准的基本规定

图样作为工程界的共同语言，是工程设计和信息交流的重要技术文件。为便于绘制、阅读和管理工程图样，绘制工程图样必须严格遵守相关制图标准。机械制图国家标准是绘制和阅读技术图样的准则和依据，必须严格遵守。国家标准代号中，GB 为强制性国家标准，GB/T 为推荐性国家标准，代号后面的第一组数字表示标准编号，第二组数字表示该标准的发布年代。

1.1.1　图线

（1）线型及其用法

《机械制图　图样画法　图线》（GB/T 4457.4—2002）规定了机械图样中使用的 9 种线型和一般应用，如表 1-1 所示。

机械图样中各种线型采用粗、细两种线宽，比例为 2∶1。绘图时，应根据图样的类型、尺寸、比例和缩微复制的要求确定图线宽度，具体为 2.0mm、1.4mm、1.0mm、0.7mm、0.50mm、0.35mm、0.25mm 等，优先采用的图线宽度为 0.5mm、0.7mm。

表 1-1　机械图样中使用的基本图线

名称	线型	一般应用
粗实线		可见轮廓线、相贯线、可见棱边线等
细实线		尺寸线、尺寸界线、剖面线、指引线、螺纹的牙底线、齿轮的齿根线等
波浪线		断裂处的边界线、视图与剖视图的分界线
双折线	30°	断裂处的边界线、视图与剖视图的分界线
细虚线		不可见轮廓线、不可见棱边线

续表

名称	线型	一般应用
粗虚线	----------------------------	允许表面处理的表示线
细点画线	———— — ———— — ————	对称中心线、轴线、剖切线、分度圆（线）等
粗点画线	———— — ———— — ————	限定范围表示线
双点画线（双点长画线）	———— — — ———— — — ————	相邻辅助零件的轮廓线、成形前轮廓线等

图 1-1 所示为线型应用的实例。

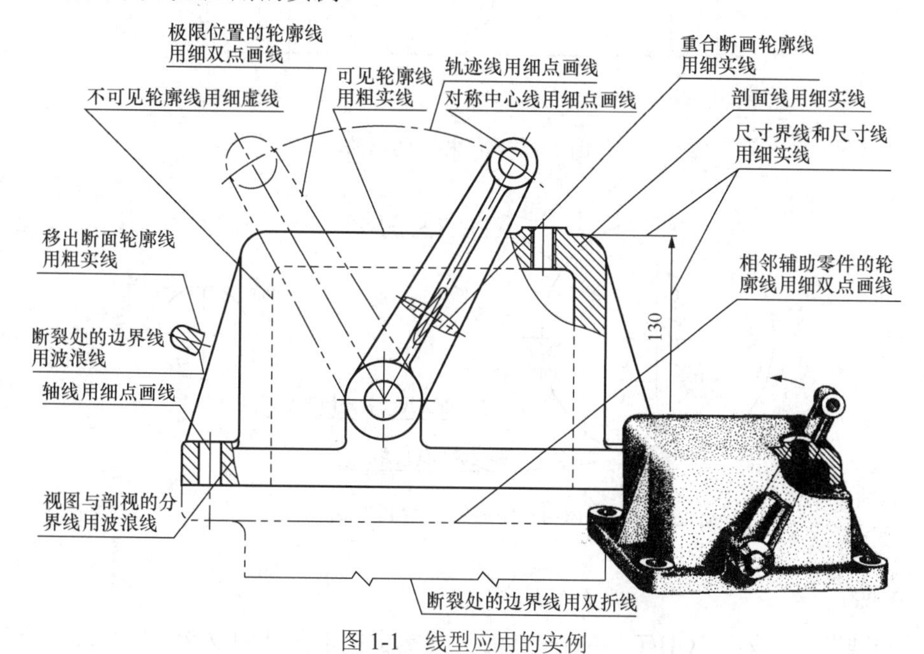

图 1-1　线型应用的实例

（2）图线的画法

不论铅笔线还是墨线都要做到：清晰整齐、均匀一致、粗细分明、交接正确。同一张图纸内，相同比例的各个图样，应选用相同的线型组别。同一种线型的图线宽度应保持一致。虚线、点画线的线段长度和间隔宜各自相等。虚线、细点画线及双点画线的画法如图 1-2 所示。图线不得与文字、数字 或符号重叠、混淆，不可避免时，应首先保证文字的清晰。

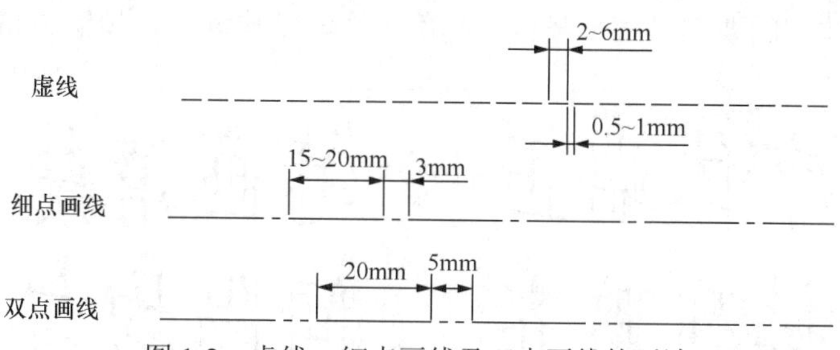

图 1-2　虚线、细点画线及双点画线的画法

虚线、点画线、双点画线与同种线型或其他线型相交时，均应相交于“画线”处，如图 1-3 所示。中心线的绘制方法如图 1-4 所示。圆心应在画线处，首末两端应是画线而不是点，且超出图形 2～5mm。若图形较小，可用细实线取代点画线。

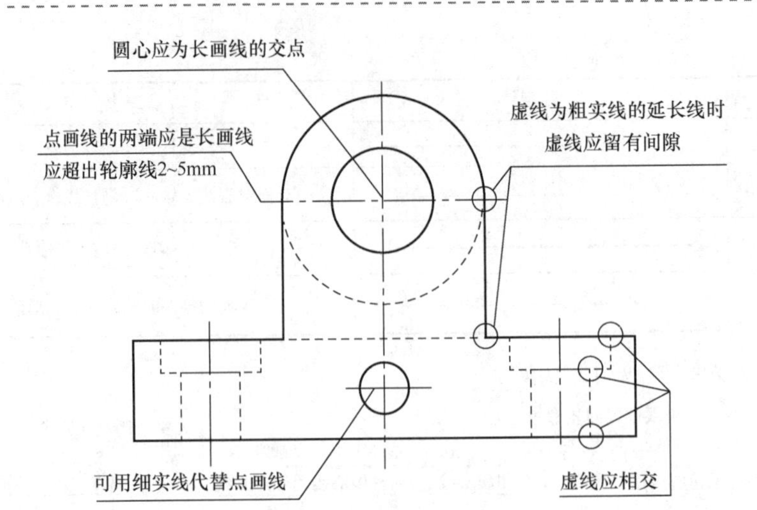

图 1-3　虚线相交的画法

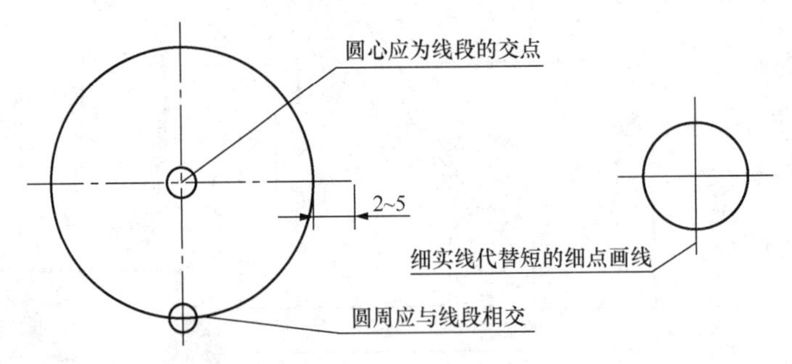

图 1-4　中心线的绘制方法

1.1.2　字体

《技术制图　字体》（GB/T 14691—1993）规定了技术图样中汉字、字母和数字的结构形式及基本尺寸。书写字体必须做到：字体工整、笔画清楚、间隔均匀、排列整齐。字体的大小以号数（字体的高度，单位为 mm）表示，尺寸系列有：1.8mm、2.5mm、3.5mm、5mm、7mm、10mm、14mm、20mm。如果书写更大的字，其字体高度应按 $\sqrt{2}$ 的比率递增。

图样及其说明的文字应写成长仿宋体字，汉字高度 h 不应小于 3.5mm，其字宽一般为 $h/\sqrt{2}$ 。

书写长仿宋体字的要领是横平竖直、起落带锋、结构均匀、填满方格。图 1-5 所示为长仿宋体字示例。

字体端正　笔画清楚

排列整齐　间隔均匀

国家标准机械制图技术要求公差配合表面粗糙度倒角其余

图 1-5　长仿宋体字示例

字母、数字可以写成直体或斜体（字的斜度应从字的底线逆时针向上倾斜 75°），与汉字写在一起时，宜写成直体。书写的数字和字母不应小于 2.5 号。在同一图样上，只允许选用一种形式的字体，字母和数字的书写示例如图 1-6 所示。

(a) 斜体大写字母

ABCDEFGHIJKLMN

OPQRSTUVWXYZ

(b) 直体大写字母

abcdefghijklmn

opqrstuvwxyz

(c) 斜体小写字母

abcdefghijklmn

opqrstuvwxyz

(d) 直体小写字母

(e) 斜体数字

(f) 直体数字

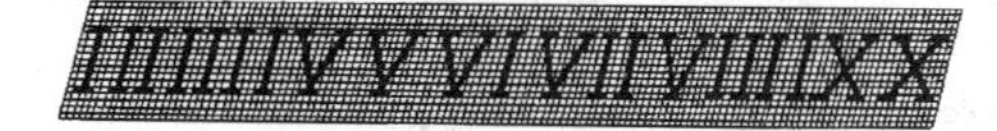

(g) 斜体罗马数字

I II III IV V VI VII VIII IX X

(h) 直体罗马数字

10JS5(±0.003)　M24-6h

$\phi 25\frac{H6}{m5}$　$\frac{II}{2:1}$　$\sqrt{Ra6.3}$　R8　$\phi 20^{+0.010}_{-0.023}$

(i) 数字和字母的应用

图 1-6　字母和数字的书写示例

1.1.3　图纸幅面和格式

为了便于图纸的装订、保管以及合理地利用图纸。《技术制图　图纸幅面和格式》（GB/T 14689—2008）对绘制技术图样的图纸幅面、尺寸和格式作了规定。图纸幅面是指图纸的大小规格，表 1-2 所示为图纸幅面代号和图框尺寸（必要时，图纸幅面可按规定加长）。图框是图纸上绘图区的边界线。图框的格式有横式和竖式两种，在图纸上必须用粗实线画出图框，如图 1-7 所示。

表 1-2　图纸幅面代号和图框尺寸　　单位：mm

幅面代号	A0	A1	A2	A3	A4
$B\times L$	841×1189	594×841	420×594	297×420	210×297
a	25				
c	10			5	
e	20		10		

图框和标题栏的边框均用粗实线绘制，所有图样必须画在图框线之内。留有装订的图纸，其图框格式如图 1-7 所示；不留装订边的图纸，其图框格式如图 1-8 所示。通常同一产品的图样只能采用一种格式。

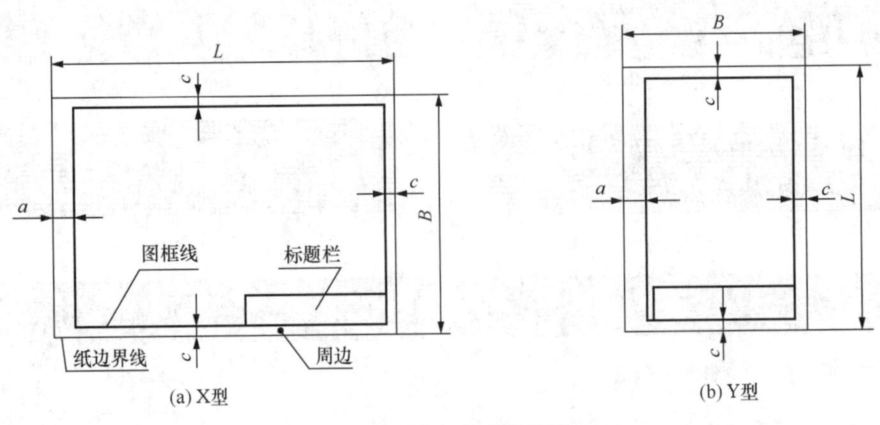

(a) X型　(b) Y型

图 1-7　需要装订边的图框格式

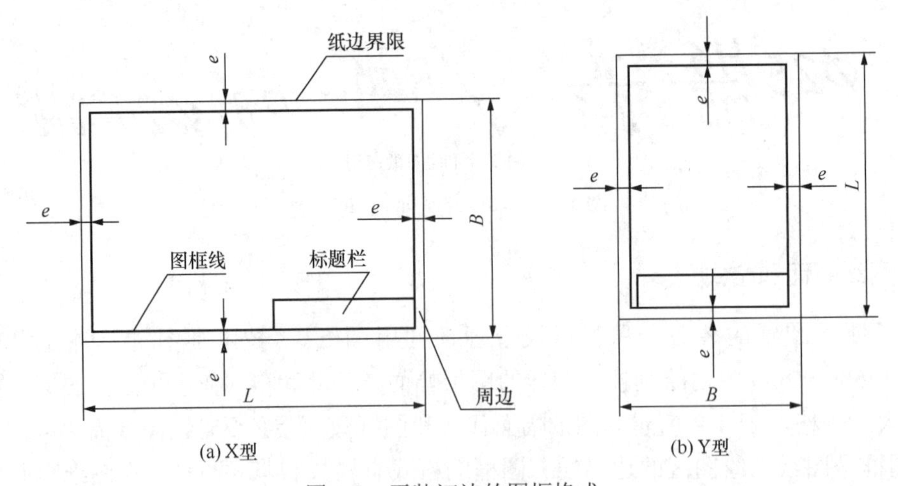

(a) X型　(b) Y型

图 1-8　无装订边的图框格式

标题栏主要用于标明图样名称、图样代号、图样编号、日期、设计单位、设计人、校核人、审定人等内容，其位置一般在图框的右下角，标题栏中文字的方向代表看图的方向。《技术制图　标题栏》（GB/T 10609.1—2008）规定了标题栏的内容、格式和尺寸等，如图 1-9 所示。在本课程作业中采用图 1-10 所示的标题栏格式，其中图名用 10 号字，校名用 7 号字，其余用 5 号字。

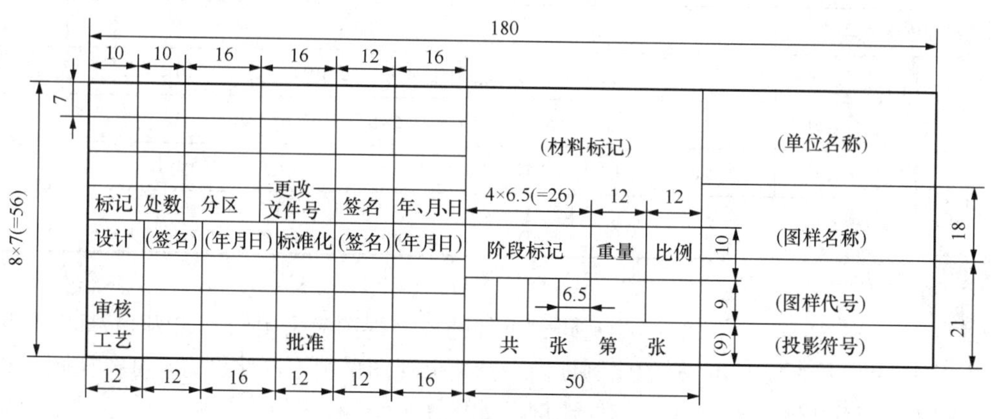

图 1-9　国标规定的标题栏格式

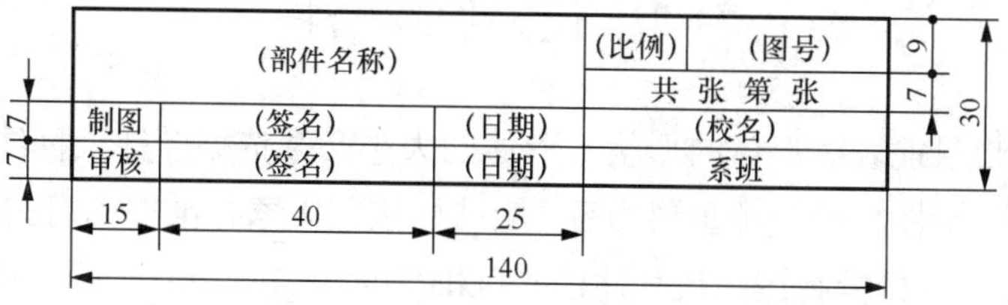

(部件名称)			(比例)	(图号)
			共 张 第 张	
制图	(签名)	(日期)	(校名)	
审核	(签名)	(日期)	系班	

图 1-10　制图作业用简化的标题栏格式

1.1.4　比例

比例为图中图形与其实物相应要素的线性尺寸之比。如图 1-11 所示，比值为 1 的比例，即 1∶1，称为原值比例；比值大于 1 的比例，如 2∶1 等，称为放大比例；比值小于 1 的比例，如 1∶2 等，称为缩小比例。

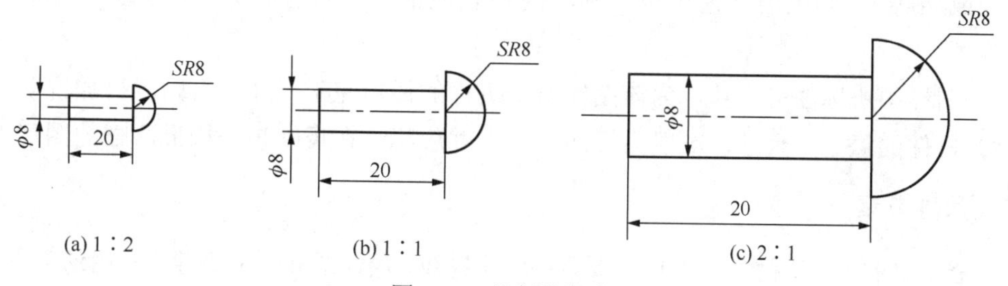

(a) 1∶2　(b) 1∶1　(c) 2∶1

图 1-11　比例的概念

绘图时选用的比例是根据图样的用途和被绘制对象的复杂程度，在表 1-3 规定的系列中选取。优先选择第一系列，必要时允许选取第二系列。绘图时尽量采用 1∶1 的原值比例，以便直接从图样上看出机件的真实大小。

表 1-3 常用比例

种类		比例
原值比例		1∶1
放大比例	第一系列	2∶1，5∶1，（1×10^n）∶1，（2×10^n）∶1，（5×10^n）∶1
	第二系列	2.5∶1，4∶1，（2.5×10^n）∶1，（4×10^n）∶1
缩小比例	第一系列	1∶2，1∶5，1∶（1×10^n），1∶（2×10^n），1∶（5×10^n）
	第二系列	1∶1.5，1∶2.5，1∶3，1∶4，1∶6，1∶（1.5×10^n），1∶（2.5×10^n），1∶（3×10^n），1∶（4×10^n），1∶（6×10^n）

注：n 为正整数。

$\frac{I}{2:1}$　$\frac{A}{1:100}$　$\frac{B—B}{2.5:1}$

图 1-12 标注比例

绘制同一机件的各个视图应采用同一比例，并标注在标题栏的比例项内。当某个视图采用不同比例时，可在视图名称的下方标注比例，如图 1-12 所示。

1.2 尺寸标注

图样中，图形只能表达形体的形状，形体的大小必须依据图样上标注的尺寸来确定。尺寸标注是绘制机械图样的一项重要内容，应严格按照国家标准中的有关规定，做到正确、齐全、清晰和合理。《机械制图　尺寸注法》（GB/T 4458.4—2003）对尺寸标注做了一系列的规定。

1.2.1 基本规则

1）机件的真实大小应以图样上所注的尺寸数值为依据，与图形的大小及绘图的准确度无关。

2）图样中（包括技术要求和其他说明）的尺寸，以毫米为单位时，不需标注单位符号（或名称），如采用其他单位，则应注明相应的单位符号，如 25°（度）、10cm（厘米）等。

3）图样中所标注的尺寸，为该图样所示机件的最后完工尺寸，否则应另加说明。

4）机件的每一个尺寸，一般只标注一次，并应标注在反映该结构最清晰的图形上。

1.2.2 尺寸要素

一个完整的尺寸，包含三个尺寸要素：尺寸界线、尺寸线和尺寸数字。其用法如图 1-13 所示。

（1）尺寸界线

尺寸界线用细实线绘制，并应由图形的轮廓线、轴线或对称中心线处引出。尺寸界线一般应与尺寸线垂直，必要时允许倾斜，如图 1-14 所示。起始端需离开被注部位不小于 2mm，另一端宜超出尺寸线约 2～3mm。也可用轮廓线、轴线或对称中心线作尺寸界线。

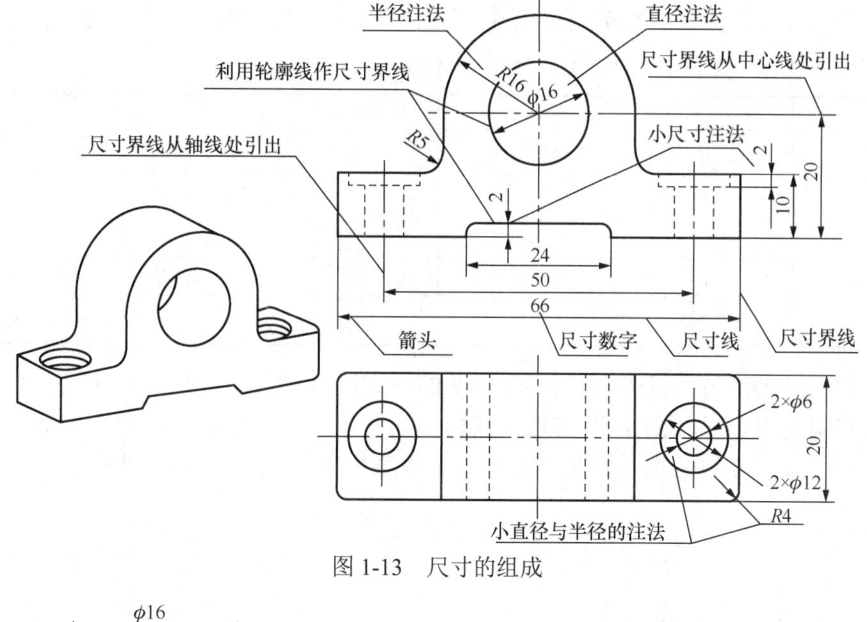

图 1-13　尺寸的组成

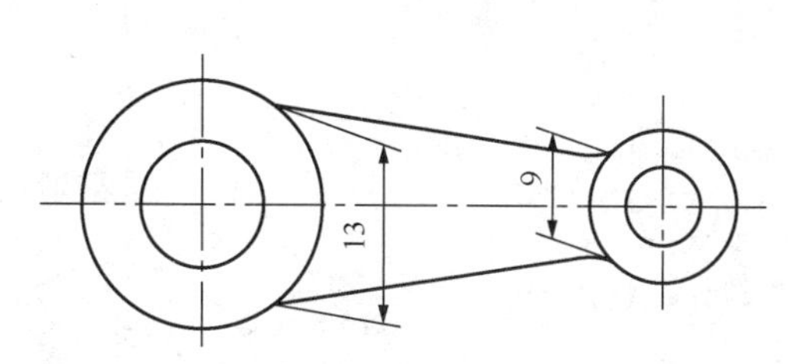

图 1-14　尺寸界线与尺寸线斜交的注法

（2）尺寸线

尺寸线用细实线绘制，其终端一般有两种形式：箭头和斜线，如图 1-15 所示。机械图样中一般采用箭头作为尺寸线的终端。尺寸线应与被标注的线段平行并与尺寸界线相交，相交处尺寸线不能超出尺寸界线。尺寸线必须单独画出，不能用其他图线代替，一般也不得与其他图线重合或画在其延长线上。相同方向的各尺寸线的间距要均匀，间隔应大于5mm，以便注写尺寸数字和有关符号。

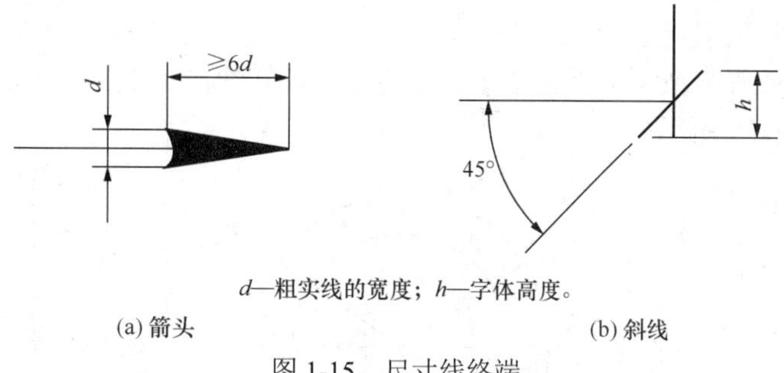

d—粗实线的宽度；h—字体高度。

(a) 箭头　　(b) 斜线

图 1-15　尺寸线终端

当尺寸线的终端采用斜线形式时，尺寸线与尺寸界线应相互垂直，同一张图样中只能采用一种尺寸终端的形式。

（3）尺寸数字

线性尺寸的数字一般应注写在尺寸线的上方，也允许注写在尺寸线的中断处。同一图样中字号大小一致，位置不够可引出标注。标注尺寸的符号或缩写词应符合表 1-4 的规定。

表 1-4　标注尺寸的符号或缩写词

含义	符号或缩写词	含义	符号或缩写词	含义	符号或缩写词
直径	*Φ*	45°倒角	*C*	正方形	□
半径	*R*	厚度	*t*	弧长	⌒
球半径	*SR*	斜度	∠	埋头孔	∨
球直径	*SΦ*	锥度	◁	沉孔或锪平	⊔
均布	EQS	深度	↧	展开长	○→

尺寸数字的书写位置及方向应按图 1-16 的规定注写，尽可能避免在 30° 范围内标注尺寸，当无法避免时，可按图 1-17 的形式注写。任何图线不能穿过尺寸数字，不可避免时，应将图线断开；尺寸数字也不得贴靠在尺寸线或其他图线上，如图 1-18 所示。

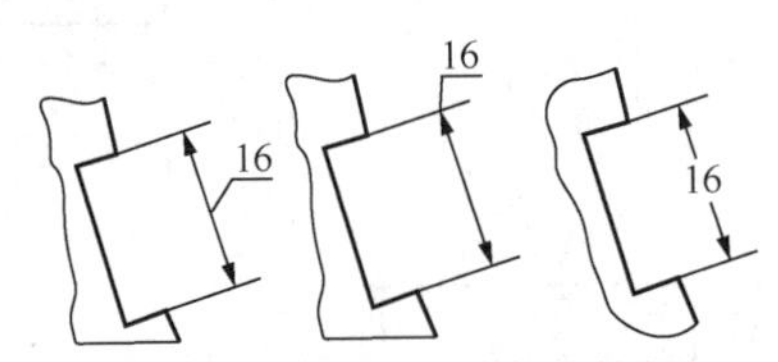

图 1-17　向左倾斜 30° 范围内尺寸数字的注写

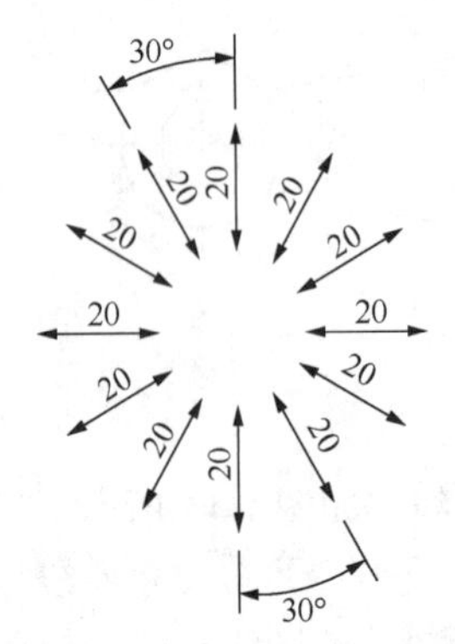

图 1-16　尺寸数字的书写位置及方向

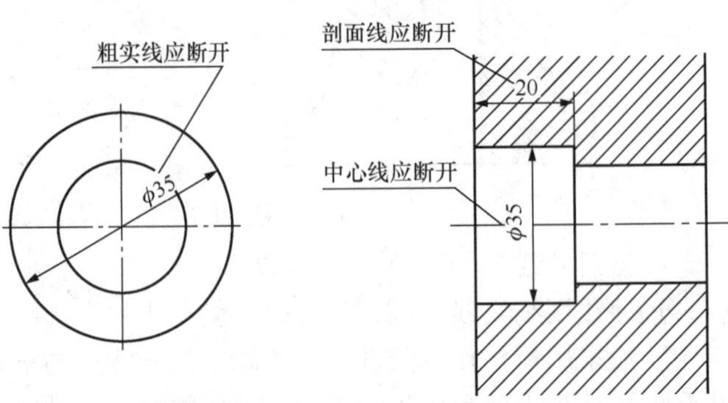

图 1-18　尺寸数字不被任何图线通过的注法

1.2.3　常用的尺寸标注方法

（1）直径、半径的注法

通常大于 180° 圆弧或圆应标注直径。圆的直径尺寸线应通过圆心，在尺寸数字前加注符号“ϕ”，如图 1-19 所示

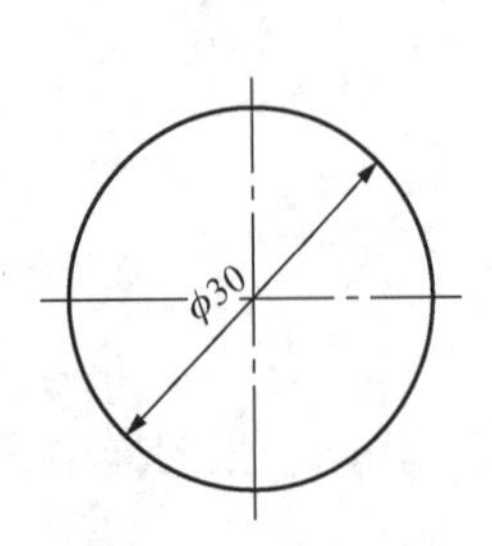

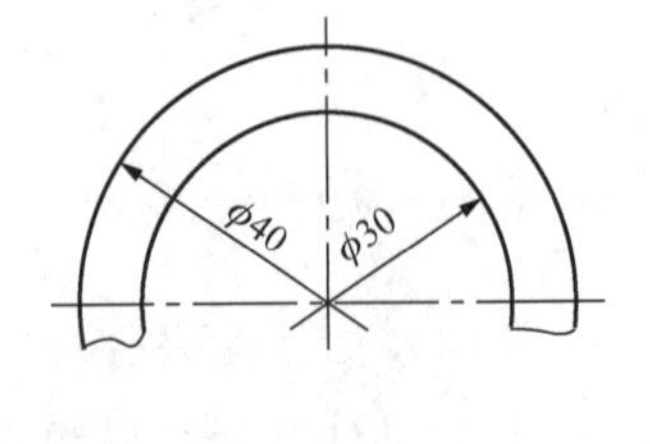

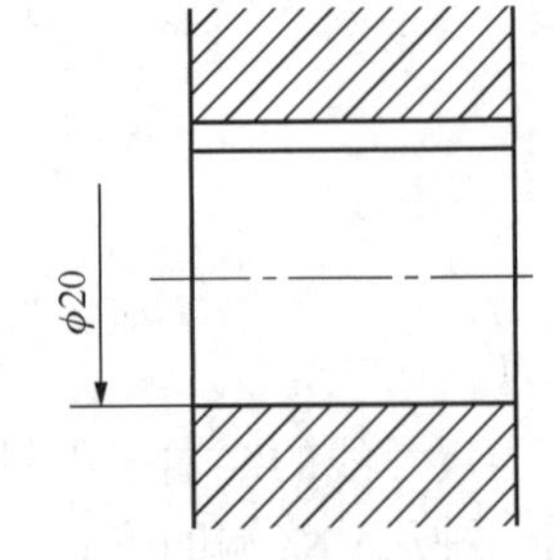

图 1-19　圆和圆弧直径的注法

小于或等于 180° 的圆弧，应标注半径。尺寸线一端一般应画到圆心，另一端画成箭头，

并在尺寸数字前加注符号“*R*”，如图 1-20 所示。圆弧的半径过大，或在图纸范围内无法标注其圆心位置时，可将尺寸线折断。

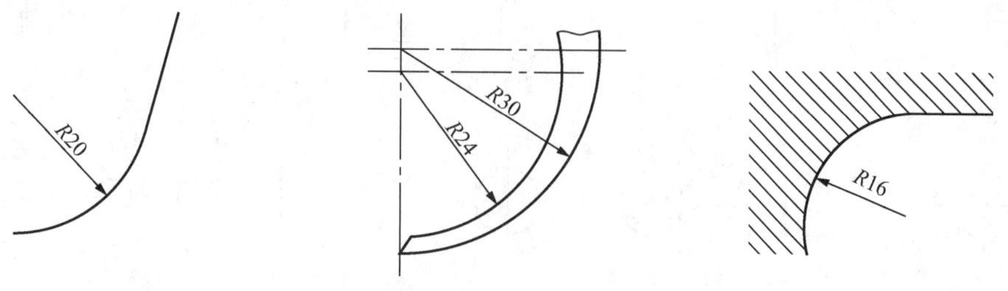

图 1-20　圆弧半径的注法

标注球面的直径和半径时，应在符号“ϕ”或“*R*”前加注符号“*S*”，如图 1-21 所示。

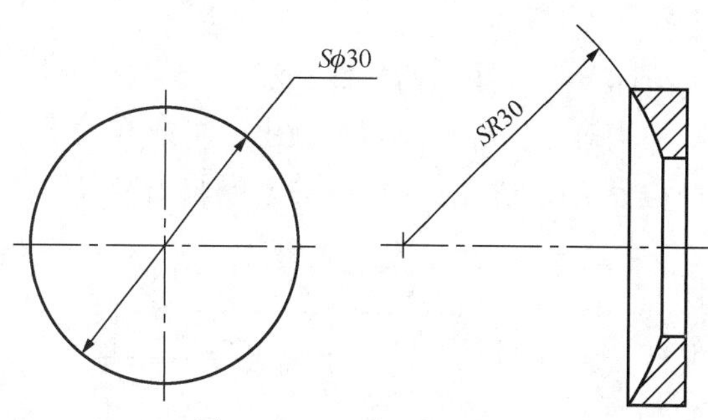

图 1-21　球面尺寸的注法

（2）角度、弧长、弦长的标注

标注角度时，尺寸线画成圆弧，圆心是角的顶点，尺寸界线沿径向引出。角度的数字一律写成水平方向。一般写在尺寸线的中断处，必要时可以注写在尺寸线的上方，也可引出标注，如图 1-22（a）所示。标注弦长的尺寸界线应平行于该弦的垂直平分线；标注弧长的尺寸界线应平行于该弧所对圆心角的角平分线，但当弧度较大时，可沿径向引出，如图 1-22（b）所示。

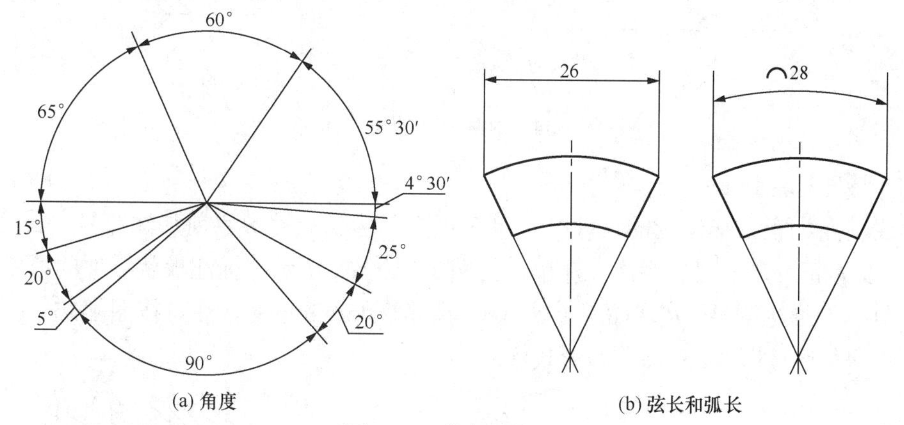

(a) 角度　　(b) 弦长和弧长

图 1-22　数字的标注

（3）小尺寸的标注

在没有足够的位置画箭头或注写数字时，可按图 1-23 的形式标注，此时，允许用圆点或斜线代替箭头。

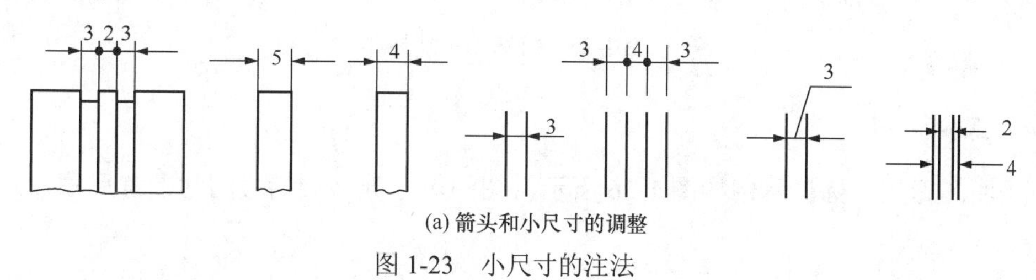

(a) 箭头和小尺寸的调整

图 1-23　小尺寸的注法

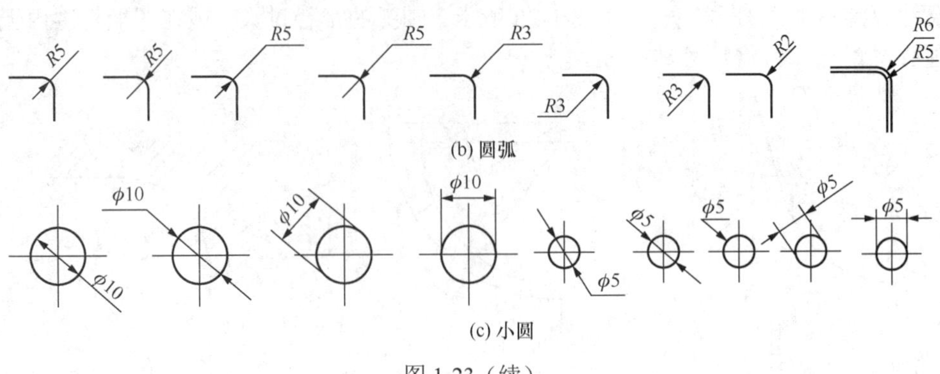

(b) 圆弧

(c) 小圆

图 1-23（续）

（4）对称图形的特殊标注

当对称机件的图形只画出一半或略大于一半时，尺寸线应略超过对称中心线或断裂处的边界，此时仅在尺寸线的一端画出箭头，如图 1-24 所示。

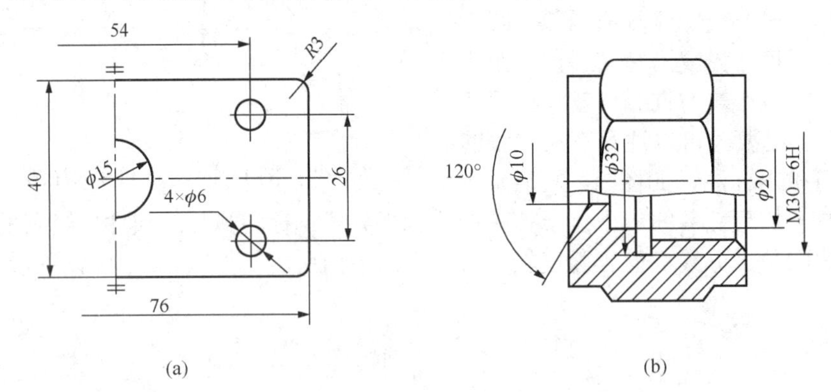

(a)　　(b)

图 1-24　对称机件的尺寸标注

（5）特殊标注

标注剖面为正方形结构的尺寸时，可在正方形边长尺寸数字前加注符号“□”，或用“*B*×*B*”（*B* 为正方形的对边距离）注出，如图 1-25（a）所示。标注板状零件的厚度时，可在尺寸数字前加注符号“*t*”，如图 1-25（b）所示。45° 倒角的标注可按图 1-25（c）所示，非 45° 的倒角应按图 1-25（d）的形式标注。

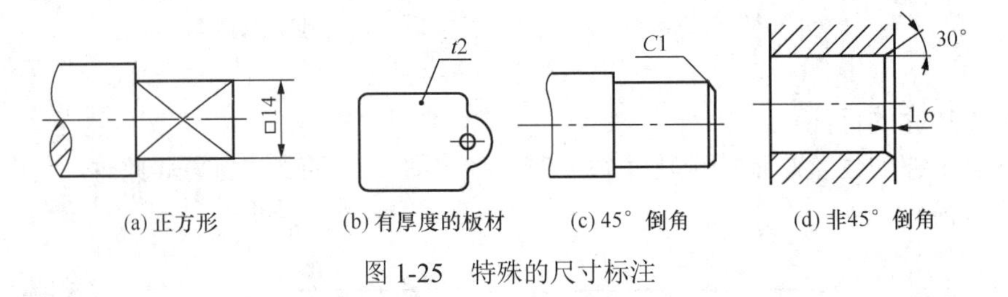

(a) 正方形　(b) 有厚度的板材　(c) 45° 倒角　(d) 非45° 倒角

图 1-25　特殊的尺寸标注

1.2.4　综合举例

平面图形尺寸标注示例如图 1-26 所示，图中尺寸数字加括号的为参考尺寸。

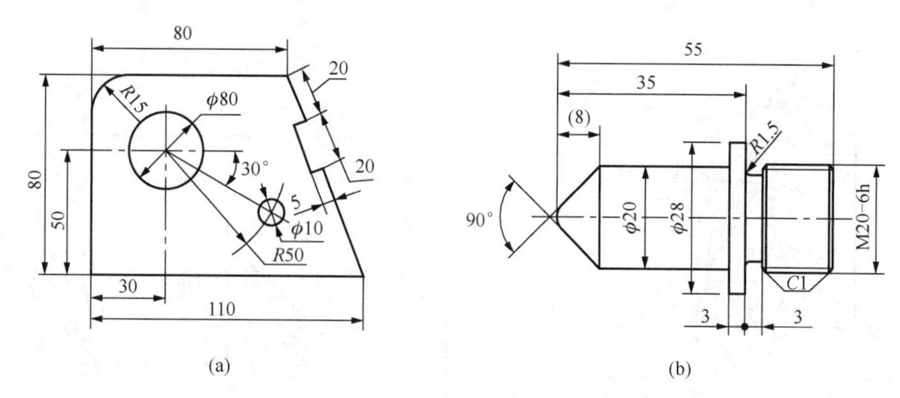

图 1-26　尺寸标注示例

1.3　手工绘图工具和仪器的使用

绘制图样有三种方法：尺规绘图、徒手绘图和计算机绘图。尺规绘图是借助丁字尺、三角板、圆规、铅笔等绘图工具和仪器（图 1-27）在图板上进行手工操作的一种绘图方法。正确使用各种绘图工具和仪器不仅能保证绘图质量、提高绘图速度，而且为计算机绘图奠定基础。本节简要介绍手工绘图常用工具的使用方法。

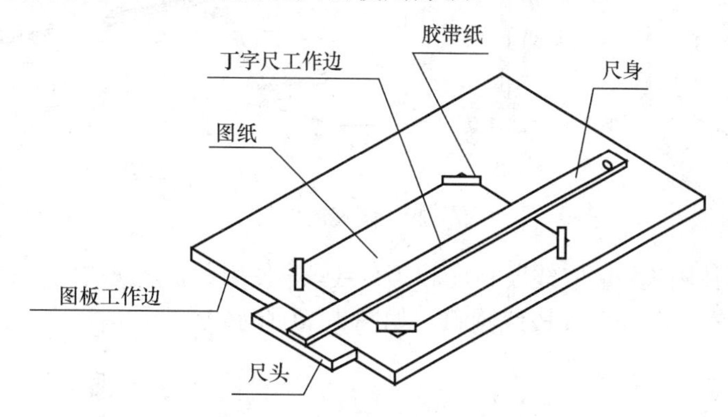

图 1-27　手工绘图常用工具

手工绘图工具的介绍如下：

（1）绘图板、丁字尺、三角板

1）绘图板用于铺放、固定图纸。板面应平滑光洁、左侧导边必须平直。

2）丁字尺用于画水平线。作图时，用左手将尺头内侧紧靠图板导边，上下移动丁字尺到画线位置，自左向右画水平线。

3）三角板与丁字尺配合用于画垂直线，与水平方向成 30°、45°、60°、15°、75° 的平行线或垂直线，如图 1-28 所示。

（2）圆规和分规

1）圆规用于画圆和圆弧。画图时应尽量使钢针和铅芯都垂直于纸面，钢针的台阶与铅芯尖应平齐，针略向前倾斜、用力均匀地按顺时针方向一笔画出圆或圆弧。使用方法如图 1-29 所示。

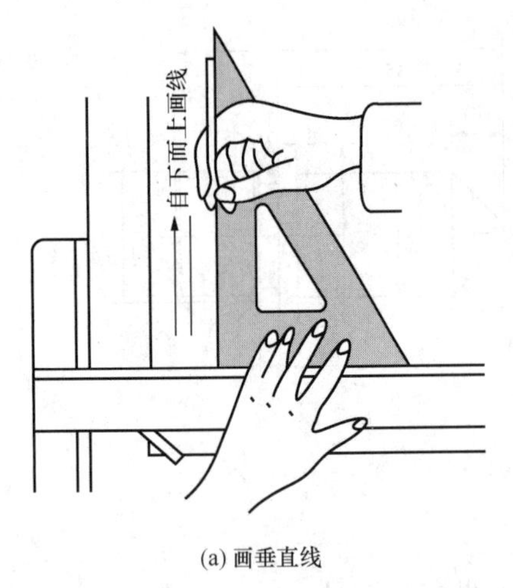

(a) 画垂直线

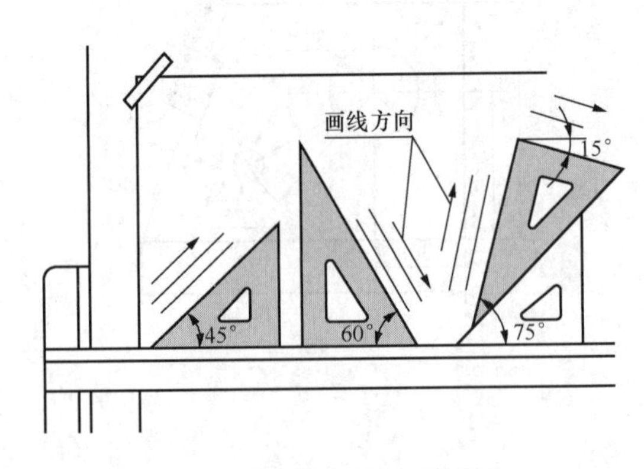

(b) 画各种角度的平行线或垂直线

图 1-28　丁字尺和三角板的使用

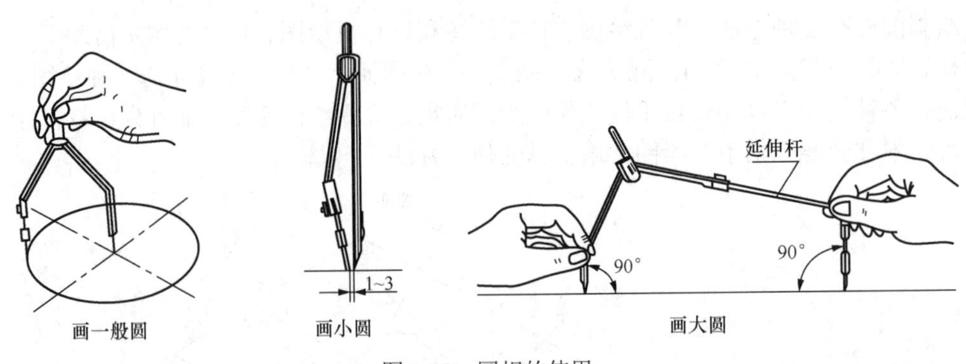

图 1-29　圆规的使用

2）分规有两种用途：量取线段长度和等分线段。使用前，分规的两个针尖要调整平齐。分规通常采用试分法等分直线段或圆弧，如图 1-30 所示。

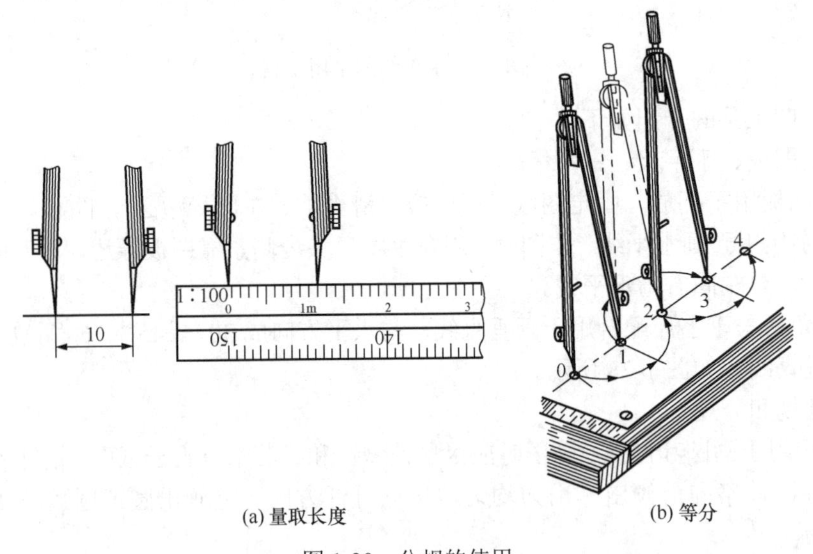

(a) 量取长度　　(b) 等分

图 1-30　分规的使用

（3）比例尺

常用的比例尺是三棱尺（图 1-31），三个尺面上分别刻有 1∶100、1∶200、1∶400、1∶500、1∶600 五种比例尺标，用来缩小或放大尺寸。若绘图比例与尺上的比例不同，则选取尺上最相近的比例折算。

（4）曲线板

曲线板用于绘制非圆曲线。作图时应先求出非圆曲线上的一系列点，然后用曲线板按“首尾重叠”“连四画三”（连接四个点画三个点）方法逐步、光滑地连接出整条曲线，如图 1-32 所示。

图 1-31　比例尺

图 1-32　曲线板的用法

（5）铅笔

绘图用铅笔的铅芯分别用 B 和 H 表示其软硬程度，绘图时根据不同使用要求，应准备以下几种硬度不同的铅笔：画粗实线用 2B 或 B，画箭头和写字用 HB 或 H，画各种细线和底稿用 H 或 2H。

其中，用于画粗实线的铅笔磨成矩形，其余的磨成圆锥形，如图 1-33 所示。画线时用力要均匀，笔尖与尺边距离保持一致，保证线条平直、准确。

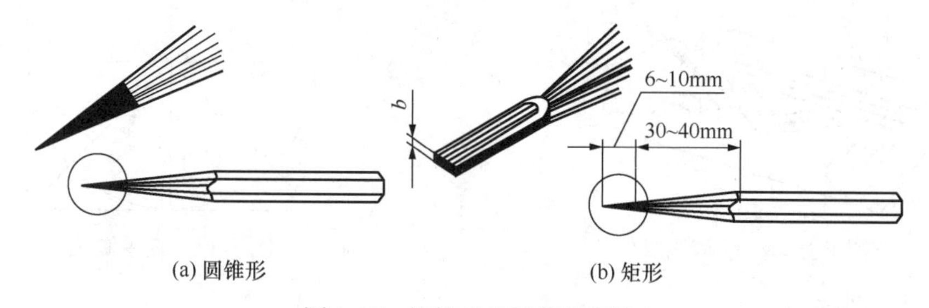

(a) 圆锥形　　(b) 矩形

图 1-33　铅笔芯的形状及削法

（6）擦图片

将擦图片（图 1-34）上相应形状的镂孔对准不需要的图线，然后用橡皮擦去该图线，以保证图线之间不干扰和图面清洁。

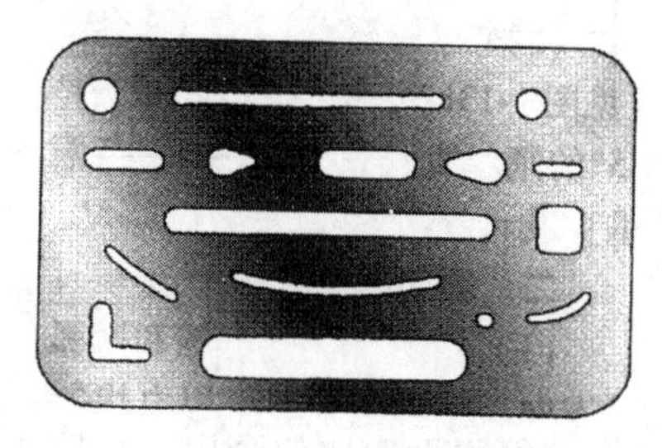

图 1-34　擦图片

1.4　基本几何作图方法

工程形体形状是多种多样的，它们的图形基本上是由直线、圆弧和其他一些曲线所组成的几何图形，因而在绘制图样时，经常要运用一些基本的几何图形的作图方法，如正多边形、斜度和锥度、圆弧连接以及椭圆等。

1.4.1　徒手绘图

草图是以目测估计图形与实物的比例，按照一定画法要求，徒手（或部分使用绘图仪器）绘制的图。由于绘制草图迅速简便，有很大的实用价值，是技术人员交流、记录、构思、创作的有力工具。为了便于控制尺寸大小，经常在网格纸上徒手画草图，网格纸不要固定在图板上，作图时可任意转动或移动。徒手绘图的方法如下。

（1）直线的画法

水平线应自左向右、铅垂线应自上而下画出，目视终点，小指压住纸面，手腕随线移动，如图 1-35 所示。

（2）圆的画法

画圆应先画出圆的外切正方形及其对角线，然后在正方形边上定出切点和在对角线找到其三分之二分点，过这些点连接成圆，如图 1-36 所示。

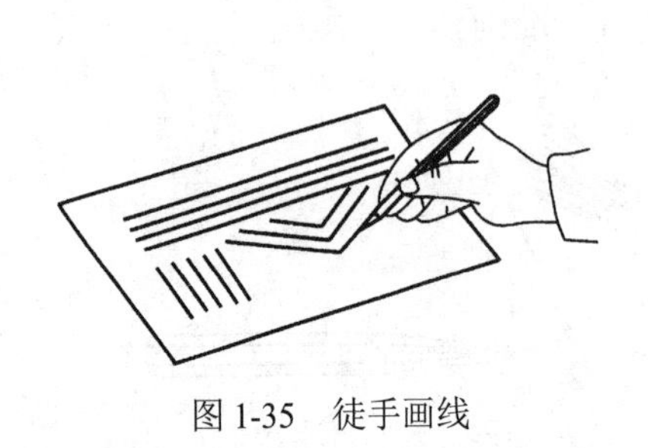

图 1-35　徒手画线

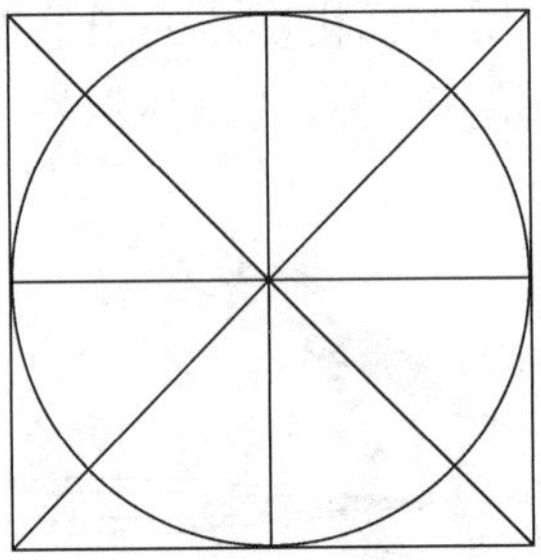

图 1-36　徒手画圆

（3）圆弧的画法

绘制圆弧时，先根据圆弧半径的大小，在角平分线上找出圆心，过圆心向两边引垂直线，定出圆弧的起点和终点，同时在角平分线上也定出圆弧上的一个点，过这三点画圆弧，如图 1-37 所示。

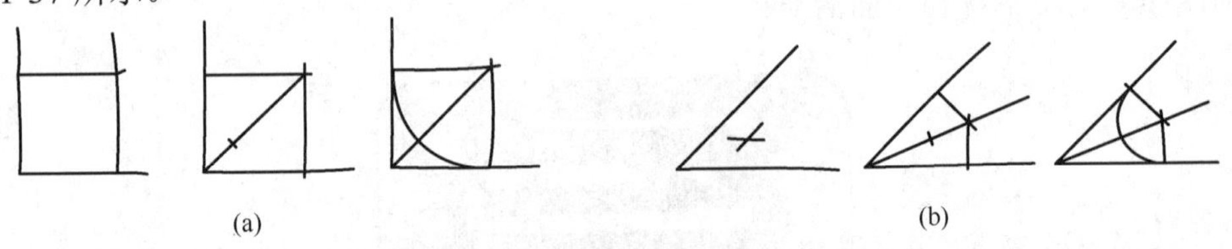

图 1-37　徒手绘制圆弧的两种方法

（4）角度的画法

在绘制角度时，可根据它们的斜率近似比值画出，如图 1-38 所示。

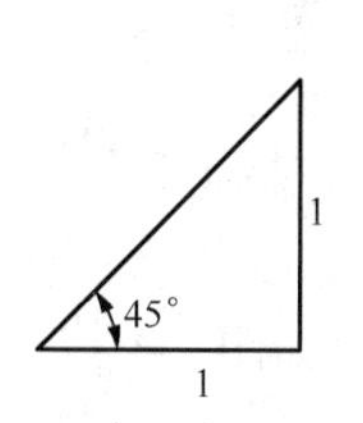

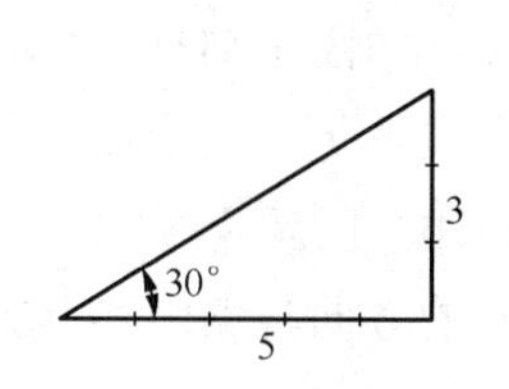

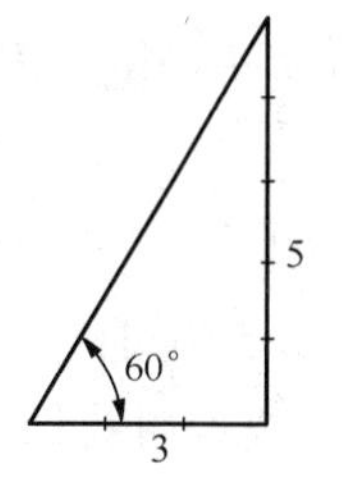

图 1-38　徒手绘制角度

1.4.2　作正多边形

已知正五边形和正六边形的外接圆直径，分别作正五边形和六边形。

1）正五边形的作图步骤如下：

作 *ON* 的中点 *M*，以点 *M* 为圆心，*MA* 为半径画弧，交 *ON* 的反向延长线于点 *H*，*HA* 即为圆内接正五边形的边长，以 *HA* 为边长等分圆周，得等分点 *B*、*C*、*D*、*E*，依次连接圆上的五个分点，得正五边形，如图 1-39（a）所示。

2）正六边形的作图步骤如下：

分别以直径 *AD* 的两端点 *A*、*D* 为圆心，以 *OA* 为半径画弧，六等分圆周，得与圆相交的四个交点 *B*、*C*、*E*、*F*，依次连接圆上的六个分点，得正六边形，如图 1-39（b）所示。

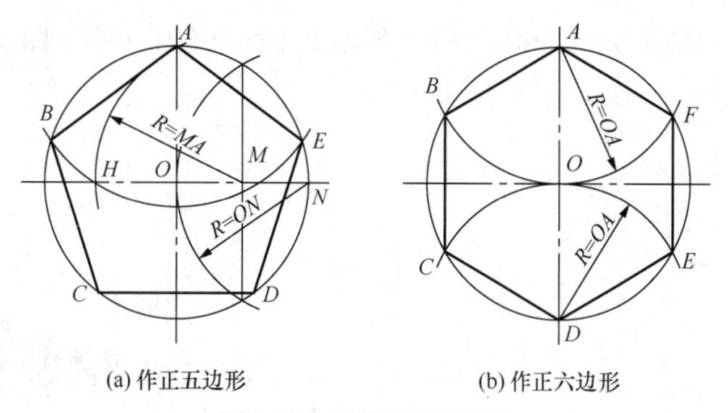

图 1-39　正多边形的画法

1.4.3　斜度和锥度

（1）斜度

斜度是一直线（或平面）对另一直线（或平面）的倾斜程度，其大小用直线（或平面）与水平线（或水平面）之间夹角的正切来表示，即斜度$=\tan\alpha = H/L$，如图 1-40 所示。斜度常用比值 1∶*n* 的形式标注。

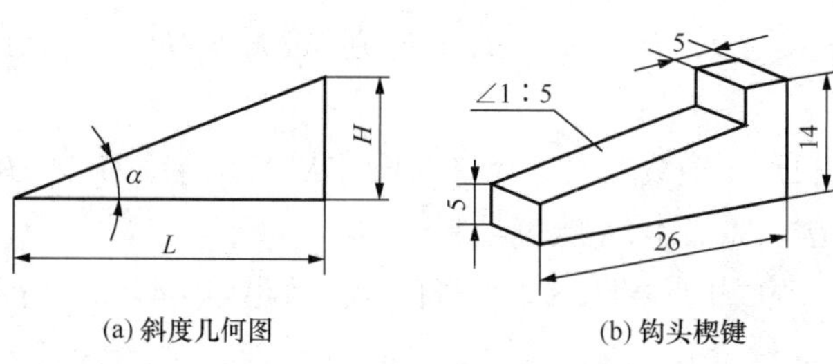

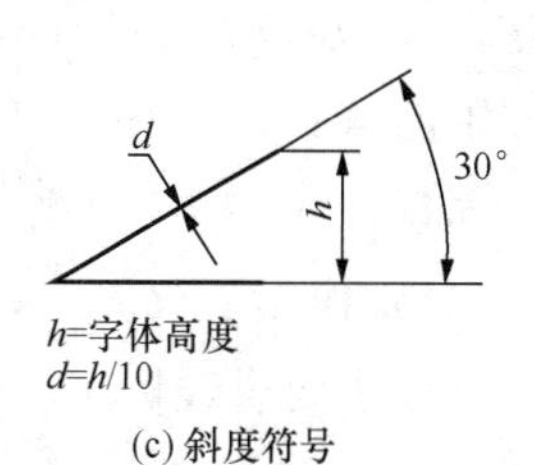

图 1-40　斜度的定义及符号

下面以钩头楔键［图 1-40（c）］为例，说明斜度的作图步骤和标注方法：

1）由已知尺寸作出无斜度轮廓，如图 1-41（a）所示。

2）以 *AB* 为 1，在 *AB* 延长线上取五等分得点 *C*，作 *DC*⊥*AC*，取 *DC* 为一等分，连接 *AD*，即为 1∶5 斜度线，如图 1-41（b）所示。

3）斜度需要引线标注，且符号的方向与斜度实际方向一致，如图 1-41（c）所示。

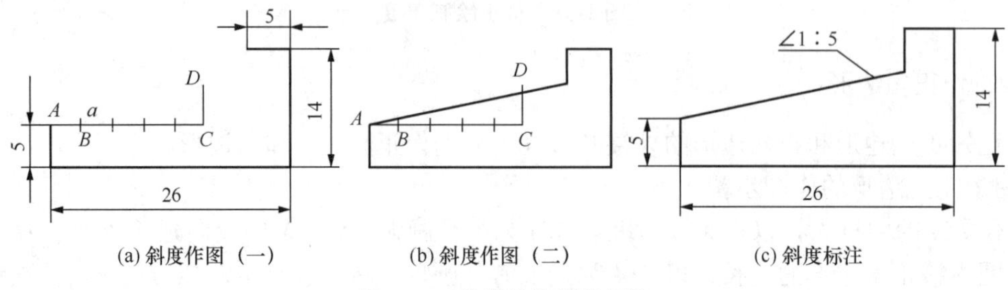

图 1-41　斜度的作图及标注

（2）锥度

锥度是正圆锥底面圆直径与锥体高度之比。若是锥台，则为两底面圆直径差与锥台高度之比，即锥度$=2\tan\alpha = D/L = (D-d)/l$，如图 1-42（a）所示。锥度常用比值 1∶*n* 的形式标注，锥度符号的画法如图 1-42（b）所示。下面以车床顶尖（图 1-43）为例，说明锥度的作图步骤及标注方法。

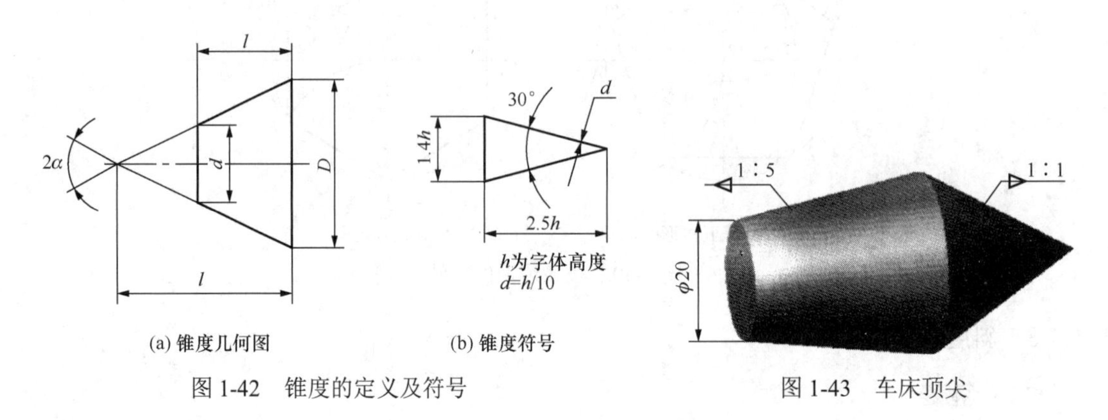

图 1-42　锥度的定义及符号

图 1-43　车床顶尖

作图步骤如下：

1）由已知尺寸，作出无锥度的图形。

2）如图 1-44（a）所示，从点 *A* 向右在轴线上任取五个单位长得点 *F*，在点 *F* 处作 *DE*⊥*AF*，取 *DF*=*FE*=1 个单位，连接 *AD*、*AE*，过点 *B*、*C* 分别作 *BM*∥*AD*、*CN*∥*AE*，完成 1∶5 锥度绘制。

3）同理，取 *GH* 为 1 个单位长，在轴线上取 1 个单位长得 *K* 点，连接 *GK*、*HK*，过点 *M*、*N* 分别作 *MS*∥*GK*、*NS*∥*HK*，完成 1∶1 锥度绘制。

4）锥度需要引线标注，且符号的方向与锥度实际方向一致，如图 1-44（b）所示。

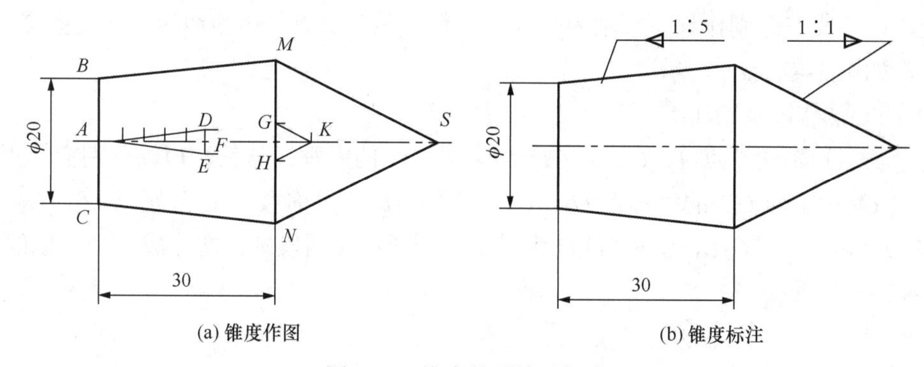

图 1-44　锥度的画法及标注

1.4.4　圆弧连接

在画平面图形时，常遇到圆弧连接问题，即用已知半径的圆弧连接两直线，或用圆弧连接一直线和一圆弧，或用圆弧连接两圆弧。为了确保光滑相切，在作图时，不仅要用作图方法找到连接圆弧的圆心，还要准确找到其连接点，即连接圆弧的端点和切点。

1）用圆弧连接一直线和一圆弧的几何作图步骤如下（图 1-45）：

① 在与已知线段 AB 距离 R 处作平行线。

② 以 O_1 为圆心，$R+R_1$ 为半径画弧，并与平行线段交于 O 点。

③ 作 $OB \perp AB$，垂足为点 B。

④ 以 O 点为圆心，R 为半径连接点 M、B，$\overset{\frown}{MB}$ 即为所求。

2）圆弧与两圆弧同时连接的几何作图步骤如下（图1-46）：

① 分别以 O_1 和 O_2 为圆心，$R+R_1$ 和 R_2-R 为半径画弧，两弧交点 O 即为连接圆弧圆心。

② 分别作连心线 OO_1 和 OO_2 并延长，得切点 M、N。

③ 以点 O 为圆心，R 为半径从点 M 至点 N 画弧，$\overset{\frown}{MN}$ 即为所求。

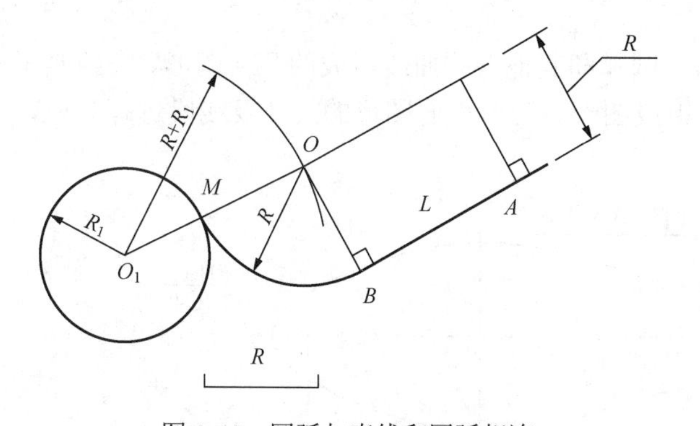

图 1-45　圆弧与直线和圆弧相连

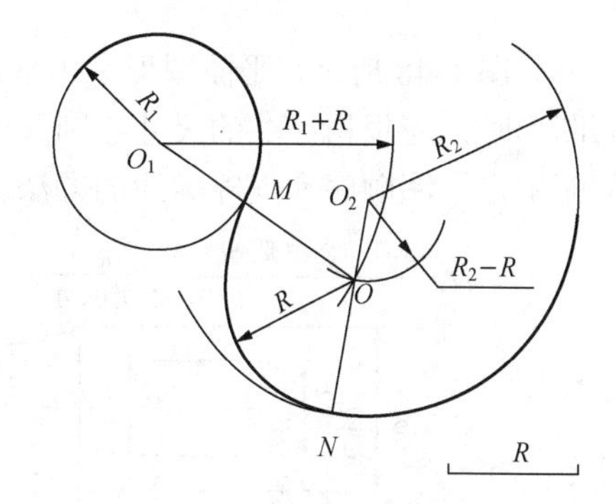

图 1-46　圆弧与两圆弧相连

1.4.5　椭圆的近似画法

已知椭圆的长短轴，用同心圆法和四心法作椭圆。

1）同心圆法作图步骤如下：

以点 O 为圆心，分别以长轴 AB、短轴 CD 为直径作圆；过圆心 O 作若干条射线与两圆相交，由各交点分别作长、短轴的平行线，得一系列交点；用曲线板连接这些交点，即得椭圆，如图1-47（a）所示。

2）四心法作图步骤如下：

连接长、短轴的端点A、C，取$CF=CE$；作AF的中垂线与长、短轴分别交于点O_1、O_2；作出O_1对短轴CD的对称点O_3，O_2对长轴AB的对称点O_4；分别以O_1、O_2、O_3、O_4为圆心，以O_1A、O_2C、O_3B、O_4D为半径作圆弧；这四段圆弧即连成一个近似的椭圆，如图1-47（b）所示。

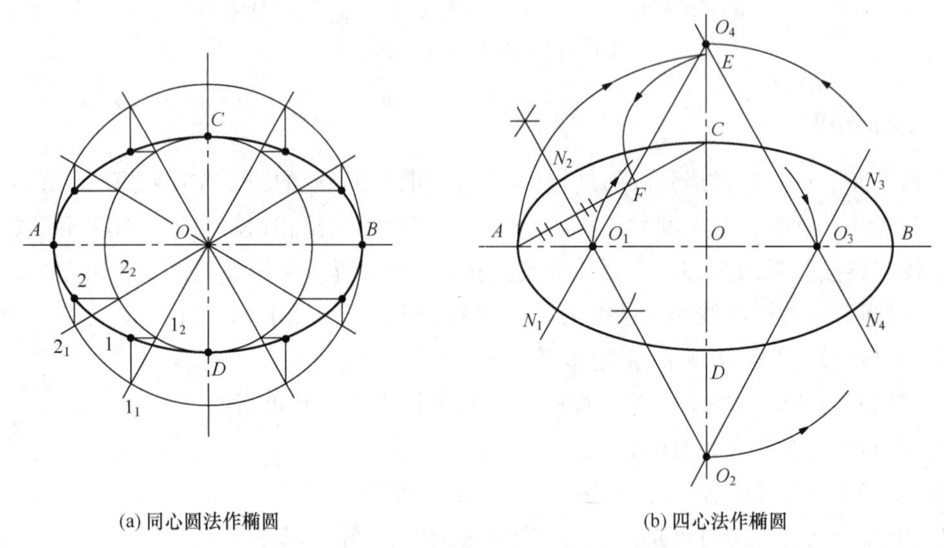

图1-47　椭圆的画法

1.5　平面图形的画法

如图1-48所示，平面图形是由直线、圆弧和其他一些曲线组成的几何图形。在绘制平面图形时，应根据标注的尺寸绘制各个组成图形，应对平面图形的尺寸及线段进行分析，从而确定绘图顺序和尺寸标注的方法。

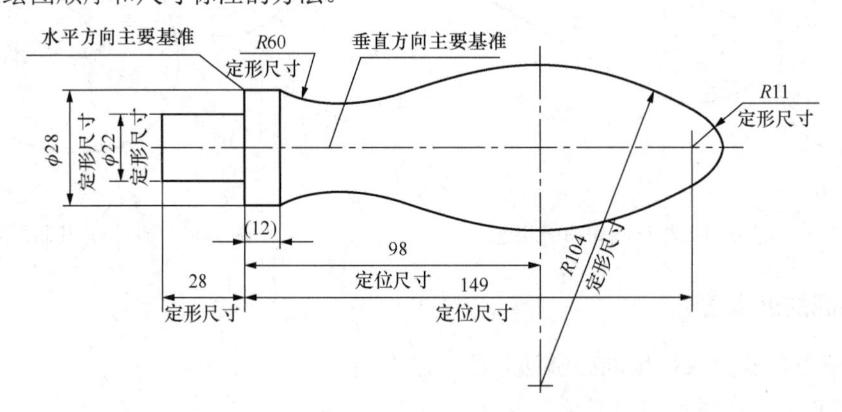

图1-48　手柄的平面图

1.5.1　平面图形的尺寸分析

尺寸按照其在平面图形中的作用可分为定形尺寸和定位尺寸两类。如果确定平面图形中各局部的相对位置，就要建立“尺寸基准”的概念。

（1）尺寸基准

尺寸基准即注写尺寸的起点。平面图形中常用的尺寸基准是图形的对称线、较大圆的中心线和较长的直线等。对于平面图形来说，具有水平方向和垂直方向的两个尺寸基准。图 1-48 中的水平中心线和手柄大端面分别为垂直和水平方向的尺寸基准。

（2）定形尺寸

确定平面图形中各部分形状和大小的尺寸称为定形尺寸，如直线段的长度、圆弧的直径或半径、角度的大小等。图 1-48 中的ϕ22、R11、28 等均为定形尺寸。

（3）定位尺寸

确定平面图形中各部分之间相对位置的尺寸称为定位尺寸。图 1-48 中水平方向的定位尺寸 98 和 149 确定了 R104、R11 两圆弧的圆心位置。

1.5.2　线段分析

平面图形的线段分析主要对平面图形中的线段与圆弧等按照是否直接能绘制出来进行逐一分析，并找出逐一绘制各线段或圆弧的方法。在线段分析中，依其尺寸是否齐全，将平面图形中的线段分为三类：已知线段、中间线段、连接线段。

（1）已知线段

定形、定位尺寸齐全，能直接画出的线段称为已知线段。图 1-48 中的直线段ϕ22、ϕ28、以及圆弧 R11 和ϕ10、ϕ20 的圆均为已知线段。

（2）中间线段

具有定形尺寸和一个方向的定位尺寸的线段称为中间线段。图 1-48 中的圆弧 R104，它只有一个定位尺寸 10，只有在圆弧ϕ11 作出后，才能通过作图确定其圆心的位置。

（3）连接线段

只有定形尺寸，没有定位尺寸的线段称为连接线段。图 1-48 中的 R60 为连接线段。它们只有在与其相邻的圆弧 R104 和线段（12）作出后，才能通过作图的方法确定其圆心的位置。

由平面图形的线段分析可知，平面图形的作图步骤是：首先画出已知线段，然后画出中间线段，最后画出连接线段。在作图过程中，必须准确求出中间圆弧和连接圆弧的圆心和切点的位置。

平面图形的画图步骤如下。

1）充分做好各项准备工作。布置好绘图环境，准备好圆规、三角板、丁字尺、比例尺、铅笔、橡皮等绘图工具和用品；所有的工具和用品都要擦拭干净，不要有污迹，要保持两手清洁。

2）绘图的一般步骤如下：

① 固定图纸。将平整的图纸放在图板的偏左下部位，用丁字尺画最下一条水平线时，应使大部分尺头在图板的范围内。摆放图纸使其下边与尺身工作边平行，用胶带纸将图纸四角固定在图板上。

② 绘制底稿。首先，按照要求画图框线和标题栏。其次，布置图面。一张图纸上的图

形及其尺寸和文字说明应布置得当，疏密均匀。周围要留有适当的空白，各图形位置要布置得均匀、整齐、美观。然后，进行图形分析，绘制底稿。画底稿要用较硬的铅笔（H或2H），铅芯要削得尖一些，画出的图线要细而淡，各种图线区分要分明。画每一个图时应先画轴线或中心线或边线定位，再画主要轮廓线及细部。有圆弧连接时要根据尺寸分析，先画已知线段，找出连接圆弧的圆心和切点（端点），再画连接线段。

③ 检查加深。在加深前必须对底稿做仔细检查、改正，直至确认无误。用铅笔加深（2B）底图的顺序是：自上而下、自左至右依次画出同一线宽的图线；先画曲线后画直线（因直线位置好调整）；对于同心圆宜先画小圆后画大圆；各种图线应符合制图标准。

④ 遵照标准要求注写尺寸、书写图名、标出各种符（代）号，填写标题栏和其他必要的说明，完成图样。

3）最后，检查全图并清理图面。

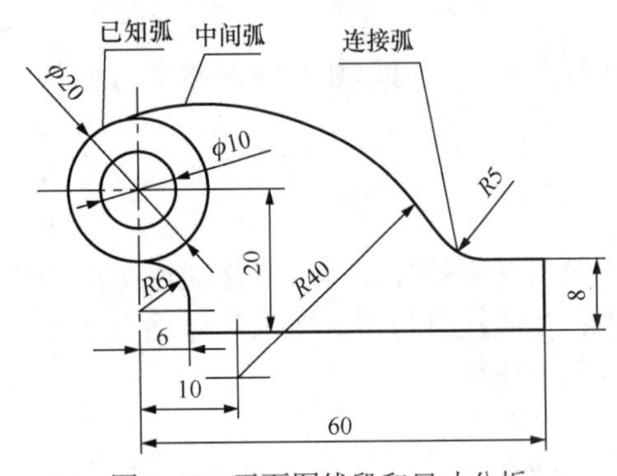

图 1-49　平面图线段和尺寸分析

例 1-1　按比例 1∶1 绘制如图 1-49 所示图形。

分析：平面图形下方的水平轮廓线和通过圆心的垂直中心线即为水平方向和垂直方向的尺寸基准。由平面图形的线段分析可知，绘制平面图形时，首先可画出已知线段，然后画出中间线段，最后画出连接线段。在作图过程中，必须准确求出中间圆弧和连接圆弧的圆心和切点的位置。

图 1-49 所示图形的主要作图步骤如下：

1）画平面图形的作图基准线，如图 1-50（a）所示。

2）画已知线段，尺寸为 54（60−6）和 8 的直线段以及ϕ10 和ϕ20 的圆，如图 1-50（b）所示。

3）作中间线段半径为 R40 的圆弧。圆弧 R40 的一个定位尺寸是 10，另一个定位尺寸由 R40 减去 R10（已知圆ϕ20 的半径）后，通过作图得到，如图 1-50（c）所示。

4）画出连接线段 R5 和 R6 圆弧，如图 1-50（d）所示。

5）最后检查、加深、标注尺寸。检查各尺寸在运算及作图过程中有无错误，若无差错即可加深图线。最后标注尺寸，做到正确、完整、清晰，至此完成全图（图 1-49）。

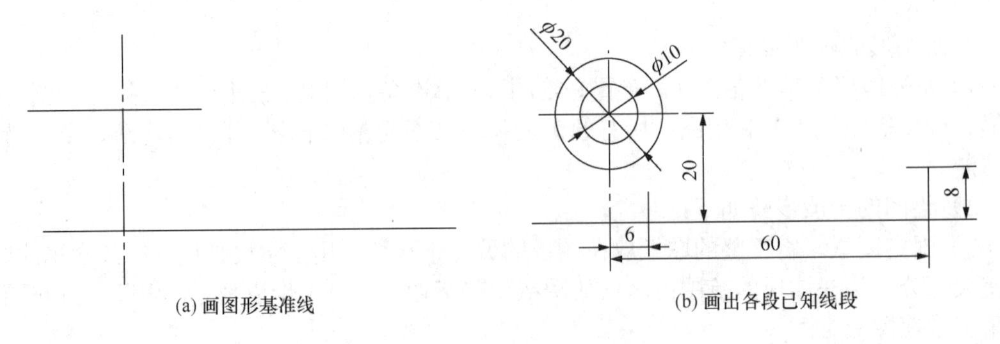

(a) 画图形基准线　　(b) 画出各段已知线段

图 1-50　平面图形的绘制

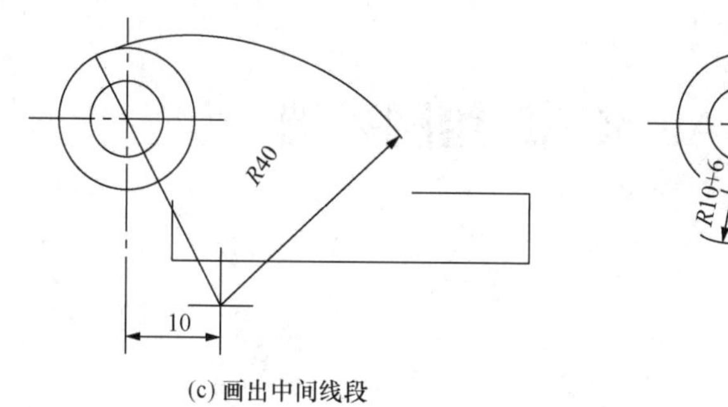

(c) 画出中间线段

(d) 画出各连接线段

图 1-50（续）

思　考　题

平面图形的绘制

1．简述在机械图样中粗实线和细实线的用途。
2．简述绘制机械图样时如何选择和标注比例。
3．简述机械图样中尺寸标注的基本规则。
4．简述手工绘图的基本步骤。
5．简述手工绘图过程中加深图样的基本方法。

第2章　AutoCAD绘图基础

教学要求

AutoCAD（Autodesk Computer Aided Design）是欧特克（Autodesk）公司于1982年开发的计算机辅助设计软件，用于二维绘图、详细绘制、设计文档和基本三维设计。与手工绘图相比，用AutoCAD绘图速度更快，精度更高。AutoCAD现已经成为国际上广为流行的工程绘图通用工具。

本书以AutoCAD 2021简体中文版作为计算机绘图软件的使用方法。

2.1　AutoCAD的基本概念和基本操作

2.1.1　AutoCAD 2021的工作界面

启动AutoCAD后，单击“开始绘制”按钮，打开AutoCAD 2021的工作窗口，如图2-1所示。该界面主要由菜单浏览器、快速访问工具栏、功能区、绘图区、命令行等组成，绘图时鼠标指针显示为十字光标。

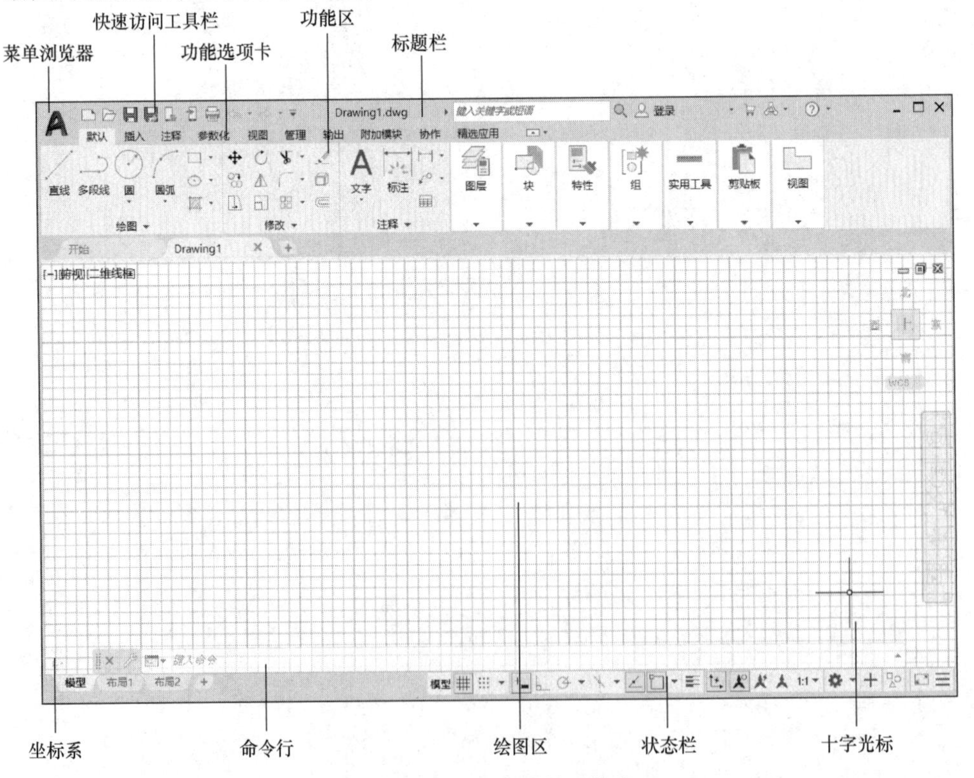

图2-1　AutoCAD 2021的工作窗口

1. 标题栏

标题栏位于应用程序窗口最上面，在其上显示 AutoCAD 2021 程序的名称、版本和当前图形文件的名称和路径。可通过标题栏右边的三个按钮将 AutoCAD 程序和当前图形文件进行最小化 - 、最大化 □ 和关闭 × 操作。

2. 快速访问工具栏

快速访问工具栏定义了一些经常使用的工具，如新建、打开、保存、打印等，单击相应按钮即可执行对应操作，如图 2-2 所示。单击快速访问工具栏右边的下拉三角，即可打开快速访问工具栏菜单，如图 2-3 所示。在这个菜单栏中可以控制快速访问工具栏上显示哪些工具；如果想要显示或者取消某个工具，只需要在选项上单击即可。该菜单中还可以控制是否显示菜单栏，以方便用户在菜单中调用命令。

图 2-2　快速访问工具栏

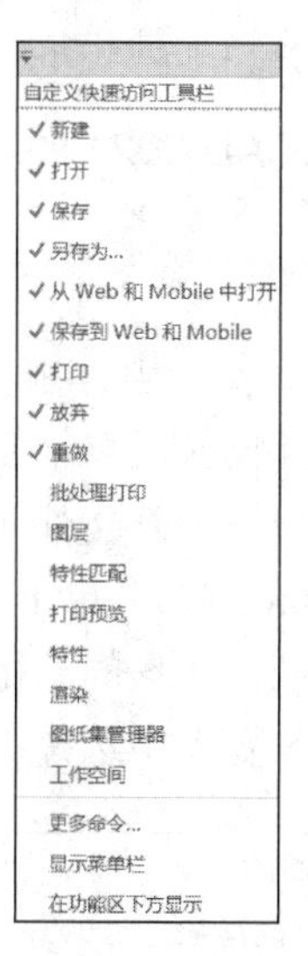

图 2-3　快速访问工具栏菜单

3. 功能区

功能区以组的形式将各类工具按钮分类集成到不同的选项卡内，单击其上不同的功能区选项卡，可以切换不同的组。每组又包含许多工具按钮，单击这些按钮，可以执行对应操作，如图 2-4 所示。

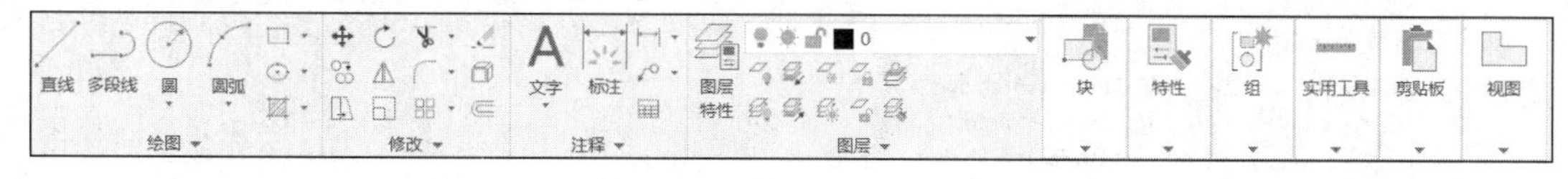

图 2-4　功能区

4. 菜单浏览器

单击工作窗口左上角的菜单浏览器 A 按钮，可打开或关闭菜单浏览器。

5. 绘图区

绘图区是绘制、编辑图形的工作区域，类似于手工绘图时的图纸，该区域没有边界。

6. 十字光标

十字光标是 CAD 在绘图区域显示的绘图光标，主要用于绘制图形时指定点的位置和选取对象。光标中十字线的交点是光标当前所在位置，该位置的坐标值实时地显示在状态栏上的坐标区中。

7. 命令行

命令行是 AutoCAD 输入命令、参数，显示提示信息和出错信息的窗口。在绘图过程中应该注意命令行中的提示。用户可将鼠标放到命令行上边界拖动以调整命令行的行数。

8. 状态栏

状态栏位于窗口的最下方，从左到右依次显示的是坐标显示区、绘图辅助工具、快速查看工具、注释工具和常用工具。坐标显示区可以实时地反映当前作图的坐标。

2.1.2 AutoCAD 2021 的基本操作

1. 文件操作命令

在 AutoCAD 中，用户绘制的图形是以图形文件的形式保存的，图形文件的扩展名为.dwg。文件操作命令主要集中在菜单浏览器的下拉菜单中及功能选项卡的前三项。

（1）创建一个新文件（New）

启动 AutoCAD，单击“开始绘制”按钮，系统建立一个新的图形文件，文件名为 Drawing1.dwg。图形的初始环境，如绘图单位、图层、栅格间距、线型比例等采用系统设置。在菜单浏览器中选择“新建”命令，打开“选择样板”对话框，如图 2-5 所示。

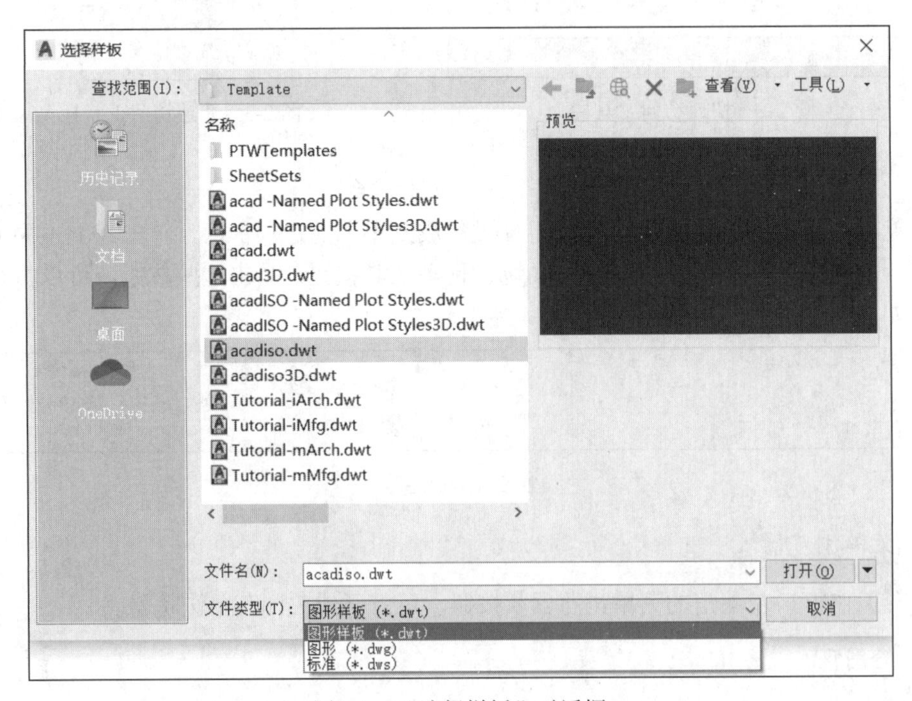

图 2-5 “选择样板”对话框

样板文件是指将绘图时常用的一些设置，预先用文件格式保存起来的图形文件，其后缀为.dwt。系统默认的初始设置在 acadiso.dwt 文件中。AutoCAD 为用户提供了一批样板文件以适应各种绘图需要，这些样板文件放在 Template 子目录中。用户可以创建自己的样板文件，还可以使用后缀为.dwg 的一般图形文件作为样板文件绘制新图。

（2）打开一个已有的图形文件（Open）

在菜单浏览器中选择“打开”命令，打开选择文件界面，如图 2-6 所示。用户可在搜索列表框中选择文件夹，然后在文件列表框中查找要打开的图形文件。选定要打开的文件后，可通过“预览”窗口预览，单击“打开”按钮即可打开一个已有的图形文件。AutoCAD 可同时打开多个图形文件，通过菜单条中的“窗口”进行切换。

图 2-6　从菜单打开一个已有图形

（3）保存图形文件

对于绘制或编辑好的图形，必须将其存储在磁盘上，以便永久保留。另外，在绘图过程中为了防止在操作中发生断电等意外事故，也需经常对当前绘制的图形进行存盘。文件的存盘有以下两种形式：

1）文件的原名存盘命令（Save）。

单击“保存”按钮，将当前编辑的已命名图形文件以原文件名直接存盘。若文件未命名，则打开“图形另存为”对话框，从“保存在”下拉列表中确定存盘路径，并在“文件名”文本框中输入图形文件名，然后单击“保存”按钮。

2）文件的改名存盘命令（Save as）。

单击“保存”按钮，或在菜单浏览器中选择“另存为”命令，同样打开“图形另存为”对话框，在“保存在”下拉列表中确定存盘路径，并在“文件名”文本框中输入与原文件名不同的图形文件名，选择文件类型，单击“保存”按钮，如图2-7所示。

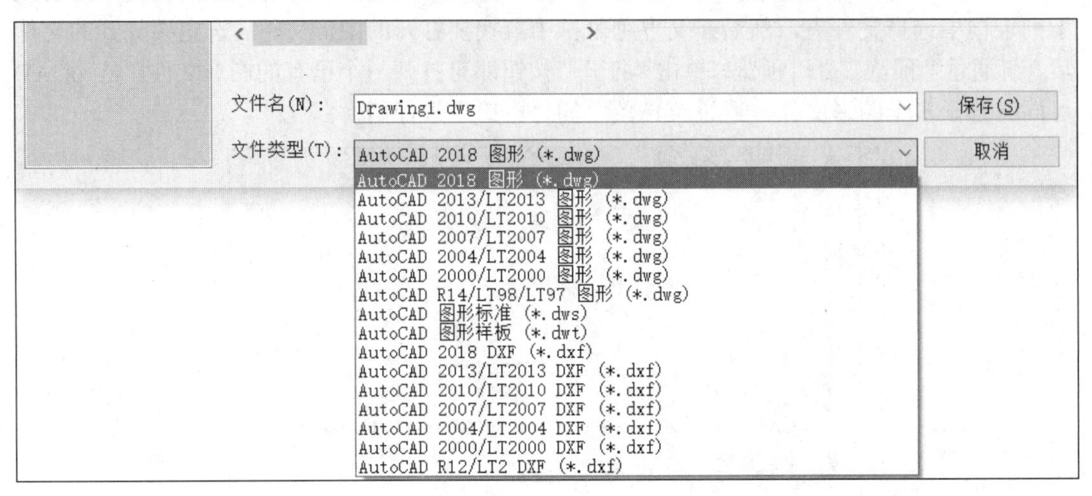

图2-7　存盘命令

（4）退出AutoCAD系统（Quit）

退出AutoCAD系统时，在命令行输入“Quit”，或者关闭窗口即可。

2.1.3　AutoCAD命令

1. 命令的使用

在AutoCAD中，执行任何操作都需要调用相关的命令，而同一命令可通过多种方法调用。

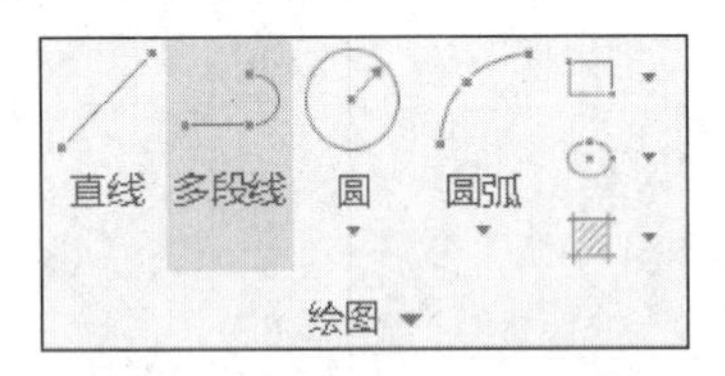

图2-8　从工具组中调用“多段线”命令

1）通过功能区调用命令。单击工具组中的某个按钮，可调用一个命令。例如，调用多段线命令，可单击“绘图”→“多段线”按钮（图2-8）。

2）在命令行输入命令。用户可在命令行的提示下，通过键盘输入一个命令，既可以是其全名，也可以是其缩写形式。例如，在命令行输入直线命令时，既可以输入全称“line”，也可以输入缩写形式“L”。命令输入时不区分大小写，如图2-9所示。

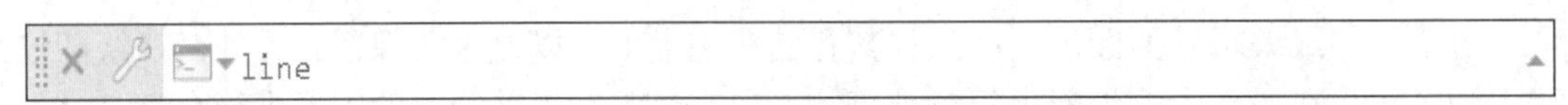

图2-9　命令行

3）通过快捷菜单调用命令。在不同的绘图状态和不同的区域右击，弹出一个快捷菜单，选择其中某个命令，即可执行一定的操作。

4）通过功能键或组合键调用命令。例如，按 F3 键，打开“对象捕捉”功能按钮。

5）动态输入调用命令。打开状态栏上的 DYN（动态输入）按钮，输入的命令可以直接显示在光标旁的工具栏提示中。例如，输入直线命令缩写“L”，动态输入开启时显示如图 2-10 所示。

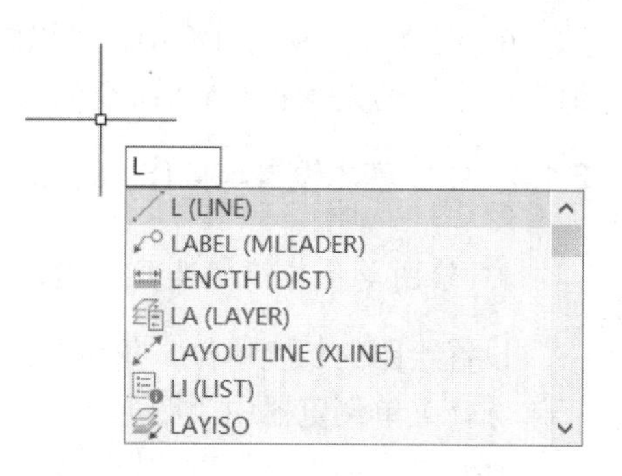

图 2-10　动态输入调用命令

2. 命令的执行和操作

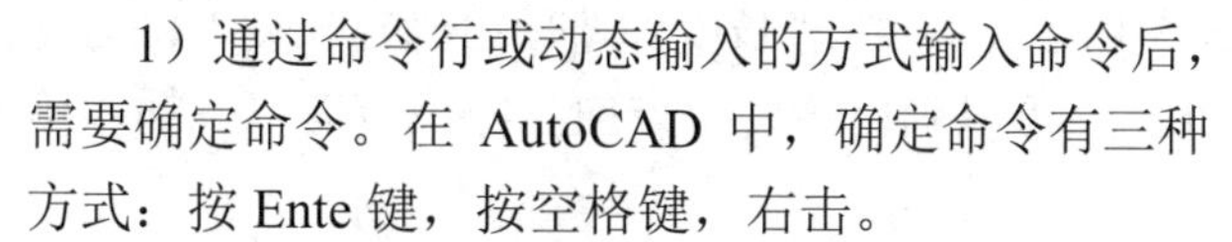

1）通过命令行或动态输入的方式输入命令后，需要确定命令。在 AutoCAD 中，确定命令有三种方式：按 Ente 键，按空格键，右击。

2）调用命令后，往往要求输入参数值，如点的坐标、距离值、角度值等，这时，用户可在命令行直接输入相应的参数值。

3）调用命令后，如果需要使用命令中的某个选项（通常显示在命令提示的“[ ]”中），可以在提示下在命令行输入某个需要的选项后“()”中的数字或字母，如图 2-11 所示。

```
命令: C
CIRCLE
指定圆的圆心或 [三点(3P)/两点(2P)/切点、切点、半径(T)]: 2p
指定圆直径的第一个端点:
指定圆直径的第二个端点:
```

图 2-11　命令选项的选择

4）在执行命令的过程中，如果要结束命令，可直接按 Enter 键、空格键或在绘图区右击，从弹出的快捷菜单中选择“确认”命令。

5）如果用户要重复使用刚使用过的命令，可通过下面的方法：

① 直接按 Enter 键、空格键或在绘图区右击，在弹出的快捷菜单中选择“重复”命令，如图 2-12（a）所示。

② 在命令行右击，从弹出的快捷菜单中选择“最近使用的命令”子菜单中的一个命令，如图 2-12（b）所示。

（a）选择“重复”命令

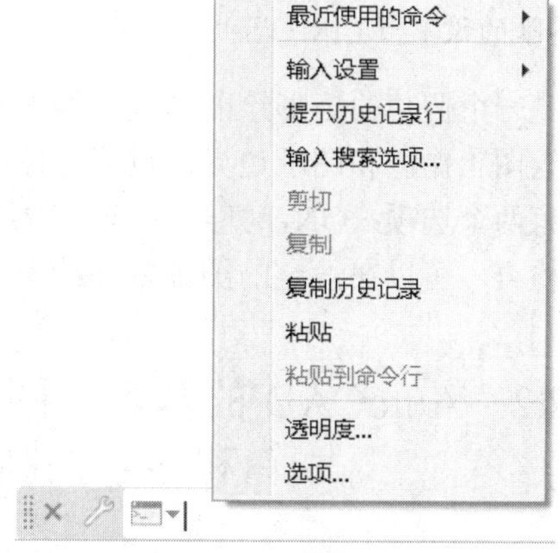

（b）选择“最近使用的命令”命令

图 2-12　命令选项的选择

6）在执行命令的过程中，可以随时按 Esc 键；或右击，从弹出的快捷菜单中选择“取消”命令，结束 AutoCAD 命令的执行。

2.1.4 绘图基本设置与操作

1. 绘图单位与精度设置（UNITS/UN）

设置绘图的长度单位、角度单位的格式，以及精度和角度测量方向等。

选择菜单浏览器中“图形实用工具”→“单位”命令，即运行 UNITS（缩写 UN）命令，打开“图形单位”对话框，如图 2-13 所示。其中，“长度”选项组确定长度单位与精度；“角度”选项组确定角度单位与精度；还可以确定角度正方向、零度方向以及插入单位等。

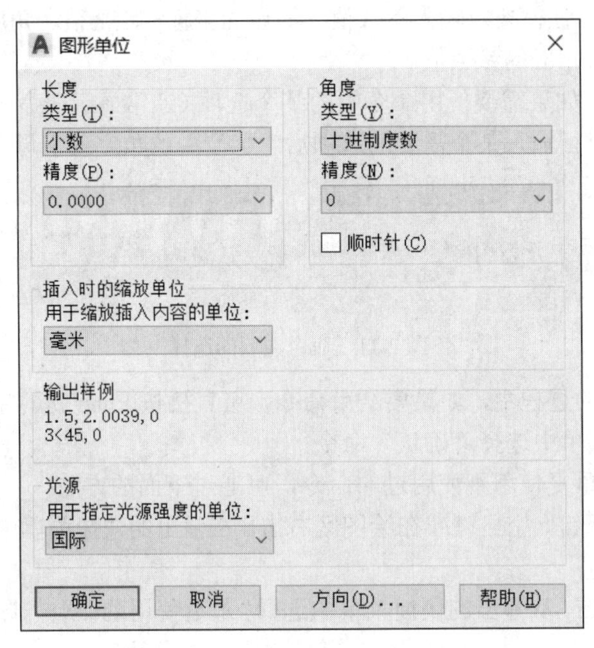

图 2-13 “图形单位”对话框

2. 绘图界限的设置（LIMITS）

图形界限是一个假想的矩形绘图区域，相当于手工绘图时的图纸大小。设置图形界限就是为了规划绘图工作区和图纸边界，设置并控制栅格显示的界限。

该命令还有两个选项：ON，打开图形界限检查，不允许在图幅范围以外绘图；OFF，关闭图形界限检查，可以在设定的图幅以外绘图。

2.2 AutoCAD 的基本绘图命令、图形编辑命令和显示控制命令

在 AutoCAD 中，点是图形对象最基本的元素。因此，要绘制图形对象，首先应从点的绘制开始。

（1）点的样式设置

选择菜单浏览器中“图形实用工具”→“点样式”命令，打开“点样式”对话框，如图 2-14 所示，用户可通过该对话框选择自己需要的点样式。此外，还可以在“点大小”文本框中输入数值，确定点的大小。

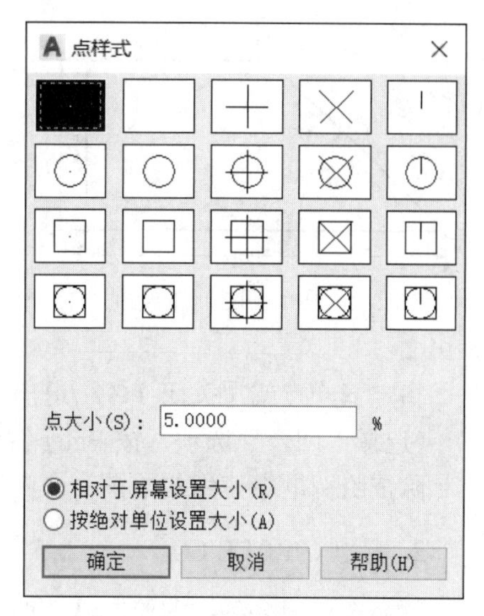

图 2-14 “点样式”对话框

（2）点命令的输入

点命令通过指定的位置绘制点，用于在图形绘制中作为捕捉和偏移对象时的参考点或捕捉点，同时也可以起到捕捉作用。调用方式：单击“绘图”→“多点”按钮；在命令行输入“POINT”（缩写形式 PO）。

1）用鼠标输入点。当调用一个绘图命令后，将鼠标移到需要绘制的位置单击即可指定点的位置，可以继续用此种方式绘制下去。该方式常结合对象捕捉使用。

2）按给定的距离输入点。此方式需要在已经输入了一个点的情况下才能使用。当提示输入下一点时，将光标移动到需要输入下一点的方向上，输入该点与上一点的距离后回车即可。该方式常结合追踪功能和正交功能使用。

3）用捕捉方式输入点。绘制图形时，打开对象捕捉功能，将鼠标移动到对象上，待出现需要的捕捉标记时单击，即可将点绘制到特殊位置上。该方式是一种十分常用的精确绘制图形的方式。

4）用键盘输入点及坐标表示法。通过键盘输入点的方法是 AutoCAD 实现精确绘图的最基本、最常用的方式。在二维空间里，以相对坐标为例，相对坐标即相对上一个点的坐标，其输入方式如下：

① 相对直角坐标。输入形式为“@X,Y”。@后面的数字分别表示该点相对前一个点在 X、Y 方向上的变化量，如“@30,20”。注意逗号是在英文状态下输入。

② 相对极坐标。输入形式为“@半径<角度”。在命令的提示下，先输入“@”，再输入该点与上一点之间的距离，再输入“<”，最后输入 X 轴正向与该点和上一个点连线的夹角，如“@40<30”。

2.2.1 基本绘图命令

1. 直线（LINE/L）

直线命令用于绘制单条线段或多条首尾相接的线段，绘制二维、三维直线段。调用方式：单击“绘图”→“直线”按钮；在命令行输入“LINE”（缩写形式 L）。

执行直线命令，命令行提示“指定下一点或［闭合©/放弃（U）］:”。其中，“闭合”用于将连续绘制的最后一条线段的终点与第一条线段的起点连接，形成封闭图形；“放弃”用于放弃绘制的上一条直线段。用户可连续使用该项，AutoCAD 将按绘图的相反顺序取消已绘制的线段，直到取消所有绘制的线段。

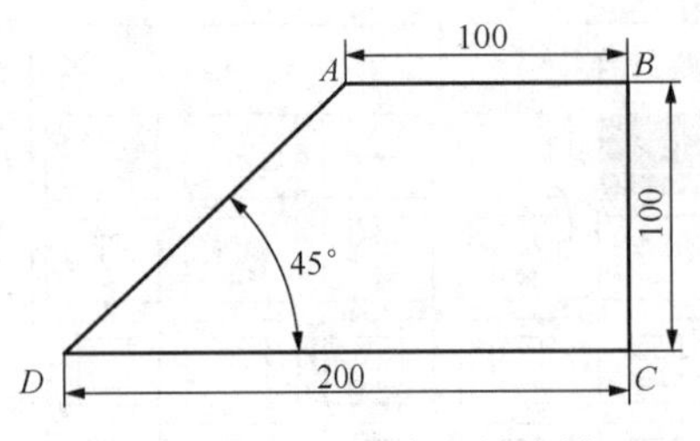

图 2-15　平面四边形的绘制

例 2-1　绘制如图 2-15 所示的平面四边形。

命令：L（输入直线命令的缩写形式）;

指定第一个点：(在绘图区某处单击输入 A 点)；

指定下一点或[放弃(U)]: @100,0(绘制 B 点)；

指定下一点或[退出(E)/放弃(U)]: @100<-90（绘制 C 点）;

指定下一点或[关闭(C)/退出(X)/放弃(U)]: @-200,0（绘制 D 点）;

指定下一点或［关闭（C）/退出（X）/放弃（U）]：C

(选择“闭合”选项，按 Enter 键结束命令)。

除按照例题中使用的绘图命令和绘图顺序作图外，实际绘图过程中也可采用其他方式。

2. 圆（CIRCLE/C）

圆命令可用多种方式绘制圆。调用方式：①单击“绘图”→“圆”按钮；②在命令行输入“CIRCLE”(缩写形式 C)。

注意：使用 AutoCAD 命令的过程中，经常会出现尖括号“<>”括起来的选项，这些选项是系统默认的选项或当前选项。如果尖括号内为数值，则表示它是系统的自动测量值或默认值或是上一次给定的值。要使用尖括号内的数值或选项，直接确认，而不用输入尖括号内的内容。也可以不使用，重新输入并确认。

3. 矩形（RECTANG/REC）

矩形命令通过指定尺寸或条件绘制多种形式的矩形。调用方式：单击“绘图”→“矩形”按钮按钮；在命令行输入“RECTANG”(缩写形式 REC)。

2.2.2　常用的图形编辑命令

图形编辑是指对图形所作的修改操作。编辑图形时，通常先输入命令再选择要编辑的对象；也可先选择对象再调用命令。选择是编辑图形的基础，修改是完善图形和提高绘图效率的重要手段。

1. 常用的选择对象方式

当启动 AutoCAD 2021 的某一编辑命令或其他某些命令后，AutoCAD 通常会提示“选择对象:”，同时把十字光标改为小方框形状（称为拾取框)，此时用户应选择对应的操作对象。

1）直接拾取。选择对象时，将拾取框直接移动到要选取的对象上，单击即可选中，如图 2-16（a）所示。

2）窗口方式选取（Window 方式或 W 方式)。首先将光标移动至整个对象的左上角，单击指定第一个点，然后将光标从左向右上或右下拖出一个实线的矩形框，当要选择的图形整个都在矩形框内时，单击指定第二个点，完成对象的选择。只有全部位于实线矩形框内的对象才能被选中，如图 2-16（b）所示。

3）交叉方式选取（Crossing 方式或 C 方式）首先将光标移动至整个对象的右边，单击指定第一个点，然后将光标从右向左上或左下拖出一个虚线的矩形框，当要选择的图形位于矩形框内或与该窗口相交时，单击指定第二个点，完成对象的选择。位于虚线矩形框内或与该窗口相交的对象都会被选中，如图 2-16（c）所示。

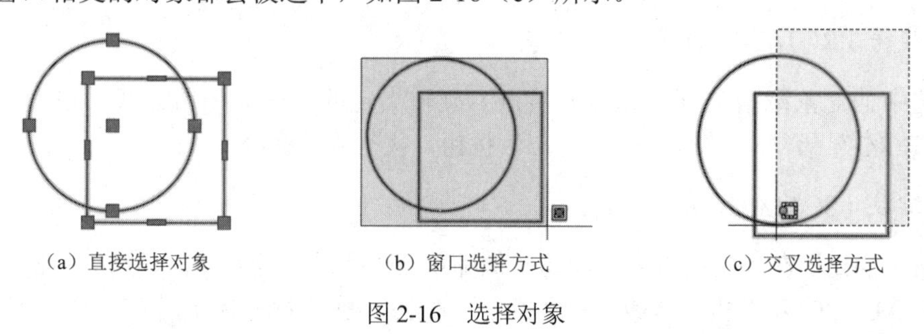

（a）直接选择对象　（b）窗口选择方式　（c）交叉选择方式

图 2-16　选择对象

2. 复制（COPY/CO/CP）

复制对象指单个或多重地复制选中的对象到指定的位置。调用方式：命令行输入 COPY/CO/CP；单击“修改”→“复制”按钮。

3. 删除对象（ERASE/E）

删除指定对象的调用方式：在命令行输入“ERASE”（缩写形式 E），选中所需删除的图形，确认即可删除。

4. 镜像（MIRROR/MI）

相对于指定的两点所定义的镜像线创建对称的对象。当绘制的图形对象相对于某一对称轴对称时，就可以使用此命令。调用方式：在命令行输入“MIRROR/MI”；单击“修改”→“镜像”按钮，执行镜像命令。

例 2-2　用镜像的方法画轴，如图 2-17 所示。

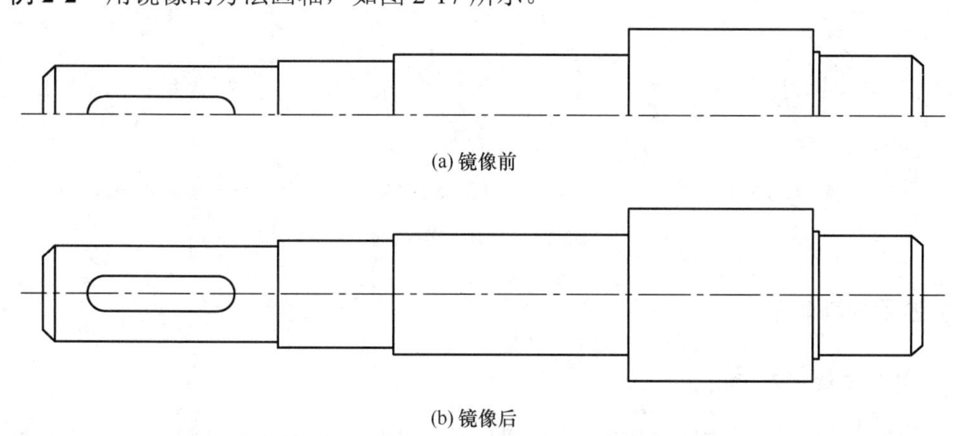

(a) 镜像前

(b) 镜像后

图 2-17　镜像图形示意图

输入镜像命令后，选取要镜像的图形［图 2-17（a）］，按空格键，指定用来镜像的参照（本例选择的是中心线上的两个点），命令行提示是否删除源对象，默认为不删除，直接按 Enter 键，完成镜像图形。

5. 移动（MOVE/M）

将选中的对象从当前位置沿指定的方向和距离移到另一位置。调用方式：在命令行输入"MOVE/M"；单击"修改"→"移动"按钮，执行移动命令。

6. 旋转（ROTATE/RO）

将选中的对象绕指定点（称其为基点）旋转指定的角度。调用方式：在命令行输入"ROTATE/RO"；单击"修改"→"旋转"按钮，执行旋转命令。

7. 缩放（SCALE/SC）

按指定的比例在 X、Y 和 Z 方向等比例缩小或放大指定的对象。调用方式：在命令行输入"SCALE/SC"；单击"修改"→"缩放"按钮，执行缩放命令。

8. 拉伸（STRETCH/S）

在指定的方向上拉伸和移动对象。调用方式：在命令行输入"STRETCH/S"；单击"修改"→"拉伸"按钮，执行拉伸命令。

9. 拉长（LENGTHEN/LEN）

改变非封闭图形的长度和圆弧的圆心角。同时还可测量对象的长度和圆心角。调用方式：在命令行输入"LENGTHEN/LEN"，执行拉长命令。

10. 修剪（TRIM/TR）

将对象快速精确地修剪到指定的边界，快速清理"尾巴"，使图形精确相交；同时还具有延伸功能。该命令既可以修剪相交的对象，也可以修剪不相交的对象。调用方式：在命令行输入"TRIM/TR"；单击"修改"→"修剪"按钮，执行修剪命令。

例 2-3 使用修剪命令，如图 2-18 所示。

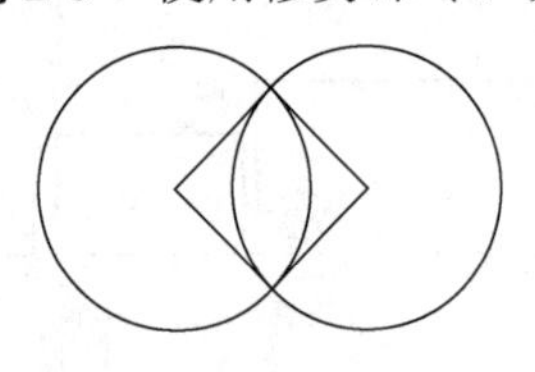

(a) 选取矩形为剪切圆

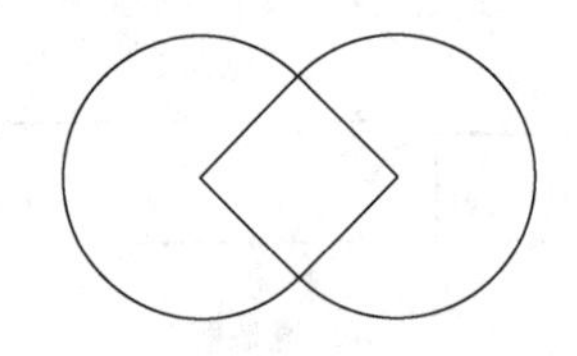

(b) 修剪参照内侧的结果

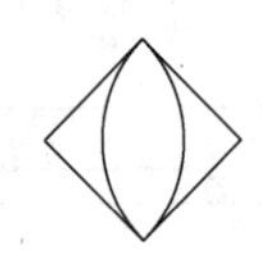

(c) 修剪参照外侧的结果

图 2-18 使用修剪命令

2.2.3 显示控制命令

1. 视图缩放（ZOOM/Z）

放大或缩小显示当前视口中对象的外观尺寸，图形显示缩放只是将屏幕上的对象放大或缩小其视觉尺寸，就像用放大镜或缩小镜观看图形 一样，从而可以放大图形的局部细节，或缩小图形观看全貌。执行显示缩放后，对象的实际尺寸仍保持不变。调用方式：在命令行输入"ZOOM/Z"；单击"修改"→"缩放"按钮；滚动鼠标的滚轮对图形进行实时缩放。调用实时缩放命令后，命令行显示如下：

命令：ZOOM

指定窗口的角点，输入比例因子（nX或nXP），或者［全部（A）/中心（C）/动态（D）/范围（E）/上一个（P）/比例（S）/窗口（W）/对象（O）］<实时>：。

输入对应字母就可以得到相应命令。

2. 平移（PAN/P）

图形显示移动是指移动整个图形，就像是移动整个图纸，以便使图纸的特定部分显示在绘图窗口。执行显示移动后，图形相对于图纸的实际位置并不发生变化。调用方式：在命令行输入“PAN/P”；按住鼠标的滚轮拖动，快速实现实时平移。

PAN 命令用于实现图形的实时移动。执行该命令，AutoCAD 在绘图区出现一个小手光标，同时在状态栏上提示“按住拾取按钮并拖动进行平移”。此时按下拾取按钮并向某一方向拖动鼠标，就会使图形向该方向移动。按 Esc 键或 Enter 键可结束 PAN 命令的执行；右击，在弹出的快捷菜单中选择相应的命令，结束操作。

2.3　AutoCAD的辅助绘图工具和图层操作

2.3.1　辅助绘图功能

使用 AutoCAD 提供的各种绘图辅助工具，可极大地减少绘制辅助线的工作，使图形的精确绘制变得轻而易举。本节主要介绍对象捕捉、极轴追踪、对象捕捉追踪、正交等常用的辅助绘图功能的使用。

1. 对象捕捉

在绘图过程中，利用对象捕捉功能，可轻松地寻找到指定点准确地绘制在对象的确切位置上，如寻找端点、中点等。

（1）临时对象捕捉

利用临时捕捉方式捕捉到对象上的特殊点。调用方法：右击状态栏的“对象捕捉”按钮，在打开的菜单中选择相应的命令；在命令行提示指定一个点时，输入捕捉类别的前三个字母；在指定点的提示下，按住 Shift 键或 Ctrl 键，在绘图区右击，从弹出的快捷菜单中选择相应的命令，如图 2-19 所示。

端点：END；中点：MID；交点：INT；延长线：EXT；圆心：CEN；象限点：QUA；切点：TAN；垂足：PER；平行线：PAR；节点：NOD；最近点：NEA。

常用捕捉点捕捉时显示如图 2-20 所示。

在绘图命令的操作过程中，当需要使用某一特殊点时，单击捕捉工具栏中的相应按钮（图 2-21），光标变成靶区，移动靶区接近对象，捕捉点被绿色标记显示出来。单击，捕捉到实体上需要的类型点。临时捕捉方式每次只能捕捉一个目标，捕捉完成即自动退出捕捉状态。

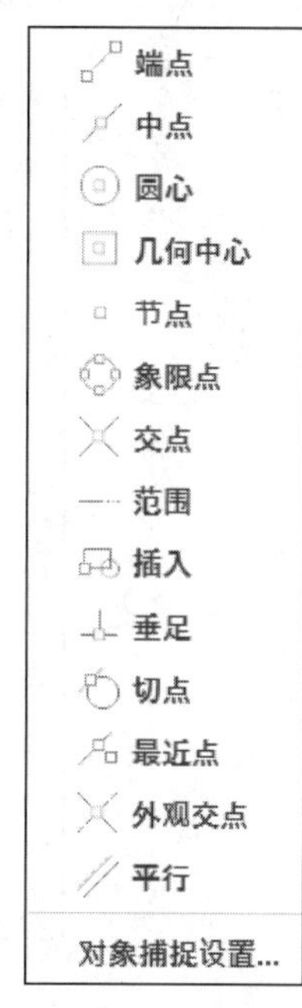

图 2-19　快捷菜单

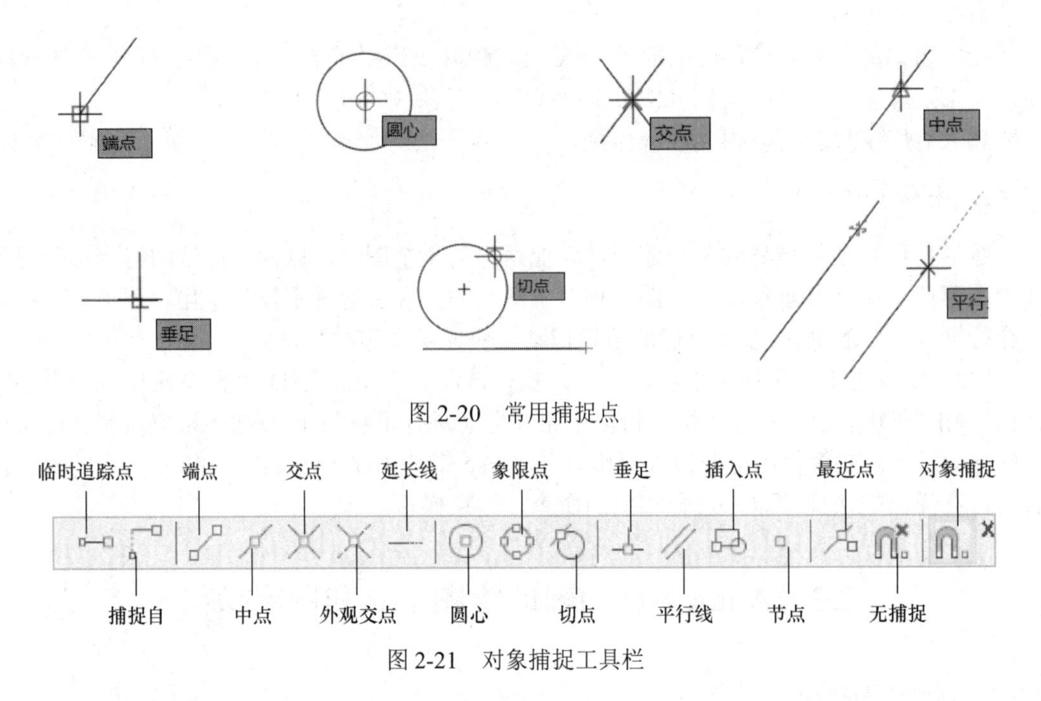

图 2-20　常用捕捉点

图 2-21　对象捕捉工具栏

（2）自动对象捕捉（OSNAP/OS）

这种捕捉方式能自动捕捉到对象上符合事先设定条件的点，并显示相应捕捉方式的标记和提示。在状态栏中，若“对象捕捉”处于激活状态，则设置的目标捕捉一直可用，直到“对象捕捉”关闭。自动捕捉设置调用方法：在命令行输入“OSNAP”（缩写形式 OS）；右击状态栏的“对象捕捉” 按钮，在弹出的快捷菜单中选择“设置”命令，打开“草图设置”对话框，如图 2-22 所示。

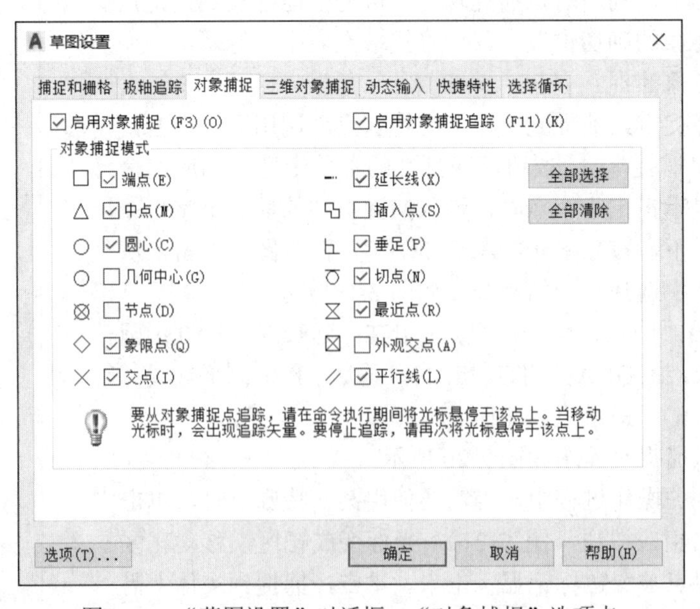

图 2-22　“草图设置”对话框→“对象捕捉”选项卡

在“对象捕捉”选项卡中，可以通过“对象捕捉模式”选项组中的各复选框确定自

动捕捉模式，即确定使 AutoCAD 将自动捕捉到哪些点；“启用对象捕捉”复选框用于确定是否启用自动捕捉功能；“启用对象捕捉追踪”复选框用于确定是否启用对象捕捉追踪功能。

利用“对象捕捉”选项卡设置默认捕捉模式并启用对象自动捕捉功能后，在绘图过程中每当 AutoCAD 提示用户确定点时，如果使光标位于对象上在自动捕捉模式中设置的对应点的附近，AutoCAD 会自动捕捉到这些点，并显示出捕捉到相应点的小标签，此时单击拾取按钮，AutoCAD 就会以该捕捉点为相应点。

单击状态栏上的“对象捕捉”按钮或按 F3 键，可快速实现自动捕捉功能的启动与关闭的切换。

2. 正交功能

利用正交功能，用户可以方便地绘制与当前坐标系统的 X 轴或 Y 轴平行的线段（对于二维绘图而言，就是水平线或垂直线）。

单击状态栏上的“正交”按钮或按 F8 键，可快速实现正交功能启动与关闭的切换。

3. 极轴追踪

极轴追踪是指当 AutoCAD 提示用户指定点的位置时（如指定直线的另一端点），拖动光标，使光标接近预先设定的方向（即极轴追踪方向），AutoCAD 会自动将追踪线吸附到该方向，同时沿该方向显示出极轴追踪矢量，并浮出一小标签，说明当前光标位置相对于前一点的极坐标。它可代替手工绘图时使用多条辅助线确定指定点的功能。

单击状态栏上的“极轴”按钮或者按 F10 键，可快速实现该功能启动与关闭的切换。使用极轴追踪时，当显示追踪虚线后，输入需要的距离即可绘制沿指定方向具有指定长度的线段。

4. 对象捕捉追踪

对象捕捉追踪是对象捕捉与极轴追踪的综合应用，如根据某个已知点来确定下一点的位置。单击状态栏上的“对象追踪”按钮或者是按 F11 键，可快速实现该功能启动与关闭的切换。使用之前必须打开一个或多个对象捕捉。

5. 栅格捕捉与栅格显示

栅格不是图形的组成部分，它是显示在绘图区的具有一定间距的点，利用栅格捕捉，可以使光标在绘图窗口按指定的步距移动，就像在绘图屏幕上隐含分布着按指定行间距和列间距排列的栅格点，这些栅格点对光标有吸附作用，即能够捕捉光标，使光标只能落在由这些点确定的位置上，从而使光标只能按指定的步距移动。栅格显示是指在屏幕上显示分布一些按指定行间距和列间距排列的栅格点，就像在屏幕上铺了一张坐标纸。用户可根据需要设置是否启用栅格捕捉和栅格显示功能，还可以设置对应的间距。开启栅格显示的绘图区如图 2-23 所示。

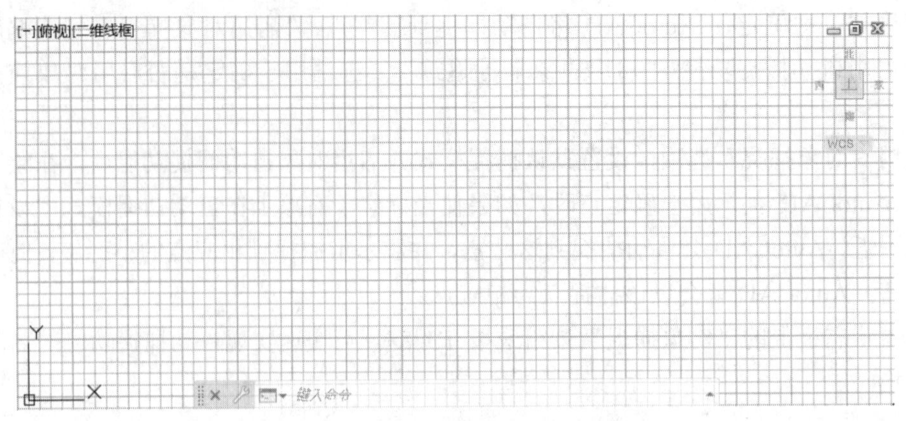

图 2-23 开启栅格显示的绘图区

利用“草图设置”对话框中的“捕捉和栅格”选项卡可进行栅格捕捉与栅格显示方面的设置。右击状态栏中的“捕捉模式” 按钮，选择“捕捉设置”命令，打开“草图设置”对话框。在状态栏上的“捕捉”或“栅格”按钮上右击，从弹出的快捷菜单中选择“设置”命令，也可以打开“草图设置”对话框。

如图 2-24 所示，在“捕捉和栅格”选项卡下，“启用捕捉”“启用栅格”复选框分别用于起用捕捉和栅格功能。“捕捉间距”“栅格间距”选项组分别用于设置捕捉间距和栅格间距。用户可通过此对话框进行其他设置。

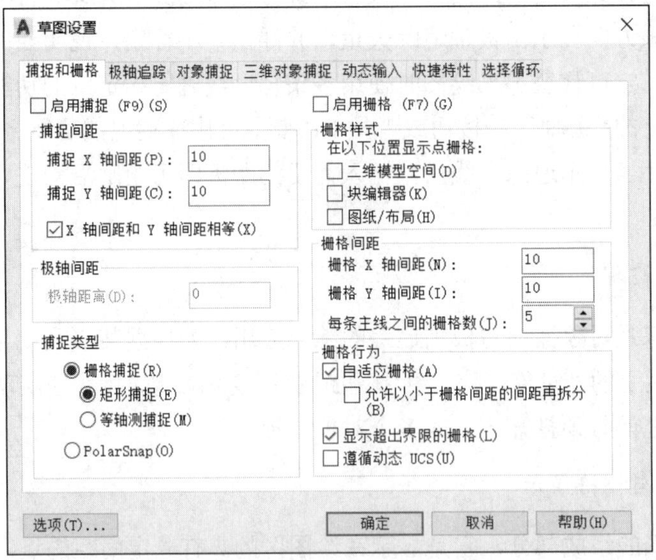

图 2-24 “草图设置”对话框→“捕捉和栅格”选项卡

2.3.2 图层设置

在一个复杂的图形中，有许多不同类型的图形对象，可以通过创建多个图层，将特性相似的对象绘制在同一个图层上，可以很容易地对复杂图形进行组织和管理。在 AutoCAD 中可以创建无限多个图层，根据需要给创建的图层重命名，如粗实线层、细实线层、中心线层等。图层相当于一张张大小相同的透明图纸，用户可在每一张透明图纸上绘制图形元素，最后将它们整齐地叠放在一起，即可形成一幅完整的图形，如图 2-25 所示。

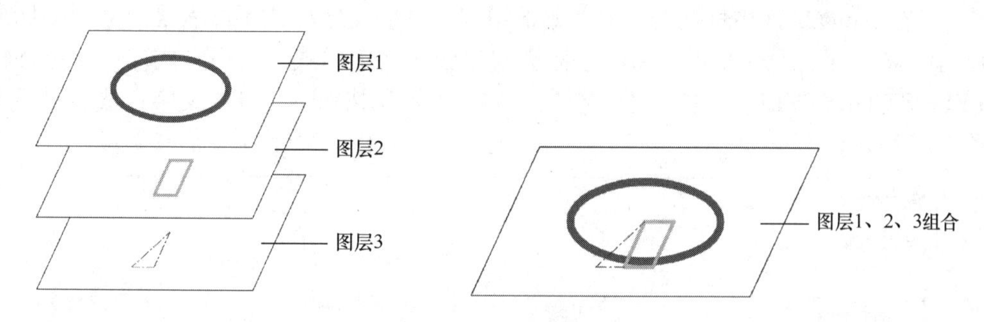

图 2-25　图层的概念

用户可以根据需要建立一些图层，并为每一图层设置不同的线型、线宽和颜色，当需要用某一线型绘图时，首先应将设有对应线型的图层设为当前层，那么所绘图形的线型和颜色就会与当前图层的线型和颜色一致。也就是说，用 AutoCAD 所绘图形的线条是彩色的，不同线型采用了不同的颜色（有些线型可以采用相同的颜色），且位于不同图层。

图层特性管理器用于图层可控制和管理，并显示图形中的图层列表和属性。可以新建、删除和重命名图层，修改属性或添加说明。调用方式：在命令行输入“LAYER/LA”；单击“图层”→“图层特性管理器”按钮，打开“图层特性管理器”对话框，如图 2-26 所示。

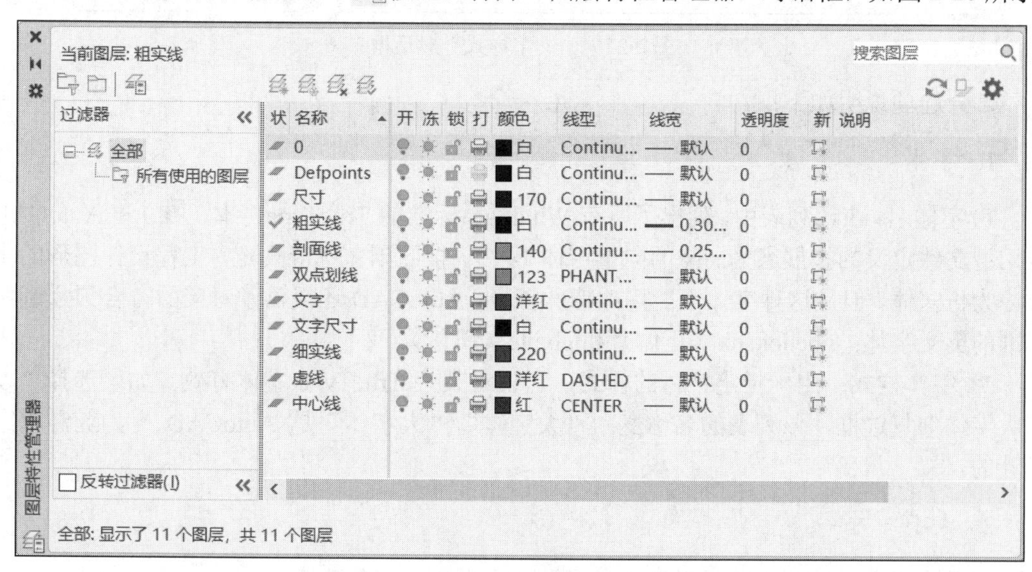

图 2-26　“图层特性管理器”对话框

2.4　AutoCAD 的尺寸标注及文字标注

2.4.1　创建文字样式

在工程图样中常会用文字来表达技术要求、标题栏等信息，AutoCAD 默认的文字样式为 Standard，它的默认字体是 txt.shx。AutoCAD 图形中的文字是根据当前文字样式标注的。文字样式说明所标注文字使用的字体以及其他设置，如字高、颜色、文字标注方向等。当在 AutoCAD 中标注文字时，如果系统提供的文字样式不能满足国家制图标准或用户的要求，可根据行业要求和国家标准创建新的文字样式。调用方式：在命令行输入“STYLE/ST/DDSTYLE”；单击“注释”→“文字” 按钮，打开“文字样式”对话框，如图 2-27 所示。

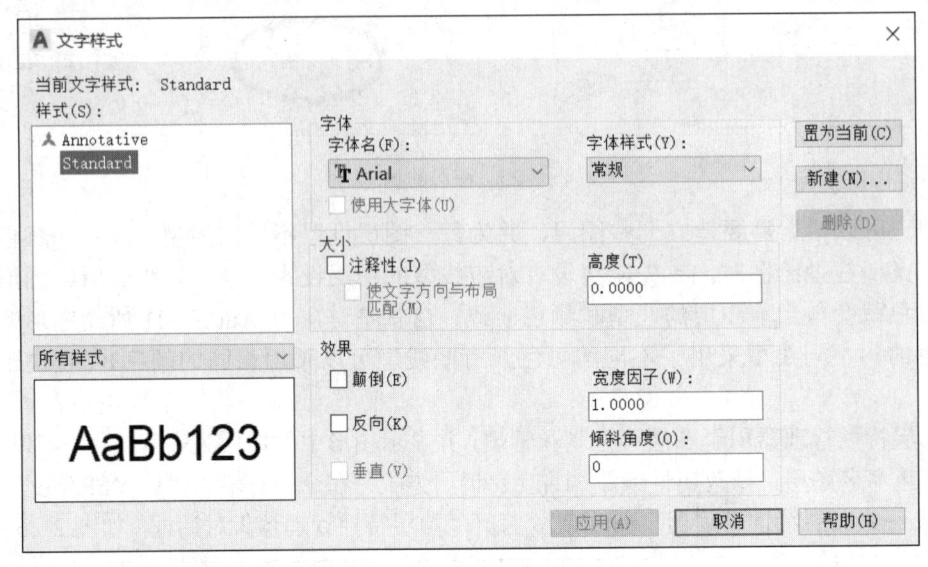

图 2-27 “文字样式”对话框

部分选项说明如下：

1. 字体

1）字体名：在该列表中，列出了所有 Windows 标准的 TrueType 字体（ ）和 AutoCAD 专用型文件定义的扩展名为.shx 的向量字体（ ）。按照国家标准规定，工程设计图形的字体应为仿宋体。但是这种字体不能标注特殊符号，AutoCAD 还提供了对应的符合国家制图标准的英文字体：gbenor.shx（正体）和 gbeitc（斜体）。

2）字体样式：用于指定字体的样式，它只对某些 TrueType 字体有效。如果选择“使用大字体”复选框，该列表的名称变为“大字体”。“大字体”是 AutoCAD 专为亚洲国家设计的。

2. 大小

用于改变文字的大小，可以在“高度”文本框中设置文字高度。

3. 效果

通过此选项组可以控制文字的显示效果，包括“颠倒”、“反向”和“垂直”三个复选框；可以在“宽度因子”文本框中设置字符间距，在“倾斜角度”文本框中设置文字的倾斜角。

设置的效果可以在预览区中显示。

2.4.2　文字标注

1. 单行文字标注

单行文字是指 AutoCAD 会将输入的内容作为一个对象来处理，用于创建文字内容比较少的文字对象。操作方式：在命令行输入“TEXT/DTEXT/DT”；单击“注释”→“文字”按钮，选择“单行文字”命令。

如果输入文字后，在屏幕上不能显示，则是由于文字字体样式不正确，应重新进行文字样式设置。

在工程图样中，有些常用的特殊字符不能直接从键盘输入，可通过表 2-1 方式输入。

表 2-1　特殊字符的输入

特殊字符	控制代码输入	输入实例	结果
ϕ	%%c	%%c50	ϕ50
±	%%p	70%%p0.06	70 ± 0.06
°	%%d	45%%d	45°
%	%%%	20%%%	20%
文字上划线	%%o	%%o 文字	文字（上划线）
文字下划线	%%u	%%u 文字	文字（下划线）

2. 多行文字标注

多行文字是在指定的矩形区域内输入段落文字，布满指定的矩形宽度后换行，可以沿矩形的一个或两个方向无限延伸。操作方式：在命令行输入“MTEXT/T/MT”；单击“注释”→“文字”按钮，选择“多行文字”命令。

调用命令后，用鼠标拖动形成文本矩形区域，确定后即可打开多行文字编辑器，如图 2-28 所示。

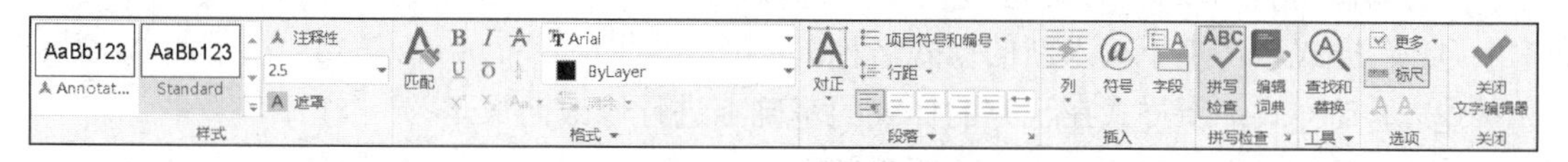

图 2-28　多行文字编辑器

2.4.3　设置尺寸标注样式

尺寸是图形文件中的重要组成部分，通过对所绘制图形的尺寸标注，可以清楚地表达图形的尺寸和精度等。一个完整的尺寸应包括尺寸线、尺寸界限、尺寸箭头和尺寸数字，如图 2-29 所示。

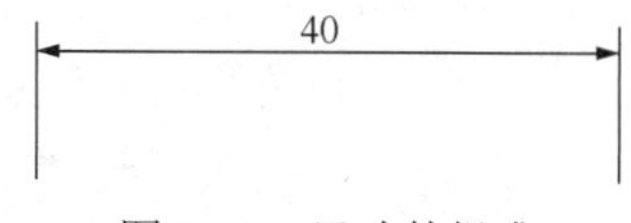

图 2-29　尺寸的组成

在进行尺寸标注之前，首先要设置尺寸标注的样式，AutoCAD 默认的尺寸标注样式是“ISO-25”。用户可以根据需要设置新的标注样式，并将其设为当前的标注样式。操作方式：在命令行输入“DIMSTYLE/DST”；单击“注释”→“标注”按钮，打开“标注样式管理器”对话框，如图 2-30 所示。

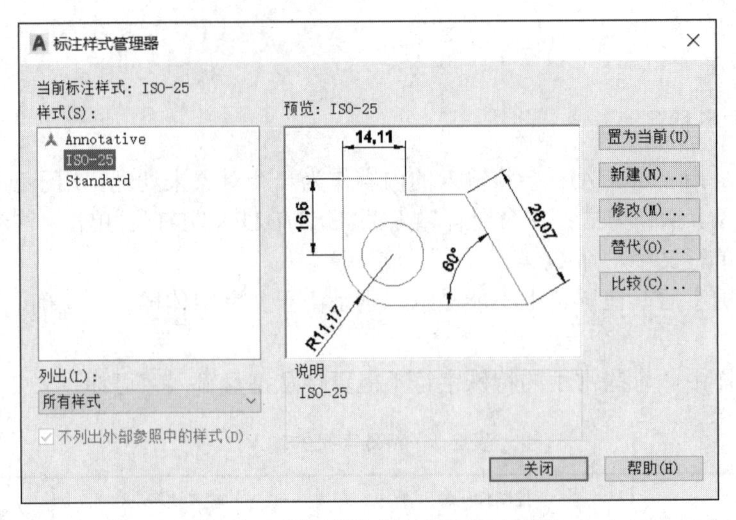

图 2-30 “标注样式管理器”对话框

选项说明如下。

置为当前：可以将样式列表框选定的标注样式设置为当前标注样式。

新建：单击该按钮，打开“创建新标注样式”对话框，如图 2-31 所示，创建新标注样式的各项参数。

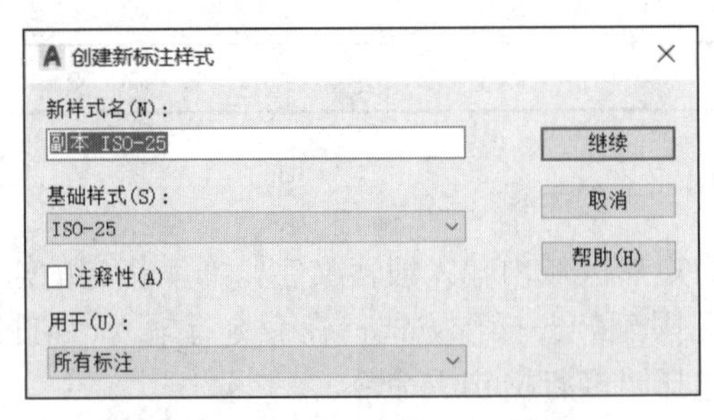

图 2-31 “创建新标注样式”对话框

“创建新标注样式”对话框包括下列选项。

① 新样式名：用于输入新的样式名称。

② 基础样式：新样式在已有的样式的基础上进行修改而成。

③ 用于：指定新建标注样式的适用范围。

④ 继续：单击该按钮，打开“新建标注样式”对话框，进一步定义新标注样式的特性，如图 2-32 所示。

“新建标注样式”对话框包括下列选项卡。

① 线：设置尺寸标注的尺寸线、尺寸界线的格式。

② 符号和箭头：设置箭头和圆心标记的格式和位置。

③ 文字：设置尺寸标注文字的外观和位置。

④ 调整：设置尺寸标注文字和尺寸线的管理规则。

⑤ 主单位：设置主单位的表示方式和精度。

⑥ 换算单位：设置尺寸标注换算单位的格式和精度。

⑦ 公差：设置尺寸标注公差的格式。

⑧ 修改：用于修改已有标注样式。

⑨ 替代：用于设置当前样式的替代样式。

⑩ 比较：用于对两个标注样式进行比较，或了解某一样式的全部特性。

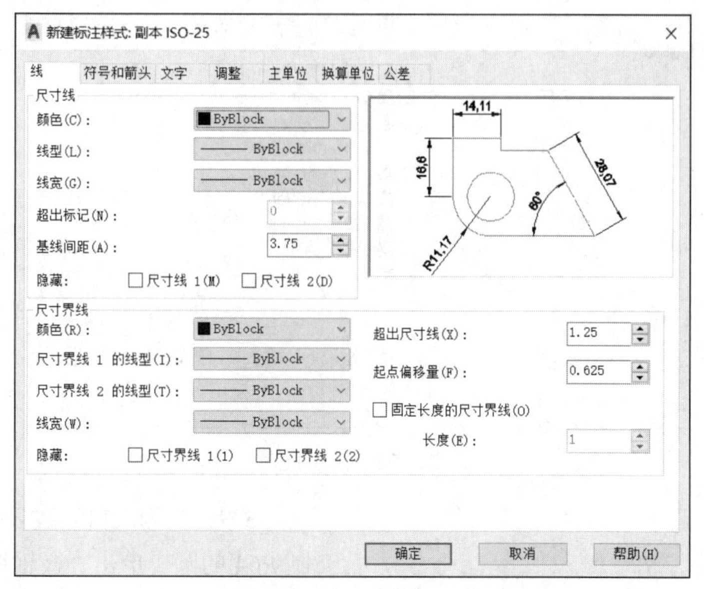

图 2-32　“新建标注样式”对话框

为了方便用户使用，AutoCAD 将各种标注命令放在“标注”菜单和“标注”工具栏（图 2-33），用户可以根据需要调用。

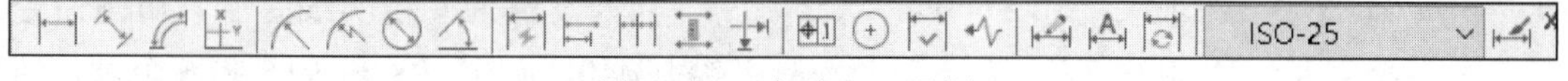

图 2-33　“标注”工具栏

2.5　AutoCAD 平面图的绘制

绘制平面图形是绘制工程图样的基础。平面图形包含直线和圆弧的连接，可以利用 AutoCAD 提供的绘图工具、编辑工具和对象捕捉工具精确地完成图形的绘制。下面通过绘制具体的平面图形（图 2-34）说明绘图的方法和步骤。

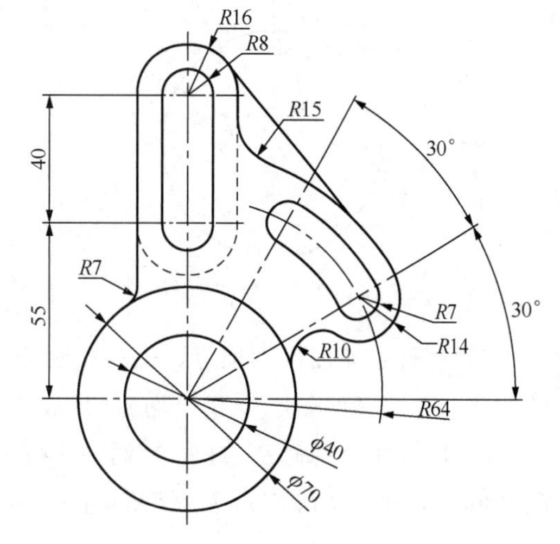

图 2-34　平面图形

1）图层设置。用 LAYER 命令按图 2-35 设置图层，赋予图层颜色、线型、线宽和其他需要设定的参数。

2）绘制中心线。设置“正交”有效，“中心线”层设为当前层，用直线命令绘制一条水平线和一条垂直线，然后用偏移命令将水平线向上连续偏移 55 和 40，结果如图 2-36 所示。

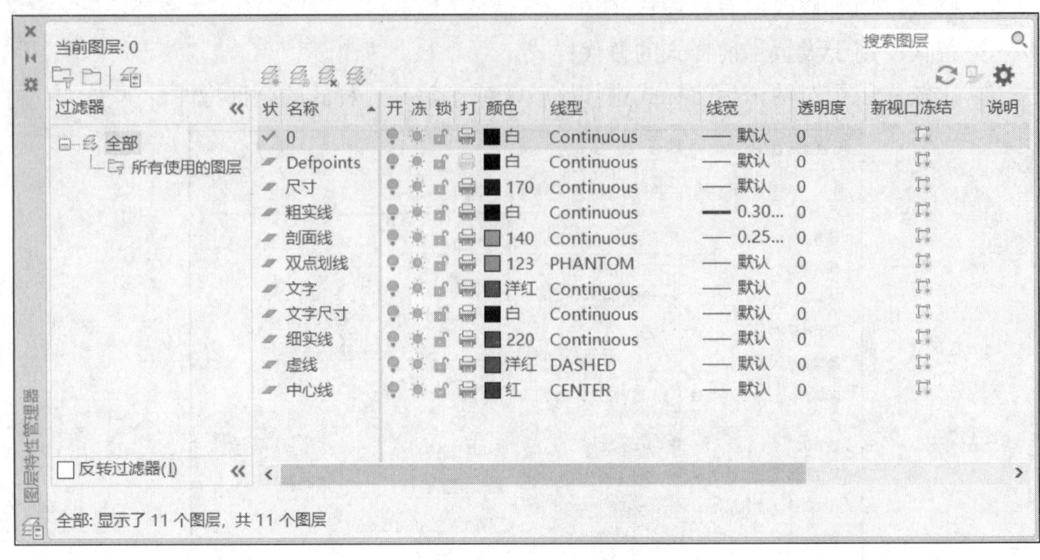

图 2-35　图层设置

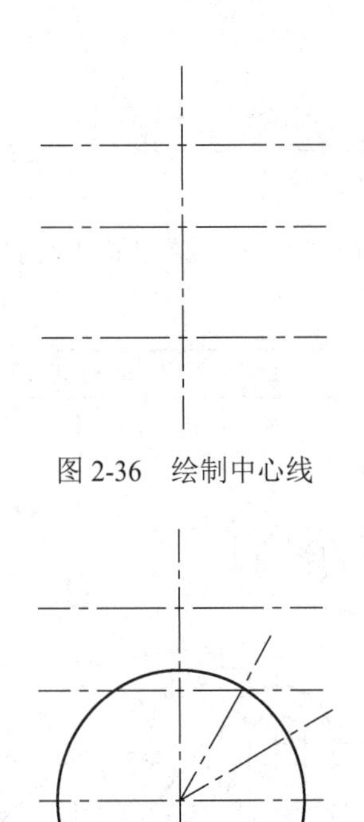

图 2-36　绘制中心线

3）设置为“粗实线”层，用圆命令绘制 $R64$ 的圆。单击“极轴追踪”按钮，并将增量角设为 30°，然后设置为“中心线”层，用画线命令绘制角度为 30° 的两条中心线，结果如图 2-37 所示。

4）设置为“粗实线”层，用圆命令绘制 $\phi 40$、$\phi 70$、$R8$ 和 $R16$ 共 6 个圆，结果如图 2-38 所示。

图 2-37　绘制 $R64$ 的圆和角度为 30° 的两条中心线

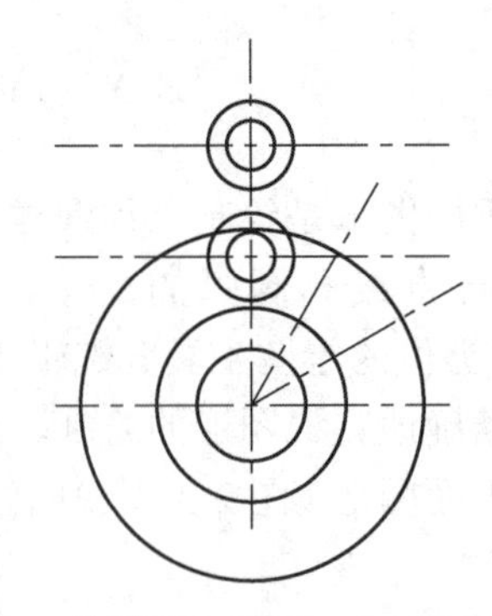

图 2-38　绘制 $\phi 40$、$\phi 70$、$R8$ 和 $R16$ 的圆

5）将对象捕捉仅为顶点、交点和圆心，用直线命令分别作 $R8$ 和 $R16$ 圆的公切线，用修剪命令，选择两条水平线作为剪切边，修剪掉不需要的圆弧，结果如图 2-39 所示。

6）用圆命令绘制 $R7$ 的两个圆和 $R14$ 的一个圆，用偏移命令将 $R64$ 的圆向内偏移 1 次、向外偏移 2 次，距离均为 7，结果如图 2-40 所示。

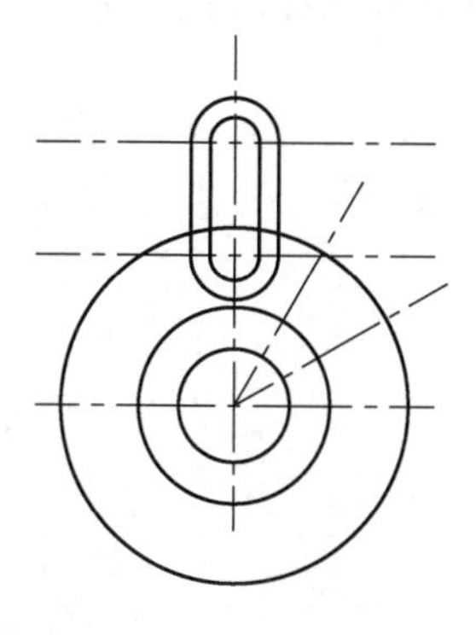

图 2-39　绘制公切线（1）

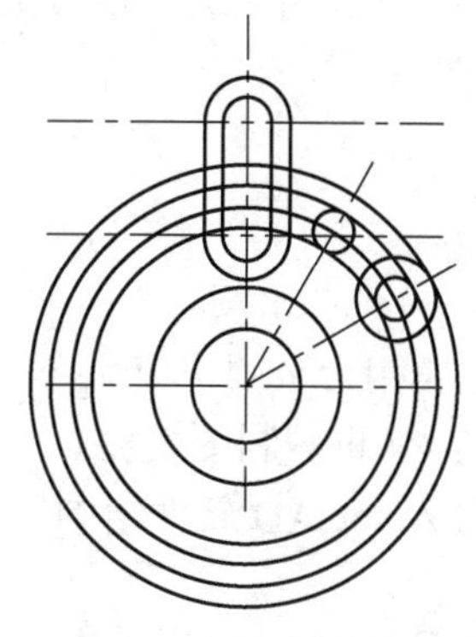

图 2-40　绘制 *R*7 和 *R*14 相切的圆（1）

7）用修剪命令选择两条角度尺寸为 30° 的中心线为剪切边，将多余的圆弧剪掉，结果如图 2-41 所示。

8）用圆角命令分别绘制 *R*7、*R*15 和 *R*10 的圆弧连接，注意 *R*7 是竖线和圆 ϕ70 的连接，而不是 *R*16 和圆 ϕ70 的连接，结果如图 2-42 所示。

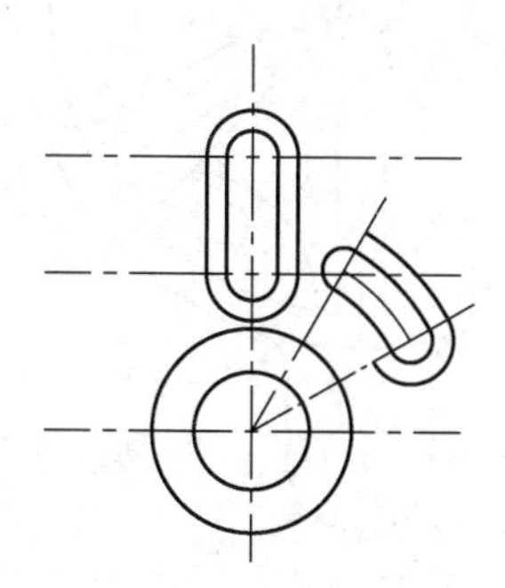

图 2-41　绘制公切线（2）

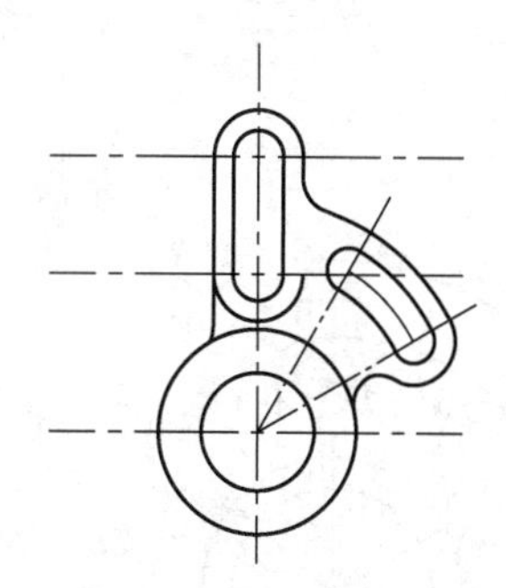

图 2-42　绘制 *R*7 和 *R*14 相切的圆（2）

9）用直线命令补出在作 *R*15 时自动修剪掉的竖线，将对象捕捉设成仅切点有效，用直线命令绘制右上的切线，将光标移动到大致的切点位置上，捕捉到切点后按相同方法捕捉另一切点，结果如图 2-43 所示。

10）用拉长命令的动态（dy）选项，调整每根中心线的长度到合适的长度（调整中心线长度时也可以用夹点编辑的方法），再选择需要变成虚线的圆弧和线段，单击图层工具栏上的图层控制列表框，在其中选择“虚线”层，按 Esc 键，结果如图 2-44 所示。

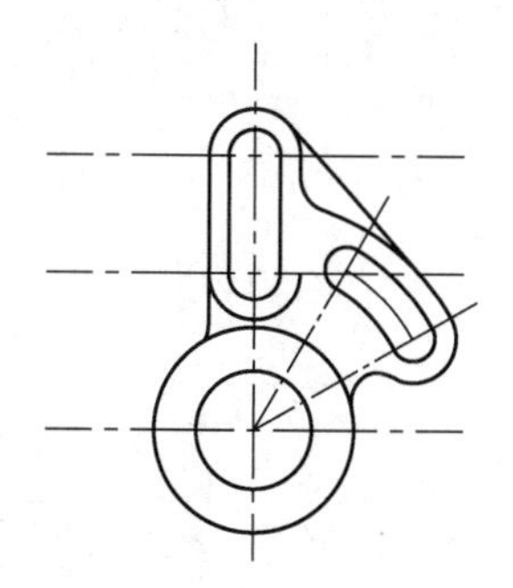

图 2-43　绘制公切线（3）

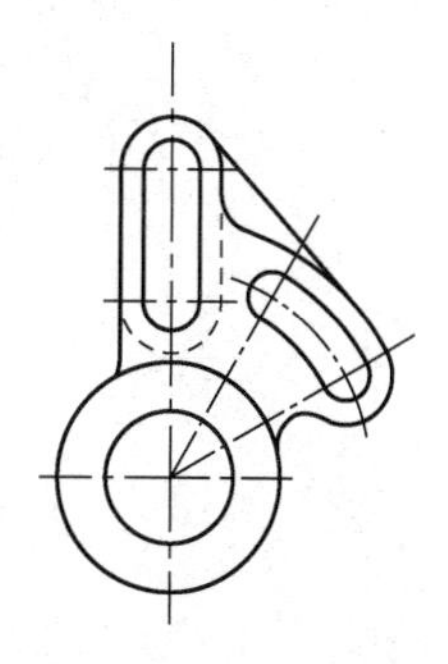

图 2-44　绘制 *R*7 和 *R*14 相切的圆（3）

11）将图层“尺寸标注”层设成当前层，标注尺寸，打开线宽显示完成全图，如图 2-34 所示，保存图形。

思 考 题

1．简述常用命令的快捷命令。
2．绘制 A4 机械制图模板。
3．利用 AutoCAD 软件绘制以下图形。

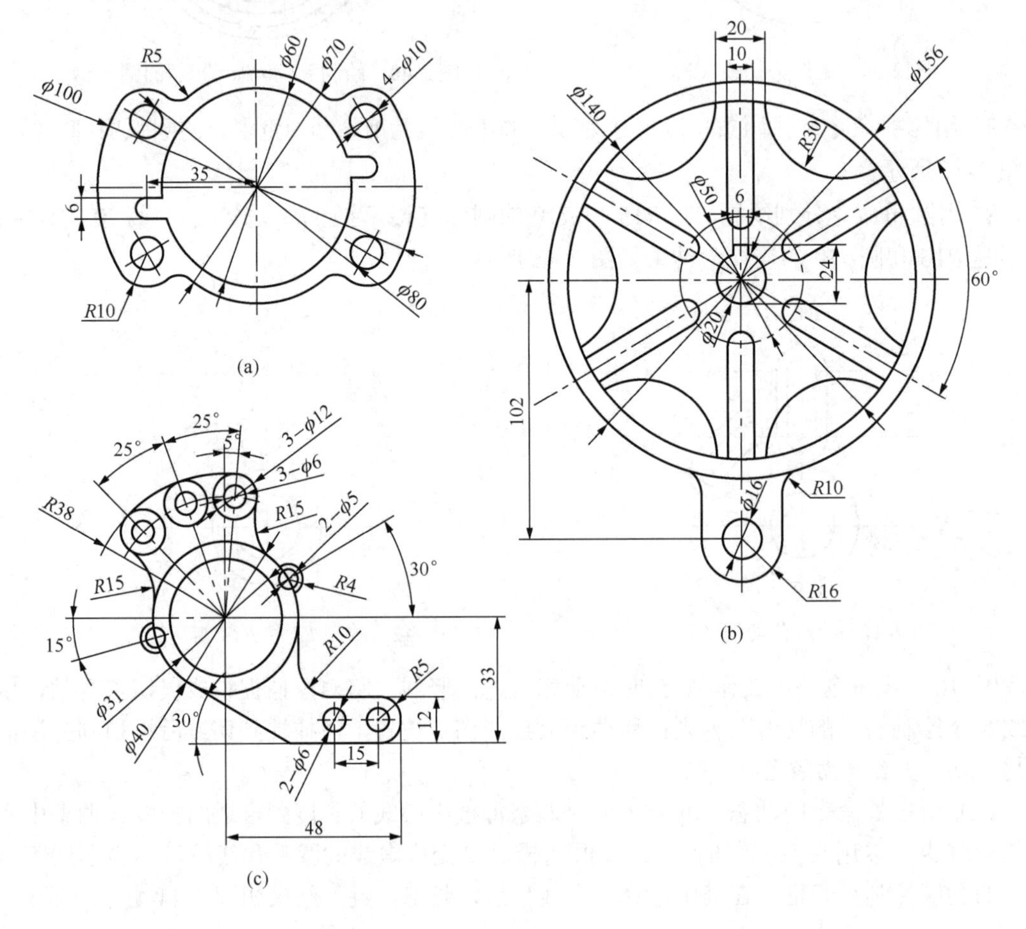

第 3 章　正投影基础

教学要求

本章主要介绍投影法的形成、分类；点、直线、平面的投影规律；点、直线、平面之间的位置关系的投影规律等。通过本章学习，主要掌握三面投影图中点、线、面的投影规律，以及点、线、面之间相对位置的投影规律，并能根据投影图判别其空间位置；学会两直线相交时交点的求法以及两平面相交时交线的求法及可见性的判断；掌握根据物体上直线、平面的两个投影求作其第 3 个投影的方法。

3.1　投影法概述

3.1.1　投影法

如图 3-1 所示，*P* 为平面，*S* 为投影面外的一点光源，现有空间点 *A*，由 *S* 向 *A* 作射线交平面 *P* 于点 *a*，平面 *P* 称为投影面，点 *S* 称为投射中心，*SA* 称为投射线，点 *a* 为空间点 *A* 在投影面 *P* 上的投影。这种令投射线通过物体向选定的面投射，并在该面上得到图形的方法称为投影法。同样，投影面下方的空间点 *B*，连接投射中心 *S* 和空间点 *B* 的线段交投影面 *P* 于点 *b*，即点 *b* 为空间点 *B* 在投影面 *P* 上的投影。

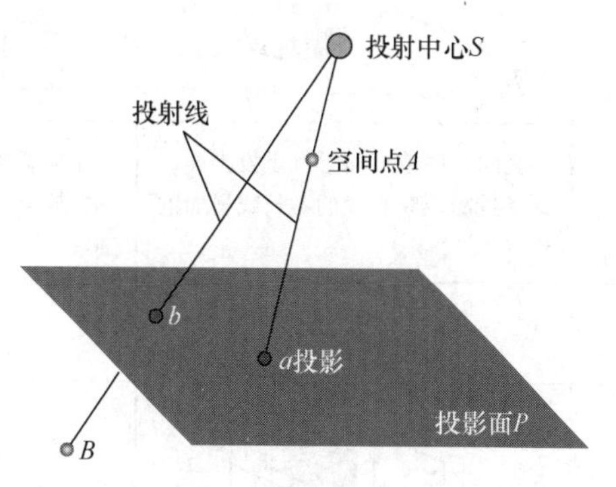

图 3-1　投影法的概念

3.1.2　投影法的分类

投影法分为中心投影法和平行投影法两类。

（1）中心投影法

投射中心位于有限远处，投射线汇交一点的投影法称为中心投影法，如图 3-2 所示。

（2）平行投影法

当投射中心位于无限远处，投影线即可视为相互平行，这种投射线相互平行的投影法称为平行投影法（图 3-3）。根据投射方向与投影面之间是否垂直，通常将平行投影法分为斜投影法和正投影法。投影线与投影面相互倾斜的平行投影法称为斜投影法。投影线与投影面相垂直的平行投影法称为正投影法。本书涉及的投影均为正投影。

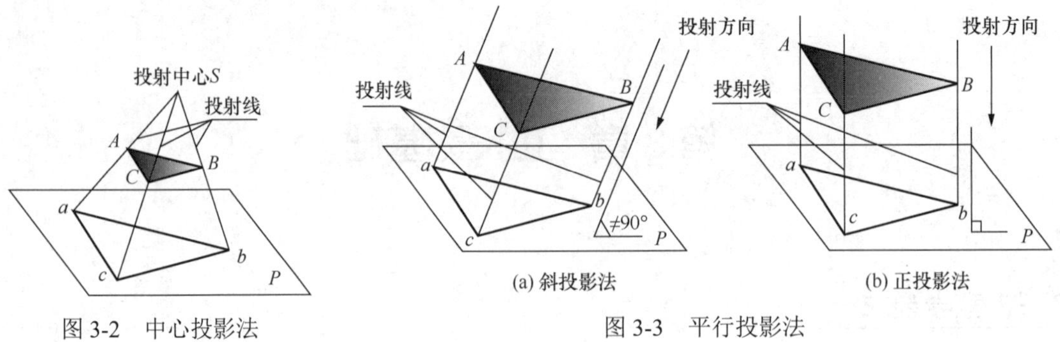

图 3-2　中心投影法

图 3-3　平行投影法

3.1.3　正投影法的基本特性

如表 3-1 所示为正投影法的基本特性，是绘图和读图的重要依据。

表 3-1　正投影法的基本特性

特性	实形性	积聚性	类似性
图例			
特性说明	空间直线或平面平行于投影面，则其投影反映直线的实长或平面的实形	空间直线、平面、曲面垂直于投影面，则其投影分别积聚为点、直线、曲线	空间直线或平面倾斜于投影面，则直线的投影仍为直线（比实长短）；平面的投影与原平面图形类似
特性	平行性	从属性	定比性
图例			
特性说明	空间相互平行的直线，其投影一定平行；空间相互平行的平面，其积聚性的投影相互平行	直线或曲线上的点，其投影必在直线或曲线上，平面或曲面内的点或线，其投影必在该平面或曲面的投影上	属于直线上的点，其分割线段的比在投影上保持不变；空间两平行线段长度之比，投影后保持不变

注：类似性指平面的投影图形与原平面图形保持基本特征不变，即保持特定性，主要包括边数相等，凹凸形状、平行关系、曲直关系保持不变。

3.2　三面正投影图的形成及其投影规律

3.2.1　三面正投影图的形成

如图 3-4（a）所示，甲、乙两物体的形状不同，但是在水平面上的投影是相同的，这说明仅一个投影不能准确地表达物体的形状。因为按照正投影的方法，位于同一投射线上的所有点在同一投影面上具有相同的投影（积聚性）。为了准确地表达物体的形状，通常将物体放在由三个互相垂直的平面组成的三投影面体系中进行正投影，如图 3-4（b）所示。

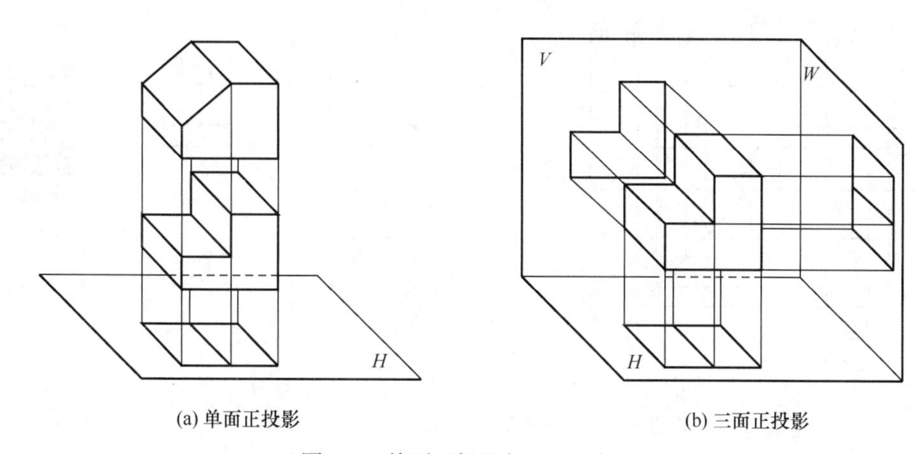

(a) 单面正投影　　(b) 三面正投影

图 3-4　单面正投影与三面正投影

按照技术制图国家标准的规定，采用第一角画法，分别从正面、上面以及左侧面三个方向向正面、水平面、右侧面作正投影，从而得到物体的三面投影图。

在三投影面体系中，三个投影面分别称为正面投影面（简称正面，用字母 V 表示）、水平投影面（简称水平面，用字母 H 表示）、右侧面投影面（简称侧面，用字母 W 表示），如图 3-5（a）所示。

两投影面的交线称为坐标轴，V 面与 H 面的交线为 X 轴，代表物体的长度方向；W 面与 H 面的交线为 Y 轴，代表物体的宽度方向；V 面与 W 面的交线为 Z 轴，代表物体的高度方向。三根坐标轴线的交点称为原点，用字母 O 表示。

用正投影法绘制的物体的图形称为投影图（视图）。由前向后投射所得的投影图称为正面投影图（主视图）；由上向下投射所得的投影图称为水平投影图（俯视图）；由左向右投射所得的投影图称为侧面投影图（左视图）。

为使三个投影图能画在一张图纸上，国家标准规定：V 面保持不动，H 面连同水平投影绕 X 轴向下旋转 90°，W 面连同侧面投影绕 Z 轴向后旋转 90°，如图 3-5（b）所示。从而使三面投影图均匀分布在同一个平面上，如图 3-5（c）所示。机械图样中的三面投影图一般不画坐标和边框线，如图 3-5（d）所示。

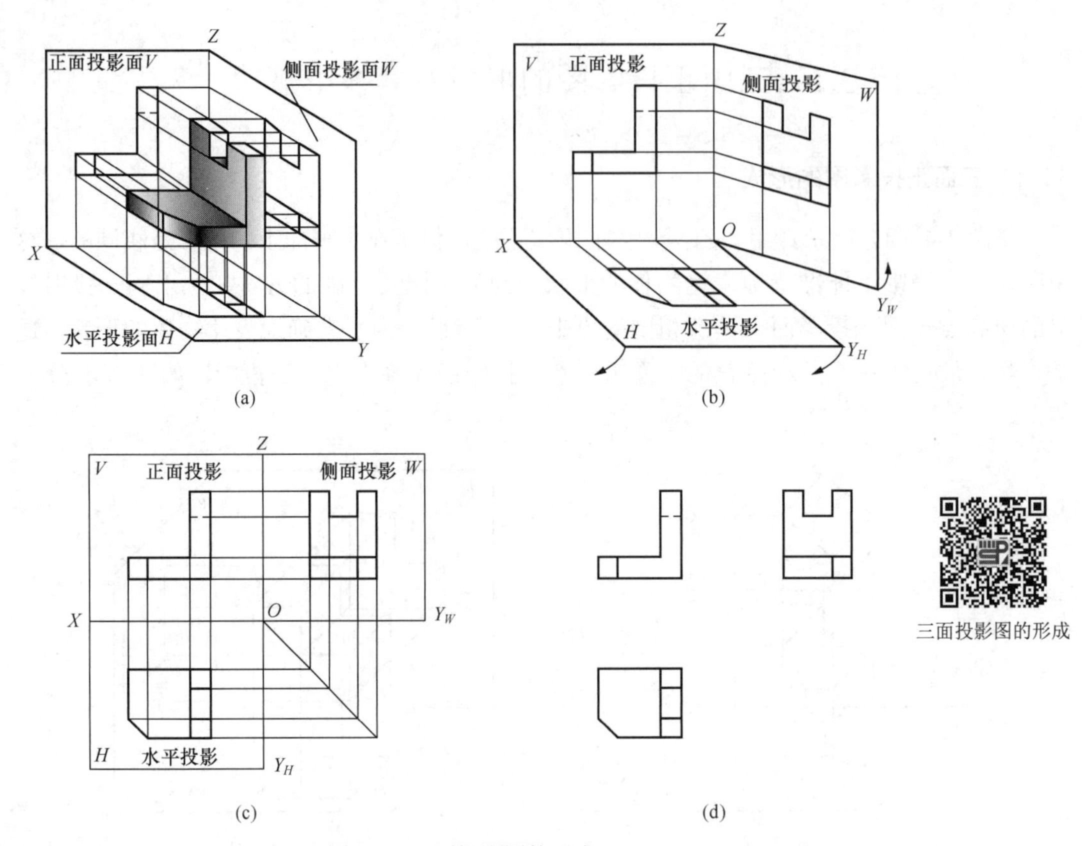

图 3-5　三面投影图的形成

3.2.2　三面投影图的投影规律

三面投影图是将一个物体分别沿三个不同方向投射到三个相互垂直的投影面而得到的三个投影图。所以，三个投影图之间、每个投影图与实物之间都有严格的对应关系。

三面投影图的投影规律，具体来讲就是指在三个投影图中的两个投影图之间的投影对应关系，如图 3-5（c）所示。可以看出三面投影图之间必须满足“长对正、高平齐、宽相等”的投影规律，即正面投影和水平投影长对正，正面投影和侧面投影高平齐，水平投影和侧面投影宽相等。这个投影规律揭示了各投影图之间的内在关系，不仅三个投影图在整体上要保持这个投影规律，而且每个投影图中的组成部分也要保持这个投影规律。“长对正、高平齐、宽相等”的投影规律是绘制物体的投影图和识读机件的投影图时应遵循的基本准则和方法。

在“三等”关系中，长对正和高平齐这两条在图纸上是直接表现出来的，而宽相等这一条，由于俯视图和左视图在图纸上没有直接对应关系，具体作图时，可以利用分规或一条 45° 的辅助线或圆弧来保证宽相等，如图 3-6 所示。

三面（正）投影图中各投影的方位关系如图 3-7 所示。主视图反映物体的左右和上下方向，俯视图反映物体的左右和前后方向，左视图反映物体的上下和前后方向。在俯视图和左视图中，靠近主视图的面为后面，反之为前面。

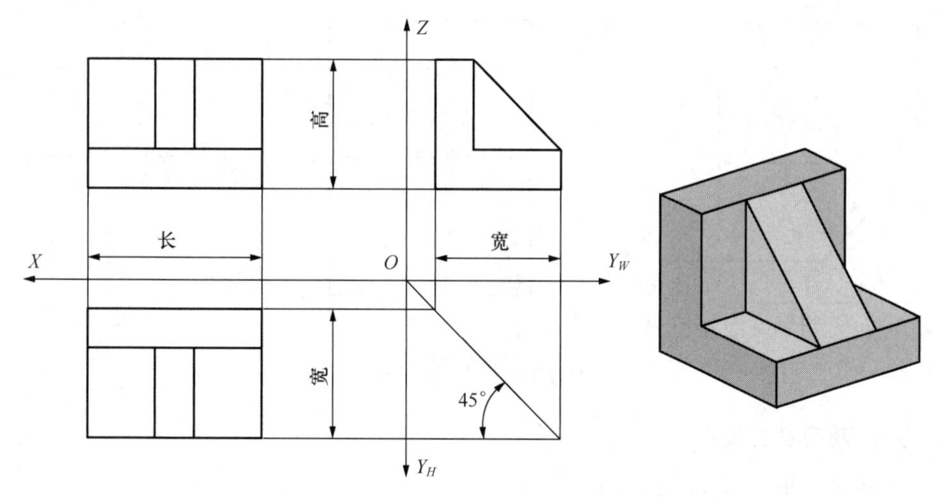

图 3-6 物体的三面正投影图及投影规律

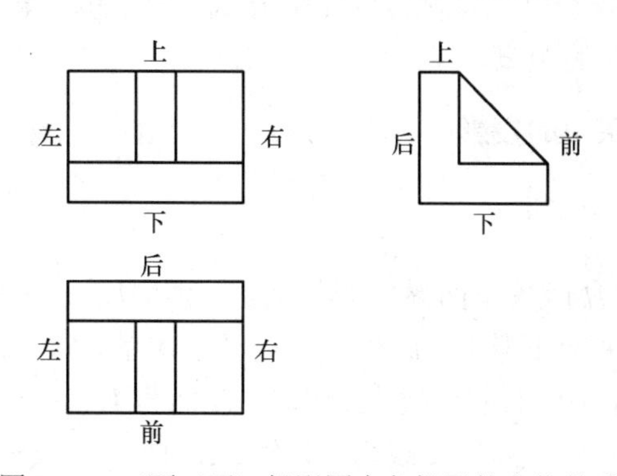

图 3-7 三面（正）投影图中各投影的方位关系

3.3 点 的 投 影

组成物体的基本元素是点、线、面，其中，点是组成形体的基本元素。为了表达各种形体的结构，必须掌握点、线、面的投影特性。

3.3.1 点在两投影面体系中的投影

1. 两投影面体系的建立

在图 3-8（a）中，将空间点 A 向正面和水平面进行正投影，即由点 A 分别向 V 面和 H 面作垂线，得垂足 a'和 a，则点 a'和 a 称为空间点 A 的正面投影和水平投影。

在图 3-8（a）中，由于 $Aa' \perp V$ 面，$Aa \perp H$ 面，因此 $OX \perp$ 平面 $a'Aaa_X$，于是 $OX \perp a'a_X$、$OX \perp aa_X$（a_X为平面 $a'Aaa_X$与 OX 轴的交点）。

为使两个投影 a'和 a 能画在同一平面上，规定 V 面不动，将 H 面连同上面的投影 a 绕 OX 轴按图 3-8（a）所示箭头方向旋转 90°，使其与 V 面共面，此时 aa_X也随之旋转 90°与 $a'a_X$在同一条直线上［图 3-8（b）］。为简化作图，通常投影图均不画投影面的外框线［图 3-8（c）］，$a'a$ 连线画成细线，称为投影连线。

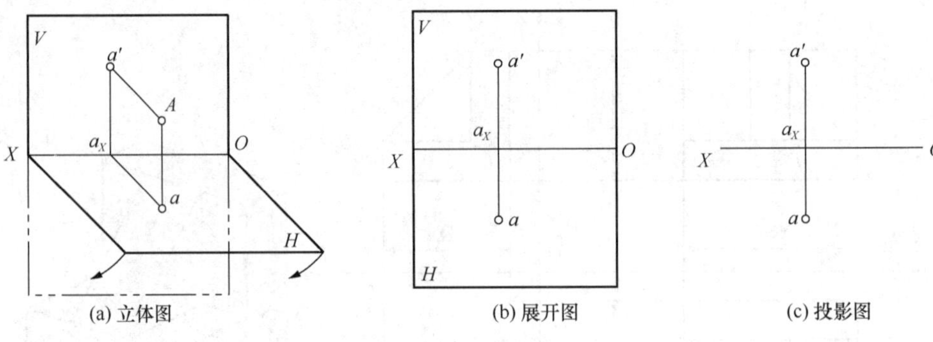

图 3-8　点的两面投影

2. 点的两面投影规律

1）点的投影连线垂直于投影轴。

2）点的水平投影到投影轴的距离反映空间点到 V 面的距离；点的正面投影到投影轴的距离反映空间点到 H 面的距离。

3.3.2　点在三投影面体系中的投影

1. 三投影面体系的建立

如图 3-9 所示，在 V/H 两投影面体系的基础上，再增加一个与 V 面、H 面都垂直的侧投影面 W，构成三投影面体系。在三投影面体系中，V 面与 H 面的交线为 OX 轴，H 面与 W 面的交线为 OY 轴，V 面与 W 面的交线为 OZ 轴。X 轴、Y 轴、Z 轴交于原点 O。

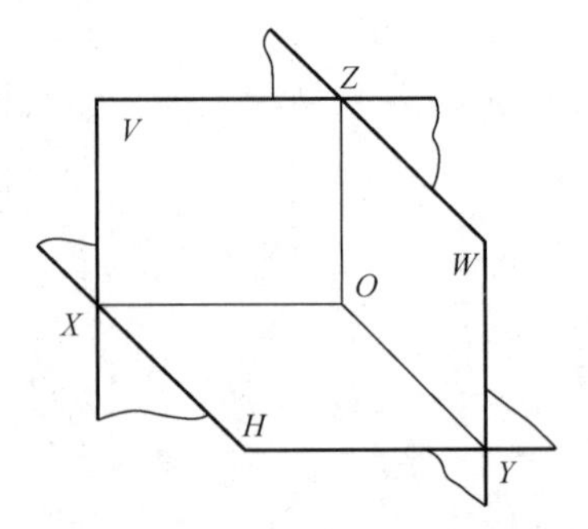

图 3-9　三投影面体系的形成

2. 点的三面投影规律

在图 3-10（a）中，空间点 A 在 V/H 面投影基础上再向 W 面作正投影，得投影 a''。同理，V 面不动，将 H 面连同投影 a 按图 3-10（a）所示箭头方向旋转 90°，将 W 面连同投影 a'' 按图 3-10（a）所示箭头方向旋转 90°，从而使 H 面、W 面与 V 共面。这时，X 轴

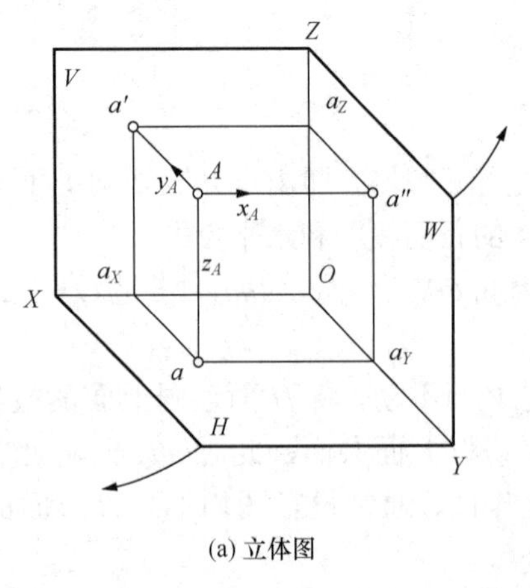

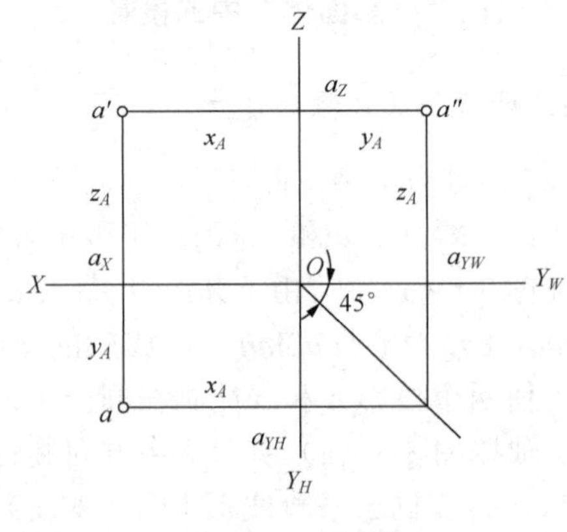

图 3-10　点的三面投影

和 Z 轴位置保持不变，而 Y 轴出现了两次，一次出现在 H 面上（方向向下），一次出现 W 面上（方向向右）。其中，出现在 H 面上的 Y 轴用 Y_H 表示，出现 W 面上的 Y 轴用 Y_W 表示。

根据点在两投影面体系中的投影规律，可得出如下点在三投影面体系的投影规律：

1）点的两投影连线垂直于相应的投影轴，即有 $a'a \perp OX$，$a'a'' \perp OZ$，$aa_{YH} \perp OY_H$，$a''a_{YW} \perp OY_W$。

2）点的投影到投影轴的距离，反映该点到另外两个投影面的距离，即有 $a'a_X=a''a_{YW}=Aa$；$aa_X= a''a_Z =Aa'$；$aa_{YW} = a'a_Z =Aa''$。

特别提示：一般规定空间点用大写字母表示，如 A、B、C 等；点的水平投影用相应的小写字母表示，如 a、b、c 等；点的正面投影用相应的小写字母加一撇表示，如 a'、b'、c'等；点的侧面投影用相应的小写字母加两撇表示，如 a''、b''、c''等。

保证水平投影和侧面投影"宽相等"，在作图时通常自原点 O 作 45° 辅助线或作圆弧，以实现 $aa_X=a''a_Z$ 的关系，如图 3-10（b）所示。

例 3-1　如图 3-11（a）所示，已知点 A 的正面投影 a'和侧面投影 a''，求作该点的水平投影。

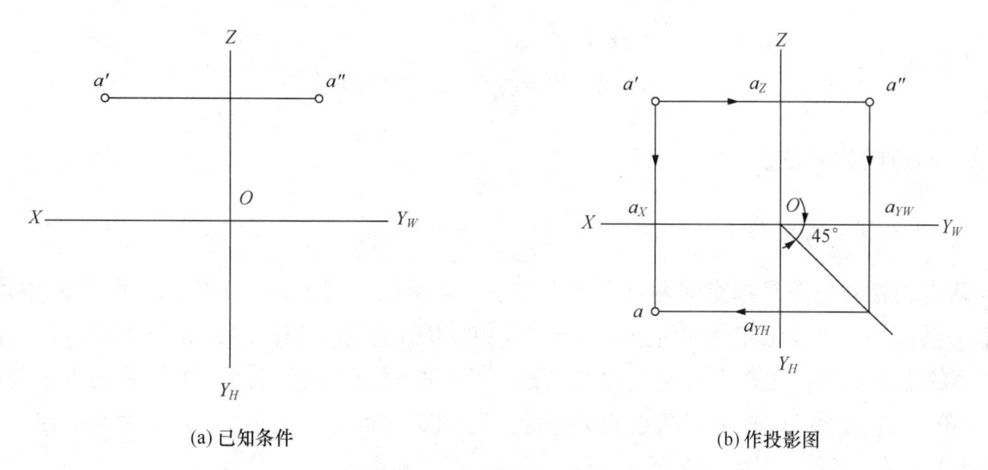

(a) 已知条件　　(b) 作投影图

图 3-11　求点的第三面投影

解：在图 3-11（b）中，先作 45° 辅助线，然后，自 a'向下作 OX 轴的垂线，自 a''向下作 OY_W 轴的垂线与 45° 辅助线交于一点，过该交点作 OY_H 轴的垂线，与过 a'垂线交于 a，即为点 A 的水平投影。

3．点的投影和坐标之间的关系

如图 3-10（a）所示，在三投影面体系中，三条投影轴构成一个空间直角坐标系，点 A 的位置可以用坐标值（X_A,Y_A,Z_A）表示，点的三面投影与其坐标之间的关系如下：

1）空间点的任一投影，均反映了该点的两个坐标值，即 a（X_A,Y_A），a'（X_A,Z_A），a''（Y_A,Z_A）。

2）空间点的每一个坐标值，反映了该点到某投影面的距离，即

$$X_A=aa_{YH}=a'a_Z=Aa''\text{（点 }A\text{ 到 }W\text{ 面的距离）}$$

$Y_A=aa_x=a''a_Z=Aa'$（点 A 到 V 面的距离）

$Z_A=a'a_x=a''a_{YW}=Aa$（点 A 到 H 面的距离）

例 3-2 已知空间点 D 的坐标（20,10,15），试作其投影图和立体图。

分析：由点的投影和坐标之间的关系，即水平投影 a 的坐标（20,10），正面投影 a' 的坐标（20,15），侧面投影 a'' 的坐标（10,15），即可作出点的三面投影和立体图。

解：点的三面投影图作图结果如图 3-12（a）所示，立体图作图结果如图 3-12（b）所示。

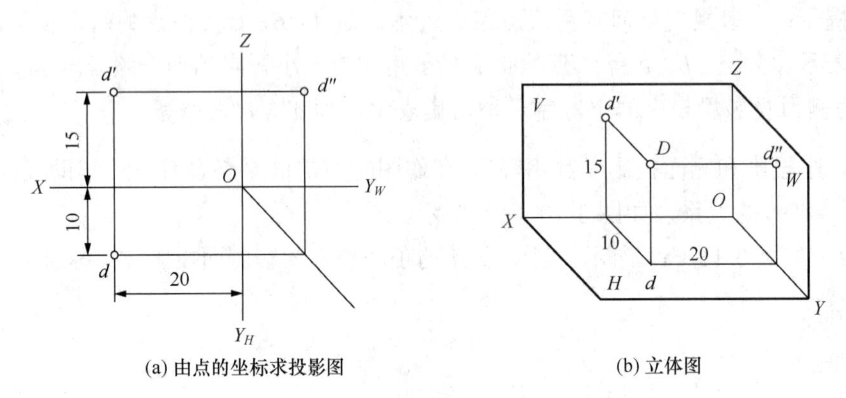

(a) 由点的坐标求投影图　　(b) 立体图

图 3-12　由点的坐标求点的投影

3.3.3 两点的相对位置

1. 两点间的相对位置

两点的相对位置是指空间两点上下、左右、前后的位置关系。由点的三面投影体系的投影关系可知，通过比较空间两点的 X 坐标，可判断两点的左右关系，X 值大的点在左面，X 值小的点在右面；比较空间两点的 Y 坐标，可判断两点的前后关系，Y 值大的点在前面，Y 值小的点在后面；比较空间两点的 Z 坐标，可判断两点的上下关系，Z 值大的点在上面，Z 值小的点在下面，如图 3-13 所示。

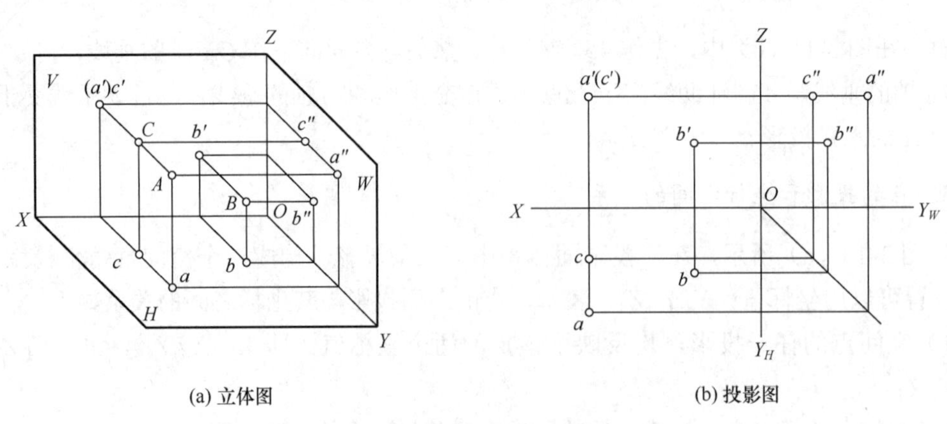

(a) 立体图　　(b) 投影图

图 3-13　两点的相对位置

如图 3-13 所示，任意空间 A、B 两点，对应的 $X_A \neq X_B$，且 $X_A > X_B$；$Y_A \neq Y_B$，且 $Y_A > Y_B$；$Z_A \neq Z_B$，且 $Z_A > Z_B$；说明空间点 A 在点 B 的左面、前面以及上面。

2. 重影点

如图 3-13 所示，A、C 两点，对应的 $X_A = X_C$；$Z_A = Z_C$；只有 $Y_A \neq Y_C$，且 $Y_A > Y_C$，说明 A 点在 C 点的正前方。此时 A、C 两点处于 V 面的同一条投射线上，这两点在该投影面上的投影重合为一点，空间中这样的两点称为重影点。向 V 面作投射时点 A 把点 C 挡住，点 A 可见，点 C 不可见，不可见点的投影加括号表示［如图 3-13（b）所示］。

特别提示： 判别某投影面上重合投影的可见性时，通常采用不相等的坐标值判定，即坐标值大的点为可见，坐标值小的点为不可见。

3.4 直线的投影

直线的投影一般仍为直线，特殊情况下积聚为一点。直线的投影通常采用线段表示，连接线段两端点的同面投影即得直线的三面投影。

3.4.1 各种位置的直线

1. 一般位置直线

一般位置直线与三个投影面都倾斜。这种直线的三个投影与坐标轴均为倾斜的线段。空间直线与投影面倾斜的角度称为直线与投影面的倾角。直线对投影面 H、V、W 的倾角分别用 α、β、γ 表示，倾角的大小由直线与该投影面上投影的夹角来度量，如图 3-14（b）所示。

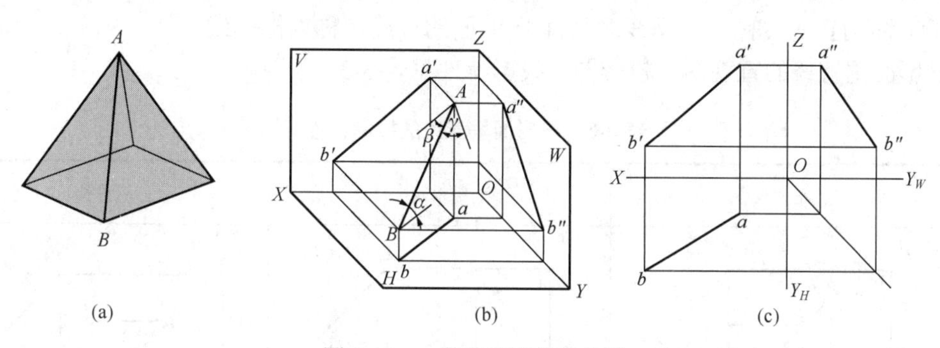

图 3-14 一般位置直线的投影

2. 投影面平行线

直线平行于某一投影面，对另外两个投影面都倾斜。平行于 H 面的直线称为水平线；平行于 V 面的直线称为正平线；平行于 W 面的直线称为侧平线。

投影面平行线的立体图、投影图、投影特性见表 3-2。

表 3-2 投影面平行线的投影特性

名称	正平线	水平线	侧平线
立体图	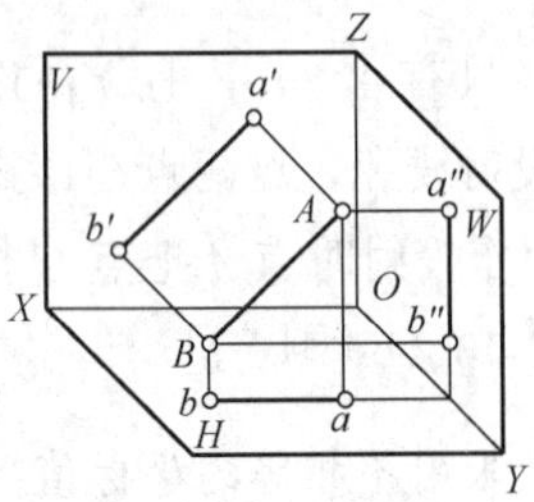 Z V a′ b′ A a″ W O b″ X B b a H Y	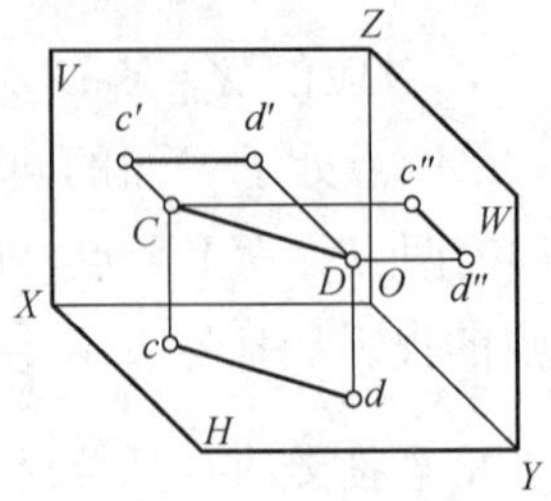 Z V c′ d′ c″ C W D O d″ X c d H Y	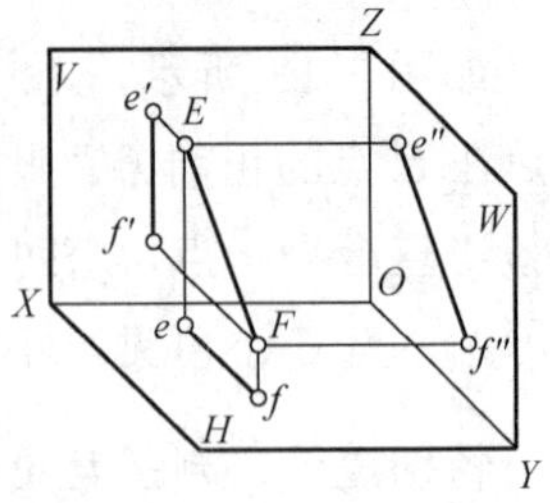 Z V e′ E e″ W f′ O X e F f″ H f Y
投影图	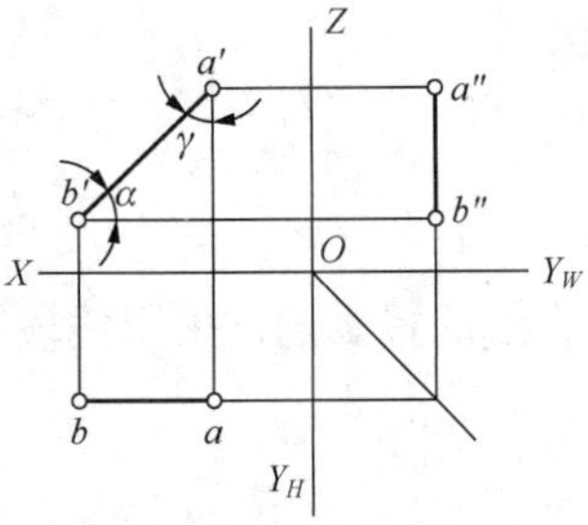 Z a′ a″ γ b′ α b″ X O Y_W b a Y_H	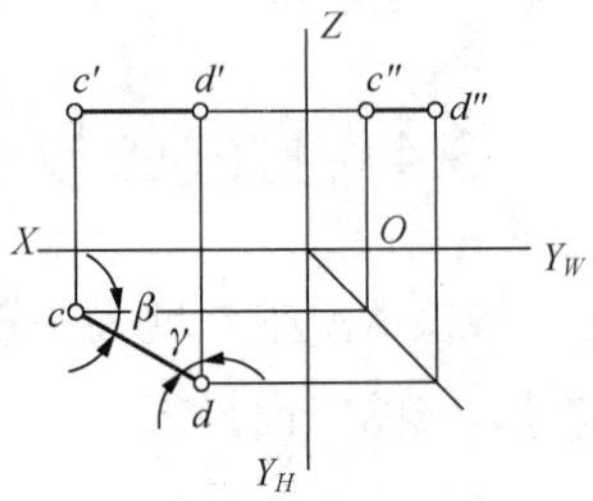 Z c′ d′ c″ d″ X O Y_W c β γ d Y_H	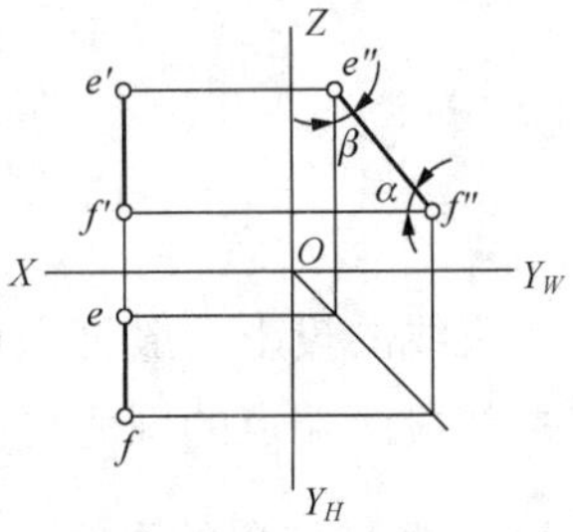 Z e′ e″ β f′ α f″ X O Y_W e f Y_H
投影特性	（1）投影面平行线的三面投影都是直线段 （2）在直线所平行的投影面上，投影反映线段的实长，且该投影与相邻投影轴的夹角反映该直线对另外两个投影面的倾角大小 （3）在另外两个投影面上的投影为缩短的直线段，且分别平行于平行投影面所包含的两条投影轴		

3．投影面垂直线

直线垂直于某一投影面，对另外两个投影面都平行。垂直于 *H* 面的直线，称为铅垂线；垂直于 *V* 面的直线，称为正垂线；垂直于 *W* 面的直线，称为侧垂线。

投影面垂直线的直观图、投影图、投影特性见表 3-3。

表 3-3 投影面垂直线的投影特性

名称	正垂线	铅垂线	侧垂线
立体图	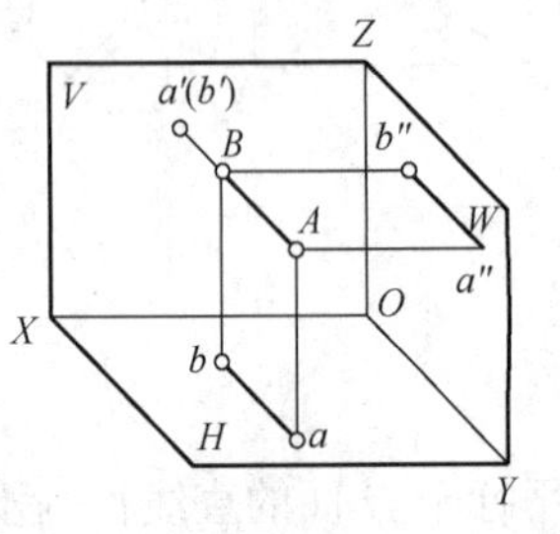 Z V a′(b′) B b″ A W a″ X O b H a Y	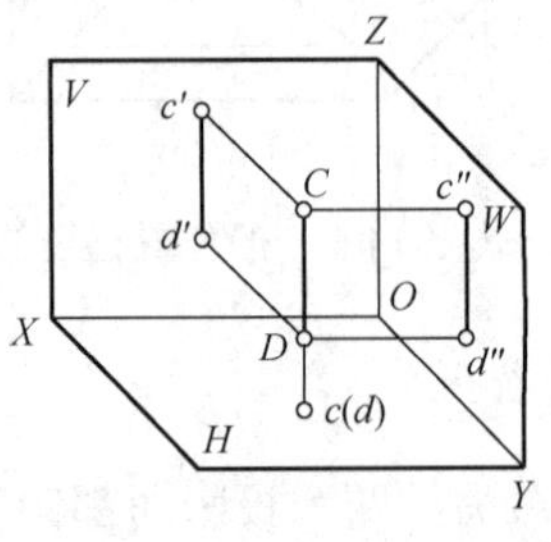 Z V c′ C c″ d′ W O X D d″ c(d) H Y	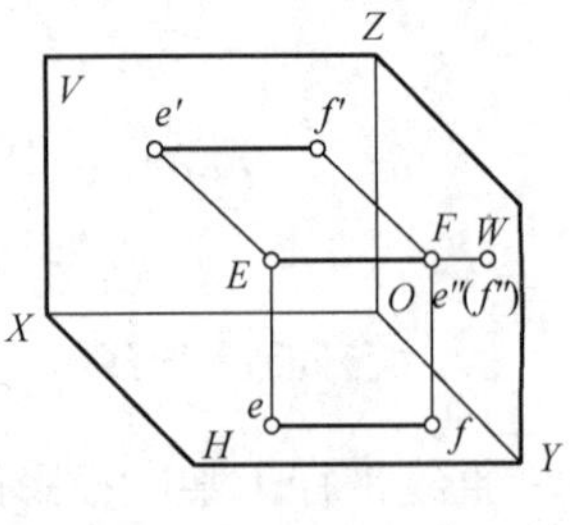 Z V e′ f′ F W E O e″(f″) X e f H Y

续表

名称	正垂线	铅垂线	侧垂线
投影图	Z, a'(b'), b'', a'', X, O, Y_W, b, a, Y_H	Z, c', c'', d', d'', X, O, Y_W, c(d), Y_H	Z, e', f', e''(f''), X, O, Y_W, e, f, Y_H
投影特性	(1)在直线所垂直的投影面上，直线的投影积聚为一点 (2)在另外两个投影面上，直线的投影反映实长，且分别垂直于直线垂直投影面上的两条投影轴		

特别提示：投影面平行线和投影面垂直线称为特殊位置直线。

3.4.2 一般位置直线的线段实长及其对投影面的倾角

如前所述，一般位置直线在投影面的三个投影都倾斜于投影轴，每个投影既不反映线段的实长，也不反映倾角的大小，通常可采用直角三角形法求线段实长及其对投影面的倾角。

如图3-15（a）所示，AB为一般位置直线，过点A作$AB_1//ab$，得直角三角形AB_1B，其中直角边$AB_1=ab$，$BB_1=Z_B-Z_A$，斜边AB即为所求的实长，AB和AB_1的夹角就是直线AB对H面的倾角α。同理，过点A作$AB_2//a'b'$，得直角三角形AB_2B，AB与AB_2的夹角就是直线AB对V面的倾角β。

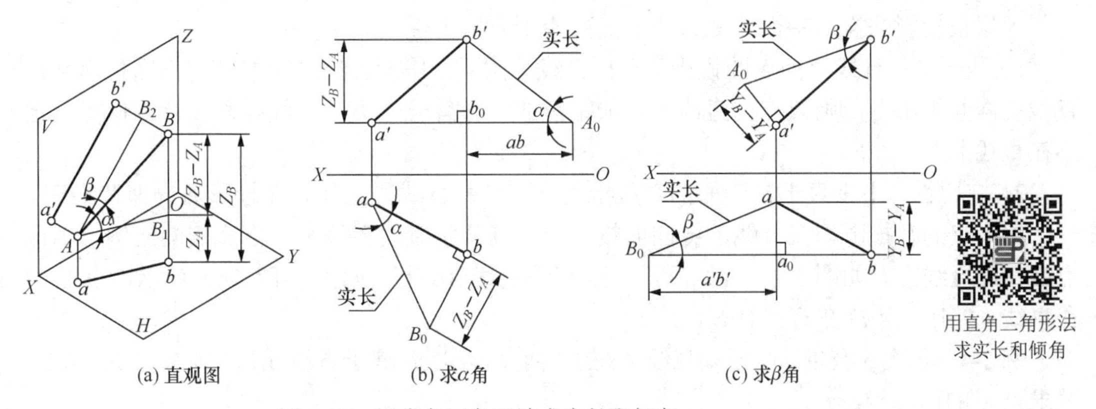

(a) 直观图　(b) 求α角　(c) 求β角

图3-15　用直角三角形法求实长和倾角

如图3-15（b）、（c）所示，为作图简便，通常将直角三角形画在正面投影或水平投影的位置。直角三角形法的作图要领可归纳如下：

1）以线段一个投影的长度为一条直角边。

2）以线段的两端点相对于该投影面的坐标差作为另一直角边（坐标差在另一投影面上量取）。

3）所作直角三角形的斜边即为线段的实长。

4）斜边与该投影的夹角即为线段与该投影面的倾角。

例 3-3　如图 3-16（a）所示，已知直线 AB 对 H 面的倾角 α=30°，AB 的正面投影 $a'b'$ 及点 A 的水平投影 a。试作出线段 AB 的水平投影。

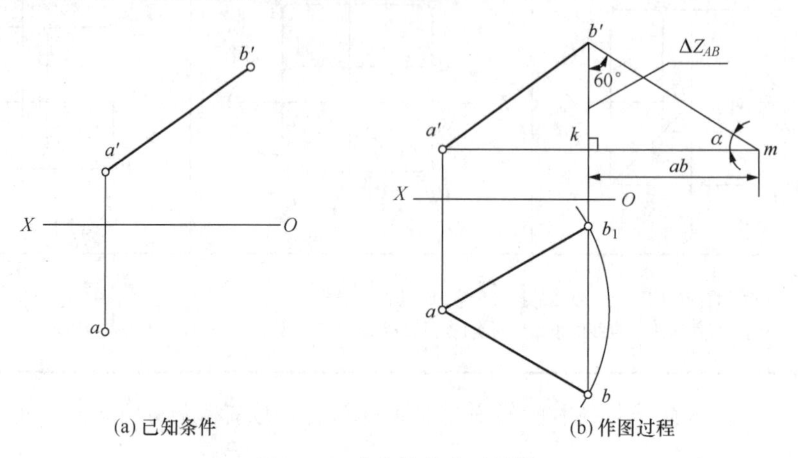

图 3-16　求直线的水平投影

分析：从已知条件可知，直线 AB 对 H 面的倾角 α=30°，正面投影也已知点 A 和 B 的坐标差 ΔZ_{AB}，按照直角三角形法则，即可作出直线 AB 的水平投影的长度。

解：如图 3-16（b）所示，过点 b'作 OX 轴的垂线并延长，过点 a'作 OX 轴的平行线 $a'k$ 并延长，过点 b'作 60° 夹角的斜线与 $a'k$ 的延长线相交点 m，图中线段 km 即为直线 AB 水平投影 ab 的长度。然后再以水平投影点 a 为圆心、km 为半径作弧，交 $b'k$ 的延长线于点 b 和点 b_1，连接 ab 或 ab_1，即为 AB 的水平投影。特别说明，本题有两解。

3.4.3　直线上的点

根据正投影法投影特性可知直线上点的投影有以下性质。

1）从属性：直线上的点的投影，必在直线的同面投影上。反之如果点的三面投影都在直线的同面投影上，则该点在直线上。如果点的投影有一个不在直线投影上，则该点一定不在直线上。

2）定比性：不垂直于投影面的直线上的点，分割直线段之比，在投影后仍保持不变。

如果点的各投影均在直线的各同面投影上，且分割直线各投影长度成相同比例，则该点必在此直线上。如图 3-17（a）所示，点 C 在直线 AB 上。如图 3-17（b）所示，点 C 不在直线 AB 上，点 D 在直线 AB 上。

例 3-4　如图 3-18 所示，已知直线 AB 的两面投影，点 K 属于直线 AB，且 AK∶KB=1∶2。试求点 K 的两面投影。

分析：本题可根据直线上的点的投影性质中的定比性和从属性求解。

解：如图 3-18 所示，过 AB 的任意投影的任意端点如 a'，以适当的方向作一条辅助直线，并在其上从点 a'起量取 3 个单位的长度得点 m。连接 m 和 b'两点，并过 1 个单位长的等分点 n 作 mb'的平行线，交 $a'b'$于点 k'，则点 k'即为点 K 的正面投影。然后由点 k'作投影连线交 ab 于点 k，点 k 即为点 K 的水平投影。

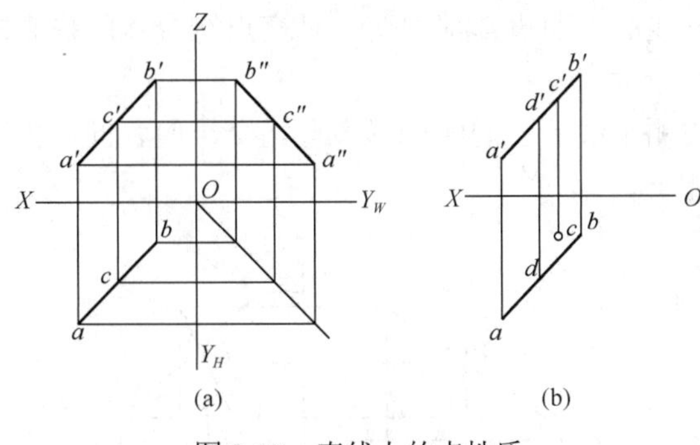

图 3-17　直线上的点性质

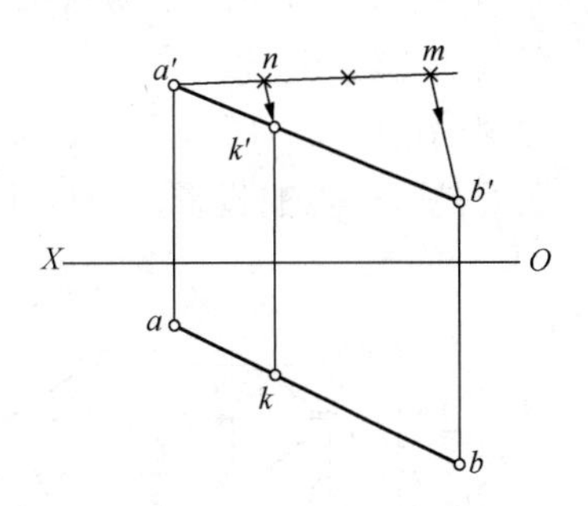

图 3-18　求直线上点的投影

3.4.4　两直线的相对位置

1. 两直线平行

若空间两直线平行，则其各组同面投影必相互平行；若两直线的各组同面投影分别相互平行，则空间两直线相互平行。如图 3-19 所示，若 $AB//CD$，则 $ab//cd$、$a'b'//c'd'$。

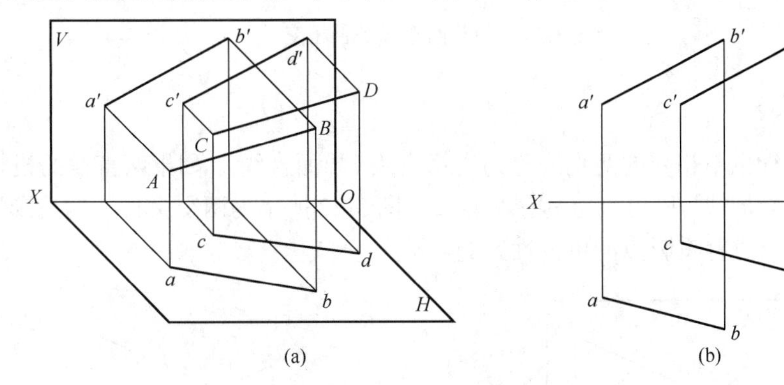

图 3-19　两直线平行的投影

2. 两直线相交

若空间两直线相交，则其各组同面投影必定相交，交点是两直线的共有点，且符合点的投影规律；若两直线的各组同面投影都相交，且交点符合点的投影规律，则两直线在空间必相交。如图 3-20 所示，直线 AB 和 CD 相交于点 K，点 K 是直线 AB 和 CD 的共有点，根据直线上点的从属性，正面投影点 k'一定是 $a'b'$和 $c'd'$的交点。同理，水平投影点 k 一定是 ab 和 cd 的交点，而且点 k'和点 k 的连线垂直于 OX 轴。

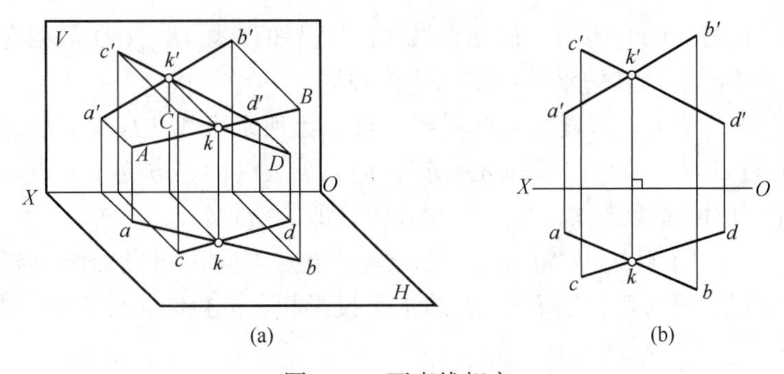

图 3-20　两直线相交

如图 3-21（a）所示，两条一般位置直线的三面投影都相交，且交点符合点的投影规律，所以两直线相交。

如图 3-21（b）所示，一般位置直线与侧平线的各同面投影各自相交，但各同面投影的交点不是同一点的投影，所以两直线不相交。

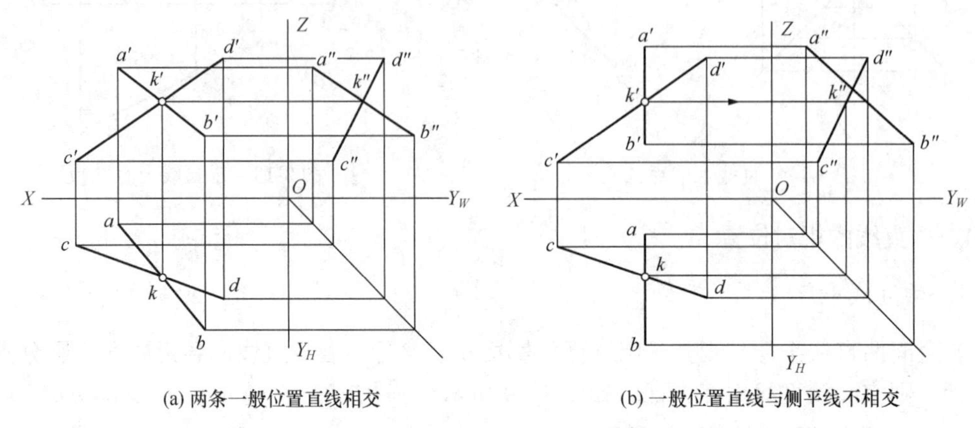

(a) 两条一般位置直线相交　　(b) 一般位置直线与侧平线不相交

图 3-21　判断两直线是否相交

3. 两直线交叉

空间既不平行也不相交的两直线称为交叉直线（异面直线）。如果两直线的投影不符合平行或相交的投影规律，则可判定为交叉直线。图 3-22 所示为两交叉直线的投影情况。必要时，交叉直线要进行重影点的可见性判断。

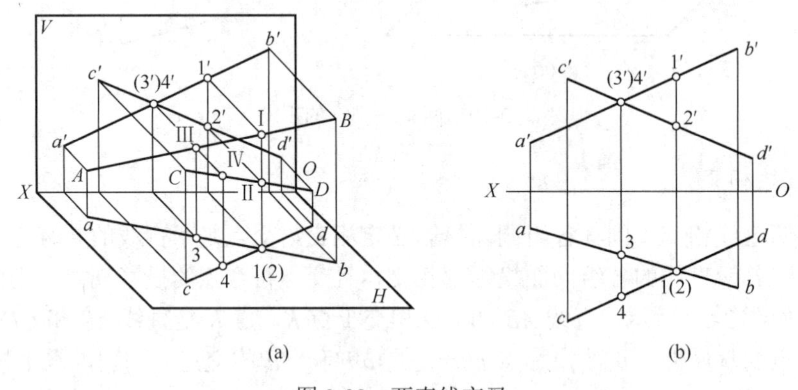

图 3-22　两直线交叉

例 3-5　如图 3-23（a）所示，已知直线 *KL* 与已知直线 *AB*、*CD* 都相交，并平行于已知直线 *EF*。试绘制直线 *KL* 的水平投影和正面投影。

分析：由已知条件可知，直线 *CD* 是铅垂线。因所求直线 *KL* 与 *CD* 相交，其交点 *L* 的水平投影 *l* 应与 *c*（*d*）重合。又因 *KL*//*EF*，所以 *kl*//*ef* 并与 *ab* 交于 *k* 点。再根据点线从属关系和平行直线的投影特性求 *k'*，作 *k'l'*//*e'f'*，即为所求。

解：过点 *c*（*d*）作直线 *lk*//*ef* 交 *ab* 于点 *k*，过点 *k* 向正面投影作投影线交 *a'b'* 于点 *k'*，作 *k'l'*//*e'f'*，则 *kl* 和 *k'l'* 即为直线 *KL* 的水平投影和正面投影。作图结果如图 3-23（b）所示。

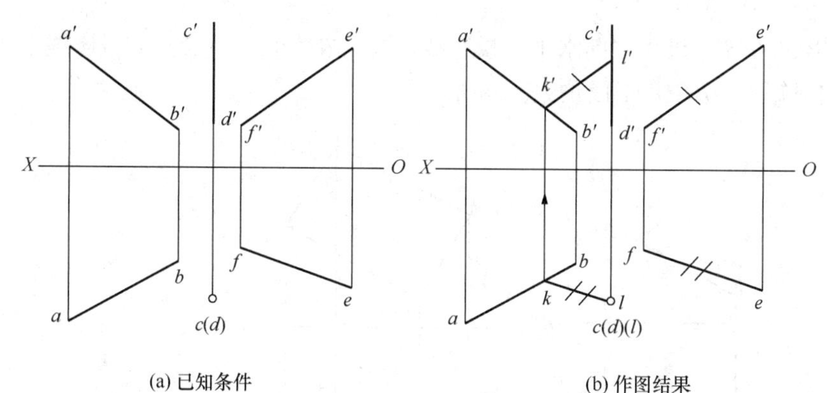

(a) 已知条件　　(b) 作图结果

作直线与已知直线平行且与另外两已知直线相交

图 3-23　作直线与已知直线平行且与另外两已知直线相交

4. 两直线垂直

两直线垂直的几何条件：当互相垂直的两直线中至少有一条平行于某个投影面时，它们在该投影面上的投影也互相垂直。

图 3-24（a）中，*AB* 与 *CD* 垂直相交，其中直线 *AB* 为水平线，另一条直线 *CD* 为一般位置直线，可证明其 *H* 面投影 $ab \perp cd$。

因为 $AB \perp CD$、$AB \perp Bb$，所以 $AB \perp$ 平面 *CDcd*，因为 *AB*//*ab*，所以 $ab \perp$ 平面 *CDcd*，由此得 $ab \perp cd$。

反之，若已知 $ab \perp cd$，直线 *AB* 为水平线，则有空间 $AB \perp CD$ 的关系（请读者自己证明）。

上述直角投影法则也适用于垂直交叉的两直线，图 3-24（a）中直线 *MN*//*AB*，但是 *MN* 与 *CD* 不相交，为垂直交叉的两直线，在水平投影中仍保持 $mn \perp cd$。

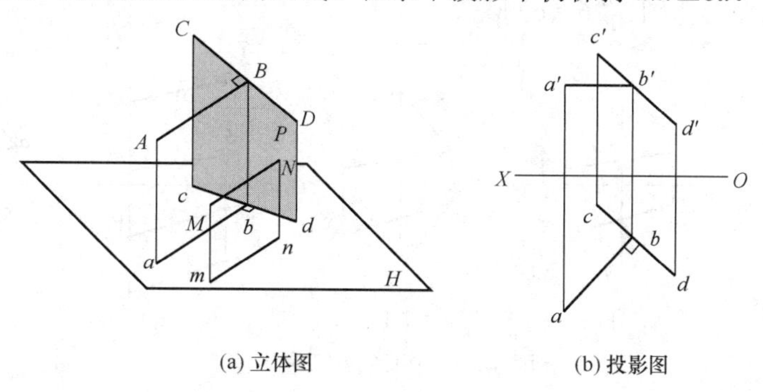

(a) 立体图　　(b) 投影图

图 3-24　垂直两直线投影

例 3-6　如图 3-25（a）所示，已知矩形 *ABCD* 的不完全投影，*AB* 为正平线。补全该矩形的两面投影。

分析：由于矩形的邻边互相垂直相交，又已知 *AB* 为正平线，故可根据直角投影法则作 $d'b' \perp ab$，得出点 *d'*。又由于矩形的对边平行且相等，由平行线性质作出 *d'c'*//*a'b'*，*a'd'*//*b'c'* 得出点 *c'*，即可完成矩形 *ABCD* 的正面投影，同理，*ab*//*cd*，*ad*//*bc* 得出点 *c*，即可完成矩形 *ABCD* 的水平投影。

解：作图过程如图 3-25（b）所示。分别过点 *a'* 和点 *b'* 作 *a'b'* 的垂直线 *a'd'* 和 *b'c'*，过点 *d* 向正面作投影线交 *a'd'* 于点 *d'*，过点 *d'* 作 *c'd'*//*a'b'* 交 *b'c'* 于点 *c'*，连接 *c'd'* 即可完成矩

形 $ABCD$ 的正面投影 $a'b'c'd'$。过点 c' 向水平作投影线，过点 d 作 $cd//ab$ 交点 c' 投影线于点 c，连接 bc，即可完成矩形 $ABCD$ 的正面投影 $abcd$。

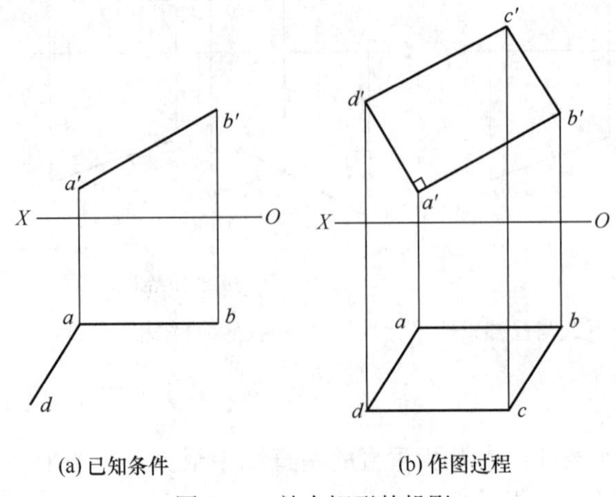

图 3-25　补全矩形的投影

3.5　平面的投影

3.5.1　平面的投影表示法

平面的空间位置通常采用以下五种形式表示：不在一直线上的三点［图 3-26（a）］；一直线和直线外的一点［图 3-26（b）］；相交两直线［图 3-26（c）］；平行两直线［图 3-26（d）］；任意平面图形［图 3-26（e）］。

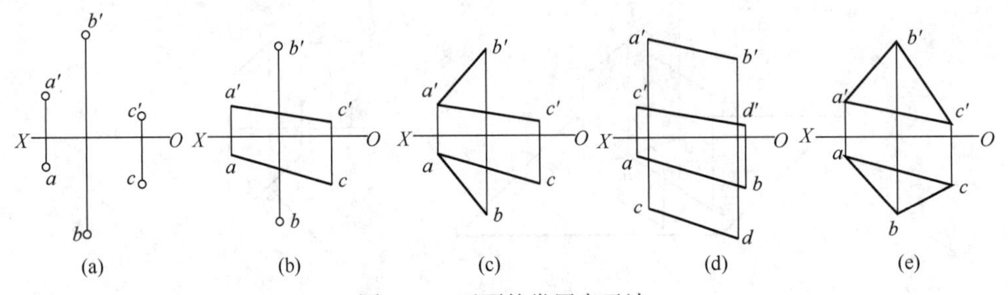

图 3-26　平面的常用表示法

3.5.2　各种位置的平面

（1）一般位置平面

与三个基本投影面都倾斜的平面称为一般位置平面。图 3-27（a）为△ABC 表示的一般位置平面。

（2）投影面垂直面

垂直于一个基本投影面与另外两个基本投影面都倾斜的平面称为投影面垂直面。其中，垂直于 H 面的平面称为铅垂面；垂直于 V 面的平面称为正垂面；垂直于 W 面的平面称为侧垂面。

（3）投影面平行面

平行于一个基本投影面的平面称为投影面平行面。其中，平行于 H 面的平面称为水平面；平行于 V 面的平面称为正平面；平行于 W 面的平面称为侧平面。

投影面垂直面和投影面平行面总称为特殊位置平面。

3.5.3　各种位置平面的投影特性

（1）一般位置平面

如图 3-27（b）所示，一般位置平面与各基本投影面都倾斜，其投影均为类似形。

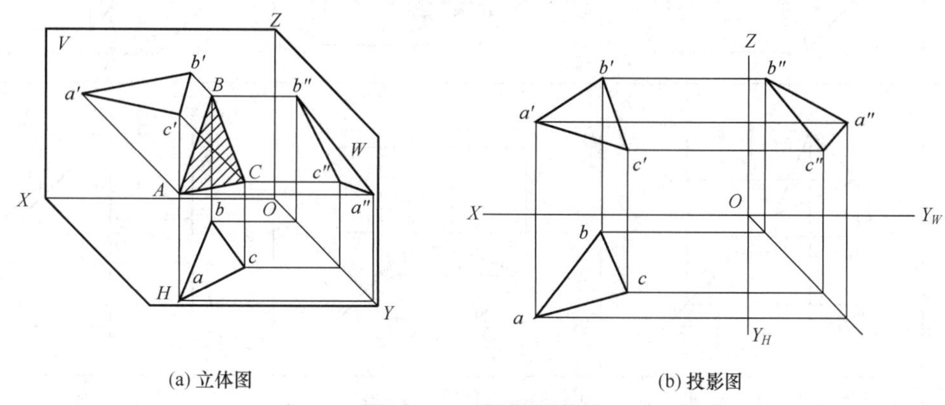

图 3-27　一般位置平面

（2）投影面垂直面

投影面垂直面的直观图、投影图、投影特性见表 3-4。

表 3-4　投影面垂直面的投影特性

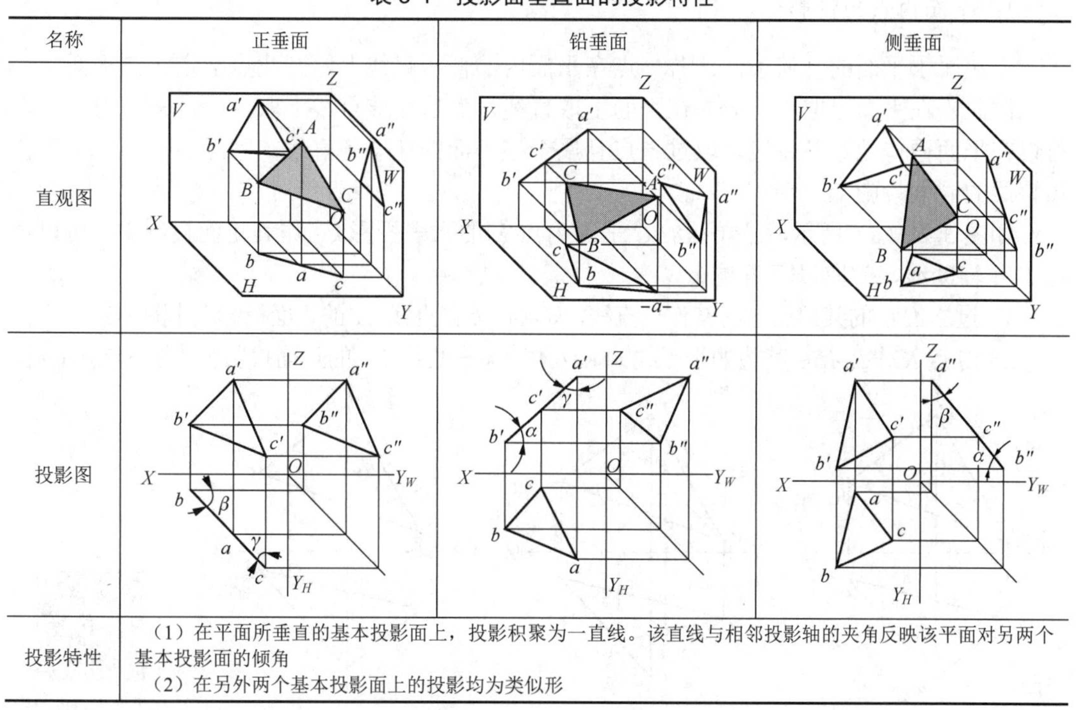

名称	正垂面	铅垂面	侧垂面
直观图			
投影图			
投影特性	（1）在平面所垂直的基本投影面上，投影积聚为一直线。该直线与相邻投影轴的夹角反映该平面对另两个基本投影面的倾角 （2）在另外两个基本投影面上的投影均为类似形		

（3）投影面的平行面

投影面的平行面的直观图、投影图、投影特性见表 3-5。

表 3-5　投影面平行面的投影特性

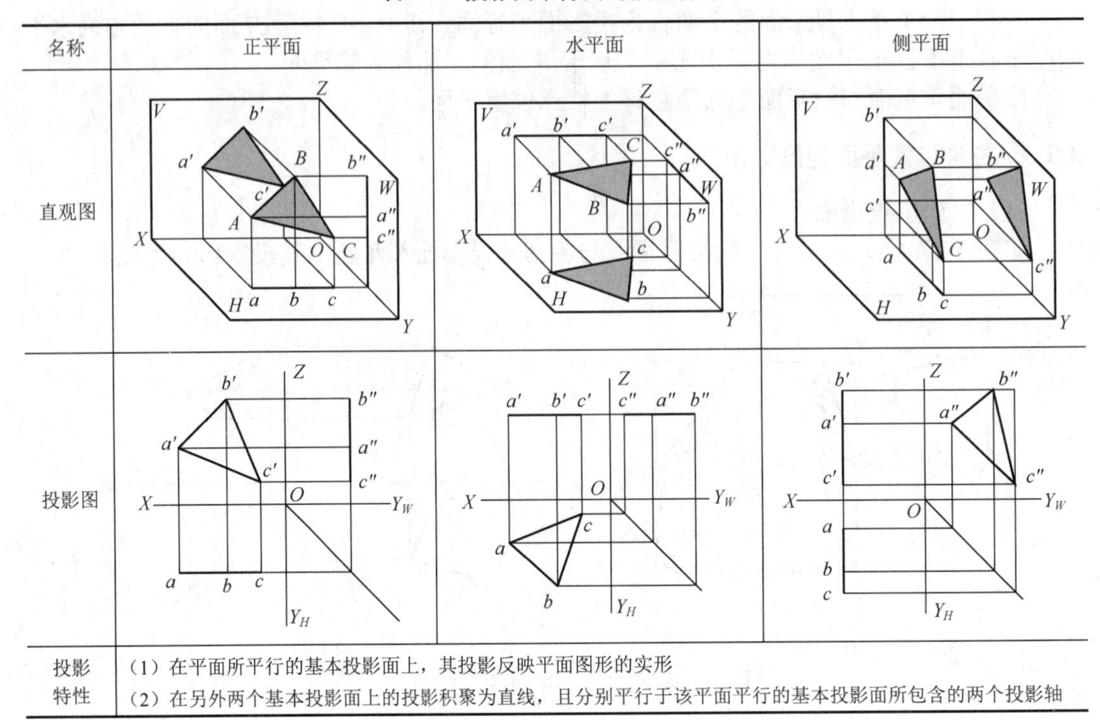

名称	正平面	水平面	侧平面
直观图			
投影图			
投影特性	（1）在平面所平行的基本投影面上，其投影反映平面图形的实形 （2）在另外两个基本投影面上的投影积聚为直线，且分别平行于该平面平行的基本投影面所包含的两个投影轴		

3.5.4　平面内的点和直线

1．平面内点的投影

点从属于平面的几何条件：若一点在平面内的任一直线上，则此点必定在该平面上。

因此，在平面上取点，应先在平面上取直线，然后在该直线上取点。过平面内一个点可以在平面内作无数条直线，取过该点且属于该平面的任一条直线，则点的投影一定落在该直线的同面投影上。

如图 3-28（a）所示，已知△*ABC* 平面内点 *K* 的水平投影 *k*，作其正面投影 *k*′。可以过点 *K* 作辅助线，常取以下两类直线：

1）过△*ABC* 的某顶点与点 *K* 作一直线，如 *A*1，*k*′在直线 *A*1 的正面投影上［图 3-28（b）］。

2）过点 *K* 作△*ABC* 某边的平行线如 *K*1//*AC*，*k*′在直线 *K*1 的正面投影上［图 3-28（c）］。

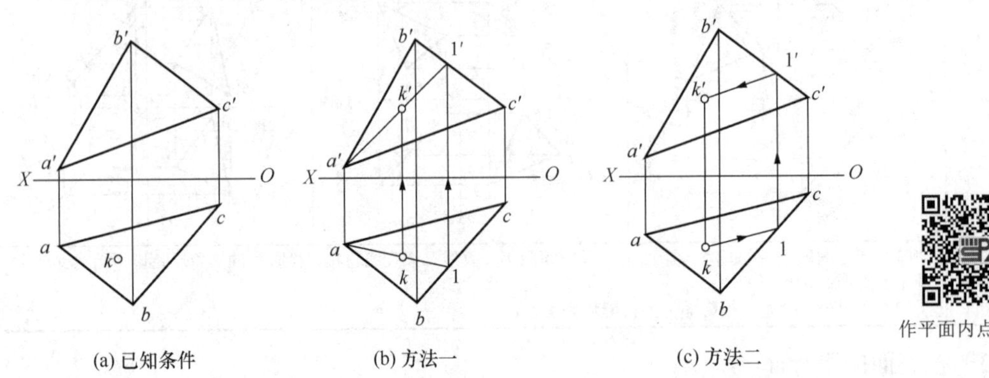

作平面内点的投影

图 3-28　作平面内点的投影

例 3-7 如图 3-29（a）所示，已知四边形 *ABCD* 的水平投影及 *AB*、*BC* 两边的正面投影，试完成该四边形的正面投影。

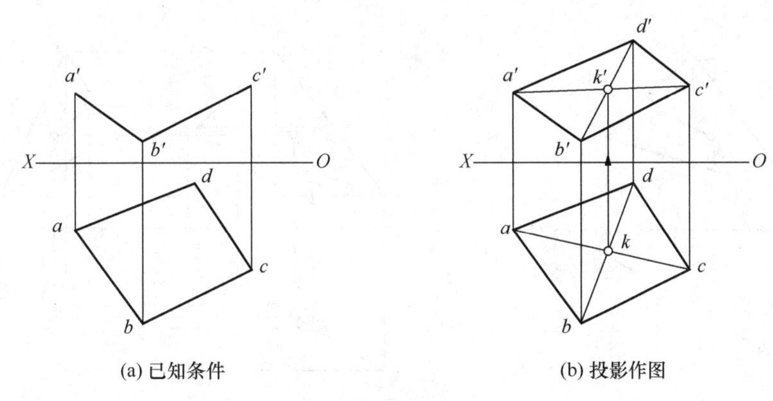

图 3-29 补全平面的投影

分析：由于平面四边形 *ABCD* 两相交边线 *AB*、*BC* 的投影已知，即△*ABC* 的水平投影和正面投影已知，本题实际上是已知平面内一点 *D* 的水平投影 *d*，求属于平面△*ABC* 上点 *D* 的正面投影 *d*′。

解：如图 3-29（b）所示，连接四边形水平投影对角线 *ac* 和 *bd* 相交于点 *k*；连接正面投影 *a*′*c*′，过点 *k* 向正面作投影线交 *a*′*c*′于点 *k*′；过点 *d* 向正面作投影线，延长 *b*′*k*′交点 *d* 投影线于点 *d*′，连接 *a*′*d*′，*c*′*d*′即为所求四边形的正面投影。

2. 平面内作直线的投影

直线从属于平面的几何条件：该直线通过平面内的两个点，或该直线经过已知平面上的一个点，且平行于该平面内的另一条已知直线。如图 3-30（a）所示，已知直线 *EF* 在△*ABC* 平面内，根据 *e*′*f*′求其水平投影 *ef*。首先延长直线 *EF* 的正面投影 *e*′*f*′，交 *a*′*b*′于点 1′，交 *a*′*c*′于点 2′，求出对应的水平投影点 1、点 2［图 3-30（b）］，连接点 1 和点 2，即可得直线 1′2′的水平投影 12。由点的从属性可知，点 *e*′和点 *f*′的水平投影必定投射在直线 12 上，因此，过点 *e*′和点 *f*′向水平面作投影线与直线 12 的交点即为点 *e* 和点 *f*，连接点 *e* 和点 *f*，即可完成作图［图 3-30（c）］。

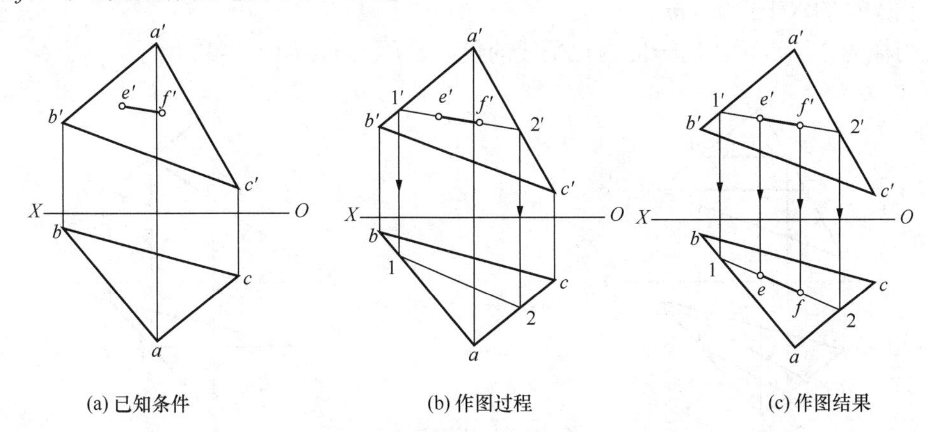

图 3-30 平面内作直线的投影

对于特殊位置平面内的点和线，可利用其积聚性直接求出点、线的投影。

例 3-8 如图 3-31（a）所示，已知铅垂面内的点 A 和直线 BC 的正面投影，求其水平投影和侧面投影。

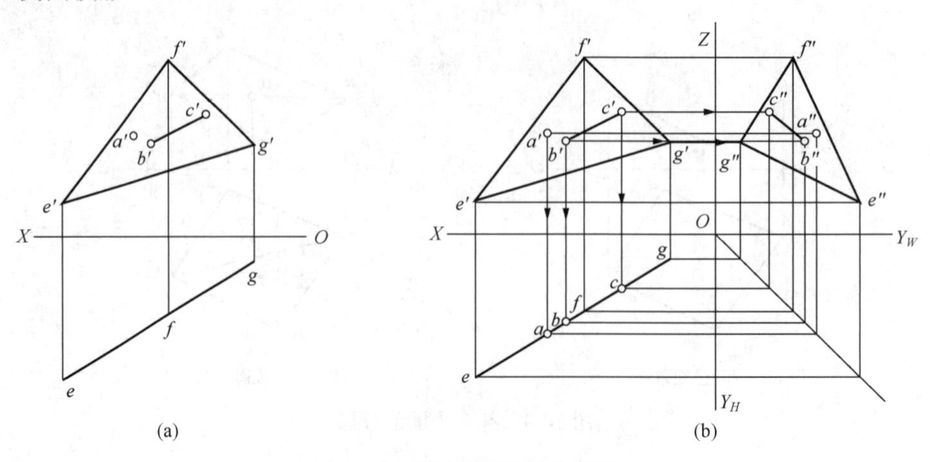

图 3-31 求垂直面内的点和线

分析：由已知条件可知，要求铅垂面上的点和直线的水平投影和侧面投影，首先，按照平面的投影规律完成铅垂面的侧面投影；然后，利用铅垂面的积聚性，直接作出点和直线的水平投影；最后，根据点的投影规律，分别求出 a'' 和 $b''c''$。

解：如图 3-31（b）所示，首先，在适当位置作 OZ 轴、OY 轴，过原点作 45° 角平分线，根据点的投影规律，由点 E、点 F、点 G 的正面投影和侧面投影作出侧面投影点 e''、点 f''、点 g''，连接 $e''f''$、$f''g''$、$e''g''$ 即可得△EFG 平面的侧面投影。同理，可得点 A 和直线 BC 的水平投影 a 和直线 bc，以及侧面投影 a'' 和直线 $b''c''$。

3. 平面内作投影面平行线

在一般位置平面内总可以作出相对每个投影面的一簇平行线。这样的直线既具有投影面平行线的投影特性，又具有与平面的从属关系。如图 3-32 所示，欲在△ABC 平面内作两条水平线，可先过点 a' 作 $a'1'//OX$，交 $b'c'$ 于点 $1'$。由从属性求得点 1，连接点 a 和点 1，得水平线 AI 的水平投影 $a1$。又作 $m'n'//a'1'$，由从属性求得点 m、点 n，连接点 m 和点 n，得水平线 MN 的水平投影 mn。

用同样的方法，可作出平面内正平线的投影 $a'1'$、$a1$，如图 3-33 所示。

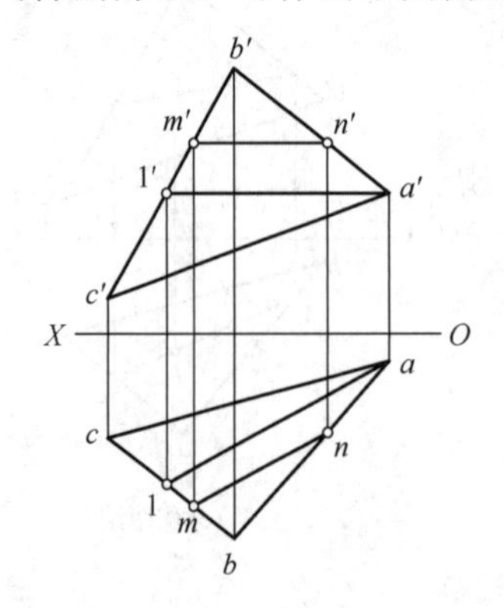

图 3-32 平面内作水平线

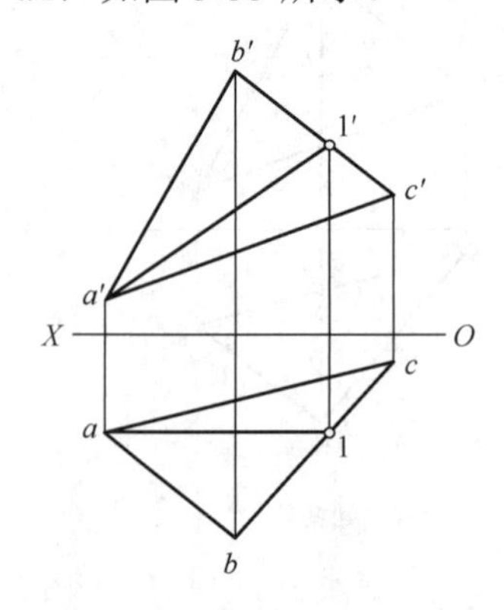

图 3-33 平面内作正平线

3.6 直线与平面、平面与平面的相对位置

直线与平面、平面与平面的相对位置有平行、相交两种。垂直是相交的特殊情况。

3.6.1 平行问题

1. 直线与平面平行

直线与平面平行的几何条件是：若直线平行于平面内的一条直线，则该直线与平面平行。反之，若平面内一条直线平行于平面外的直线，则平面与直线平行。

例 3-9 如图 3-34（a）所示，已知平面△*ABC* 和平面外一点 *M*，试过点 *M* 作一正平线，平行于△*ABC*。

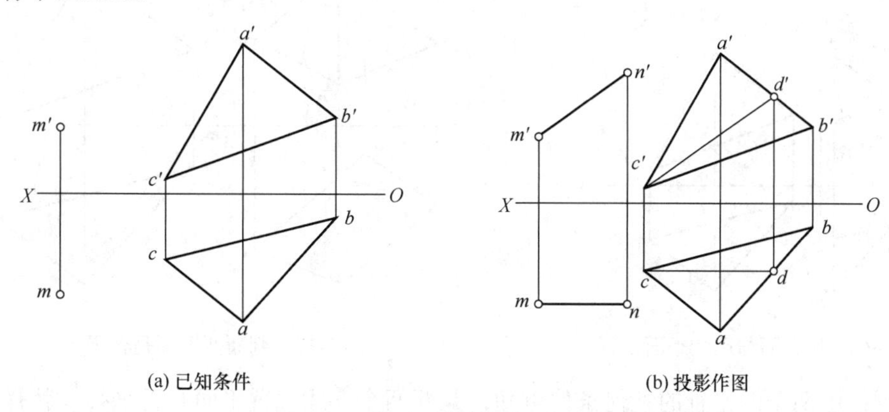

图 3-34 作正平线与已知平面平行

分析：平面△*ABC* 正面投影和水平投影已知，可根据平面内作正平线的方法，作出任一条平面内的正平线的水平投影和正面投影；再根据平行线的投影规律，过点 *M* 作此正平线投影的平行线即为所求。

解：作图过程如下：在△*ABC* 内作正平线 *CD*，在△*ABC* 内 *cd*//*OX* 轴，交 *ab* 于点 *d*；过点 *d* 向正面作投影线交 *a'b'* 于点 *d'*，连接 *c'd'*；过点 *M* 作 *MN*//*CD*，过点 *m'* 作 *m'n'*//*c'd'*，过点 *m* 作 *mn*//*cd*，点 *N* 为任取，则直线 *MN* 即为所求，如图 3-34（b）所示。

例 3-10 如图 3-35 所示，试判断直线 *MN* 与△*ABC* 是否平行。

分析：根据直线与平面平行的几何条件，判断直线 *MN* 与△*ABC* 平面是否平行，实际上就是看能否在△*ABC* 内作出一条与直线 *MN* 平行的直线。若可在平面内找到一条平行线，则直线与平面平行，否则，直线与平面不平行。

解：作图过程如下：在正面投影中作 *c'd'*//*m'n'*，再求出 *CD* 的水平投影 *cd*，从图中可以看出，*mn* 与 *cd* 不平行，由此可知，在△*ABC* 内找不到与 *MN* 平行的直线，所以直线 *MN* 与△*ABC* 不平行。

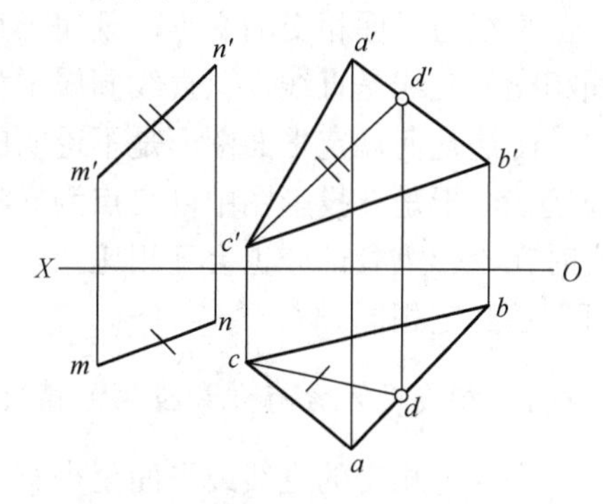

图 3-35 判断直线与平面是否平行

2. 两平面平行

两平面平行的几何条件是：若一平面内的两相交直线对应地平行于另一平面内的两相交直线，则这两平面互相平行。

例 3-11 如图 3-36 所示，试过点 *D* 作一平面平行于△*ABC* 平面。

分析：根据两平面平行的几何条件，只要过点 *D* 作两相交直线对应平行于△*ABC* 内任意两相交直线即可。

解：在正面投影面作 *d'e'*//*a'b'*，*d'f'*//*a'c'*，在水平投影面作 *de*//*ab*，*df*//*ac*。则 *DE* 和 *DF* 所确定的平面即为所求。

例 3-12 如图 3-37 所示，判断两平面 *ABCD* 和△*EFG* 是否平行。

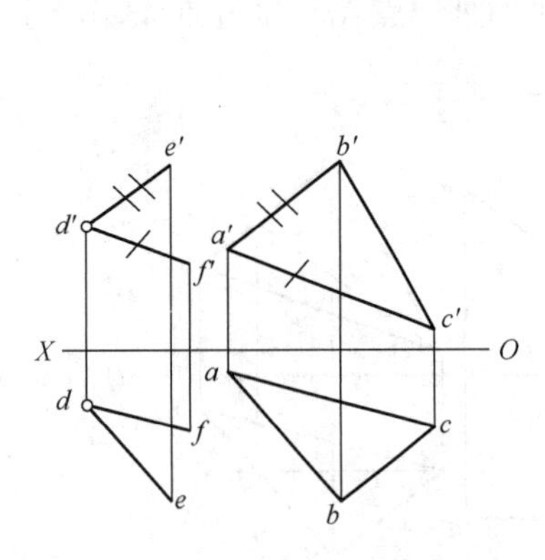

图 3-36 作平面与已知平面平行

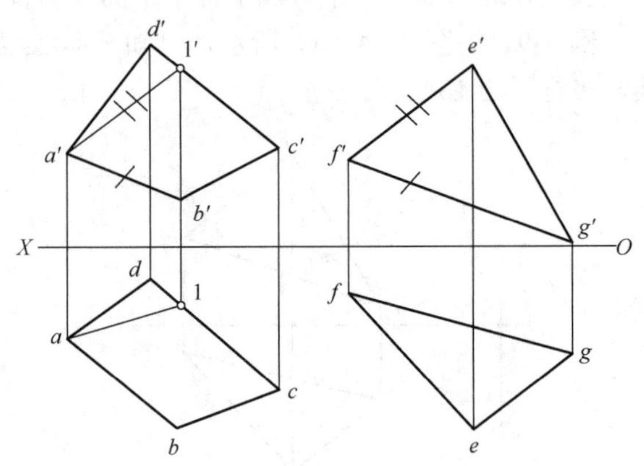

图 3-37 判断两平面是否平行

分析：由两平面平行的几何条件可知，判断两个一般位置平面是否平行，就是在一平面内能否作出两条相交直线与另一平面内的相交直线分别平行，若这样的直线存在，则两平面相互平行，否则两平面不平行。

解：在四边形 *ABCD* 的正面投影上作 *a'*1'//*e'f'*，作出其水平投影 *a*1，水平投影 *a*1 不平行于 *ef*，又 *a'b'*//*f'g'*，而 *ab* 不平行于 *fg*，说明在四边形 *ABCD* 内不存在与△*EFG* 平面平行的两相交直线，所以两平面不平行。

3.6.2 相交问题

直线与平面、平面与平面若不平行，则必定相交。

直线与平面相交的交点，既属于直线又属于平面，为相交直线和平面的共有点。两平面相交的交线是直线，该直线同属于相交两平面，是相交两平面的共有线。

画法几何规定平面图形是不透明的。当直线与平面相交时，直线的某一段可能会被平面遮挡，于是在投影图中以交点为界将直线分为可见部分和不可见部分。同理，两平面相交时在投影重叠部分也会互相遮挡。由此可知，在同一投影面上，同一平面在交线同一侧可见性必定相同。

1. 相交两元素有积聚投影的情况

当参与相交的直线或平面至少有一个其投影具有积聚性时，可利用积聚投影直接确定交点或交线的一个投影；另一个投影，可利用点的从属性求出。

可见性的判断原则：具有积聚性的投影不需要进行可见性判别；其他投影的可见性可通过观察法或重影法来确定。

（1）投影面垂直线与一般位置平面相交

如图 3-38（a）所示，直线 *AB* 为铅垂线，△*CDE* 为一般位置平面。由于铅垂线的水平投影积聚为一点，根据点与线的从属性，交点 *K* 的水平投影也重合在同一点。同理，交点 *K* 的正面投影 *k*′利用点与面的从属性，通过在平面内作过点 *K* 的直线的方法，在水平投影中作辅助线 *cm*，然后作出直线 *CK* 的正面投影 *c*′*m*′，则点 *K* 的正面投影 *k*′必定在 *c*′*m*′，如图 3-38（b）所示。

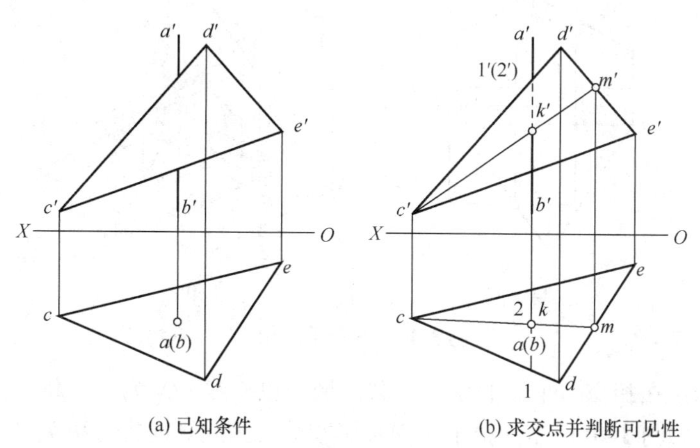

(a) 已知条件　　(b) 求交点并判断可见性

图 3-38　铅垂线与一般位置平面相交

可见性的判断：由于铅垂线在水平投影中被积聚了，因此水平投影不必进行可见性判别。在正面投影中，位于平面图形边界以内的平面存在遮挡直线的现象，所以需要判断可见性。如图 3-38（b）所示，由正面投影可知，直线 *AB* 与 *CD*、*CE* 均有一个重影点 I 和点 II，从水平投影可看出，重影点 1 在点 *k* 之前，所以正面投影中 *cd* 边上的 *l*′为可见，由此可知，正面投影 *b*′*k*′是可见的，*c*′*k*′为不可见。同理，由水平投影可知，重影点 2 在点 *k* 的后面，也能得出相同的结论。

（2）一般位置直线与特殊位置平面相交

如图 3-39 所示，△*CDE* 是铅垂面，其水平投影积聚为直线 *ce*。根据交点的共有性，水平投影 *ab* 与 *ce* 的交点就是直线 *AB* 与平面△*CDE* 交点 *K* 的水平投影 *k*，然后根据直线与点的从属性，交点 *K* 的正面投影 *k*′必定在 *a*′*b*′上，这样由点 *k* 向正面作投影线交 *a*′*b*′于点 *k*′，即可求得交点 *K* 的正面投影。

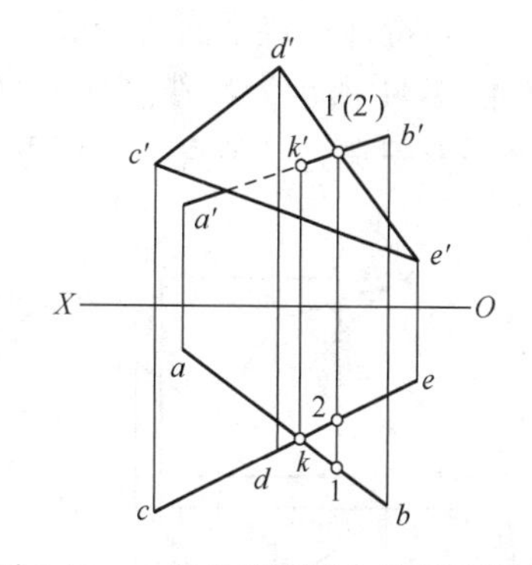

图 3-39　一般位置直线与铅垂面相交

可见性判断：平面是铅垂面，在水平投影中积聚为一直线，所以不需要判断可见性。在正面投影中，存在平面遮挡直线的现象，所以需要判断可见性。如图 3-39 所示，这里采用观察法来判断可见性，由水平投影可知，由于直线 *AB* 的水平投影中 *bk* 段在铅垂面可见面一侧，因此正面投影 *b*′*k*′可见，画成实线，另一部分不可见，画成虚线。也可以利用重影点法来判断，首先由正面投影可找出直线 *AB* 与平面△*CDE* 的边线存在两个重影点，选择其中一个重影点，如重影点

Ⅰ（Ⅱ）即可，从水平投影可看出，重影点的水平投影点 1 在点 2 之前，正面投影中在 $a'b'$ 上的点 $1'$为可见，故 $1'k'$段可见。

（3）两特殊位置平面相交

如图 3-40 所示，平面△*ABC* 和平面 *DEFG* 为两正垂面相交，其正面投影积聚为直线 $a'c'$和 $d'e'$。此时，交线 *MN* 为正垂线，交线的正面投影积聚为 $m'(n')$。交线的水平投影应在两平面图形的公共区域的边线 *ac* 和 *de* 之间，满足正垂线的投影特性。

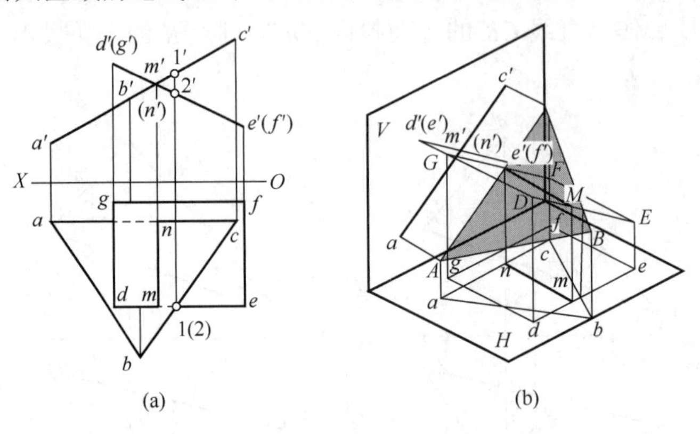

图 3-40　两正垂面相交

可见性判断：在相交两平面的投影公共区域，以交线 *MN* 为界，将平面图形分为可见与不可见部分。如图 3-40 所示，由于正面投影积聚，因此正面投影可见性不需要判断。水平投影的可见性可采用重影法，在水平投影中找出两个平面的边线产生的其中任一重影点，然后由正面投影判断其可见性，最后根据交线是平面的可见性的分界线即可判断相交平面的可见性。

如图 3-40 所示，选择边线 *BC* 和 *DE* 的重影点Ⅰ（Ⅱ），从正面投影看，平面 *DEFG* 边线 *MD* 在正垂面△*ABC* 之上，平面△*ABC* 边线 *NC* 在平面 *DEFG* 之上，故在水平投影中边线 *md*、*nc* 段是可见的。根据同一平面的各边在公共区域以交线分界，同一侧可见性相同的原则，得出 *cn* 和 *cb* 在公共区域内均为可见。同理，*dg* 是可见的，可见的直线均画成粗实线。

（4）特殊位置平面与一般位置平面相交

图 3-41 所示为特殊位置平面与一般位置平面相交，图中矩形平面 *ABCD* 是铅垂面，其水平投影积聚为一条直线。根据交线的共有性，矩形 *ABCD* 与平面△*EFG* 的公共线段 *mn* 即是交线 *MN* 的水平投影，交线的两端点 *M* 和 *N* 分别在△*EFG* 的 *EG*、*FG* 边上，利用点的从属性，求出正面投影 m'和 n'，连接点 m'和点 n'即得交线的正面投影。

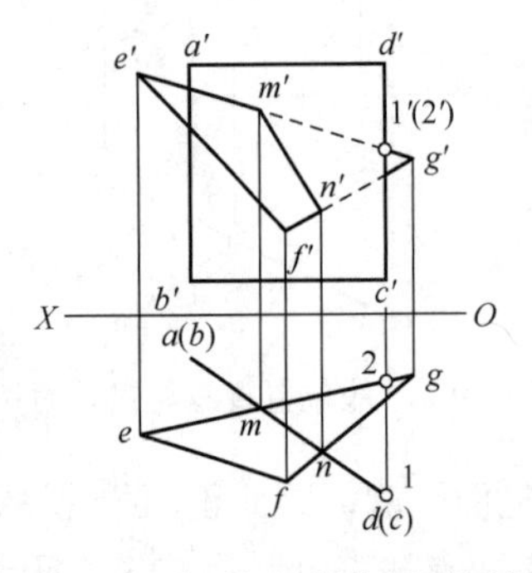

图 3-41　铅垂面与一般位置平面相交

可见性判断：由于相交两平面之一的水平投影积聚，因此水平投影的可见性不需要判断。对于正面投影来说，由于平面△*efg* 边线 *em*、*fn* 在铅垂的矩形平面之前，因此正面投影 $e'm'$、$f'n'$可见。△*EFG* 在交线的另一侧不可见，画成虚线。平面 *ABCD* 的可见性恰好与平面△*EFG* 的可见性相反。

2. 相交两元素中无积聚投影的情况

当参与相交的直线与平面、平面与平面均无积聚投影时，交点或交线的投影不能直接确定，通常需要采用辅助平面法求作交点、交线。

（1）一般位置直线与一般位置平面相交

图3-42所示为辅助平面法的形成，利用辅助平面求交点的方法：过直线 *MN* 作一特殊位置的辅助平面，如铅垂面 *P*，则辅助平面 *P* 与△*ABC* 平面相交，交线为ⅠⅡ，此交线与同属于辅助平面 *P* 的直线 *MN* 相交于点 *K*，点 *K* 即为所求直线与平面的交点。

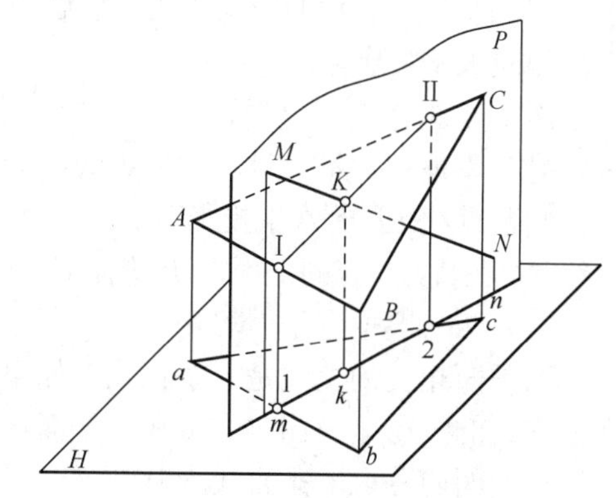

图3-42　辅助平面法的形成

图3-43所示为求直线 *DE* 与△*ABC* 平面交点 *K* 的作图过程。首先过已知直线 *DE* 作辅助的正垂面 *P*（也可以作辅助的铅垂面），然后求辅助平面 *P* 与△*ABC* 平面的交线ⅠⅡ（12、1′2′），ⅠⅡ与已知直线 *DE* 的交点 *K*（*k*，*k*′）即是所求的交点［图3-43（b）］，最后利用重影点Ⅰ、Ⅲ［图3-43（c）］的水平投影1、3判断出正面投影上直线各段的可见性。

用同样的方法判断水平投影中直线各段的可见性，完成作图。

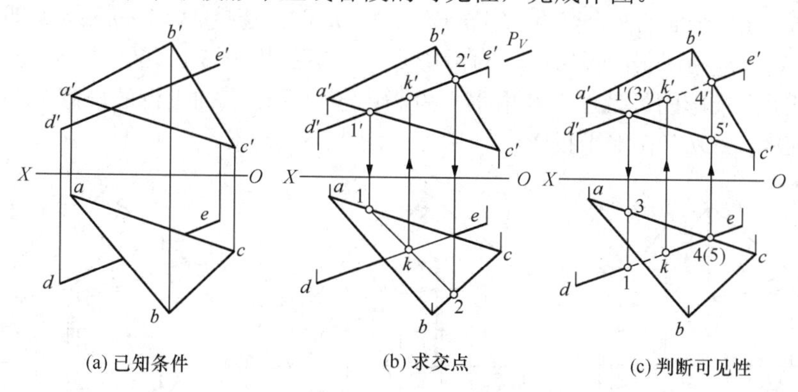

图3-43　一般位置直线与一般位置平面相交

例3-13　求直线与平面相交，并判断可见性，如图3-44所示。

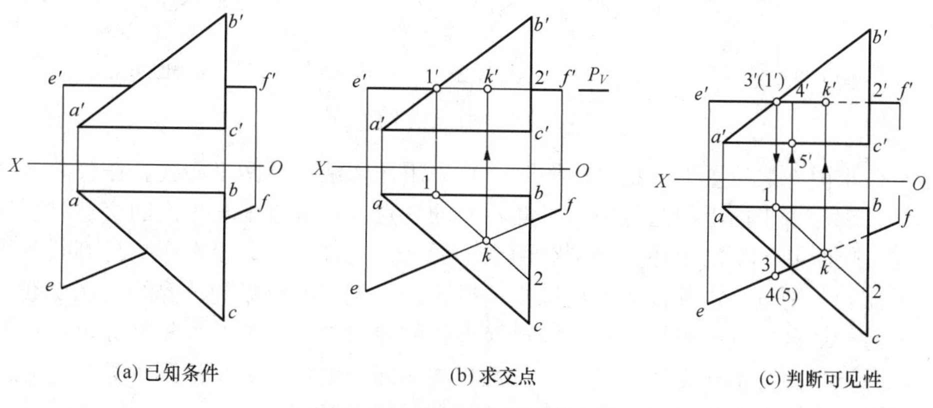

图3-44　求直线与平面的交线

解：过直线 EF 作辅助面 P，它与△ABC 平面的交线为ⅠⅡ，由于本例中△ABC 的 AC 边为水平线，水平辅助平面 P 与△ABC 平面的交线ⅠⅡ也为水平线，交线ⅠⅡ与 AC 平行，根据平面内作投影面平行线的方法作出交线的水平投影 12，如图 3-44（b）所示，交线 12 与 ef 的交点 k 即是直线 EF 与平面△ABC 交点 K 的水平投影，由点 k 向正面作投影线交 $e'f'$ 于点 k'，即为点交 K 的正面投影，最后利用重影点Ⅰ、Ⅲ的正面投影 1′、3′［图 3-44（c）］，作出相应水平投影 1、3。

由于点 3 在点 1 之前，表示 EK 段在平面△ABC 之前，从而是 $k'e'$ 段可见，画成粗实线。另一段是 $k'f'$ 不可见，画成虚线。同样，利用重影点Ⅳ、Ⅴ在水平投影面上的投影 4（5）判断直线 EF 的水平投影可见性，作出 4′、5′，从正面投影可知，点 4′在点 5′的上面，直线 $e'k'$ 在直线 $a'c'$ 的上面，所以 ek 段可见，画成粗实线。

（2）两一般位置平面相交

两平面相交的交线是一条直线，如果能求出交线上的两点的投影，连接两点即为两平面的交线的投影。作图时，可在一平面内取两条直线使之与另一平面相交，先求交点；也可以在两面内各取一条直线求其与另一平面的交点。这样便把求两相交平面交线的问题，转化为求直线与平面交点的问题。

图 3-45 所示为求△ABC 平面与△DEF 平面的交线 MN 的作图过程。作图方法与求一般位置直线和一般位置平面的交点的方法相同，只是交线的求法需要把交点作图方法重复使用两次。先对包含△DEF 的两边 DE、DF 分别作辅助正垂面 P_1 和 P_2，求 DE、DF 与△ABC 平面的两个交点 M（m,m'）、N（n,n'），连接 MN（$mn,m'n'$）即得所求交线［图 3-45（b）］；再利用正面投影中一对重影点Ⅴ、Ⅵ的投影 5′、（6′）和 5、6 判断△ABC 与△DEF 在正面投影的可见性。利用水平投影中一对重影点Ⅶ、Ⅷ的投影 7、（8）和 7′、8′判断△ABC 与△DEF 在水平投影的可见性［图 3-45（c）］。

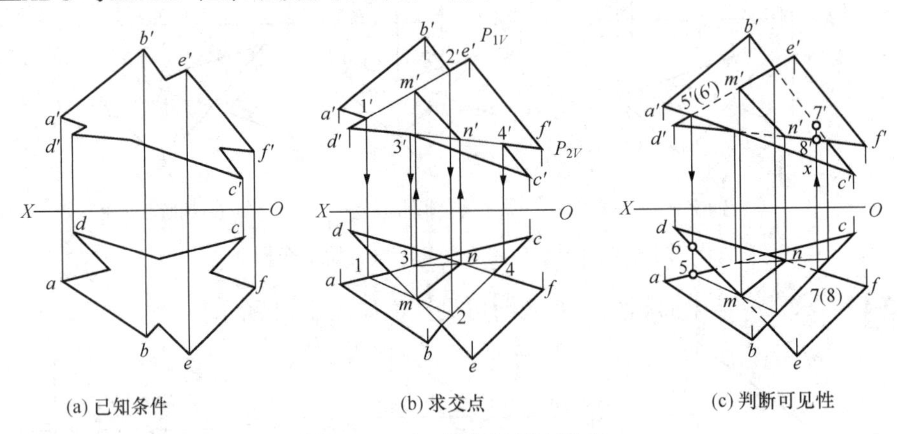

图 3-45 两一般位置平面相交

通常在求两一般位置平面相交问题时，首先用排除法去掉两平面投影在公共区域之外的边。然后求一个平面上的边与另一平面相交的交点。在求直线与平面的交点时所选择的两条直线，位于同一平面上还是分别在两个平面上，对最后结果没有影响。判断各投影的可见性时需要分别进行，各投影中均以交线投影为可见与不可见的分界线；在交线的端点所在的任何一边只需选一对重影点，即投影重合的点，判断它们的可见性即可。在每个投影面上，同一平面图形在交线同一侧可见性相同，即一侧可见另一侧不可见。另外，由于作图线较多，为避免差错，对作图过程中的各点最好加以标记。

特别说明：交线是平面可见性的分界线，两相交平面的可见性是相反的。

求相交两平面的交线上的共有点时，除利用求直线与平面的交点外，还可利用三面共点的原理来作出属于两平面的共有点。如图 3-46（a）所示，作水平辅助平面 *P*，此平面与两已知平面交出直线 *AB* 和 *CD*，它们的延长线交点 *M* 就是已知两平面交线上的共有点。同理，可作出交线上的另一共有点 *N*。连接点 *M* 和点 *N*，直线 *MN* 即为两已知平面的交线。为作图简便起见，通常以水平面或正平面作为辅助平面。图 3-46（b）所示是在投影图中作交线的情形，作图步骤用箭头表示出来，此图因为两平面不存在遮挡关系，所以无须判断可见性。

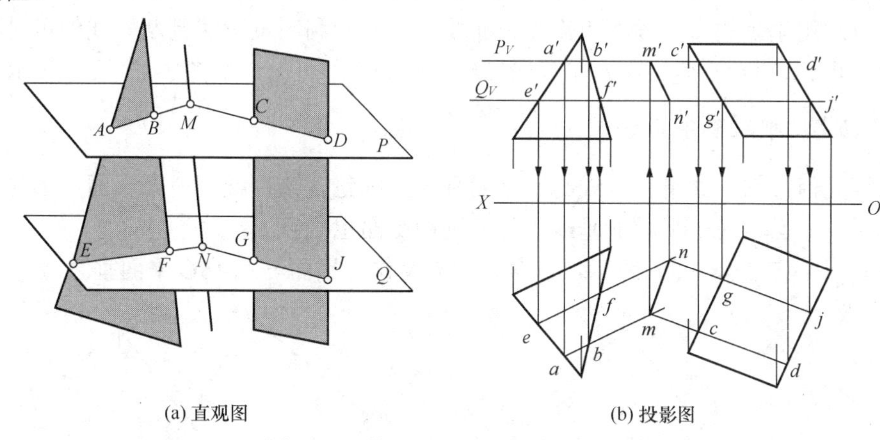

图 3-46　利用平行面求两平面的交线

3.6.3　垂直问题

1. 直线与一般位置平面垂直

直线与平面垂直的几何条件：如果一直线垂直于平面内的任意两相交直线，则直线与平面互相垂直。反之，一直线垂直于一平面，则直线垂直于平面内的所有直线。

为了作图方便，在作直线垂直于平面时，通常使用平面内的正平线和水平线。根据直角投影法则，与平面垂直的直线，其水平投影与平面内水平线的水平投影垂直；其正面投影与平面内正平线的正面投影垂直。

例 3-14　如图 3-47（a）所示，过点 *M* 作直线 *MN* 垂直于△*ABC* 平面，并求其垂足。

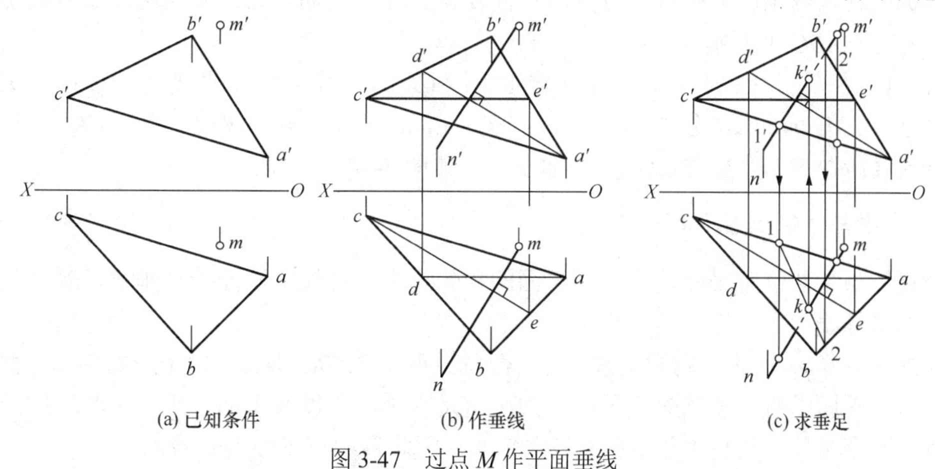

图 3-47　过点 *M* 作平面垂线

分析：由直线与平面垂直的几何条件可知，过点 M 作一条同时与平面中的正平线和水平线垂直的直线，必定垂直于平面△ABC，然后再根据一般位置直线与一般位置平面相交的交点求法即可求得垂足。

解：1）在平面△ABC 内作一水平线 CE（$ce,c'e'$）和正平线 AD（$ad,a'd'$）并过点 m、m' 分别作 $mn\perp ce$，$m'n'\perp a'd'$，点 N 任意取，则直线 MN（$mn,m'n'$）为所求垂线，如图 3-47（b）所示。

2）求垂足，由图 3-47（b）可知，直线 MN 作辅助正垂面与△ABC 平面的交线为 $1'2'$，然后作出交线的水平投影 12 交直线水平投影 mn 于点 k，过点 k 向正面作投影线交 $m'n'$ 于点 k'，即可求得垂足的水平投影点 k 和正面投影点 k'。利用重影法判断垂线的可见性，正面投影 $n'k'$ 可见，$m'k'$ 不可见；水平投影 mk 可见，nk 不可见，如图 3-47（c）所示。

2. 平面与一般位置平面垂直

由初等几何可知，如果一直线与一平面垂直，则包含该直线的所有平面，都与该平面垂直。如果一平面与另一平面的垂线平行，则两平面也垂直。

例 3-15 如图 3-48（a）所示，包含直线 MN 作一平面与△ABC 平面垂直。

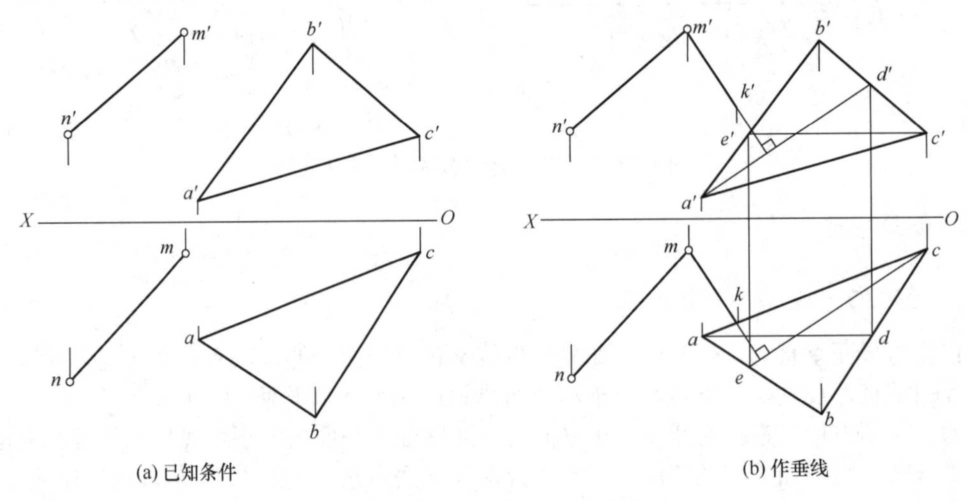

图 3-48 作一平面与已知平面垂直

分析：过直线 MN 上任意一点，作一直线与△ABC 平面垂直，则这两相交直线所决定的平面必与△ABC 平面垂直。

解：1）在平面△ABC 内，分别作一水平线 CE（$ce,c'e'$）和正平线 AD（$ad,a'd'$）。

2）过点 M（m,m'），分别作 $mk\perp ce$，$m'k'\perp a'd'$，则 MN（$mn,m'n'$）和 MK（$mk,m'k'$）两相交直线所决定的平面与△ABC 平面垂直，如图 3-48（b）所示。

3. 直线与特殊位置平面垂直

若直线与特殊位置平面垂直，则平面的积聚投影与直线的同面投影垂直，且直线为该投影面的平行线。

如图 3-49（a）所示，判断直线 EF 是否与铅垂面△ABC 垂直。由于平面为铅垂面，因此直线与铅垂面垂直需要同时满足：直线一定是水平线，以及平面水平投影与直线的水平投影垂直两个条件。这里由于 EF 不是水平线，因此直线与平面不垂直。

如图 3-49（b）所示，拟过点 M 作直线与铅垂面△ABC 垂直。由于平面为铅垂面，因此，实质就是过点 M 作水平线，具体步骤如下：

1）过点 M 的水平投影 m 作直线 mk 与铅垂面的积聚投影（水平投影）垂直；

2）过点 M 的正面投影 m' 作 $m'k'$ 与 X 轴平行。

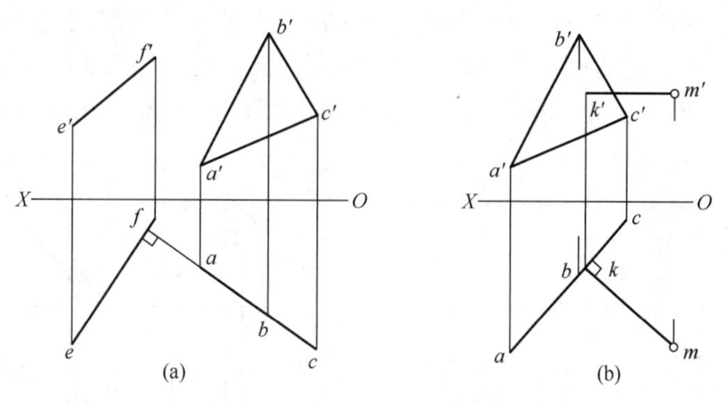

图 3-49　直线与特殊位置平面垂直

4. 平面与特殊位置平面垂直

若一般位置平面与特殊位置平面垂直，则一般位置平面内必有直线与特殊位置平面垂直，即该直线同时满足直线投影与平面积聚的同面投影垂直，且直线为该投影面的平行线。如图 3-50（a）所示，一般位置平面△ABC 与铅垂面 P 垂直，则平面△ABC 内必有水平线 AE 垂直于铅垂面，即 ae 垂直 P 平面的水平投影 p。

若两投影面的垂直面互相垂直，且同时垂直于同一投影面，则在积聚的投影面上两平面的投影垂直。如图 3-50（b）所示，两铅垂面垂直，则 H 面上两平面的投影垂直。

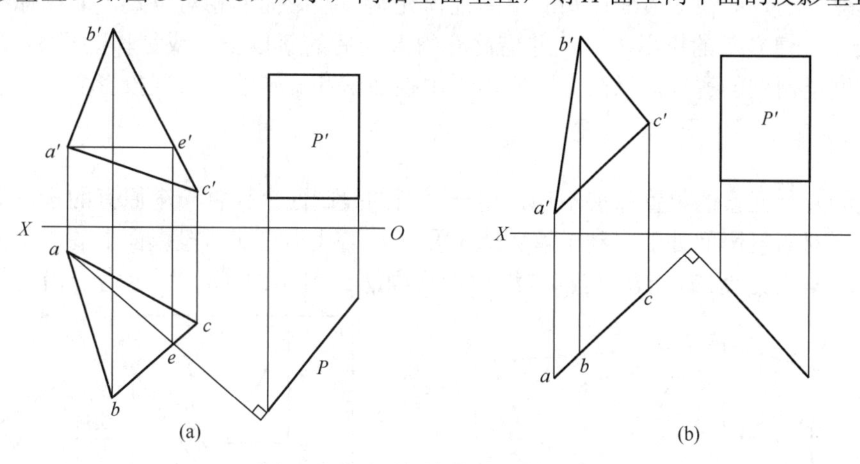

图 3-50　平面与特殊位置平面垂直

3.7　投 影 变 换*

如前所述，当直线或平面平行于某投影面时，它在该投影面上的投影必反映它的某种度量特性（如实长、实形、夹角等）。在求作直线与平面的交点以及两个平面的交线时，如果所给的直线或平面垂直于投影面，则可以利用其投影的积聚性来解题，而无须其他的辅助作图。可见，对于解决几何元素的定位和度量等问题，投影面的特殊位置是有利的。

如图 3-51 所示的直线与平面，由于它们处于特殊位置，故根据其特殊位置的投影特性，可以直接从其投影图中读出实长、实形、距离或夹角。不难看出，图 3-51（a）中正平线 *AB* 的正面投影 *a'b'* 反映了线段 *AB* 的实长；图 3-51（b）中水平面△*ABC* 的水平投影△*abc* 反映了△*ABC* 的实形；图 3-51（c）中正垂线 *CD* 与一般位置直线的公垂线 *KL* 为正平线，其正面投影 *k'l'* 反映了交叉两直线 *AB*、*CD* 的距离 *KL*；图 3-51（d）中两个正垂面相交，其交线为正垂线，两平面的正面投影反映了平面△*ABC* 与平面△*BCD* 的夹角为θ。

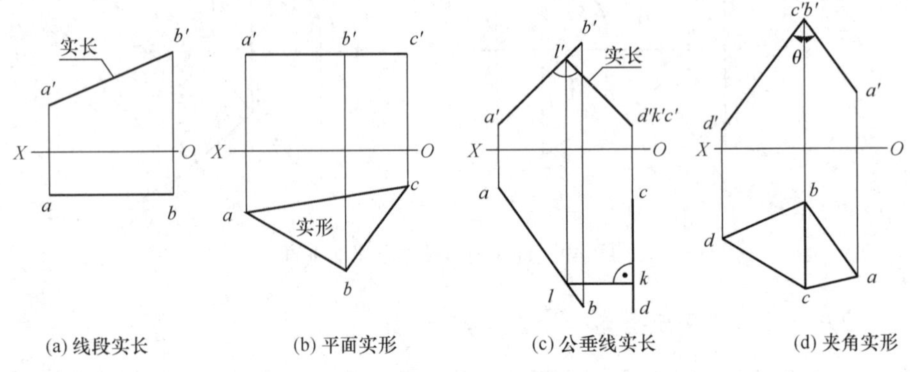

图 3-51　反映直线与平面度量特性的投影

3.7.1　概述

从以上的分析可知，在解决一般位置几何元素的度量或定位问题时，若能把它们由一般位置变换为特殊位置，问题就容易得到解决。

投影变换的目的在于改变已知的空间几何元素与投影面的相对位置，即在原有投影体系的基础上，建立新的投影关系，并借此获得改变后的新投影（或称辅助投影），以使定位问题或度量问题的解决得以简化。通常采用换面法和旋转法来实现投影变换。

1. 换面法

令空间几何元素的位置保持不动，用一个新的投影面来代替一个原有的投影面，使空间几何元素对新投影面处于有利于解题的位置，然后找出它在新投影面上的投影，以达到空间分析、解题方便的目的。这种方法称为换面法。图 3-52（a）所示为一铅垂的三角形

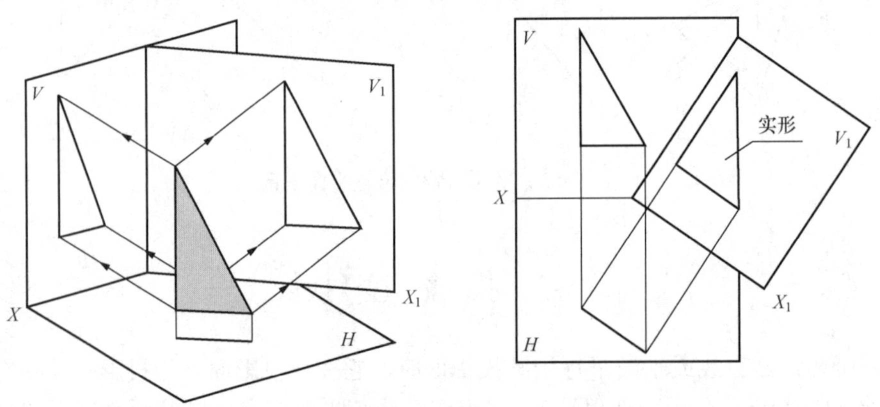

图 3-52　投影换面法

平面，它在原 V/H 体系中的两面投影都不反映实形，现作一个既平行于三角形平面，又与 H 面垂直的新投影面 V_1，组成新的投影体系 V_1/H，再将三角形平面向 V_1 面进行投射，这时三角形平面在 V_1 面上的投影就会反映该平面的实形。

为了使空间几何元素在新投影面上的投影能够有利于解题，新投影面的选择必须符合以下两个基本条件：

1）新投影面必须与空间几何元素处在有利于解题的位置。出于解题的需要，通常使它们相互平行或相互垂直。

2）新投影面必须垂直于原投影体系中的某一个投影面，构成一个新的两投影面体系（简称新投影体系），以便能利用前面各章节介绍的正投影原理作出新的投影图。

2. 旋转法

令投影面保持不动，将空间几何元素以某一直线为轴旋转到对投影面处于有利于解题的位置，然后作出它旋转后的新投影，以达到解题方便的目的，这种方法称为旋转法。如图 3-53 所示，将 Rt△ABC 平面以其垂直于 H 面的直角边 AB 为轴进行旋转，使之成为正平面，这时三角形平面在 V 面上的新投影△$a_1'b'c'$就能反映出它的实形。

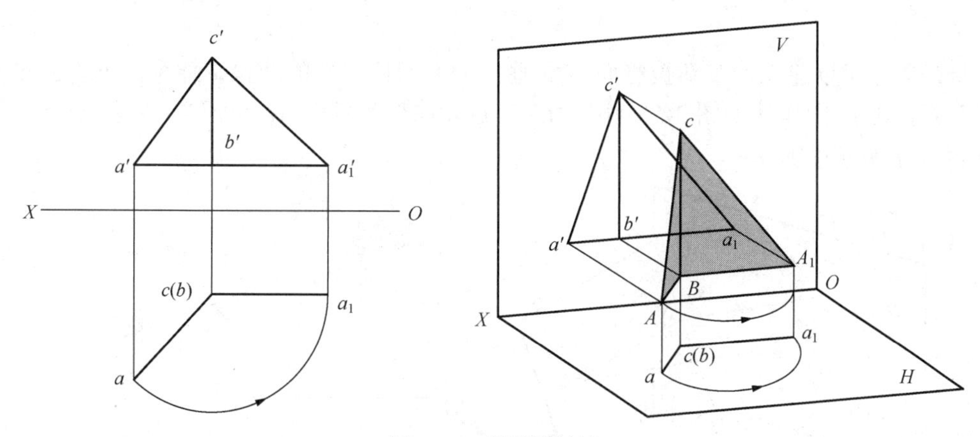

图 3-53　投影旋转法

3.7.2　一次换面法

1. 点的一次换面

如图 3-54（a）所示，设立一个新投影面 V_1，代替旧的投影面 V，并使其垂直于 H 面，构成一个新的两投影面体系，V_1 面与 H 面的交线为新投影轴 X_1。从点 A 向新投影面 V_1 作垂线，垂足即为点 A 在新投影面 V_1 上的投影 a_1'，a_1'到新投影轴 X_1 的距离 $a_1'a_{X_1}$，反映点 A 到 H 面的距离 Aa，所以 $a_1'a_{X_1}=Aa=a'a_X$。投影面展开时，先将 V_1 面绕 X_1 轴旋转到与 H 面重合，然后再将 H 面、V_1 面绕 X 轴一起旋转到与 V 面重合。因为 Aa_1'垂直于 V_1 面，所以 aa_{X_1} 也垂直于 V_1 面，进而 $aa_{X_1}\perp X_1$，展开后如图 3-54（b）所示，a、a_1'在一条与 X_1 轴垂直的投影连线上，符合点的投影规律。

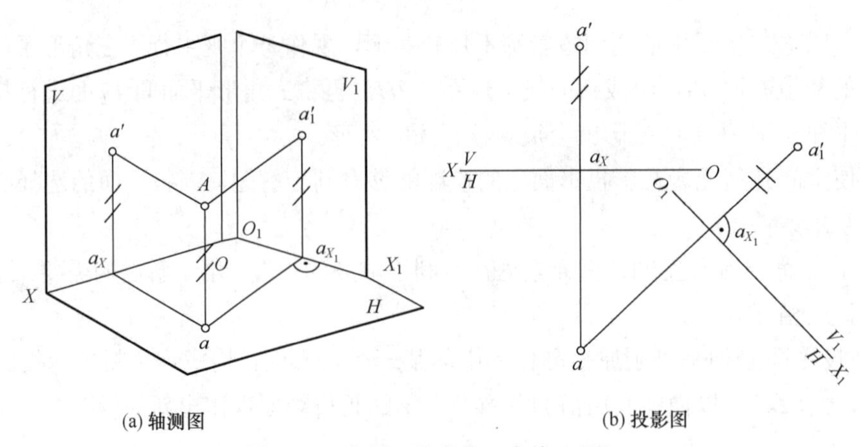

(a) 轴测图 (b) 投影图

图 3-54　点的一次变换（变换 V 面）

这里称 V_1 面为新投影面，点 A 在 V_1 面上的投影 a_1' 为新投影；V 面为被代替的旧投影面，点 A 在 V 面上的投影 a' 为被代替的旧投影；称 H 面为保留的不变投影面，称点 A 在 H 面上的投影 a 为保留的不变投影。于是可得出点的一次换面的作图规律如下：

1）点的新投影与不变投影的投影连线垂直于新坐标轴，即 $aa_{X_1} \perp X_1$；

2）点的新投影到新坐标轴的距离等于被代替的旧投影到旧坐标轴的距离，即 $a_1'a_{X_1} = a'a_X$。

同理，也可以建立一个新投影面 H_1，垂直于 V 面构成新的两投影体系，如图 3-55（a）所示，新投影 a_1 的作法如图 3-55（b）所示，过 a' 向新坐标轴 X_1 作垂线，量取 $aa_X = a_1a_{X_1}$，即可得点 A 的新投影 a_1。

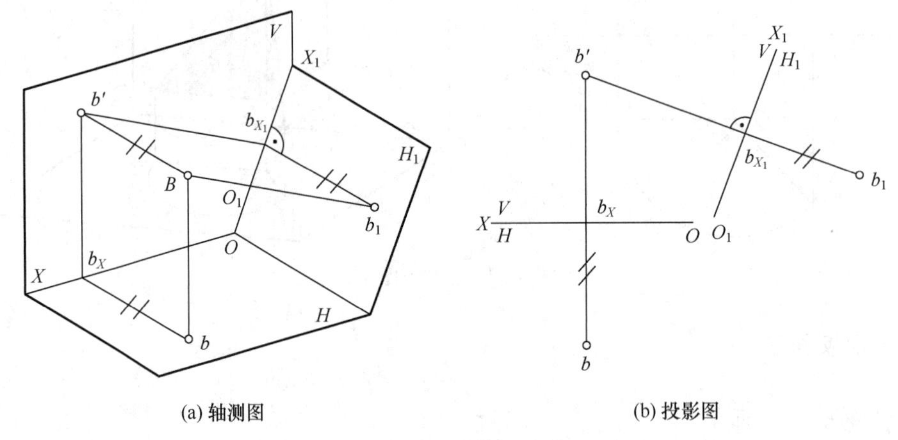

(a) 轴测图 (b) 投影图

图 3-55　点的一次变换（变换 H 面）

2. 直线的一次换面

（1）将一般位置直线变换成投影面平行线

如图 3-56（a）所示，直线 AB 为一般位置直线，将直线 AB 变换成投影面平行线，必须用平行于直线 AB 的新投影面 V_1 面代替旧投影面 V 面，并使 V_1 面与保留的不变投影面 H 面垂直，这时直线 AB 就成为 V_1 面的平行线。作图步骤如图 3-56（b）所示，作新轴 $X_1 /\!/ ab$，分别过 a、b 作 X_1 轴的垂线，量取 $a'a_X = a_1'a_{X_1}$，$b'b_X = b_1'b_{X_1}$，连接 a_1'、b_1' 即为直线 AB 的实长，$a_1'b_1'$ 与坐标轴 X_1 的夹角即为直线 AB 对水平投影面的倾角 α。

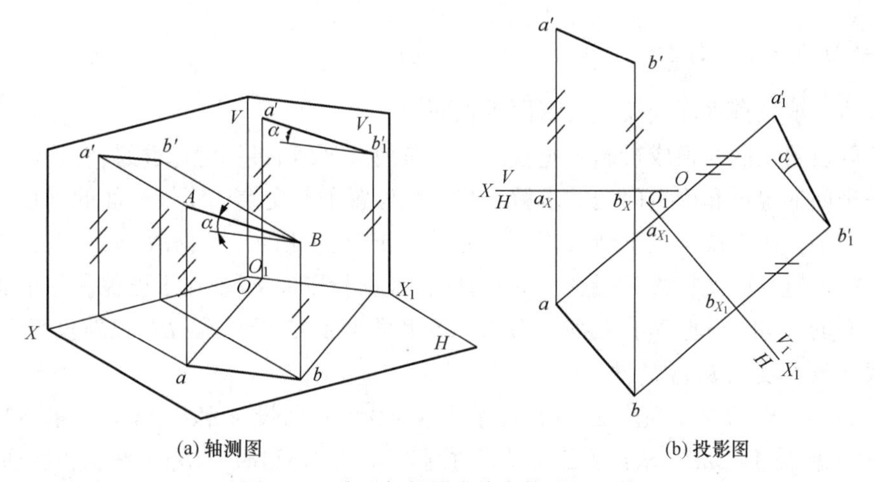

图 3-56　将一般位置直线变换成正平线

同理，也可以用平行于直线 AB 的新投影面 H_1 面代替旧投影面 H 面，并使 H_1 面与保留的不变投影面 V 面垂直，这时直线 AB 就成为 H_1 面的平行线，作法如图 3-57 所示。图中，a_1b_1 与坐标轴 X_1 的夹角即为直线 AB 对正面投影面的倾角 β。

（2）将投影面平行线变换成投影面垂直线

如图 3-58（a）所示，直线 AB 为正平线，将它变换成新投影面体系中的投影面垂直线，必须用垂直于直线 AB 的新投影面 H_1 代替旧投影面 H，H_1 面必然与保留的不变投影面 V 面垂直，这时直线 AB 就成为 H_1 面的垂直线，其新投影积聚成一点 $(a_1)b_1$。

如图 3-58（b）所示，作新轴 $O_1X_1 \perp a'b'$，过 $a'b'$ 作新轴 O_1X_1 的垂线，量取向 $a_1X_1=aa_X$，即得直线 AB 的新投影 $(a_1)b_1$。

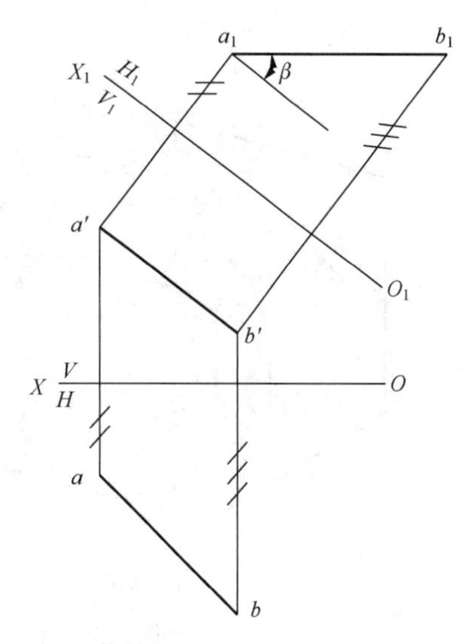

图 3-57　将一般位置直线变换成水平线

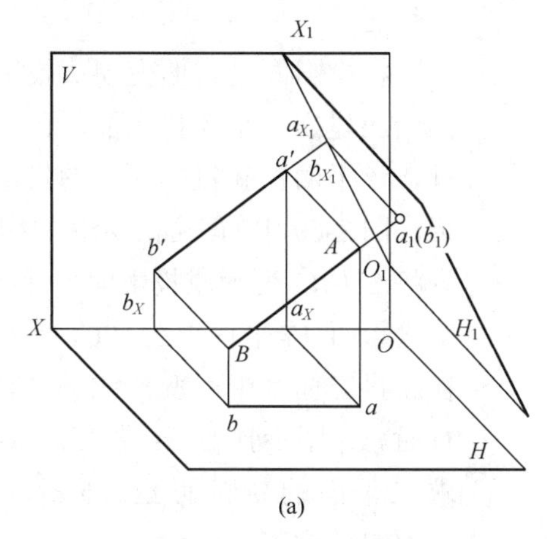

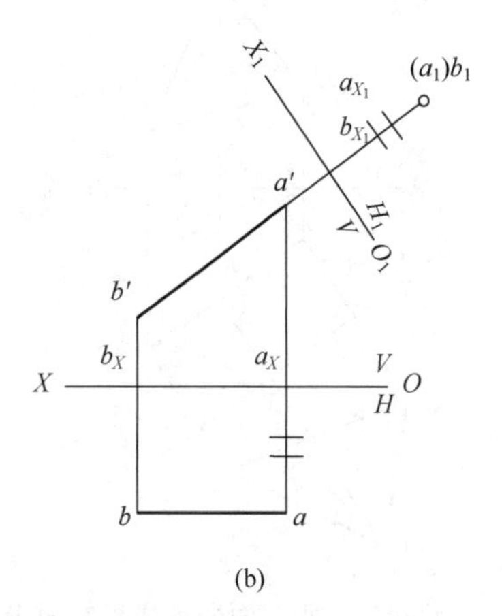

图 3-58　将投影面平行线变换成投影面垂直线

3. 平面的一次换面

（1）将一般位置平面变换成投影面垂直面

将一般位置平面变换成投影面垂直面，就是使该平面的某个新投影具有积聚性，从而简化有关平面的定位和度量问题的求解。将一般位置平面变换成新投影面的垂直面，必须使平面内的某一条直线垂直于新投影面。如图 3-59（a）所示，△*ABC* 是一般位置平面，为了将一般位置平面变换成新投影面的垂直面，设新投影面 V_1 垂直于被保留的不变投影面水平投影面 *H*，同时又垂直于△*ABC* 内的一条水平线 *AD*；于是△*ABC* 在新投影面 V_1 的投影积聚成一条直线 $a_1'b_1'c_1'$。

如图 3-59（b）所示，先作△*ABC* 内水平线 *AD* 的正面投影 $a'd'$ // *X* 轴，求出其水平投影 *ad*；再作新轴 $X_1 \perp ad$，求出△*ABC* 的新投影 $a_1'b_1'c_1'$，这时 $a_1'b_1'c_1'$在新投影面 V_1 上积聚成一条直线，该直线反映△*ABC* 平面对水平投影面的倾角 α。

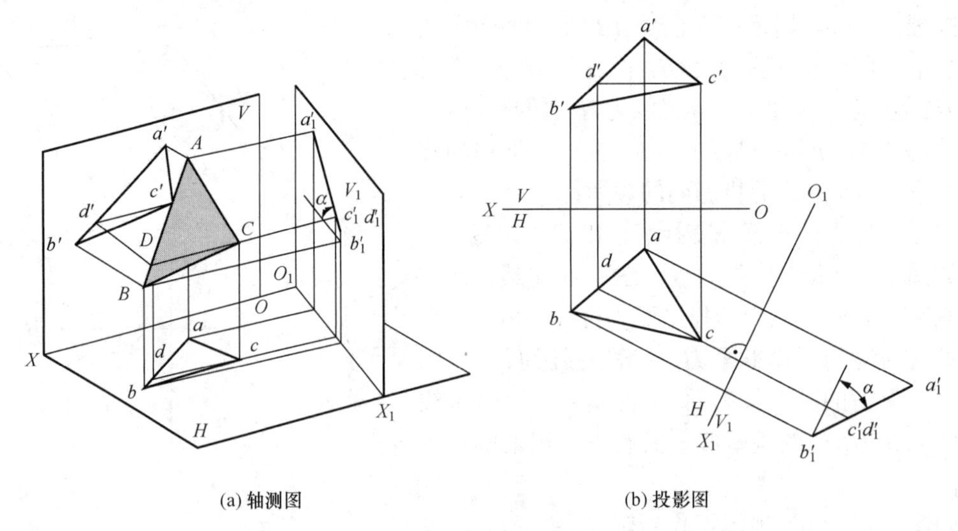

(a) 轴测图　　(b) 投影图

图 3-59　将一般位置平面变换成投影面的垂直面

（2）将投影面垂直面变换成投影面平行面

将投影面垂直面变换成投影面平行面，应建立一个新投影面与已知平面平行，该平面在新投影面上的投影反映实形。图 3-60 中的平面△*ABC* 为正垂面，为将△*ABC* 变换成投影面平行面，可使新投影面 V_1 平行于△*ABC*，这时△*ABC* 在新投影体系中就变换成了投影面的平行面。作图步骤如下：作新轴 X_1 // *abc*，求出平面的新投影△$a_1b_1c_1$，即反映△*ABC* 的实形。

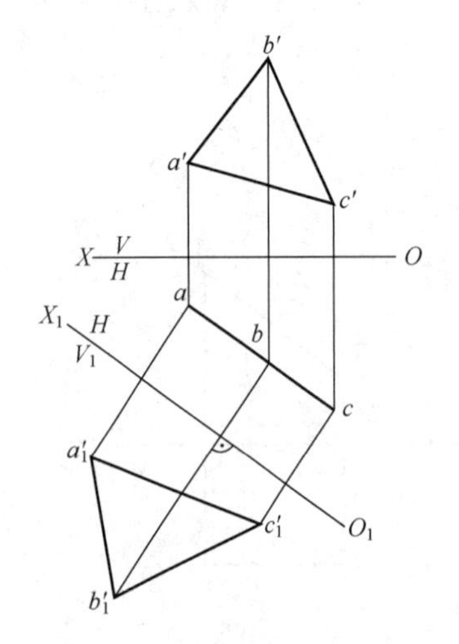

图 3-60　将投影面垂直面变换成投影面平行面

3.7.3　二次换面法

1. 点的二次换面

二次换面是在一次换面的基础上再作一次换面。

图3-61（a）所示的第二次换面是在图3-55所示点的一次换面（用V_1代替V）基础上，再用新投影面H_2代替旧投影面H，这时V_1面就称为保留的不变投影面，X_1轴称为旧轴，点A的新投影a_2到新轴X_2的距离等于被代替的旧投影a到旧轴X_1的距离，即$a_2a_{X_2}=aa_{X_1}$［图3-61（b）］。同理，也可以在图3-56的基础上作第二次换面。

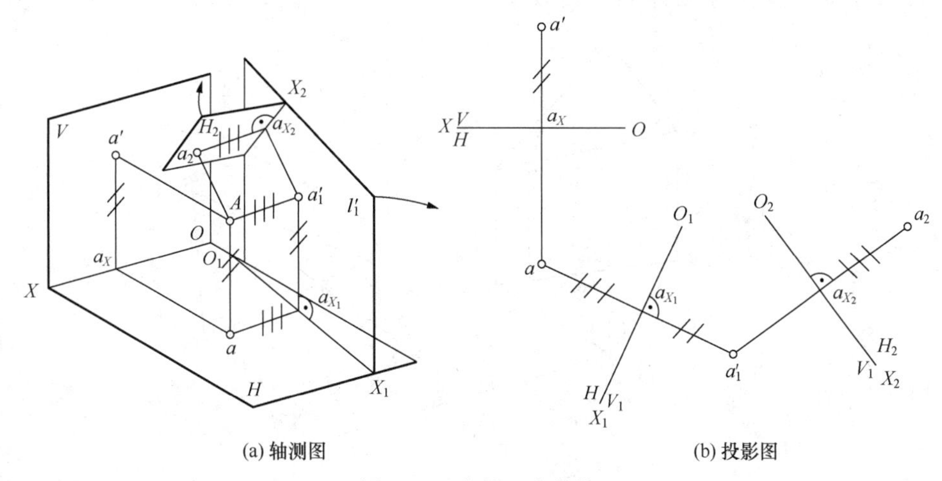

(a) 轴测图　　(b) 投影图

图3-61　点的二次变换

2. 直线的二次换面

将一般位置直线变换成投影面垂直线。

如图3-62（a）所示，直线AB为一般位置直线，变换投影面使直线AB在新的投影体系中，成为投影面垂直线。如果作一个新投影面与直线AB垂直，则该投影面在原投影体系中处于一般位置，不能与H面或V面构成新投影体系。因此，一般位置直线变换成投影面垂直线，必须变换二次投影面。首先将一般位置直线变换成投影面平行线，然后再将投影面平行线变换成投影面垂直线。图3-62（b）所示为投影图的画法，通过建立V_1面先将

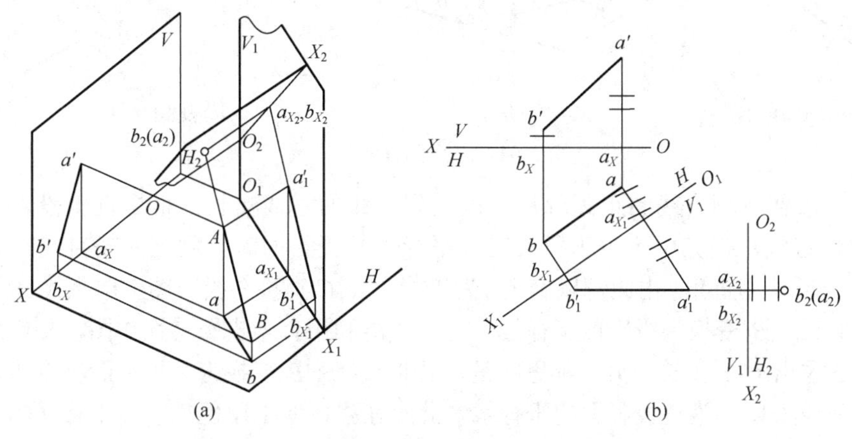

(a)　　(b)

图3-62　将一般位置直线变换成投影面的垂直线

一般位置直线变换成投影面平行线（$ab, a_1'b_1'$），然后，再通过建立 H_2 面将投影面平行线变换成投影面垂直线（$a_1'b_1'$,（a_2）b_2）。

3. 平面的二次换面

将一般位置平面变换成新投影面的平行面。

一般位置平面需要经过二次换面才能变换成新投影面的平行面。如图 3-63 所示，先作△ABC 内水平线 AD 的正面投影 $a'd'$，使它平行于 OX 轴，并求出其水平投影 ad；然后作新轴 $O_1X_1 \perp ad$，求出△ABC 的新投影 $a_1'b_1'c_1'$；最后作新轴 O_2X_2，使它平行于 $a_1'b_1'c_1'$，其新投影△$a_2b_2c_2$ 反映△ABC 的实形。

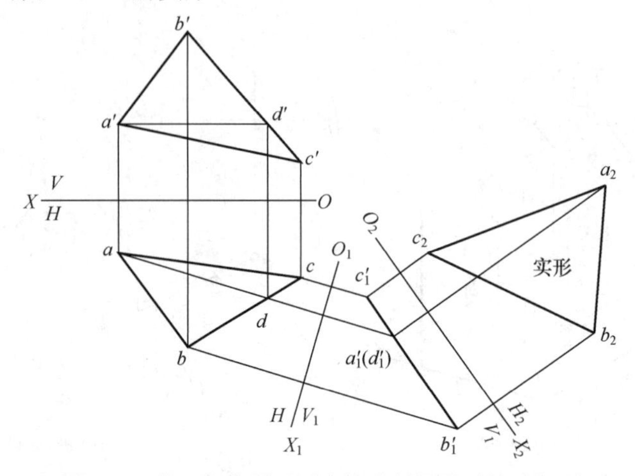

图 3-63　将一般位置平面变换成新投影面的平行面

求点到直线的距离

3.7.4　综合举例

例 3-16　如图 3-64（a）所示，求作点 C 到直线 AB 的距离。

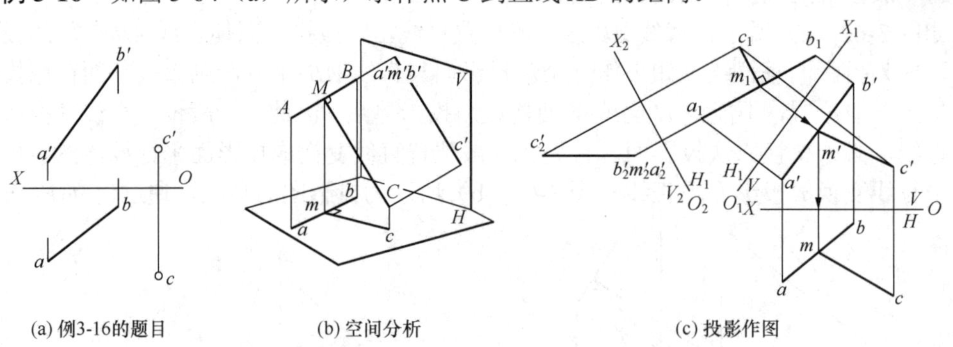

(a) 例3-16的题目　(b) 空间分析　(c) 投影作图

图 3-64　求点到直线的距离

分析：求作点到直线的距离就是求该点到直线的垂线实长。根据直角投影特性，互相垂直的两直线，当其中不少于一条直线平行于某投影面时，则这两条直线在该投影面上的投影仍反映为直角。由此可以确定，为了能自点 C 直接在投影图上向直线 AB 作垂线，必须先将直线 AB 变换为投影面平行线，这样才能利用直角投影特性作图，从而求得垂足 M，再设法求出 CM 实长。另一种思路是，若将直线 AB 变换为某投影面垂直线，则点 C 到 AB 的垂线 CM 必为该投影面的平行线，此时在投影图上就能反映该平行线的实长，如图 3-64（b）所示。

解：按上述第二种思路作图，如图 3-64（c）所示。

1）将直线 AB 变换为 H_1 面的平行线。此时，点 C 在 H_1 面上的投影为 C_1，AB 在 H_1 面上的投影为 a_1b_1。

2）将直线 AB 变换为 V_2 面的垂直线。此时，AB 在 V_2 面上的投影积聚为 $b_2'a_2'$，点 C 在 V_2 面上的投影为 c_2'。

3）在 V_2/H_1 体系中，过点 c_1 作 $c_1m_1 \perp a_1b_1$，即 $c_1m_1 /\!/ X_2$ 轴，得 m_1；m_2' 与 $a_2'b_2'$ 重影。连线 $c_2'm_2'$，$c_2'm_2'$ 即反映了点 C 到直线 AB 的距离。

4）如果求出 CM 在原 V/H 体系中的投影 $c'm'$ 和 cm，则根据 $c_2'm_2'$、c_1m_1 按投影关系返回作出即可。

例 3-17　如图 3-65（a）所示，求作交叉两直线 AB、CD 间的距离。

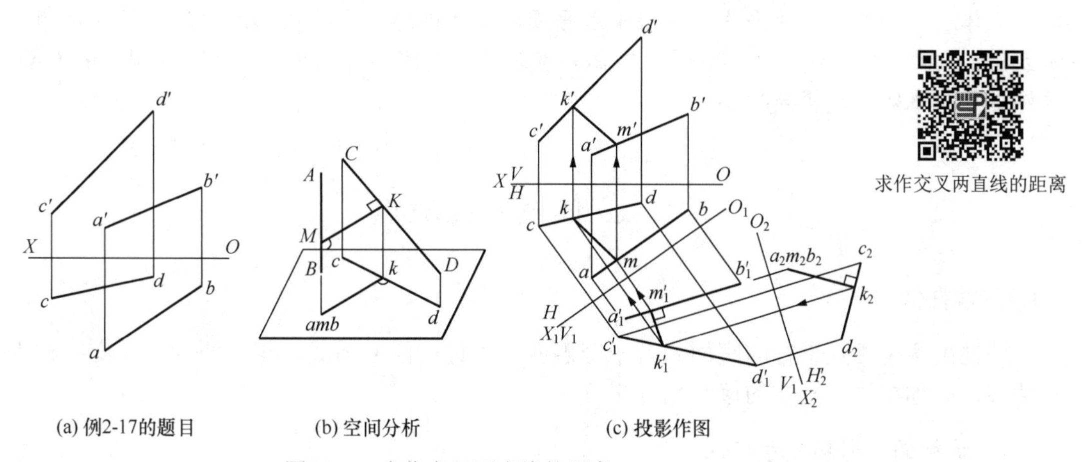

(a) 例2-17的题目　　(b) 空间分析　　(c) 投影作图

图 3-65　求作交叉两直线的距离

分析：两交叉直线的距离即为它们之间公垂线的长度。如图 3-65（b）所示，若将两交叉直线之一（如 AB）变换为投影面垂直线，则公垂线 KM 必平行于新投影面，它在该新投影面上的投影反映距离的实长，根据直角投影特性，该公垂线与另一直线在这一新投影面的投影应互相垂直。

解：作图过程如下［图 3-65（c）］。

1）将 AB 经过二次变换成为投影面垂直线，此时，它在 H_2 面上的投影积聚为 a_2b_2。直线 CD 也随之变换，它在 H_2 面上的投影为 c_2d_2。

2）自 a_2b_2 作 $m_2k_2 \perp c_2d_2$，m_2k_2 即为公垂线 MK 在 H_2 面上的投影，它反映了 AB、CD 间的距离实长。

如果求出 MK 在原 V/H 体系中的投影 mk、$m'k'$，则根据 m_2k_2、$m_1'k_1'$（$m_1'k_1' /\!/ X$ 轴，即 $m_1'k_1' \perp a_1'b_1'$）按投影关系返回作出即可。

思　考　题

1．何谓正投影法？简述正投影法的基本特性。

2．何谓重影点？如何判断重影点的可见性？

3．简述投影面的垂直线、投影面的平行线的投影特性。

4．简述投影面的垂直面、投影面的平行面的投影特性。

第 4 章　立体及其表面交线的投影

教学要求

通过本章学习，要求掌握基本体的投影特性，并掌握在基本体表面取点或取线的方法；学会立体表面的展开图的画法；掌握求解平面体和曲面体截交线投影的方法；学会求两平面立体、平面立体与曲面立体、两回转体相贯时的相贯线的作图方法；学会使用 AutoCAD 软件进行三维实体建模与投影。

4.1　立体及表面取点

4.1.1　棱柱体

棱柱由两个相互平行的底面和若干个侧面（也称棱面）围成，相邻两棱面的交线称为侧棱线，简称棱线。棱柱的棱线相互平行。

1．棱柱的投影和尺寸标注

（1）已知条件和形体特征

如图 4-1（a）所示，已知的平面体为正六棱柱体；上、下底面为正六边形；棱面均为矩形，六条棱线相互平行且垂直于 H 面。棱线 AB 为铅垂线，H 面投影为点 a（b），V 面和 W 面的投影均反映实长，即 $a'b'=a''b''=AB$；顶面的边 DE 为侧垂线，W 面投影积聚为一点 d''（e''），H 面投影和 V 面投影均反映实长，即 $de=d'e'=DE$；底面的边 BC 为水平线，H 面投影反映实长，即 $be=BC$，V 面投影 $b'c'$和 W 面投影 $b''c''$均小于实长。其余棱线可进行类似分析。

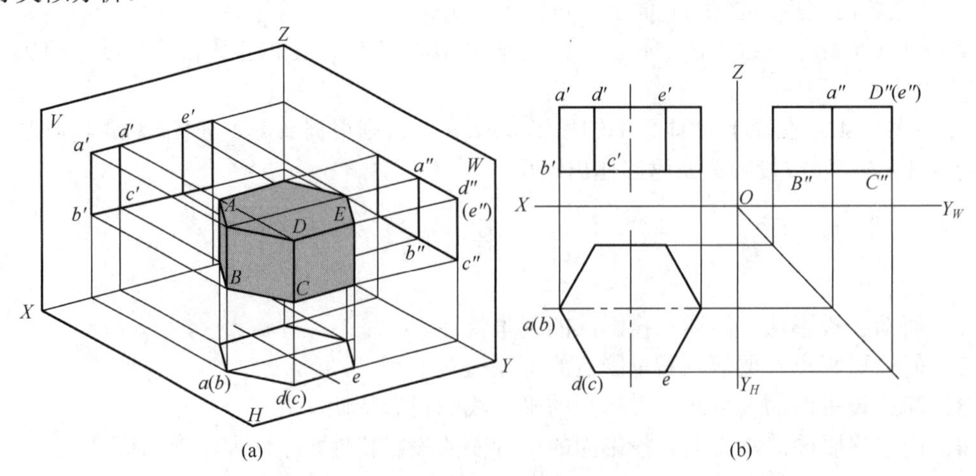

图 4-1　六棱柱的投影和尺寸标注

（2）投影图作法

作图时可先画出正六棱柱的 H 面投影正六边形，再根据投影规律作出其他两个投影，如图 4-1（b）所示。棱柱的尺寸标注通常标注底面形状尺寸和柱高等。

2. 棱柱表面上点的投影

如图 4-2（a）所示，已知三棱柱 ABC 的正面投影，以及棱面上点 M 和点 N 的正面投影 m' 和 n'，求作点 M 和点 N 的另外两个投影。

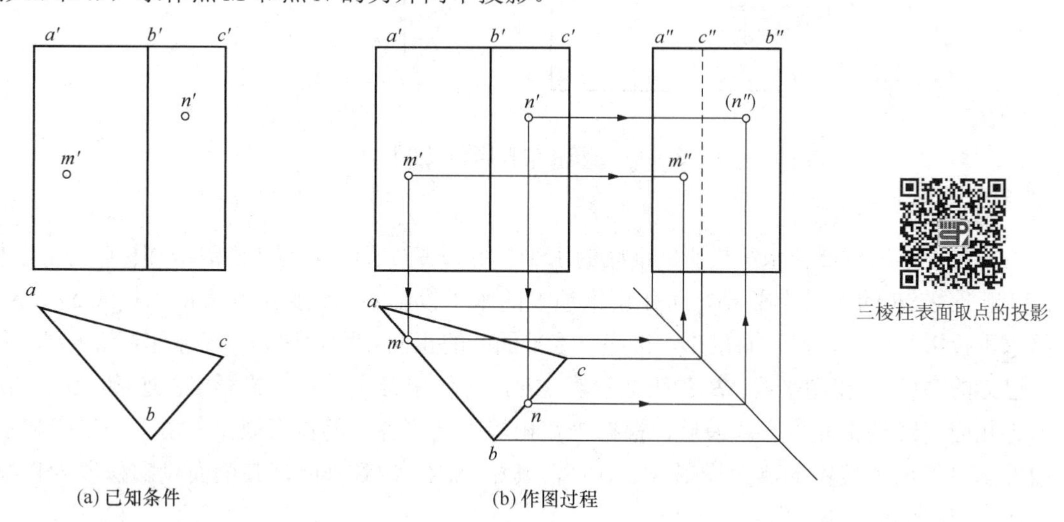

(a) 已知条件　　(b) 作图过程

图 4-2　三棱柱表面取点的投影

分析：从已知条件看到，m' 和 n' 为可见，点 M 和 N 分别在棱面 AB 和 BC 上。为了求作点 M 和 N 的其余两投影，首先作出三棱柱的侧面投影，其中棱线 C 的侧面投影 c'' 为不可见，画成虚线。然后，利用积聚性直接作出点 M 和 N 的水平投影。由于棱面 AB 和 BC 均为铅垂面，其水平投影分别积聚为直线 ab 和 bc 上，因此点 M 和 N 的水平投影重合在直线 ab 和 bc 上，如图 4-2（b）所示。最后，根据“高平齐、宽相等”的投影规律，作出侧面投影 m'' 和（n''）。在侧面投影中棱面 $b''c''$ 为不可见，所以（n''）为不可见。

4.1.2　棱锥体

棱锥由一个底面和若干个呈三角形的棱面围成，所有的棱面相交于一点，称为锥顶，记为 S。棱锥相邻两棱面的交线称为棱线，所有的棱线都交于锥顶 S。棱锥底面的形状决定了棱线的数目。例如，底面为三角形，则有三条棱线，称为三棱锥；底面为五边形，则有五条棱线，称为五棱锥。

1. 棱锥的投影和尺寸标注

（1）已知条件和形体特征

如图 4-3（a）所示，已知三棱锥 $SABC$，锥顶 S 的水平投影落在锥底（三角形）范围内。锥底（三角形）的一条边 AC 为侧垂线，棱线 SB 为侧平线；锥底△ABC 为水平面，棱面 SAC 为侧垂面，其余两个棱面 SAB 和 SBC 为一般位置平面。

三棱锥的尺寸标注如图 4-3（b）所示，通常标注底面形状尺寸和顶高等。

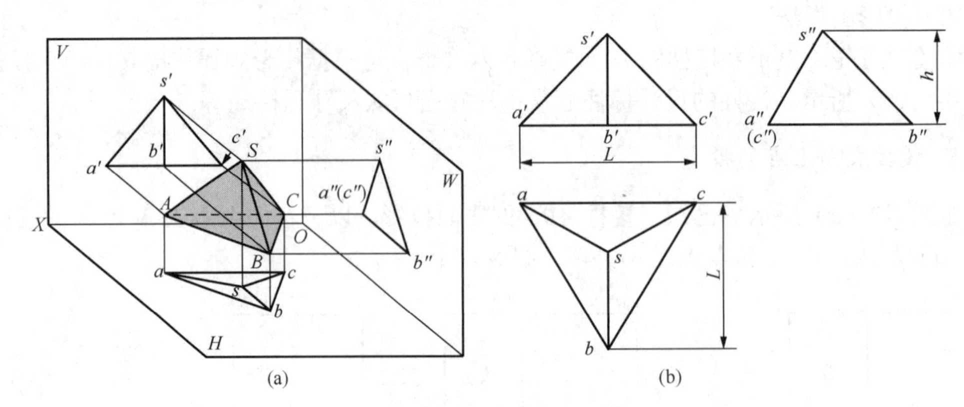

图 4-3　三棱锥的投影和尺寸标注

（2）投影图作法

首先，作三棱锥的水平投影。锥底的水平投影反映实形，为等边△*abc*，根据已知尺寸 *y* 和侧平线 *SB* 的水平投影 *sb*，可作出锥顶 *S* 的水平投影 *s*；连接 *sa*、*sb* 即为棱线 *SA*、*SB* 的水平投影。然后，作正面投影，锥底（水平面）的正面投影积聚为一条水平线 *a′b′c′*，根据已知的高度 *h* 和侧平线 *SB* 的正面投影 *s′b′*，可作出锥顶的正面投影 *s′*、连接 *s′a′*、*s′b′* 即为相应棱线的正面投影。最后，根据“宽相等、高平齐”的投影规律，由水平投影和正面投影可作出三棱锥的侧面投影 *s″a″b″c″*，其中 *SAC* 为侧垂面，其侧面投影积聚为直线 *s″a″c″*，如图 4-3（b）所示。

2. 棱锥表面上点的投影

根据棱锥表面上点的一个已知投影，求作点的其余两个投影，一般可利用平面内过点作辅助直线的方法。下面介绍两种具体作法。

1）过锥顶和已知点在相应的棱面上作辅助直线，根据点在直线上的从属性，点的投影也必在直线的同面投影上，可求得点的其余投影。

2）过已知点在相应的棱面上作辅助直线平行于锥底上相应的底边，根据点在直线上的从属性，也可求得点的其余投影。

例 4-1　如图 4-4（a）所示，已知正四棱锥表面上折线 *ABCED* 的 *H* 面投影 *abcde*，求四棱锥的 *W* 面投影及折线 *ABCED* 的其余两投影。

分析：正四棱锥的四个侧面均为三角形平面，三个投影均没有积聚性，底面为水平面，投影反映实形，在其余两个投影面上的投影积聚为直线，由于该四棱锥左右、前后对称，故其 *W* 面投影的形状与 *V* 面投影完全一样。折线 *ABCED* 共有 4 段，分别位于四个侧面上，只要求出 *A*、*B*、*C*、*E*、*D* 五个点的投影，判别可见性后进行连线即可求出折线的投影。

解：作图过程如图 4-4（b）所示。

1）连接 *sa* 并延长与 *mr* 相交于点 1，过点 1 向上作投影线与四棱锥底面在 *V* 面上的积聚投影相交于 1′，连接 *s′* 1′，然后过点 *a* 向上作投影线与 *s′*1′相交得 *a′*，根据 *a*、*a′*（二补三）求出 *a″*。

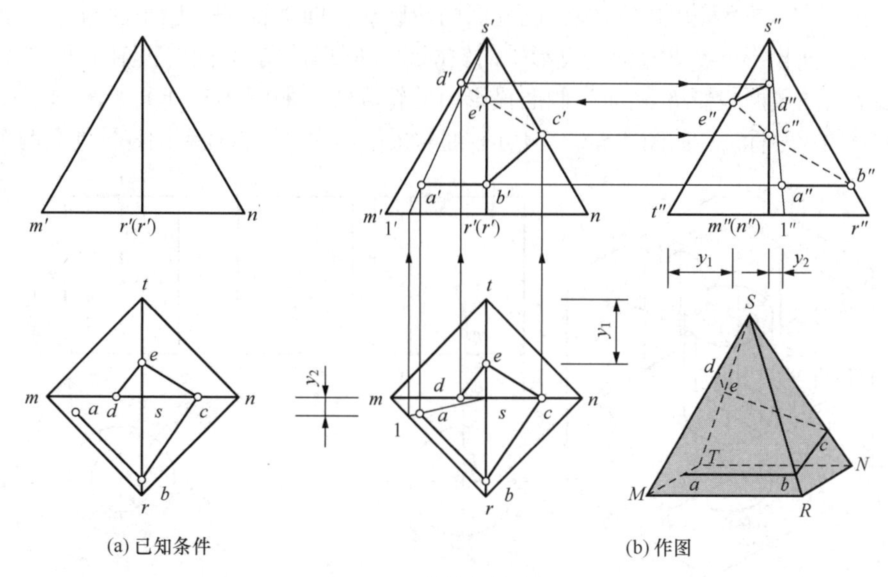

(a) 已知条件　　(b) 作图

图4-4 四棱锥表面取点

2）由已知条件可知点 *B* 位于棱线 *SB* 上，由于 *AB* 平行于 *MR*，因此可利用平行性求出点 *B* 的两面投影 *b*′、*b*″。

3）点 *D*、*C* 分别在棱线 *SM*、*SN* 上，可利用从属性求出点 *D* 和点 *C* 的两面投影 *d*″、*d*′、*c*″、*c*′。

4）点 *E* 在棱线 *ST* 上，根据"宽相等"的投影规律，求出点 *E* 的 *W* 面投影 *e*″，进而求出 *e*′。

5）判别可见性并依次连线。在 *V* 面投影中，依次连接 *a*′、*b*′、*c*′、*e*′、*d*′，因为 *CE*、*DE* 在后面侧面上，所以 *c*′*e*′、*d*′*e*′不可见，画成虚线，而 *AB*、*BC* 在前面两侧面上，所以 *ab*、*bc* 画粗实线；在 *W* 面投影中，依次连接 *a*″、*b*″、*c*″、*e*″、*d*″，因为 *BC*、*CE* 在右两侧面上，所以 *b*″*c*″、*c*″*e*″不可见，画成虚线，*AB*、*ED* 在左两侧面上，所以 *a*″*b*″、*e*″*d*″可见，画成粗实线。

4.1.3 圆柱体

圆柱面是由两条相互平行的直线，其中一条直线（称为直母线）绕另一条直线（称为轴线）旋转一周而形成的。圆柱体（简称圆柱）由两个相互平行的底平面（圆）和圆柱面围成。任意位置的母线称为素线，圆柱面上的所有素线相互平行。

平行于某个投射方向且与曲面相切的投射线形成投射平面（或投射柱面），投射平面与曲面相切的切线称为该投射方向的曲面外形转向线，简称轮廓线。曲面在某个投影面上的投影，可以用该投射方向上轮廓线的投影来表示。显然，不同投射方向产生不同的轮廓线，并且轮廓线也是该投射方向的曲面上可见与不可见部分的分界线，如图4-5（a）所示。

1. 圆柱的投影和尺寸标注

如图4-5（a）所示，已知圆柱轴线垂直于水平投影面，圆柱侧表面（圆柱面）的水平投影积聚为圆，这个圆也是圆柱上、下底面（水平面）的投影，反映底面（圆）的实形。圆柱的正面投影和侧面投影为矩形。矩形的上、下两条水平线为圆柱上、下底面（水平圆）

的投影；矩形左、右两边的竖直线为圆柱面的轮廓线，向 *V* 面的投射平面与圆柱面相切，切线 *AC* 的正面投影 $a'c'$即为正面投影中的轮廓线。同理，向 *W* 面的投射平面与圆柱面相切，切线 *BD* 的侧面投影 $b''d''$即为侧面投影中的轮廓线，如图 4-5（b）所示。

圆柱体的尺寸标注，如图 4-5（c）所示，通常采用标注底面直径和圆柱体的高两个尺寸。

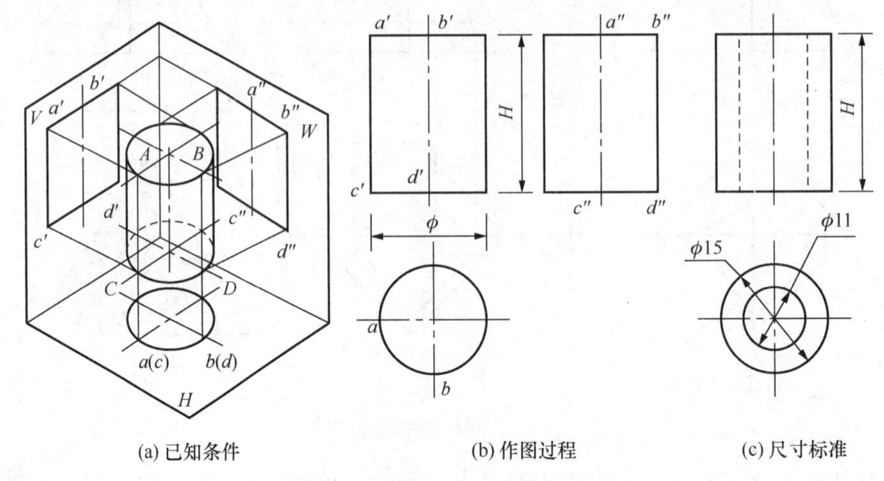

(a) 已知条件　　(b) 作图过程　　(c) 尺寸标准

图 4-5　圆柱面的投影和尺寸标注

2. 圆柱表面上点和线的投影

例 4-2　如图 4-6（a）所示，已知圆柱轴线为侧垂线，圆柱面上曲线 *ABC* 的正面投影，求作曲线 *ABC* 的其余两个投影。

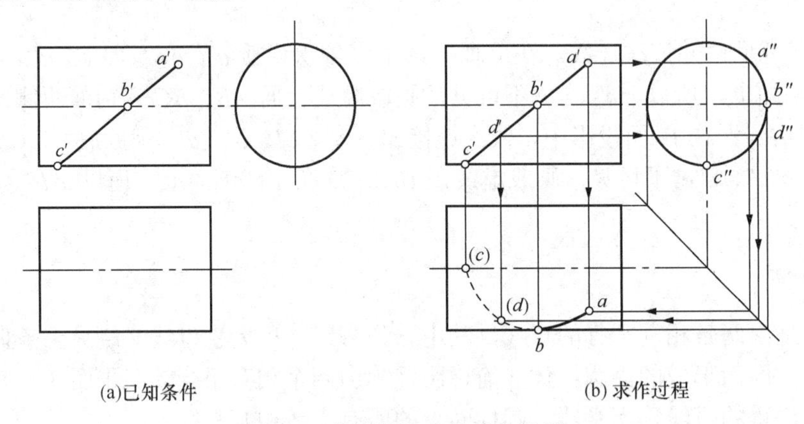

(a)已知条件　　(b) 求作过程

图 4-6　作圆柱上点和线的投影

分析：由于曲线 *ABC* 在圆柱面上，圆柱的侧面投影具有积聚性（积聚为圆），因此曲线 *ABC* 在侧面投影上也积聚在圆上。曲线 *ABC* 的水平投影为不反映实形的曲线。要准确完成曲线的投影，通常做法是先在曲线上找出一些特殊点（如端点、转向轮廓点、位置极限点等）的三面投影，然后再在曲线上任取若干个一般点的投影，依次连接所有点形成曲线的投影，最后，判断各段曲线的可见性，可见部分用粗实线绘制，不可见部分用虚线绘制。

解：作图过程如图 4-6（b）所示。

1）作特殊点的三面投影。利用点的“三等”关系，由曲线上的特殊点，如点 *A*、点 *B*、

点 C 的正面投影 a'、b'、c' 直接向侧面投影，得点 a''、b''、c''，然后，作出水平投影 a、b、c。

2）作一般点的三面投影。为了使曲线连接光滑，可在曲线 ABC 线上再多作若干个点（如点 D）。在正面投影 $a'b'c'$ 线上的合适位置取点的正面投影 d'。同理，依次作出 d'' 和 d。最后依次连接各点形成曲线的水平投影。

3）判断可见性。由于点 b 在外形轮廓线上，是水平投影中曲线可见与不可见段的分界点。根据正面（或侧面）投影可知，曲线段 b（d）（c）为不可见，画成虚线，曲线段 ab 为可见，画成粗实线。

4.1.4　圆锥体

圆锥面是由两条相交的直线，其中一条直线（简称直母线）绕另一条直线（称为轴线）旋转一周形成的，交点称为锥顶。母线在旋转时，其上任一点的运动轨迹是个圆，为曲面上的纬圆。纬圆垂直于旋转轴，圆心在轴上。圆锥体（简称圆锥）由圆锥面和一个底平面围成。圆锥面上任意位置的母线称为素线，所有素线交于锥顶。

1. 圆锥的投影和尺寸标注

如图 4-7（a）所示，已知圆锥底面为圆，且平行于 H 面，锥轴垂直于 H 面。锥底的水平投影为圆，正面和侧面投影积聚为水平线。圆锥面的三个投影都没有积聚性，锥面的水平投影为圆，锥顶的水平投影 s 在本例中与底圆的圆心重合；圆锥的正面和侧面投影为三角形，两条斜边为锥面的轮廓线，是投射平面与锥面的切线的投影，$s'a'$ 是正面投影中的轮廓线，$s''a''$ 是侧面投影中的轮廓线，如图 4-7（b）所示。

圆锥的尺寸通常标注底圆直径 Φ 和锥顶高度 H，如图 4-7（b）所示。圆锥被一个平行于锥底的平面截切，把平面以上的部分（包括锥顶）移走，所剩下的曲面体称为圆锥台（简称圆台）。图 4-7（c）所示为圆台的投影图。圆台的尺寸，除了标注圆台的高度 H 外，还应分别标注上、下底圆的直径 Φ_2 和 Φ_1。

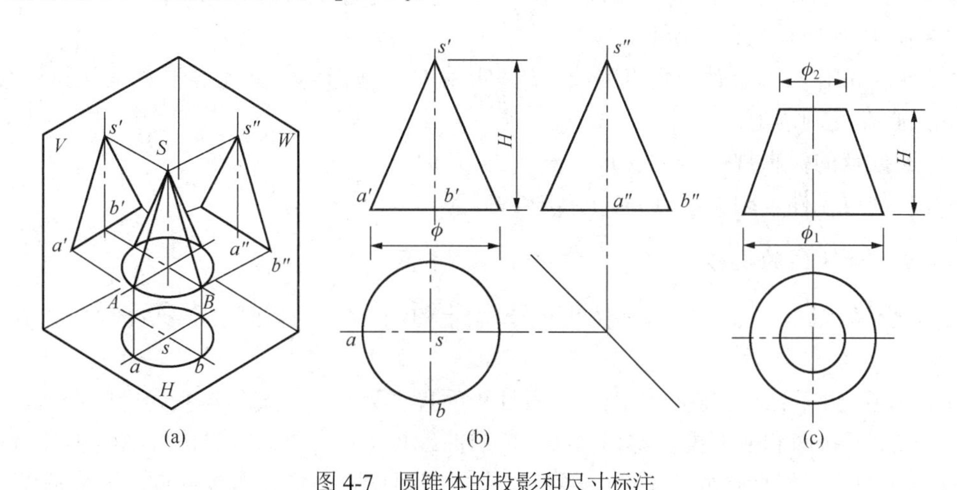

图 4-7　圆锥体的投影和尺寸标注

2. 圆锥面上点的投影

例 4-3　如图 4-8 所示，已知圆锥面上点 M 的正面投影 m'，求其余两个投影 m、m''。

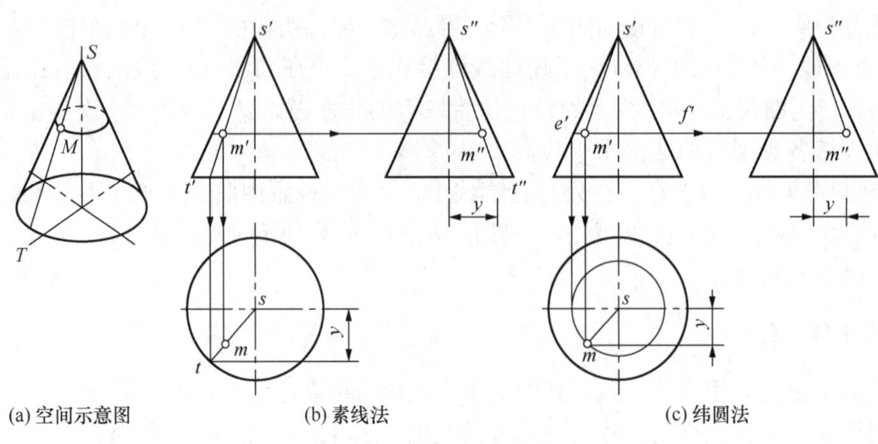

图 4-8 圆锥面上取点

方法一：素线法。

分析：如图 4-8（a）所示，*M* 点在圆锥面上，一定在圆锥面的一条素线上，故过锥顶 *S* 和点 *M* 作一素线 *ST*，求出 *ST* 的各投影，根据点与直线的从属性，即可求出 *m*、*m″*。作图过程如图 4-8（b）所示。

1）在正面投影中，连接 *s′m′* 并延长交底圆于点 *t′*。

2）过点 *t′* 向 *H* 面作投影线，在底圆的 *H* 投影上求出 *t* 点（点与直线从属性），利用点的投影规律，根据点 *t*、*t′* 求出点 *t″*，连接 *st*、*s″t″*，即为素线 *ST* 的 *H* 面投影和 *W* 面投影。

3）根据点与线的从属关系求出点 *m*、*m″*。

4）判别可见性。由于点 *M* 位于圆锥的左前半圆区域，因此点 *m*、*m″* 均可见。

方法二：纬圆法。

分析：过点 *M* 作一平行于圆锥底面的纬圆。该纬圆的水平投影为圆，正面投影、侧面投影为一直线。根据点与线的从属性，*M* 点的投影一定在该圆的投影上。

作图过程如图 4-8（c）所示。

1）过点 *m′* 作与圆锥轴线垂直的线 *e′f′*，它的 *H* 面投影为一直径等于 *e′f′*、圆心为 *S* 的圆，*m* 点必在此圆周上。

2）根据点的投影规律，由点 *m′*、*m* 求出点 *m″*。

3）判别可见性，同上，点 *m*、*m″* 均可见。

3. 圆锥面上线的投影

例 4-4 如图 4-9（a）所示，已知圆台表面上的线 *ABC* 的正面投影 *a′b′c′*，求作其余两投影。

分析：由于线 *ABC* 在圆台锥面上，而且正面投影为直线，实际形状为空间曲线，因此线 *ABC* 在水平投影和侧面投影均为曲线。按照曲线投影的作法，首先选取曲线上的特殊点并完成三面投影；然后再取若干个一般点并完成三面投影，依次连接各点，形成曲线 *ABC* 的三面投影图；最后判断可见性。可见部分用粗实线绘制，不可见部分用虚线绘制。

特别说明：由于图中没有锥顶，不宜用素线法，因此采用纬圆法。

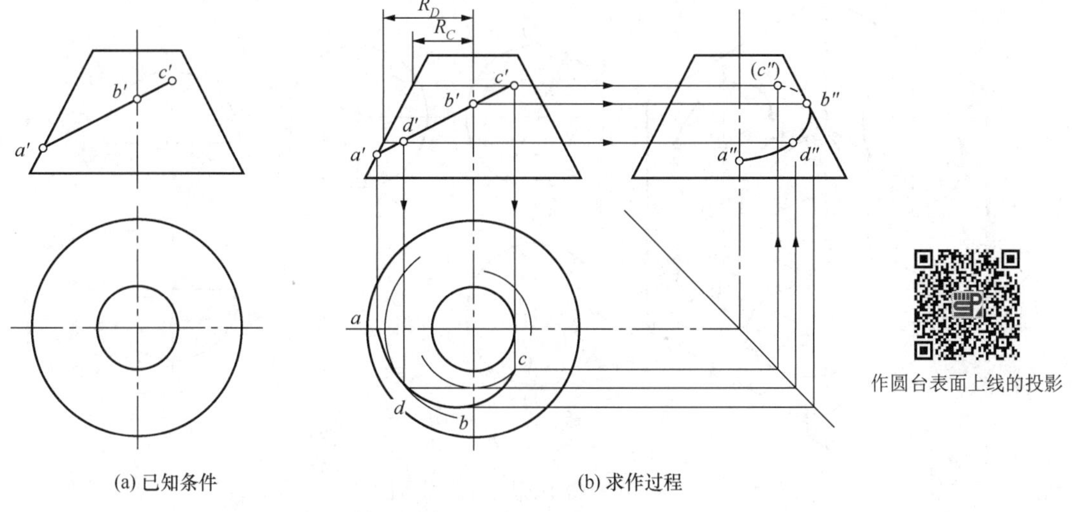

(a) 已知条件　　(b) 求作过程

图 4-9　作圆台表面上线的投影

解：作图过程如图 4-9（b）所示。

1）作特殊点的三面投影。根据点的投影规律，由正面投影中点 a'、b'分别向水平面投影和侧面投影，得到点 a、b''；然后由点 a、a'求出点 a''，由点 b'、b''求出点 b；通过纬圆法由点 c'求出点 c、c''。正面投影中过点 c'作水平线，可得相应纬圆的半径 R_C，通过投影线在水平投影中相应的圆上作出点 c，并由此可作出侧面投影 c''。

2）作一般点的三面投影。为了作图准确，在已知线上任取一般点 D，其正面投影为 d'。同理，通过纬圆法由点 d'求得点 d、d''。

3）判断可见性。因为曲线在圆锥面上，所以水平投影均可见；而点 B 是曲线侧面轮廓线上的点，它是侧面投影可见性的分界点，所以，b''（c''）为不可见部分，用虚线绘制，$a''d''b''$为可见，用粗实线绘制。

4.1.5　圆球体

圆球面是由圆绕它的直径旋转形成的。圆球体（简称球）由自身封闭的圆球面围成。

1. 球的投影和尺寸标注

球的三个投影都是直径相同的圆，如图 4-10 所示。正面投影中的圆，是球面上平行于 V 面的最大轮廓线的投影，该圆上点 A、B 的正面投影为 a'、b'，其水平投影和侧面投影均在前后半球对称线上。同理，水平投影中的圆，是球面上平行于 H 面的最大轮廓线的投影，该圆上点 A、C 的水平投影为 a、c。其水平投影和侧面投影均在上、下半球对称线上。侧面投影中的圆，是球面上平行于 W 面的最大轮廓线的投影，该圆上点 B、C 的侧面投影为 b''、c''，其正面投影和水平投影均在左右半球对称线上。

球面的尺寸只需标注球的直径，在直径符号 ϕ 之前加注“S”，如图 4-10（b）所示。若为半球体，则需标注球的半径，并在半径符号 R 之前加注“S”，如图 4-10（c）所示。

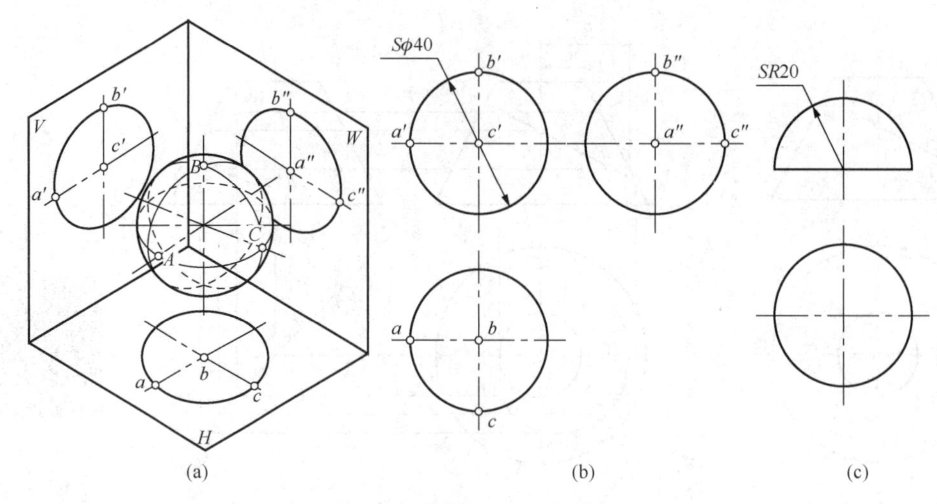

图 4-10　球的投影和尺寸标注

2. 球面上点和线的投影

在球面上作点只能使用纬圆法。

例 4-5　如图 4-11（a），已知球面上曲线 *ABCD* 的正面投影 *a′b′c′d′*，求作其余两投影。

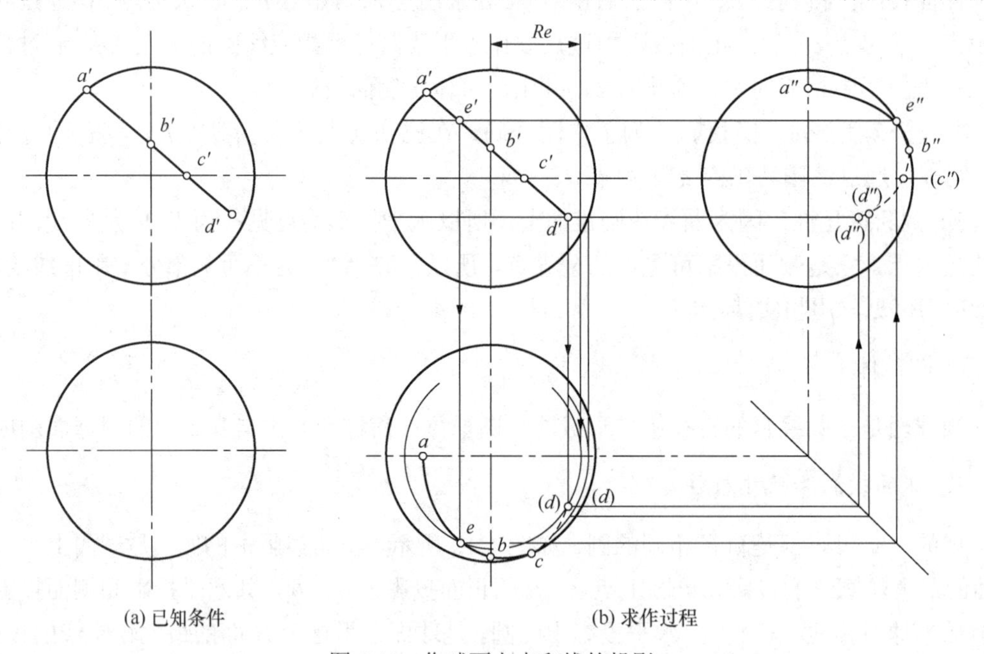

图 4-11　作球面上点和线的投影

分析：由于线 *ABCD* 在球面上，而且正面投影为直线，实际形状为空间曲线，因此线 *ABC* 在水平投影和侧面投影均为曲线。按照曲线投影的作法，首先选取曲线上的特殊点（如点 *A*、*B*、*C*、*D*）并完成三面投影；然后再取若干个一般点（如点 *E*）并完成三面投影，依次连接各点，形成曲线 *ABCD* 的三面投影图；最后判断可见性。可见部分用粗实线绘制，不可见部分用虚线绘制。

解：作图过程如图 4-11（b）所示。

1）作球面上处在轮廓线上的点 A 的投影。由于点 A 的正面投影 a'在球正面投影的轮廓线上，因此水平投影 a 必在球面水平投影的水平对称中心线上，侧面投影 a''在球侧面投影的竖直中心线上。

2）作球面上处在轮廓线上点 B 的投影。点 B 的正面投影 b'在球面正面投影的竖直中心线上，表明点 B 的侧面投影 b''必在球侧面投影的轮廓线上。

3）作球面上处在轮廓线上点 C 的投影。点 C 的正面投影 c'在球正面投影的水平中心线上，表明点 C 的水平投影必在球面水平投影的轮廓线上。

4）作端点 D 的投影。利用纬圆法，由曲线端点 D 的正面投影 d'作出水平投影 d 和侧面投影 d''。

5）作曲线上任意一般点的投影。为了光滑连接曲线，可在曲线上任意选取多个一般点，并完成其三面投影。本例在适当位置确定点 E 的正面投影 e'，过点 e'作球面上的水平纬圆（也可作侧平纬圆），水平纬圆的正面投影重合为一条水平线，水平投影反映圆的实形，实形圆的半径可在正面投影中量取。根据“长对正”投影规律，由点 e'可在水平投影的圆上作出点 e，并由此作出点 e。

6）将水平投影和侧面投影各点连接成光滑曲线，并判别曲线的可见性。由正面投影可知，水平投影中 c（d）段为不可见，侧面投影中 b''（c''）（d''）段为不可见。

4.1.6　圆环体

圆环面是由圆（曲母线）绕位于圆周所在平面内的一条直线（轴线）旋转形成的。如图 4-12（a）所示，已知环面的旋转轴为铅垂线，因此环面的水平投影中有如下几个圆：最大圆是母线圆周上点 B（距旋转轴最远点）旋转所得，最小圆是母线圆周上点 D（距旋转轴最近点）旋转所得，这两个圆均为可见，画成粗实线；两圆的中间用点画线画出的圆是母线圆圆心旋转所得。环面的正面投影中应画出两个平行于 V 面的素线圆的投影（反映母线圆的实形），其中 $a'b'c'$半个圆为可见，a'（d'）c'半个圆为不可见（画成虚线）。母线圆上的最高点 A 和最低点 C 旋转形成两个水平圆，它们的正面投影为两条水平线。

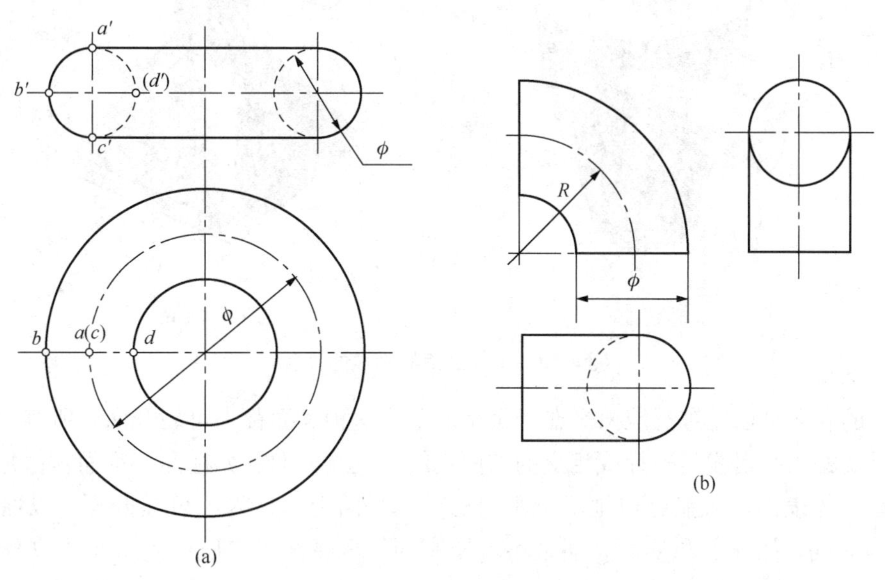

图 4-12　圆环的投影和尺寸标注

圆环的尺寸，只需标注母线圆的直径和旋转直径（或旋转半径）。

图 4-12（b）所示为 1/4 圆环体的三个投影，圆环的旋转轴为正垂线，图中标注了母线圆直径和旋转半径。

4.2　立体表面的展开*

将立体的表面按照其实际形状和大小，依次连续平摊在一个平面上，称为立体表面的展开，俗称放样。立体表面展开后所得的平面图形称为展开图，如图 4-13 所示。

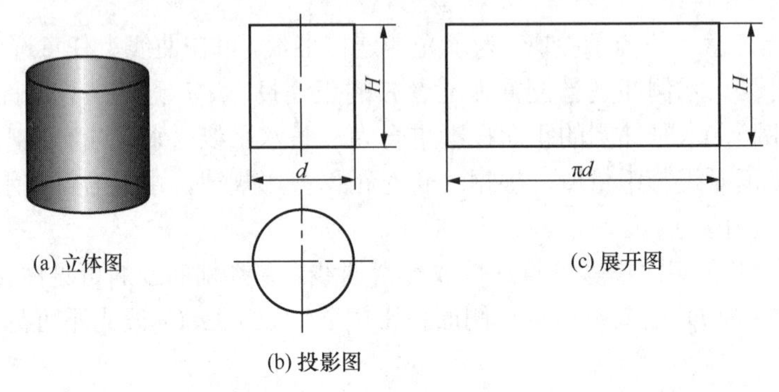

图 4-13　圆柱表面的展开

展开图在造船、机械、冶金、电力、化工、建筑等行业中应用广泛。图 4-14 所示为由金属薄板制造的环保设备，首先画出它们的展开图，再经切割下料，弯卷成形，然后用焊接、铆接或咬缝等连接方法制成。

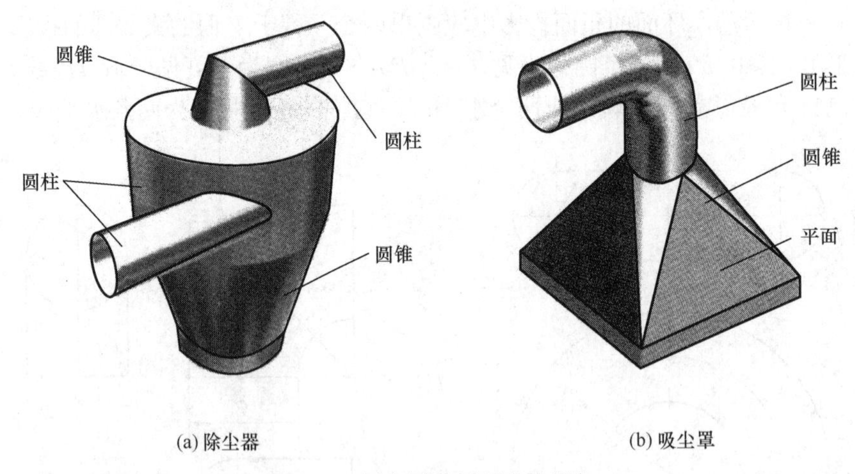

图 4-14　用金属薄板制成的设备

立体的表面可以无皱折地摊平在一个平面上，这种表面称为可展开面。所有平面体的表面，以及相邻两素线是平行或相交的共面直线的直纹曲面，如柱面和锥面，都是可展开面。有些立体表面，只能近似地"摊平"在一个平面上，称为不可展开面。以曲线为母线的双向曲面，如球面和环面，都是不可展开面。画展开图实质上是一个求立体表面实形的问题。

表面展开后都有一个接口。接口的形式和位置应按照节约材料、易于加工、便于安装的原则来选择。在接口处，若采用铆接连接，还要根据铆接的形式、板材的厚度，增加铆接裕量。

通常，展开图的绘制方法有两种：图解法和绘图法。图解法是依据投影原理作出投影图，再用作图方法求出展开图所需线段的实长和平面图形的实形后，绘制展开图。计算法是采用解析式来计算实际展开图的尺寸，然后绘制展开图，该方法具有精度高的优点。本节仅讲述采用图解法来求解展开图的方法。

4.2.1　平面立体的表面展开

1. 棱柱表面的展开

图 4-15（a）、（b）所示为斜口四棱柱管的立体图和投影图，由于四棱柱处于铅垂位置，前后棱面在主视图中反映实形，左右两侧棱面分别在俯视图上反映实际宽度，在主视图上反映实际高度。因此，四棱柱四个棱面的实形均可画出，其展开图如图 4-15（c）所示。

作展开图时，首先将各底边按照实长展开画成一条水平线、分别标出点Ⅰ、Ⅱ、Ⅲ、Ⅳ；再过底边上各点作铅垂线，在其上量取各棱线的实长，即得斜口各端点Ⅴ、Ⅵ、Ⅶ、Ⅷ；最后依次连接各端点，得斜口四棱柱管的展开图。

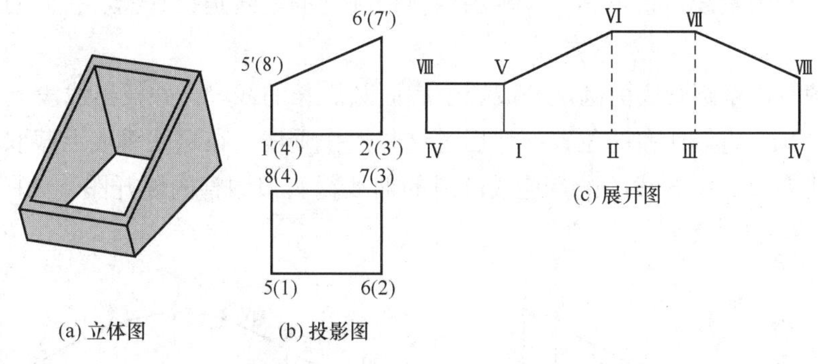

(a) 立体图　(b) 投影图　(c) 展开图

图 4-15　斜口四棱柱管的展开

2. 棱台表面的展开

图 4-16（a）、（b）所示为平口棱锥管的立体图和投影图。它是由四个等腰梯形围成的，四个等腰梯形在投影图中均不反映实形。

为了画出它的展开图，必须先求出这四个梯形的实形。在梯形的四边中，其上底、下底的水平投影反映其实长，梯形的两腰是一般位置直线。因此要求梯形的实形，应先求出梯形两腰的实长。但是仅知道梯形的四边实长，其实形仍是不定的，还需要将梯形的对角线长度求出来（即化成两个三角形来处理）。可见，平口棱锥管的各表面分别化成两个三角形，求出三角形各边的实长（用直角三角形法）后，即可画出其展开图，如图 4-16（c）、（d）所示。

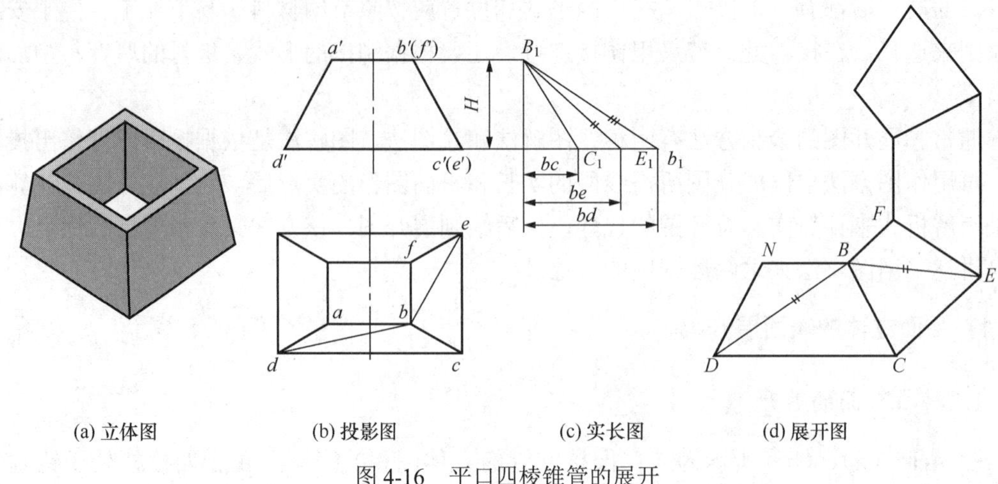

(a) 立体图　(b) 投影图　(c) 实长图　(d) 展开图

图 4-16　平口四棱锥管的展开

4.2.2　圆柱表面的展开

1. 斜口圆柱表面的展开

图 4-17（a）、（b）所示是斜口圆管的立体图和投影图，斜口圆管表面和平口圆管表面的区别在于斜口圆管表面上的素线长短不相等。为了画出斜口圆管的展开图，要在斜口圆柱表面上取若干条素线，找出其实长，图示斜口圆管的素线是铅垂线，它们的正面投影反映实长。

画展开图时，将圆管底面圆展开成等于底面圆周长的线段，并找出线段上各等分点Ⅰ、Ⅱ、Ⅲ、Ⅳ、Ⅴ、Ⅵ等所在的位置；然后过这些点作垂线，在这些垂线上截取与投影图中相对应的素线实长，将各线的端点连成圆滑的曲线得斜口圆管的展开图，如图 4-17（c）所示。

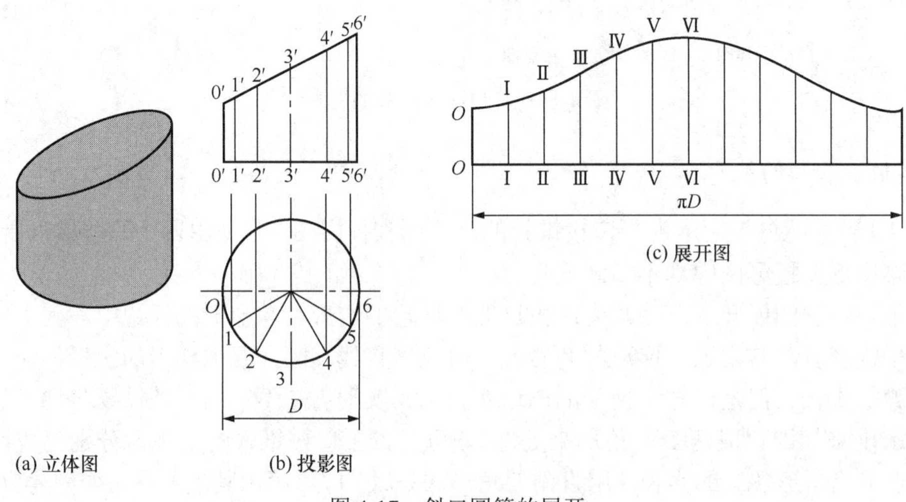

(a) 立体图　(b) 投影图

图 4-17　斜口圆管的展开

2. 等径直角弯管表面的展开

工程中有时用环形弯管将两个直径相等、轴线垂直的管子连接起来。由于环形面是不可展开曲面，因此在设计弯管时，一般不采用环形弯管，而用几段圆柱管接在一起近似地代替环形弯管，如图4-18（a）所示。

由图 4-18（b）可知，弯管两端管口平面相互垂直，并各为半节，中间是两个全节，实际上它由三个全节组成，四节都是斜口圆管。

为了简化作图和省料，可将四节斜口圆管拼成一个直圆管来展开，如图4-18（c）所示。其作图方法与斜口圆管的展开方法相同。等径直角弯管的展开图，如图4-18（d）所示。

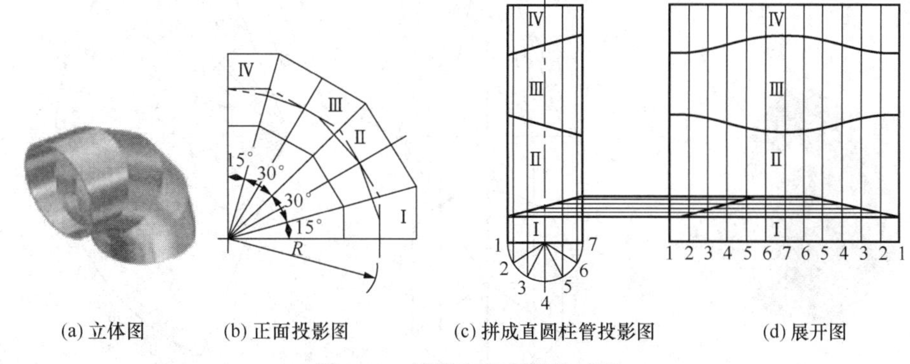

(a) 立体图　(b) 正面投影图　(c) 拼成直圆柱管投影图　(d) 展开图

图4-18　等径直角弯管的展开

3. 等径三通圆管表面的展开图

图4-19（a）所示是等径三通圆管的立体图。由投影图画出等径三通圆管的展开图时，应以相贯线为界，分别画出水平和垂直圆管的展开图。

由于两圆管轴线都平行于正面，其表面上素线的正面投影均反映实长，故可按图4-19的展开方法画出它们的展开图，水平圆管的展开图，如图 4-19（b）所示。画垂直圆管的展开图时，先将其展开成一个矩形，然后求出相贯线上点的位置，依次将各点光滑连接起来，得垂直圆管的展开图，如图4-19（c）所示。

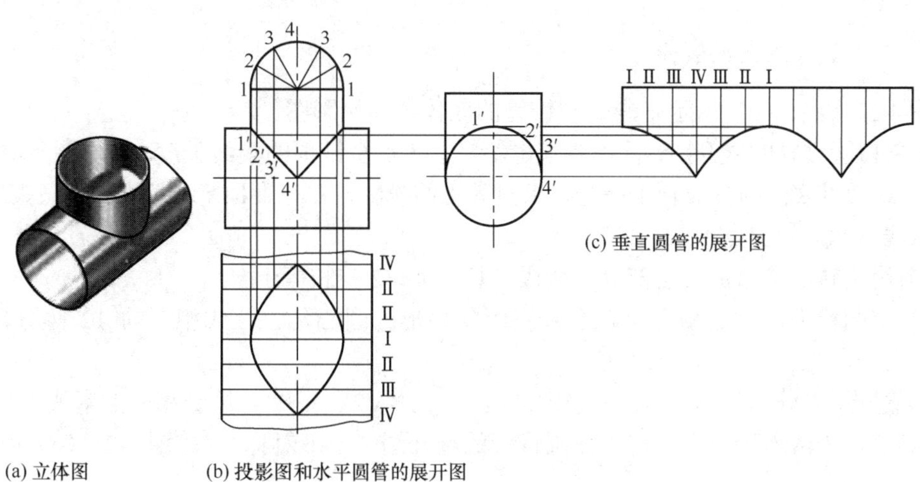

(c) 垂直圆管的展开图

(a) 立体图　(b) 投影图和水平圆管的展开图

图4-19　等径三通圆管的展开

4.2.3 圆锥表面的展开

1. 平口圆锥表面的展开

图 4-20（a）、（b）所示是平口圆锥管的立体图和投影图。展开时，常将圆台延伸成正圆锥。

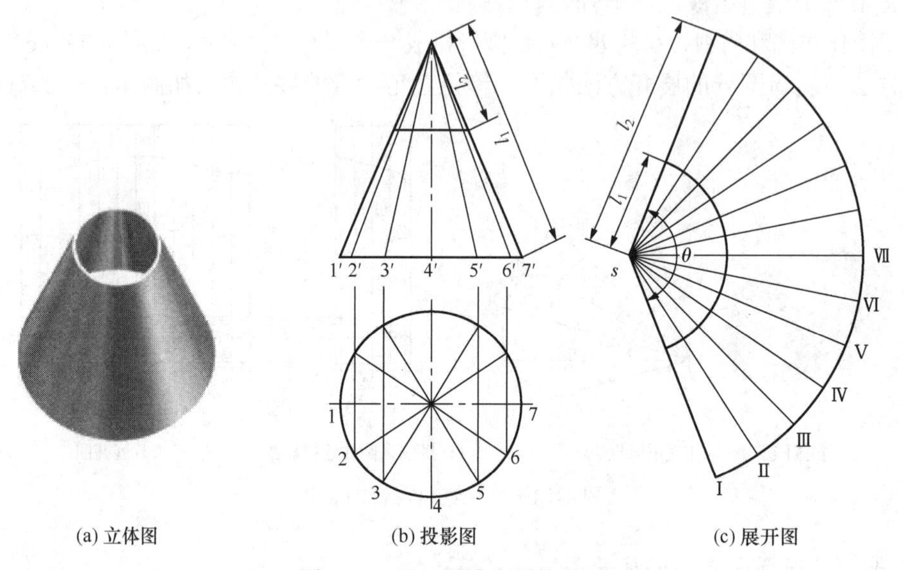

(a) 立体图　(b) 投影图　(c) 展开图

图 4-20　平口圆锥表面的展开

由初等几何知道，正圆锥的展开图是一扇形，其半径等于圆锥的素线实长 l_2。扇形的圆心角为 $\theta = d / l_2 \times 180°$。在作图时，先算出 θ 的大小，然后以 s 为中心，l_2 为半径画出扇形。若准确程度要求不高，也可将圆锥底面圆分成若干等分，并在圆锥上作一系列素线，将圆锥近似地看成是棱线无限多的棱锥，依照展开棱锥的方法近似地画出圆锥的展开图。在圆锥面展开图上，截去上面延伸的小圆锥面，即得平口圆锥管的展开图，如图 4-20（c）所示。

2. 斜口圆锥表面的展开

图 4-21（a）、（b）所示是斜口圆锥管的立体图和投影图。

求斜口圆锥管的展开图，首先要求出斜口上各点至锥顶的素线长度，其作图步骤如下：

1）将圆锥底面圆分成若干等分，求出其正面投影，并与锥顶 s' 连接成若干条素线，标出各素线与截面的交点 $1',2',\cdots,7'$。

2）用旋转法求出被截去部分的线段实长，如 $s'2'$ 实长等于 $s'1$。

3）将圆锥面展开成扇形，在展开图上将扇形的圆心角也分成相同的 12 等分，作出素线。

4）过点 S 分别将 SⅠ,SⅡ,…,SⅦ的实长（$s'1',s'2',\cdots,s'7'$）量到相应的素线上得点Ⅰ,Ⅱ,…,Ⅶ等，光滑连接各点，得斜口圆锥管的展开图（上下对称），如图 4-21（c）所示。

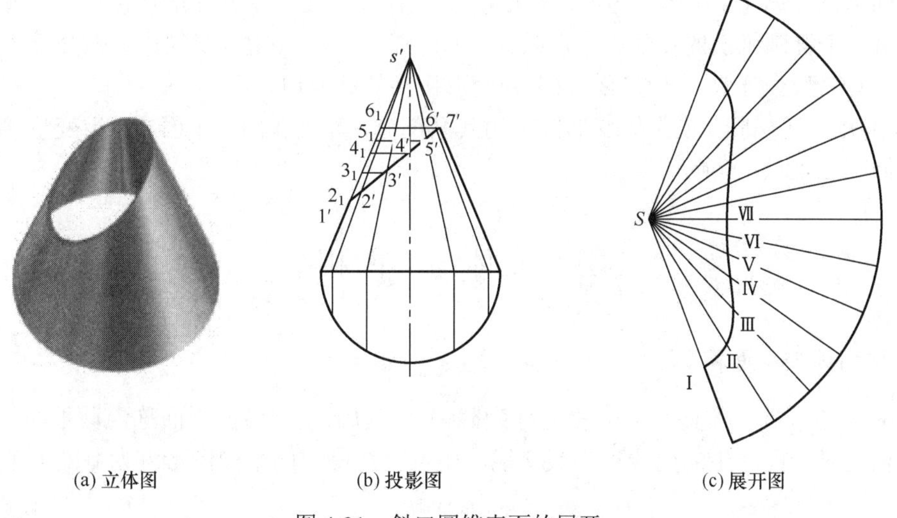

图 4-21　斜口圆锥表面的展开

4.2.4　变形接头表面的展开

图 4-22（a）、（b）所示是方圆变形接头的立体图和投影图。它的表面由四个等腰三角形平面和四个相等的斜椭圆锥面组成。它的下底面 *ABCD* 为水平面，水平投影反映实形，只要用若干个棱锥面近似代替椭圆锥面，再求出等腰三角形的实形，即可依次画出展开图。

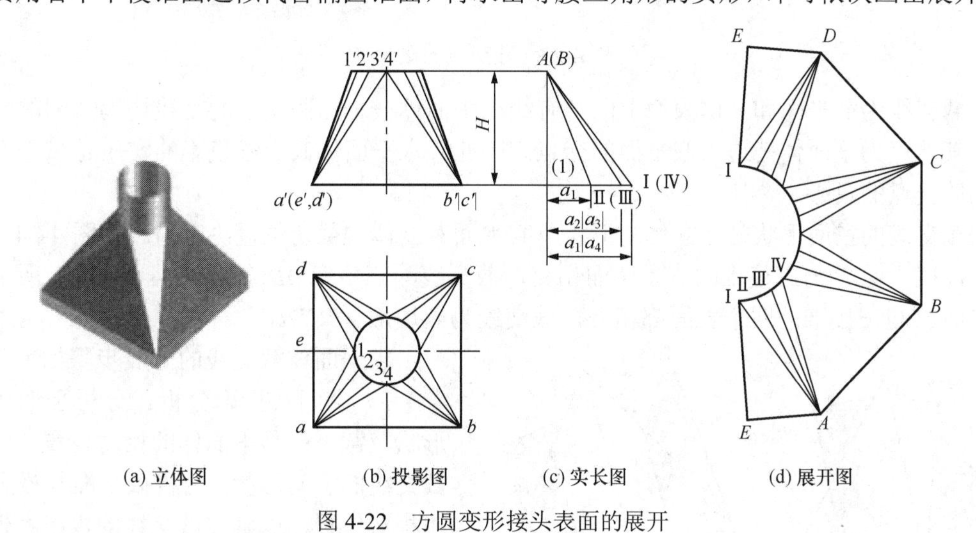

图 4-22　方圆变形接头表面的展开

其作图步骤如下：

1）在方圆变形接头的水平投影上，将顶圆每 1/4 周长三等分，得点的水平投影 1、2、3、4，其正面投影为 1′、2′、3′、4′，把各等分点与矩形相应的顶点用直线相连，即得锥面上素线和四个等腰三角形的两面投影，如图 4-22（b）所示。

2）用直角三角形法求出锥面上各素线的实长 *E*Ⅰ、*A*Ⅰ、*A*Ⅱ、*A*Ⅲ、*A*Ⅳ，如图 4-22（c）所示。

3）作等腰三角形 *AB*Ⅳ的实形。*ab*=*AB*，分别以 *A*、*B* 为圆心，*A*Ⅳ为半径。

4）作椭圆锥面的实形。分别以 *A*、Ⅳ为圆心，*A*Ⅲ、43 为半径画弧交于Ⅲ，则△*A*Ⅲ Ⅳ

为近似椭圆锥面的 1/3 实形。同理，可依次作△AⅡⅢ、△AⅠⅡ光滑连接点Ⅰ、Ⅱ、Ⅲ、Ⅳ，得出一个椭圆锥面的实形。分别以 A、Ⅰ为圆心，ae、e′1′为半径作圆弧交于 E 点，则△AⅠE 为等腰△AⅠD 一半实形，EⅠ为变形接头的结合边。

5）重复上述步骤，依次作变形接头的其余部分，并画在同一平面内，得变形接头的展开图，如图 4-22（d）所示。

4.3　立体与平面相交

4.3.1　平面体与平面相交

如图 4-23 所示，平面与立体相交称为截切。用以截切立体的平面称为截平面，立体与截平面相交时表面产生的交线称为截交线。由截交线围成的平面图形称为截断面或断面。

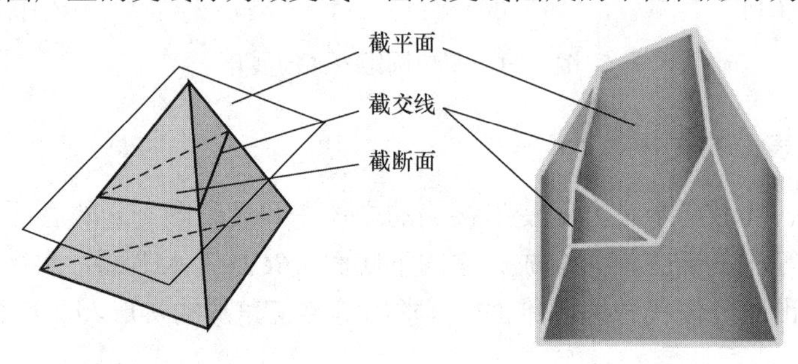

图 4-23　截交线的概念

截交线为截平面和立体表面上的共有线。平面体被平面截切后的交线均为封闭的多边形。其顶点为平面体棱边与截平面的交点。因此，求平面体截交线投影的实质是求平面与棱线的交点的投影。

截交线的空间形状是由立体的形状及截平面对立体的截切位置决定的。如图 4-24（a）所示，截平面 P 与三棱锥的三条棱面相交，截交线为三角形 ABC；如图 4-24（b）所示，截平面 P 与三棱锥的四个表面都相交，截交线为四边形 ABCD。

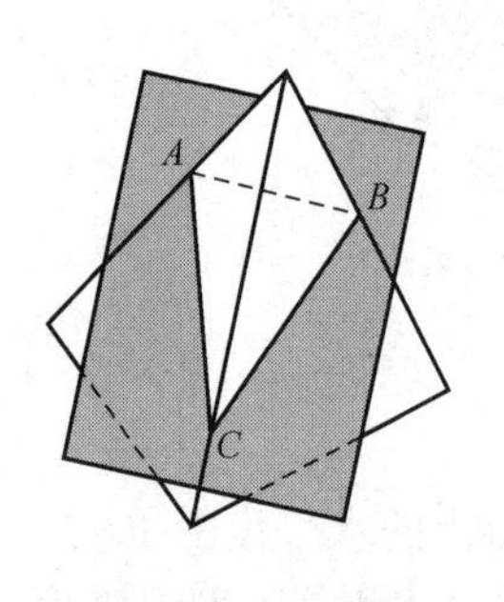

(a) 截交线为三角形

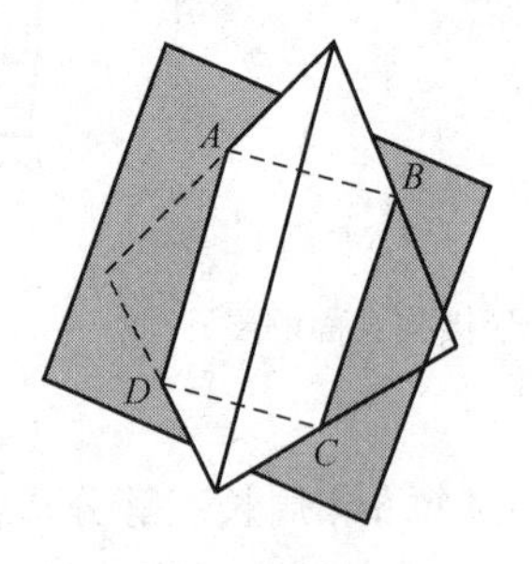

(b) 截交线为四边形

图 4-24　截交线的形状

求平面体截交线的一般步骤如下：

1）空间及投影分析。分析平面体的形状及截平面与平面体的相对位置，确定截交线的空间形状；分析截平面与投影面的相对位置，以确定截交线的投影特性，如实形性、积聚性、类似性等；分析截交线的已知投影，想象未知投影。

2）求截交线的投影。根据问题的具体情况，选择适当的作图方法。作平面体被平面截切后的截交线时可先求出截交线多边形各顶点的投影，然后根据可见性连接其同面投影，即可得截交线的投影。当然，对于被截切平面体的投影而言，还应通过分析来确定截切后立体轮廓线的投影。

1. 平面与棱柱相交

例 4-6 如图 4-25（a）所示，已知被正垂面截切的六棱柱正面投影和水平投影，求其侧面投影。

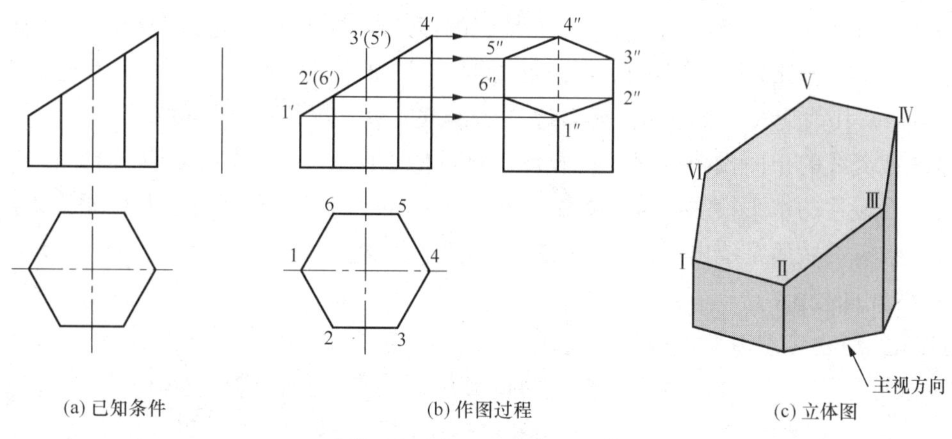

(a) 已知条件　(b) 作图过程　(c) 立体图

图 4-25　截切六棱柱的投影

分析：由已知条件可知，六棱柱的轴线是铅垂线，被正垂面斜截去上面一部分，由于截平面与六棱柱的六条棱线相交，因此其截交线是六边形，六边形的顶点是六棱柱各棱线与截平面的交点。六棱柱截切的正面投影和水平投影，截平面的正面投影积聚为一段斜线，截交线的水平投影与六棱柱的水平投影重合（积聚性），根据正垂面的投影规律可知，其侧面投影反映六边形（类似性）。所以本题求解的实质是找出六棱柱各棱线与截平面交点的侧面投影。

解：1）画出完整六棱柱的侧面投影。

2）求截交线上各顶点的投影。作出截平面与六条棱线交点的正面投影 1′、2′、3′、4′、5′、6′，并根据投影规律求出各顶点的水平投影 1、2、3、4、5、6 和侧面投影 1″、2″、3″、4″、5″、6″。

3）判断可见性并作出截交线的侧面投影。依据截交线上各顶点水平投影的顺序，连接 1″2″3″4″5″6″截交线的侧面投影，它与截交线的水平投影成类似形且可见。

4）补充画出六棱柱未被截切棱线的侧面投影。各棱线的侧面投影依据其可见性，画至截交线各顶点为止，结果如图 4-25（b）所示。注意六棱柱最右棱线侧面投影的画法，1″4″应画成虚线（也可省略）。

如图 4-26 所示，当一个平面体被多个截平面截切时，不仅各截平面在平面体表面会产生相应的截交线，而且两相交的截平面也会在该平面体上产生交线，如图中的交线 *AB* 和 *CD*，交线的两个端点一定在平面体的表面上。因此，当求彼此相交的多个截平面与平面体的截交线的投影时，既要准确求出每个截平面产生的截交线的投影，又要准确求出相邻的两个截平面在该平面体上产生的交线的投影。

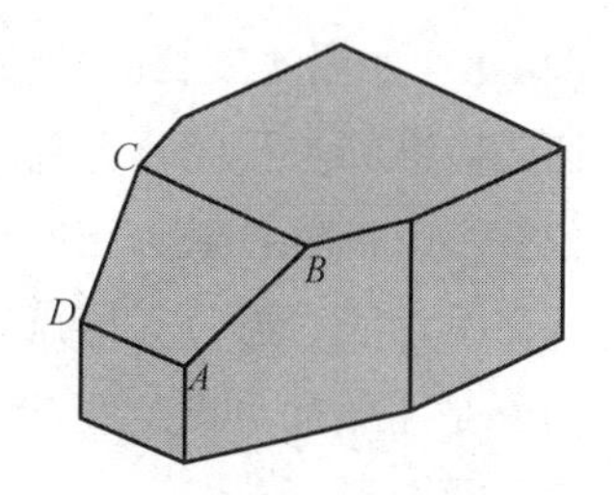

图 4-26　多个平面截切平面体

例 4-7 已知正五棱柱被截切后的正面投影和部分水平投影，试补全其水平投影，并作出侧面投影，如图 4-27（a）所示。

空间及投影分析：由已知条件可知，五棱柱被一个水平面 *P* 和一个正垂面 *Q* 同时截切，所得的截交线为空间多边形。其中，水平面 *P* 与五棱柱的两条棱边相交，形成截交线的两个顶点 1 和 7，截平面 *Q* 与五棱柱的三条棱线相交，形成截交线的三个顶点 3、4 和 5，如图 4-27（b）所示。除此以外，平面 *P* 和平面 *Q* 的交线在棱柱表面还要形成两个交点 2 和 6。其截交线主要包括空间多边形 1234567 和两截平面的交线 26。

棱柱截交线的正面投影被积聚在平面 *P* 和 *Q* 的正面投影上，空间多边形 1234567 的水平投影与五棱柱的水平投影重合，两截平面的交线 26 为正垂线。其正面投影垂直于 *V* 面。所以本题求解的实质是找出五棱柱各棱线与两截平面交点 1、3、4、5、7，以及两截平面交线 26 的侧面投影。

解：1）画出完整五棱柱的侧面投影。

2）求截平面 *P* 和 *Q* 与棱线的交点的投影。首先，在正面投影中找到截平面 *P* 与两条棱线交点的正面投影 1′、7′，以及截平面 *Q* 与三条棱线的交点 3′、4′、5′；其次，还要找到平面 *P* 和平面 *Q* 的交线在棱柱表面上的两个交点 2′和 6′；然后，根据点的投影规律，找出各点的水平投影 1、2、3、4、5、6、7；最后，根据点的投影规律求出各点的侧面投影。

3）判断可见性并作出截交线的侧面投影。根据截交线上各顶点水平投影的顺序，依次连接 1″2″3″4″5″（6″）7″，它与平面 *Q* 的截交线的水平投影成类似形且可见。

4）补充画出五棱柱未被截切棱线的侧面投影。各棱线的侧面投影依据其可见性，画至截交线各顶点为止，结果如图 4-27（a）、（b）所示。

特别提示：棱线 1″4″应画成虚线。

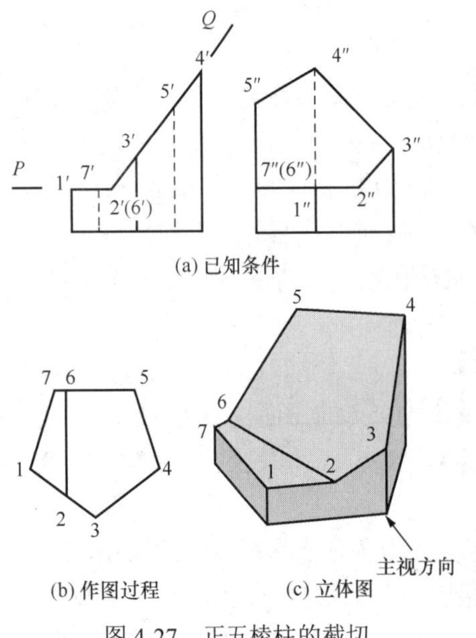

图 4-27 正五棱柱的截切

2. 平面与棱锥相交

例 4-8 如图 4-28（a）所示，已知四棱锥被正垂面截切的主视图和部分俯视图，求作被截切四棱锥的左视图，并补全被截切四棱锥的俯视图。

分析：正垂面 *P* 截去正四棱锥上面一部分，截平面 *P* 与正四棱锥四个棱面都相交，形成的截交线为四边形，其顶点 Ⅰ、Ⅱ、Ⅲ、Ⅳ是正四棱锥各棱线与截平面 *P* 的交点，由于截平面 *P* 是正垂面，截交线的正面投影积聚为一段斜线，因此水平投影和侧面投影均反映类似性（四边形）。

解：1）画出完整四棱锥的侧面投影。

2）求截交线的水平投影和侧面投影。根据截平面与四条棱线交点的正面投影 1′、2′、3′、4′，分别求出其水平投影和侧面投影 1、2、3、4 及 1″、2″、3″、4″，并依次连线各点的同面投影。截交线的水平投影和侧面投影均为类似形且可见。

3）补充画出各棱线的水平投影和侧面投影。各棱线的投影依据其可见性，画至截交线上各顶点为止，结果如图 4-28（b）所示。

特别提示：四棱锥最右棱线侧面投影 1″4″应画成虚线。

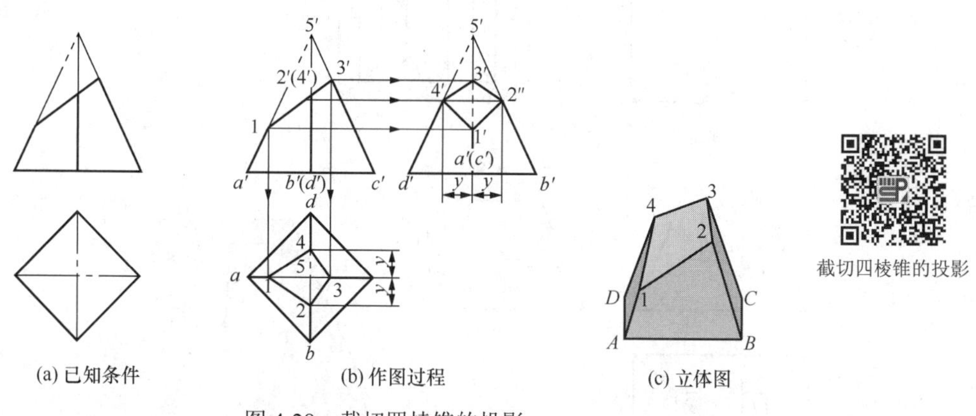

(a) 已知条件　　(b) 作图过程　　(c) 立体图

图 4-28　截切四棱锥的投影

例 4-9　如图 4-29（a）所示，已知四棱台被截切后的正面投影和部分水平投影，求作被截切后的四棱台的侧面投影，并补全其水平投影。

分析：如图 4-29（b）所示，四棱台中上部被一个水平面 P 和两个侧平面 Q_1、Q_2 截切，平面 P 与四棱台前后两个棱面各产生一条交线（均为侧垂线），同时还与截平面 Q_1、Q_2 相交（交线均为正垂线），故平面 P 产生的截交线的实形为一个水平的矩形 $ABCD$。截平面 Q_1、Q_2 分别与四棱台前后两个棱面、上底面及平面 P 相交，其截交线的实形均为等腰梯形 $BCHG$ 和 $ADFE$，并在侧平面投影中反映实形。

解：1）作出四棱台未截切时的侧面投影。四棱台的侧面投影为等腰梯形。

2）确定截交线的正面投影。由于截切后的四棱台前后对称，因此前、后棱面上截交线的正面投影 $e'a'b'g'$ 和 $f'd'c'h'$ 重合。

3）作出截交线的水平投影。在正面投影中，延伸 P_V 使它与棱线 $m'n'$ 相交于 1′，将 1′投影到水平投影 mn 上得点 1，过点 1 依次在水平投影中作四棱台底面各边的平行线 12、23、34、41，从而得到平面 P 与四棱台截交线的水平投影，所求截交线部分在两截平面 Q_1、Q_2 之间，为 ab、cd。平面 Q_2 的水平投影积聚为直线段 $aefd$，其中，ef 和 ad 分别为平面 Q_2 与四棱台上底面及平面 P 交线的水平投影。同理分析平面 Q_1 的水平投影。

4）作出截交线的侧面投影。截平面 P 与四棱台的断面为水平面，截交线在侧面的投影为水平线，且不可见，故画成虚线 $a''d''$、截平面 Q_1、Q_2 与四棱台的断面为侧平面，在侧面投影反映实形，为等腰梯形 $a''d''f''e''$ 和 $b''c''h''g''$，并且相互重合。

5）分析、整理四棱台被截切后轮廓线的投影。上底面前后两边线的水平投影在切口范围内被切去，用粗实线绘制切口外侧两边线的水平投影及四棱台的侧面投影，完成作图，如图 4-29（c）所示。

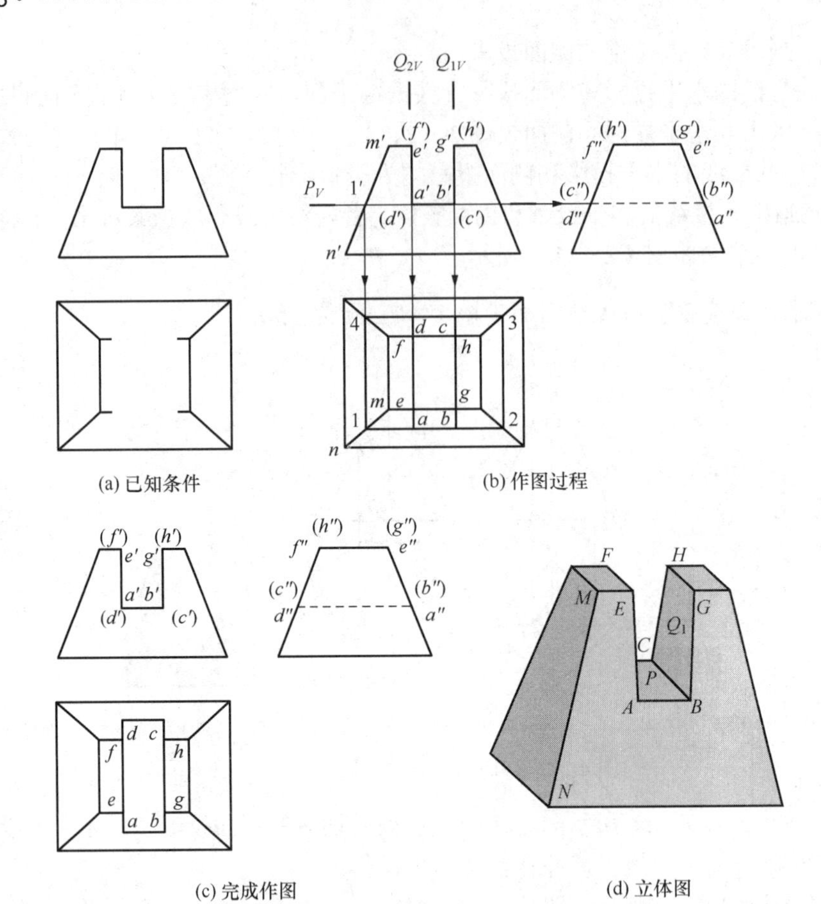

(a) 已知条件　　(b) 作图过程

(c) 完成作图　　(d) 立体图

图 4-29　四棱台的截切

4.3.2　曲面体与平面相交

曲面体的截交线是指截平面截切曲面体时表面产生的交线。如图 4-30 所示，其空间形状取决于曲面体的形状及截平面与曲面体轴线的相对位置。因为截交线是截平面和曲面体表面的共有线，所以截交线的投影特性与截平面的投影特性相同。

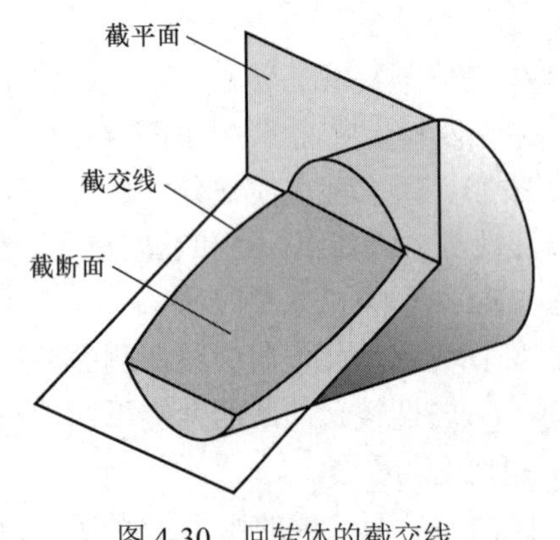

图 4-30　回转体的截交线

曲面体的截交线在一般情况下是平面曲线或由平面曲线和直线段组成的，特殊情况下是多边形。作图时，通常作出截交线上直线段的端点、曲线上的特殊点和部分一般点的投影，连成直线或光滑曲线，便可得出截交线的投影。

曲线上的特殊点主要是指最高点、最低点、最前点、最后点、最左点、最右点，可见与不可见的分界点（即轮廓线上的点），截交线本身固有的特征点（如椭圆长、短轴的端点）等。

求平面与曲面体相交的截交线，常利用表面取点法或辅助平面法求解。

求平面与曲面体截交线的一般步骤如下：

1）空间及投影分析。分析曲面体的形状以及截平面与曲面体轴线的相对位置，确定截交线的形状；分析截平面与投影面的相对位置，明确截交线的投影特性，如积聚性、类似性等。

2）画出截交线的投影。当截交线的投影为非圆曲线时，先求特殊点，再补充画出一般点，然后判断截交线的可见性，并光滑连接各点。

1. 平面与圆柱相交

圆柱被平面截切，根据截平面对圆柱轴线的相对位置不同，截交线有四种情况，见表 4-1。

表 4-1　圆柱的截交线

截平面位置	与轴线垂直	与轴线平行	与轴线倾斜
截交线形状	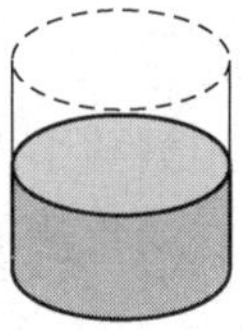	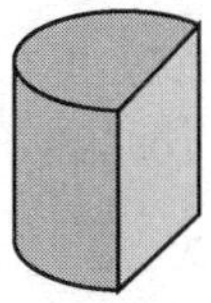	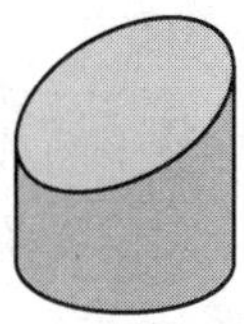
立体图	圆	矩形	椭圆
投影图	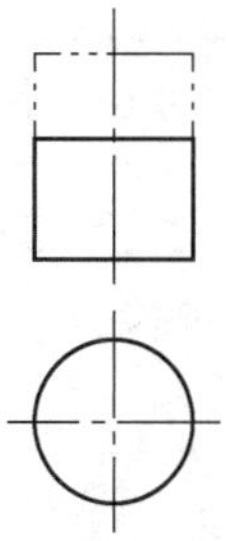	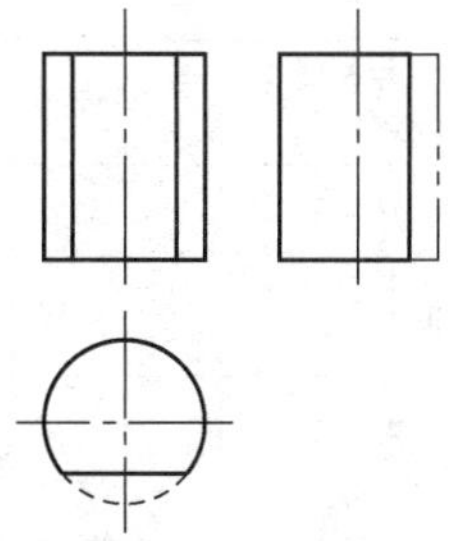	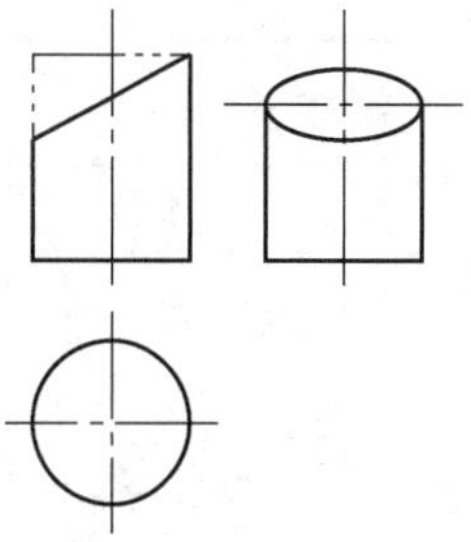

例 4-10　如图 4-31 所示，已知截切圆柱的两面投影，求作侧面投影。

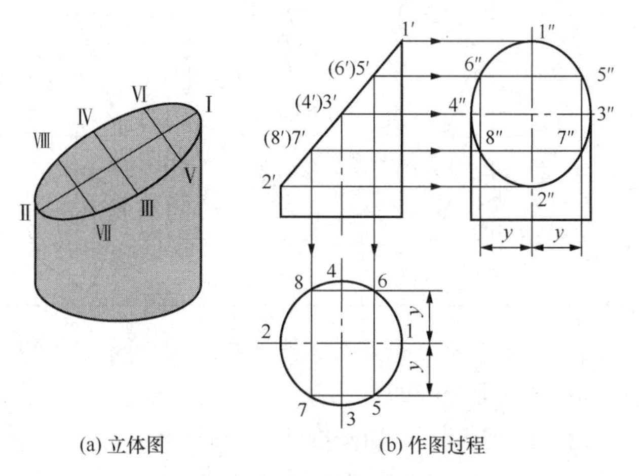

(a) 立体图　　(b) 作图过程

图 4-31　截切圆柱的投影

分析：圆柱的轴线为铅垂线，被正垂面截切，截交线形状为椭圆。由投影分析可知，截交线的正面投影积聚成斜直线，其水平投影积聚在圆柱面的投影圆上，侧面投影反映类似性（椭圆）。由于圆柱面有积聚性，因此本题可利用表面取点法来求解。

解：1）画出完整圆柱的侧面投影。

2）求特殊点的投影。在正面投影中，作出正面及侧面转向线上的点的投影 1′、2′、3′、4′，根据点的投影规律求得水平投影 1、2、3、4 和侧面投影 1″、2″、3″、4″。点Ⅰ、Ⅱ为截交线上的最高点和最低点，也是最右点和最左点；点Ⅲ、Ⅳ为截交线上的最前点和最后点，同时，点Ⅰ、Ⅱ、Ⅲ、Ⅳ也是椭圆长轴和短轴的端点。

3）求一般点的投影。在水平投影和正面投影上作出Ⅴ、Ⅵ、Ⅶ、Ⅷ，并根据投影规律求得其侧面投影 5″、6″、7″、8″。

4）光滑连接曲线。按照水平投影点的顺序依次光滑连接各点的侧面投影，并判别可见性。结果如图 4-31（b）所示。

2. 平面与圆锥相交

圆锥被平面截切，截平面与圆锥底面的交线为直线。根据截平面与圆锥轴线相对位置的不同，圆锥面的交线有圆、椭圆、抛物线、双曲线和相交两直线五种情况，其投影特性如表 4-2 所示。

表 4-2 圆锥的截交线

截平面位置	垂直于轴线	倾斜于轴并与所有素线相交	平行于一条素线	平行于中心线	截平面通过顶点
	（α=90°）	（$\alpha>\beta$）	（$\alpha=\beta$）	（$\alpha<\beta$）	（$\alpha<\beta$）
截交线形状	圆	椭圆	抛物线	双曲线	相交两直线
立体图					
投影图					

作投影图时，利用圆锥面上取点的方法（即辅助纬圆法或辅助素线法）求出一系列共有点，依次光滑连接各点的同面投影即可。

例 4-11 如图 4-32（a）所示，已知圆锥体被正垂面截切后的正面投影，求其水平和侧面两投影。

分析：圆锥被正垂面截切，截交线为椭圆，根据正垂面的投影特性可知，正面投影积聚为一倾斜直线段，其水平和侧面两投影均反映类似形（椭圆）。利用圆锥面上取点的方法求出一系列共有点，依次光滑连接各点的同面投影即可完成水平投影和侧面投影。

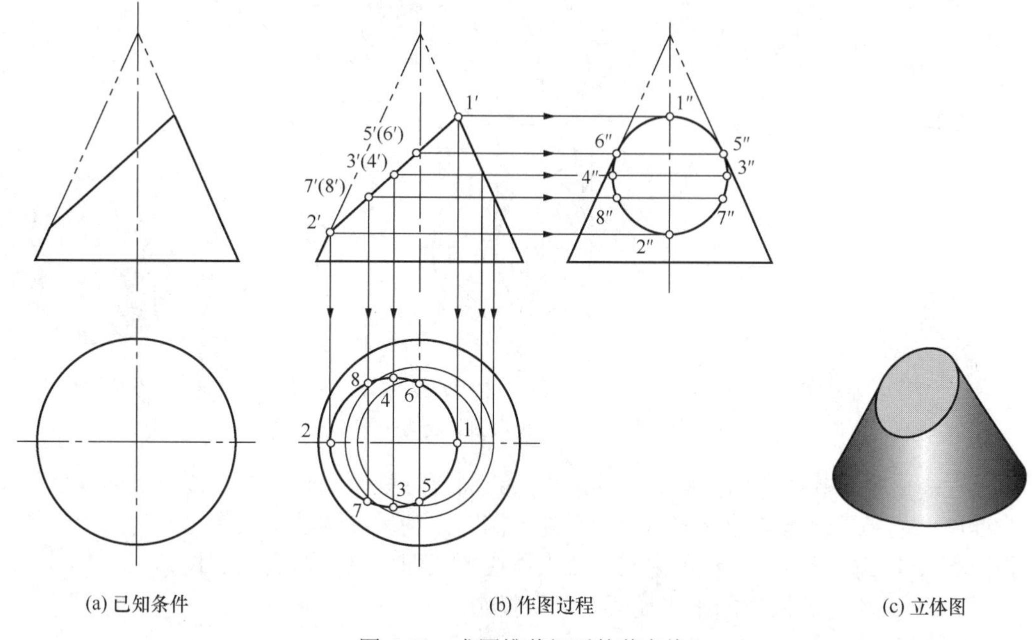

图 4-32　求圆锥截切后的截交线

解：1）求特殊点Ⅰ、Ⅱ、Ⅴ、Ⅵ的投影。Ⅰ、Ⅱ为椭圆长轴的端点，也是截交线上的最高点和最低点，同时也是正面转向线上的点；Ⅲ、Ⅳ为椭圆短轴的端点，也是截交线上的最前点和最后点，它们的正面投影3′、4′重合在1′、2′的中点处；Ⅴ、Ⅵ为侧面转向线上的点，其正面投影5′、6′在圆锥的轴线投影处。根据圆锥表面上点的投影规律，点Ⅰ、Ⅱ、Ⅴ、Ⅵ可由其正面投影1′、2′、5′、6′直接求得水平投影1、2和侧面投影5″、6″；然后利用点的投影规律，完成其侧面投影1″、2″和水平投影5、6。

2）求特殊点Ⅲ、Ⅳ的投影。通过其正面投影3′、4′作一辅助水平纬圆（或作过锥顶的素线），其水平投影3、4在纬圆的水平投影（圆）上，再根据点的投影规律求得侧面投影3″、4″。

3）求一般点的投影。求一般点Ⅶ、Ⅷ的投影与求点Ⅲ、Ⅳ相同。

4）判别可见性并且依次光滑连接各点。由可见性的判断可知，截交线的水平投影和侧面投影均可见，所以用粗实线绘制截交线的投影。

5）整理轮廓线。侧面投影的轮廓线画至5″、6″（5″、6″以上被截切）。

3. 平面与圆球相交

平面与圆球相交，其截交线为圆。由于截平面相对于投影面的位置不同，截交线的投影可能是圆、椭圆或直线段。当截平面是投影面的平行面时，截交线在与截平面平行的投影面上的投影反映实形，即为圆形。当截平面是投影面的垂直面时，截交线在与截平面垂直的投影面上的投影为直线段，另外两投影为椭圆。当截平面位于投影面的一般位置时，截交线在三个投影面上的投影均为类似形（椭圆）。

例 4-12　如图 4-33（a）所示，求截切圆球的水平投影和侧面投影。

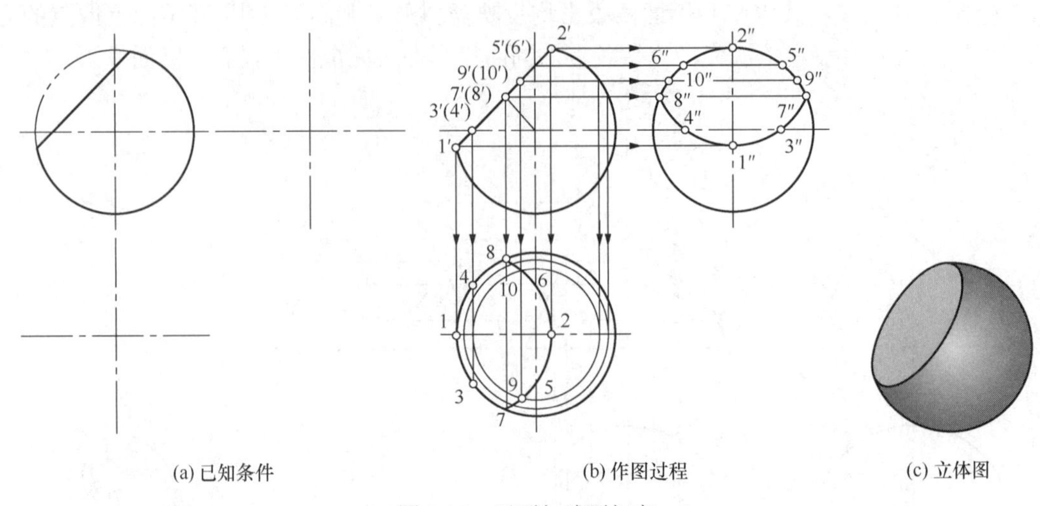

(a) 已知条件　　(b) 作图过程　　(c) 立体图

图 4-33　平面与球面相交

分析：正垂面截切圆球，截交线为圆，其正面投影积聚为直线段，该直线的长度等于圆的直径；截交线的侧面投影和水平投影均为椭圆。利用纬圆法依次作出截交线上的特殊点和一般点的三面投影，判断可见性，依次连接各点即可完成截交线的投影。

解：1）画出完整圆球的水平投影和侧面投影。

2）求特殊点的投影。

① 求出转向线上的各特殊点Ⅰ、Ⅱ、Ⅲ、Ⅳ、Ⅴ、Ⅵ。Ⅰ、Ⅱ为圆球的正面转向线上的点，也是截交线上的最高点、最低点和最左点、最右点；Ⅲ、Ⅳ为水平转向线上的点；Ⅴ、Ⅵ为侧面转向线上的点，利用球面上的点的投影特性，根据其正面投影 1′、2′、3′、（4′）、5′、（6′）可直接求得水平投影 1、2、3、4、5、6 和侧面投影 1″、2″、3″、4″、5″、6″。

② 求椭圆的长短轴。由于Ⅰ、Ⅱ是正平线，其正面投影 1′、2′的长度等于截交线圆的直径，它的水平投影 1、2 和侧面投影 1″、2″分别为两个椭圆的短轴；椭圆的长轴就是垂直且平分短轴的正垂线Ⅶ、Ⅷ。Ⅶ、Ⅷ两点分别是截交线上的最前点和最后点，它们的正面投影 7′（8′）必积聚在 1′2′的中点处，水平投影 7、8 和侧面投影 7″、8″可利用圆球面上取点的方法求得，图中过 7′（8′）作水平纬圆求得 7、8。

3）求一般点的投影。在正面投影适当位置选取 9′、（10′）两点，利用圆球面上取点的方法分别求出其水平投影和侧面投影，作法与求点Ⅶ、Ⅷ的投影相同。

4）判别可见性并顺次光滑连接各点。由可见性的判断可知，截交线的水平投影和侧面投影均可见，所以用粗实线绘制截交线的投影。注意水平投影和侧面投影曲线的对称性。

5）补全轮廓线。水平投影的轮廓线画至 7、8，侧面投影的轮廓线画至 5″、6″。

例 4-13　如图 4-34（a）所示，求半圆球切槽后的 H 面、W 面投影。

分析：半圆球被一个水平面和两个侧平面截切，水平面截切圆球，截交线的水平投影为部分圆弧，侧面投影积聚为直线；两个侧平面截切圆球，截交线的侧面投影为两段重合的圆弧，水平投影积聚为两条直线。

解：1）画出半圆球的水平投影和侧面投影。

2）求两侧平面与半圆球截交线的投影。水平投影积聚为两直线；侧面投影重合为一段半径为 R_1 的圆弧。

3）画出水平截平面与半圆球的截交线投影，并判别可见性。水平投影为两段前后对称、半径为 R_2 的圆弧；侧面投影积聚为一条直线，其中被遮住的部分为虚线。

4）擦除或补全各投影轮廓线。侧面投影上，半圆球的轮廓线圆在通槽处被切掉，因此应擦除部分投影轮廓线，最后将剩余可见轮廓线加粗，结果如图4-34（b）所示。

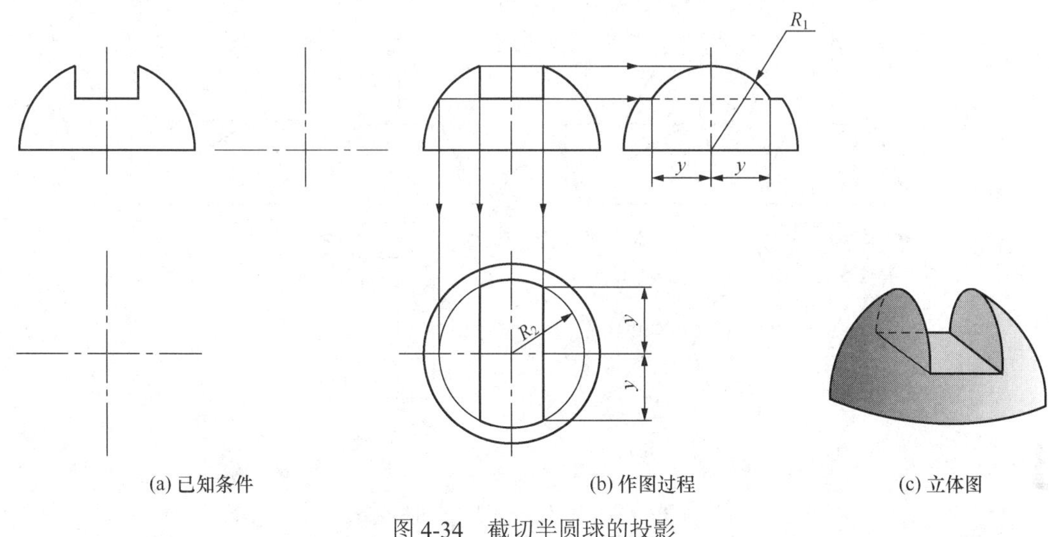

(a) 已知条件　(b) 作图过程　(c) 立体图

图4-34　截切半圆球的投影

4.4　立体与立体相交

4.4.1　平面体与平面体相贯

立体相交称为相贯，其表面交线称为相贯线。相贯线是两立体表面的共有线。相贯线的形状和数量是由相贯两立体的形状及相对位置决定的。根据立体的几何性质不同，相贯立体有三种情况，如图4-35所示。

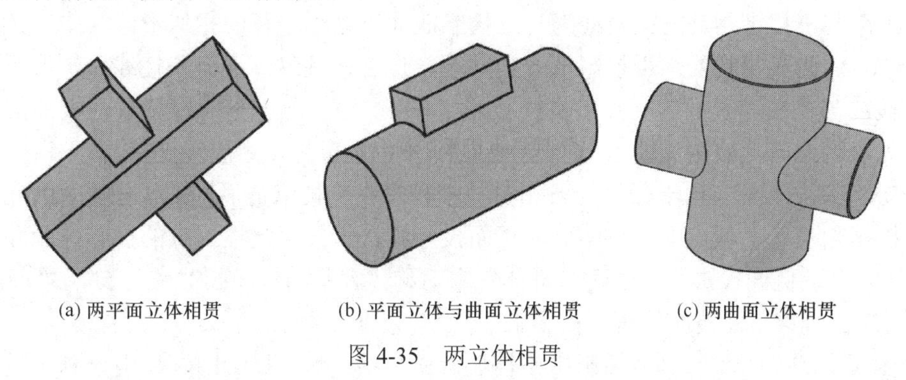

(a) 两平面立体相贯　(b) 平面立体与曲面立体相贯　(c) 两曲面立体相贯

图4-35　两立体相贯

通常平面体与平面体的相贯线是封闭的空间折线。特殊情况下可以是封闭的平面多边形。相贯线的每一直线段都是两平面体表面的交线，折线的顶点是一个平面体的棱线与另一平面体表面的交点。因此求相贯线就是求两平面体表面的交线或者是一个平面体的棱线与另一个平面体表面的交点。

求作相贯线后，通常还需要判断投影中相贯线的可见性，其基本原则是：在同一投影中，只有当两立体的相交表面都可见时，其交线才可见；如果相交表面有一个不可见，则交线在该投影中不可见。

例 4-14 如图 4-36（a）所示，已知三棱柱与三棱锥相贯的正面投影，以及部分水平投影和部分侧面投影，试求作三棱锥与三棱柱的相贯线。

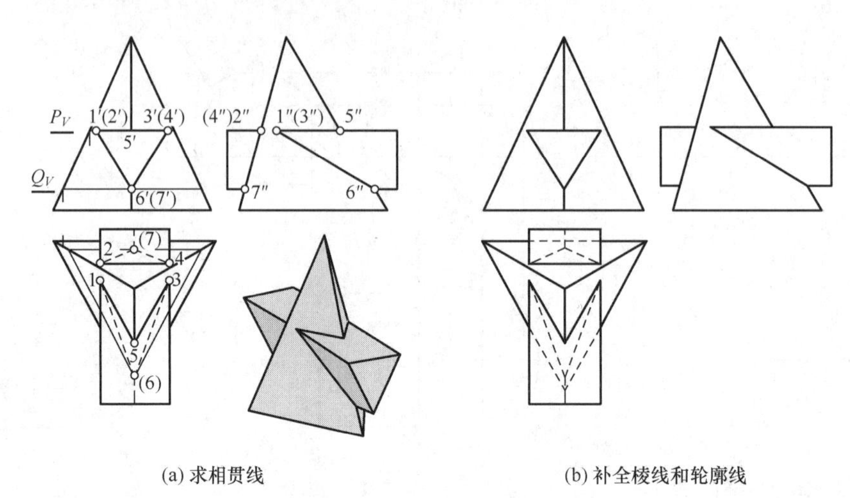

图 4-36 求三棱锥与三棱柱的相贯线

分析：由已知条件可知，三棱柱整个贯穿三棱锥为全贯，形成前后两条相贯线。前面一条相贯线是由三棱柱的三个棱面与三棱锥的前两个棱面相交而成的空间封闭折线；后面一条相贯线为三棱柱的三条棱线与三棱锥最后面的棱面相交形成三角形。整个投影为左右对称图形，所以左右相贯线也是对称的。

由于三棱柱的三个棱面的正面投影有积聚性，因此两条相贯线的正面投影都重合在三棱柱各棱面的正面投影上。作图时可根据已知相贯线各顶点的正面投影求其水平投影和侧面投影，然后判断可见性，依次连接各顶点即可求得相贯线的投影。

解：1）求作水平投影。采用辅助平面法求解各点投影，过三棱柱的上棱面作一截平面 P。平面 P 与三棱锥相交，截交线为与三棱锥底面三角形平行的相似形，其中三棱柱范围内的 153、24 为相贯线的水平投影部分。同理，过三棱柱最下边一条棱线作辅助平面 Q，求得该棱线与三棱锥表面的交点的水平投影（6）、（7）。由于三棱柱左右两棱面的水平投影不可见，因此其上的相贯线 1（6）3、2（7）4 也不可见，用虚线连接。

2）求作侧面投影。由于后面一条相贯线被积聚在三棱锥最后面的锥面上，因此可直接作出，根据相贯线上顶点Ⅰ、Ⅴ、Ⅵ的正面投影和水平投影，根据点的投影关系即可求得点 1″、5″、6″的侧面投影。由于两相贯体左右对称，因此相贯线 5″1″6″与 5″（3″）6″重合；2″（4″）7″在棱锥后面棱面的积聚投影上。

3）补画棱线的投影。侧面投影中不需要补画棱线；水平投影中题目中未画全的棱线可分为参与相贯和未参与相贯两种，参与相贯的棱线需要补画到相贯线上相应的各顶点，如水平投影中三棱柱左、右两条棱线前边分别补到 1、3，后边分别补到 2、4，未参与相贯的棱线直接补全即可，如三棱锥底面三角形上的三条棱线。注意不可见的棱线用虚线绘制，完成作图。

两立体相贯后，形成了一个新的整体，不存在一个立体的棱线穿入另一个立体内部的

情况，绘制投影图时，应注意不能画出立体内的棱线，如图中侧面投影中的 1″2″、6″7″等均不画。

若将图 4-37（a）中的三棱柱视为一个虚拟的棱柱，则两立体实体相贯变为穿孔形式，穿孔后形成的截交线与图 4-36 中的相贯线是一样的，其作图方法也完全相同，但是投影图中应增加孔壁的交线，如图中的水平投影中的 12、34、67，由于三棱柱已经不存在，因此相贯线和立体轮廓线的可见性也有相应的变化。

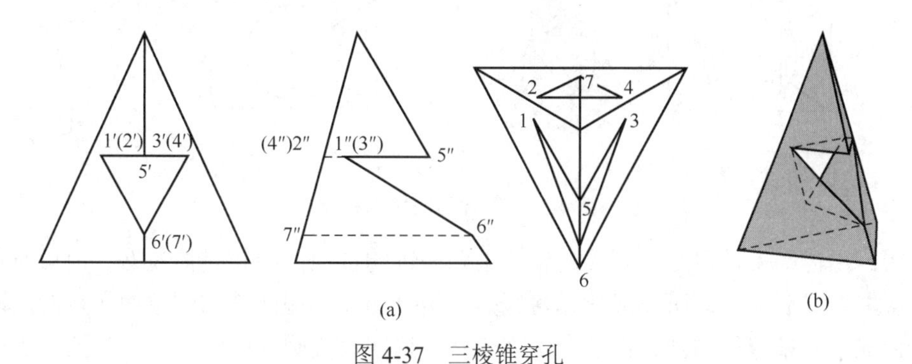

图 4-37　三棱锥穿孔

4.4.2　平面体与曲面体相贯

一般情况下，平面体与曲面体相贯，其相贯线是由若干段平面曲线组合而成的，通常也是闭合的。每一段曲线都是由平面体的一个表面与曲面体表面相交而成的截交线，截交线中每两段曲线的交点是平面体棱线与曲面体表面的交点，称为结合点。

图 4-38（a）所示为四棱柱与圆柱体相贯的情况，图中四棱柱的上表面正好与圆柱体的顶面平齐，无交线。由于四棱柱与圆柱体为全贯，因此它们形成两条相贯线，每条均由两段直线段和一段圆弧组成，且均不闭合。在投影图中，由于圆柱体的水平投影和四棱柱的侧面投影有积聚性，因此相贯线的水平投影和侧面投影已知，正面投影和侧面投影中相贯线的直线部分反映实长，相贯线中圆弧部分水平投影积聚在圆柱的投影上，侧面投影积聚在四棱柱下底面的投影上，如图 4-38（b）所示。

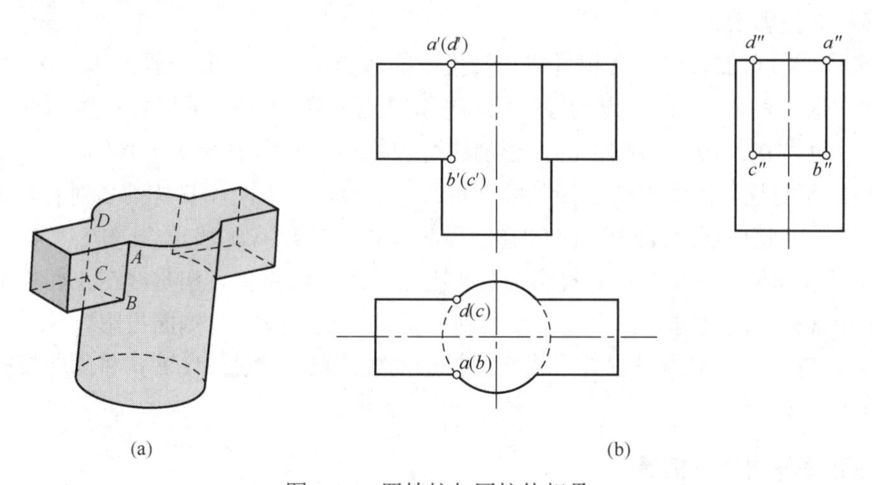

图 4-38　四棱柱与圆柱体相贯

例 4-15 如图 4-39（a）所示，求作圆柱与四棱锥的相贯线。

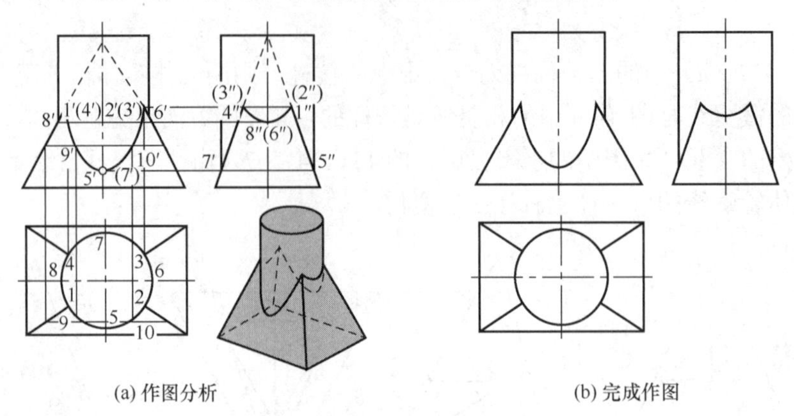

(a) 作图分析　　　(b) 完成作图

图 4-39　圆柱与四棱锥相贯

分析：由已知条件可知，圆柱的轴线过四棱锥的锥顶，两相贯体左右、前后对称，相贯线也应左右前后对称。所形成的相贯线是由棱锥的四个棱面截切圆柱面所得的四段椭圆弧组合而成。四条棱线与圆柱面的四个交点就是这四段椭圆弧的结合点，这四个点的高度相同，为相贯线上的最高点。

由于圆柱的轴线垂直于水平面，相贯线的水平投影积聚在圆柱面的水平投影上，因此相贯线的水平投影已知。四棱锥的左右两个棱面为正垂面，其正面投影积聚为直线段，相应的两段相贯线椭圆弧的正面投影也在该直线段上。同理，四棱锥的前后两个棱面为侧垂面，另两段相贯线椭圆弧的侧面投影积聚在四棱锥前后棱面的投影上。

解：1）求作特殊点的投影。首先，作出棱线与圆柱面交点的投影。在水平投影面中确定四条棱线与圆柱面的已知交点的投影 1、2、3、4，由此可求得正面投影 1′、2′、（3′）、（4′），侧面投影 1″、（2″）、（3″）、4″。其次，作出相贯线最低点的投影。在水平投影中圆的中心线与圆周相交的各点 5、6、7、8 分别为各椭圆弧最低点的水平投影。在正面投影中 6′、8′两点为圆柱轮廓线与棱面积聚投影的交点；由 6′、8′和 6、8 可求得其侧面投影（6″）、8″。在侧面投影中，5″、7″为圆柱轮廓线与前后棱面积聚投影的交点，由点 5″、7″和点 5、7 可求得其正面投影 5′、（7′）。

2）求作一般点的投影。在相贯线水平投影的适当位置上任取一般点 9、10（为了作图方便，通常选取对称点），该点为圆柱面与棱锥表面的共有点，采用棱锥表面取点法即可求得正面投影点 9′、10′。根据点的投影规律可求得侧面投影中的 9″、10″。

3）判断可见性，依次光滑连接各段相贯线上的点。由于两相贯体前后对称，相贯线也应前后对称，因此在正面投影中 1′9′5′10′2′段与（3′）（7′）（4′）段重合，1′8′（4′）段、2′6′（3′）段分别重合在其正垂面积聚投影上。判断相贯线的可见性，相贯线在正面投影和侧面投影除了积聚外，均为可见。用粗实线绘制相贯线的正面投影与侧面投影。

4）补全轮廓线。根据投影关系将正面投影的棱线延伸至点 1′、2′；将侧面投影的棱线延伸至点 1″、4″。

4.4.3　曲面体与曲面体相贯

两曲面体的相贯线在一般情况下为封闭的空间曲线，特殊情况下也可以是平面曲线或

直线。相贯线是两曲面体表面的共有线，相贯线上的点是两曲面体表面的共有点。因此，求两曲面体相贯线的作图实质为求两表面共有点的问题。相贯线的形状取决于相交两曲面体的几何形状和它们之间的相对位置。通常求作两曲面体之间的相贯线上点的投影方法有表面取点法和辅助平面法。

1. 表面取点法

表面取点法是指当两相贯曲面体表面的某一投影具有积聚性时，则相贯线在相应投影面上的投影重合在该积聚投影上，这时，就可用曲面体表面取点的方法求得相贯线上的点。

例 4-16　如图 4-40 所示，两个圆柱正交相贯，求作其相贯线。

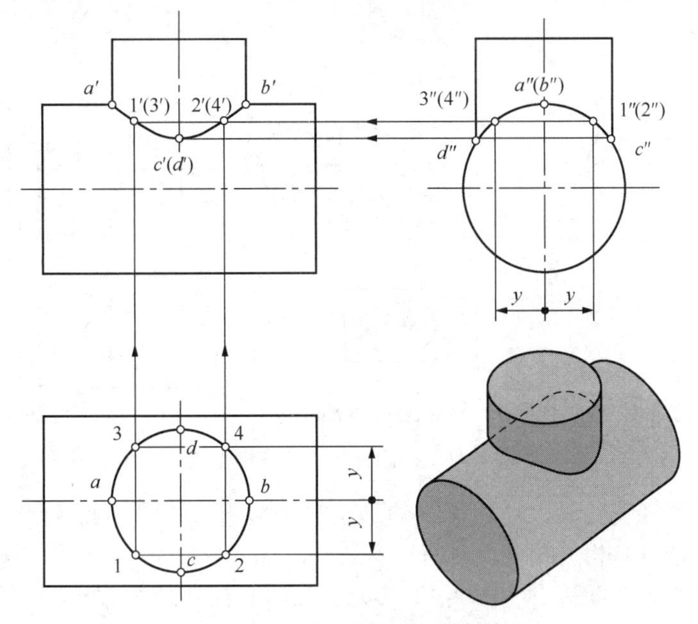

图 4-40　利用积聚性求相贯线

分析：两圆柱的轴线垂直相交（正交），其相贯线为一封闭的、且前后、左右均对称的空间曲线。由于大圆柱面的轴线垂直于侧面，大圆柱的侧面投影积聚为圆，相贯线的侧面投影重合在小圆柱穿进处的一段圆弧上，且左半和右半相贯线的侧面投影互相重合；同理，小圆柱面的轴线垂直于水平面，圆柱的水平投影积聚为圆，相贯线的水平投影与此圆重合。因此，利用表面取点法，即可求作相贯线的正面投影。

解：作图过程如图 4-40 所示。

1）求作特殊点的投影。从相贯线的水平投影上可明显看出，点 A、B、C、D 是相贯线上的四个特殊点，两圆柱正面投影的转向轮廓线的交点 A、B 是相贯线上的最高且最左、最右点；点 C、D 是相贯线上的最低且最前、最后点，也是小圆柱侧面转向线上的点。可先确定出点 A、B、C、D 的水平投影 a、b、c、d，再在相贯线的侧面投影上相应地求出 a''、b''、c''、d''，然后根据两面投影求出其正面投影 a'、b'、c'、d'。

2）求作一般点地投影。为了作图更加精确，需要在间距较大的特殊点之间任取若干个一般点，并作出其三面投影。在相贯线的水平投影上特殊点中间取一般点 1、2、3、4，然后再求出其侧面投影 1″、2″、3″、4″，根据点的投影规律可求出其正面投影 1′、2′、3′、4′。

3）判别可见性后依次连接各点。由于相贯线前后对称，前半相贯线在两个圆柱的可见表面上，因此其正面投影可见和不可见投影相重合。相贯线的正面投影可按相贯线水平投影所显示的各点的顺序，光滑连接前面可见部分各点的投影即可。

不仅两个圆柱面的外表面相交时会产生相贯线，圆柱面的外表面与内表面相贯、两圆柱面的内表面相交时也会产生相贯线，如图 4-41 所示。这三种情况的相贯线的形状和作图方法都是相同的。

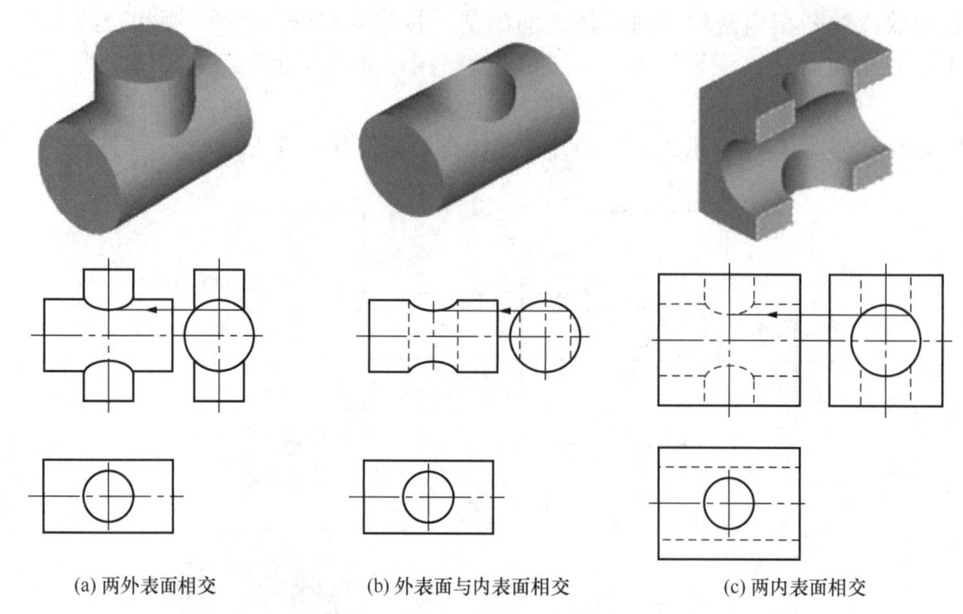

图 4-41　两圆柱相贯的三种形式

两正交圆柱直径变化时，对相贯线的形状产生影响。如图 4-42 所示，当水平圆柱的直径小于直立圆柱时，相贯线呈现在左、右两端［图 4-42（a）］；当两圆柱直径逐渐接近时，两端的相贯线也逐渐接近［图 4-42（b）］；当两圆柱直径相等时，相贯线为两条平面曲线（椭圆），其正面投影积聚为两相交直线［图 4-42（c）］；当水平圆柱的直径大于直立圆柱时，相贯线呈现在上、下两端［图 4-42（d）］；随着水平圆柱直径的继续增大，相贯线逐渐远离［图 4-42（e）］。

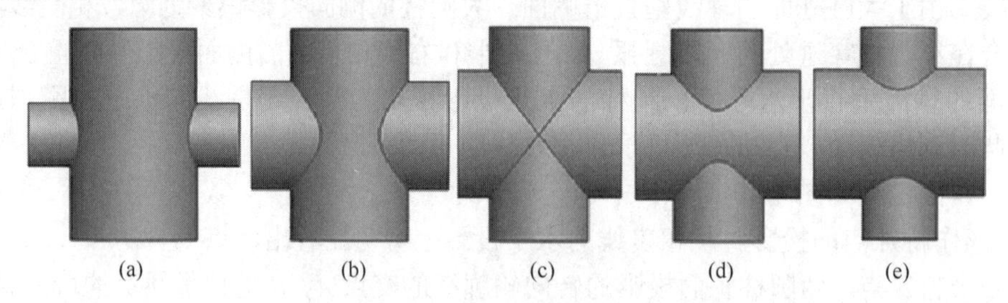

图 4-42　直径变化对相贯线的影响

2. 辅助平面法

辅助平面法是利用三面共点原理求两曲面体共有点的一种方法，通过作辅助面，使其与两个曲面体的表面相交，从而所得两条曲面体表面截交线的交点，即为两曲面体表面共有点。

1）辅助平面法的作图原理。辅助平面法求相贯线的实质是求三面共点，假设用一平面

在适当位置截切两相贯曲面体，分别求出辅助平面与两曲面体的截交线，两截交线的交点既是相贯线上的点，也是两曲面体表面及辅助平面上的点。利用此方法求出两曲面体表面上的若干共有点，从而画出相贯线的投影。

2）辅助平面的选择原则。通常有两个原则：选取投影面的平行面作为辅助面；辅助平面与两曲面体表面截交线的投影简单、容易绘制，如直线或圆。

当相贯的两曲面体表面投影均无积聚性时，可采用辅助平面求相贯线的方法。

例 4-17　如图 4-43 所示，求作圆柱与圆锥正交的相贯线投影。

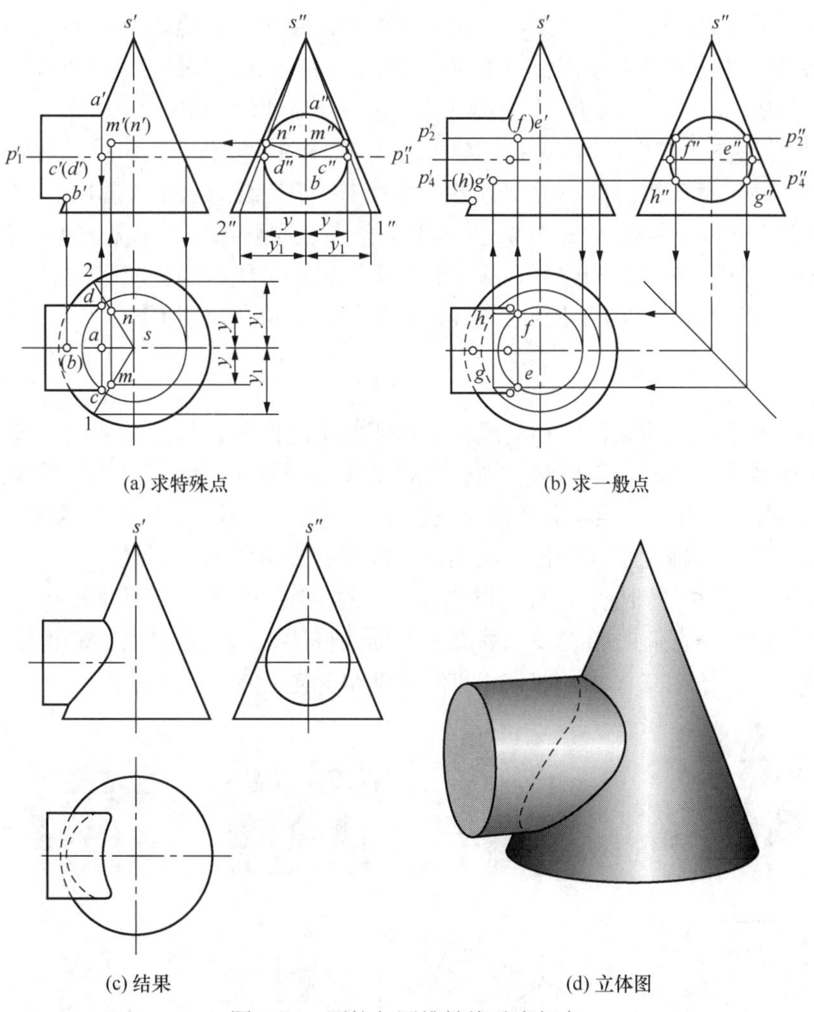

(a) 求特殊点　　(b) 求一般点

(c) 结果　　(d) 立体图

图 4-43　圆柱与圆锥轴线垂直相交

分析：圆柱与圆锥轴线垂直相交，相贯线为一条封闭的空间曲线，并且前后对称。由于圆柱面的侧面投影积聚为圆，相贯线的侧面投影也积聚在该圆周上，因此只需求出相贯线的正面投影和侧面投影。

从两形体相贯的位置来看，辅助平面可采用一系列与圆锥轴线垂直的水平面，它与圆锥的交线是圆，与圆柱的交线是矩形。

解：1）求作特殊点的投影［图 4-43（a）］。

① 两曲面体正面投影转向轮廓线的交点 *A*、*B* 可直接求得。它们是相贯线的最高点和最低点，*B* 点也是最左点。

② 点 C、D 是圆柱水平投影转向轮廓线上的点，可利用辅助平面求得。过圆柱轴线作辅助水平面 P_1，P_1 与圆柱、圆锥分别相交，其截交线的交点 C、D 是相贯线的最前点和最后点，由水平投影 c、d 和侧面投影 c''、d'' 可求得正面投影 c'、d'。

③ 相贯线正面投影上的最右点 M、N，位于圆锥面的两条素线 SⅠ、SⅡ上，这两条素线的侧面投影与圆柱面侧面投影的圆相切，根据这一点即可作出点 m''、n''，再根据点 y、y_1，在 s_1、s_2 上可求得水平投影 m、n，最后根据点的投影规律即可得到点 m'、n'。

2）求一般点的投影［图 4-43（b）］。在特殊点之间的适当位置作一系列水平辅助平面，如 P_2、P_4 等。在侧投影面上，由 P_2''、P_4'' 与圆的交点定出一般点 E、F、G、H 的侧面投影 e''、f''、g''、h''。在水平投影面上，平面 P_2、P_4 与圆锥、圆柱面的截交线为圆和两条直线，它们的交点是 E、F、G、H 的水平投影 e、f、g、h，由此可求出点 e'、f'、g'、h'。

3）判别可见性并依次光滑连接各点。由于相贯体前后对称，正面投影前后重合，只需按顺序用粗实线光滑连接前面可见部分各点的投影；相贯线的水平投影以 C、D 为分界点，分界点的上部分可见，用粗实线依次光滑连接，分界点的下部分不可见，用虚线光滑连接。

4）整理轮廓线。在水平投影中，圆柱的水平转向轮廓线应画到相贯线 c、d 两点为止；圆锥底圆被圆柱遮挡部分也应补画成虚线，结果如图 4-43（c）所示。

3. 相贯线的特殊情况

在一般情况下，两曲面体的相贯线应为封闭的空间曲线，但是在某些特殊情况下，也可能是平面曲线或直线段，下面简单地介绍相贯线为平面曲线比较常见的特殊情况。

当两曲面体轴线相交，且平行于同一投影面并公切于一球时，其相贯线为平面曲线——椭圆，在与两曲面体轴线平行的投影面上，该椭圆的投影积聚成直线。

图 4-44 中的圆柱与圆柱、圆柱与圆锥，它们的轴线分别相交，且都平行于 V 面，并公切于一个球，因此，它们的相贯线是垂直于 V 面的椭圆，只要连接它们的正面投影转向轮廓线的交点，得两条相交直线，即为相贯线（两个椭圆）的正面投影。

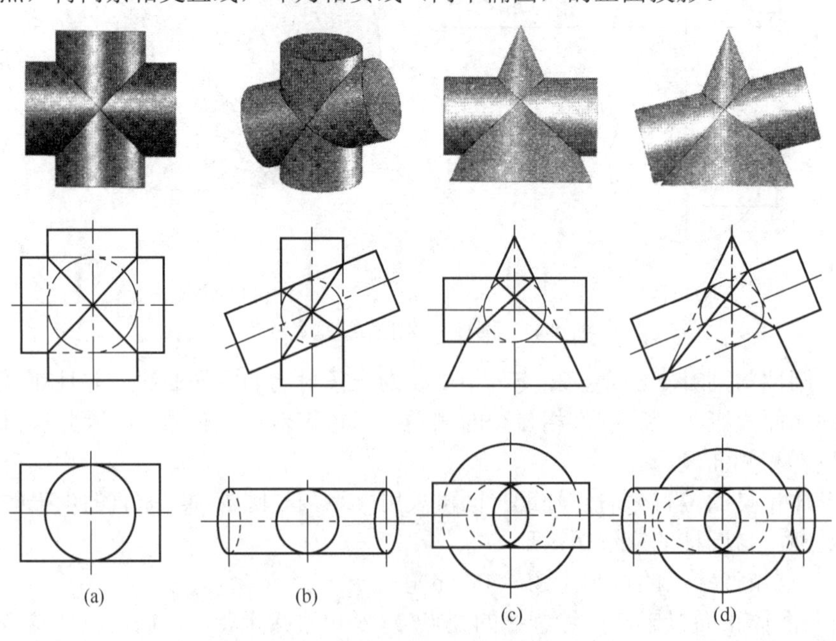

图 4-44　公切于同一球面的两立体相贯

4. 相贯线的简化画法

正交相贯两圆柱相贯线的投影可用简化画法绘制，即用圆弧代替曲线，如图 4-45 所示。以大圆柱半径为半径（$R=D/2$），在小圆柱的轴线上找到过点 1′、2′的该圆弧的圆心，即可作出该圆弧。

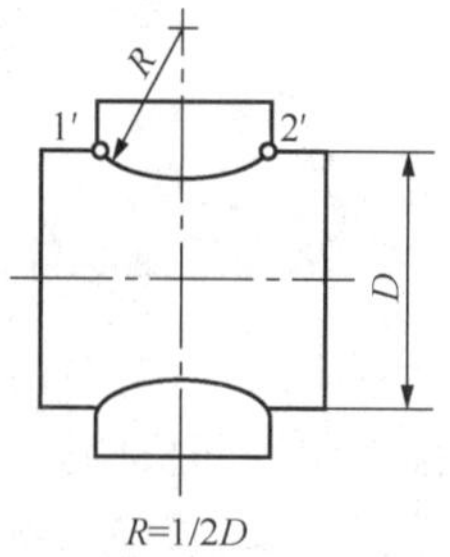

$R=1/2D$

图 4-45　相贯线的简化画法

4.4.4　组合相贯线

三个或三个以上的立体相交，其表面形成的交线，称为组合相贯线。组合相贯线的各段相贯线，分别是两个立体表面的交线；两段相贯线的连接点，则必定是相贯体上的三个表面的共有点。

例 4-18　如图 4-46（a）所示，求作半球与两个圆柱的组合相贯线。

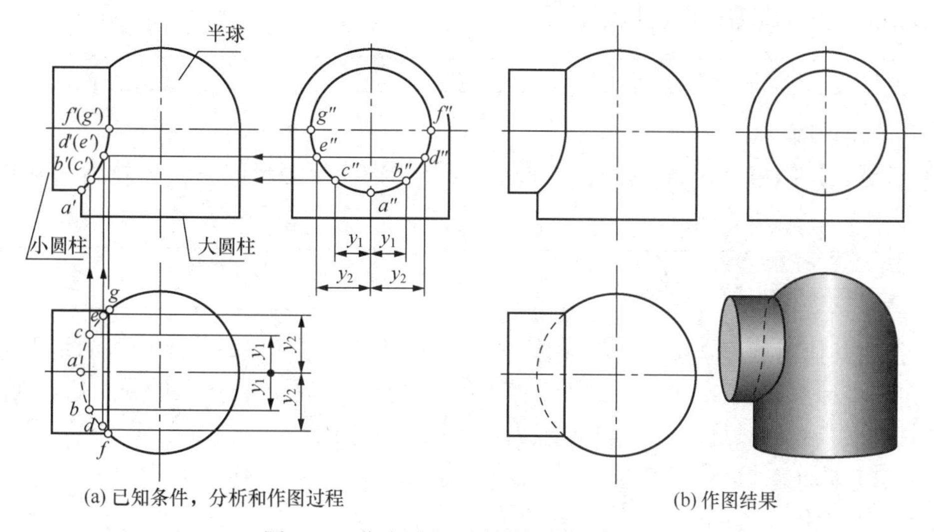

(a) 已知条件，分析和作图过程　　(b) 作图结果

图 4-46　作半球与两个圆柱的组合相贯线

分析：由已知条件可知，相贯体在垂直方向是大圆柱与半球相切，由于相切处是光滑过渡，不必画出相切的圆；相贯体左侧的小圆柱上部与半球有相贯线，相贯线是垂直于侧垂轴的半圆，下部与大圆柱有相贯线，是一段空间曲线，上部和下部的相贯线分别有前、后各一个连接点，连接点是半球面、大圆柱面、小圆柱面的三面共点，连接成闭合的组合相贯线。

由于这三个立体有公共的前后对称面，即相贯体前后对称，因此相贯线的正面投影也前后重合。相贯线的侧面投影积聚在小圆柱的侧面投影上；同样，与大圆柱面的相贯线的水平投影也积聚在大圆柱的水平投影上。因此，只要作出小圆柱面与半球面的相贯线的正面投影与水平投影，以及大圆柱面与小圆柱面的相贯线的正面投影，即可完成作图。

解：1）小圆柱面与半球面的相贯线是按两个同轴曲面体的相贯线作出的；

2）大圆柱面与小圆柱面的相贯线是利用表面取点法作出的；

3）作图结果如图 4-46（b）所示。

4.5　AutoCAD 三维实体建模与投影

4.5.1　基本三维实体的绘制

复杂的三维实体都是由基本的实体单元，如长方体、圆柱体、圆锥体等通过各种方式组合或切割而成的。本节简要讲述这些基本实体单元的绘制方法。

1. 绘制长方体

（1）执行方式

① 命令行：BOX。

② 功能区："建模" → "长方体"。

AutoCAD 命令行窗口出现以下提示：

BOX 指定第一个角点或 [中心(C)]:

（2）操作说明

1）指定长方体角点。输入执行方式，在工作平面指定矩形的第一个角点，出现如下提示：

指定第一个角点或 [中心(C)]:
BOX 指定其他角点或 [立方体(C) 长度(L)]:

① 指定其他角点：输入另一角点的数值，即可确定该长方体。如果输入的是正值，则沿当前用户坐标系（UCS）的 X、Y 和 Z 轴的正向绘制长度；如果输入的是负值，则沿 X、Y 和 Z 轴的负向绘制长度。图 4-47 所示为使用相对坐标绘制的长方体。

② 立方体（C）：创建一个长、宽、高相等的长方体。图 4-48 所示为输入 C 后再输入长度创建的立方体。

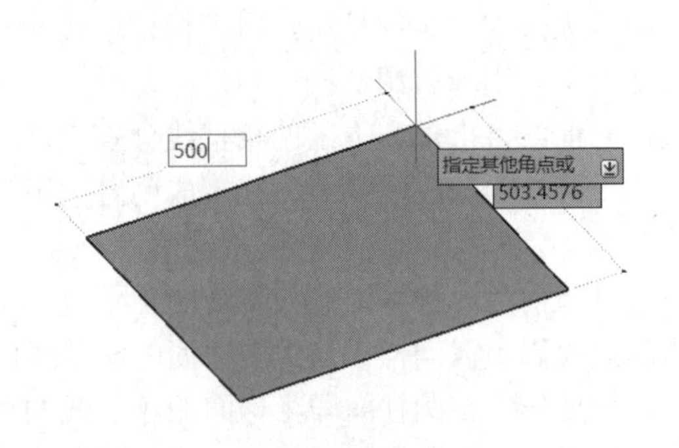

图 4-47　使用角点创建的长方体

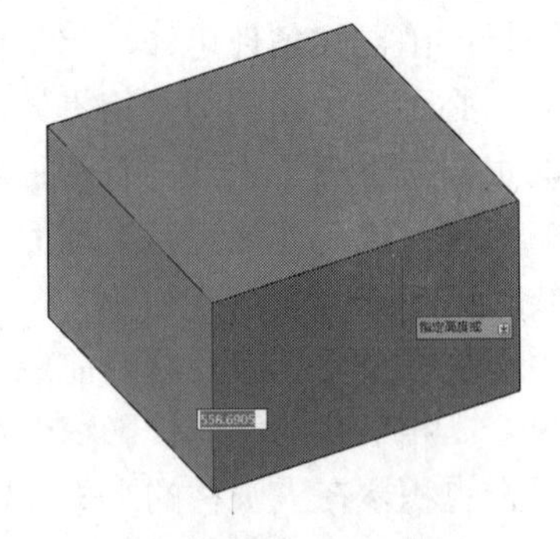

图 4-48　使用立方体创建的长方体

③ 立方体（L）：要求输入长、宽、高的值。图 4-49 所示为选择长度选项创建的长方体。

2）中心点（C）：使用指定的中心点创建长方体。图 4-50 所示为选择中心点选项创建的长方体。

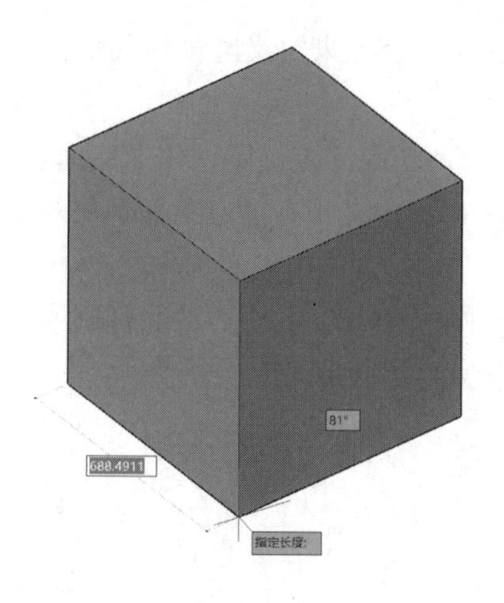

图 4-49 选择长度选项创建的长方体

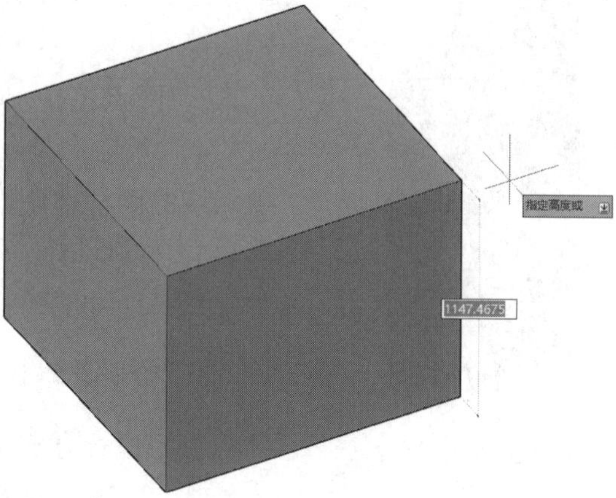

图 4-50 选择中心点选项创建的长方体

2. 绘制圆柱体

(1) 执行方式

① 命令行：CYLINDER。

② 功能区："建模" → "圆柱体"。

AutoCAD 命令行窗口出现以下提示：

CYLINDER 指定底面的中心点或 [三点(3P) 两点(2P) 切点、切点、半径(T) 椭圆(E)]:

(2) 操作说明

1) 中心点：输入底面圆心的坐标，此选项为系统的默认选项，然后指定底面的半径和圆柱体的高度。AutoCAD 按指定的高度创建圆柱体，且圆柱体的中心线与当前坐标系的 Z 轴平行，如图 4-51 所示。也可以通过指定另一个端面的圆心来指定高度，AutoCAD 根据圆柱体两个端面的中心位置来创建圆柱体。该圆柱体的中心线即两个端面圆心的连线，如图 4-52 所示。

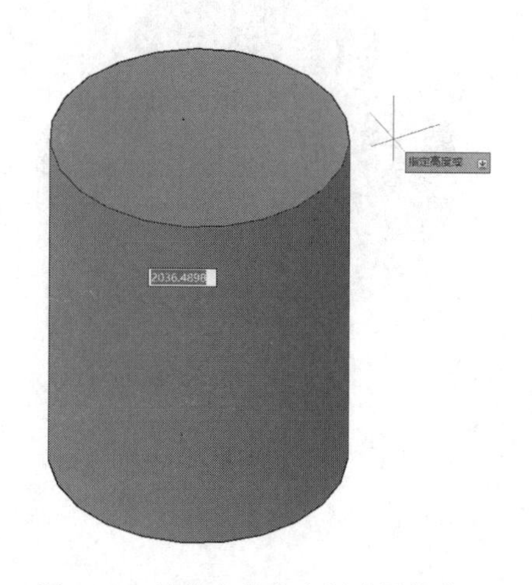

图 4-51 按指定的高度创建圆柱体

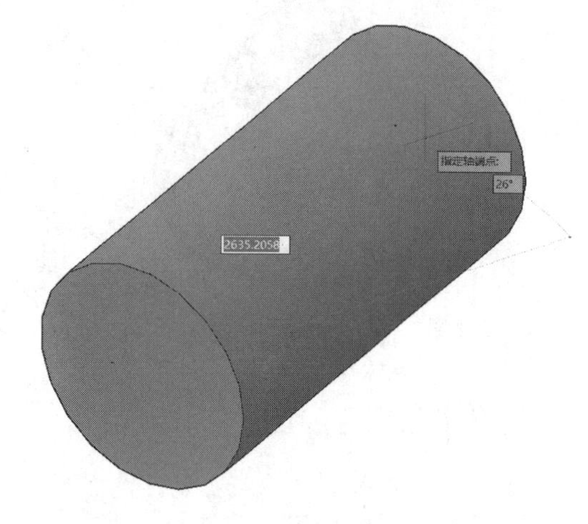

图 4-52 指定圆柱体另一端面的中心位置

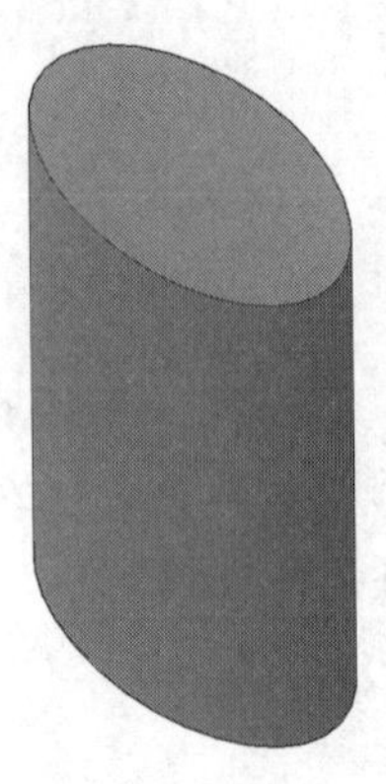

图 4-53　椭圆柱体

2）三点（3P）：通过指定三个点来定义圆柱体的底面周长和底面。

3）两点（2P）：通过指定两个点来定义圆柱体的底面直径。

4）切点、切点、半径（T）：定义具有指定半径且与两个对象相切的圆柱体底面。

5）椭圆（E）：用于绘制椭圆柱体。其中，端面椭圆的绘制方法与平面椭圆一样，结果如图 4-53 所示。

3. 绘制圆锥体

（1）执行方式

① 命令行：CONE。

② 功能区："建模"→"圆锥体"。

AutoCAD 命令行窗口出现以下提示：

CONE 指定底面的中心点或 [三点(3P) 两点(2P) 切点、切点、半径(T) 椭圆(E)]:

（2）操作说明

圆锥体底面与圆柱体底面定义相同，指定圆锥体的高度，AutoCAD 命令行窗口出现以下提示：

CONE 指定高度或 [两点(2P) 轴端点(A) 顶面半径(T)] <1847.9103>:

1）两点（2P）：通过指定两个点来定义圆锥体的高，绘制结果如图 4-54 所示。

2）轴端点（A）：通过指定圆锥体的顶点定义圆锥体的高。

3）顶面半径（T）：用于绘制圆台，其中，圆台高的绘制方法与圆锥体方法相同，绘制结果如图 4-55 所示。

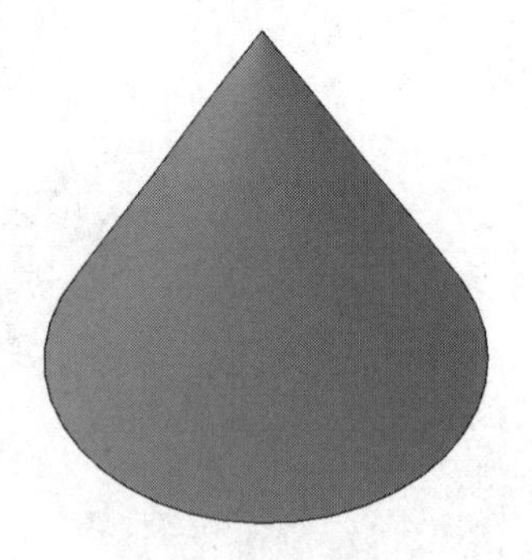

图 4-54　圆锥体

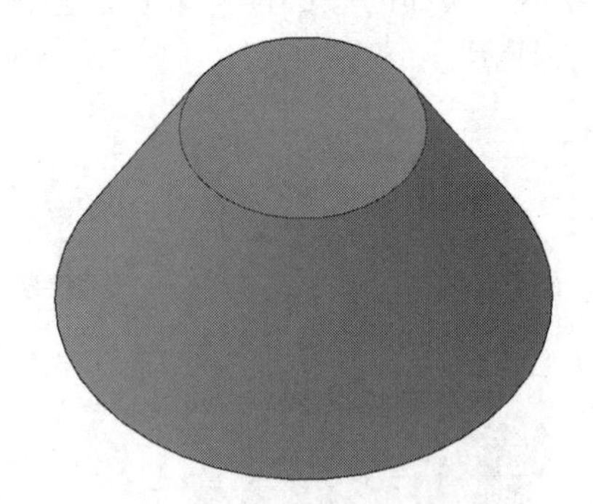

图 4-55　圆台体

4. 绘制球体

（1）执行方式

① 命令行：SPHERE。

② 功能区："建模"→"球体"。

AutoCAD 命令行窗口出现以下提示：

SPHERE 指定中心点或 [三点(3P) 两点(2P) 切点、切点、半径(T)]:

（2）操作说明

1）三点（3P）：通过指定三个点来定义球体的位置与大小，结果如图 4-56 所示。

2）两点（2P）：通过指定两个点来定义球体的位置与大小。

3）切点、切点、半径（T）：用于绘制已知球体的切点与半径。

其他基本三维实体，如楔体（WEDGE）、圆环体（TORUS）、多段体（POLYSOLID）、螺旋（HELIX）等的绘制方法与上述类似，这里不再赘述。

图 4-56　球体

4.5.2　特征操作

1. 拉伸

（1）执行方式

① 命令行：EXTRUDE。

② 功能区："建模"→"拉伸"。

AutoCAD 命令行窗口出现以下提示：

EXTRUDE 选择要拉伸的对象或 [模式(MO)]:

（2）操作说明

绘制待拉伸零件体轮廓，使其变为组合体，输入执行方式，AutoCAD 命令行窗口出现以下提示：

EXTRUDE 指定拉伸的高度或 [方向(D) 路径(P) 倾斜角(T) 表达式(E)] <1847.9103>:

1）指定高度：按指定的高度拉伸出三维实体对象。输入高度值后，根据实际需要，指定拉伸的倾斜角度。如果指定的角度为 0，AutoCAD 则把二维对象按指定的高度拉伸成柱体；如果指定的角度不为 0，拉伸后实体截面沿拉伸方向按此角度变化，成为一个棱台或圆台体。图 4-57 所示为以不同角度拉伸圆的结果。

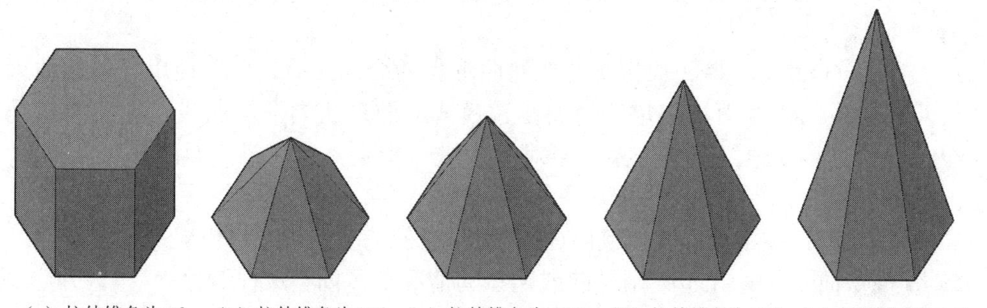

（a）拉伸锥角为 0°　（b）拉伸锥角为 25°　（c）拉伸锥角为 20°　（d）拉伸锥角为 15°　（e）拉伸锥角为 10°

图 4-57　不同角度拉伸圆的结果

2）方向（D）：通过指定的两点确定拉伸的长度和方向。

3）路径（P）：通过现有的图形对象拉伸创建三维实体对象。图 4-58 所示为沿圆弧曲线路径拉伸圆的结果。

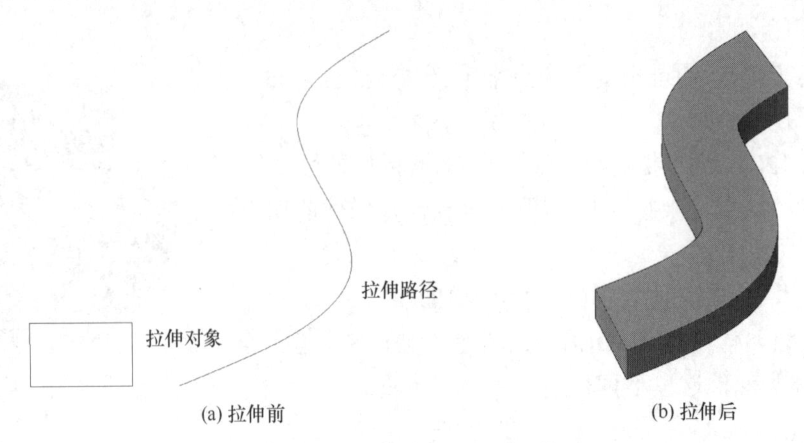

图 4-58 沿圆弧曲线路径拉伸圆

4）倾角（T）：指定拉伸的倾斜角，倾斜角是两个指定点之间的距离。

5）表达式（E）：已知拉伸曲线表达式，对截面进行指定路径拉伸。

2. 放样

（1）执行方式

① 命令行：LOFT。

② 功能区：“建模”→“放样”。

AutoCAD 命令行窗口出现以下提示：

LOFT 按放样次序选择横截面或 [点(PO) 合并多条边(J) 模式(MO)]:

（2）操作说明

绘制待放样零件截面，输入执行方式，选取放样截面，AutoCAD 命令行窗口出现以下提示：

LOFT 输入选项 [导向(G) 路径(P) 仅横截面(C) 设置(S)] <仅横截面>:

1）放样顺序选择横截面积：指定控制放样实体截面顺序，完成放样体的建立，如图 4-59 所示。

2）导向（G）：指定控制放样实体或曲面形状的导向曲线。可以使用导向曲线来控制点如何匹配相应的横截面。指定控制放样建模或曲面形状的导向曲线。导向曲线是直线或曲线，可通过将其他线框信息添加至对象来进一步定义建模或曲面的形状，如图 4-60 所示。

3）路径（P）：指定放样实体或曲面的单一路径，完成复杂放样体。

4）仅横截面（C）：在不使用导向或路径的情况下，创建放样对象。

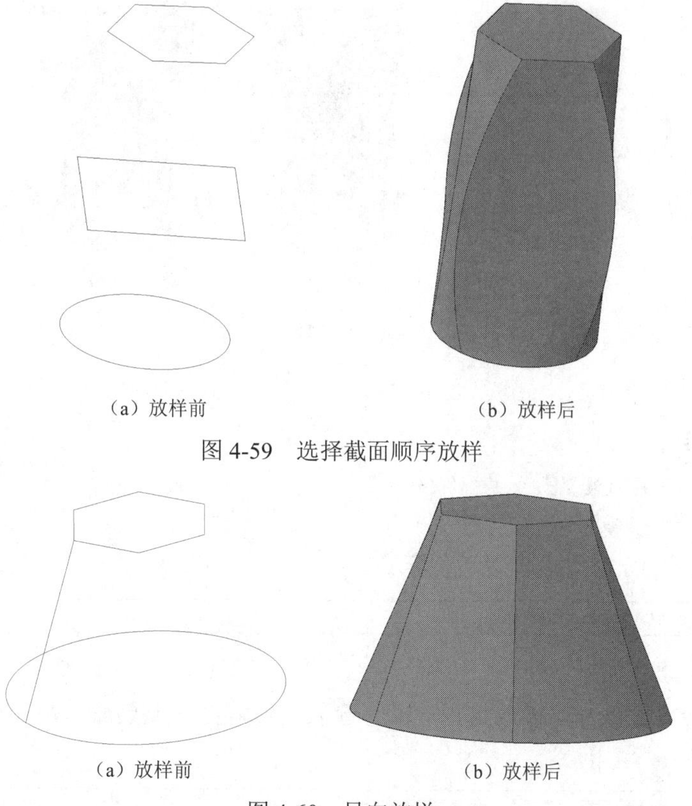

（a）放样前　　　　（b）放样后

图 4-59　选择截面顺序放样

（a）放样前　　　　（b）放样后

图 4-60　导向放样

5）设置（S）：选择该选项，打开“放样设置”对话框，如图 4-61 所示。其中有四个单选按钮，图 4-62（b）所示为选中“直纹”单选按钮的放样结果示意图，图 4-62（c）所示为选中“平滑拟合”单选按钮的放样结果示意图，图 4-62（d）所示为选中“法线指向”单选按钮并选择“所有横截面”选项的放样结果示意图，图 4-62（e）所示为选中“拔模斜度”单选按钮并设置“起点角度”为 45°，“起点幅值”为 10，“端点角度”为 60°，“端点幅值”为 10 的放样结果示意图。

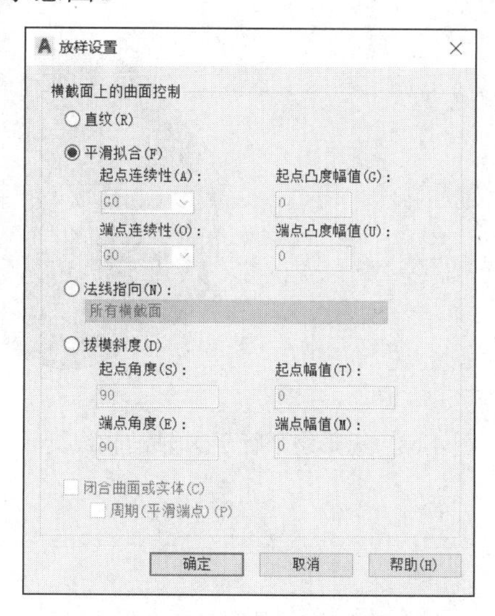

图 4-61　“放样设置”对话框

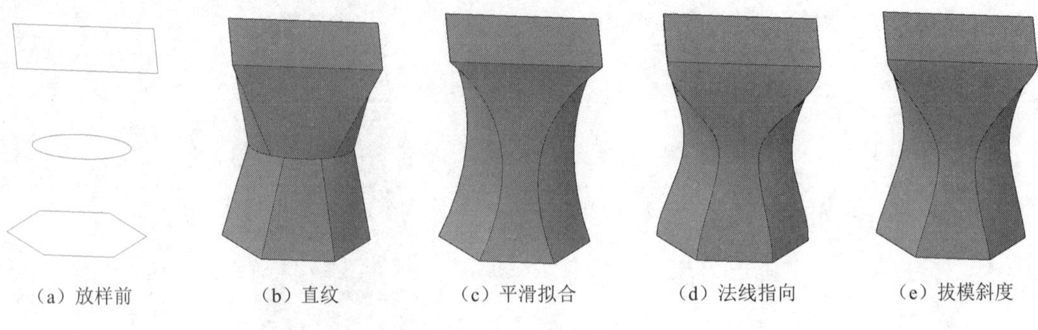

（a）放样前　（b）直纹　（c）平滑拟合　（d）法线指向　（e）拔模斜度

图 4-62　设置放样

3. 旋转

（1）执行方式

① 命令行：REVOLVE。

② 功能区：“建模”→“旋转”。

AutoCAD 命令行窗口出现以下提示：

```
REVOLVE 选择要旋转的对象或 [模式(MO)]:
```

（2）操作说明

绘制待旋转零件截面，输入执行方式，选取旋转截面与旋转轴，AutoCAD 命令行窗口出现以下提示：

```
REVOLVE 指定轴起点或根据以下选项之一定义轴 [对象(O) X Y Z] <对象>:
```

1）指定轴起点：通过两个点来定义旋转轴。AutoCAD 将按指定的角度和旋转轴旋转二维对象。

2）对象（O）：选择已经绘制好的直线或用“多段线”命令绘制的直线段作为旋转轴线。

3）X/Y/Z：将二维对象绕当前坐标系（UCS）的 X/Y/Z 轴旋转。图 4-63 所示为矩形绕平行于 X 轴的轴线旋转的结果。

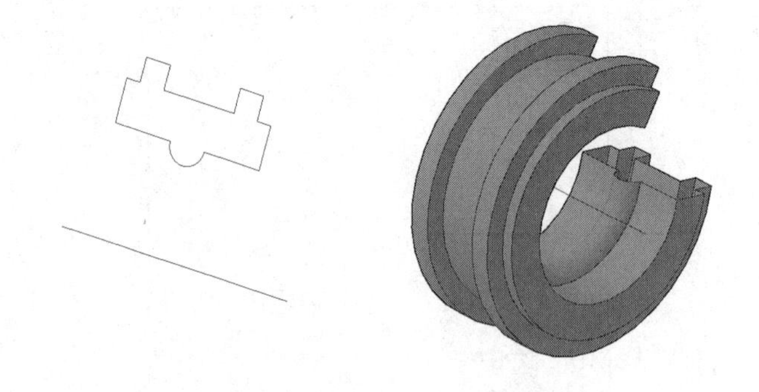

图 4-63　矩形绕平行于 X 轴的轴线旋转

4. 扫掠

（1）执行方式

① 命令行：SWEEP。

② 功能区：“建模”→“扫掠”。

AutoCAD命令行窗口出现以下提示：

SWEEP 选择要扫掠的对象或 [模式(MO)]:

（2）操作说明

绘制出待扫掠零件截面与扫掠路径，输入执行方式，选取扫掠对象，AutoCAD命令行窗口出现以下提示：

SWEEP 选择扫掠路径或 [对齐(A) 基点(B) 比例(S) 扭曲(T)]:

1）扫掠路径：指定扫掠对象与扫掠路径，使其对象沿扫掠路径扫掠，结果如图4-64所示。

（a）扫掠前　　（b）扫掠后

图4-64　路径扫掠

2）对齐（A）：指定是否对齐轮廓，使其作为扫掠路径切向的法向。在默认情况下，轮廓是对齐的。如果轮廓曲线未垂直于（法线指向）路径曲线起点的切向，则轮廓曲线将自动对齐，出现对齐提示时输入N可以避免该情况的发生。

3）基点（B）：指定要扫掠对象的基点。如果指定的点不在选定对象所在的平面上，则该点将被投影到该平面上。

4）比例（S）：指定比例因子以进行扫掠操作。从扫掠路径的开始到结束，比例因子将统一应用到扫掠的对象。

5）扭曲（T）：设置正被扫掠的对象的扭曲角度。扭曲角度指定沿扫掠路径全部长度的旋转量，如图4-65所示。

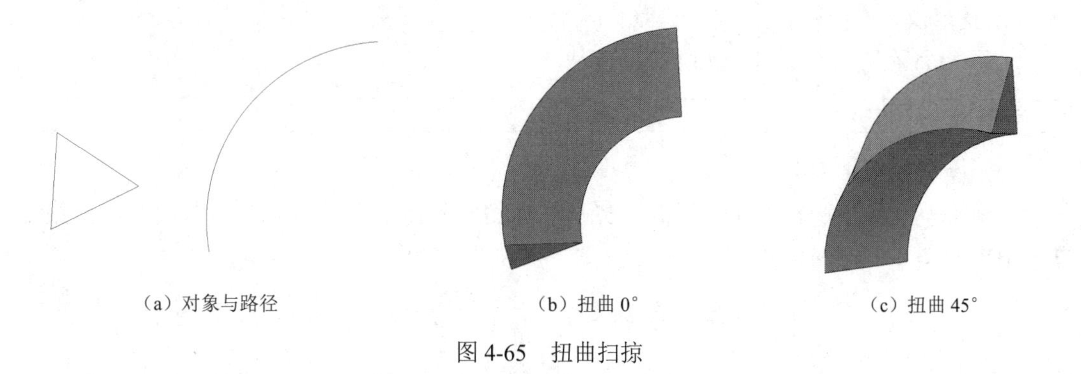

（a）对象与路径　　（b）扭曲0°　　（c）扭曲45°

图4-65　扭曲扫掠

4.5.3 实体编辑

1. 并集

（1）执行方式

① 命令行：UNION。

② 功能区："实体编辑" → "并集（U）"。

AutoCAD 命令行窗口出现以下提示：

键入命令

（2）操作说明

绘制出待合并对象，输入执行方式，依次选取合并对象，完成并集运算，结果如图 4-66 所示。

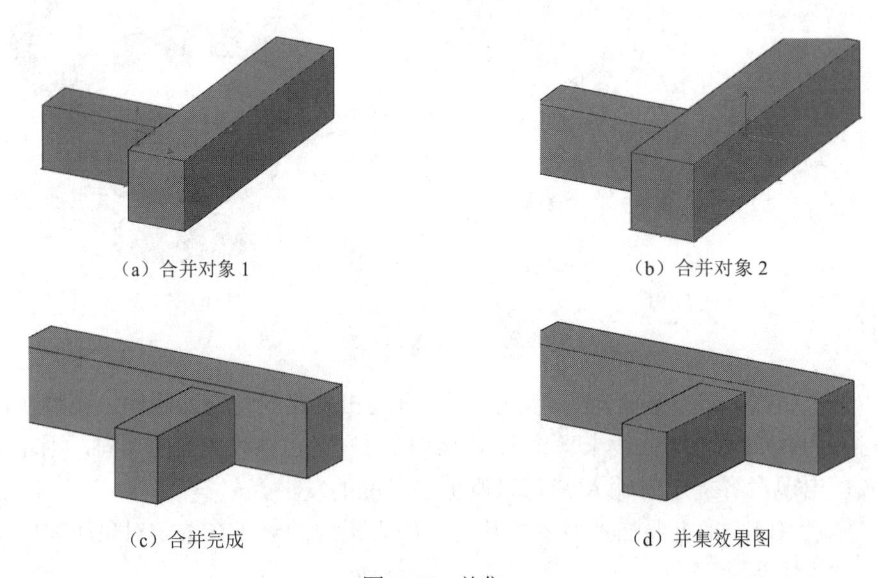

（a）合并对象 1　（b）合并对象 2

（c）合并完成　（d）并集效果图

图 4-66　并集

2. 差集

（1）执行方式

① 命令行：SUBTRACT。

② 功能区："实体编辑" → "差集（S）"。

AutoCAD 命令行窗口出现以下提示：

SUBTRACT 选择对象:

（2）操作说明

绘制待差集对象，输入执行方式，先选取保留对象，然后选取减去对象，完成差集运算，结果如图 4-67 所示。

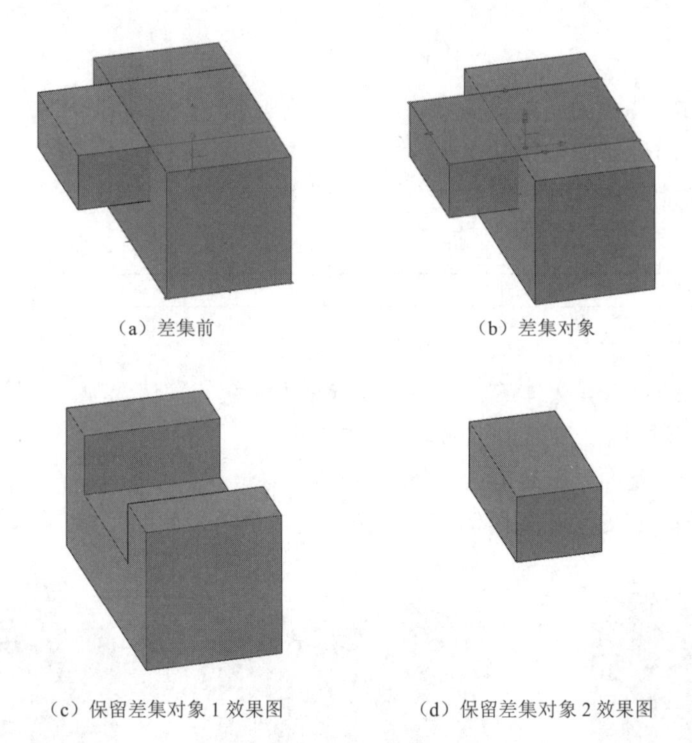

（a）差集前　（b）差集对象

（c）保留差集对象 1 效果图　（d）保留差集对象 2 效果图

图 4-67　差集

3. 交集

（1）执行方式

① 命令行：INTERSECT。

② 功能区："实体编辑" → "交集（I）"。

AutoCAD 命令行窗口出现以下提示：

INTERSECT 选择对象：

（2）操作说明

与交集、差集操作相同，先绘制出待交集对象，输入执行方式，再选取交集对象，完成交集运算，结果如图 4-68 所示。

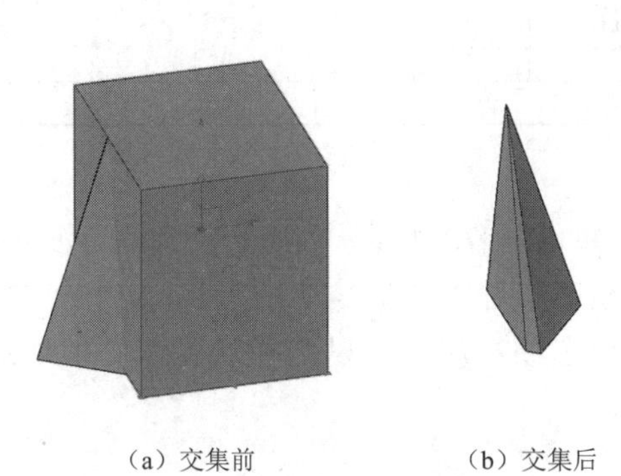

（a）交集前　（b）交集后

图 4-68　交集

4. 倒角边

（1）执行方式

① 命令行：CHAMFEREDGE。

② 实体：功能区“实体编辑”→“倒角边”。

AutoCAD 命令行窗口出现以下提示：

CHAMFEREDGE 选择一条边或 [环(L) 距离(D)]:

（2）操作说明

1）选择一条边：选择实体的一条边，此选项为系统的默认选项。选择某一条边以后，与此边相邻的两个面中的一个面的边框就变成虚线。

2）环（L）：对基面上所有的边都进行倒角。

3）距离（D）：自定义输入两侧倒角距离，完成倒角，如图 4-69 所示。

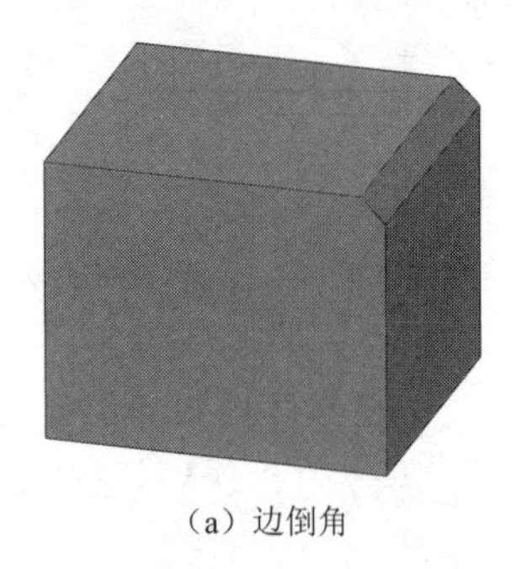
（a）边倒角

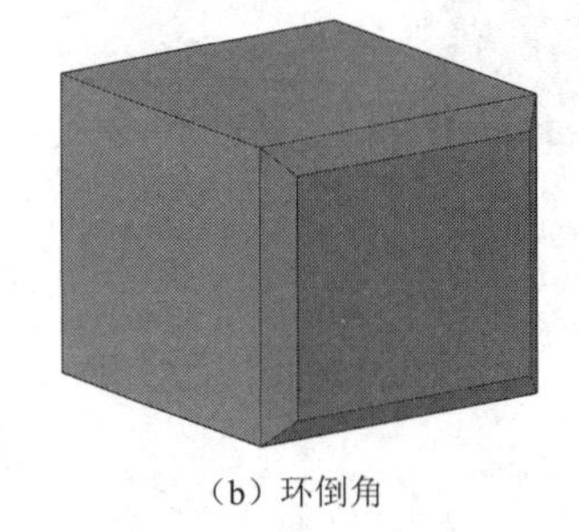
（b）环倒角

（c）距离倒角

图 4-69　倒角边

5. 干涉检查

通过两组选定三维实体之间的干涉创建临时三维实体。干涉通过表示相交部分的临时三维实体亮显。也可以选择保留重叠部分。

（1）执行方式

① 命令行：CHAMFEREDGE。

② 功能区“实体编辑”→“干涉检查”。

AutoCAD 命令行窗口出现以下提示：

CHAMFEREDGE 选择一条边或 [环(L) 距离(D)]:

（2）操作说明

打开“干涉检查”对话框，如图 4-70 所示，列出了找到的干涉对数量，可以通过“上一个”和“下一个”按钮来亮显干涉对，如图 4-71 所示。

1）嵌套选择（N）：选择该选项，用户可以选择嵌套在块和外部参照中的单个实体对象。

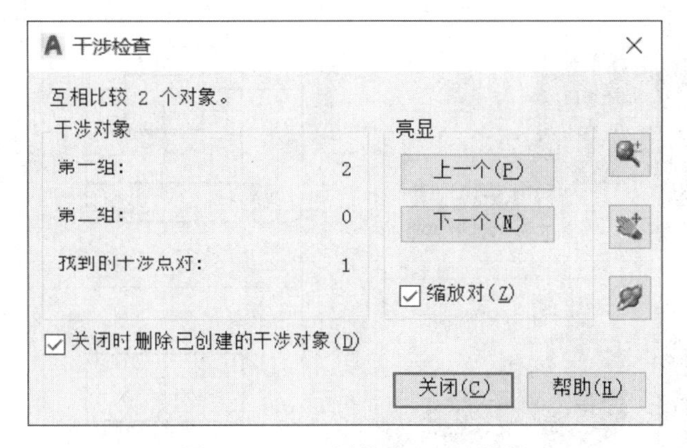

图 4-70　“干涉检查”对话框

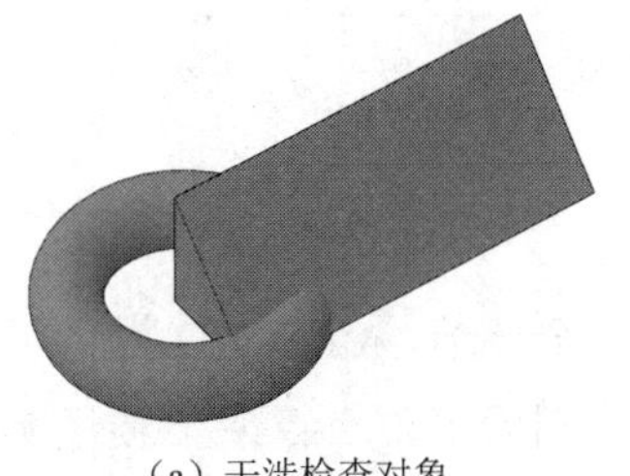

（a）干涉检查对象

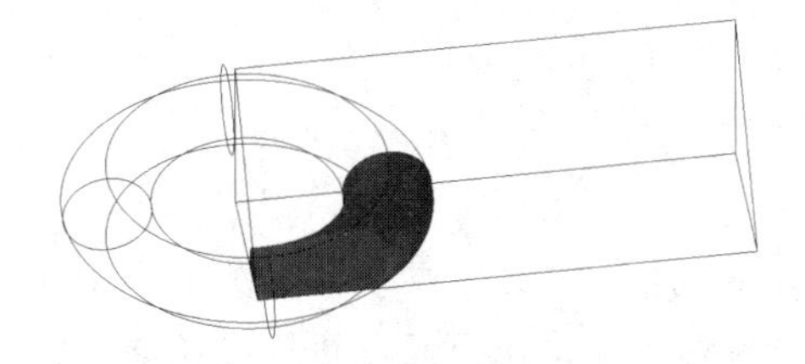

（b）干涉检查结果

图 4-71　干涉检查

2）设置（S）：选择该选项，打开“干涉设置”对话框，可以设置干涉的相关参数。

4.5.4　实体投影

1. 三维立体绘制三视图

操作说明如下：

1）打开要转换的三维实体，如图 4-72 所示。

2）将模型空间转换至布局空间。

3）将画框插入布局空间，在画框中选择好新建视图的位置，然后新建四个视图：“工具栏”→“视图”→“视图”→“四个视图”，结果如图 4-73 所示。

4）双击，依次激活四个视图，调整第一个视图为主视图，再依次调整第二个视图为左视图，第三个视图为俯视图，第四个视图为等轴测图，然后锁定。

5）标注三视图基本尺寸，结果如图 4-74 所示。

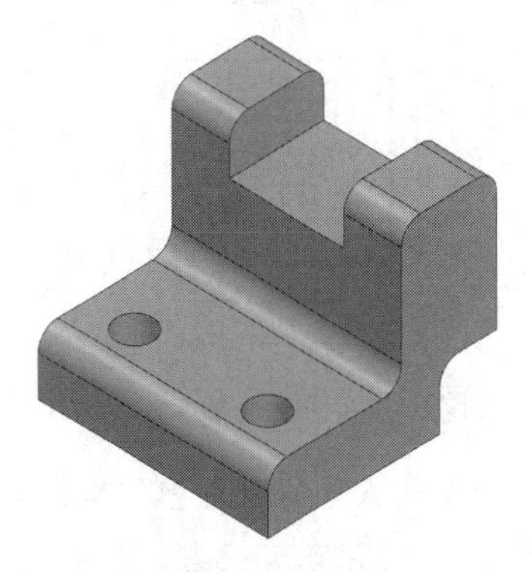

图 4-72　三维实体

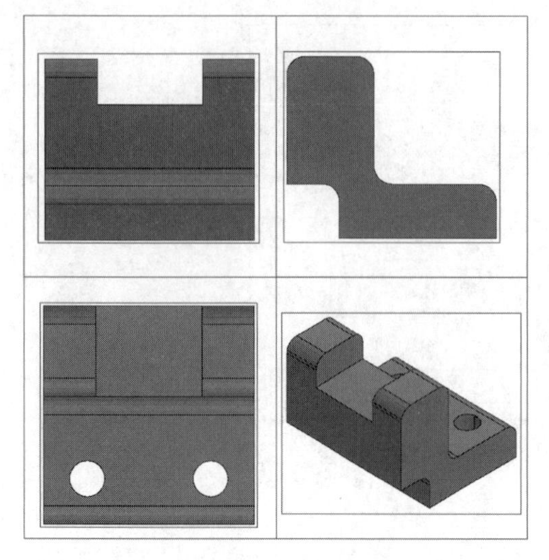

图 4-73 新建视图

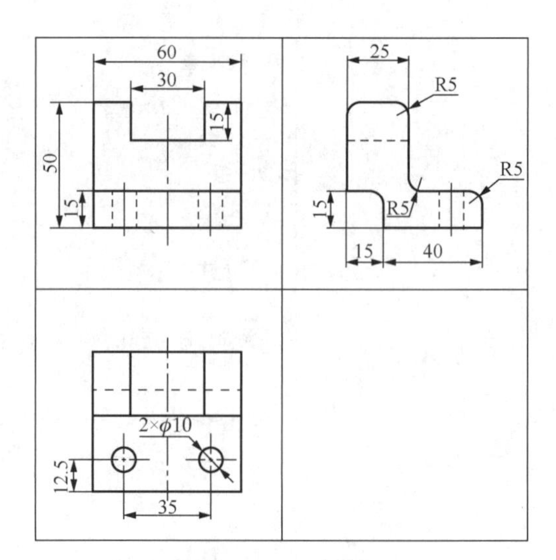

图 4-74 三视图

2. 三视图的标注

正确地进行尺寸标注是设计绘图工作中非常重要的一个环节，AutoCAD 提供了方便快捷的尺寸标注方法，可以通过执行相关命令来实现，也可利用菜单命令或工具栏实现。

（1）线性尺寸标注

1）执行方式。

① 命令行：DIMLINEAR。

② 注释：功能区“标注”→“线性”。

AutoCAD 命令行窗口出现以下提示：

DIMLINEAR 指定第一个尺寸界线原点或 <选择对象>:

2）操作说明。

指定尺寸线位置，确定尺寸线的位置。可移动鼠标指针选择合适的尺寸线位置，然后按 Enter 键或单击，AutoCAD 将自动测量所标注线段的长度并标注出相应的尺寸，结果如图 4-75 所示。

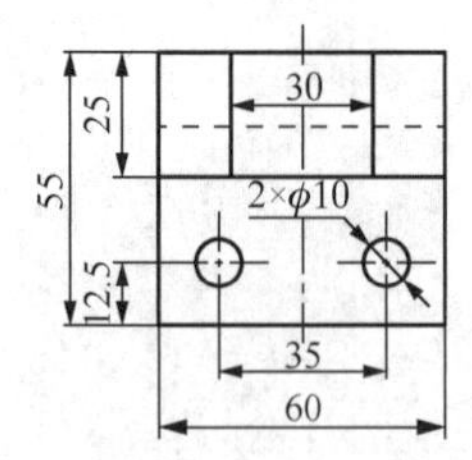

图 4-75 线性标注

（2）角度尺寸标注

1）执行方式。

① 命令行：DIMANGULAR。

② 功能区“标注”→“角度”。

AutoCAD 命令行窗口出现以下提示：

DIMANGULAR 选择圆弧、圆、直线或 <指定顶点>:

2）操作说明。

① 选择圆弧、圆（标注圆弧或圆的中心角）：当用户选取一段圆弧后，AutoCAD 命令行提示如下：

```
DIMANGULAR 指定标注弧线位置或 [多行文字(M) 文字(T) 角度(A) 象限点(Q)]:
```

在此提示下确定尺寸线的位置，AutoCAD 按自动测量得到的值标注出相应的角度，在此之前可以选择“多行文字（M）”选项、“文字（T）”选项、“角度（A）”选项或“象限点（Q）”选项，通过多行文字编辑器或命令行来输入或设置尺寸文本以及指定尺寸文本的倾斜角度，结果如图 4-76 所示。

② 选择直线：AutoCAD 标出这两条直线之间的夹角。该角以两条直线的交点为顶点，以两条直线为尺寸界线，所标注角度取决于尺寸线的位置，如图 4-77 所示。

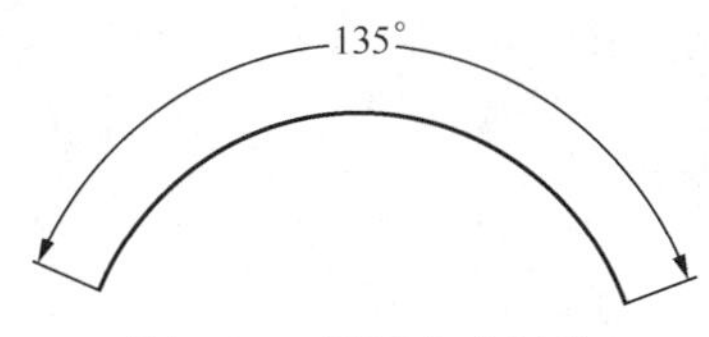

图 4-76　圆弧角度标注

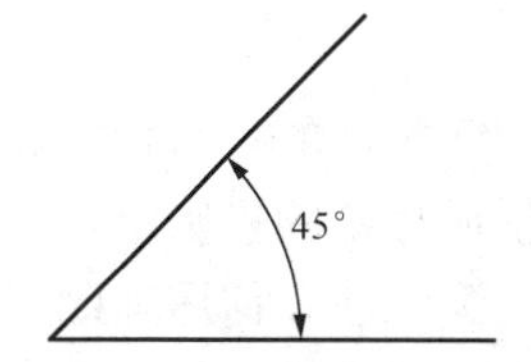

图 4-77　直线角度标注

（3）弧长标注

1）执行方式。

① 命令行：DIMARC。

② 功能区“标注”→“弧长”。

AutoCAD 命令行窗口出现以下提示：

```
DIMARC 选择弧线段或多段线圆弧段:
```

2）操作说明。

弧长标注用于测量圆弧或多段线圆弧上的距离。弧长标注的尺寸线可以正交或径向。在标注文字的上方或前面将显示圆弧符号，标注结果如图 4-78 所示。

（4）直径半径标注

1）执行方式。

① 命令行：DIMRADIUS（DIMDIAMETER）。

② 功能区“标注”→“半径/直径”。

半径命令行提示如下：

```
DIMRADIUS 选择圆弧或圆:
```

直径命令行提示如下：

```
DIMDIAMETER 选择圆弧或圆:
```

2）操作说明。

用户可以选择“多行文字（M）”、“文字（T）”或“角度（A）”选项来输入、编辑尺寸文本或确定尺寸文本的倾斜角度，也可以直接确定尺寸线的位置，标注出指定圆或圆弧的直径，标注结果如图 4-79 所示。

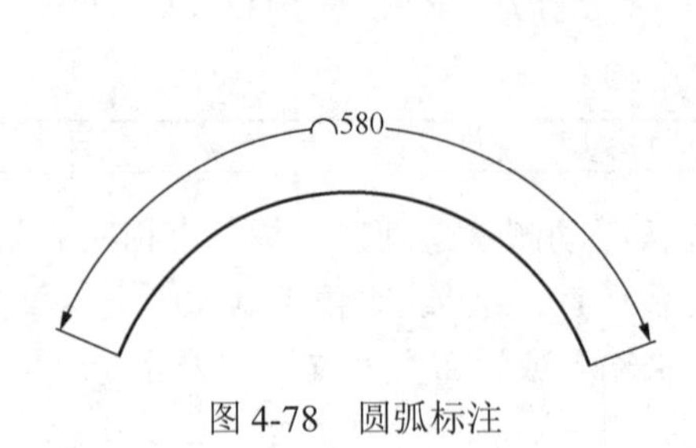

图 4-78　圆弧标注

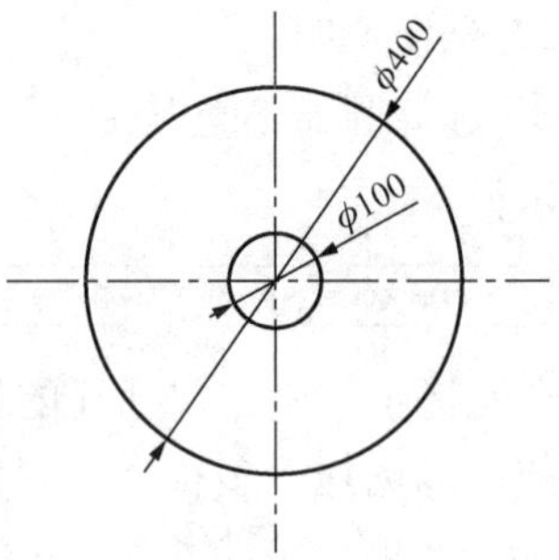

图 4-79　半径（直径）标注

思　考　题

1．试说明棱柱的投影特点和表面取点的方法。

2．试说明棱锥的投影特点和表面取点的方法。

3．何谓素线法？何谓辅助平面法？

4．什么是截交线？截交线具有哪些性质？

5．简述平面体截交线的特点及基本作图方法。

6．简述曲面体截交线的特点及基本作图方法。

7．什么是相贯线？相贯线具有哪些性质？

8．简述曲面体与曲面体相贯线的特点及作图方法。

9．扫掠、拉伸、旋转对象为非封闭对象时的效果图是怎样的？请用 AutoCAD 在三维建模空间内实践。

第 5 章　组合体的视图及尺寸标注

教学要求

通过本章学习，掌握组合体的组合形式和形体分析方法；学会运用形体分析法绘制组合体三视图；学会运用形体分析法标注尺寸；学会运用形体分析法和线面分析法识读组合体三视图；能够运用 AutoCAD 绘制组合体三视图以及标注尺寸。

5.1　概　　述

5.1.1　组合体的组合形式

由基本体按照一定形式（叠加或挖切）组合而成的形体，称为组合体。组合体按其形成方式，通常分为叠加、切割和综合三种。

叠加：如果组合体由若干个基本体通过一定的方式堆砌而形成，那么这种组合体的形成方式称为叠加。如图 5-1（a）所示的六角头螺栓（毛坯），可看成是一个由六棱柱、圆柱和圆台三个基本体叠加形成的组合体。

切割：如果组合体是在一个基本体的基础上切除一个或若干个基本体形成的，那么这种组合体的形成方式称为切割。如图 5-1（b）所示的接头，可看成是从圆柱上切割三个基本体形成的组合体。

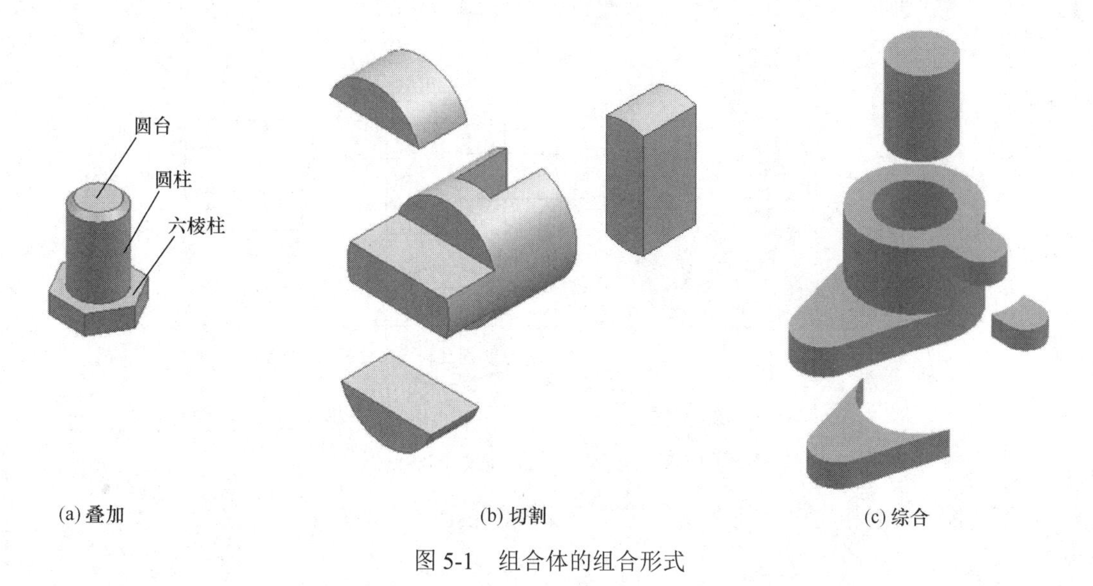

(a) 叠加　　(b) 切割　　(c) 综合

图 5-1　组合体的组合形式

综合：如果组合体是通过叠加和切割两种形式组合而成，那么这种组合体的形成方式称为综合。如图 5-1（c）所示的支架，可看成是由一个大圆柱被切割掉一个小圆柱体后，再与耳板、底板叠加形成的。

5.1.2 组合体上相邻表面之间的连接关系

为了正确绘制组合体的三视图，还必须弄清楚组合体中叠加或切割的各基本体之间的相对位置和相邻表面之间的连接关系。在组合体中互相结合的两个基本体表面之间的关系主要有平齐、相交、相切三种。

如图 5-2（a）所示，底板与支座的前后端面平齐（即共面），它们之间不存在分界线，所以在支座的主视图［图 5-2（b）］中，底板与支座的前后端面连接处不应画线。由于支座的左、右侧面与底板左、右侧面不共面，因此左视图应画出交线。

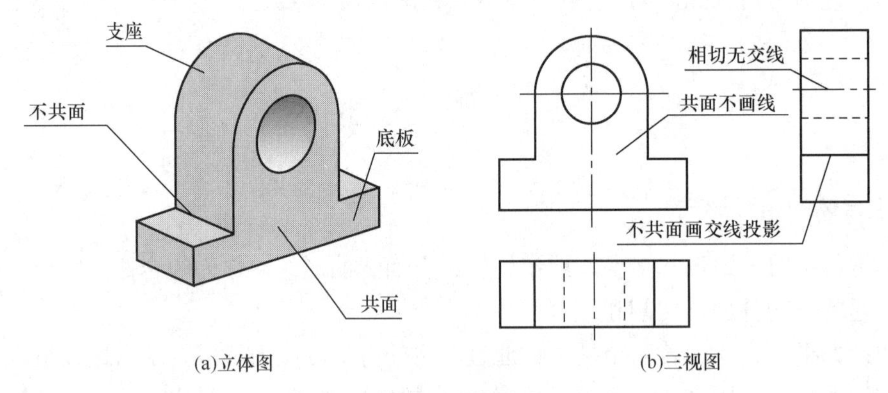

图 5-2 组合体表面平齐时的画法

如图 5-3（a）所示，底板的前、后侧面与圆柱体表面相切，相切处不存在轮廓线，在视图上一般不画分界线。表面相切时投影的画法如图 5-3（b）所示，首先通过俯视图确定切线在主、左视图上的位置，然后使底板上、下表面在主、左视图中应画到俯视图切点投影处即可。特别提示，表面相切时，表面投影不应画出切线。

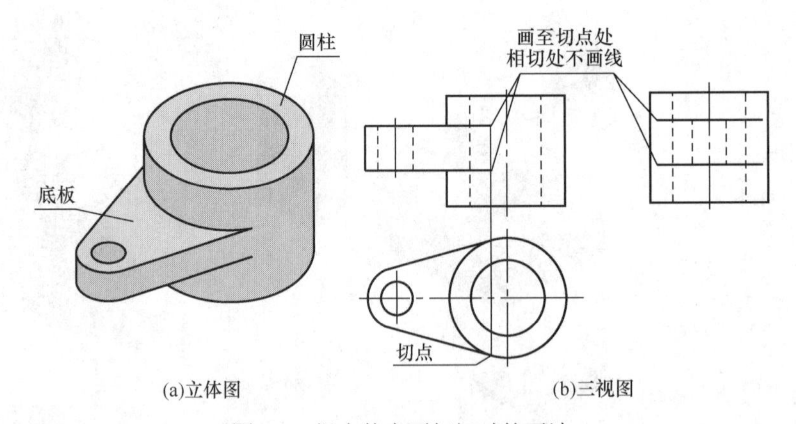

图 5-3 组合体表面相切时的画法

当两形体表面相交时，在相交处应画出交线的投影，如图 5-4 所示。

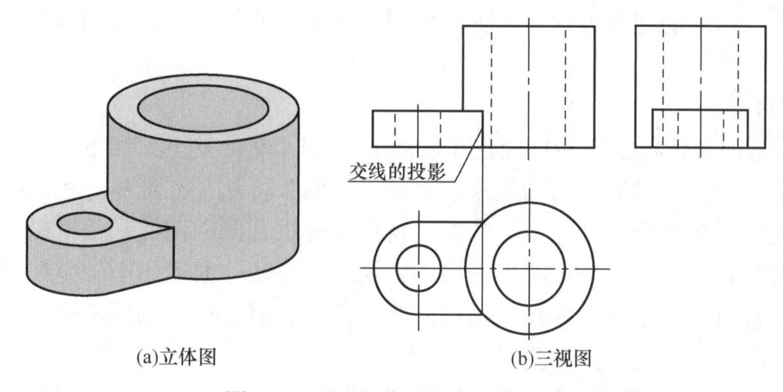

(a)立体图　　(b)三视图

图 5-4　平面与曲面相交时的画法

例 5-1　绘制下列阶梯孔的主视图。

分析：图 5-5（a）所示为直径不同的同轴圆柱孔构成阶梯孔，其相交处不共面，故主视图应有交线。图 5-5（b）所示为圆柱孔和圆锥孔相交，其交线真实存在，故主视图应有交线。图 5-5（c）所示为圆柱孔和矩形孔相交，其相交处为不共面，故主视图应有交线。图 5-5（d）所示为上下两个矩形孔相交，其前后表面共面或平齐，故主视图不应画交线。

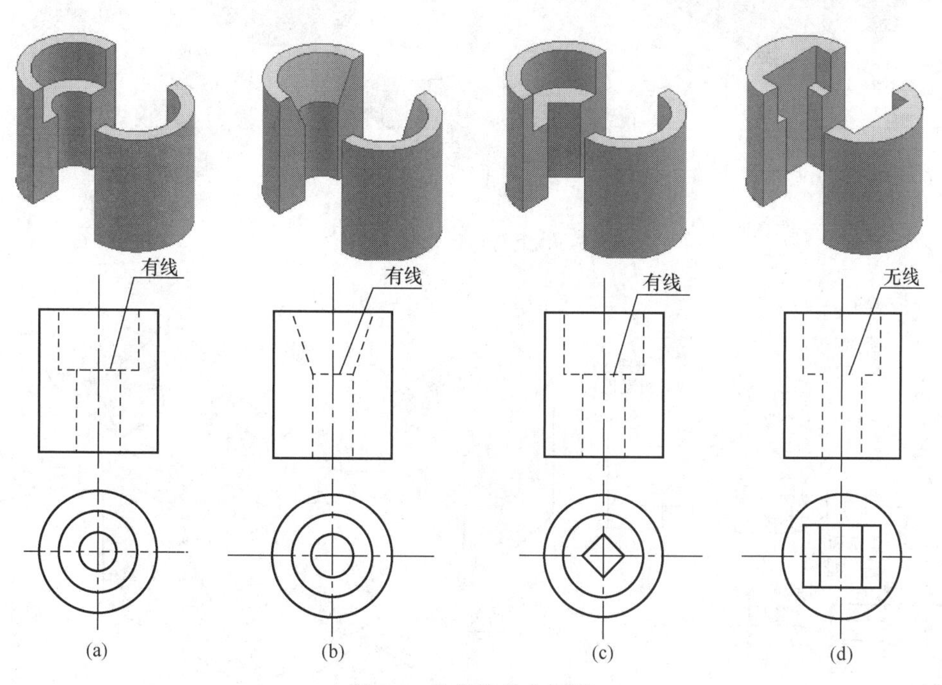

图 5-5　阶梯孔的主视图

5.1.3　组合体的分析方法

（1）形体分析法

任何复杂的物体，都可以看成是由一些简单形体组合而成的。如图 5-6 所示的支座，可看成由底板（挖切出一个带半圆柱的凹槽）、三棱柱肋板、直立圆柱筒以及水平圆柱筒四部分叠加构成。这种假想把组合体分解为若干个简单形体，分析各简单形体的形状、相对位置、组合形式及表面连接关系的方法，称为形体分析法。形体分析法是组合体的画图、读图和尺寸标注的主要方法。该方法主要用于解决叠加型组合体的绘图、读图、标注尺寸等。

（2）线面分析法

图 5-7 所示的实体是由四棱柱经过正垂面 Q 截切，然后其上部和下部分别通过三个侧垂面挖切梯形槽和矩形槽形成的切割型组合体。线面分析法是在形体分析法的基础上，对不易表达清楚的局部结构运用线、面的投影特性来分析视图中图线和线框的含义，相邻表面的相对位置、表面的形状及面与面交线的方法。此方法主要适用于较复杂的切割型组合体或者用于分析组合体较复杂的局部结构的视图。它是组合体的画图和读图的辅助方法。

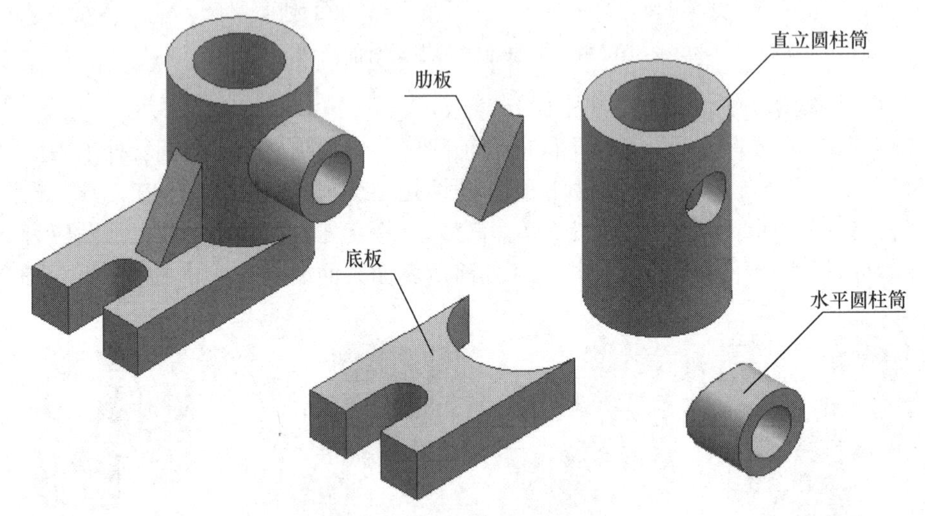

图 5-6　组合体的形体分析法

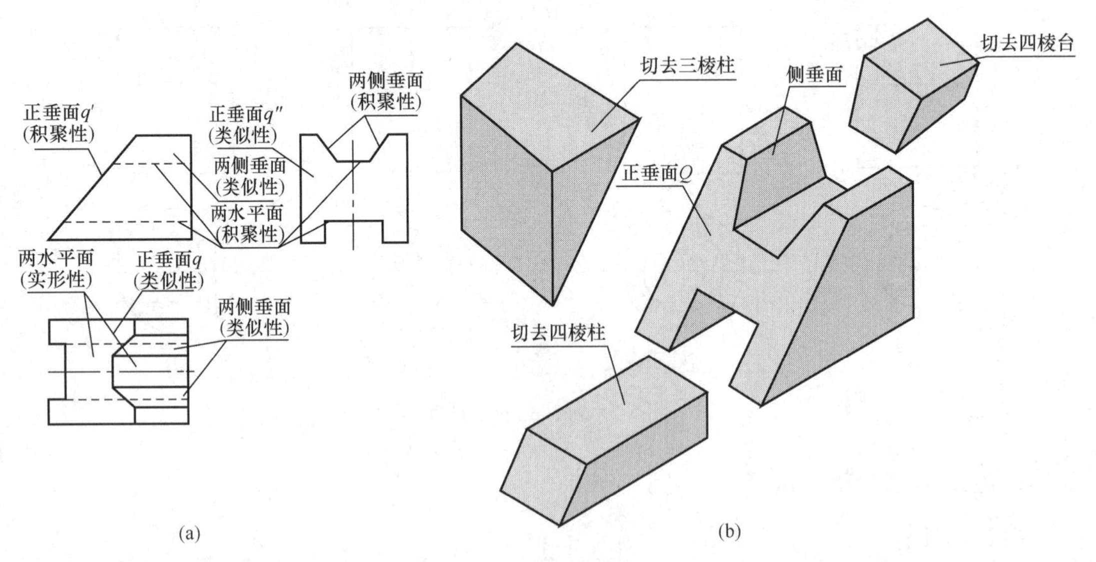

图 5-7　组合体的线面分析法

5.2 组合体三视图的画法

现以图 5-8 所示轴承座为例，阐述画组合体视图的方法和步骤。

（1）形体分析

如图 5-8 所示，轴承座由凸台、轴承座、支承板、肋板以及底板组成。凸台和轴承座是两个垂直相交的空心圆柱体，在外表面和内表面上都有相贯线。支承板、肋板和底板分别是不同形状的平板，支承板与底板后端面平齐，支承板的左、右侧面与轴承的外圆柱面相切，肋板的左、右侧面与轴承的外圆柱面相交，底板的顶面与支承板、肋板的底面互相叠加。

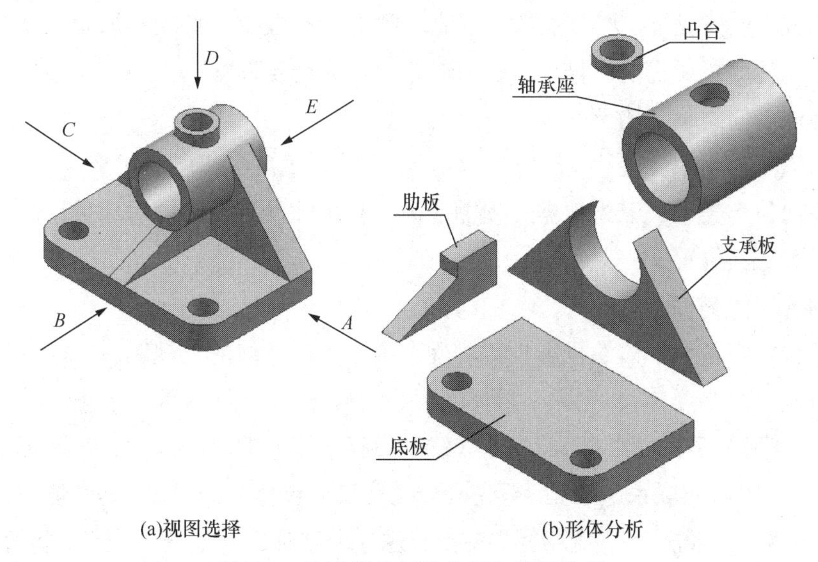

图 5-8 轴承座的形体分析与视图选择

（2）视图选择

首先将组合体安放成自然稳定状态。视图的选择应进行方案比较，一般应遵循的基本原则是：首先选择主视图，主视图能够反映组合体的主要形状特征；其次使投影图中不可见的线面尽可能少；最后，使尽可能多的直线和面相对投影面处于特殊位置等。

如图 5-8（a）所示，将轴承座按照自然位置安放后，对由箭头指示的 *A*、*B*、*C*、*D*、*E* 五个方向投射所得的视图进行比较，确定主视图。如图 5-9 所示，若以 *E* 向作为主视图的投射方向，则主视图上虚线较多，显然没有 *B* 向清楚；*C* 向与 *A* 向视图虽然虚实线的情况相同，但是若以 *C* 向作为主视图的投射方向，则左视图上会出现较多虚线，没有 *A* 向好；再比较 *B* 向与 *A* 向视图，*B* 向更能反映轴承座各部分的轮廓特征，所以确定以 *B* 向作为主视图的投射方向。主视图确定以后，俯视图和左视图的投射方向也就确定了，即 *E* 向和 *C* 向。

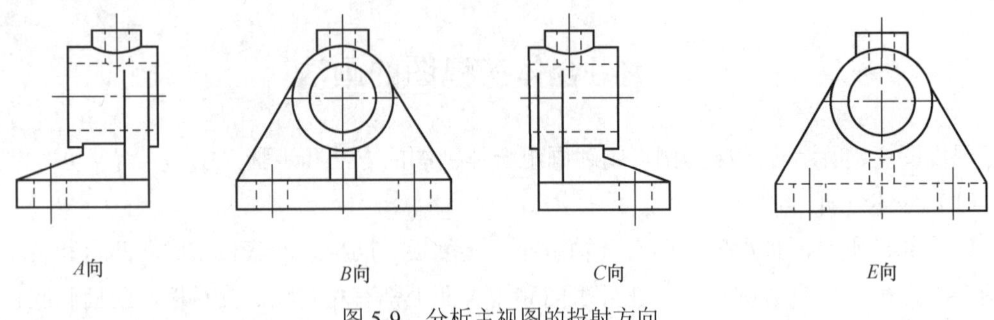

图 5-9　分析主视图的投射方向

画图步骤如下：

（1）选定比例，确定图幅

正视方向确定后，根据组合体的形状、大小和复杂程度等因素，按照标准选择适当的比例和图幅。一般情况下，尽可能选用原值比例 1∶1，图幅则要根据所画三视图的面积以及标注尺寸和标题栏所需的区域而定。有时也可以先选定图幅的大小，再根据三视图的布置、尺寸标注及间距确定比例。

（2）布置三视图的位置

布图要均匀、美观。应先根据三视图的大小和尺寸及各投影的对应关系，画出各视图的基准线以确定其位置。

（3）画三视图底稿

根据组合体中各基本体的投影规律，逐个画出各基本体的三视图。一般按照先主（主要形体）后次（次要形体），先大（形体）后小（形体），先实（体）后虚（挖去的槽、孔等），先外（轮廓）后内（细部），先曲（线）后直（线）的顺序画图。在画每个基本体的三视图时，三个投影应联系起来画，即先画最能反映形体特征的投影（基本体的特征投影），然后利用“长对正、高平齐、宽相等”的投影规律配合画出其他两个投影。每叠加（切割）一个基本体，就要分析与已画的其他基本体的组合方式和表面连接关系，从而修正多画或少画的线。这种三个投影配合的画法能够避免遗漏，提高正确率和作图速度。

（4）整理、检查、描粗加深图线

底稿完成后，应仔细检查，特别是将所画的三视图与组合体进行对照。组合体是一个完整的形体，而形体分析将其分解成多个基本体只是一种人为的假想。还原组合体的完整性，就要注意检查各基本体的相对位置、组合方式和表面连接关系，不要多线或少线，消除人为分解的痕迹。在修正无误后再根据制图标准用规定的线型加深，加深的次序是：先上后下，先左后右，先细后粗，先曲后直；当几种图线发生重合时，应按粗实线、虚线、细点画线、细实线顺次取舍。

图 5-10 所示为轴承座三视图的画图步骤。

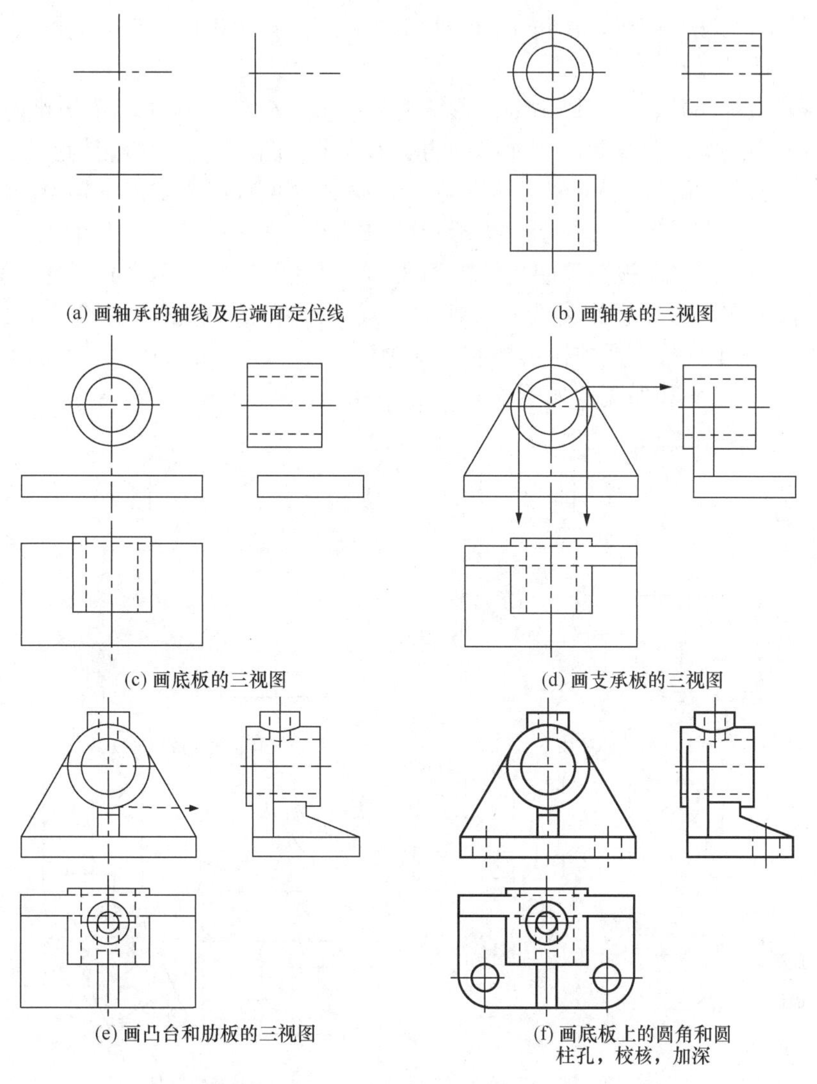

(a) 画轴承的轴线及后端面定位线　　(b) 画轴承的三视图

(c) 画底板的三视图　　(d) 画支承板的三视图

(e) 画凸台和肋板的三视图　　(f) 画底板上的圆角和圆柱孔，校核，加深

图 5-10　轴承座三视图的画图过程

例 5-2　根据图 5-11 所示垫块的立体图，画出三视图。

分析：垫块可看作一端切割成圆柱面的长方体分别切割三棱柱、梯形四棱柱以及矩形四棱柱后形成的切割型组合体。由于垫块的形状比较复杂，必须在形体分析的基础上结合线面分析才能正确画出三视图。垫块的左上角端被正垂面截切，上部贯穿一条梯形槽，下部贯穿一条矩形槽。画图时必须注意分析，每当切割掉一块基本体以后，在垫块表面上产生交线及其投影。

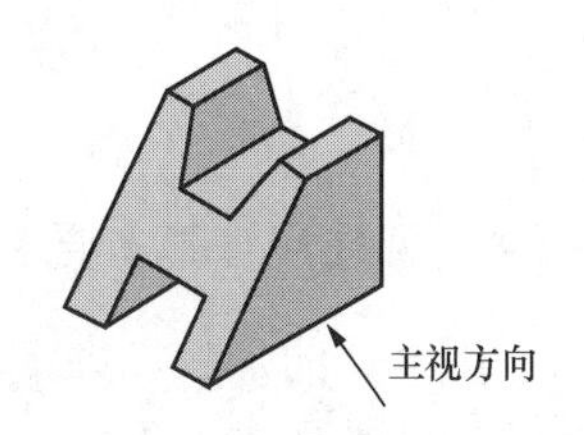

图 5-11　垫块的立体图

解：选择主视图按自然位置安放好垫块后，选定图 5-11 中的箭头所示方向为主视图的投射方向。

画图步骤如下：

1）如图 5-12（a）所示，布置视图，画出各视图作图基准线，先画四棱柱的三视图。

2）如图 5-12（b）所示，作正垂面切割后的投影，在主视图中积聚为线段，俯、左视图为类似形（矩形）。

3）如图 5-12（c）所示，作切割梯形槽后的投影，在左视图中有两个侧垂面、一个水平面投影积聚为线段，左视图反映梯形槽的实形，主视图两侧垂面投影为类似形（直角梯形），俯视图两侧垂面投影为类似形（直角梯形），水平面投影为实形（矩形）。

4）如图 5-12（d）所示，作切割矩形槽后的投影，在左视图中有两个正平面、一个水平面投影积聚为线段，左视图反映矩形槽的实形，在主视图中有两个正平面投影反映实形（直角梯形），水平面投影积聚为线段（细虚线），在俯视图中有两个正平面投影积聚为线段（细虚线），水平面投影反映矩形槽实形（矩形）。

5）最后进行校核和加深，如图 5-12（d）所示。

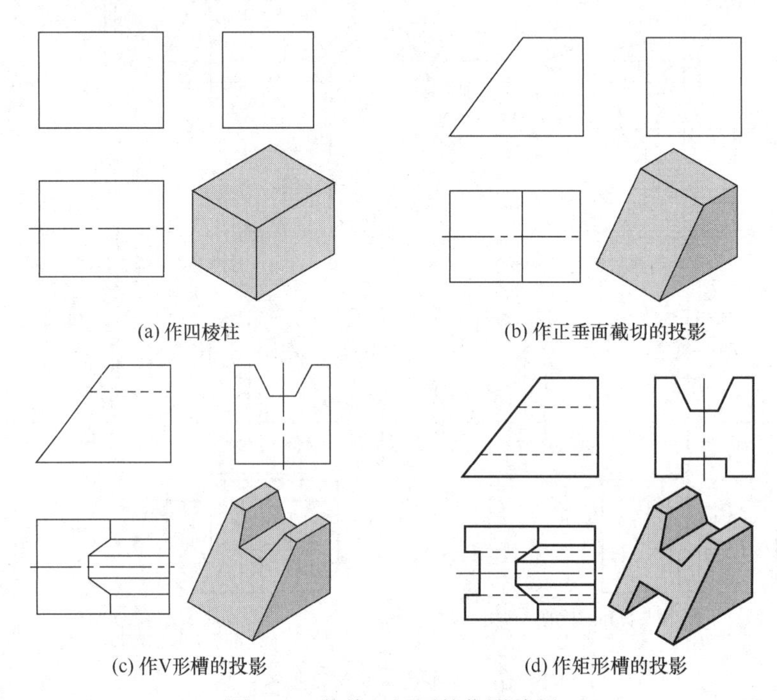

图 5-12　垫块三视图的作图过程

5.3　组合体的尺寸标注

5.3.1　标注尺寸基本要求

组合体的形状、大小及其相互位置是由其视图及所标注的尺寸来反映的。组合体尺寸标注的基本要求如下。

1）正确：标注尺寸的数值正确无误，标注尺寸的方法符合机械制图国家标准中有关尺寸注法的基本规定。

2）齐全：标注的尺寸必须能够完全确定组合体的形状、大小及其相互位置，不遗漏、不重复。

3）清晰：尺寸的布局整齐、清晰，便于查找和看图。

4）合理：尺寸标注便于测量，符合实际生产的要求。

5.3.2　尺寸种类

（1）定形尺寸

确定基本形体的形状和大小的尺寸称为定形尺寸。如图 5-13 所示，底板的长 60、宽 42、圆孔直径 16 等都是定形尺寸。

（2）定位尺寸

确定组合体的各基本形体之间相对位置的尺寸称为定位尺寸。如图 5-13 所示，主视图中尺寸 32 和 20，分别为凸台和通槽的长度方向定位尺寸；左视图中尺寸 30，为圆孔$\phi16$的高度方向定位尺寸；俯视图中尺寸 26 和 52，为底板左端两圆孔$\phi8$的长度和宽度方向的定位尺寸。

准确标注定位尺寸，必须在长、宽、高三个方向上至少选择一个尺寸基准。尺寸基准（简称基准）是指在不同方向上的定位尺寸标注的起点。一般选择组合体的对称平面、底面、重要端面及回转体轴线作为尺寸基准。例如，回转体的轴线、圆柱体的转向轮廓线，形体的对称平面、底面（上、下）、端面（前、后、左、右）等。曲面一般不能作为基准。

组合体的长、宽、高三个方向（或径向、轴向）上可以选若干个基准，但是在同一个方向上有且只有一个主要基准，主要基准通常是指较多尺寸都从它注出的基准。如图 5-13 所示，支座的底面为高度方向的主要基准；前、后对称平面为宽度方向的主要基准；支座的右端面为长度方向的主要基准。尺寸基准之间应有相联系的尺寸，称为联系尺寸（联系尺寸一般为定位尺寸）。

（3）总体尺寸

确定组合体外形的总长、总宽、总高的尺寸称为总体尺寸。在标注总体尺寸时，若总体尺寸与组合体内某基本立体的定形尺寸相同，则不再重复标注。如图 5-13 所示，支架的总长和总宽尺寸与底板的长、宽尺寸相同，因此，不再重复标注。另外，总高尺寸等于中心高 30+R14，所以也不必标注。

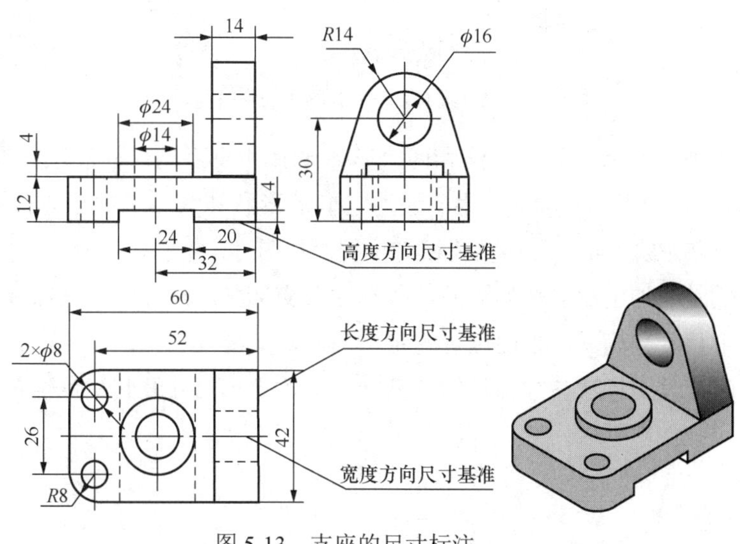

图 5-13　支座的尺寸标注

5.3.3　常见基本体的尺寸标注

组合体是由基本体组成的，熟悉基本体的尺寸标注是组合体尺寸标注的基础。常见基本形体的尺寸标注如图 5-14 所示。平面立体一般标注长、宽、高三个方向的尺寸，回转体一般标注径向和轴向两个方向的尺寸，有时加上尺寸符号（直径符号“ϕ”及表示球的直径符号“$S\phi$”）后，视图的数量便可减少，如图 5-14（b）中的圆锥、圆柱、圆球、圆环、圆台等回转体，只需在不反映为圆的视图上标注带有直径或球径符号的径向尺寸和轴向尺寸，就能确定它们的形状和大小，其余视图均可省略不画。

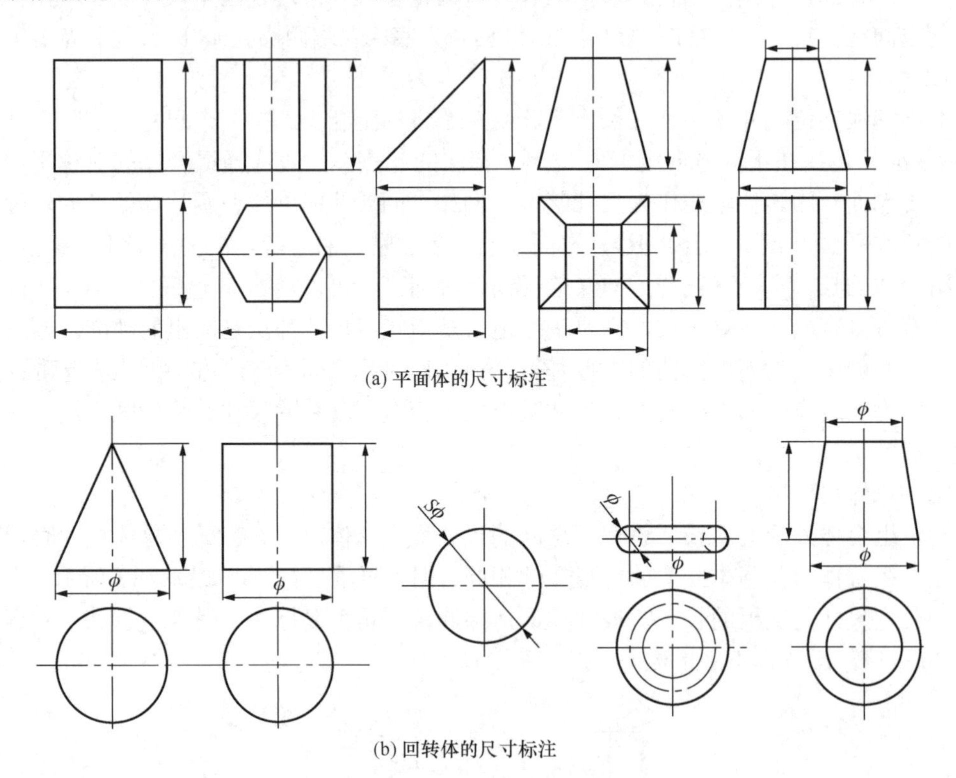

(a) 平面体的尺寸标注

(b) 回转体的尺寸标注

图 5-14　常见基本形体的尺寸标注

基本形体被截切后的尺寸注法和两个基本形体相贯后的尺寸注法如图 5-15 所示。截交线和相贯线上一般不应标注尺寸，因为它们的形状和大小取决于形成交线的平面与立体，或立体与立体的形状、大小及其相对位置。画图时，它们是按照一定的作图法求得的；制作时，它们是在加工后自然形成的，故标注截交部分的尺寸时，只需标注参与截交的基本形体的定形尺寸和确立截平面位置的定位尺寸，如图 5-15（a）～（e）所示。标注相贯部分的尺寸时，只需标注参与相贯的各基本形体的定形尺寸及其相贯位置的定位尺寸，如图 5-15（f）～（h）所示。

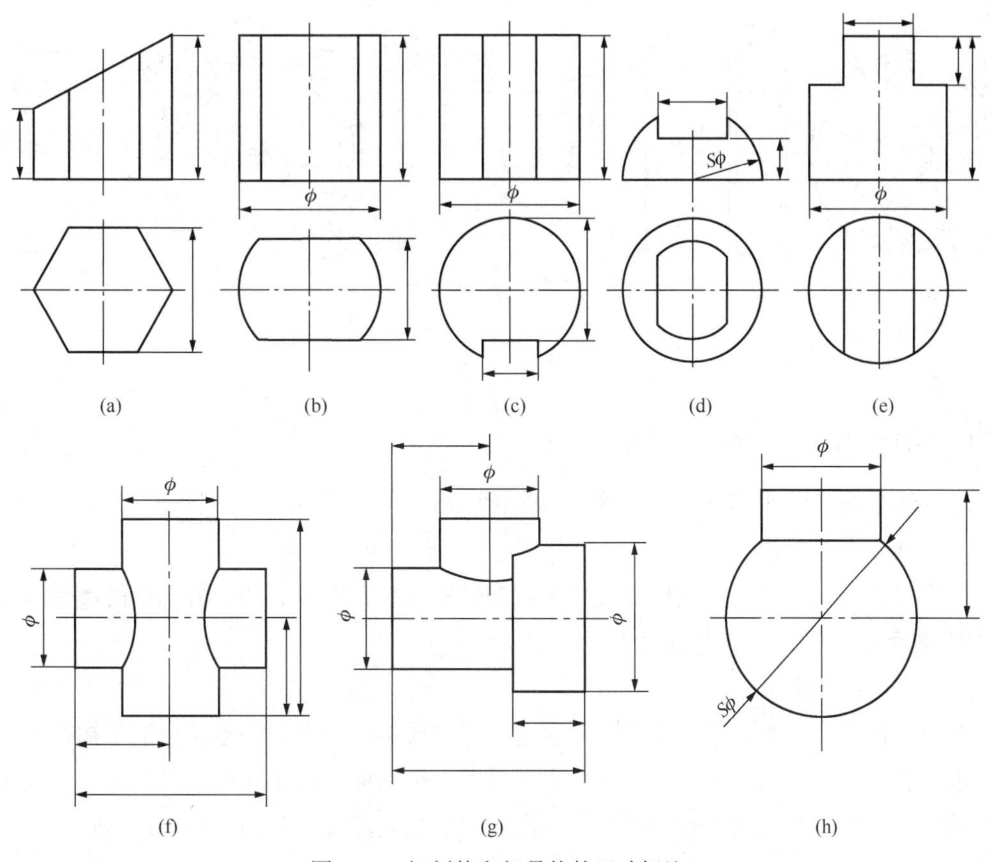

图 5-15　切割体和相贯体的尺寸标注

常见的几种平板式的简单形体的组合的尺寸注法，如图 5-16 所示。

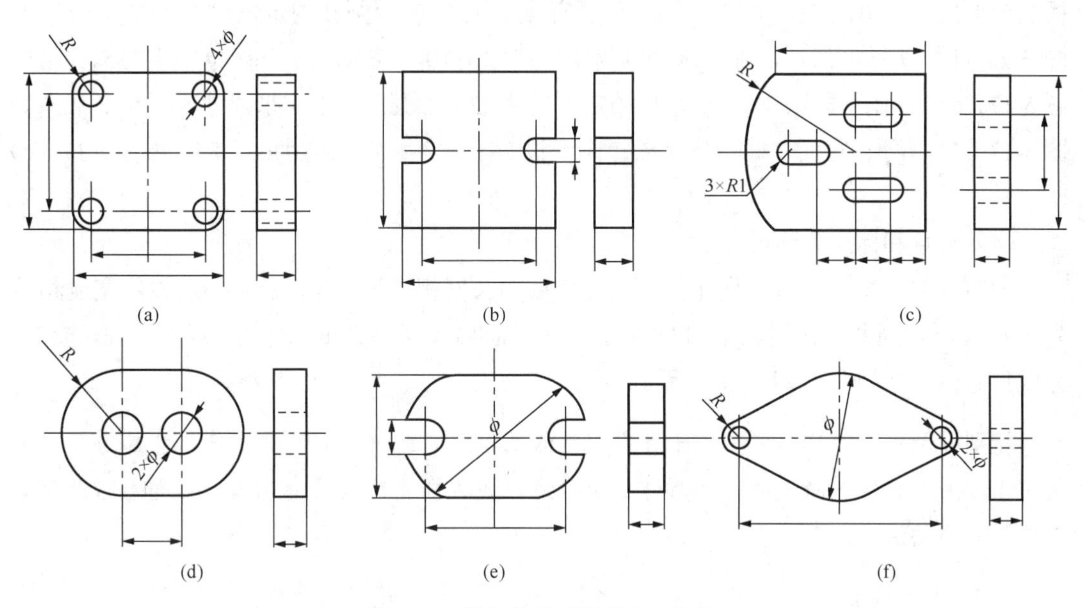

图 5-16　常见几种平板的尺寸注法

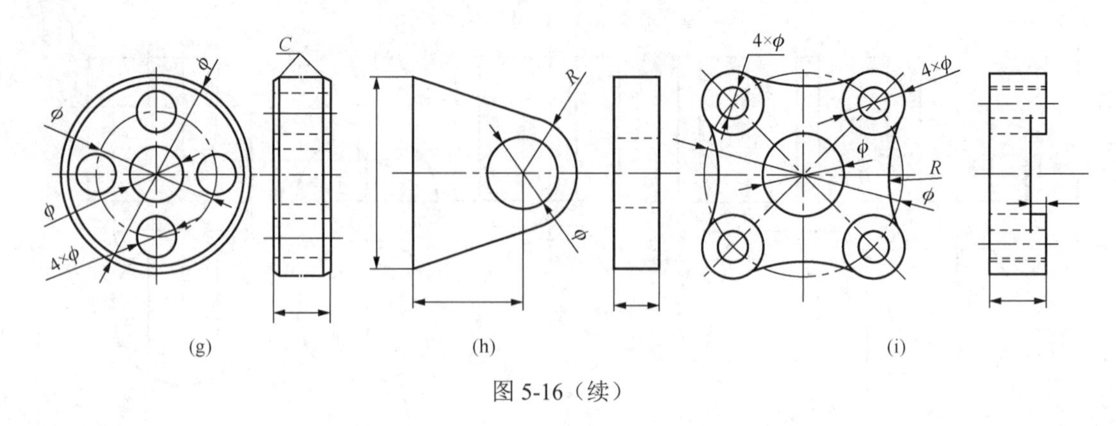

图 5-16（续）

5.3.4 标注组合体尺寸的方法步骤

现以轴承座［图 5-17（a)］为例，说明标注组合体尺寸的方法和步骤。

（1）进行形体分析

根据轴承座三视图分清底板、支承板、加强肋板、轴承座、凸台五部分的形状和位置（具体分析前文已叙，不再赘述）。

（2）选定尺寸基准

按照组合体长、宽、高三个方向依次选定其主要基准。根据轴承支座的结构特点，选择轴承座的右端面作为长度方向尺寸的主要基准，轴承座的前后对称面是宽度方向尺寸的主要基准，轴承座的底板的底面是高度方向尺寸的主要基准，如图 5-17（a）所示。

（3）逐个标注基本体的定形尺寸和定位尺寸

按照形体分析，依次注出组合体每一个基本形体的定形尺寸和定位尺寸。首先标注底板的定形尺寸 200、170、$R15$、$2\times\phi18$；接着标注底板的两圆孔的定位尺寸 110、165，如图 5-17（b）所示；然后，标注水平圆筒定形尺寸$\phi110$、$\phi60$、135 和定位尺寸 135、7，如图 5-17（c）所示；再次，标注支承板的定形尺寸 32，加强肋板的定形尺寸 89、50、32，如图 5-17（d）所示；最后，标注凸台的定形尺寸$\phi26$、$\phi14$ 和定位尺寸 65、85，如图 5-17（e）所示。

（4）检查和标注总体尺寸

如图 5-17（b）～（e）所示，总长与底板的长度相等为 200，总宽与底板的宽度相等为 170，总高为水平圆筒中心高 135+85，所以其总体尺寸不必重复标出。最后整理、检查，完成尺寸标注，如图 5-17（f）所示。

特别提示：在对称方向上处于居中位置的基本形体在该方向上的定位尺寸都为零，不必注出。在不对称方向上的基本形体的面、线与该方向上的主要基准面、线重合或平齐，定位尺寸不必注出。

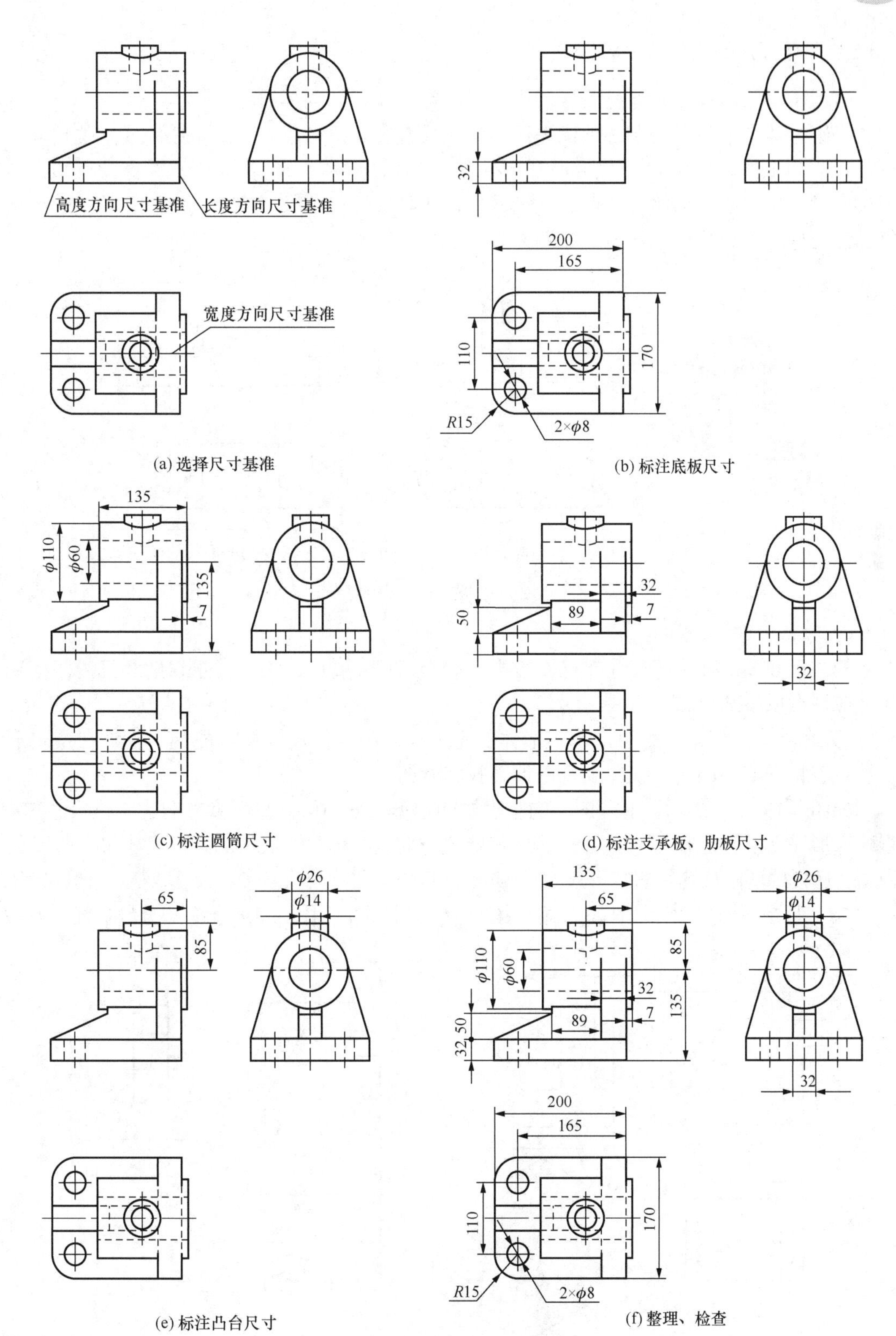

(a) 选择尺寸基准　(b) 标注底板尺寸

(c) 标注圆筒尺寸　(d) 标注支承板、肋板尺寸

(e) 标注凸台尺寸　(f) 整理、检查

图 5-17　轴承座尺寸标注的步骤

5.3.5 尺寸标注的注意事项

（1）不注总体尺寸的情况

当组合体在某个方向上必须优先注出半径或直径（定形尺寸）或中心距（定位尺寸）时，该方向上的总体尺寸就由此而定，不需再标注，如图 5-18（a）所示。由此可知，定形尺寸、定位尺寸、总体尺寸可以互相兼顾，实际标注尺寸时，应认真分析，尽量避免重复标注或标注不完整、不合理，如图 5-18（b）所示。

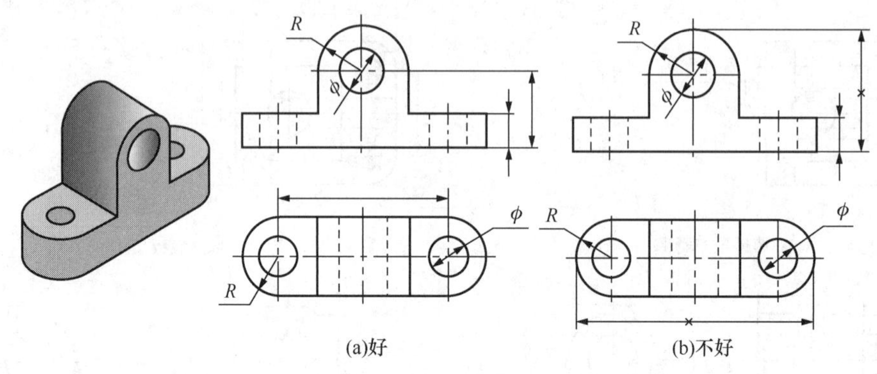

(a)好　　(b)不好

图 5-18　不注总体尺寸的情况

（2）标注尺寸要清晰

标注尺寸要清晰，即尺寸布局要恰当，便于查找和看图，不致发生误解和混淆。标注尺寸应注意以下几点。

1）组合体上有关联的同一基本形体的定形尺寸和定位尺寸尽可能集中标注在反映形状和位置特征明显的同一视图上，以便查找和看图。

如图 5-19（a）所示，主视图上的矩形槽的定形尺寸 10、6 和高度方向的定位尺寸 30；直角梯形柱立板的定形尺寸 44、20、30 和高度方向由总体尺寸兼作的定位尺寸 48，以及俯视图上底板的两圆柱孔径的定形尺寸 2×ϕ9、长度方向的定位尺寸 9、26 和宽度方向的定位尺寸 27，都是分别集中标注在主、俯视图的同一视图上，而图 5-19（b）的分散标注不好。

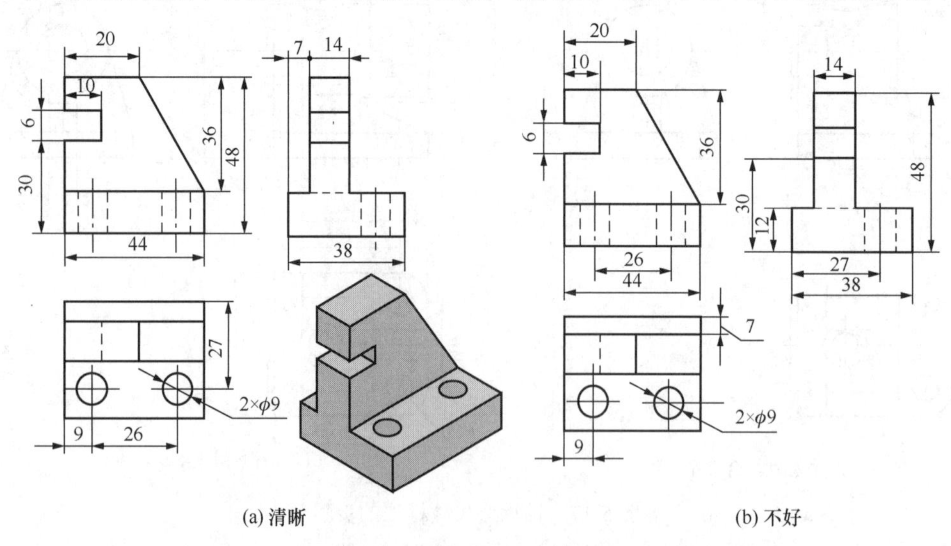

(a) 清晰　　(b) 不好

图 5-19　尺寸尽量集中标注在反映形体特征明显的视图上

2）为保持图形清晰，尺寸应尽量注在视图外面，尺寸排列要整齐，且应使小尺寸在里（靠近图形）注，大尺寸在外（远离图形）注，如图 5-20（a）所示。尽量避免尺寸线与尺寸界线相错，显得紊乱，如图 5-20（b）所示。当图上有足够地方能清晰地注写尺寸数字，又不影响图形的清晰时，也可标注在视图内，如图 5-19（a）主视图上矩形槽定形（长）尺寸 10 注在视图内比图 5-19（b）注在视图外好。如图 5-20（a）主视图上的半圆头槽长度方向确定半圆圆心位置的定位尺寸 12 注在视图内比图 5-20（b）注在视图外好。

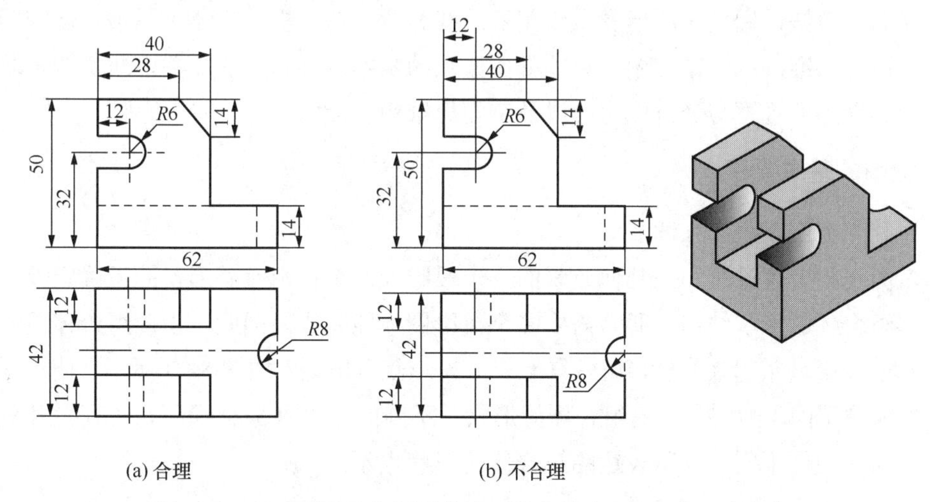

图 5-20　尺寸尽量注在视图外边，且小尺寸在里，大尺寸在外

3）标注圆柱、圆锥的直径尺寸应尽量注在非圆的视图（其轴线平行于投影面）上。半圆以及小于半圆的圆弧的半径尺寸一定要注在反映为圆弧的视图上，如图 5-21 所示，左视图上尺寸 $R20$，主视图上尺寸 $\phi16$。

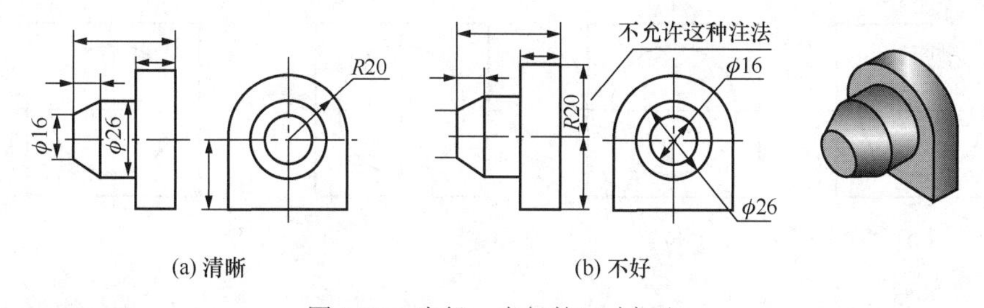

图 5-21　直径、半径的尺寸标注

4）同一方向的尺寸排列要整齐，尽量配置在少数几条线上。如图 5-22 所示。

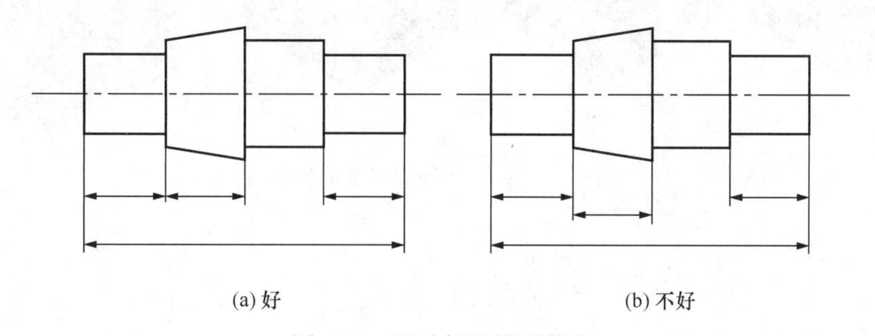

图 5-22　尺寸标注排列整齐

5.4　识读组合体的视图

画图是运用正投影的原理，将物体画成由图线和线框组成的一组平面图形（即视图），是表达物体形状的过程。读图则是根据已画好的一组平面图形，运用正投影原理、形体分析法及线面分析法，通过对图形及组成图形的线和线框的分析，想象出图示物体空间形状的过程。迅速、准确地读懂视图，必须掌握读图的基本要领和方法，并不断实践，培养和提高对投影图形的观察与分析能力，以及空间思维想象能力。

5.4.1　读图的基本要领

（1）几个视图联系起来读

由多面正投影理论可知，几何元素的一个投影或两个投影有着形状的不确定性，为了清晰表达组合体的形状结构，通常需要多个投影图才能完成。因此，识读组合体投影图时也应将几个投影联系起来分析，切忌只看一个投影就下结论。如图 5-23 所示，俯视图均相同，而主视图不同，则所表达的组合体的形状是不同的。如图 5-24 所示，主视图和俯视图均相同，而左视图不同，则所表达的组合体的形状也不同。

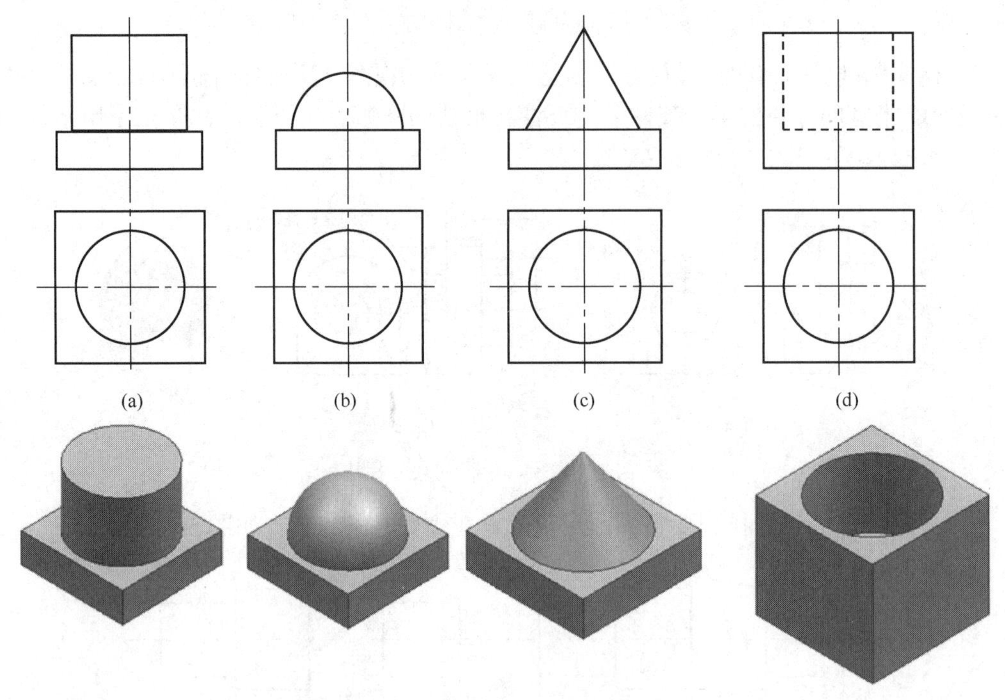

图 5-23　有一个相同视图的物体

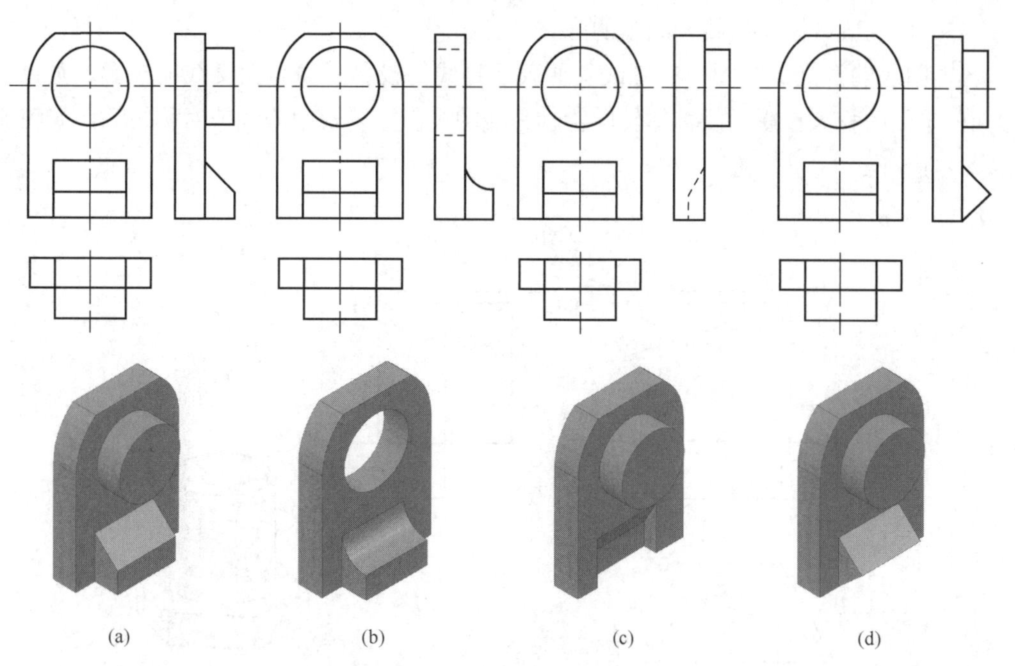

图 5-24　有两个相同视图的物体

（2）抓住反映形状及位置特征明显的视图来读

一般而言，由于主视图比较多地反映了组合体的形状特征和位置特征，因此读图时应从主视图看起。但是，组合体各组成部分的形状特征及其相互之间的位置特征不一定集中在主视图上。如图 5-25 所示，形状特征明显的是主视图，说明形体上半部分是半圆柱，下半部为长方体；位置特征明显的是左视图，说明上半部分的小圆柱是凸出的圆柱，下半部分的小矩形是矩形通孔。综合以上分析可知，图 5-25（a）所示的三视图表示的形体为图 5-25（b）。因此，在读图时，一定要找出能够反映其形状及位置特征的视图，再与其他视图联系起来，便能较快地想象出组合体的真实形状。

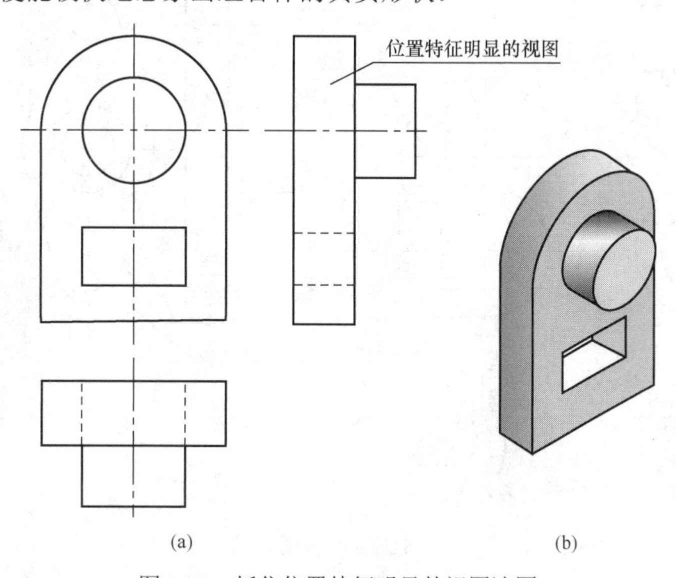

图 5-25　抓住位置特征明显的视图读图

（3）应明确视图中图线和线框的含义

1）图线的含义。视图中的图线主要表示直线的投影、面与面交线的投影、垂直于投影面的平面的积聚投影、回转体转向轮廓素线的投影，以及中心线或对称线等，如图 5-26 所示。

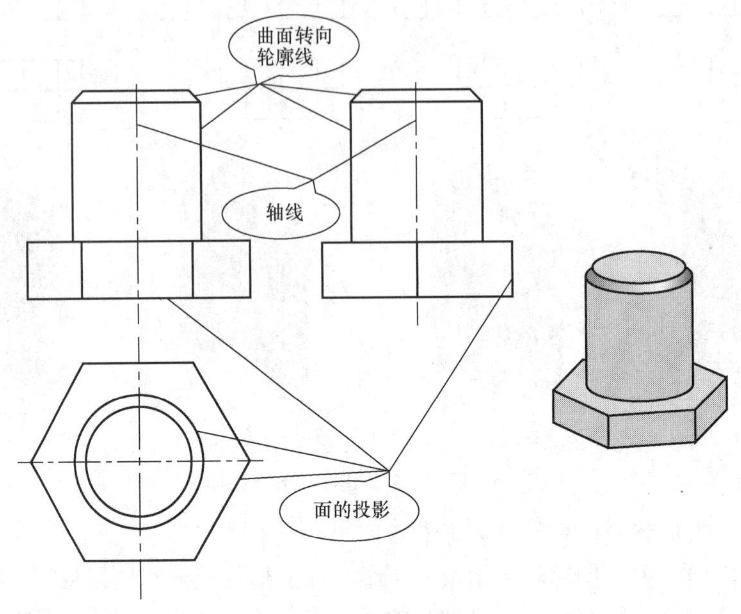

图 5-26 图线的含义

2）线框的含义。视图中的线框主要表示平面的投影、曲面的投影、平面与曲面组合面的投影等，如图 5-27 所示。

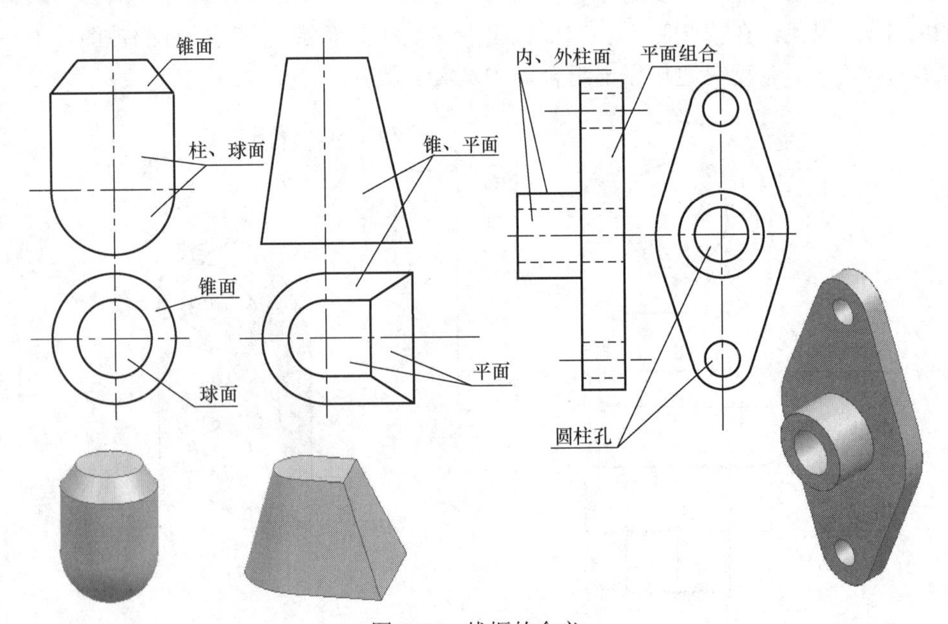

图 5-27 线框的含义

3）线框之间反映出的位置关系。

① 相连的两个线框。表示相邻的两个面（一般为平面与平面或平面与曲面）在分界线的位置处发生转折或错位的情况，如图 5-28 所示。

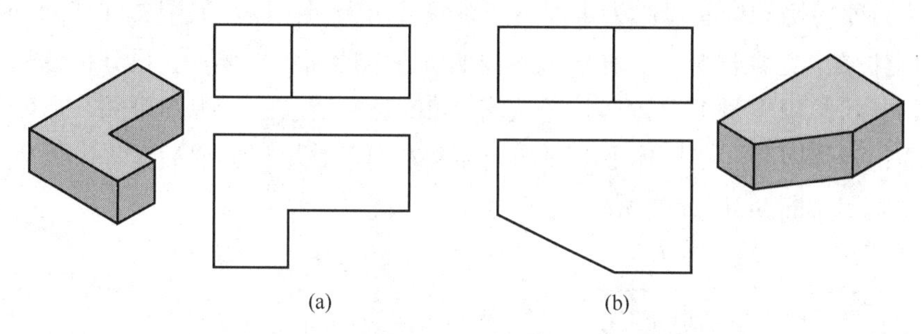

图 5-28　相邻线框之间反映出的位置关系

② 大线框套小线框。表示小线框所对应的表面在空间呈凸起或凹进状态，如图 5-29 所示。

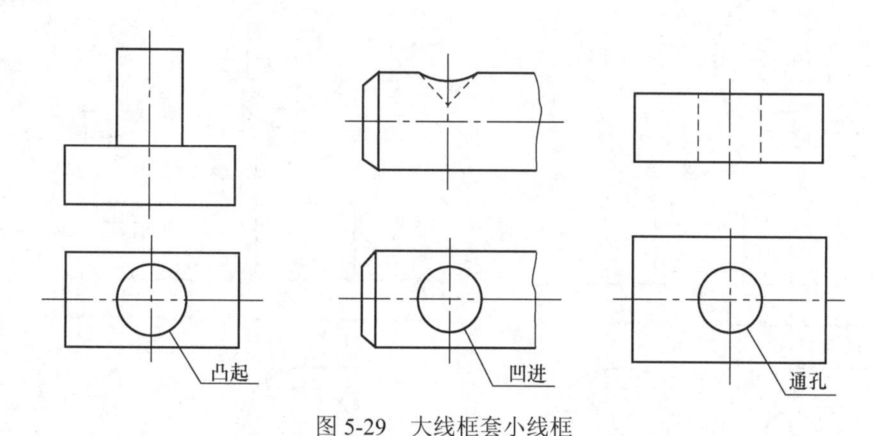

图 5-29　大线框套小线框

5.4.2　读图的基本方法

识读组合体三视图的基本方法是形体分析法。但是对于被切割部分在视图上出现的一些局部较复杂的投影，则需要用线面分析法来帮助读图。

（1）形体分析法读图

形体分析法是识读组合体视图的基本方法。通过形体分析法将比较复杂的视图，按照线框分成几个部分，运用三视图的投影规律，分别想象各形体的形状及相互连接方式，最后综合起来想象出整体。形体分析法读图的一般步骤如下：

1）分析视图，划分线框。读图时，可以从组合体反映形体特征比较明显的主视图入手，如图 5-30（a）所示。可以看出，主视图中有三个线框，即两个矩形线框Ⅰ、Ⅱ，一个三角形线框Ⅲ。

2）对照投影，想象出形体。根据主视图中所划分的线框，按照长对正、高平齐、宽相等的投影规律，分别找出每一个线框在俯、左视图中的相应投影，并根据各种基本形体的投影特点，逐个想象出它们的形状。例如，线框Ⅰ的正面投影和侧面投影都是矩形，因此线框Ⅰ为以水平投影为底面形状的柱体，其柱体的右端为半圆柱体，左端被挖切出半圆柱与四棱柱形状的缺口，如图 5-30（b）所示。线框Ⅱ的正面投影及侧面投影都是矩形，水平投影为两个同心圆，说明线框Ⅱ为圆筒，如图 5-30（c）所示。线框Ⅲ的正面投影是一个三角形，水平投影和侧面投影为矩形，所以线框Ⅲ为三棱柱，如图 5-30（d）所示。

3）确定位置，想象出整体。看懂了各线框所表示的简单形体后，再分析各简单形体的相对位置，就可想象出整个主体形状。从图 5-30（a）所示的三视图可知，形体Ⅱ堆积在形体Ⅰ上面；形体Ⅲ叠加在形体Ⅰ上面和形体Ⅱ左面，整个形体前后对称，最后想象出形体的整体形状，如图 5-30（e）所示。

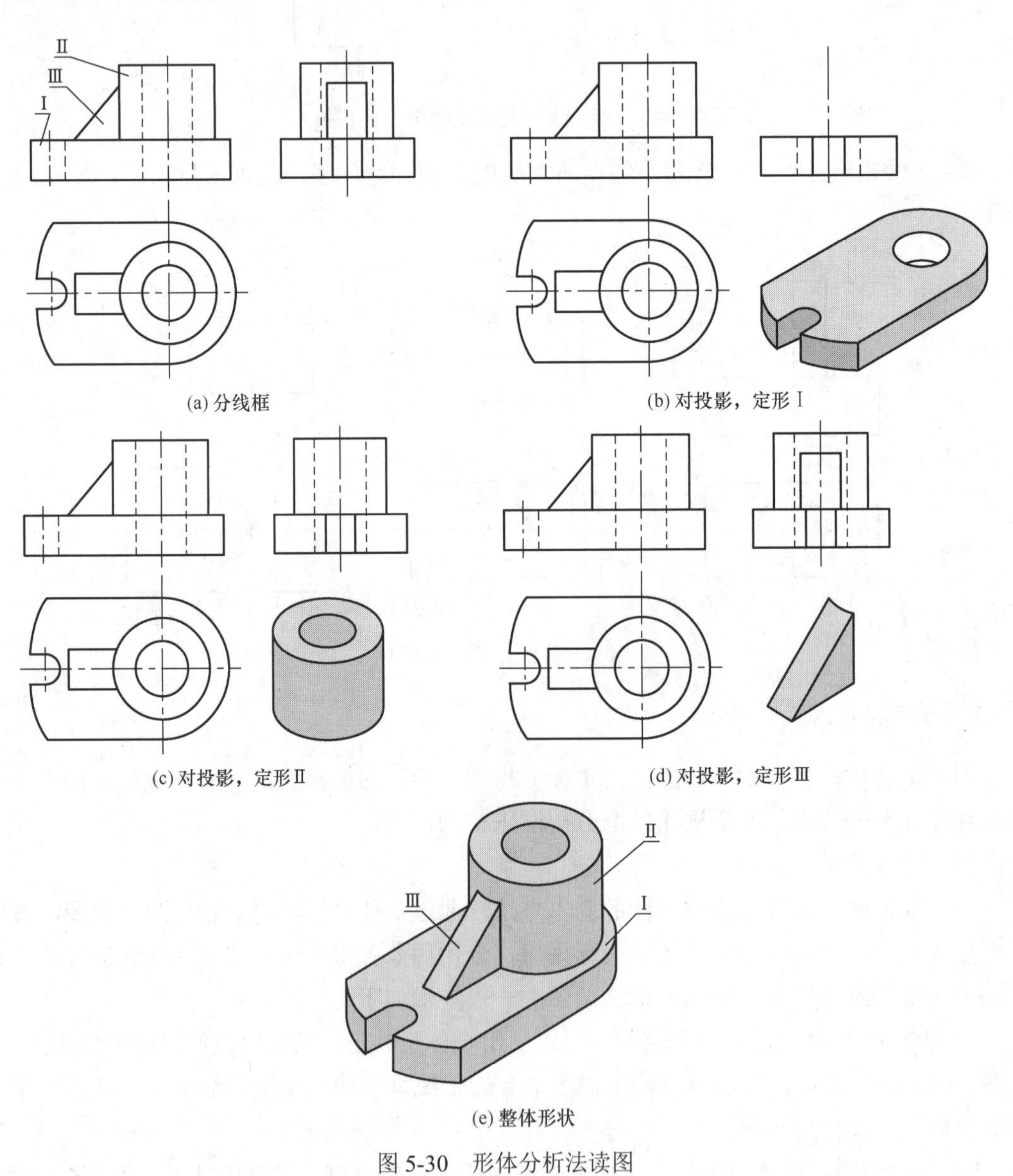

(a) 分线框　(b) 对投影，定形Ⅰ　(c) 对投影，定形Ⅱ　(d) 对投影，定形Ⅲ　(e) 整体形状

图 5-30　形体分析法读图

例 5-3 如图 5-31 所示 已知组合体的主、俯视图，补画其左视图。

分析：已知组合体的两个视图，补画第三视图，需要通过形体分析法读懂两个视图所表达的组合体中每个基本体的形状和相对位置等，然后再绘制其中每个基本体的第三视图，最后整理完成组合体整体的第三视图。

解：1）按照形体分析法，分析视图，划分线框。从主视图和俯视图来看，该形体为左右对称。将主视图分为Ⅰ、Ⅱ、Ⅲ三个线框，如图 5-31 所示。

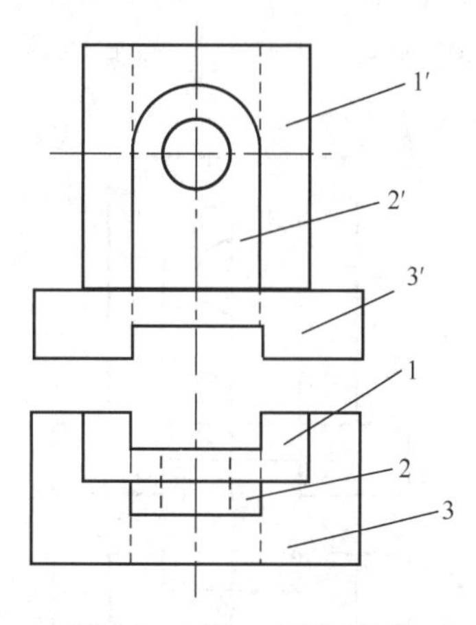

图 5-31 例 5-3 已知条件

2）对照投影，想象出形体。找出三个线框在俯视图上的对应投影，分别想象出每个形体的形状，如图 5-32（a）～（c）所示。线框Ⅰ为左右对称的带圆孔和凹槽的四棱柱；线框Ⅱ为带圆柱孔的柱体；线框Ⅲ为水平方向和垂直方向均设有矩形槽的四棱柱。

3）确定位置，想象出整体。形体Ⅰ、形体Ⅱ与形体Ⅲ相互叠加组合，形体Ⅰ、形体Ⅱ叠加在形体Ⅲ上面。形体Ⅰ与形体Ⅲ后面平齐，形体Ⅱ在对称线中间与形体Ⅰ、形体Ⅲ相交，这样形成组合体的形状如图 5-32（d）所示。

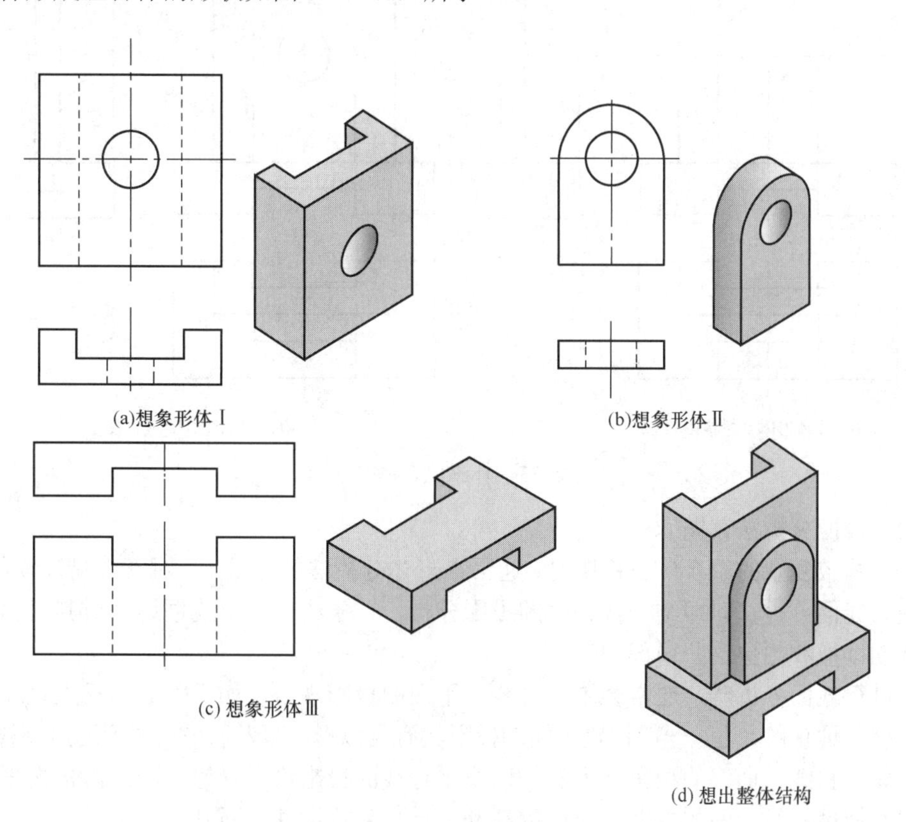

图 5-32 组合体的形体分析

4）按照形体分析法补画左视图。首先绘出形体Ⅲ的左视图，如图 5-33（a）所示；接着绘出被挖切形体Ⅰ的左视图，如图 5-33（b）所示；然后绘出被挖切形体Ⅱ的左视图，如图 5-33（c）所示；最后检查、加深，完成视图，如图 5-33（d）所示。

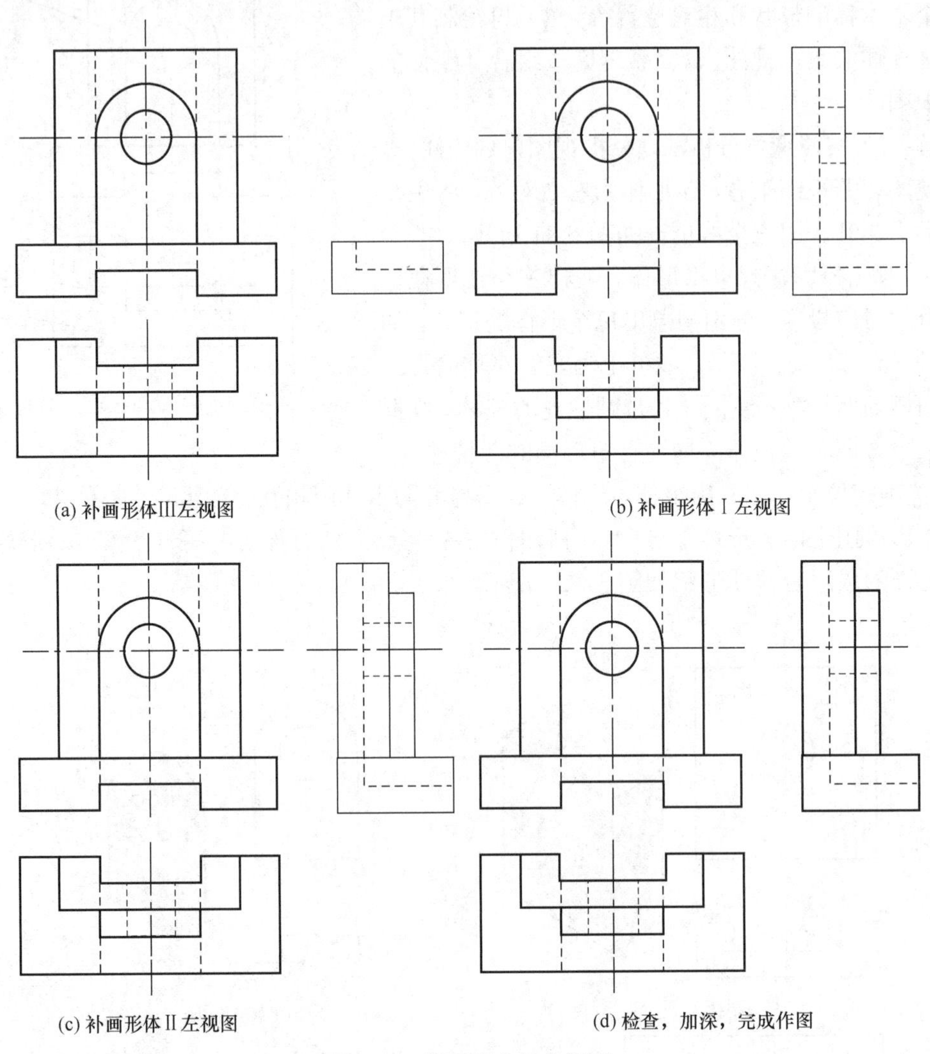
(a) 补画形体Ⅲ左视图
(b) 补画形体Ⅰ左视图
(c) 补画形体Ⅱ左视图
(d) 检查，加深，完成作图

图 5-33　补画组合体左视图

（2）线面分析法读图

读一些较复杂的组合体三视图时，通常在形体分析法的基础上，对不容易读懂的局部，还要使用线面分析法，即结合线、面的投影分析，一条线、一个线框地分析其线面空间含义，帮助读懂和想象这些局部的形状。

在进行线面分析时，通常会用到直线、平面的投影规律，如投影面的垂直直线、垂直平面的投影具有积聚性，一般位置平面的投影具有类似形，即表示平面图形的封闭线框，其边数不变，直线、曲线的相仿性不变，以及平行线的投影仍平行等。因此，根据平面图形投影的类似性和线、面的投影规律可以帮助进行形象构思并判断其正确性。

现以图 5-34 所示压块的视图为例，将读图步骤简要概括如下：

1）用形体分析法先做主要分析。从图 5-34（a）所示压块的三个视图可看出，其基本形体是个长方体［图 5-34（b）］。从主视图可看出，长方体的左上方切掉一角［图 5-34（c）］。从俯视图可知，长方体的左端切掉前、后两个角［图 5-34（d）］。由左视图可知，长方体的前、后两边各切去一块长条［图 5-34（e）］。

2）用线面分析法再作补充分析。从图 5-34（c）可知，长方体的左上角是由正垂面 P 截切而成的。平面 P 与 W 面和 H 面都处于倾斜位置，所以它的侧面投影和水平投影是类似图形，不反映 P 面的真实形状。从图 5-34（d）可知，在主视图和左视图中有五边形线框，而在俯视图中可找出与它对应的斜线 q，由此可见 Q 面是铅垂面。从图 5-34（e）可知，由主视图上的长方形线框 r'，在左视图和俯视图的投影均为线段，如图 5-34（e）中 r''、r。由此可见 R 面是正平面。

3）最后，综合起来想象整体。通过以上分析，逐步弄清了各部分的形状和其他一些细节，最后综合起来，就可以想象出压块的整体形状，如图 5-34（f）所示。

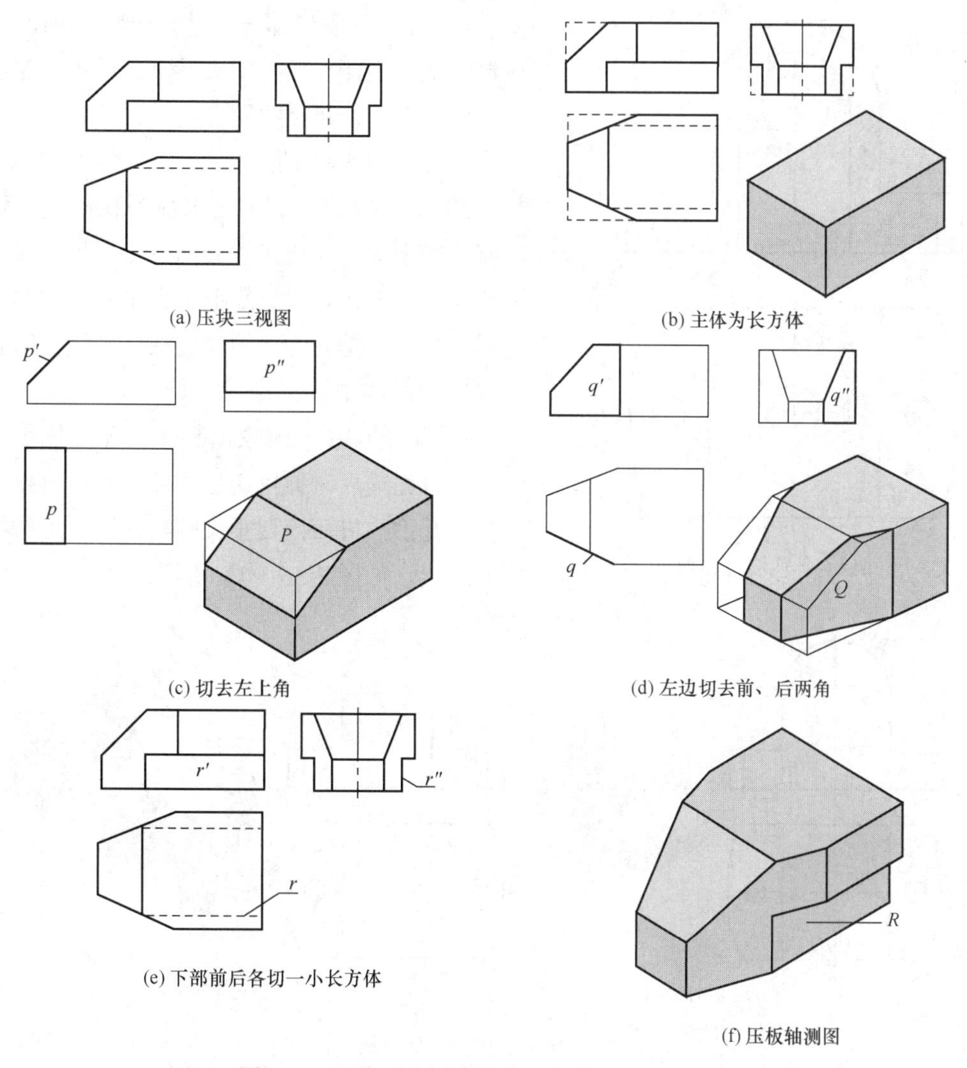

图 5-34　用线面分析法读图（压块）的方法步骤

5.4.3　综合举例

根据组合体的两个视图补画其第三视图，俗称补图；补画组合体视图中所缺的图线，俗称补线；构型设计的过程，既是画图的过程，也是读图进行空间思维的过程。以上三种形式都是综合训练读图和画图能力的辅助手段。

（1）已知组合体的两个视图，补画第三视图

用形体分析法和线面分析法对所给的视图进行投影分析及空间形状的分析和判断，弄清所给视图已确定的组合体形状及投射方向，然后再运用“长对正、高平齐、宽相等”的投影规律，就能补画出所缺的第三视图或漏线。在补画第三视图时，要注意不同类型组合体在作图次序上的差异。

例 5-4　如图 5-35 所示，已知组合体的主、俯视图，补画其左视图。

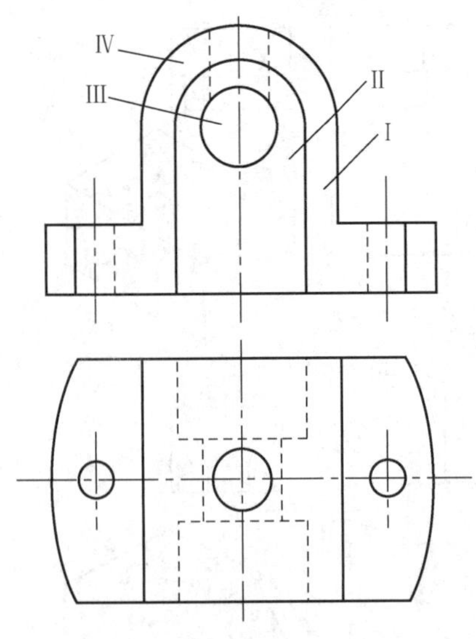

图 5-35　已知组合体两视图补画第三视图

解：1）按照形体分析法，分析视图，划分线框。从主视图和俯视图来看，该形体为左右对称、前后对称。将主视图分为Ⅰ、Ⅱ、Ⅲ、Ⅳ四个线框，如图 5-35 所示。

2）对照投影，想象出形体。找出四个线框在俯视图上的对应投影，分别想象出每个形体的形状，如图 5-36 所示。线框Ⅰ为左右对称的带圆孔的形体；线框Ⅱ为带圆柱的柱体；线框Ⅲ和线框Ⅳ均为圆柱体。

3）确定位置，想象出整体。在形体Ⅰ的基础上，首先前后对称挖切形体Ⅱ，然后再挖切水平圆柱孔Ⅲ，最后挖切垂直圆柱孔Ⅳ，形成组合体的形状，如图 5-36（d）所示。

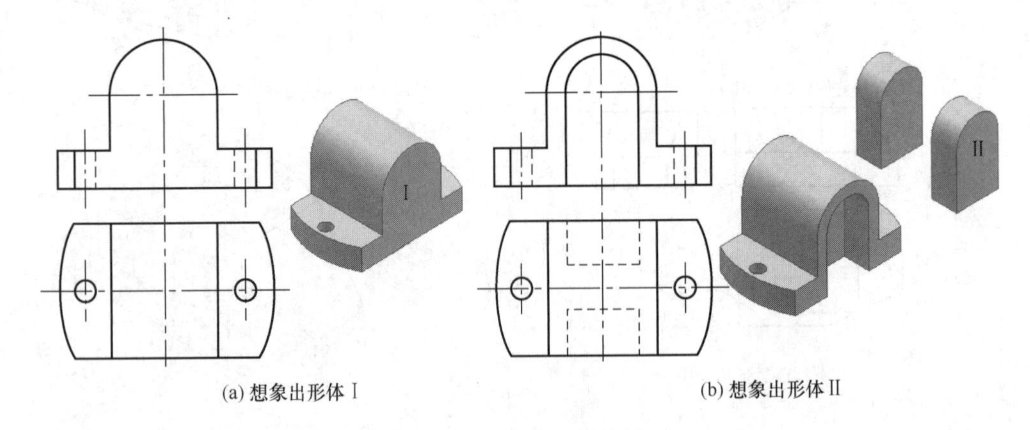

(a) 想象出形体Ⅰ　　(b) 想象出形体Ⅱ

图 5-36　支座的形体分析

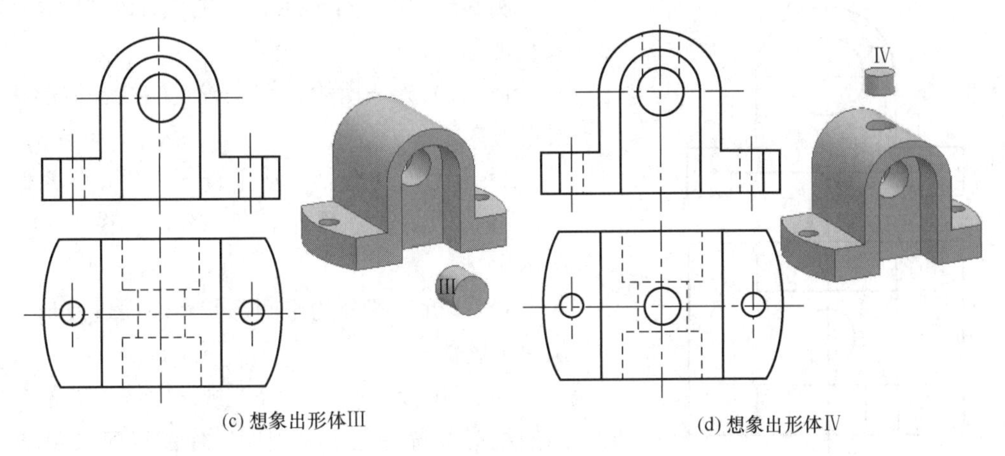

(c) 想象出形体III　　(d) 想象出形体IV

图 5-36（续）

4）按照形体分析法补画左视图。首先绘出形体Ⅰ的左视图，如图 5-37（a）所示；接着绘出被挖切形体Ⅱ的左视图（虚线），如图 5-37（b）所示；然后绘出被挖切形体Ⅲ的左视图（虚线），如图 5-37（c）所示；最后绘出被挖切形体Ⅳ的左视图（虚线）即可，如图 5-37（d）所示。

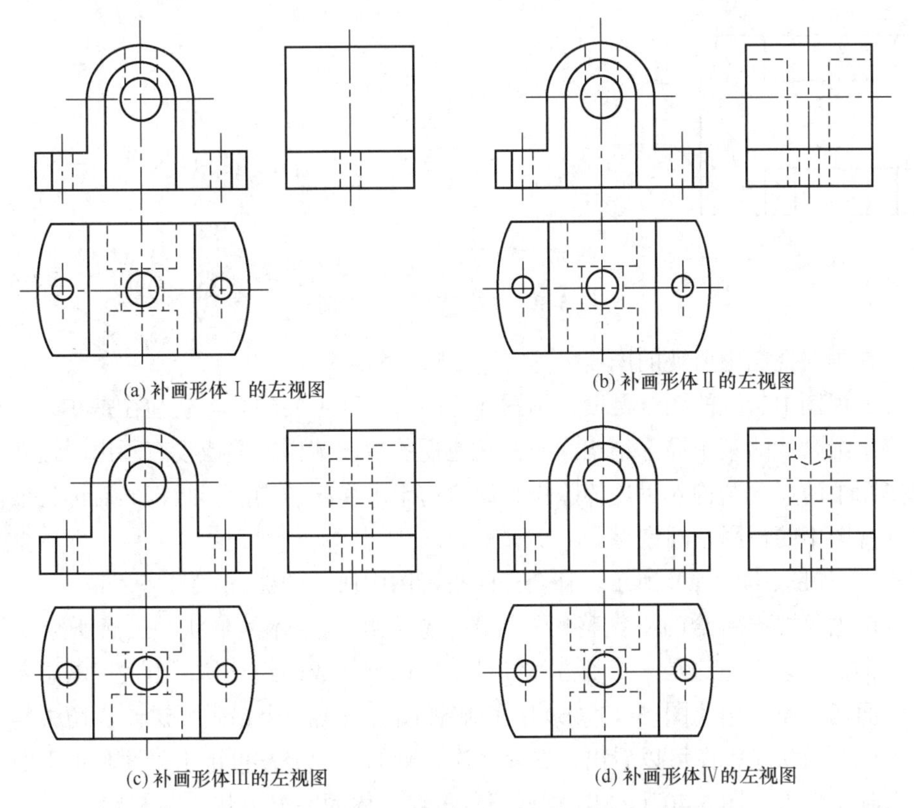

(a) 补画形体Ⅰ的左视图　　(b) 补画形体Ⅱ的左视图

(c) 补画形体Ⅲ的左视图　　(d) 补画形体Ⅳ的左视图

图 5-37　补画支座的左视图

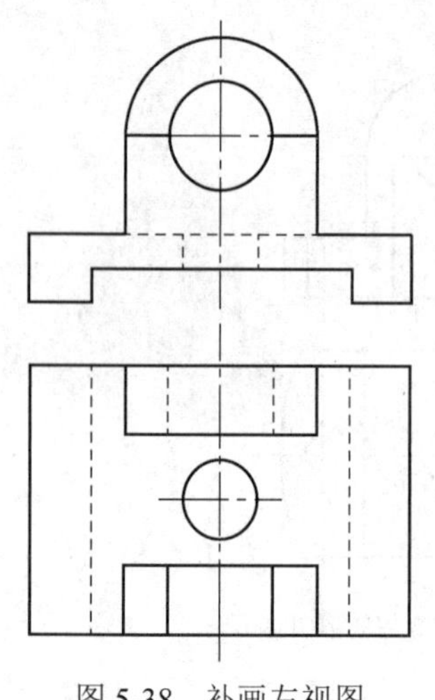
图 5-38　补画左视图

例 5-5　根据图 5-38 所示的主、俯视图，补画其左视图。

解：1）弄清所给视图已确定的组合体形状及投射方向。

2）运用形体分析，从主视图入手，联系俯视图，将整体图形分解为三个部分，如图 5-39（a）所示。

3）分析各部分的空间形状及表面过渡形式，想象出整体形状。

4）运用投影的“三等”规律，依据各部分之间的相对位置补画出左视图。作图次序如图 5-39（b）～（d）所示。

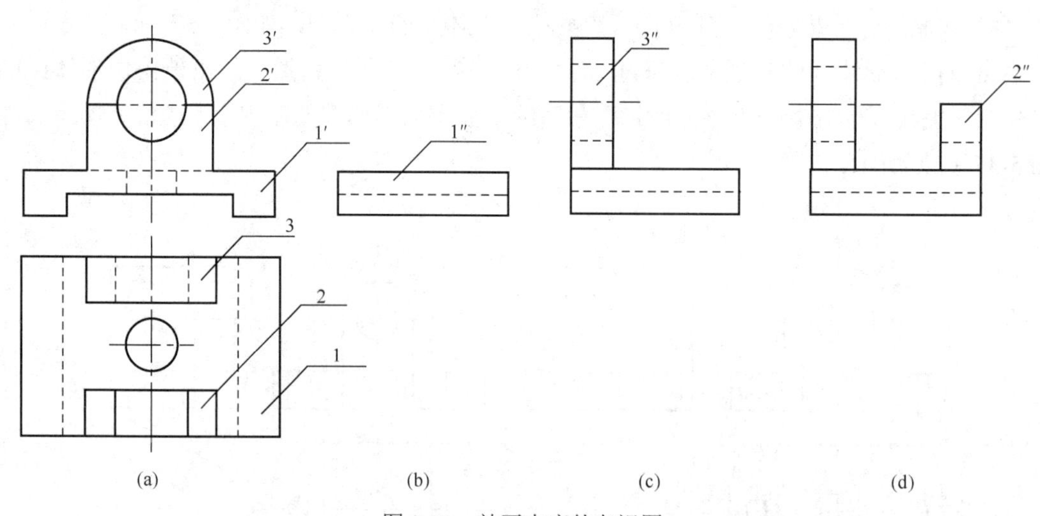

图 5-39　补画支座的左视图

（2）补画三视图中所缺的图线

补画三视图中所缺的图线是读、画图训练的另一种主要形式。它往往是在一个或两个视图中给出组合体的某个局部结构，而在其他视图中该结构遗漏或没有画出。这就要从给定的投影图中的局部结构入手，依照投影规律构想出局部结构的形状，然后再将该局部结构在其他视图中的投影补画完整。

例 5-6　如图 5-40（a）所示，补全三面投影图中所缺的图线。

解：首先，根据所给的不完整的三视图，想象出组合体的形状。虽然所给视图不完整，但是仍然可以看出这是一个长方体经过多次切割而成的组合体；由主视图想象出长方体被正垂面切去左上角［图 5-40（b）］；由俯视图想象出一个铅垂面进一步切去其左前角［图 5-40（c）］；从左视图可以看出，在前两次切割的基础上，再用水平面和正平面将其前上角从右到左切去［图 5-40（d）］，这样想象出组合体的完整形状［图 5-40（e）］。

然后，根据组合体的形状和形成过程，逐步添加图线。正垂面切去其左上角，应在俯视图和左视图添加相应的图线［图 5-40（f）］；铅垂面再切去左前角，需要在主视图和左视图

上添加相应的图线，同时注意有图线需要进行修改，修改完毕后再画下一部分[图5-40(g)]；水平面和正平面将前上角切去，则要在主视图和俯视图上添加相应的图线，这时同样有图线需要进行修改［图 5-40（h)]。将所有要修改的图线修改完毕后，再进行最后的验证，验证无误就得到了所要求的最终结果。

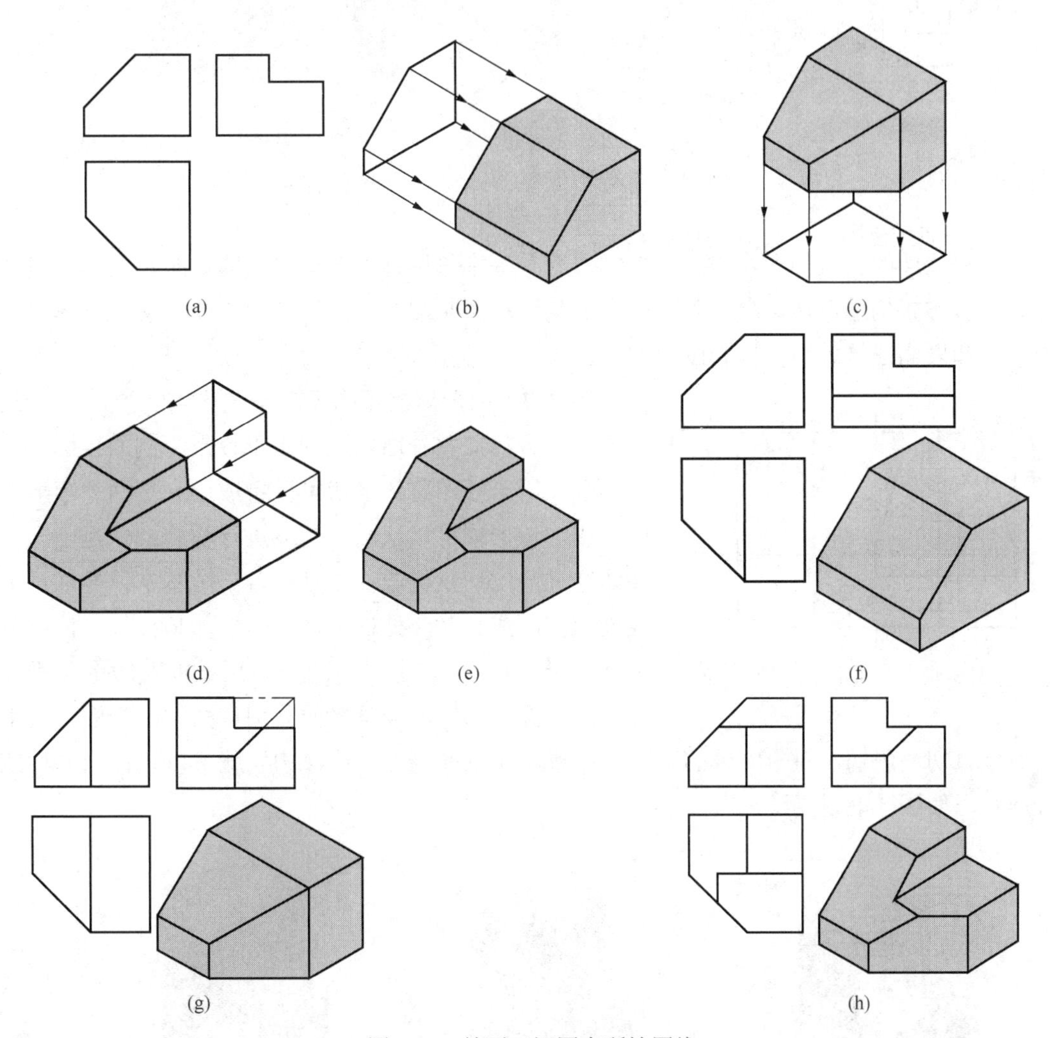

图5-40 补画三视图中所缺图线

需要注意的是，无论是“二补三”还是“补缺线”，对简单的组合体，可以在分析想象出其形状后，根据其形状直接补画出所缺的第三视图或图线；但是对复杂的组合体，则需要逐步进行，每切割（或添加）一部分，画出相应的图线后，都要检查是否有图线需要进行修改，待修改完毕后再画下一部分。这样逐步进行，直到得到最终正确的结果。

（3）构型设计

由给定的形状不确定的单个或两个投影，构思出各种形体，画出其三视图是构型设计的一种形式。

图 5-41 所示是根据已知的主视图构思的不同形体。

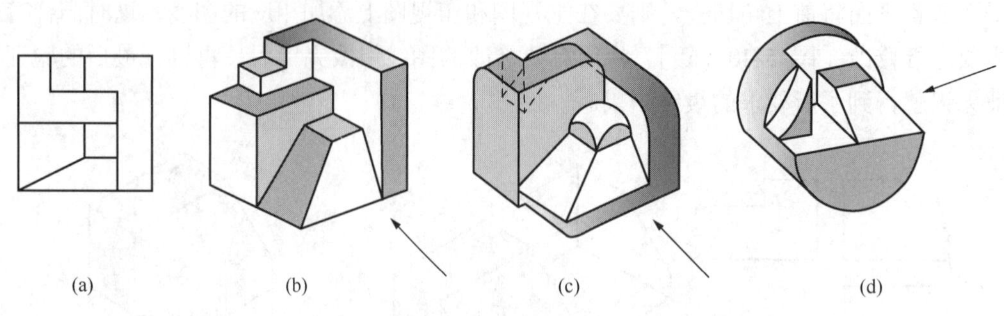

图 5-41　构型设计

构型设计的另一种方式是由已知的若干个基本体进行组合构思，即按照不同的相对位置和组合方式构造形体，画出其三视图。从这种“装配式”的练习中更能理解组合体的组成方式和表面连接关系在投影图中的表达。

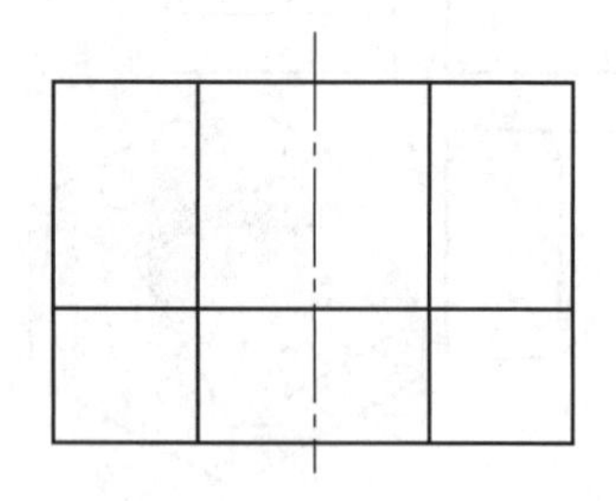

图 5-42　已知正面投影

例 5-7　由形体的正面投影（图 5-42）构思出形式多样的组合体，并画出它们的水平投影、侧面投影。

解：所给视图整体形状可以看成由上下两个矩形线框组成。该形体可以从两个角度进行构思：一是由一个整体经过几次切割构成；二是由若干个基本体叠加，再经过切割而成。对应外框是矩形的形体是柱体（棱柱或圆柱、半圆柱），与上、下两个矩形线框对应的截平面可以是平面、圆柱面或是平面与圆柱面的组合面，截平面可以直切、斜切；对应内框的矩形可以看成切割或叠加，这样构思就可以设计出多种组合形状，如图 5-43 所示。

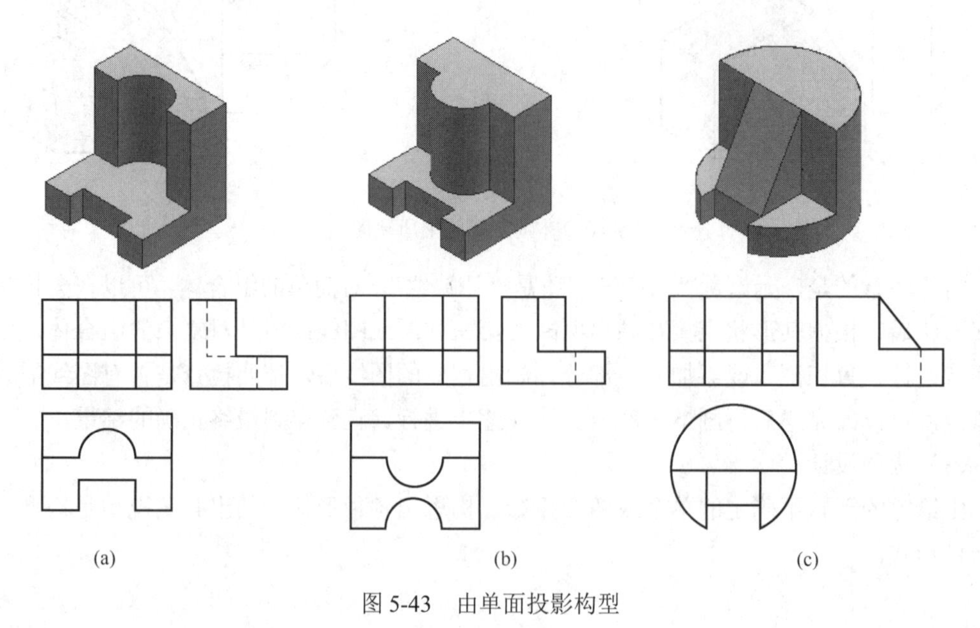

图 5-43　由单面投影构型

5.5　AutoCAD 组合体的编辑与投影

实体模型是 AutoCAD 学习中重要的一部分，是能直接表达图样真实情况的方式。实体模型是具有厚度和体积的模型，AutoCAD 提供了直接创建基本形状的实体模型命令，对于非基本形状的实体模型，可以通过曲面模型的旋转、拉伸等操作创建，如图 5-44 所示。但是对于加工实体的剖切与加厚、抽壳、圆角边与倒角边等，就需要对实体的面进行处理，在对面处理前还需要对实体进行三维移动与旋转、三维镜像与阵列、三维对齐等方式来确定面的窗口。

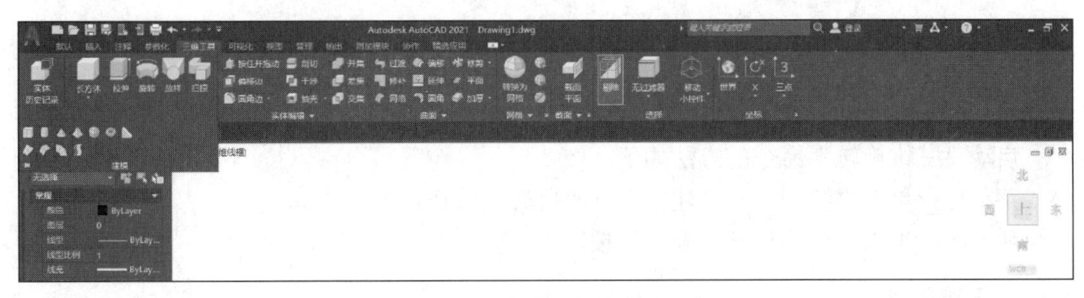

图 5-44　基本实体检测窗口

5.5.1　三维实体移动与旋转

三维空间实体的移动、旋转与二维空间实体的移动、旋转有所不同。如果使用二维的“移动”命令来随意地移动三维实体，经常会出现这种情况，就是某个视图中感觉移动的距离不大，一旦转换到另外一个视图，就会发现其实已经移动了很远的距离。所以如果要在三维空间对实体进行移动或旋转的操作，应该使用“三维移动”或“三维旋转”命令。

1）三维移动。“三维移动”命令可以将三维实体在三维空间中方便、准确地移动到目标位置。在命令的选择过程中，实体的中心位置会显示一个三维小控件，如图 5-45 所示。就是这个三维小控件使得“三维移动”命令可以沿着指定的坐标轴或坐标面进行移动，而非随意移动。

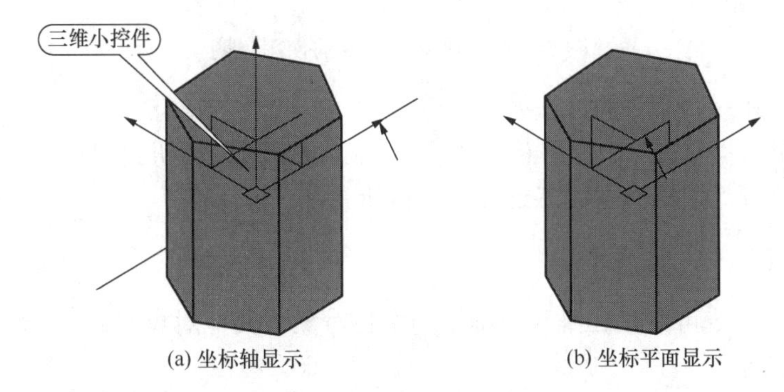

(a) 坐标轴显示　　(b) 坐标平面显示

图 5-45　三维小控件的坐标显示

启动“三维移动”命令的方法如下。

菜单栏：单击“修改”→“三维建模”→“三维移动”按钮。

功能区：单击“建模”→“三维移动”按钮。

2）三维旋转。“三维旋转”命令可以将三维实体在三维空间中绕指定的轴旋转一定角度。在命令的选择过程中，实体的中心位置同样会显示一个三维小控件，如图 5-46 所示。

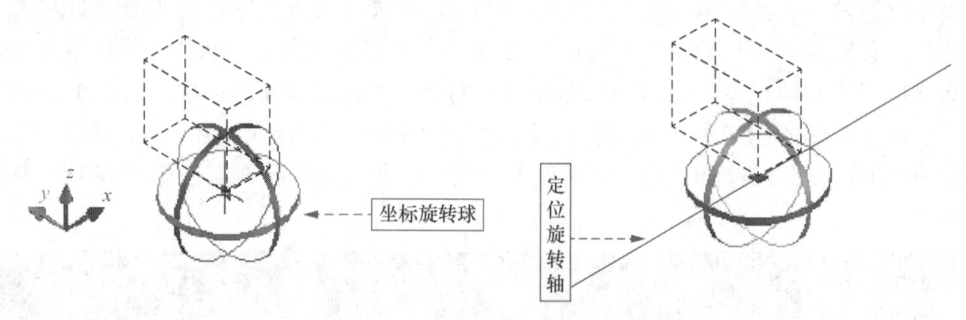

图 5-46　坐标旋转球与定位旋转轴

启动“三维旋转”命令的方法如下。

菜单栏：单击“绘图”→“建模”→“旋转”按钮。

功能区：单击“建模”→“旋转”按钮。

5.5.2　三维阵列

使用“三维阵列”命令可以按矩形或极轴排列方式创建对象的三维矩阵。使用三维矩形阵列，除行数和列数外，用户还可以指定 Z 方向的层数。使用三维环形阵列，用户可以通过空间任意两点指定旋转轴。三维阵列命令的使用说明如图 5-47 所示。

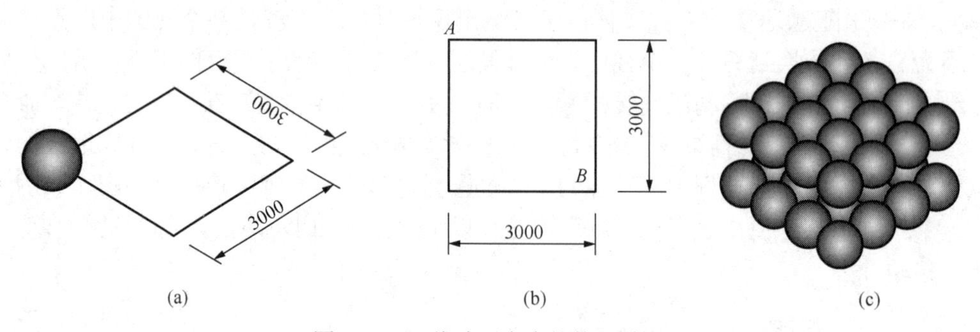

图 5-47　三维阵列命令的使用说明

启动“三维阵列”命令的方法如下。

菜单栏：单击“修改”→“三维操作”→“三维阵列”按钮。

功能区：单击“建模”→“三维阵列”按钮。

5.5.3　三维对齐

“三维对齐”命令可以在二维和三维空间中将对象与其他对象对齐，三维对齐命令操作过程如图 5-48 所示。

启动“三维对齐”命令的方法如下。

菜单栏：单击“修改”→“三维操作”→“三维移动”按钮。

功能区：单击“建模”→“三维移动”按钮。

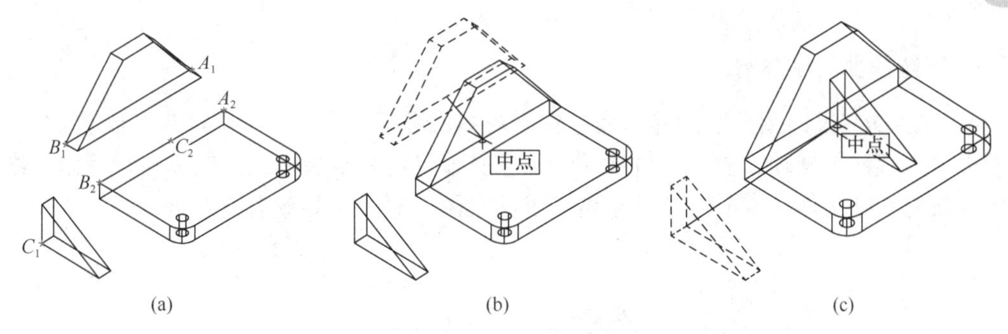

图 5-48　三维对齐命令的操作过程

5.5.4　三维实体的剖切与加厚

1）剖切。在机械三维视图中，对于内部结构较为复杂的实体（内部钻孔、开槽等），要求绘制其断面图，以表达内部的复杂结构。AutoCAD 的“剖切”命令也有类似的功能，可以沿指定剖切面将复杂实体剖切，剖切后的实体可以清楚地表达内部结构，如图 5-49 所示。

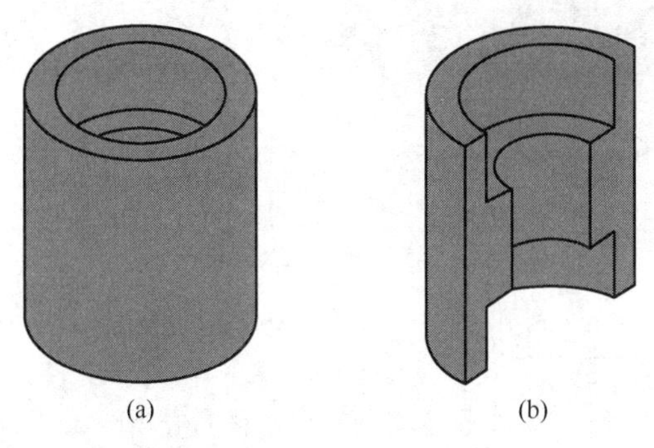

图 5-49　剖切

启动“剖切”命令的方法如下。

菜单栏：单击“修改”→“三维操作”→“剖切”按钮。

功能区：单击“三维工具”→“实体编辑”→“剖切”按钮。

2）加厚。“加厚”命令是对曲面（二维或三维）定义厚度，使其转换为三维实体，如图 5-50 所示。

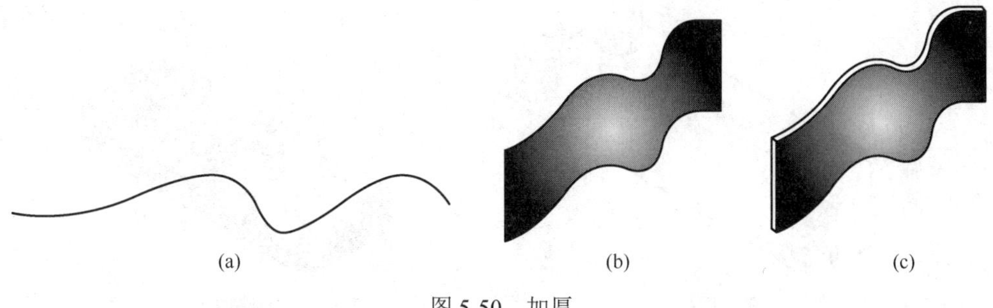

图 5-50　加厚

启动“加厚”命令的方法如下。

菜单栏：单击“修改”→“三维操作”→“加厚”按钮。

功能区：单击“常用”→“实体编辑”→“加厚”按钮。

5.5.5 实体模型创建案例

AutoCAD 三维绘图重要的操作命令在于对图形进行并集、交集和差集等布尔运算，以及通过使用拉伸、旋转、扫掠、放样等特征工具编辑更为复杂的三维实体，最后由三维操作生成新的三维实体。本节通过轴承盖三维图（图 5-51）引导读者来掌握。

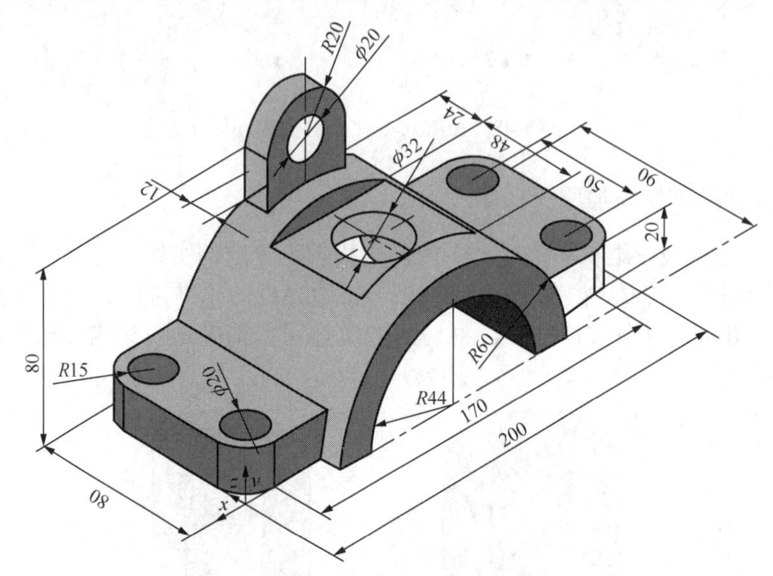

图 5-51　轴承盖三维图

具体操作步骤如下：

1）创建一个图形文件，绘制长 200、宽 80 的圆角矩形，如图 5-52 所示。

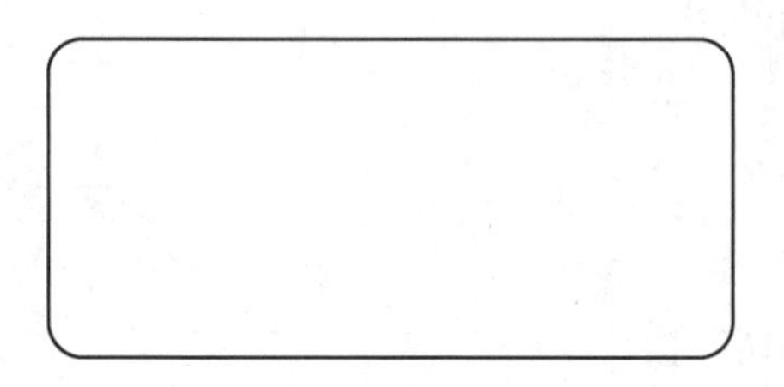

图 5-52　创建圆角矩形

2）选择圆柱体建模命令，绘制ϕ20 竖立圆柱体。

3）通过三维阵列出四个圆柱体，如图 5-53（a）所示。选择阵列命令，选择矩形阵列方式即可。

4）拉伸圆角矩形，拉伸高为 20，创建底板，如图 5-53（b）所示。

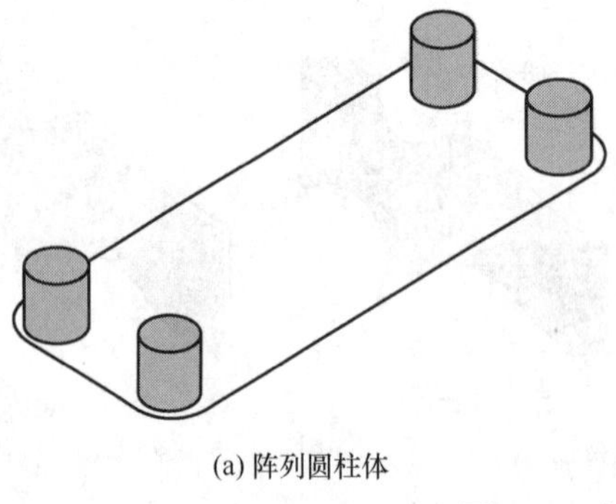

(a) 阵列圆柱体

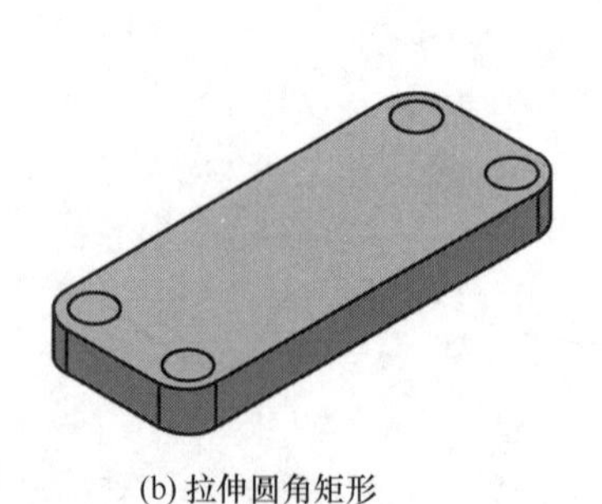

(b) 拉伸圆角矩形

图 5-53　侧翼的创建

5）绘制高度为 80、宽 40 的长方体和圆柱体。

① 选择长方体和移动命令绘制长方体，结果如图 5-54（a）所示。

② 选择圆柱体命令，在长方体的顶面边的中点绘制两个底圆为$\phi 40$ 和$\phi 20$ 的圆柱体，如图 5-54（b）所示。

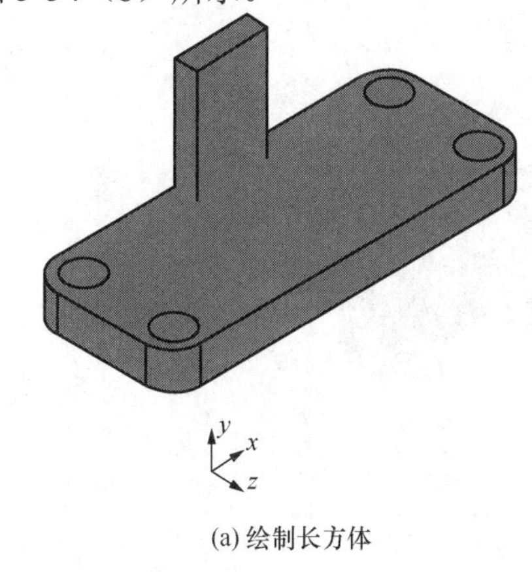

(a) 绘制长方体

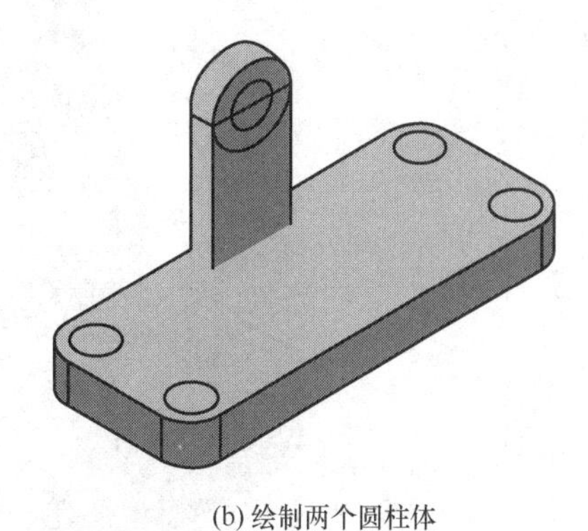

(b) 绘制两个圆柱体

图 5-54　耳环的创建

③ 选择圆柱体命令，在底板的底面中点绘制两个底圆为$\phi 120$ 和$\phi 88$ 的圆柱体，如图 5-55（a）所示。

6）作并集和差集布尔运算，结果如图 5-55（b）所示。

7）剖切多余圆柱，如图 5-55（c）所示。单击“实体编辑”→“剖切”按钮即可。

(a) 绘制两个横放圆柱体　　(b) 并集、差集后实体　　(c)剖切位置

图 5-55　底座的创建

8）在环的顶面开槽，并打孔。

① 选择长方体命令绘制长方体，长为 200、宽为 8、高为 48。

② 移动长方体的上棱中点到圆环中点，如图 5-56（a）所示。

③ 在长方体上绘制圆柱体，半径为 16、高为 20，如图 5-56（b）所示。

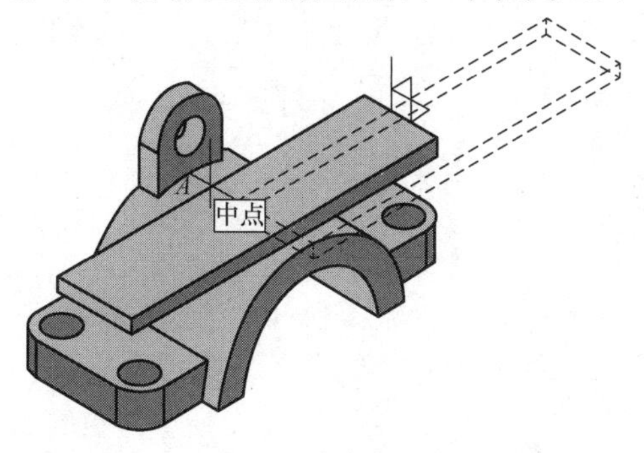

(a) 切除　　(b) 环顶面的长方体和圆柱

图 5-56　顶面的编辑

④ 选择差集命令，完成轴承盖三维造型，结果如图 5-57 所示。

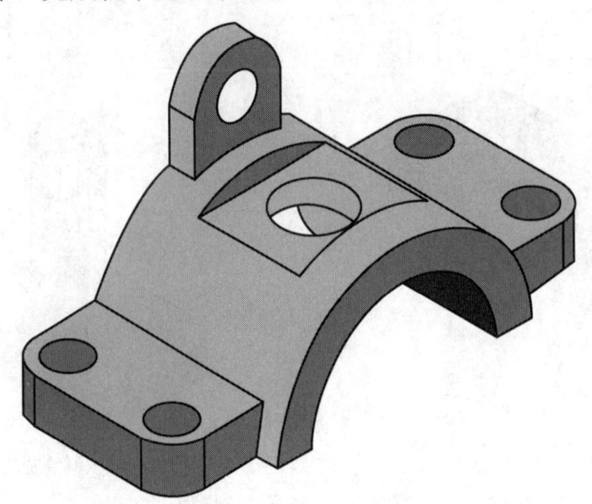

图 5-57　轴承盖在 AutoCAD 中的最终形态

思　考　题

1．何谓组合体？简述组合体的组合方式。
2．简述实体分析法的含义。
3．何谓主视方向？选择主视方向的原则有哪些？
4．简述叠加型组合体三视图的绘图方法。
5．简述组合体尺寸标注的方法。
6．简述用实体分析法识读组合体三视图的基本步骤。
7．三维造型有哪些方法？

第6章 轴测投影

教学要求

通过本章学习，了解轴测图的形成、分类；掌握用轴测图表达空间形体的方法；能够合理选用不同类型轴测图表达形体；学会正轴测投影图的基本画法以及斜轴测投影图的画法。

6.1 轴测投影基础知识

6.1.1 轴测投影的形成

三面投影图可以比较全面地表示空间物体的形状和大小，但是这种图的立体感较差，不容易看懂。图 6-1（a）所示是组合体的三面投影，如果把它画成图 6-1（b）所示的形式，就容易看懂。这种图是用轴测投影的方法画出来的，称为轴测投影图（简称轴测图）。

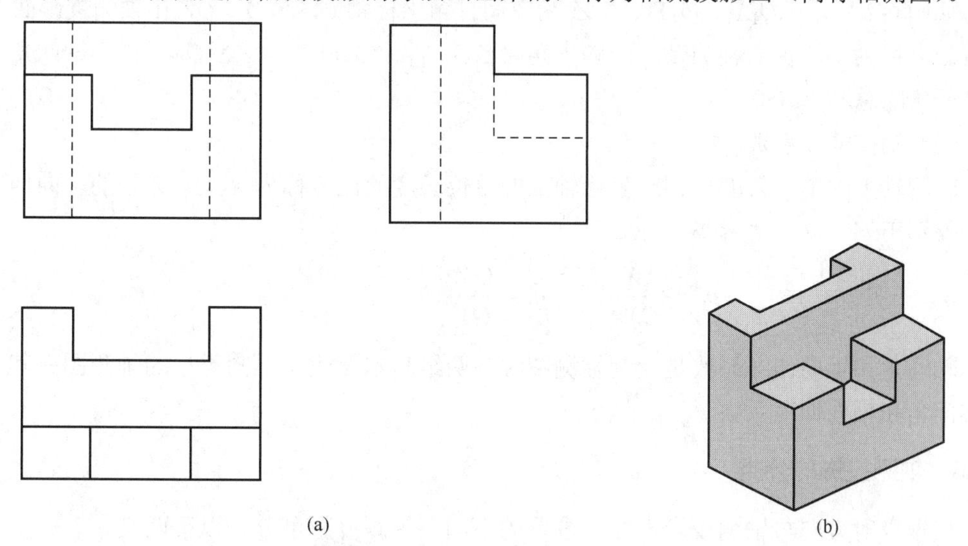

(a) (b)

图 6-1 垫座的投影图和轴测图

虽然轴测图有较强的立体感，但是它也存在缺点。首先是对形体的表达不全面，如图 6-1（b）中的垫座后面的槽是否通到底，或通到什么位置，没有表示清楚；其次轴测图没有反映出形体各个侧面的实形，如垫座上各矩形侧面在轴测图中变成了平行四边形。正是由于变形的关系，使轴测图的作图较为困难，特别是外形或构造复杂的形体，作图更麻烦。因此，在绘制图样中，轴测图一般只作为辅助图样，用以帮助阅读。

轴测投影是将空间物体连同确定其空间位置的直角坐标系用平行投影法，沿不平行于任一坐标面的方向 S 投射到单一平面 P 上，使平面 P 所得到的图形同时反映出形体的长、宽、高三个方位，这种方法所得到的图形称为轴测投影图，或称为轴测投影，其中，平面 P 称为轴测投影面。当投射线垂直于轴测投影面 P 时得到的图形称为正轴测图，如图 6-2（a）所示；当投射线倾斜于轴测投影面 P 时得到的图形则称为斜轴测图，如图 6-2（b）所示。

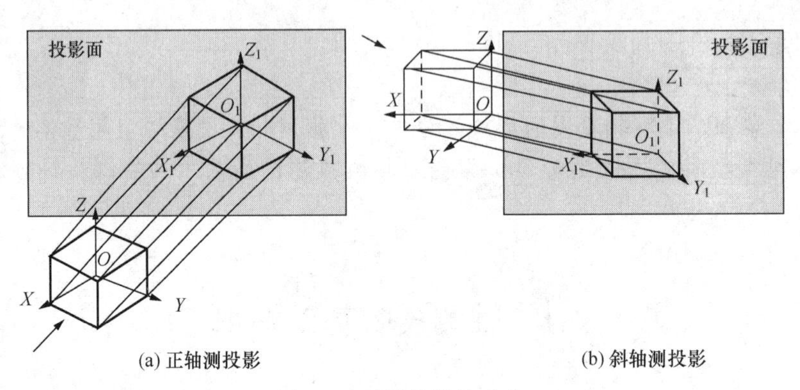

(a) 正轴测投影　　(b) 斜轴测投影

图 6-2　轴测投影的形成

6.1.2　轴测投影中的基本参数

（1）轴间角

如图 6-2 所示，O_1X_1、O_1Y_1、O_1Z_1 为空间直角坐标轴 OX、OY、OZ 在轴测投影面 P 上的投影，称为轴测轴。轴测轴之间的夹角 $\angle X_1O_1Y_1$、$\angle Y_1O_1Z_1$、$\angle X_1O_1Z_1$ 称为轴间角。三个轴间角的总和为 360°。

（2）轴向伸缩系数

轴测轴上的单位长度与相应坐标轴上的单位长度的比值称为 X、Y、Z 轴的轴向伸缩系数，分别用 p_1、q_1、r_1 表示，即

$$p_1 = \frac{O_1X_1}{OX}, \qquad q_1 = \frac{O_1Y_1}{OY}, \qquad r_1 = \frac{O_1Z_1}{OZ}$$

轴间角和轴向伸缩系数是绘制轴测图时的两组基本参数，不同类型的轴测图有其不同的轴间角和轴向伸缩系数。

6.1.3　轴测投影的分类

根据投射方向与轴测投影面相对位置的不同，轴测投影可分为以下两类。

1）正轴测投影：当投射方向垂直于轴测投影面时所得到的轴测图。

2）斜轴测投影：当投射方向倾斜于轴测投影面时所得到的轴测图。

根据三个轴向伸缩系数是否相等，又可将正（或斜）轴测图分为如下三类。

1）正（或斜）等轴测图，简称正（或斜）等测，三个轴向伸缩系数都相等，即 $p_1=q_1=r_1$。

2）正（或斜）二轴测图，简称正（或斜）二测，只有两个轴向系数相等；即 $p_1=q_1\neq r_1$，或 $p_1=r_1\neq q_1$，或 $q_1=r_1\neq p_1$。

3）正（或斜）三轴测图，简称正（或斜）三测，三个轴向伸缩系数互不相等；即 $p_1 \neq q_1 \neq r_1$。

在画物体的轴测图时，应根据物体的形状特征选择一种合适的轴测图，使作图既简单又具有一定的直观性。在机械工程上常用的轴测投影是正等测、斜二测。

6.1.4 轴测投影的特性

轴侧投影是根据平行投影原理作出的单面投影图，它具有如下平行投影的一些特性。

1）平行性：互相平行的直线其轴测投影仍平行。

2）度量性：形体上与坐标轴平行的直线尺寸，在轴测图中均可沿轴测轴的方向测量。

3）定比性：一线段的分段比例在轴测投影中比值不变。

4）变形性：形体上与坐标轴不平行的直线，具有不同的伸缩系数，不能在轴测图上直接量取，而要先定出直线的两端点的位置，再画出该直线的轴测投影。

6.2 正等轴测图

6.2.1 轴间角和轴向伸缩系数

（1）轴间角

正等轴测图的轴间角 $\angle XOY=\angle XOZ=\angle YOZ=120°$。作图时，将 OZ 轴画成竖直方向，OX、OY 轴分别画成与水平线成 30° 的斜线，如图 6-3（a）所示。

（2）轴向伸缩系数

在正等轴测图中，OX、OY、OZ 三轴的轴向伸缩系数均相等，即 $p_1=q_1=r_1=0.82$，如图 6-3（b）所示。为作图方便，常采用简化系数，即 $p=q=r=1$。当采用简化系数作图时，与各轴平行的线段都按实际尺寸量取。实际上，所画出的图形在沿轴向的长度上都分别放大了 1/0.82=1.22 倍，如图 6-3（c）所示。

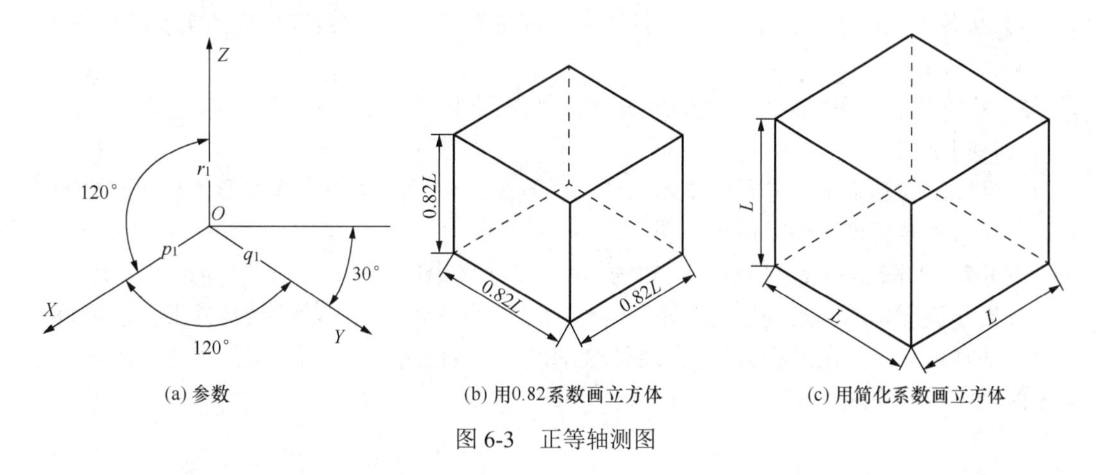

(a) 参数　(b) 用0.82系数画立方体　(c) 用简化系数画立方体

图 6-3 正等轴测图

6.2.2 正等轴测图的画法

（1）坐标法

根据物体上各点的坐标，沿轴向度量，求出各点的轴测投影，并依次连接，得到物体的轴测图，这种画法称为坐标法，它是画轴测图的基本方法，也是其他各种画法的基础。

例 6-1 如图 6-4（a）所示，已知六棱柱的两面投影图，求作它的正等轴测图。

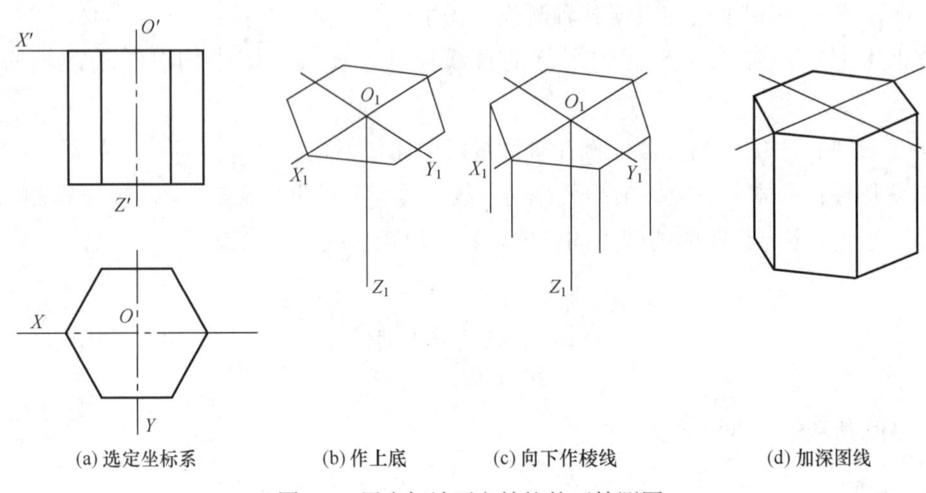

(a) 选定坐标系 (b) 作上底 (c) 向下作棱线 (d) 加深图线

图 6-4 用坐标法画六棱柱的正等测图

分析：六棱柱的上、下底为正六边形，其前后、左右对称，故选定直角坐标轴的位置［图 6-4（a）］，以便度量。画图步骤宜由上而下，以减少不必要的作图线。本例采用坐标法绘制正六边形正等轴测图，它是画轴测图的基本方法。

解：1）先画出位于上底的轴测轴，然后在 O_1X_1 轴上以 O_1 为原点，按实长对称量取正六边形左、右两个顶点；在 O_1Y_1 轴上对称量取 O_1 到前、后边线的距离，并画出前、后边线，此前、后边线平行于 O_1X_1 轴，长度等于正六边形的边长；将所得的 O_1X_1 轴上的两个顶点与前、后边线的端点用直线依次连接，即得上底的正等轴测图［图 6-4（b）］。

2）从各顶点向下引 O_1Z_1 轴的平行线（只画可见部分），并截取棱边的实长，如图 6-4（c）所示。

3）将下底各可见端点依次用直线相连，加深图线，完成作图，如图 6-4（d）所示。

（2）切割法

在坐标法的基础上，先画出基本形体的轴测图，然后再切去该基本形体被切割掉的部分，从而得到被切割后的立体轴测图。

例 6-2 如图 6-5（a）所示，已知物体的两面投影图，用切割法作出其正等轴测图。

分析：该形体的基本外形为四棱柱，作图时，应先画出完整的四棱柱外形，然后逐一确定被切割部分，并及时擦去被切去部分的图线，以保持图面清晰。最后整理全图，加粗可见的轮廓线，完成作图。

解：作图过程如图 6-5 所示。

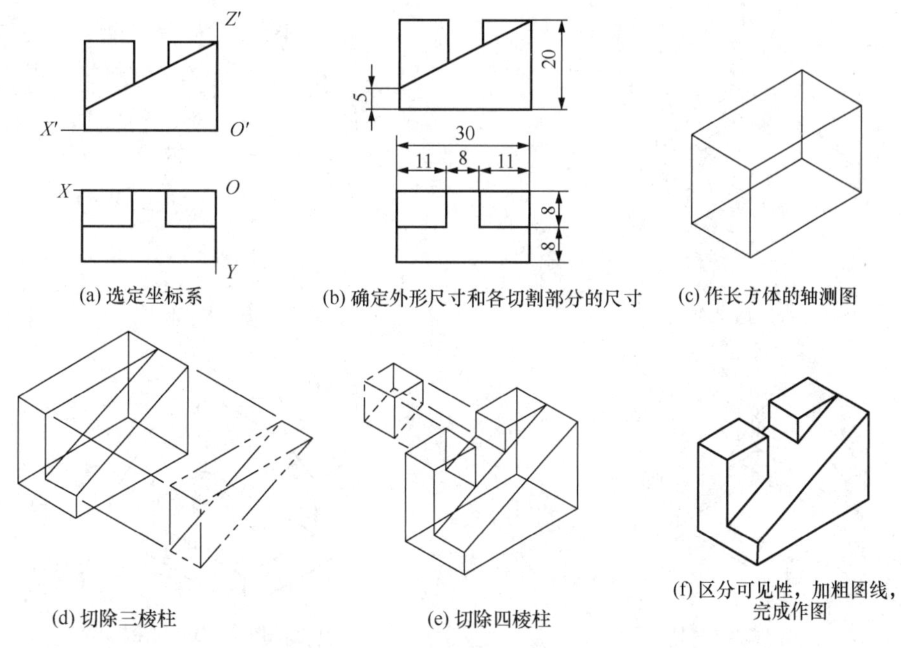

图 6-5　用切割法作正等轴测图

（3）叠加法

对于几个基本体叠加而成的组合体，可将各基本体逐个画出，最后完成整个形体的轴测图。画图时要特别注意各部分位置的确定，一般先大后小。

例 6-3　如图 6-6（a）所示，作出立体形状的正等轴测图。

分析：该立体可以看成由底板Ⅰ、带切角侧板Ⅱ和三棱柱竖板Ⅲ叠加而成。根据三个基本形体之间的相互位置和表面连接关系，在视图上确定坐标，如图 6-6（b）所示。逐一画出各基本体的轴测图，组合后即得该立体的正等轴测图。

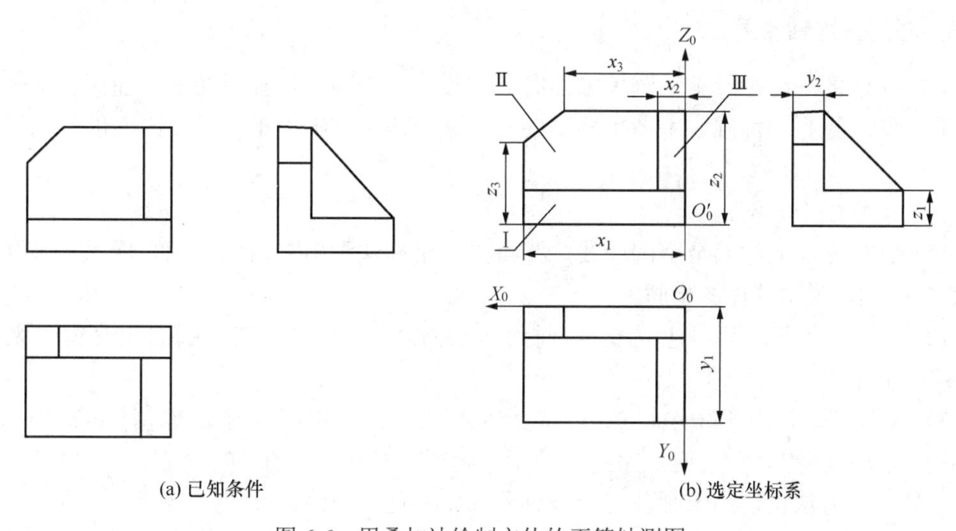

图 6-6　用叠加法绘制立体的正等轴测图

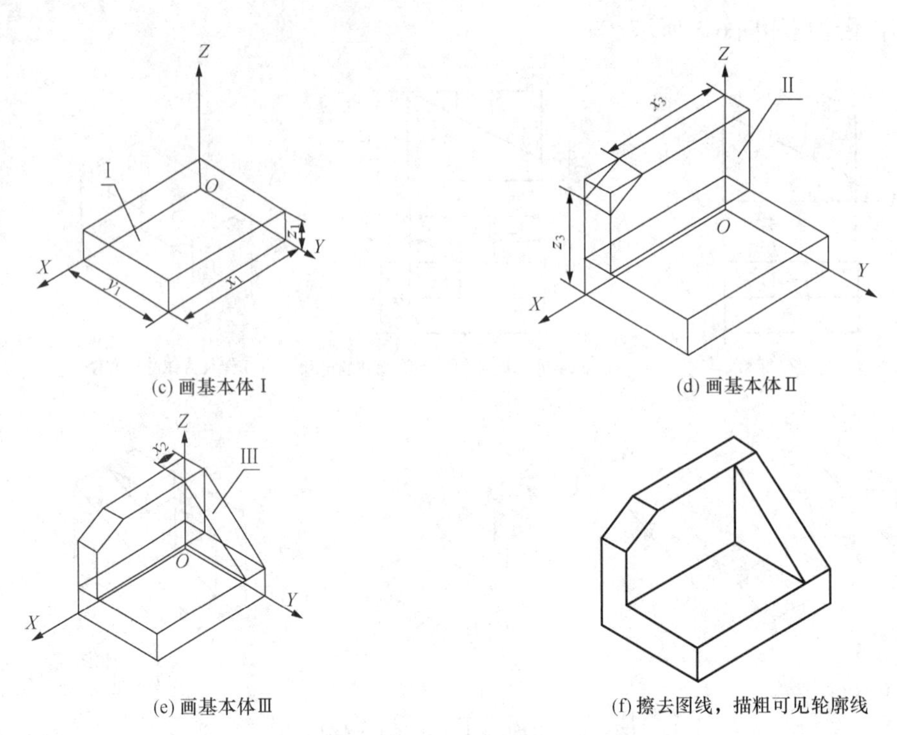

(c) 画基本体 I　　(d) 画基本体 II

(e) 画基本体 III　　(f) 擦去图线，描粗可见轮廓线

图 6-6（续）

解：1）沿轴向分别量取坐标 x_1、y_1、z_1，从而画基本体 I 的正等轴测图，如图 6-6（c）所示。

2）根据坐标 z_2 和 y_2 画出基本体 II，并叠加在 I 的上方，根据坐标 x_3 和 z_3 切割基本体 II，如图 6-6（d）所示。

3）根据坐标 x_2 画出基本体III，并叠加在基本体 I 的上表面、II 的左侧面，如图 6-6（e）所示。

4）擦去作图线，描粗可见轮廓线，完成全图，如图 6-6（f）所示。

6.2.3　圆的正等轴测图

当圆所在的平面平行于轴测投影面时，其投影仍为圆；当圆所在的平面倾斜于轴测投影面时，它的投影为椭圆。本节主要讲解坐标法和四心法绘制平行于投影面的圆的正等轴测图。

（1）坐标法

对于任何平面曲线乃至空间曲线，都可采用坐标法画出它的轴测图。现以水平圆为例［图 6-7（a）］，说明其作图步骤。

1）在圆的水平投影中建立直角坐标系，并作一系列平行弦与圆周相交得一系列点［图 6-7（a）］。

2）根据圆周上各点的坐标（x, y）定出它们在轴测图中的相对位置［图 6-7（b）］。

3）依次将各点光滑相连，得到圆的正等测图——椭圆［图 6-7（c）］。

显然，此方法也适用于画任何一种轴测图中的任何曲线。

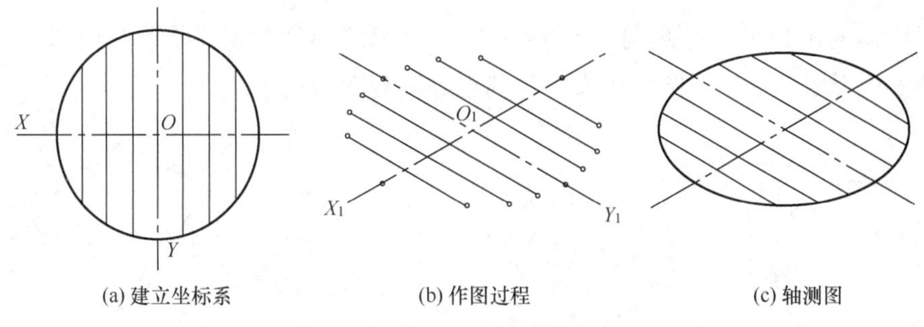

图 6-7 用坐标法画圆的正等轴测图

（2）四心圆弧法

在实际工作中，如果不要求十分准确地画出椭圆曲线，则可采用四心圆弧法作图。

仍以水平圆为例，求作圆的正等轴测图，可按图 6-8 所示的四心圆弧法使用圆规绘制近似椭圆。

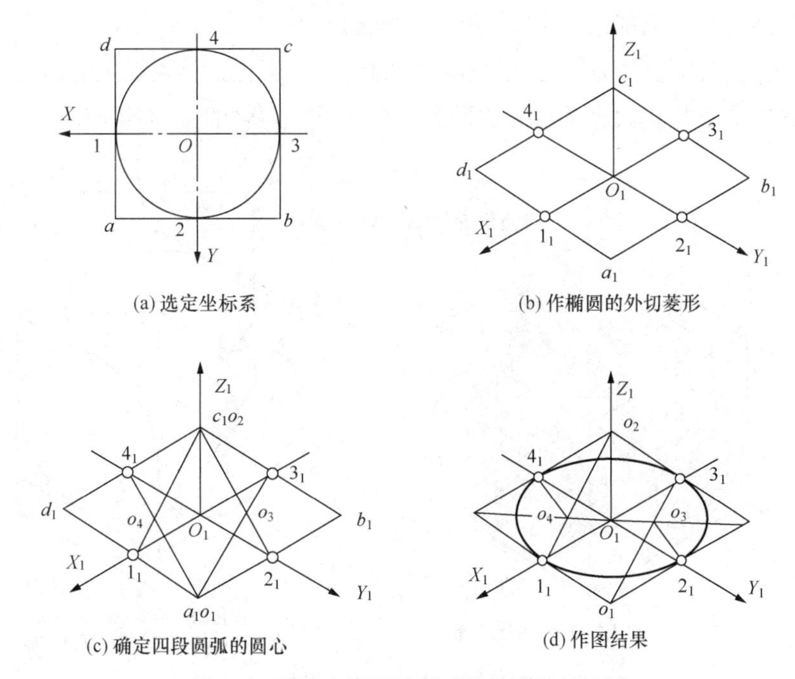

图 6-8 用四心圆弧法画正等轴测近似椭圆

具体作图过程如下：

1）在圆的水平投影中建立直角坐标系，并作出圆的外切正方形 *abcd* ［图 6-8（a）］，得四个切点 1、2、3、4。

2）画轴测轴 O_1X_1、O_1Y_1 及圆外切正方形的正等测图——菱形 $a_1b_1c_1d_1$ ［图 6-8（b）］。

3）过切点 1_1、2_1、3_1、4_1 分别作所在菱边的垂线，这四条垂线两两之间的交点 o_1、o_2、o_3、o_4 即为构成近似椭圆的四段圆弧的圆心。其中 o_1 与 a_1 重合，o_2 与 c_1 重合，o_3 和 o_4 在菱形的长对角线上［图 6-8（c）］。

4）分别以 o_1、o_2 为圆心，o_13_1 为半径画圆弧 3_14_1 和 1_12_1；再以 o_3、o_4 为圆心，以 o_33_1 为半径画圆弧 2_13_1 和 1_14_1。这四段圆弧光滑连接所得的近似椭圆即为所求图形［图 6-8（d）］。

一般形体的圆角，正好是圆周的 1/4，所以它们的轴测图正好是近似椭圆四段弧中的一段。图 6-9 所示表示出了圆角正投影与其正等轴测图的关系。

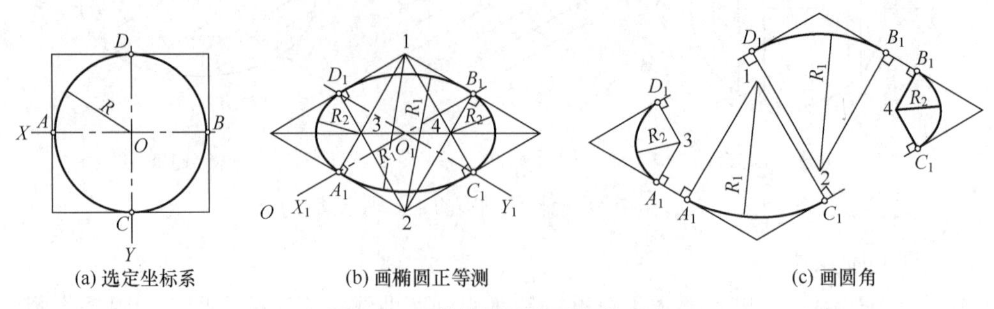

图 6-9　正等轴测图中圆角的画法

由于形成正等测时空间形体的各个坐标面对轴测投影面的倾角都相等，因此位于或平行于坐标面的圆的正等测都是曲率变化相同的椭圆。

图 6-10 所示为位于各坐标面且直径相等的圆和位于立方体表面上的内切圆的正等轴测，此时，它们是形状和大小都相等的椭圆，只是长、短轴的方向各不相同。

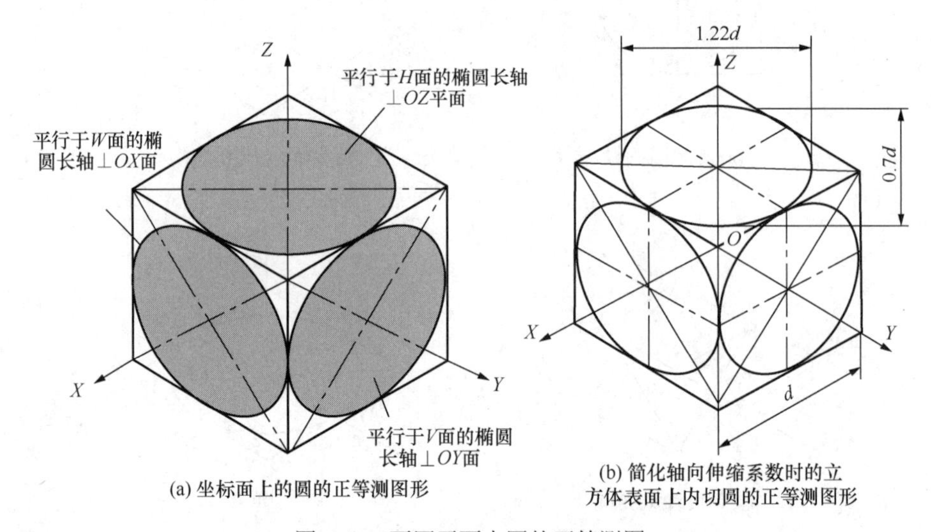

图 6-10　不同平面中圆的正等测图

6.2.4　曲面体的正等轴测图画法

掌握了坐标平面上的正等测画法，就不难画出各种轴线垂直于坐标平面的圆柱、圆锥及其组合形体的轴测图。

例 6-4　如图 6-11 所示，已知圆柱的两面投影图，试画其正等轴测图。

分析：如图 6-11（a）所示，直立圆柱的轴线垂直于水平面，上、下底为两个与水平面平行且大小相同的圆，在轴测图中均为椭圆。可根据圆的直径和柱高作出两个形状、大小相同，中心距为 30 的椭圆，然后作两椭圆的公切线即可。

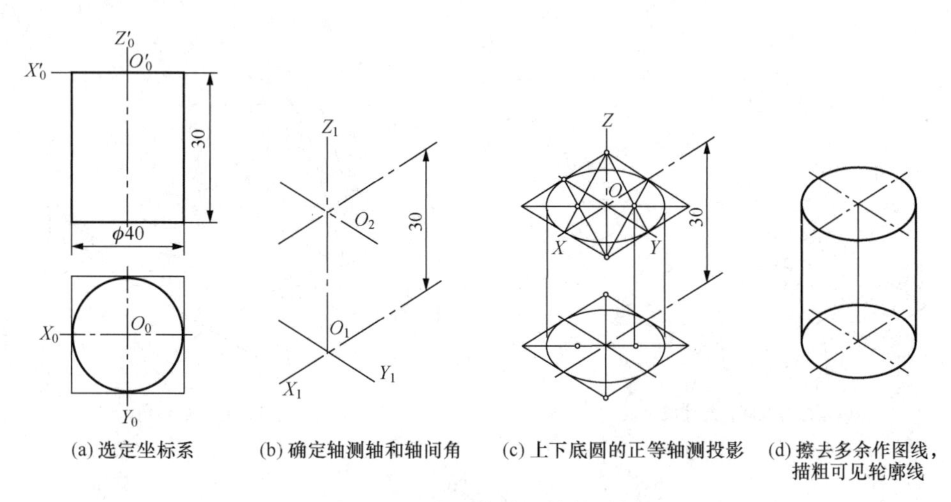

图 6-11 作圆柱的正等轴测图

解：1）以下底圆圆心为坐标原点，在水平和正面投影图中设置坐标系 $OXYZ$，画出圆的外切正方形［图 6-11（a）］。

2）确定轴测轴和轴间角，在 O_1Z_1 轴上截取圆柱高度 30，过圆心 O_2 作 O_1X_1、O_1Y_1 的平行线［图 6-11（b）］。

3）用四心法作圆柱上下底圆的正等轴测投影［图 6-11（c）］。

4）作两椭圆的公切线，擦去多余作图线，描粗可见轮廓线，完成全图［图 6-11（d）］。

例 6-5 如图 6-12 所示，已知曲面体的两面投影图，求作其正等测图。

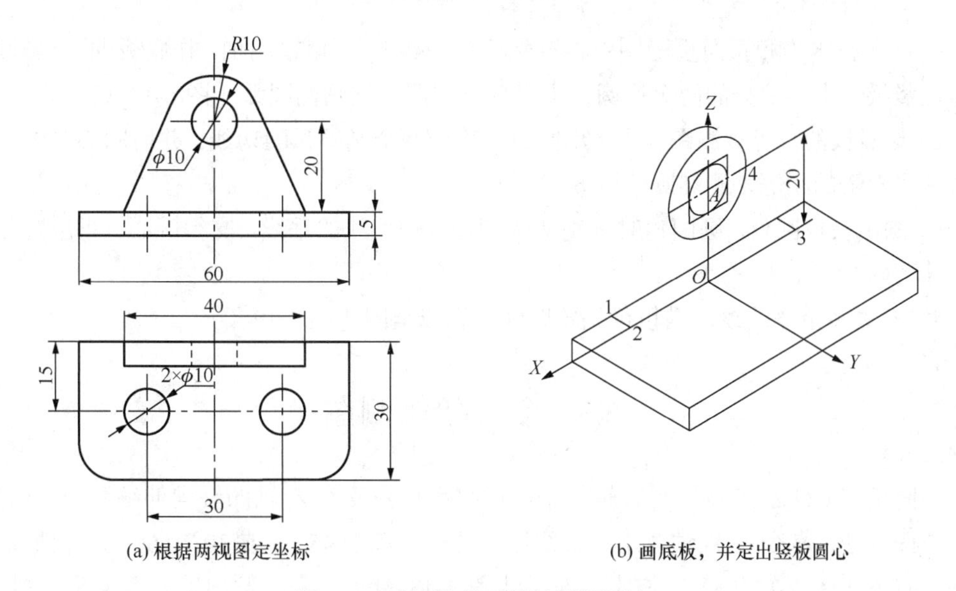

图 6-12 曲面体的正等轴测图画法

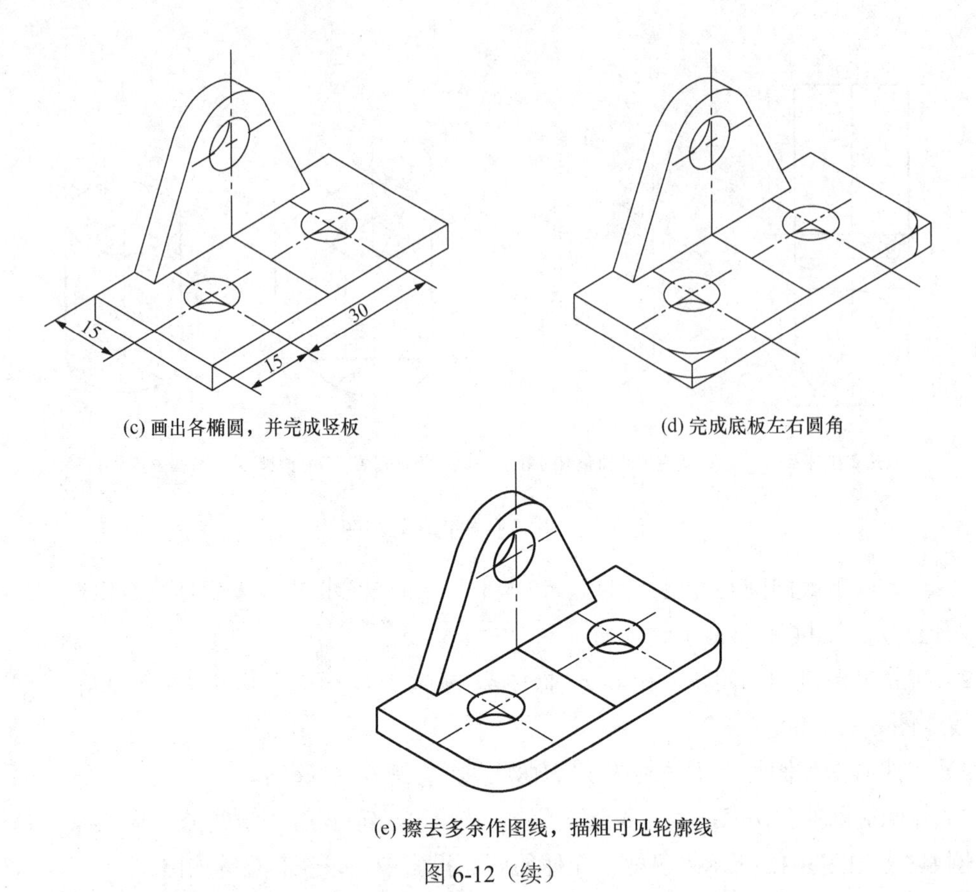

(c) 画出各椭圆，并完成竖板

(d) 完成底板左右圆角

(e) 擦去多余作图线，描粗可见轮廓线

图 6-12（续）

解：1）在水平和正面投影图中设置坐标系 $OXYZ$，画出轴测轴，作底板的正等轴测图，并做出竖板的上半部分的两个椭圆，上半部分用四心法画椭圆弧［图 6-12（a）］。

2）作竖板的正等轴测图，并作出竖板上部分两个椭圆弧的切线；并用四心圆法画出竖板上和底板上的正等轴测椭圆［图 6-12（c）］。

3）画出底板圆角，画圆角时分别从两侧切点作切线的垂线，交得圆心，再用圆弧半径画弧［图 6-12（d）］。

4）擦去多余作图线，描粗可见轮廓线，完成全图［图 6-12（e）］。

6.3 斜二等轴测图

轴间角 $\angle X_1O_1Z_1=90°$，O_1X_1 轴的轴向伸缩系数 p 及 O_1Z_1 轴的轴向伸缩系数 r 均为 1。为了作图方便，常令 O_1Y_1 轴对水平直线倾斜的角度等于 45°（或 30°、60°），根据情况可选择向右下［图 6-13（a）］、右上、左下［图 6-13（b）］、左上倾斜，q_1 取 0.5。这样画出的正面斜轴测图称为正面斜二等轴测图。机械工程中常用这种正面斜二测投影图。

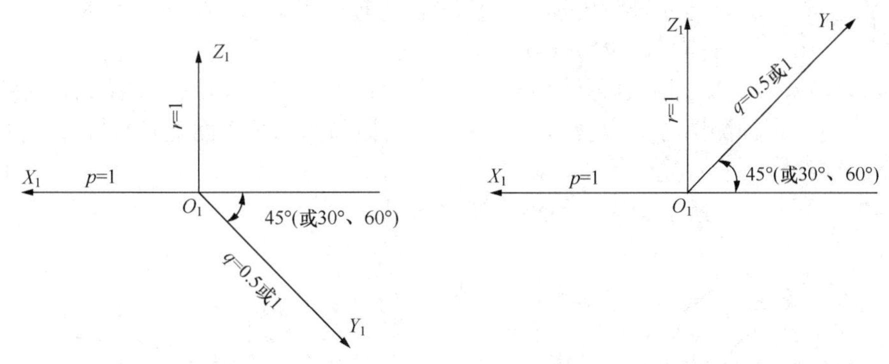

(a) 常用的轴间角和轴向伸缩系数举例一　　(b) 常用的轴间角和轴向伸缩系数举例二

图 6-13　斜二等轴测图的轴间角和轴向伸缩系数

画图时，由于物体的正面平行于轴测投影面，可先描绘物体正面的投影，再由相应各点作 O_1Y_1 的平行线，根据轴向伸缩系数量取尺寸后相连即得所求斜二等轴测图。

例 6-6　根据图 6-14（a）所示的三视图绘制斜二等轴测图。

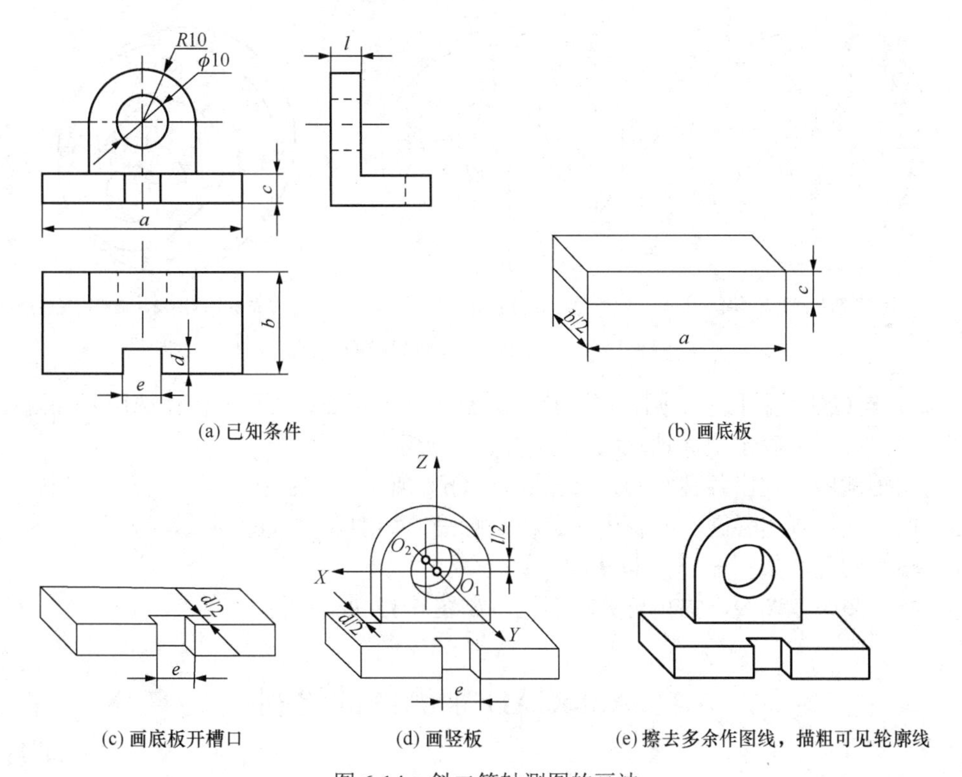

(a) 已知条件　　(b) 画底板

(c) 画底板开槽口　　(d) 画竖板　　(e) 擦去多余作图线，描粗可见轮廓线

图 6-14　斜二等轴测图的画法

分析：利用形体分析法，将该组合体分成底板和竖板两部分，其中底板前方开方槽，竖板为拱形并开了通孔。

解：1）根据尺寸 a、b、c 绘制下底板四棱柱的斜二测图，注意宽度方向按尺寸 $b/2$ 量取，如图 6-14（b）所示。

2）由尺寸 e、d，在四棱柱前方开槽口，槽口深度按 $d/2$ 来画，如图 6-14（c）所示。

3）确定 O_1 位置，建立轴测坐标系，绘制竖板前表面，其形状与主视图相同，沿 O_1Y 轴后移 $l/2$，画出后表面轮廓，如图 6-14（d）所示。

4）擦去多余作图线，描粗可见轮廓线，完成形体的斜二等轴测图，如图 6-14（e）所示。

综上所述，画轴测图时，当物体上只有某一坐标面的平行表面上具有较多的圆或圆弧及其他平面曲线时，宜优先选用斜二测作图。

例 6-7 画图 6-15 所示的法兰的斜二等轴测图。

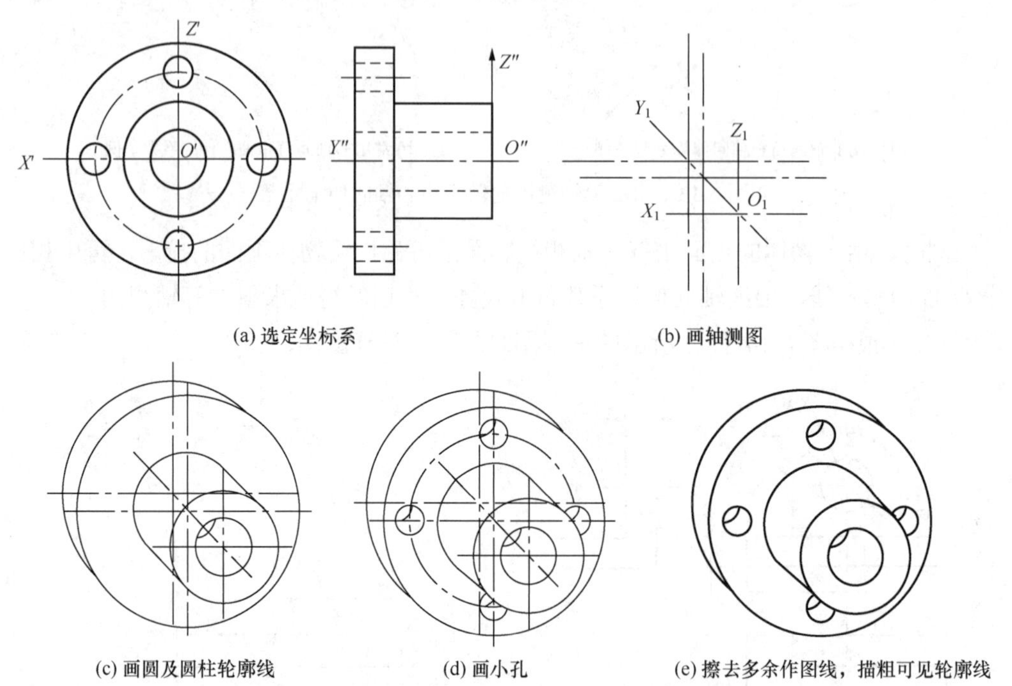

(a) 选定坐标系　(b) 画轴测图

(c) 画圆及圆柱轮廓线　(d) 画小孔　(e) 擦去多余作图线，描粗可见轮廓线

图 6-15 法兰的斜二等轴测图的画法

分析：构成法兰的圆板、圆柱、圆孔的圆都平行于正面投影面，优先选用斜二测作图。

解：1）视图上确定坐标轴，如图 6-15（a）所示。

2）画轴测图，定出各圆圆心，如图 6-15（b）所示。

3）由前向后画出各圆，并画出两圆柱轮廓线，如图 6-15（c）所示。

4）画小圆孔，如图 6-15（d）所示。

5）擦去多余作图线，描粗可见轮廓线，如图 6-15（e）所示。

6.4 AutoCAD 轴测图的绘制

6.4.1 轴测图绘制环境设置

在 AutoCAD 中绘制轴测图，需要设置制图环境。轴测图绘制环境主要需要轴测捕捉设置、极轴追踪设置和轴测平面的切换。

（1）设置轴测捕捉

选择“草图与注释”→“工具”→“绘图设置”命令，打开“草图设置”对话框，如图 6-16 所示。

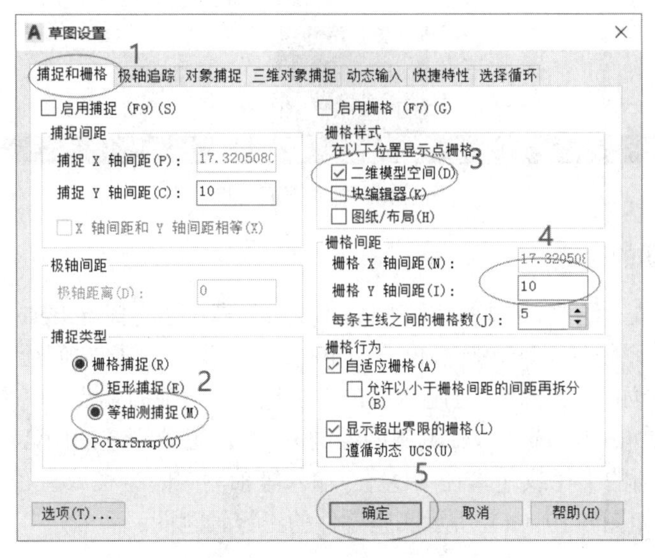

图 6-16 轴测捕捉设置

选择“捕捉和栅格”→“捕捉类型”→“等轴测捕捉”单选按钮，在“栅格 Y 轴间距”文本框中输入“10”，选择“栅格样式”→“二维模型空间”复选框，并打开光标捕捉。单击“确定”按钮，完成轴测捕捉设置。

（2）极轴追踪设置

如图 6-17 所示，选择“极轴追踪”→“启用极轴追踪“复选框，在“增量角”下拉列表中选择“30”，单击“确定”按钮，完成极轴追踪设置。

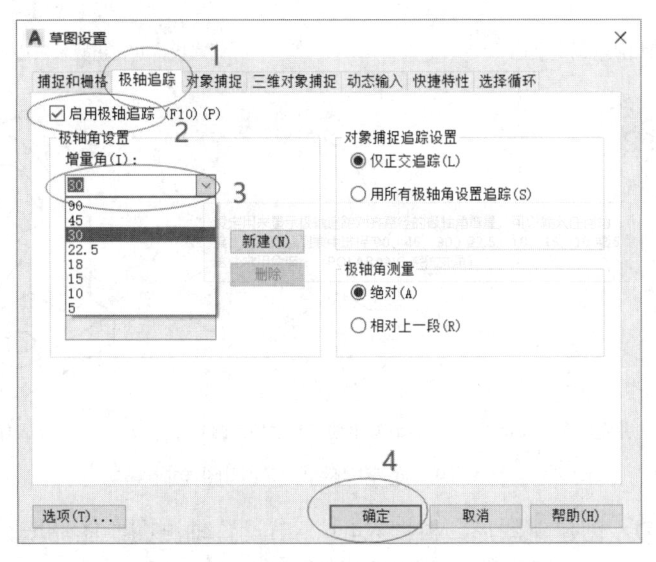

图 6-17 极轴追踪设置

（3）轴测平面切换

如图 6-18 所示，右击绘图界面底部工具栏的“等轴测草图”按钮，在弹出的快捷菜单中有三个轴测视图平面选择按钮，根据绘图需要单击选择相应按钮。

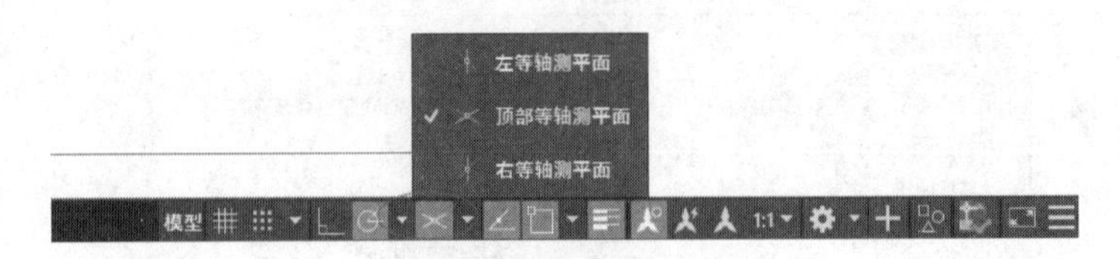

图 6-18　轴测平面切换

6.4.2　正等轴测图的绘制

轴测投影模式下绘制的圆变成椭圆，其绘制方法是选择 ellipse 命令的等轴测圆（isocircle）选项，系统提示输入圆心位置、半径或直径，所需椭圆便绘制完成。

具体操作步骤如下：在命令行输入“EL”；指定椭圆轴的端点或［圆弧（A）/中心点（C）/等轴测圆（I）］：I（选择等轴测圆的绘制）；指定等轴测圆的圆心（输入圆心点的坐标）；指定等轴测圆的半径或［直径（D）］（输入等轴测圆的半径或直径）。

例 6-8　绘制如图 6-19（a）所示底座零件的正等轴测图。

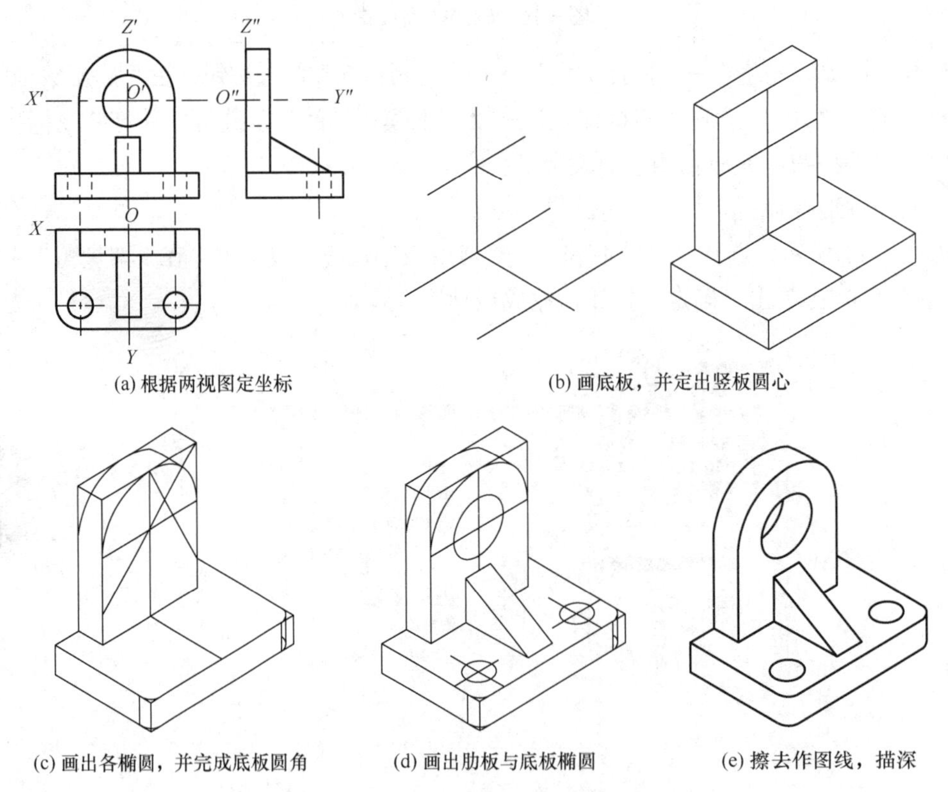

(a) 根据两视图定坐标　(b) 画底板，并定出竖板圆心

(c) 画出各椭圆，并完成底板圆角　(d) 画出肋板与底板椭圆　(e) 擦去作图线，描深

图 6-19　底座零件正等轴测图绘制

启动 AutoCAD，创建新图形，根据 6.4.1 小节设置轴测图绘图环境。

解：1）绘制底板与竖板。将轴测图平面设置为顶部轴测图平面，用 line 命令绘制底板主要轮廓线，并确定竖板圆心点位置，如图 6-19（b）所示。

2）绘制竖板椭圆与底板圆角。

① 根据竖板圆心位置，选择 ellipse 命令的等轴测圆（isocircle）选项绘制竖板椭圆。如图 6-19（c）所示。

② 通过 line 命令，在底板两相交边线上绘制两条长为圆角半径 r 的直线，以两直线端点为起点分别作一条平行于底板边线的直线，两直线交点就是圆角圆心，再利用 ellipse 命令绘制等轴测圆，选择“修剪”命令裁剪多余曲线，即可完成底板圆角圆弧绘制。下表面圆角圆弧曲线绘制方式同上。

3）底板椭圆及肋板绘制。

① 通过 line 命令，在底板两相交边线上绘制两条长为椭圆半径 R 的直线，以两直线端点为起点分别作一条平行于底板边线的直线，两直线交点就是椭圆圆心，再选择 ellipse 命令完成椭圆绘制。

② 利用 line 命令从底板上表面中线开始绘制，根据要求尺寸完成肋板绘制，如图 6-19（d）所示。

4）加粗。选择“裁剪”命令裁剪多余线条，对轮廓线加粗，如图 6-19（e）所示。

6.4.3　斜二等轴测图的绘制

例 6-9　绘制如图 6-20（a）所示零件的斜二等轴测图。

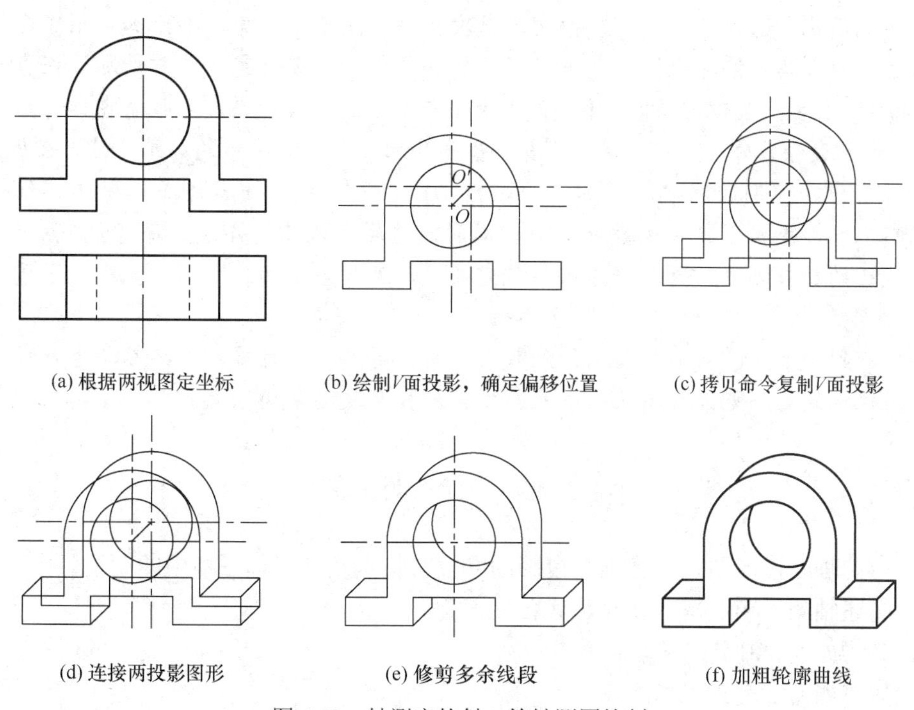

(a) 根据两视图定坐标　(b) 绘制V面投影，确定偏移位置　(c) 拷贝命令复制V面投影

(d) 连接两投影图形　(e) 修剪多余线段　(f) 加粗轮廓曲线

图 6-20　轴测座的斜二等轴测图绘制

解：1）通过 line 命令画出零件 V 面投影，斜二等轴测图在 Y 轴的伸缩系数 $q=0.5$，因此取偏移位移 OO' 为 1/2 零件厚度，确定偏移后圆心位置，如图 6-20（b）所示。

2）选择“复制”“移动”命令，将 V 面投影复制移动到 O' 位置，如图 6-20（c）所示。

3）选择 line 命令将两个投影图形各顶点相连接，如图 6-20（d）所示。

4）选择“修剪”命令裁剪多余线段，如图 6-20（e）所示。

5）将图形轮廓线加粗，如图 6-20（f）所示。

案例故事

劳模王阳挑起“三无”产品大梁

随着神舟十一号载人飞船（简称神十一）顺利返回陆地，航天新光集团全国劳动模范王阳压在心头一个月的大石头终于落地了。

神十一连接分离机构虽然小，但是它的作用举足轻重，关联着飞船实验的成与败。在飞船轨道舱、返回舱和推进舱中，“连接锁”承担着飞船3个舱段之间连接和分离的重任。在火箭上升时，这个零件要承受重达数吨的载荷，保证舱间紧密连接；而在飞船返回时，又必须根据指令，保证轨道舱和返回舱准确分离，而且两舱间“连接分离机构”必须同时开锁。

王阳作为项目组主要成员之一担负了这个关键件的试制加工任务。面对无可直接参考的技术资料、无可借鉴的经验、国内无任何生产过此种产品先例等困难，他与工程技术人员经过周密研究，开始了样件的加工。那段日子里，他在数控机床上连续工作两个多月，有时一干就是几个通宵。经过反复摸索，多次验证，攻克了难关，终于加工出了合格的样件。随后，他又马不停蹄地投入到正式产品的加工中，圆满地完成了首批加工任务，合格率达100%。在生产关键部件时，由10名青年工人组成的数控班，克服了零部件加工难度大、几何形状复杂、公差严格、材料不易加工等困难，大胆尝试新的加工方法。在加工“连接锁”锁杆中，他们改以往的磨加工为数控切削，同时针对该零件壳体壁薄、细长的特点，自制工装，减少了装夹次数和误差。同时，将原来铣工需4道工序才能完成的工作，通过尝试新的加工方法，仅用一道工序就完成了，既节省了加工时间，又提高了质量和工作效率。

从神一到神十一，从不载人飞行到载人飞行，再到交会对接，始终参与生产神舟飞船连接分离机构的王阳见证着团队的成长、工艺的提高及国家的强大。

思 考 题

1．何谓轴测投影图？简述轴测投影图的投影特点及在工程图样中的用途。

2．简述轴测投影的基本要素及其含义。

3．简述如何绘制斜二等轴测图。

4．简述如何绘制正等轴测图。

第 7 章　机械图样的表达方法

教学要求

通过本章学习，重点掌握视图的概念、视图配置以及标注；掌握剖视图的形成、表达特点以及适用范围，掌握各种剖切方法的原理及适用场所；掌握断面图的种类及其画法特点和标注；了解常见简化画法和其他规定画法的适用条件，以及它们各自的表达特点。

在实际工作中，由于使用场合和要求的不同，机件结构形状也是各不相同的。根据《技术制图　简化表示法　第 1 部分：图样画法》（GB/T 16675.1—2012）规定，在绘制技术图样时，应首先考虑看图方便。根据物体的结构特点，选用适当的表示方法。在完整、清晰地表示物体形状的前提下，力求制图简便。本章介绍机件的各种常用表达方法。

7.1　视图——表达机件外形的方法

7.1.1　基本视图

对于形体比较复杂的机件，仅用前文介绍的三视图表达是不够的，因此在原有的三个基本投影面（*V* 面、*H* 面、*W* 面）的基础上再增设三个投影面，构成一个正六面体，机件放置在正六面体内，分别向六个基本投影面进行投影，如图 7-1（a）所示。正六面体的六个面称为基本投影面。将物体向基本投影面投射所得到的视图称为基本视图。

从机件前、后、左、右、上、下六个方向分别向基本投影面投射即可得到六个基本视图，如图 7-1（b）所示。在基本视图中，除了前文介绍的主视图、俯视图和左视图外，还有由右向左投射形成的右视图、由下向上投射形成的仰视图、由后向前投射形成的后视图。

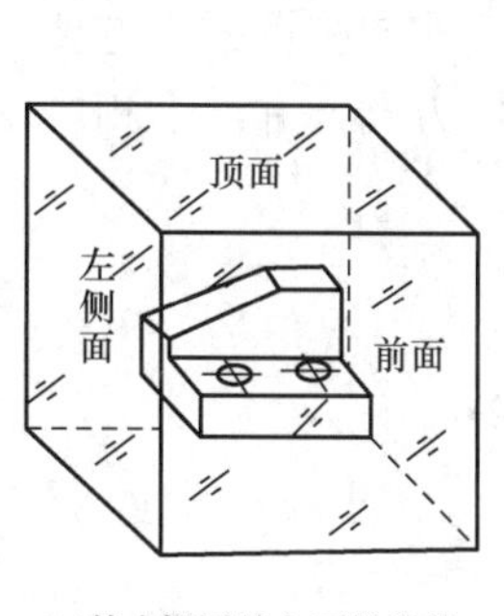

(a)基本视图的六面投影箱

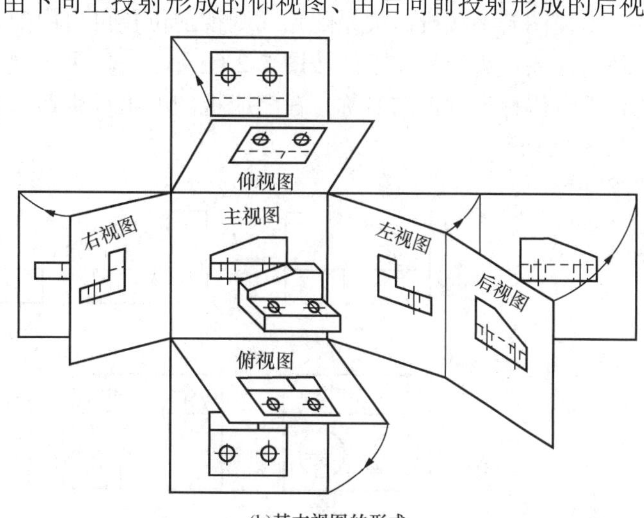

(b)基本视图的形式

图 7-1　基本视图的形成

7.1.2 视图的展开规律

六个基本投影面在展开时，仍保持正面不动，其他各投影面按图 7-1（b）所示箭头所指的方向展开与正面在同一平面上。展开后各视图的位置及投影关系，如图 7-2 所示。在同一张图样上，若按图 7-2 配置视图时，一律不注视图名称。

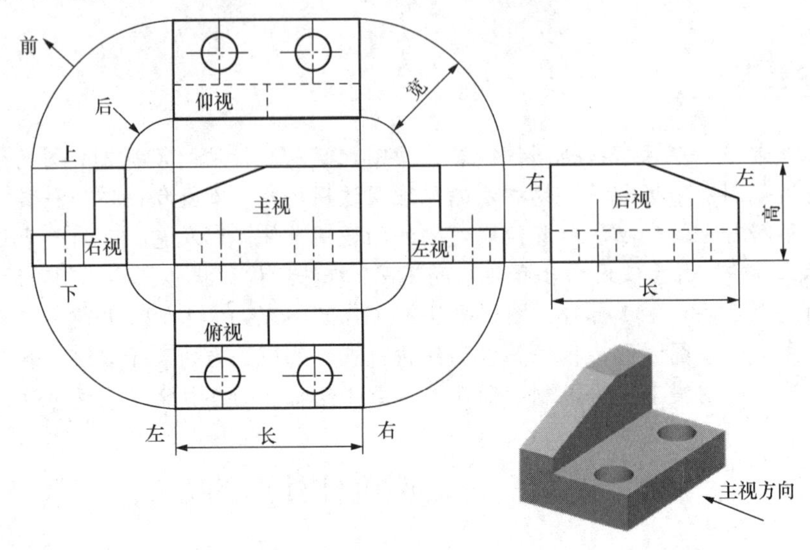

图 7-2 基本视图的投影规律

六个基本视图之间也具有“长对正、高平齐、宽相等”的投影规律。

1）主视图、俯视图以及仰视图长对正（后视图同样反映机件的长度尺寸，但是不与上述三视图对正）。

2）主视图、右视图、左视图以及后视图高平齐。

3）左视图、右视图、俯视图以及仰视图宽相等。

7.1.3 向视图

基本视图若不按投影关系配置，则视图位置可自由配置。此时的视图称为向视图。根据机件的需要，某个视图不能按图 7-2 配置时，可用向视图表示。在向视图的上方要用大写的拉丁字母标出视图的名称，在相应视图的附近用箭头指明投影方向，并注上相同的字母，如图 7-3 所示。

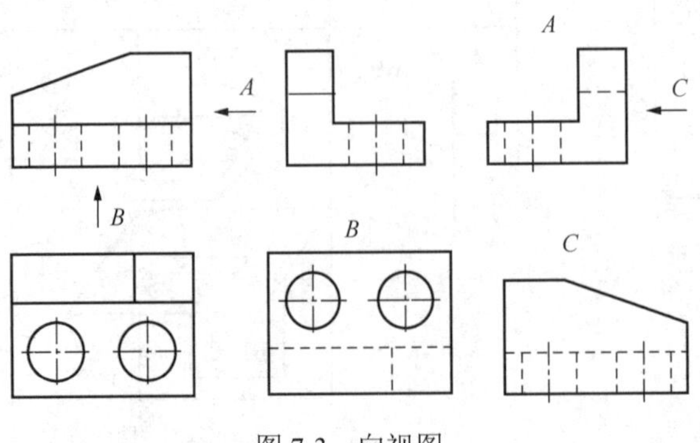

图 7-3 向视图

7.1.4　局部视图

当机件的大部分结构已表达清楚，只有一些局部结构未表达完全的情况下，可将机件某一部分向基本投影面投影，从而获得局部视图。这种将机件的某一部分向基本投影面投影，所得到的视图称为局部视图。如图 7-4 中的 *A* 向、*B* 向视图。

如图 7-4 所示的机件，当采用主、俯两个视图表达后，还有两侧凸台没有表达清楚。因此，采用 *A*、*B* 两个局部视图加以补充，这样就可省去左、右两个视图，既简化了作图，又使表达方式简洁、明了，便于看图。

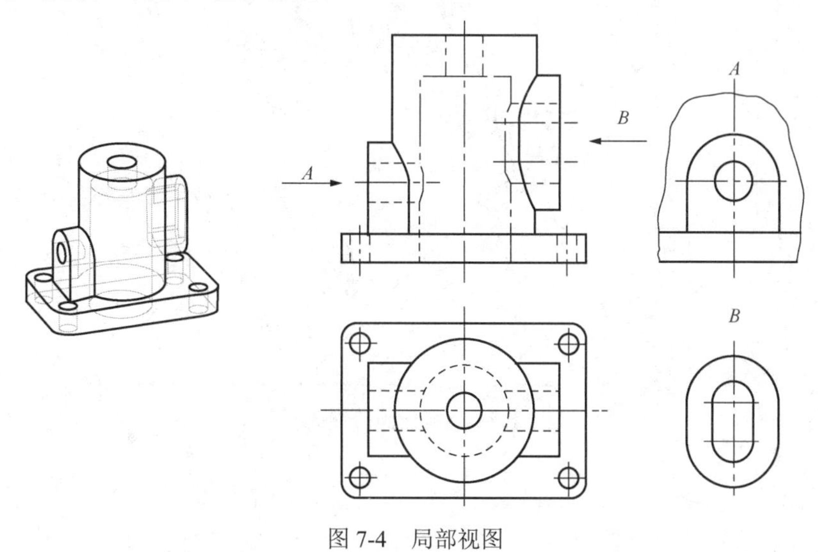

图 7-4　局部视图

局部视图的画法如下。

1）局部视图断裂边界通常用波浪线或双折线表示，如图 7-4 中的 *A* 向视图。但是当所表达的局部结构是完整的，且外轮廓又成封闭时，波浪线可以省略，如图 7-4 中的 *B* 向视图。

2）当局部视图按投影关系配置，中间又无其他图形隔开时，可省略标注。如图 7-4 中的 *A* 向视图；也可按向视图的配置形式配置并标注，如图 7-4 中的 *B* 向视图。

7.1.5　斜视图

如图 7-5 所示，当机件上存在倾斜结构与任一基本投影面均不平行时，在基本视图上不能反映其真实形状，为了清楚表达上述结构，可选用一个新的投影面，使它与机件的倾斜部分互相平行，然后将倾斜部分向新投影面投影，即可得到该斜面的实形投影。

这种将机件向不平行于任何基本投影面的平面进行正投影所得的视图称为斜视图。斜视图主要用于表达机件上倾斜部分的外形。原来平行于基本投影面的结构，在斜视图中不必画出，斜视图的断裂边界用波浪线或双折线表示。

画斜视图时应注意以下几点。

1）斜视图一般按向视图的形式配置并标注，如图 7-6（a）所示中 *A* 向视图。

2）斜视图一般配置在箭头所指方向，且符合投影关系。必要时，允许将视图旋转配置，表示该视图名称的大写拉丁字母应靠近旋转符号的箭头端，如图 7-6（b）所示中↷A，也允许将旋转角度标注在字母之后，如↷$A60°$。

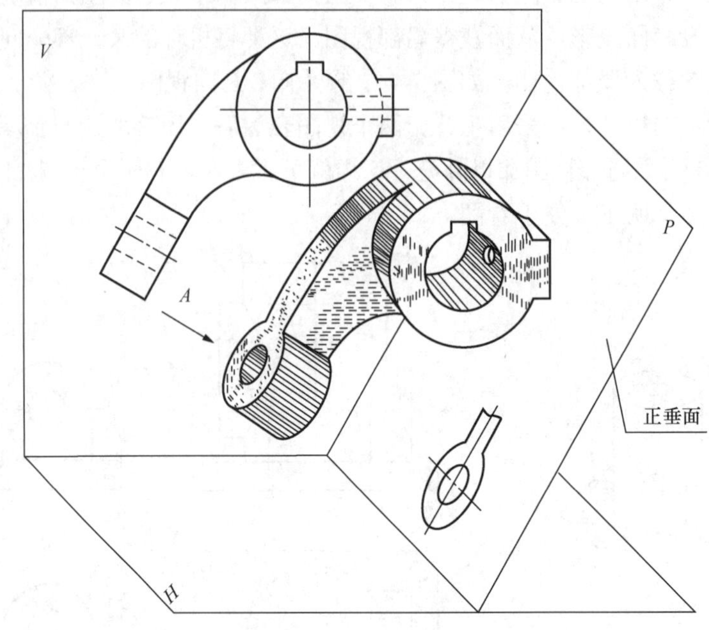

图 7-5　斜视图的形成

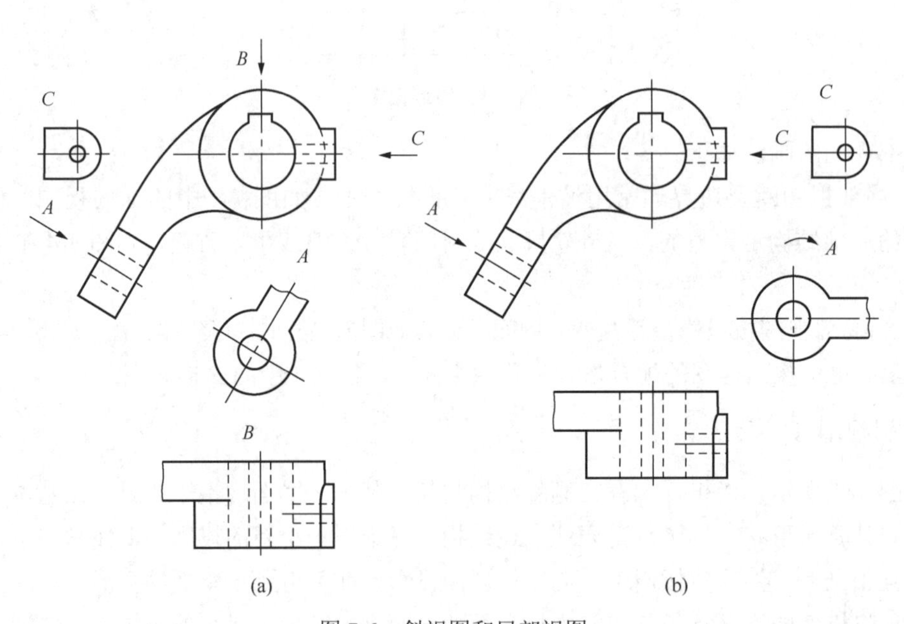

图 7-6　斜视图和局部视图

7.2　剖　视　图

如图 7-7 所示，在绘制机械图样时，机件上不可见的结构形状通常用虚线表示，当一个机件具有复杂的内部结构时，不可见的结构形状越复杂，虚线就越多，在这样的视图中，

实线和虚线相互重叠会影响图样的清晰度，造成看图的困难，也不便于标注尺寸。因此，在机械工程制图中常采用剖视图的方法来表达机件内部结构。

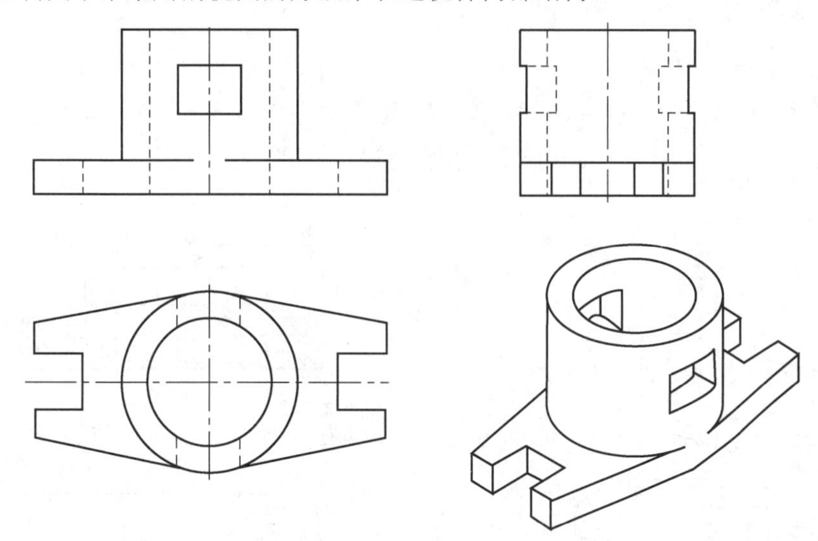

图 7-7　用虚线表示机件的内部结构

7.2.1　剖视图的概念

在机械制图中，对机件不可见的内部结构形状经常采用剖视图来表达，如图 7-8 所示。

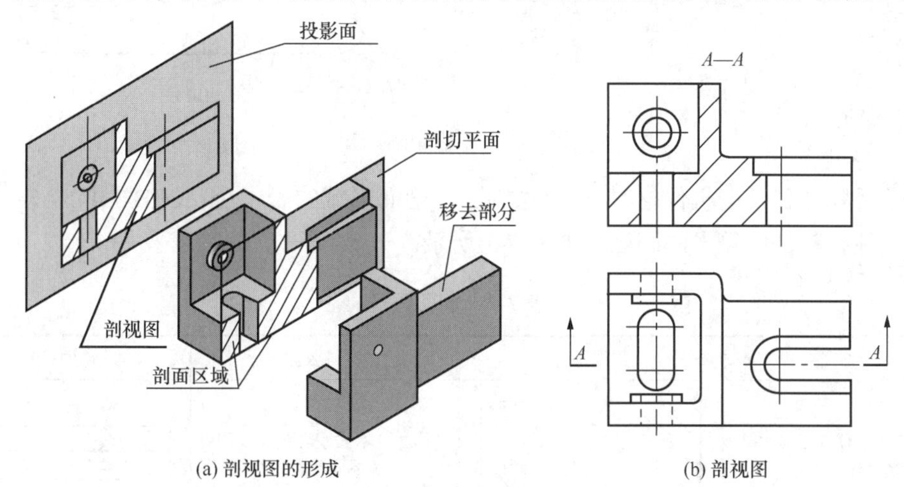

(a) 剖视图的形成　　(b) 剖视图

图 7-8　剖视图的概念

（1）剖视图的形成

如图 7-8（a）所示，假想用剖切面（平面或曲面）将机件切开，将处于观察者与剖切平面之间的部分移去，再将其余部分向投影面投影，这样得到的图形就称为剖视图，简称剖视。

如图 7-8（b）中的主视图。由图可知，由于采用了剖视画法，原来不可见的孔和槽变成可见，图上原来的虚线也变成实线，这样，可使图形更加清晰，便于看图。

剖视图就是用粗实线画出机件形体被剖切面剖切后的断面轮廓和剖切面后面的可见轮廓。注意不应漏画剖切面后面形体的可见轮廓。

特别提示：绘制剖视图时，剖切面是假想的，实际上机件仍是完整的，所以绘制其他视图时，仍应按完整的机件画出。

（2）剖面符号

剖视图中，剖切面与机件形体相交的截断面，称为剖面区域。为了区分机件的实体部分和空心部分，在剖面区域应画出相应的剖面符号，如图 7-9 所示。

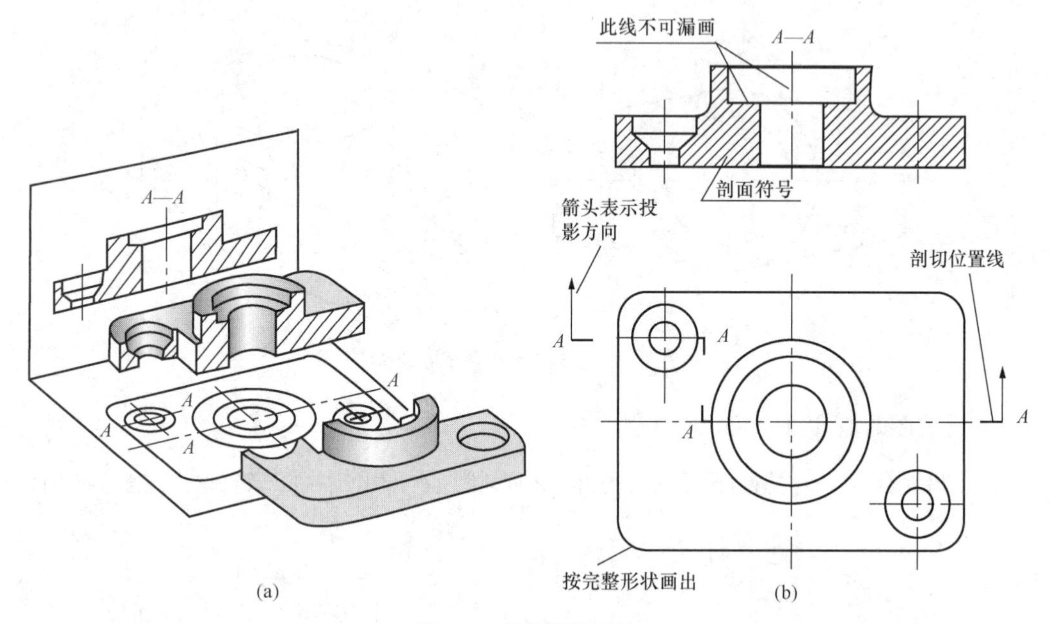

图 7-9 剖视图的画法

为了区别被剖到的机件材料，《机械制图 剖面区域的表示法》（GB/T 4457.5—2013）规定了各种材料剖面符号的画法，如表 7-1 所示。

表 7-1 剖面符号

材料名称	剖面符号	材料名称	剖面符号
金属材料（已有规定剖面符号者除外）		木质胶合板（不分层数）	
线圈绕组元件		玻璃及供观察用的其他透明材料	
转子、电枢、变压器和电抗器等的叠钢片		液体	

续表

材料名称		剖面符号	材料名称	剖面符号
型砂、填砂、粉末冶金、砂轮、陶瓷刀片、硬质合金刀片等			非金属材料（已有规定剖面符号者除外）	
木材	纵剖面		混凝土	
	横剖面		钢筋混凝土	
格网（筛网、过滤网等）			砖	

注：1．剖面符号仅表示材料的类别，材料的名称和代号必须另行注明。
　　2．叠钢片的剖面线方向，应与束装中叠钢片的方向一致。
　　3．液面用细实线绘制。

在同一张图样中，同一个机件的所有剖视图的剖面符号应该相同。例如，金属材料的剖面符号一般应画成与水平线成45°（可向左倾斜，也可向右倾斜）且间隔均匀的细实线，称其为剖面线。剖面线之间的距离视剖面区域的大小而异，通常取2～4mm。同一机件的剖面线在不同的视图中出现时，均应画成同方向、同间隔，如图7-10所示。

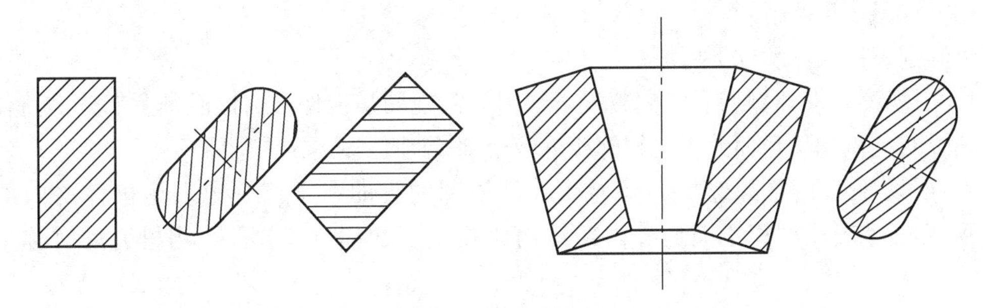

图7-10　剖面线的画法

注意，当图形的主轮廓线与水平线成45°时，图形中的剖面线可改为与水平线成30°或60°画出，但是其倾斜方向和间隔仍然与其他图形保持一致，如图7-11所示。

（3）剖视图的标注

剖视图标注的内容主要包括剖切符号、剖切名称、投影方向。

1）剖切符号：剖切符号是表示剖切面起、止和转折位置（用粗短线表示）的符号。即在剖切面起、止和转折位置画粗短线，线长5～10mm，并尽可能不与图形轮廓线相交，如图7-11所示。

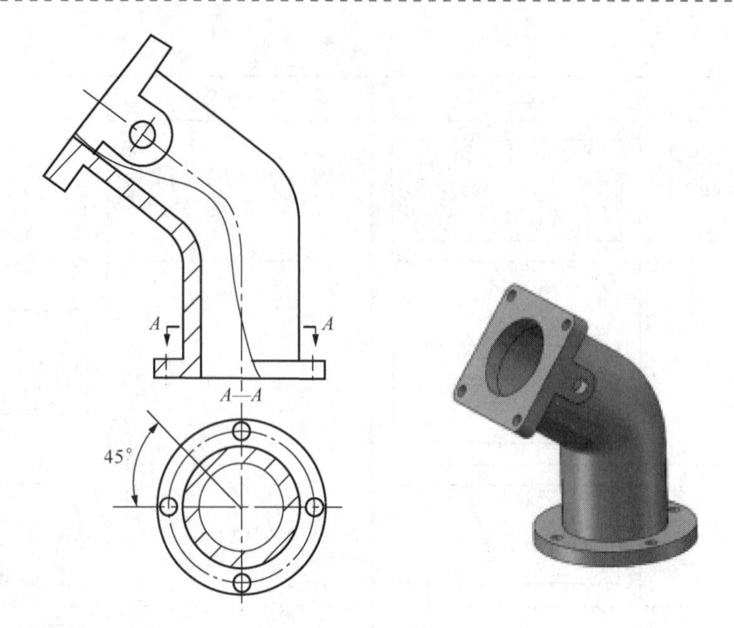

图 7-11　剖视图的标注

2）投射方向：在剖切符号的两端外侧，用箭头表示剖切后的投影方向，该箭头与剖切符号末端垂直，如图 7-11 所示。

3）剖视图名称：在剖视图的上方用大写拉丁字母标注剖视图的名称“×－×”，并在剖切符号的附近注上同样的字母，图 7-11 所示。

国家标准规定在如下情况下可省略或简化标注：

① 当单一剖切平面通过机件的对称平面或基本对称的平面，且剖视图按照投影关系配置，中间没有其他图形隔开时，不必标注；

② 剖视图配置在基本视图位置，中间没有其他图形隔开时，可以省略箭头。

（4）注意事项

绘制剖视图应注意以下问题。

1）剖视图是形体剖切后的完整投影。因为剖视图是机件被剖切后剩余部分的整体投影，所以凡是剖切面后面的可见轮廓线均应全部绘制出来，不得遗漏。

2）剖切平面位置的选择。因为绘制剖视图的目的在于清楚地表达机件的内部结构，所以应尽量使剖切平面通过内部结构比较复杂的部位（如孔、沟槽）的对称平面或轴线。

另外，为便于看图，剖切平面应取平行于投影面的位置，这样可在剖视图中反映出剖切到的部分实形，如图 7-9（b）所示。

3）虚线的省略。剖切平面后方的可见轮廓线都应画出，不能遗漏。不可见部分的轮廓线——虚线，在不影响对机件形状完整表达的前提下，不再画出，如图 7-12（a）所示。只有对尚未表达清楚的结构形状，才用虚线画出，如图 7-12（b）所示。

4）肋板、轮辐及薄壁的处理。对于机件肋板、轮辐及薄壁等，若按纵向剖切（即剖切面通过它们厚度的对称面时），则这些结构被剖的断面内都不画剖面符号，用粗实线将它与其邻接部分分开即可，如图 7-13 所示。

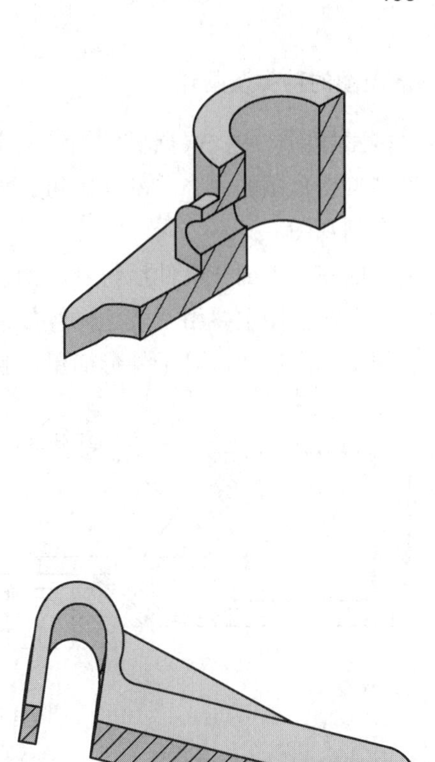

(a)

虚线不能省略

(b)

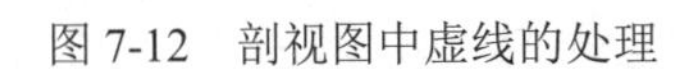
图 7-12　剖视图中虚线的处理

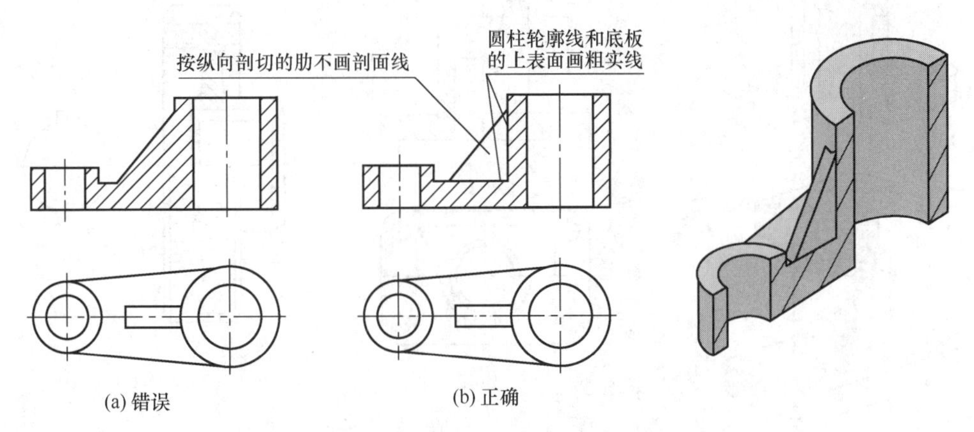

(a) 错误　　(b) 正确

图 7-13　剖视图中肋板的规定画法

7.2.2　剖视图的种类及画法

在机械工程图样中，根据机件的结构不同，可以使用不同种类的剖视图来表达机件。根据机件被剖切范围的大小，剖视图可分为全剖视图、半剖视图和局部剖视图。

（1）全剖视图

用剖切面完全地剖开机件后得到的剖视图，称为全剖视图。图 7-14 所示的主视图即为全剖视图。全剖视图主要用于表达内腔复杂，外形比较简单的不对称机件。

为了便于标注尺寸，对于外形简单，且具有对称平面的机件也常采用全剖视图。

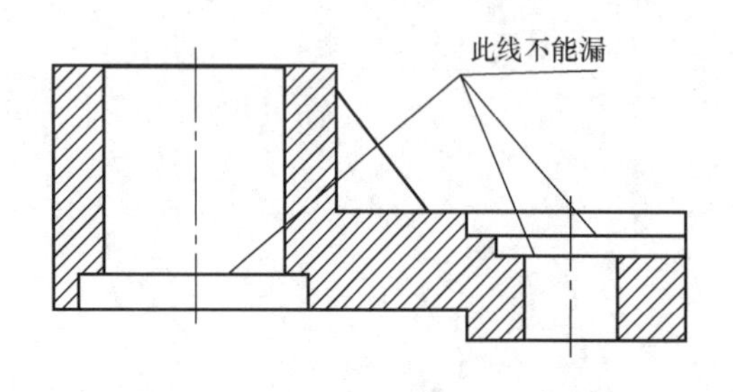

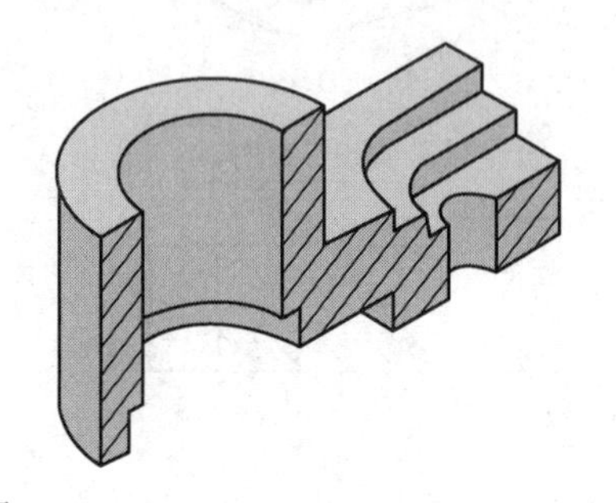

图 7-14　全剖视图

（2）半剖视图

当机件具有对称平面，向垂直于对称平面的投影面上投影时，以对称中心线（细点画线）为界，一半画成视图用以表达外部结构形状，另一半画成剖视图用以表达内部结构形状，这样组合的图形称为半剖视图，如图 7-15（a）、（b）所示为支座的立体图和半剖视图，图 7-15（c）为齿轮的半剖视图。

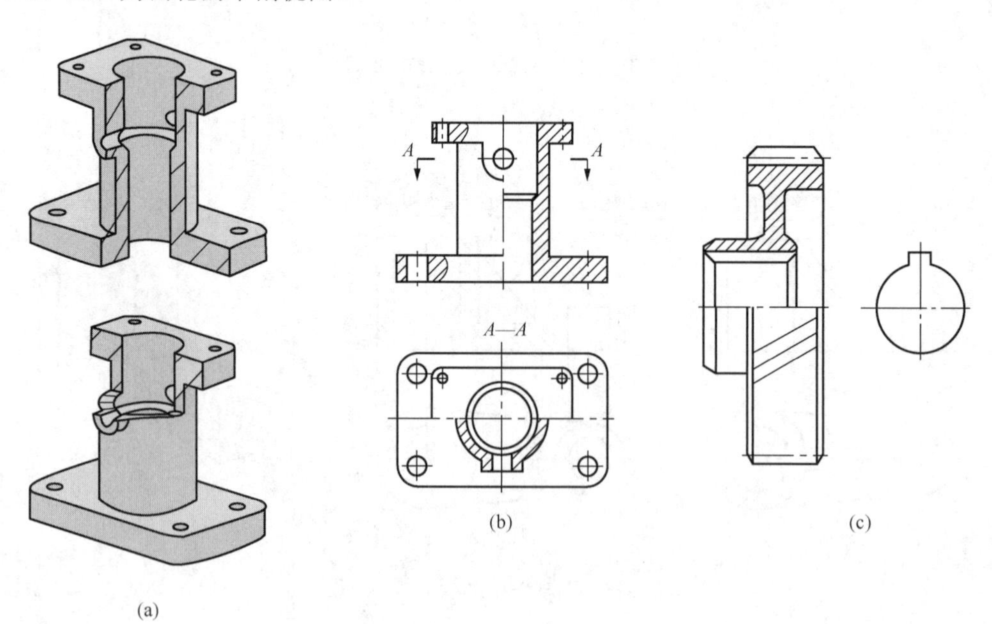

图 7-15　半剖视图

半剖视可以兼顾机件内腔和外形的表达，特别适合内、外形状都需要表示的对称机件。当机件的形状接近于对称且不对称部分已另有视图表达清楚时也可画成半剖视图，如图7-15（c）所示。

重要提示：在半剖视图中，半个外形视图与半个剖视图的分界线应是点画线，不能为实线。由于图形对称，机件内腔的形状已在半个剖视图中表达清楚，因此在半个视图中的虚线可省略不画。

（3）局部剖视图

当机件尚有部分内部结构形状未表达清楚，但是又没有必要作全剖视时，可用剖切面局部地剖开机件，所得的剖视图称为局部剖视图，如图7-16所示。

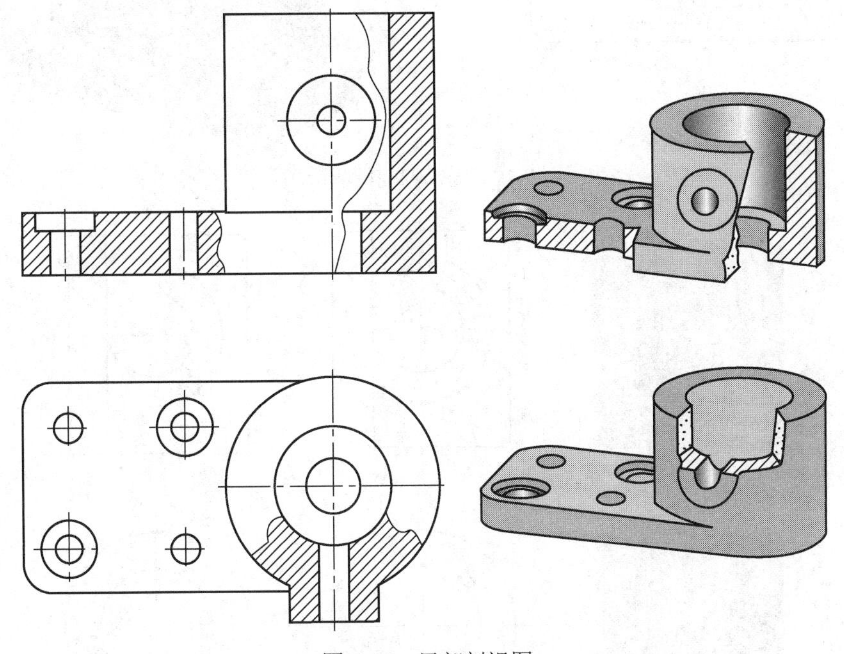

图7-16　局部剖视图

1）局部剖视的特点。图中的主视图采用局部剖视图来表示主体孔的深度，俯视图采用局部剖视图来表示凸台及耳板孔的深度，这样既能表达机件的外形，又能反映机件的内部结构。剖视图和视图之间用波浪线作为分界线。

局部剖视图剖切范围可大可小，是一种比较灵活的表达方法。对于形状不对称，而又要在同一视图中表达内腔和外形时，采用局部剖视图较为合适，如图7-17所示。

2）注意事项。绘制局部剖视时，应注意以下几点。

① 局部剖切后，机件断裂处的轮廓线用波浪线表示。波浪线不应超出视图的轮廓线，遇到孔、槽时波浪线必须断开，如图7-18所示。

② 为了不引起读图的误解，波浪线不要与图形中的其他图线重合，也不要画在其他图线的延长线上，如图7-19所示。

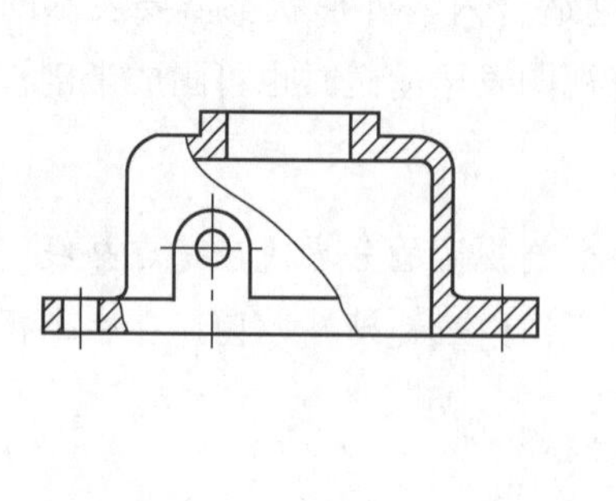

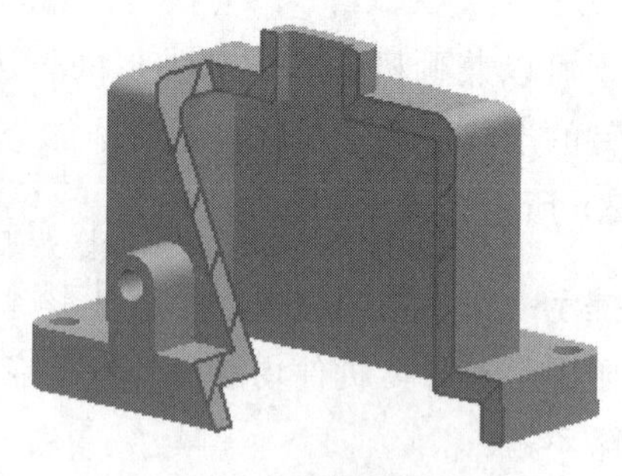

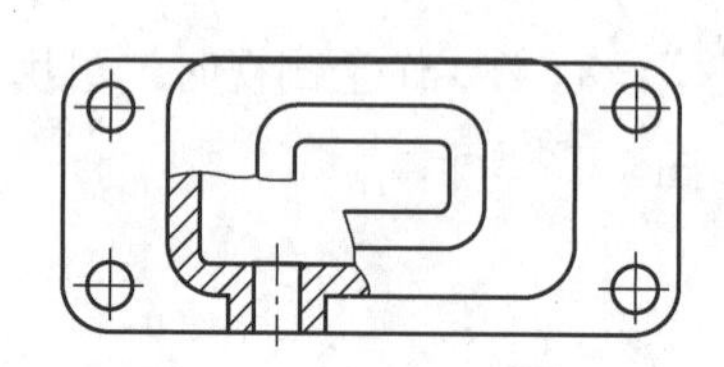

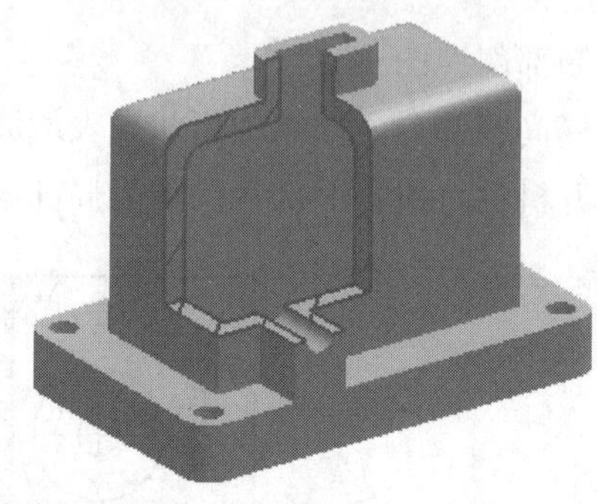

图 7-17　局部剖视图的应用

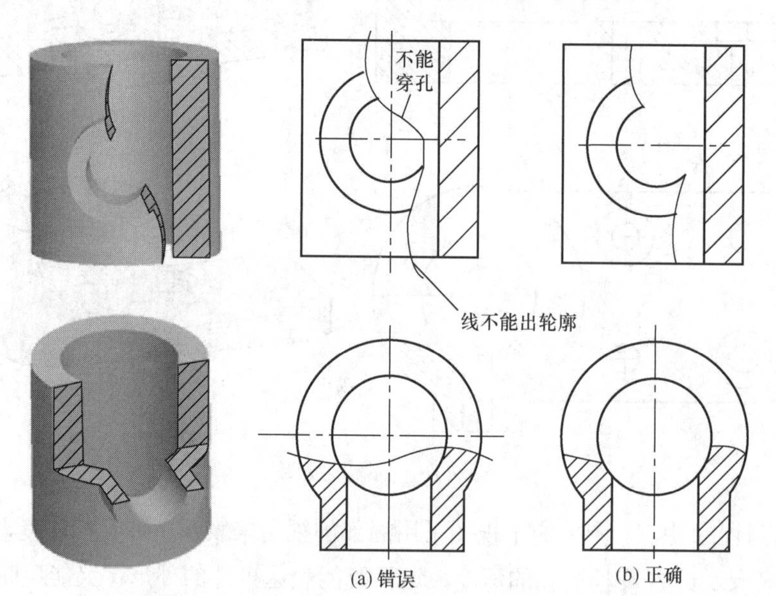

(a) 错误　(b) 正确

图 7-18　局部剖视图中波浪线（一）

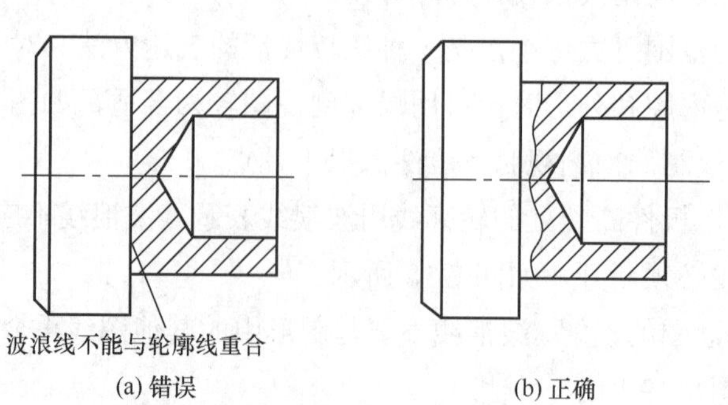

(a) 错误　(b) 正确

图 7-19　局部剖视图中波浪线（二）

③ 当被剖切结构为回转体时，允许将该结构的对称中心线作为局部剖视图和视图的分界线，如图 7-20 所示。

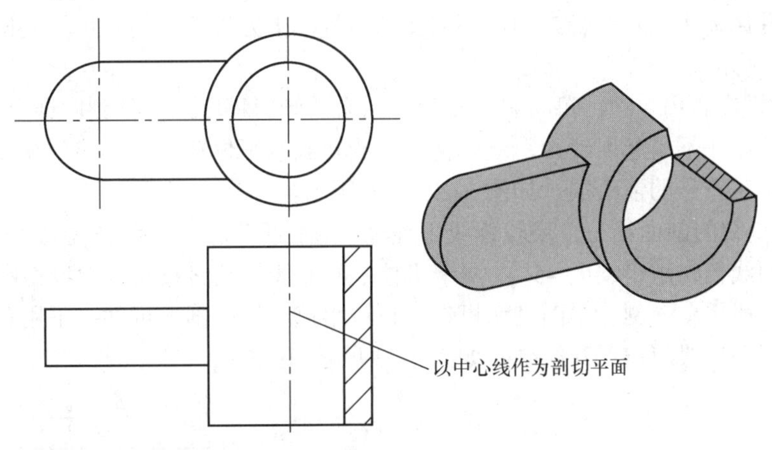

图 7-20　中心线作局部视图的分界线

④ 图 7-21 所示机件虽然对称，但是由于机件的分界处有轮廓线，因此不宜采用半剖视而应采用局部剖视，而且局部剖视范围的大小视机件的具体结构形状而定，可大可小。

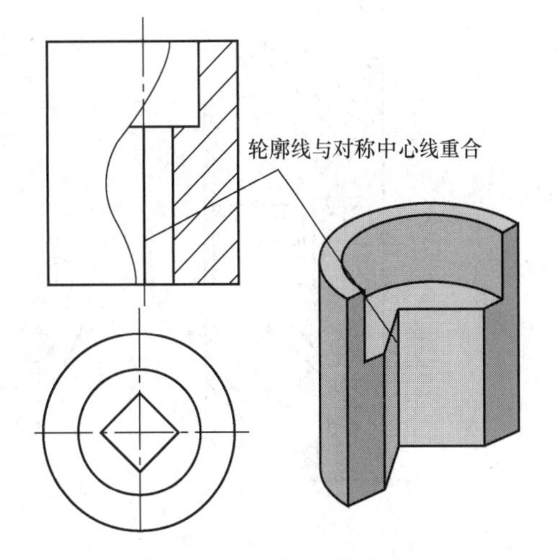

图 7-21　局部剖视图中波浪线（三）

7.2.3　剖切面的种类及其作图方法

国家标准规定，机械制图中的剖切面可以是平面，也可以是曲面；可以采用单一的剖切面，也可以采用组合的剖切面。绘图时，应根据机件的结构特点，合理选择剖切面的形式和数量，从而实现简洁、清晰地表达机件形体的目的。

（1）单一剖切面

单一剖切面用得最多的是投影面的平行面，前文所举图例中的剖视图都是用这种平面剖切得到的。

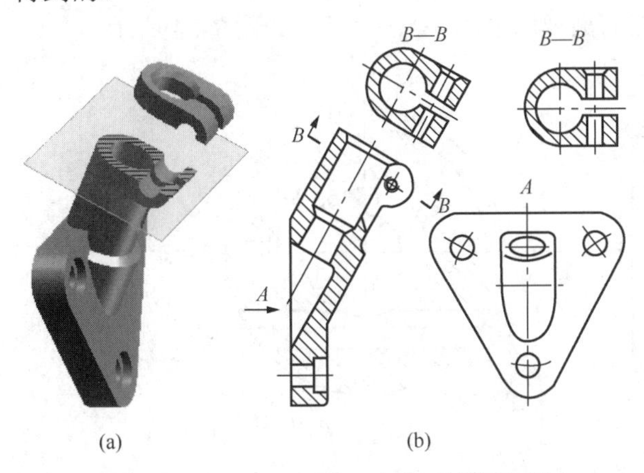

图 7-22　剖切平面垂直于投影面的剖视图

单一剖切面还可以用垂直于基本投影面的平面，当机件上有倾斜部分的内部结构需要表达时，可与画斜视图一样，选择一个垂直于基本投影面且与所需表达部分平行的投影面，然后再用一个平行于这个投影面的剖切平面剖开机件，向这个投影面投影，这样得到的剖视图称为斜剖视图，简称斜剖视，如图 7-22 所示。

斜剖视图主要用以表达倾斜部分的结构，机件上与基本投影面平行的部分，在斜剖视图中不反映实形，一般应避免画出，常将它舍去画成局部视图。绘图时注意以下几点。

1）斜剖视最好配置在与基本视图的相应部分保持直接投影关系的地方，标出剖切位置和字母，并用箭头表示投影方向，还要在该斜视图上方用相同的字母标明图的名称，如图 7-22（b）所示。

2）为使视图布局合理，可将斜剖视保持原来的倾斜程度，平移到图样上适当的位置；为了画图方便，在不引起误解时，还可把图形旋转到水平位置，表示该剖视图名称的大写字母应靠近旋转符号的箭头端，如图 7-22（b）所示。

3）当斜剖视的剖面线与主要轮廓线平行时，剖面线可改为与水平线成 30° 或 60°，原图形中的剖面线仍与水平线成 45°，同一机件中剖面线的倾斜方向应大致相同。

此外，一般用单一剖切平面剖切机件，也可用单一柱面剖切机件。采用单一柱面剖切机件时，剖视图一般应按展开绘制，如图 7-23 所示。

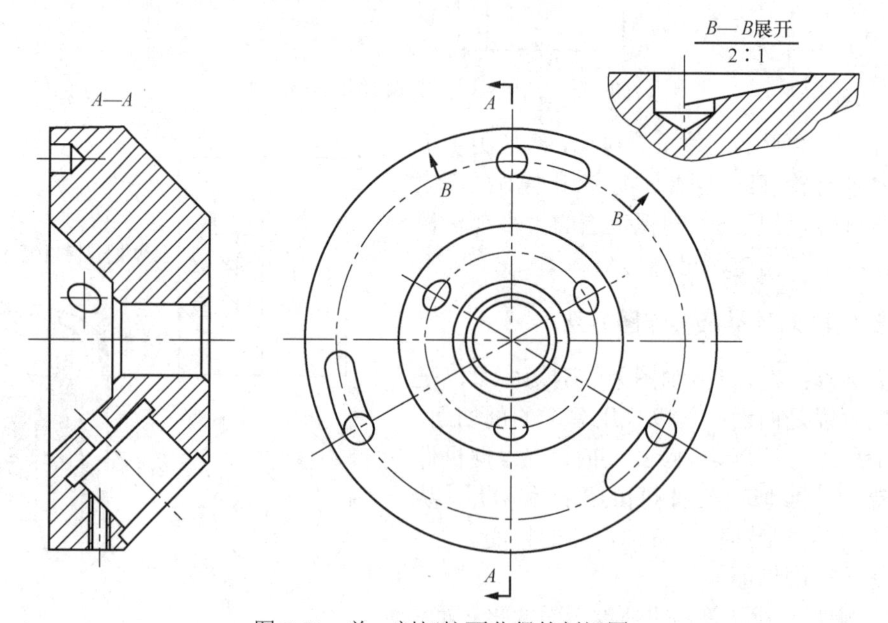

图 7-23　单一剖切柱面获得的剖视图

采用单一剖切时，可将投射方向一致的几个对称图形各取一半（或四分之一）合并成一个图形。此时应在剖视图附近标出相应的剖视图名称“×－×”，如图 7-24 所示。

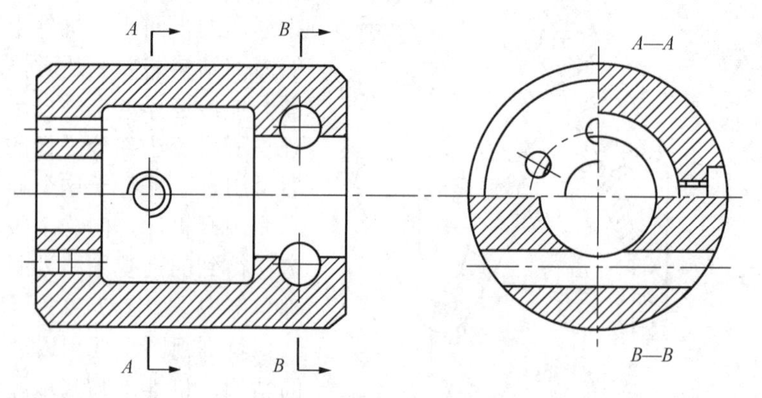

图 7-24　合成图形的剖视图

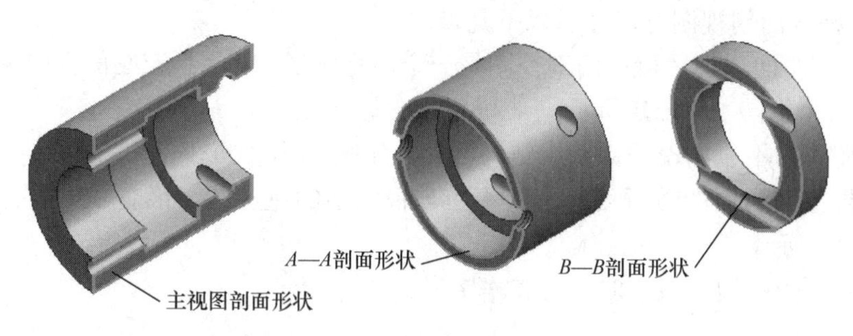

图 7-24（续）

（2）几个平行的剖切面（阶梯剖）

当机件上有较多的内部结构形状，而它们的轴线不在同一平面内时，可用几个互相平行的剖切平面剖切，这种剖切方法称为阶梯剖。如图 7-25 所示，机件用了两个平行的剖切平面剖切后画出的 *A—A* 全剖视图。

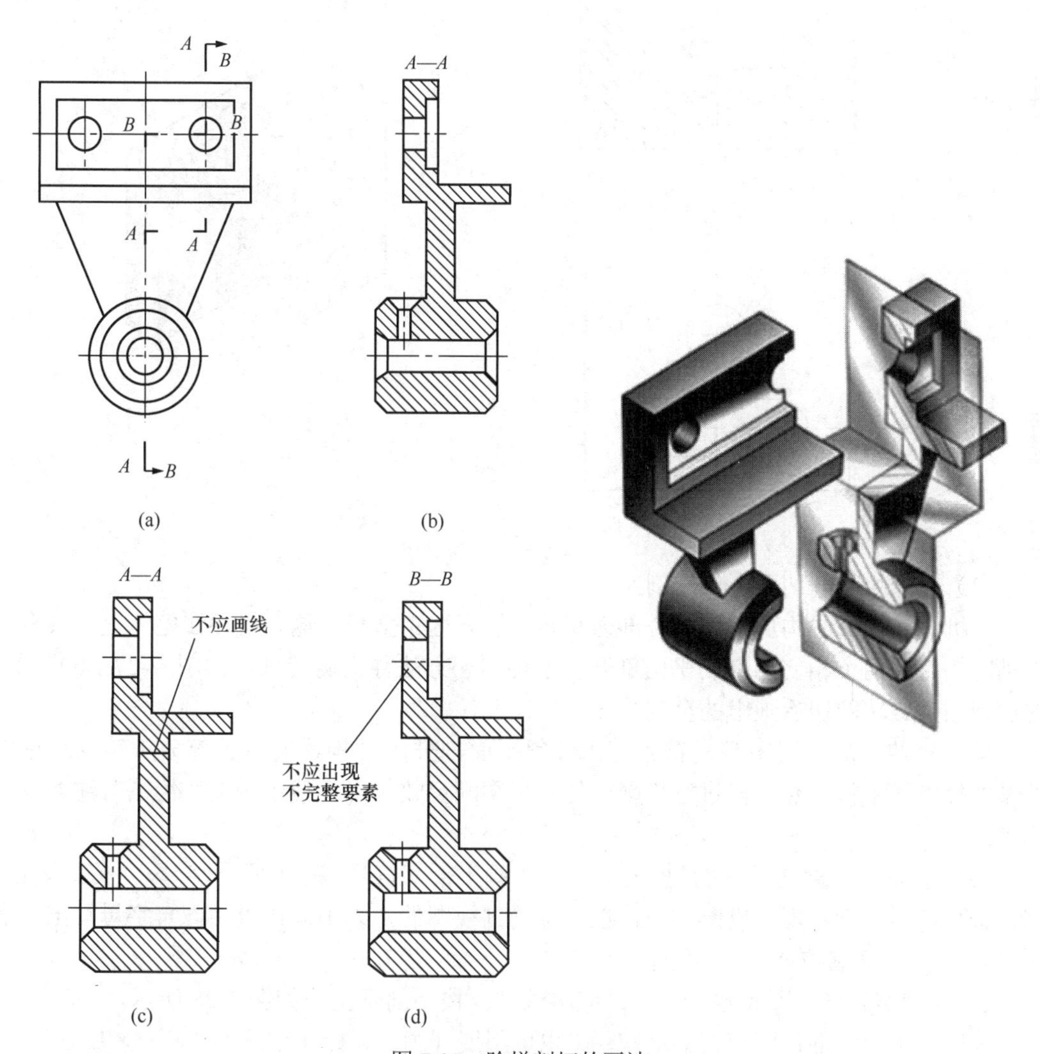

图 7-25　阶梯剖切的画法

采用阶梯剖面剖视图时，注意以下几点。

1）各剖切平面剖切后所得的剖视图是一个假想剖切图形，不应在剖视图中画出各剖切平面的界线，如图 7-25（c）所示。

2）在图形内不应出现不完整的结构要素，如图 7-25（d）所示。

3）在阶梯剖切面的转折处的位置不应与视图中的粗实线（或虚线）重合或相交，如图 7-25（a）所示。

4）当转折处的地方很小时，可省略字母。

特别提示： 用阶梯剖切获得剖视图时，在图形内不应出现不完整的要素，仅当两个要素在图形上具有公共对称中心线或轴线时，可以各画一半，此时应以对称中心线或轴线为界，如图 7-26 所示。

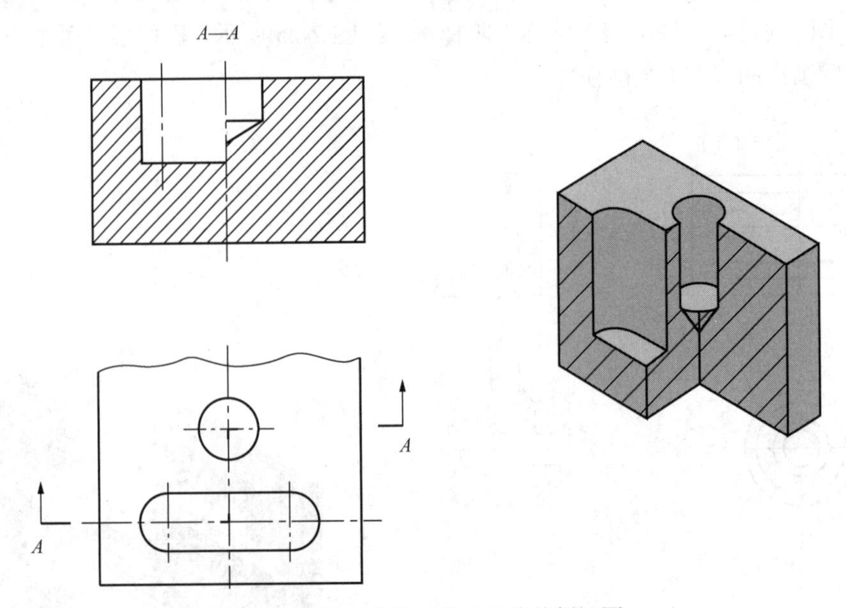

图 7-26　具有公共对称中心线的剖视图

（3）几个相交剖切面（旋转剖）

当机件的内部结构形状用一个剖切平面不能表达完全，且这个机件在整体上又具有回转轴时，可用两个相交的剖切平面剖开，这种剖切方法称为旋转剖，如图 7-27（b）所示的俯视图为旋转剖切后画出的全剖视图。

采用旋转剖面剖视图时，首先将由倾斜平面剖开的结构连同有关部分旋转到与选定的基本投影面平行，然后再进行投影，使剖视图既反映实形又便于画图。绘图时注意以下几点。

1）标注时，在剖切平面的起、讫、转折处画上剖切符号，标上同一字母，并在起、讫、剖切符号处画出箭头表示投影方向，在所画的剖视图的上方中间位置用同一字母写出其名称“×—×”，如图 7-27（b）所示。

2）当剖切后产生不完整要素时，应将该部分按不剖画出，如图 7-28 所示。

采用几个相交剖切面获得的剖视图，也可用展开画法，标注方法为“×—×展开”，如图 7-29 和图 7-30 所示。

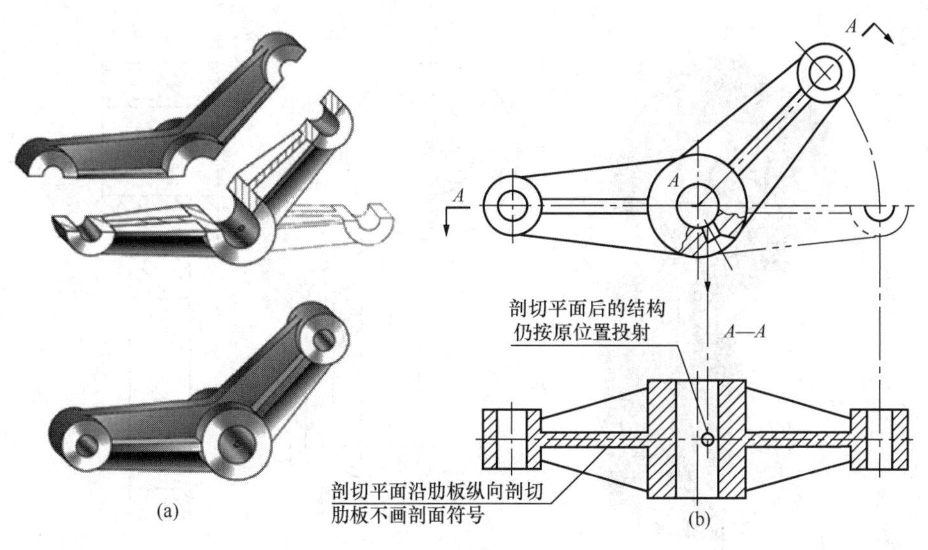

图 7-27　旋转剖视图

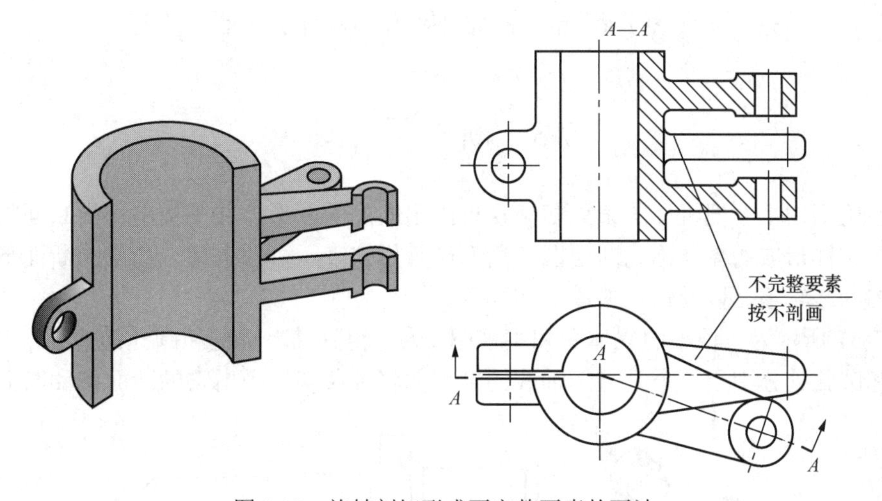

图 7-28　旋转剖切形成不完整要素的画法

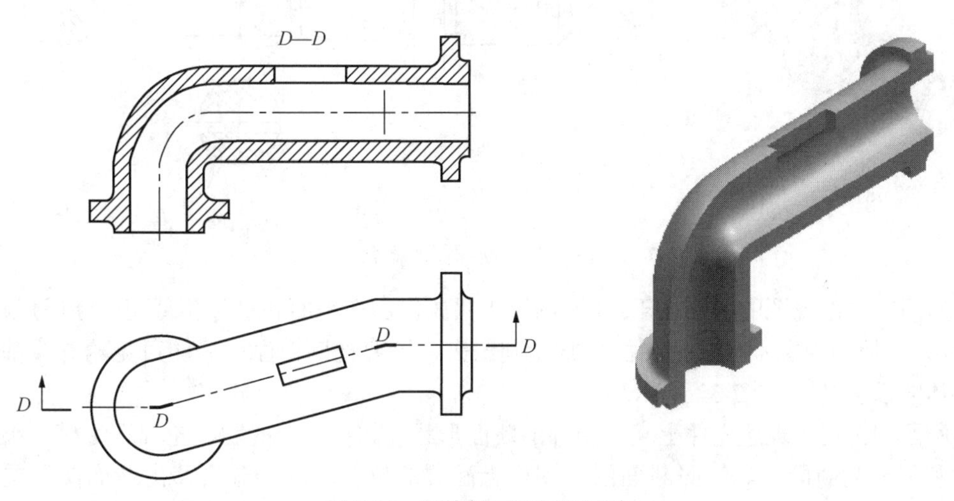

图 7-29　圆管剖视图展开画法

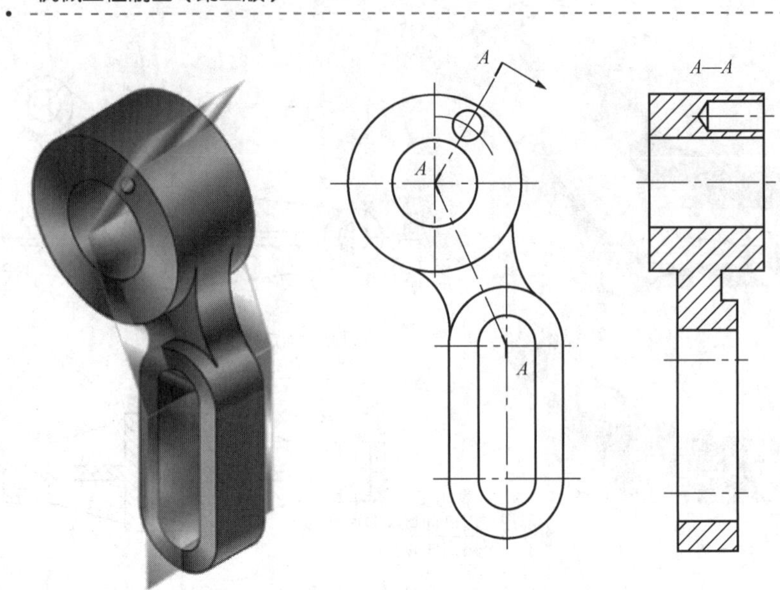

图 7-30　相交剖切面获得的剖视图展开画法

7.3　断　面　图

假想用剖切平面把机件的某处切断，仅画出断面的图形，并在被剖切的断面处画出剖面符号，这样形成的图样称为断面图。断面图常用来表示机件上某一局部的断面形状，如机件上的肋、轮辐，以及轴上的键槽和孔等。

图 7-31 所示为一根轴的立体图和主视图。为了得到轴上键槽和圆孔的清晰形状，假想在键槽和圆孔处分别用一个垂直于轴线的剖切面将轴截切，画出它的断面图和断面图。

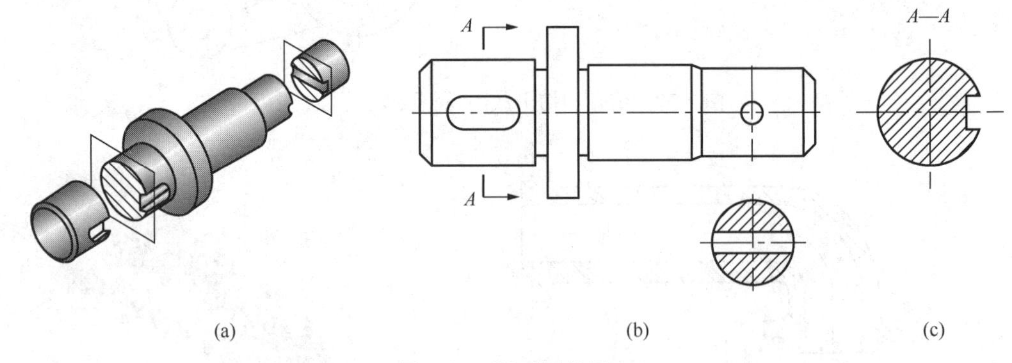

图 7-31　断面图的概念

断面图与剖视图的区别在于：断面图通常只画出剖切平面和机件相截切的断面形状（面的投影），而剖视图不仅要把断面形状绘制出来，还要把剖切面以后的可见轮廓线都画出来（体的投影），如图 7-32 所示。

断面图常用于表达机件上某一局部的断面形状，如机件上的肋、轮辐、键槽、小孔、杆件和型材的断面等。按照断面图在图样上配置的位置不同，分为移出断面图和重合断面图。

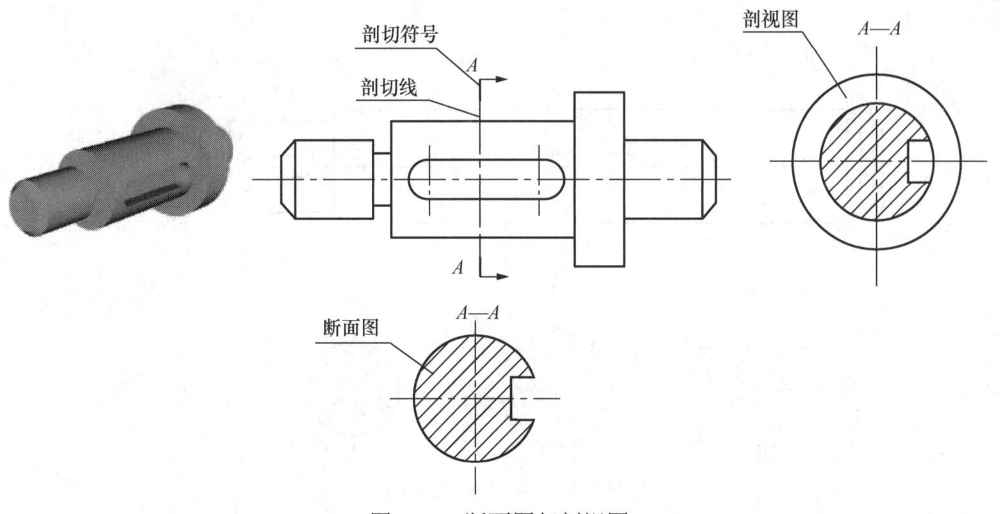

图 7-32　断面图与剖视图

（1）移出断面图

绘制在视图轮廓线以外的断面图称为移出断面图，如图 7-33 所示。移出断面图的轮廓线用粗实线表示，图形位置应尽量配置在剖切符号或剖切平面迹线的延长线上（剖切平面迹线是剖切平面与投影面的交线）。

由两个或多个相交的平面剖切得出的移出断面图，中间一般应断开，如图 7-33 所示。

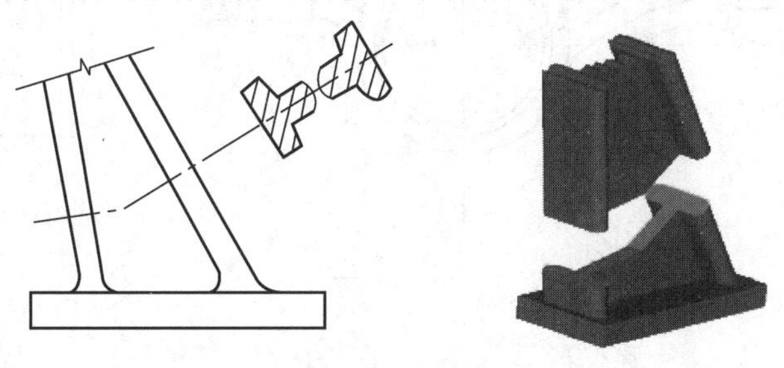

图 7-33　移出断面图

当断面图对称时，也可将断面图画在视图的中断处，但是应注意，视图断开处应画上波浪线，如图 7-34 所示。

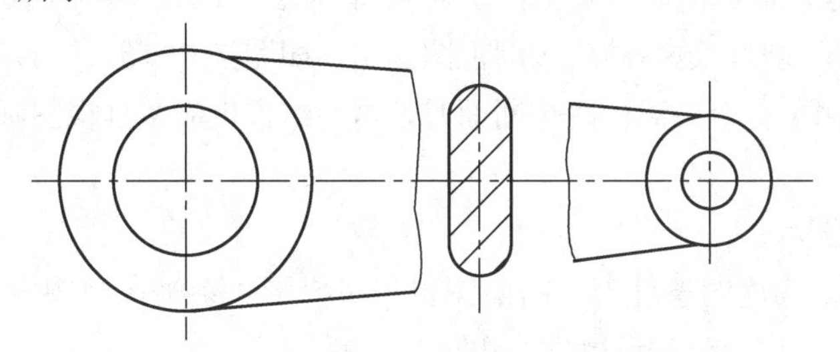

图 7-34　断面图形配置在视图中断处

移出断面图的标注与剖视图的标注相似。一般应用大写的拉丁字母标注移出断面图的名称“×—×”，在相应的视图上用剖切符号表示剖切位置和投射方向（用箭头表示），并标注相同的字母，如图 7-35 中 *A—A* 断面图。若配置在剖切线延长线上的对称移出断面，则不必标注字母和箭头，如图 7-35 中半圆槽的局部断面图。配置在剖切符号延长线上的不对称移出断面不必标注字母，如图 7-35 所示。

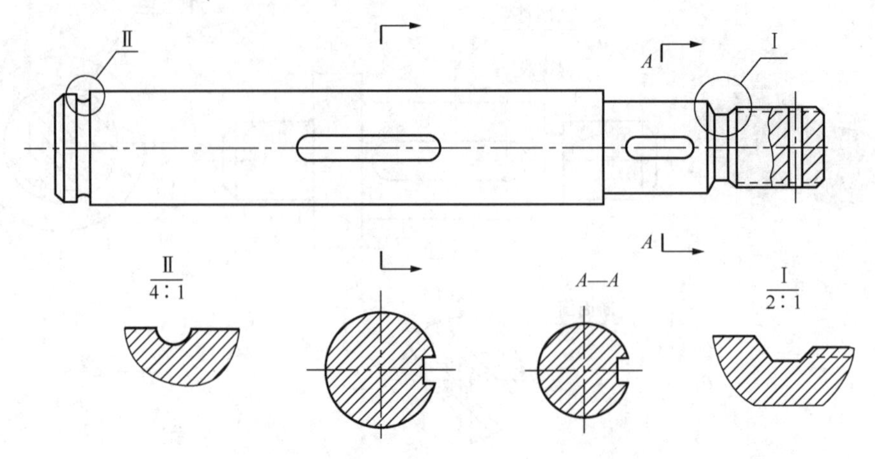

图 7-35　移出断面图标注

在不致引起误解时，允许将移出断面图旋转为如图 7-36 所示的 *B—B* 和 *D—D*。移出断面图旋转后，加注旋转方向的符号，并使符号的箭头端靠近图名的拉丁字母。

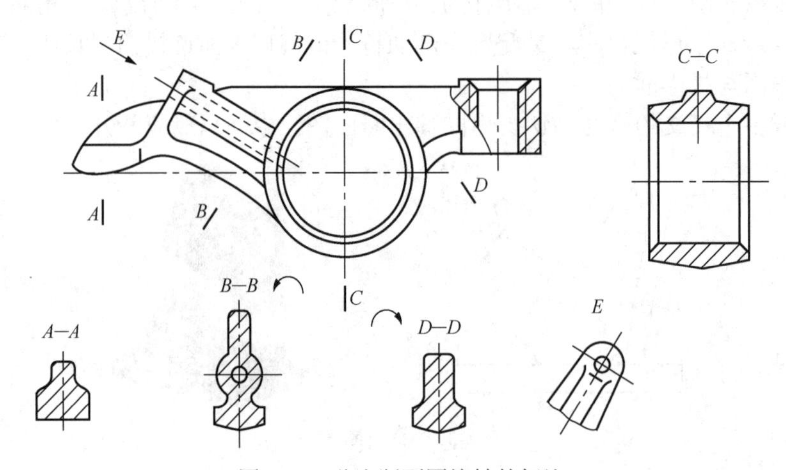

图 7-36　移出断面图旋转的标注

一般情况下，绘制断面图时只画出剖切的断面形状，但是当剖切平面通过机件上回转面形成的孔或凹坑的轴线时，这些结构按剖视图画出，如图 7-37（a）、（b）所示。当剖切平面通过非圆孔会导致出现完全分离的两个断面时，这种结构也应按剖视图画出，如图 7-37（c）所示。

（2）重合断面图

在不影响图形清晰度的条件下，断面图也可按投影关系画在视图内。这种画在视图轮廓线内部的断面图，称为重合断面图，如图 7-38 所示。

重合断面图的轮廓线用细实线绘制，剖面线应与断面图的对称线或主要轮廓线成 45°。当视图的轮廓线与重合剖面的图形线相交或重合时，视图的轮廓线仍要完整地画出，不得中断。

不对称的重合断面可省略标注，如图 7-38（a）所示。对称的重合断面通常会省略标注，如图 7-38（b）所示。

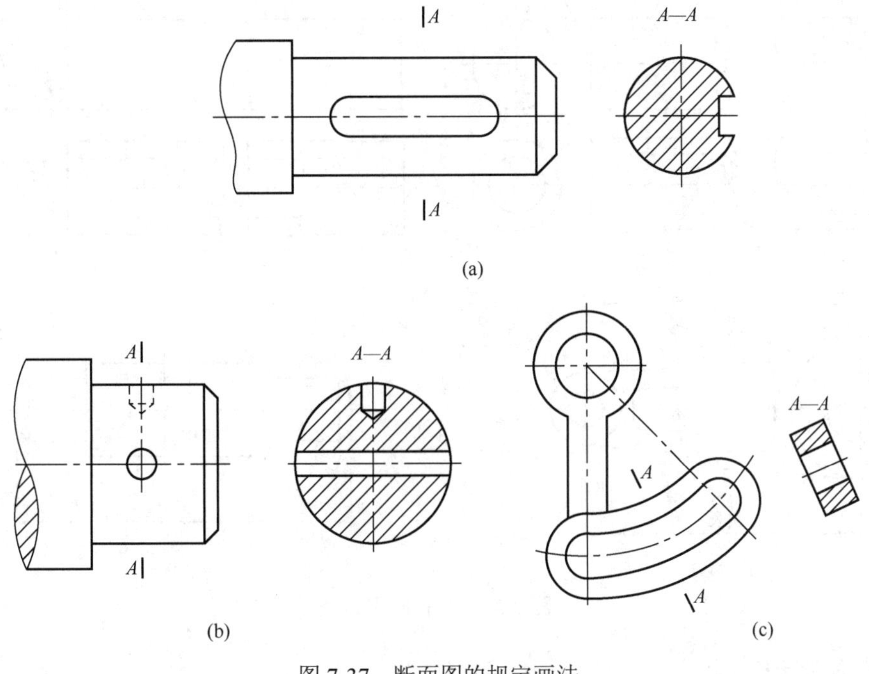

图 7-37　断面图的规定画法

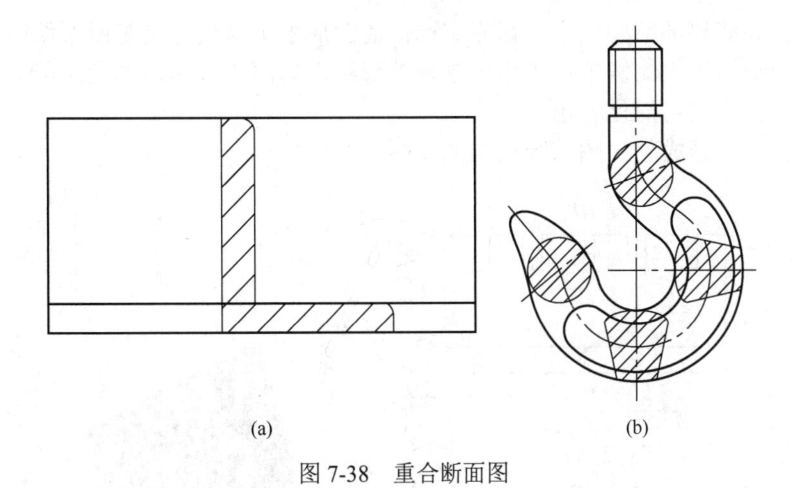

图 7-38　重合断面图

7.4　习惯画法和简化画法

7.4.1　断裂画法

对于较长的机件（如轴、连杆、筒、管、型材等），若沿长度方向的形状一致或按一定规律变化时，为节省图纸幅面和画图方便，可将其断开后缩短绘制，但是要标注机件的实际尺寸。

画图时，可用图 7-39 所示方法表示。折断处的表示方法一般有两种，一种是用波浪线断开，如图 7-39（a）～（c）所示，另一种是用双点画线断开，如图 7-39（d）所示。

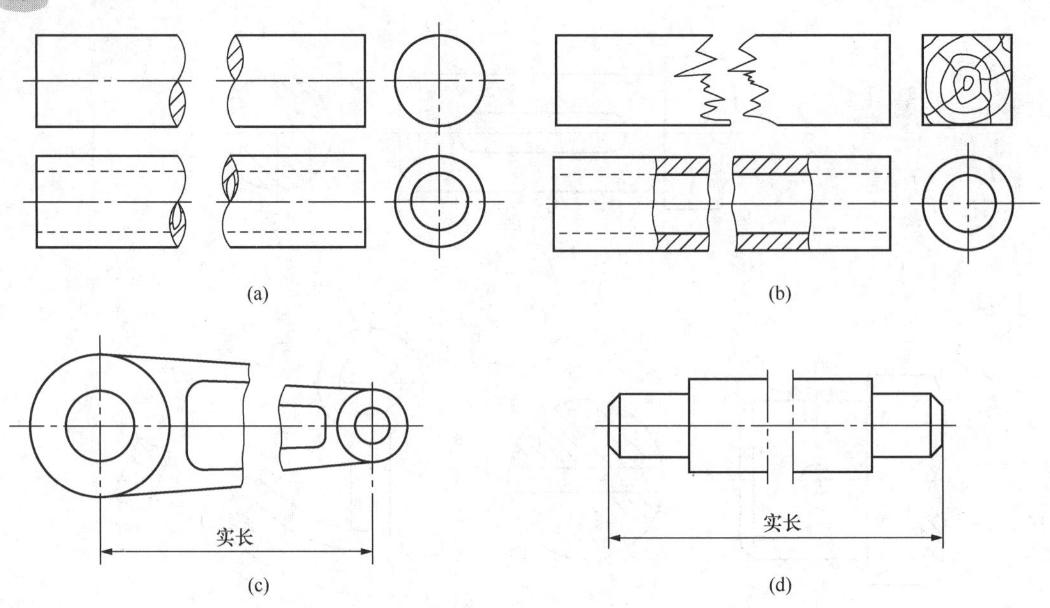

图 7-39　各种断裂画法

7.4.2　局部放大图

当机件的某些局部结构较小，在原定比例的图形中不易表达清楚或不便标注尺寸时，可将此局部结构用较大比例单独画出，这种图形称为局部放大图，如图 7-40 所示。此时，原视图中该部分结构可简化表示。

局部放大图可画成剖视图、断面图或视图。

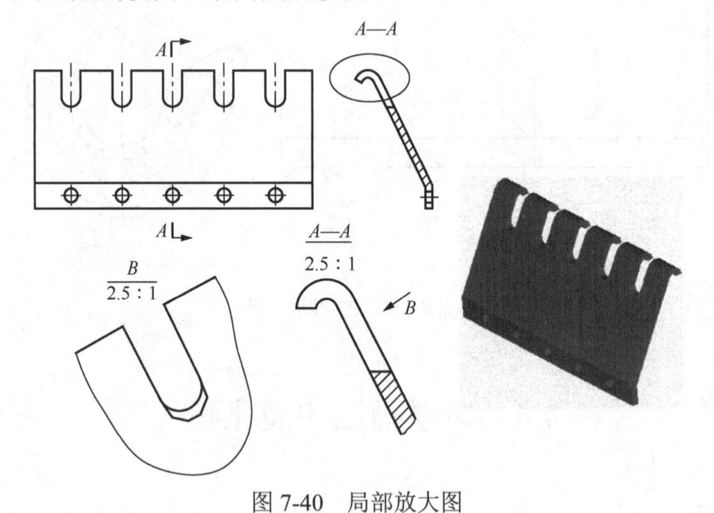

图 7-40　局部放大图

7.4.3　常见的简化画法

机械工程图样中使用简化画法的主要目的是在清楚表达机件形体结构的条件下，使用尽量简洁的线条和符号更直观地表达图样上的结构。

在机械图样中常用到的简化画法主要有以下几种。

（1）均匀布局的相同结构的简化

当机件具有若干相同结构（齿、槽等），并按一定规律分布时，只需要画出几个完整

的结构，其余用细实线连接，在零件图中则必须注明该结构的总数，如图 7-41 所示。

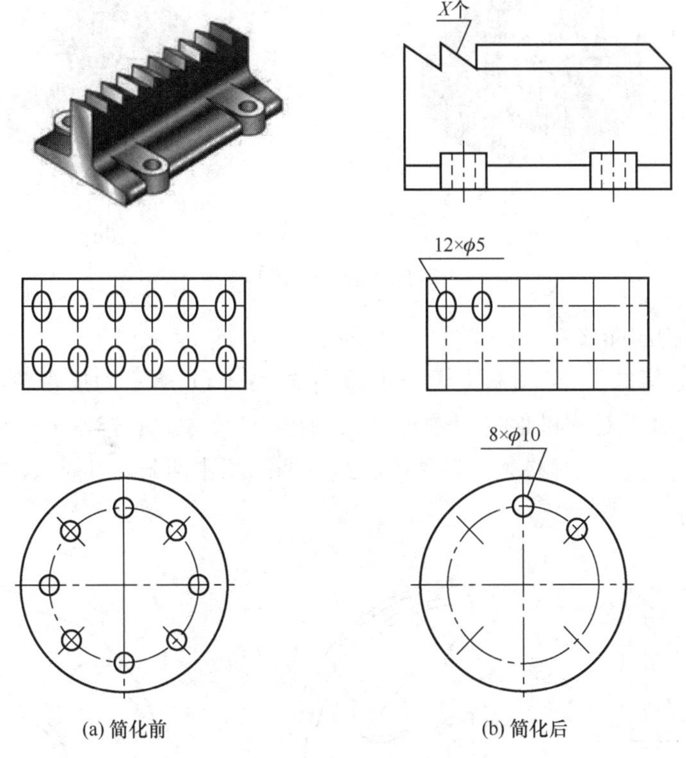

图 7-41　成规律分布的若干相同结构的简化画法

（2）肋、轮辐及薄壁的简化

对于机件的肋、轮辐及薄壁等，若按纵向剖切，则这些结构都不画剖面符号，而用粗实线将它与其邻接的部分分开。当机件回转体上均匀分布的肋、轮辐、孔等结构不处于剖切平面上时，可将这些结构旋转到剖切平面上画出，如图 7-42 所示。

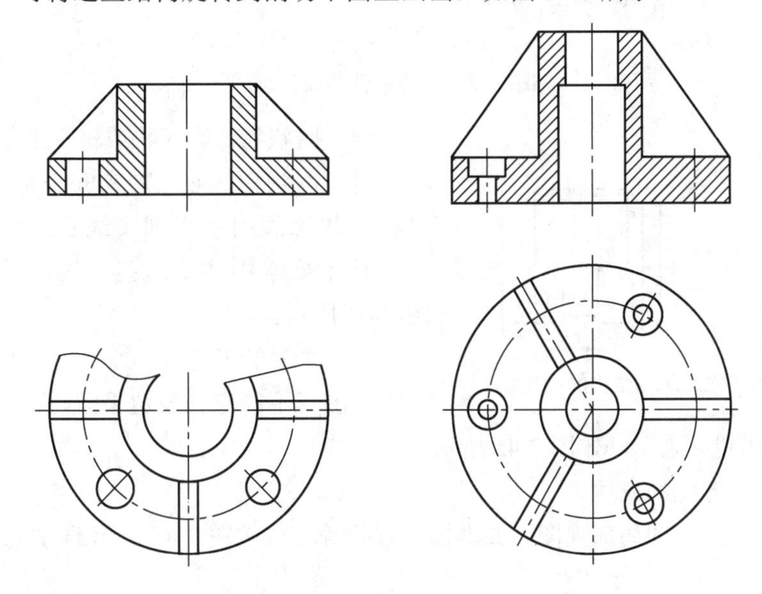

图 7-42　回转体上均匀分布的肋、孔的画法

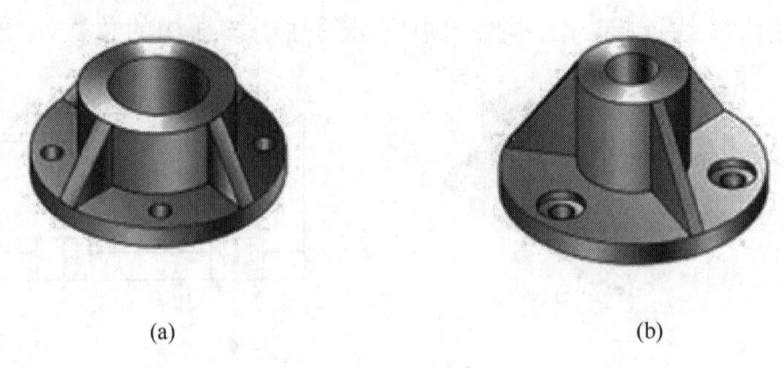

图 7-42（续）

（3）对称结构的简化

当某一图形对称时，可画略大于一半。图 7-43（a）所示为皮带轮的左视图，在不致引起误解时，对于对称机件的视图也可只画出一半，如图 7-43（b）所示，或 1/4，如图 7-43（c）所示，此时必须在对称中心线的两端画出两条与其垂直的平行细实线，如图 7-43（c）所示。

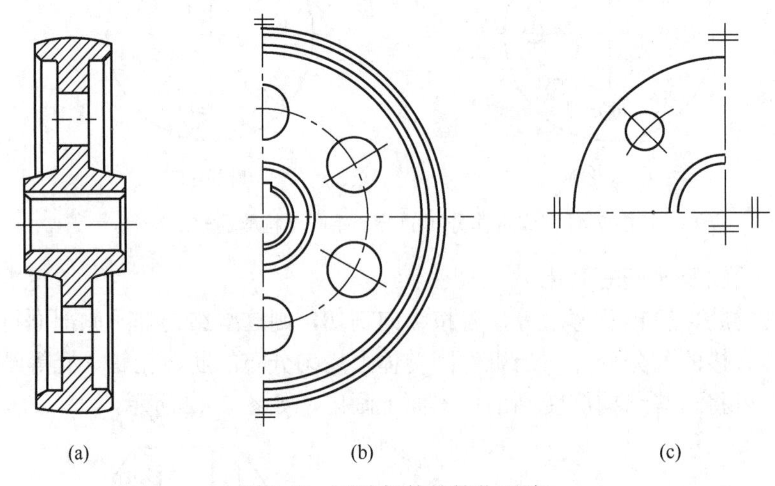

图 7-43　对称机件的简化画法

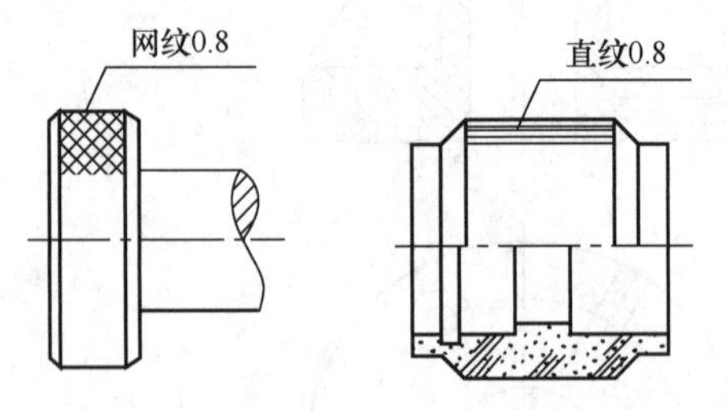

图 7-44　网状物及滚花结构的画法

（4）网状物、编织物或机件上的滚花的简化

对于网状物、编织物或机件上的滚花部分，可以在轮廓线附近用细实线示意画出，并在图上或技术要求中注明这些结构的具体要求，如图 7-44 所示。

（5）平面的表达

当图形不能充分表达平面时，可用平面符号（相交的两细实线）表示，如图 7-45 所示。

（6）键槽、方孔的表达

机件上对称结构的局部视图，如键槽、方孔等，可按图 7-46 所示的方法表示。

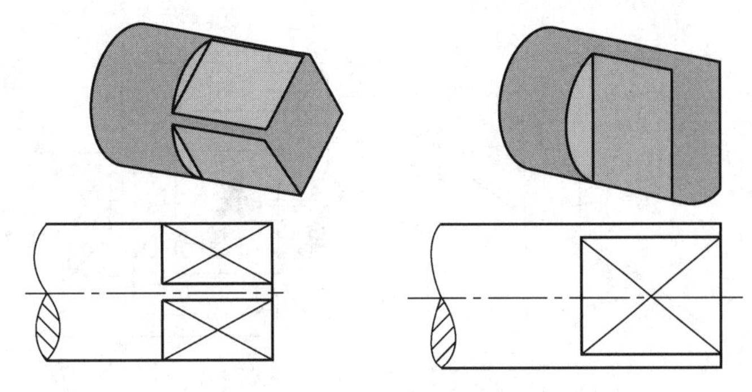

图 7-45　表示平面的简化画法

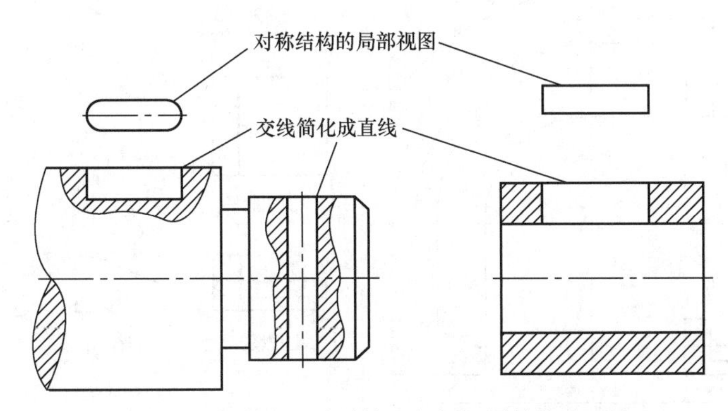

图 7-46　机件上对称结构局部剖视图的简化画法

7.5　第三角画法简介

如图 7-47 所示，两个相互垂直的投影面把空间分成Ⅰ、Ⅱ、Ⅳ、Ⅲ四个分角。机件放在第一分角表达称为第一分角投影法，机件放在第三分角表达称为第三分角投影法。第一分角画法就是把被表达的机件放在投影面与观察者之间，而第三分角画法就是将投影面放在被表达的机件与观察者之间。

7.5.1　第三角投影的形成

如图 7-47 所示，将物体置于第三分角内，使投影面（假设是透明的）处于观察者与物体之间，即按“人—投影面—物体”的投影顺序得到的多面正投影，称为第三角投影，简称第三角画法。

三个视图的名称分别如下：

1）主视图——由前向后投射在 V 面上所得的视图。

2）俯视图——由上向下投射在 H 面上所得的视图。

3）右视图——从右向左投射在 W 面上所得的视图。

将三个相互垂直相交的投影面展开摊平的方法与第一角画法相同，即 V 面不动，H 面绕它与 V 面的交线向上翻转 90°，W 面绕它与 V 面的交线向右旋转 90°，并取消投影面边框，即得到用第三角画法绘制的三视图，如图 7-47（b）所示。这时，三个视图之间仍应保持“长对立、高平齐、宽相等”的投影关系。

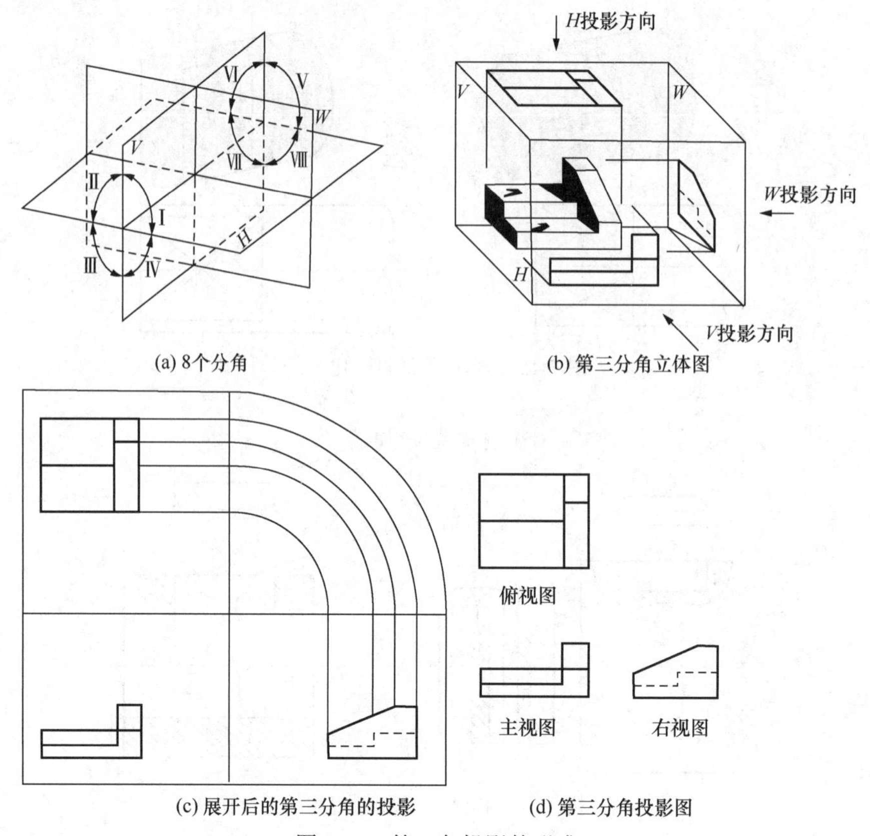

(a) 8个分角　(b) 第三分角立体图

(c) 展开后的第三分角的投影　(d) 第三分角投影图

图 7-47　第三角投影的形成

7.5.2　第三角画法与第一角画法的对比

采用第三角画法与第一角画法的视图配置（图 7-48）比较，可以看出它们与视图的形状是相同的，只相对于主视图的位置不同。

1）第三角画法将俯视图放置在主视图的正上方。

2）第三角画法将仰视图放置在主视图的正下方。

3）第三角画法将左视图放置在主视图的正左方。

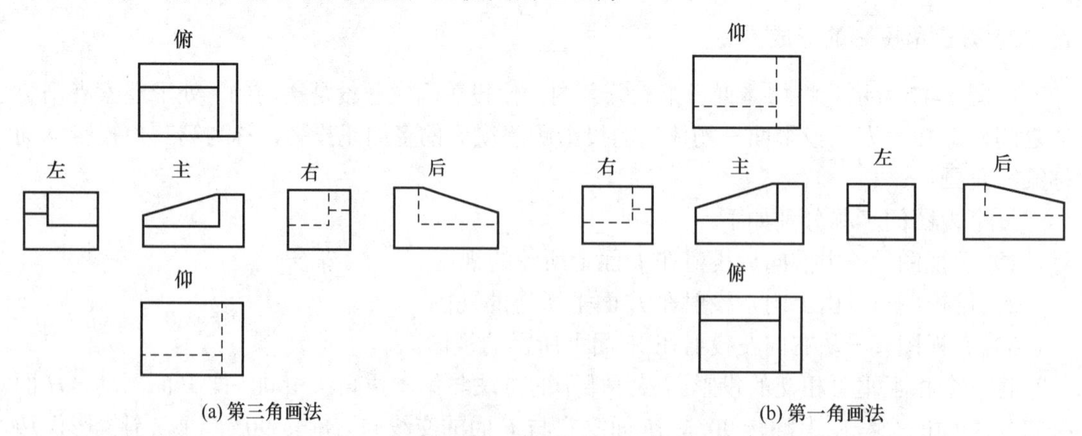

(a) 第三角画法　(b) 第一角画法

图 7-48　第三角画法与第一角画法的比较

4）第三角画法将右视图置放在主视图的正右方。

5）第三角画法的后视图的置放位置与第一角画法相同。

7.5.3　第三角画法的应用

国际上，大多数国家的工程图样采用第一角画法，也有一些国家如美国、英国等采用第三角画法。我国国家标准规定绘制技术图样采用第一角画法，必要时（如按合同约定等）才允许采用第三角画法。采用第三角画法时，必须在图样的标题栏或图样其他适当位置画出第三角投影的识别符号［图 7-49（b）］。其中 h 为图中尺寸字体高度，$H=2h$。

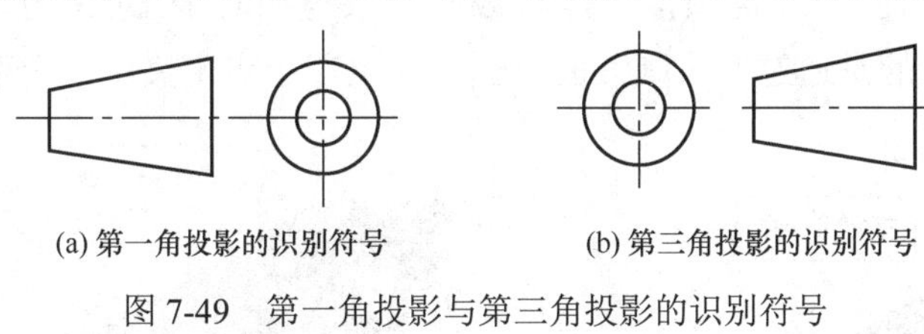

(a) 第一角投影的识别符号　　(b) 第三角投影的识别符号

图 7-49　第一角投影与第三角投影的识别符号

7.6　AutoCAD 绘图的综合应用

通过 AutoCAD 能够建立三维模型来表达机件的结构形状，但是具体的尺寸大小等技术要求，就需要运用 AutoCAD 将绘制的三维模型转化为机件工程图样。因此在运用 AutoCAD 绘制图形时，首先应对机件进行形状结构分析，根据机件的结构特点，调整 AutoCAD 绘图环境，达到三维图转为机件工程图样的要求，最后在视图上选择主视图、视图数量和各视图的表达方法，才能完成二维视图的创建。

7.6.1　三维实体的剖切

三维实体能够显示出实体的真实外轮廓面貌，但是不能清楚地表达实体内部的结构，同时在绘制较复杂的三维图形时，经常要查看其内部的结构。如果是线框模型，大量线条容易使查看的对象混淆，就需要通过剖切实体的操作来显示实体内部的结构，在 AutoCAD 中一般可以通过“差集”命令或创建截面平面两种方式来实现对实体的剖切。

1）“差集”命令条件下的剖切。三维实体的差集剖切是指可以从一组实体中删除与另一组实体的公共区域。

具体操作如下：单击“常用”→“实体编辑”→“差集”按钮。

执行差集命令后命令行提示选择被减去的对象及减去的对象，差集运算的结果与选择对象的顺序有关，如图 7-50 所示。

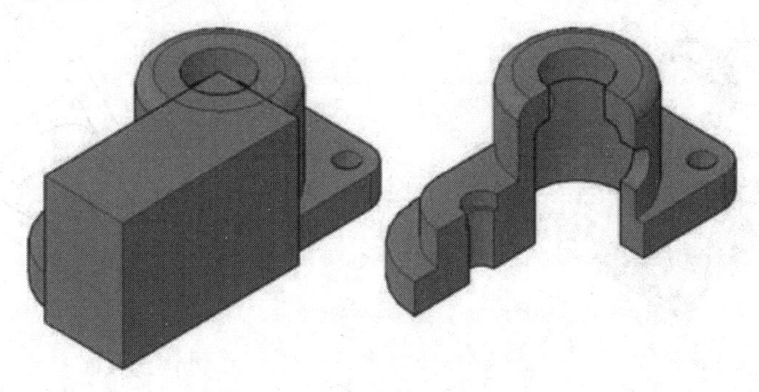

图 7-50　差集剖切命令的使用

2）创建截面平面条件下的剖切。与差集剖切法的区别在于，截面平面只是在三维空间穿过三维实体的某个位置创建一个平面，而差集剖切法是将三维实体剖成部分直接切除。

具体操作如下：单击“绘图”→“建模”→“截面平面”按钮。此时选择实体上的面，创建平行于该面的截面对象。首先指定一点坐标用于建立截面对象旋转所围绕的坐标点，再以第一点坐标为依据选取第二点的坐标创建截面，如图 7-51（a）所示。

在命令栏选择“绘制截面”选项，可以定义具有多个点的截面对象，以创建带有折弯的截面线；选择“正交”选项，可以将截面对象与相对于 UCS 的正交方向对齐。如图 7-51（b）中显示的是通过“绘制截面”选项指定三个点定义了一个弯折的截面对象。

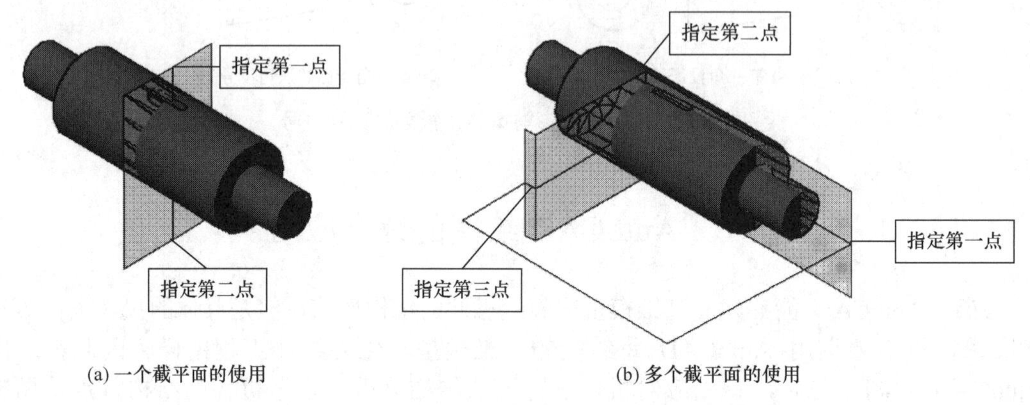

(a) 一个截平面的使用　　(b) 多个截平面的使用

图 7-51　截平面命令的使用

7.6.2　三维实体生成二维图

建立了三维实体之后，可以根据投影关系生成二维视图。可以采用正交投影法创建布局视图以生成三维实体及体对象的多面视图与剖视图，并编辑成机件图。首先选择新建视图命令生成基本视图（如主视图、俯视图、剖视图、向视图等）并做一定的设置；其次选择设置轮廓命令建立真正的二维图形并进行编辑；最后标注尺寸。

首先在模型空间将三维实体［图 7-52（a）］的视角设置为俯视图，视觉样式设置为二维线框，如图 7-52（b）所示。单击状态栏中的“布局 1”按钮，切换到图样空间，在图样空间中，白色背景区域即为图样大小的范围，默认的范围是 A4 图幅。虚线围住的区域为图样打印输出时的有效范围，超出虚线以外的图形不能打印输出，如图 7-53 所示。

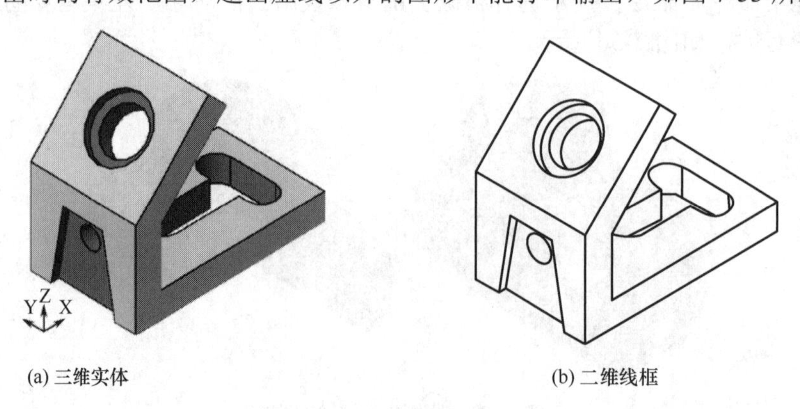

(a) 三维实体　　(b) 二维线框

图 7-52　视图的转换

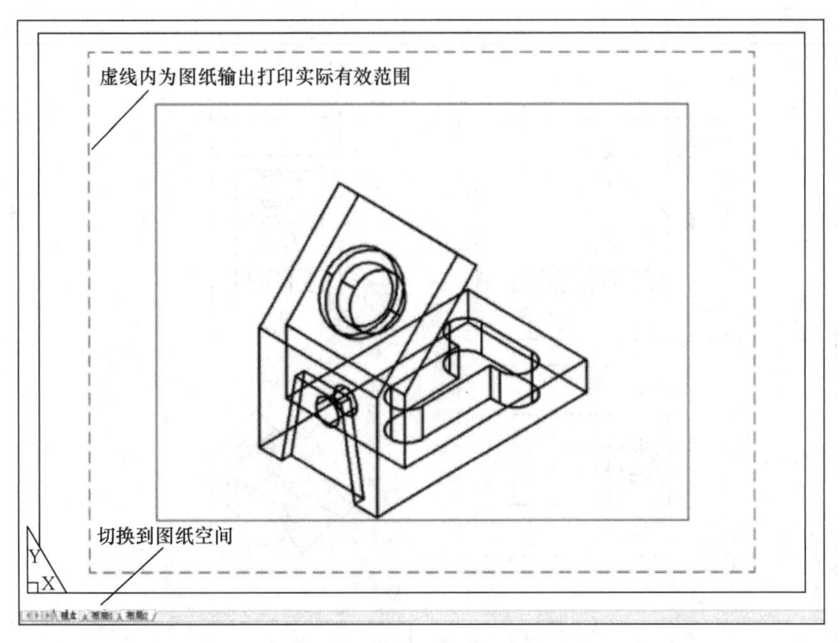

图 7-53　模型空间视图的创建

1）建立俯视图的具体操作步骤：选取“建模”→“实体视图”（命令：SOLVIEW）→UCS→“当前”→“输入比例值（按显示图的效果定值）”选项。

如图 7-54 所示，指定图幅的左下角适当位置为机件俯视图的中心，按 Enter 键进入下一步，指定左视图的左下角点 A，指定左视图的右上角点 B，输入视图名称，按 Enter 键或右击确定。

2）建立主视图的具体操作步骤：选择“建模”→“实体视图”（命令：SOLVIEW）→“截面”选项。

如图 7-54 所示，捕捉中点 C，捕捉中点 D，捕捉中点 E，指定图幅的左上角适当位置为机件主视图的中心，按 Enter 键进入下一步，指定主视图的左下角点 F，指定主视图的右上角点 G，输入视图名称，按 Enter 键或右击确定。

3）建立左视图的具体操作步骤：选择“建模”→“实体视图”（命令：SOLVIEW）→UCS→“正交”选项。

如图 7-54 所示，捕捉主视图视图边框线中点 H，指定图幅的右上角适当位置为机件左视图的中心，按 Enter 键进入下一步，指定左视图的左下角点 I，指定主视图的右上角点 J，输入视图名称，按 Enter 键或右击确定。

4）建立向视图的具体操作步骤：选择“建模”→“实体视图”（命令：SOLVIEW）→UCS→“辅助”选项。

如图 7-54 所示，捕捉斜面端点 K，捕捉斜面另一端点 L，单击斜面上方任意点 P，指定图幅的右下角适当位置为机件 A 向视图的中心，按 Enter 键进入下一步，指定 A 向视图的左下角点 M，指定 A 向视图的右上角点 N，输入视图名称，按 Enter 键或右击确定。

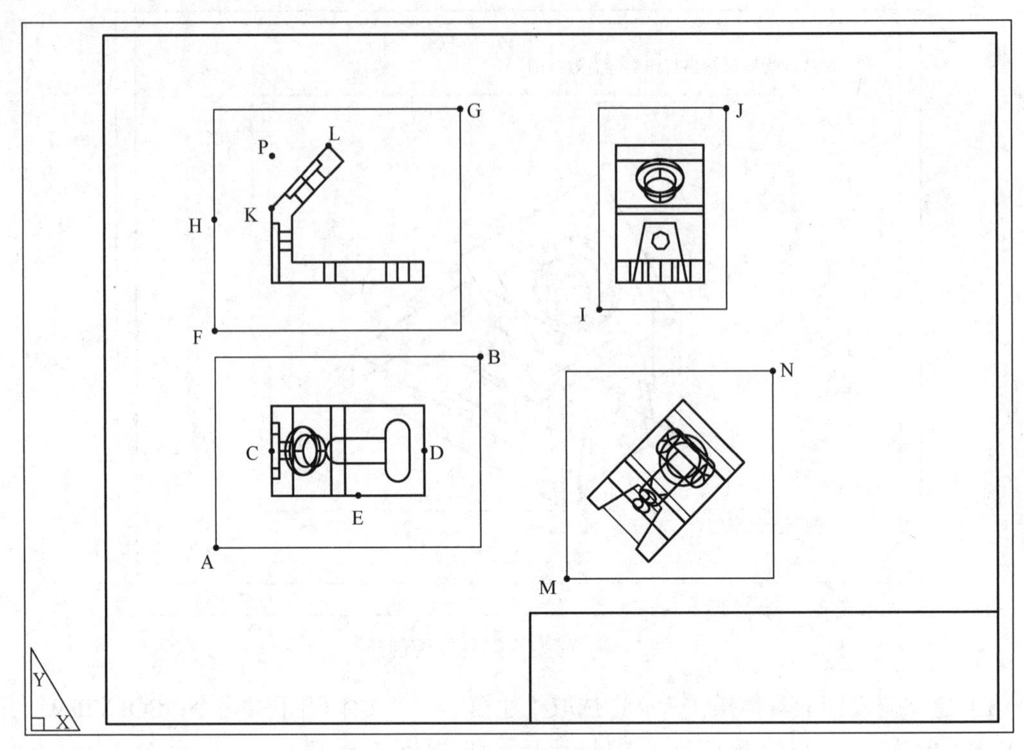

图 7-54　二维图形的创建

5）视图的调整操作：生成的二维图形是在浮动视角生成，并不符合图样的规范，因此需要将视图进行调整与编辑。

使用 DVIEW 命令，进行图形位置变动。单击“图层”→“图层特性管理器”→“线型设置”按钮，设置图形线条与线宽等。双击主视图进行激活，编辑图案填充，实现图形的填充，如图 7-55（a）所示。双击 A 向视图进行激活，删除无关的轮廓线，实现向视图的处理，如图 7-55（b）所示。

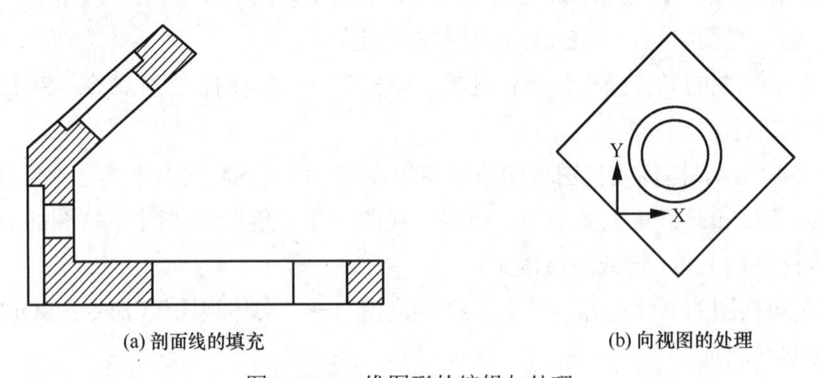

(a) 剖面线的填充　　(b) 向视图的处理

图 7-55　二维图形的编辑与处理

最后在布局的模型空间中对二维图形添加中心线并标注需要的尺寸。完成后可得到的二维图形，如图 7-56 所示。

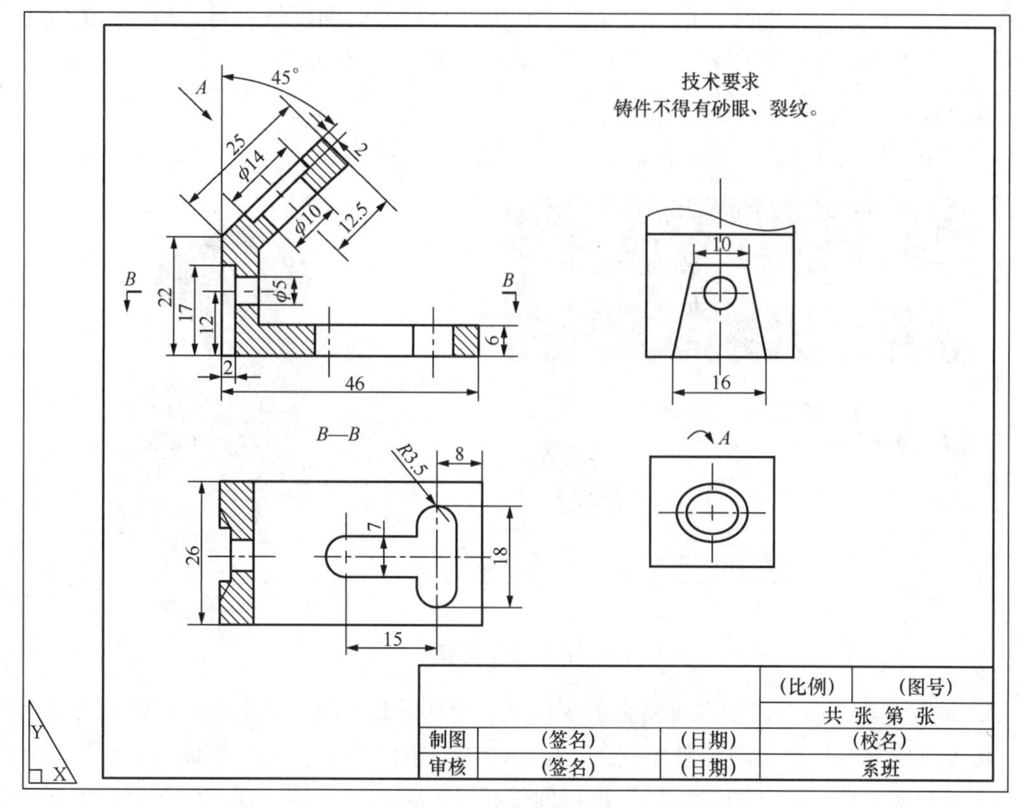

图 7-56　二维图形尺寸的标注

6）三维图转成二维平面图的操作流程如图 7-57 所示。

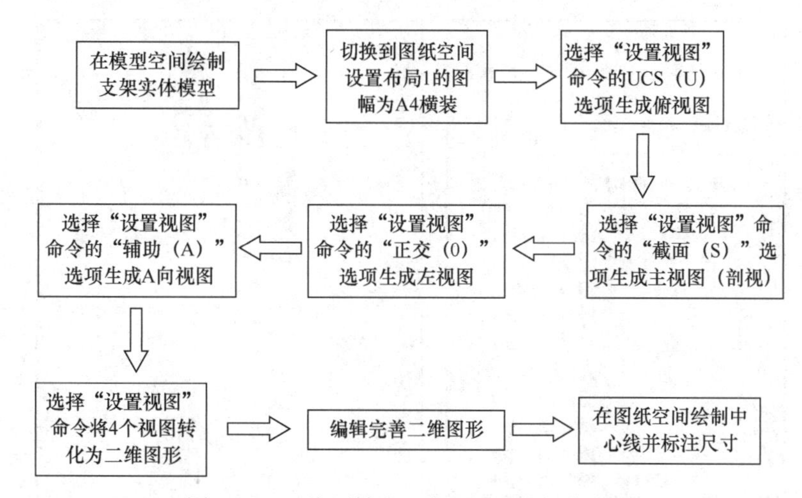

图 7-57　三维图转成二维平面图的操作流程

7.6.3　三维模型的渲染

1）着色。着色是利用不同的颜色对选定的三维模型的表面进行着色，使模型的显示效果更加清晰。

具体操作步骤如下：单击“可视化”→“视觉样式”→“着色” 按钮，打开如

图 7-58（a）所示的“选择颜色”对话框，首先选择模型的面，然后再选择对应的颜色，单击“确定”键，即可得到着色后的效果，如图 7-58（b）所示。

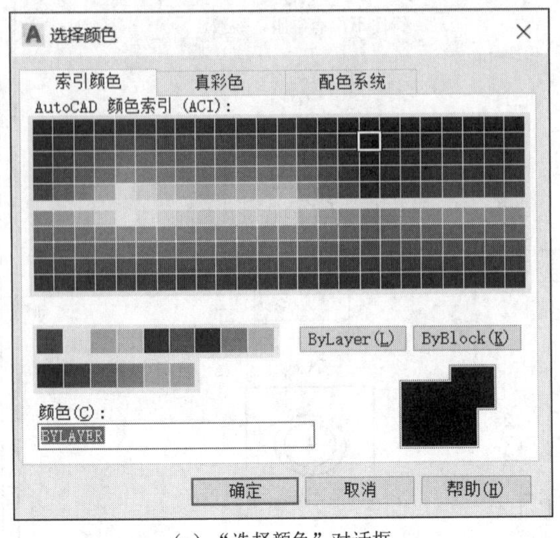

（a）“选择颜色”对话框

（b）三维模型着色面

图 7-58　三维模型的着色演示

2）渲染。渲染命令可使三维对象的表面显示出明暗色彩和光照效果，以形成逼真的图像，这种改变称为将材质附加到模型上。AutoCAD 中的“材质”选项板提供了已为用户创建的大量材质，还可以使用“材质”窗口创建和修改材质。具体操作步骤如下：选择“可视化”→“材质”→“材质浏览器”选项，打开“材质浏览器”对话框，如图 7-59 所示，选择需要的材质类型，直接拖动到对象上，完成材质附着，效果如图 7-60 所示。

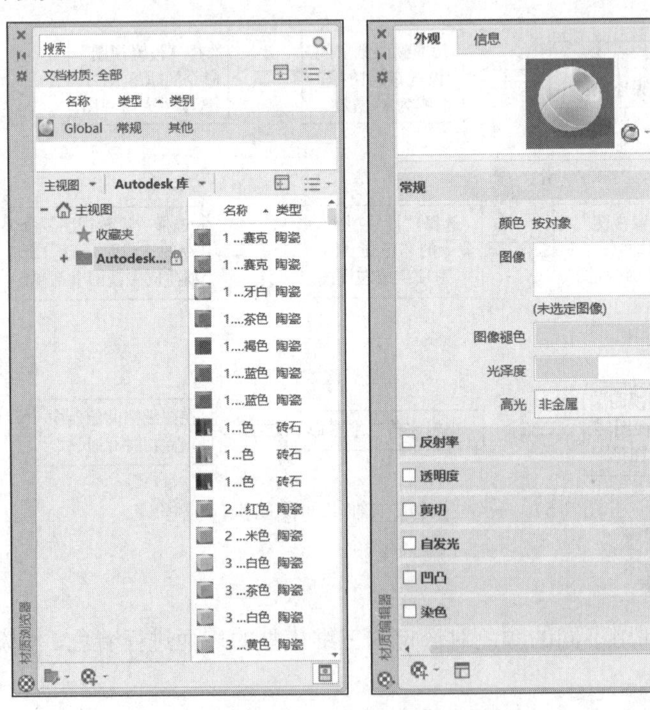

图 7-59　“材质浏览器”对话框

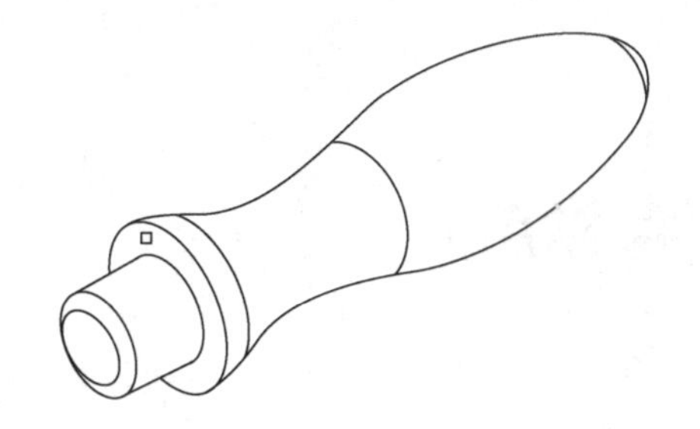
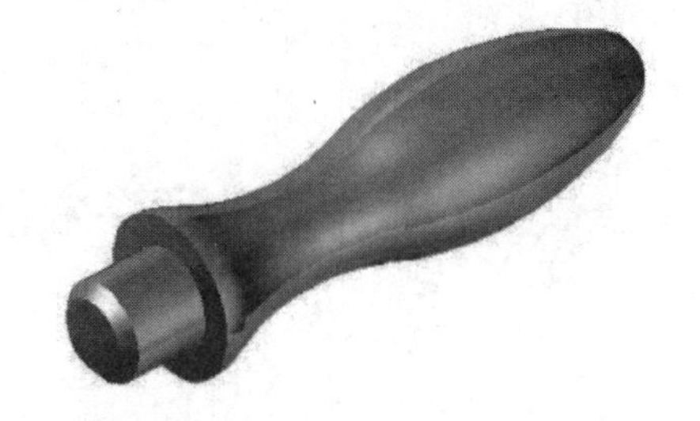

图 7-60　渲染命令效果颜色

思　考　题

1．基本视图共有几个？它们如何排列？
2．斜视图和局部视图有何作用？在图中如何配置和标注？
3．剖视图如何形成？有何作用？
4．剖视图如何配置？剖视图标注的一般原则是什么？
5．断面图有几种？断面图在图中应如何配置和标注？
6．第三角画法与第一角画法有何不同？我国采用哪种画法？
7．三维的“剖切”过程中有哪些操作选择？

第 8 章　标准件和常用件

教学要求

掌握螺纹的规定画法和标注；了解常用螺纹紧固件的种类、标记及其标准查阅方法，熟悉螺纹紧固件连接画法；掌握单个直齿圆柱齿轮及其啮合的画法和圆柱直齿轮的测绘方法；掌握普通平键连接和销连接的画法；了解常用滚动轴承的类型、代号及简化画法和规定画法、圆柱螺旋压缩弹簧的规定画法。

8.1　螺纹的规定画法和标注

机器是由若干零件、部件装配而成的，螺栓、螺母、垫圈、键、销等零件及滚动轴承使用广泛、用量较大，为了便于批量生产和使用，国家标准对这些零件的规格和参数、结构形状、尺寸以及技术要求均进行了标准化，统称为常用标准件，简称标准件。另外，还有一些零件，如齿轮、弹簧、花键，国家标准只对其部分尺寸和参数进行了标准化，但是这类零件结构典型，应用也十分广泛，称为常用标准件，习惯上称为常用件。

在机械图样中，标准件和常用件都不需要画出真实结构的投影，只要按国家标准规定的画法绘图，并按国家标准规定的代号或标记方法进行标注即可。它们的结构和尺寸可按其规定标记从国家标准中查得。

8.1.1　螺纹的形成及加工

在圆柱或圆锥表面上，沿着螺旋线所形成的、具有相同断面的连续凸起和沟槽的结构称为螺纹。螺纹凸起部分顶端表面称为牙顶，螺纹沟槽底部表面称为牙底。在圆柱外表面上形成的螺纹称为外螺纹；在圆柱内表面上形成的螺纹称为内螺纹。

螺纹的加工方法很多，常见的是在车床上车削内、外螺纹，也可以碾压螺纹，还可以用丝锥和板牙等手工工具加工螺纹，如图 8-1 和图 8-2 所示。

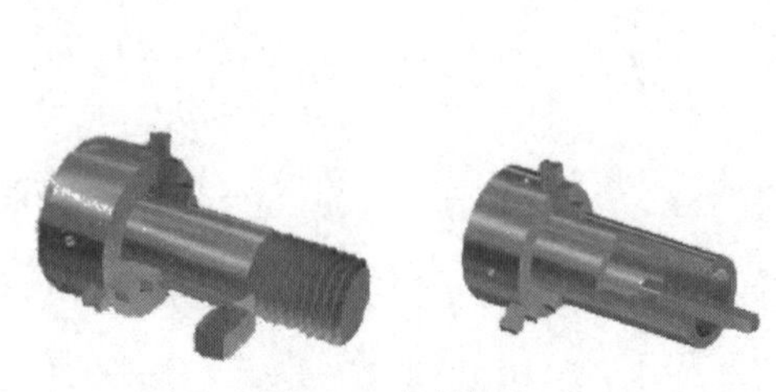

图 8-1　车削螺纹

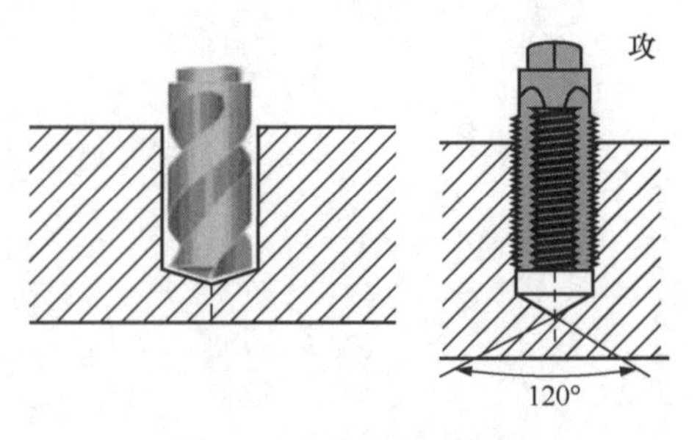

图 8-2　丝锥加工内螺纹

8.1.2　螺纹的要素

螺纹有五个基本要素：牙型、直径、线数、螺距和导程、旋向。只有这五个基本要素完全相同时，内、外螺纹才能旋合。

（1）螺纹牙型

螺纹牙型是指在通过螺纹轴线的断面上，螺纹的轮廓线形状。常见的标准螺纹牙型有三角形、梯形、锯齿形和矩形等，如图 8-3 所示。不同螺纹牙型有不同用途。

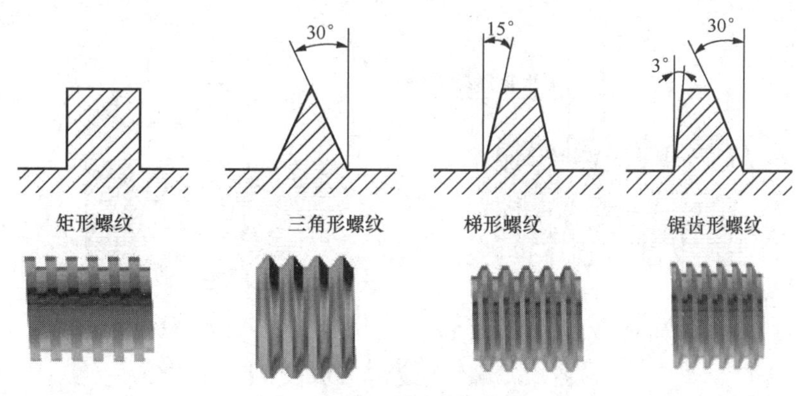

图 8-3　螺纹的牙型

（2）螺纹直径

如图 8-4 所示，螺纹直径包括大径、小径和中径。

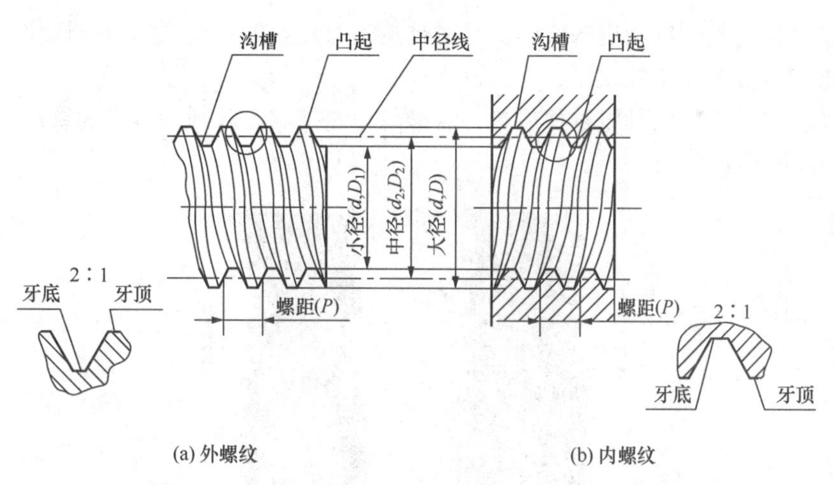

图 8-4　螺纹的大径、小径和中径

1）大径（外径）：与外螺纹牙顶或内螺纹牙底相重合的假想圆柱的直径称为螺纹大径：外螺纹大径用 d 表示，内螺纹大径用 D 表示。通常所说的螺纹直径就是指螺纹大径，也称螺纹公称直径。图样上一般标注大径。

2）小径（内径）：与外螺纹牙底或内螺纹牙顶相重合的假想圆柱直径称为小径。外螺纹小径用 d_1 表示，内螺纹小径用 D_1 表示。

3）中径：中径是母线通过牙型上沟槽和凸起宽度相等位置的假想圆柱（称为中径圆柱）直径。外螺纹中径用 d_2 表示，内螺纹中径用 D_2 表示。

（3）螺纹的线数

线数 n 是指在同一圆柱面上形成的螺纹条数。沿圆柱面上一条螺旋线所形成的螺纹称为单线螺纹，如图 8-5（a）所示。两条或两条以上在轴向等距分布的螺旋线所形成的螺纹，称为双线或多线螺纹，如图 8-5（b）所示。

（4）螺纹的螺距和导程

相邻两个牙型在中径线上对应两点间的轴向距离称为螺距 P。

导程 P_h 是指同一螺旋线上的相邻牙型在中径线上两对应点间的轴向距离，如图 8-5 所示。

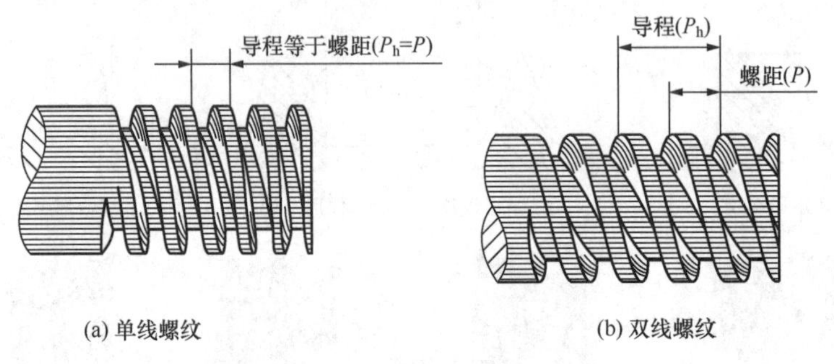

(a) 单线螺纹　(b) 双线螺纹

图 8-5　螺纹的线数、螺距及导程

由图 8-5（a）可知，对于单线螺纹，螺距等于导程；由图 8-5（b）可知，对于多线螺纹，螺距等于导程除以线数。

（5）螺纹的旋向

螺纹的旋向是指螺纹旋进的方向。顺时针旋转时旋入的螺纹称为右旋螺纹，逆时针旋转时旋入的螺纹称为左旋螺纹。

判别旋向时，将螺纹轴线垂直放置，若螺纹自左向右上升则为右旋螺纹，反之为左旋螺纹，如图 8-6 所示。

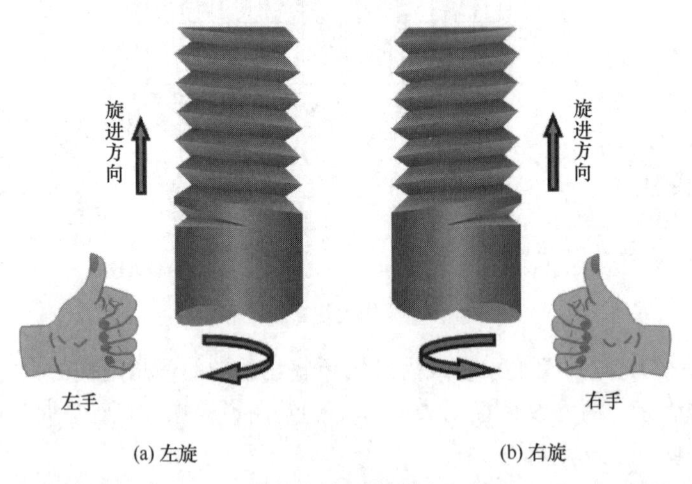

(a) 左旋　(b) 右旋

图 8-6　螺纹的旋向

8.1.3　螺纹的规定画法

在机械图样中，螺纹已经标准化，并且通常采用成型刀具制造，因此无须按其真实投

影画图。绘图时，根据《机械制图　螺纹及螺纹紧固件表示法》（GB/T 4459.1—1995）规定绘制即可。

（1）外螺纹的画法

外螺纹的画法如图 8-7 所示，螺纹牙顶圆的投影（即大径）用粗实线表示，牙底圆的投影（即小径）用细实线表示。螺杆的倒角或倒圆部分应画出，螺纹终止线用粗实线表示。在垂直于螺纹轴线的投影面的视图中，表示牙底圆的细实线只画约 3/4 圆，螺杆倒角的投影不画。当外螺纹被剖切时，剖切部分的螺纹终止线只画到小径处，剖面线画到表示牙顶圆的粗实线。

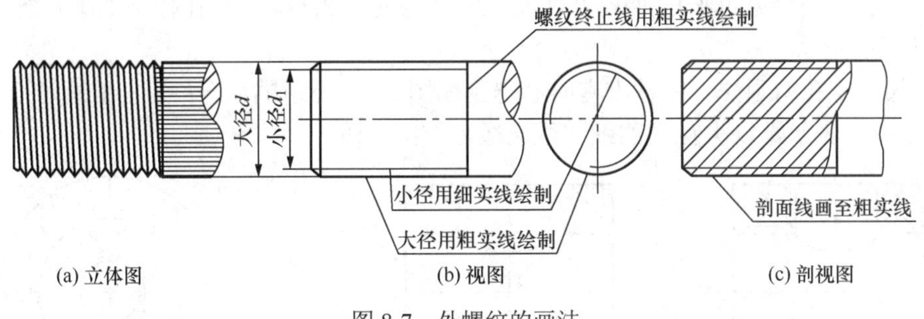

(a) 立体图　(b) 视图　(c) 剖视图

图 8-7　外螺纹的画法

（2）内螺纹的画法

内螺纹的画法如图 8-8 所示，在平行于螺纹轴线的投影面的视图中，内螺纹通常画成剖视图。牙顶圆的投影（即小径）用粗实线表示。牙底圆的投影（即大径）用细实线表示，螺纹终止线用粗实线表示。剖面线画到表示牙顶圆的粗实线。在垂直于螺纹轴线的投影面的视图中，表示牙底圆的细实线只画约 3/4 圆。螺纹上倒角的投影省略不画。当螺纹为不可见时，螺纹的所有图线均用虚线绘制。

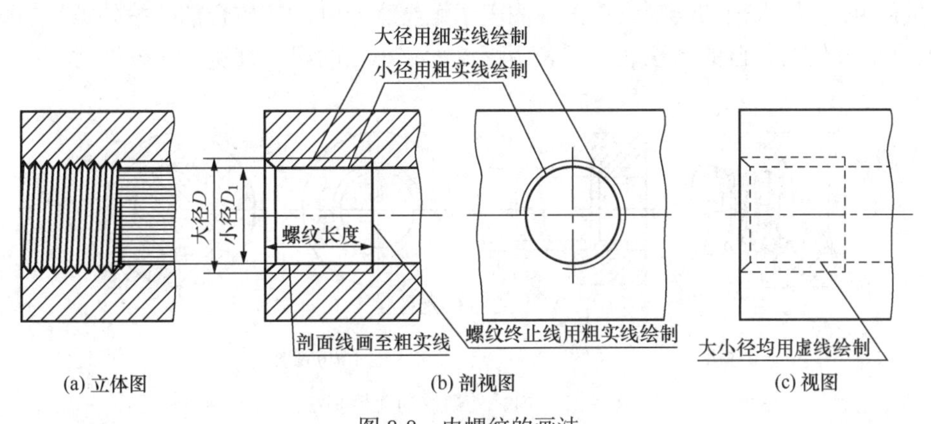

(a) 立体图　(b) 剖视图　(c) 视图

图 8-8　内螺纹的画法

（3）其他规定画法

1）螺尾与退刀槽的画法。在机件上加工部分长度的内、外螺纹，由于刀具临近螺纹末尾时逐渐离开工件，因此收尾部分螺纹并不完整，称为螺尾。螺尾一般不需表示，需要时可以从小径处画出与轴线成 30° 角的细实线，螺纹终止线画在完整螺纹终止处，如图 8-9（a）所示。为了避免出现螺尾，常在螺纹末端处预制一个退刀槽，如图 8-9（b）所示。

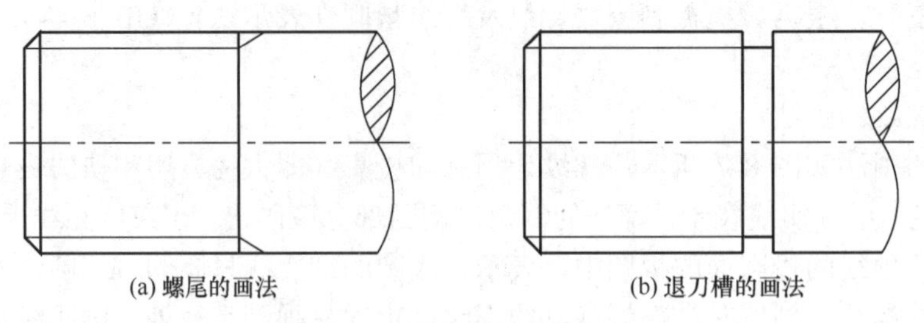

图 8-9　螺尾与退刀槽的画法

2）螺孔中相贯线的画法。两螺孔相交或螺孔与光孔相贯时，只在牙顶处画一条相贯线，如图 8-10 所示。

3）部分螺孔的画法。零件上有时会遇到如图 8-11 所示的部分螺孔，在垂直于螺纹轴线的视图中，表示螺纹大径圆的细实线应适当空出一段。

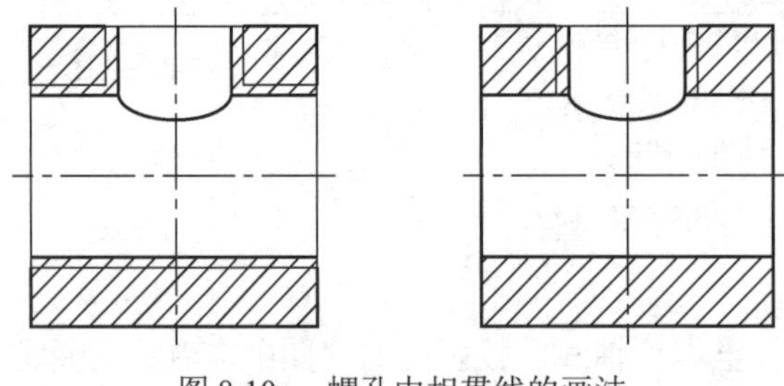

图 8-10　螺孔中相贯线的画法

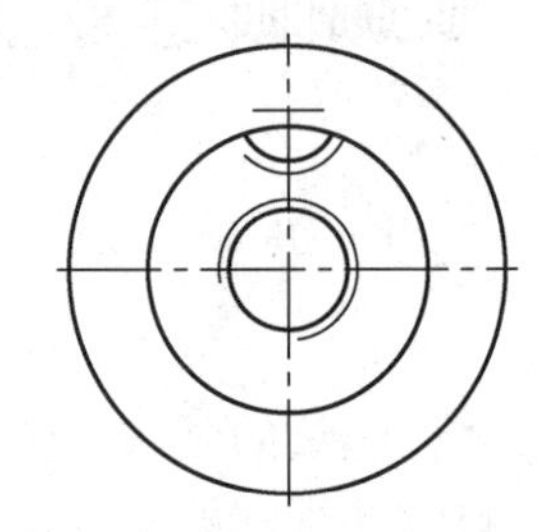

图 8-11　部分螺孔的画法

（4）螺纹联接的画法

首先必须明确，只有螺纹五个要素均相同的内、外螺纹才能旋合在一起。

螺纹联接的画法如图 8-12 所示，内、外螺纹联接常用剖视图表示，使剖切平面通过螺杆的轴线，螺杆按未剖切绘制。用剖视图表示螺纹联接时，其旋合部分按外螺纹的画法绘制，其余部分仍按各自的画法表示。表示螺纹大、小径的粗、细实线应分别对齐。

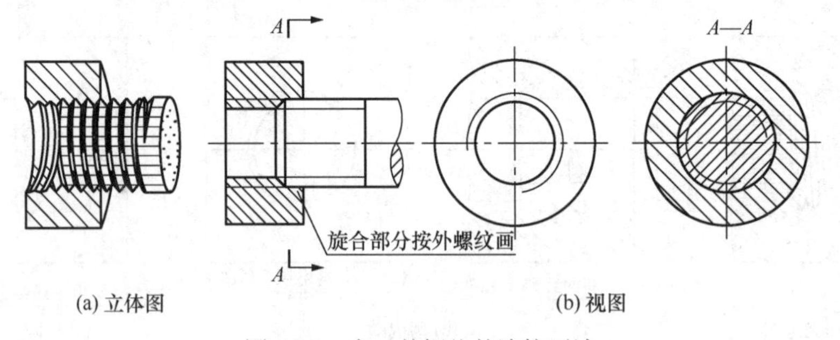

图 8-12　内、外螺纹的连接画法

8.1.4　螺纹的种类及标注

螺纹的种类较多，为便于设计和制造，国家标准对螺纹的三个基本要素——牙型、直径和螺距作了统一规定：凡三个主要要素都符合国家标准的为标准螺纹；牙型符合标准，直径或螺距不符合标准的为特殊螺纹；牙型不符合标准的为非标准螺纹（如矩形螺纹）。如果在生产上无特殊需要，均应采用标准螺纹。

（1）标准螺纹的分类

常用标准螺纹按用途分为联接螺纹和传动螺纹，如图 8-13 所示。

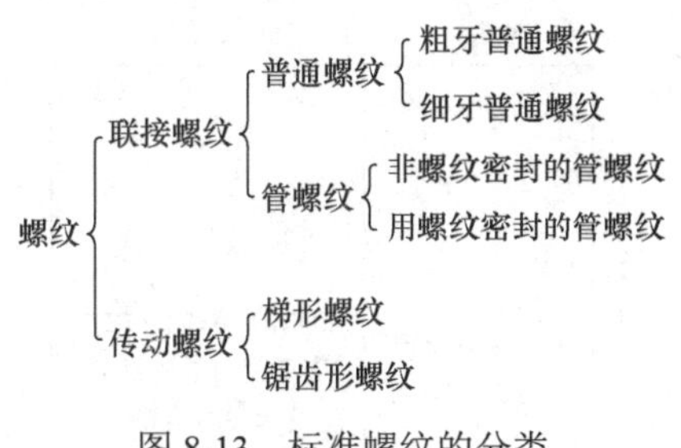

图 8-13　标准螺纹的分类

（2）标注螺纹的标注

螺纹的规定画法是相同的，而螺纹的种类又非常繁多，为了区别不同的螺纹，国家标准规定标准螺纹应在图样上按规定格式进行标注。

普通螺纹、梯形螺纹和锯齿形螺纹标记格式如下：

特征代号　公称直径×导程（*P* 螺距）旋向-旋向代号-螺纹公差带代号-旋合长度代号

注：单线螺纹导程与螺距相同，导程（*P* 螺距）改为螺距。

管螺纹标记格式为

特征代号　尺寸代号　螺纹公差带代号-旋合长度代号

螺纹的种类、用途和标注示例见表 8-1。

1）螺纹特征代号，如普通螺纹用 M 表示，55° 非密封管螺纹用 G 表示。

2）螺纹公称直径一般为螺纹的大径，但是管螺纹的尺寸代号是管子的通孔直径。

3）普通粗牙螺纹，螺距省略不注，单线螺纹导程不注。

4）左旋螺纹标注“LH”，右旋螺纹不标注。

5）普通螺纹的基本中径公差带代号（在前）、顶径公差带代号（在后）一般同时注出，基本中径和顶径公差带代号相同时，只标注一个。代号中小写字母表示外螺纹，大写字母表示内螺纹。

6）两个配合的螺纹，其旋合长度分为 L（长）、N（中）、S（短），中等旋合长度可省略不注。

表 8-1　螺纹的种类、用途和标注方法

螺纹种类			用途说明	标注示例	标注含义
联接螺纹	普通螺纹 M	粗牙	一般联接用粗牙普通螺纹	M24−5g6g	普通粗牙外螺纹（螺距、右旋省略不注），公称直径 24mm，中径、顶径的公差带代号分别为 5g 和 6g，中等旋合长度
		细牙	螺纹大径相同时，细牙螺纹螺距和牙型高度比粗牙螺纹螺距和牙型高度小	M24×1LH−6H-S	普通细牙内螺纹，螺距 1mm，公称直径 24mm，左旋，中径、顶径公差带相同，只注一个代号 6H，短旋合长度标注 S

续表

螺纹种类		用途说明		标注示例	标注含义
联接螺纹	55°非密封管螺纹 G	常用于电线管等不需要密封的管路系统中的联接		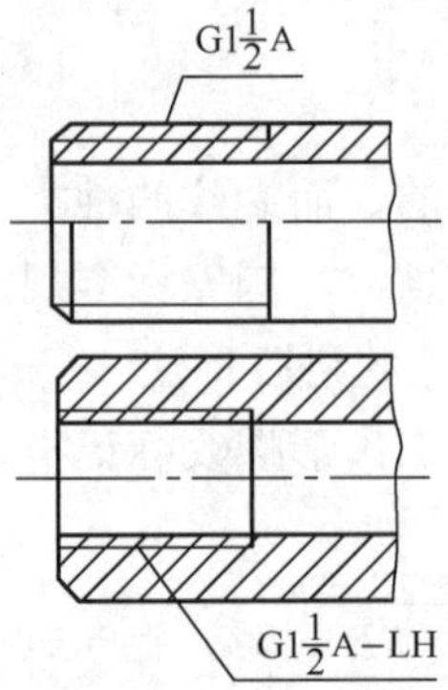 $G1\frac{1}{2}A$ $G1\frac{1}{2}A-LH$	非螺纹密封的管螺纹，$1\frac{1}{2}$是尺寸代号，表示管子的通孔直径为$1\frac{1}{2}$in 。A 代表外螺纹公差等级代号 A 级。LH 表示螺纹为左旋
	55°密封管螺纹 R_c、R_p、R_1或R_2	常用于水管、煤气管、机器上润滑油管等系统的联接	圆锥外螺纹 R_1、R_2	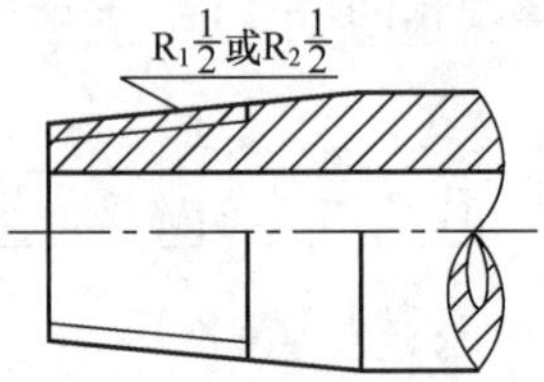 $R_1\frac{1}{2}$或$R_2\frac{1}{2}$	R_1、R_2右边的$\frac{1}{2}$为管螺纹尺寸代号，表示管子的通孔直径为$\frac{1}{2}$ in
			圆锥内螺纹 R_c	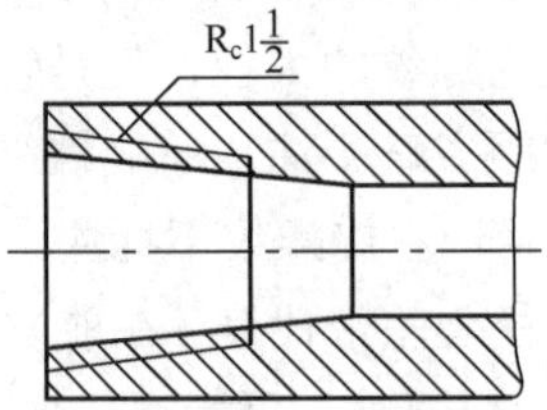 $R_c1\frac{1}{2}$	R_c右边的数字为管螺纹尺寸代号
			圆柱内螺纹 R_p	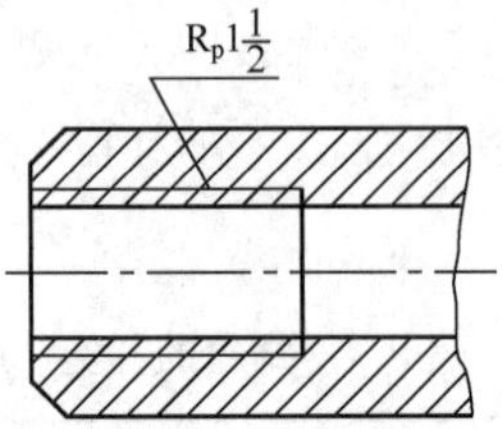 $R_p1\frac{1}{2}$	R_p右边的数字为管螺纹尺寸代号
传动螺纹	梯形螺纹 Tr	多用于各种机床上的传动丝杆，传递双向动力		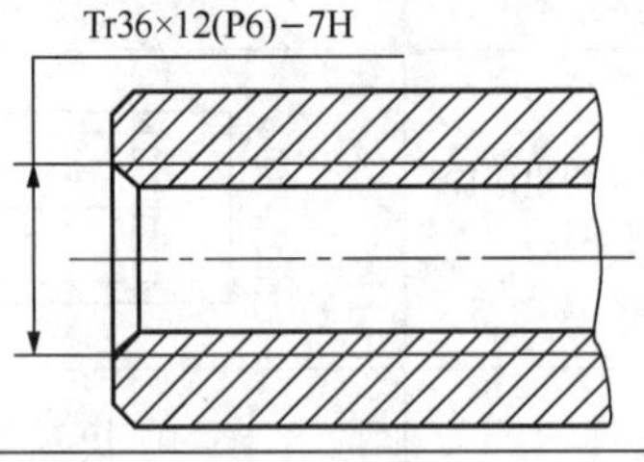 Tr36×12(P6)−7H	双线梯形外螺纹，公称直径为 36mm，螺距为 6mm，导程为 12mm，右旋，中径、顶径公差带相同，代号为 7H，中等旋合长度
	锯齿形螺纹 B	用于螺旋压力机的传动丝杆，传递单向动力		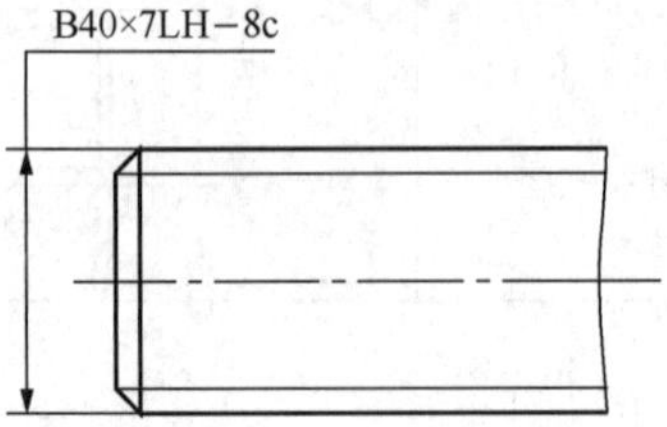 B40×7LH−8c	锯齿形外螺纹，公称直径为 40mm，螺距为 7mm，左旋，中径、顶径公差带相同，代号为 8c，中等旋合长度

（3）特殊螺纹、非标准螺纹的标注

特殊螺纹在标注时应在特征代号前加注“特”字，如：特 M24×2.5−7H。

非标准螺纹应画出螺纹的牙型，标注所需要的尺寸，如图 8-14 所示。

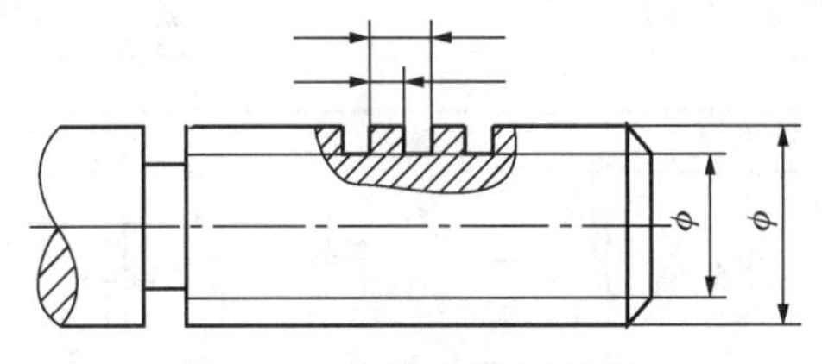

图 8-14　非标准螺纹的标注

8.1.5　螺纹的测绘

螺纹测绘内容主要是确定螺纹的牙型、线数、旋向，并测量大径、螺距等具体数值，然后根据螺纹相关标准确定螺纹具体种类和尺寸。

（1）大径的测量

外螺纹的大径可用游标卡尺来测量。内螺纹的大径不易直接测量，一般可通过测量与它配合的外螺纹的外径来确定。如果没有配合件，可以先用游标卡尺测量内螺纹的小径，再根据小径数值从螺纹标准中查出大径尺寸。

（2）牙型和螺距的测量

用螺纹规可直接测量螺纹的牙型和螺距. 测量时选择与被测螺纹能完全吻合的螺纹规，螺纹规上所标出的牙型和螺距便为所测结果，如图 8-15（a）所示。

如果没有螺纹规时，可用拓印法测量螺距。将螺纹在纸上印出痕迹，如图 8-15（b）所示。一般测量五个或十个螺距的长度，再算出一个平均螺距，并查阅螺纹标准，采用与实测值最接近的标准螺距，最后对照所测得的螺纹大径，确定属于哪一种牙型的螺纹。

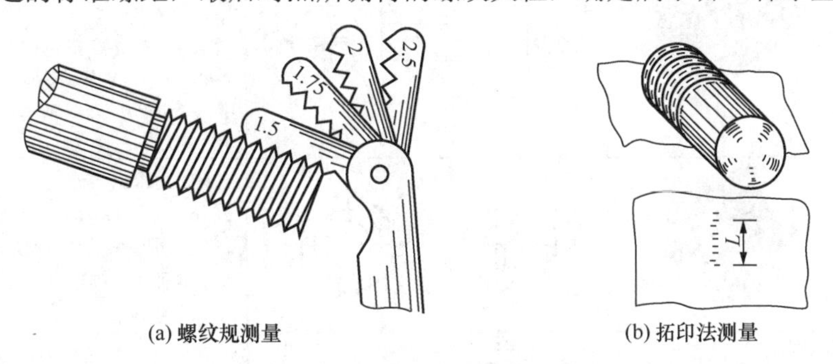

(a) 螺纹规测量　　(b) 拓印法测量

图 8-15　螺纹牙型和螺距的测量

8.2　螺纹紧固件

螺纹紧固件主要起连接和紧固作用，常用的有螺栓、螺母、垫圈、螺钉及双头螺柱等，其结构型式和尺寸均已标准化。螺纹紧固件通常由专业化工厂成批生产，使用时可按要求根据相关标准选用。

8.2.1　螺纹紧固件的标记

根据《紧固件标记方法》（GB/T 1237—2000）的规定，紧固件可以采用简化标记，标注其名称、标准编号、型式与尺寸等三项内容，具体如表 8-2 所示。

表 8-2　常用螺纹紧固件的标记

名称	实物图	简图	标记示例
六角头螺栓	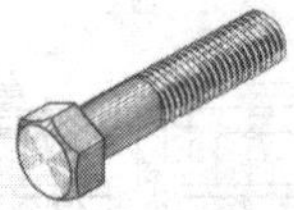	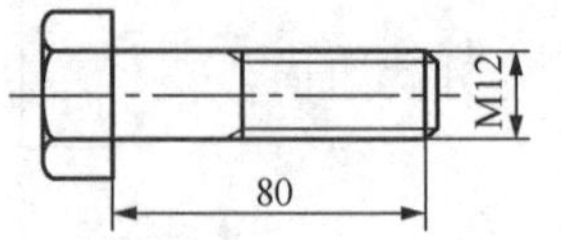 M12；80	《六角头螺栓　C 级》（GB/T 5780—2016）螺栓 GB/T 5780　M12×80 螺纹规格为 M12、公称长度 l=80mm，性能等级为 4.8 级、表面不经处理、产品等级为 C 级的六角头螺栓
双头螺柱	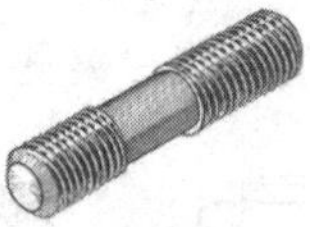	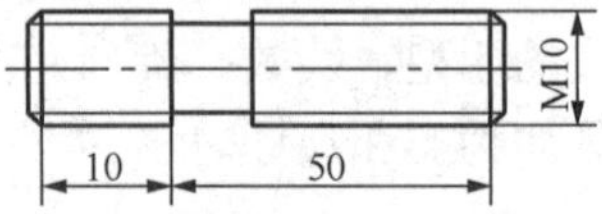 M10；10；50	《双头螺柱 bm=1.5d》（GB/T 899—1988）M10×50 B 型、两端均为粗牙普通螺纹、螺纹规格 d=M10、公称长度 l=50mm，性能等级为 4.8 级、不经表面处理的双头螺柱
开槽圆柱头螺钉	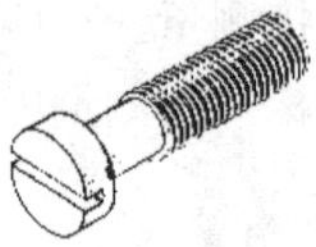	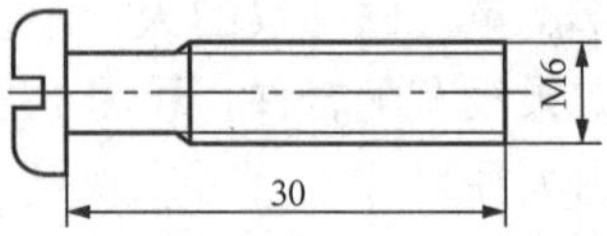 M6；30	《开槽圆柱头螺钉》（GB/T 65—2016）螺钉 GB/T 65　M6×30 表示螺纹规格为 M6、公称长度 l=30mm，性能等级为 4.8 级、表面不经处理的 A 级开槽圆柱头螺钉
开槽沉头螺钉		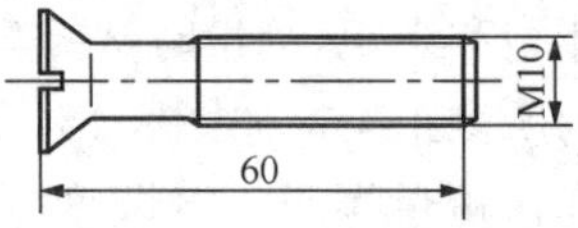 M10；60	《开槽沉头螺钉》（GB/T 68—2016）螺钉 GB/T 68　M10×60 表示螺纹规格为 M10、公称长度 l=60mm，性能等级为 4.8 级、表面不经处理的 A 级开槽沉头螺钉
十字槽沉头螺钉		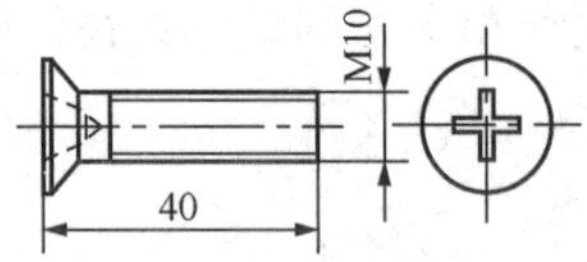 M10；40	《十字槽沉头螺钉　第 1 部分：4.8 级》（GB/T 819.1—2016）螺钉 GB/T 819.1　M10×40 表示螺纹规格为 M10、公称长度 l=40mm，性能等级为 4.8 级、H 型十字槽、表面不经处理的 A 级十字开槽沉头螺钉
六角螺母	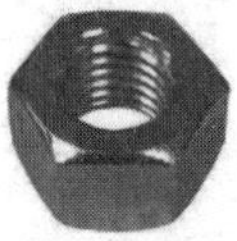	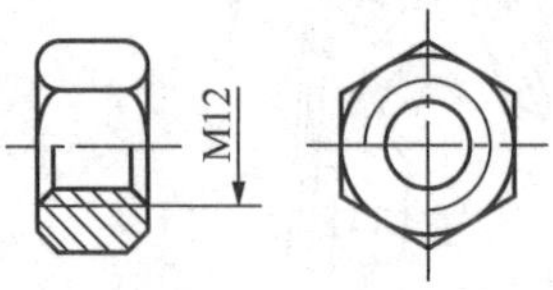 M12	《1 型六角螺母　C 级》（GB/T 41—2016）螺母 GB/T 41　M12 表示螺纹规格为 M12、性能等级为 5 级、表面不经处理、产品等级为 C 级的 1 型六角螺母
平垫圈	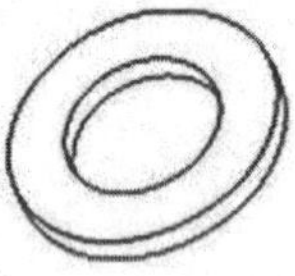	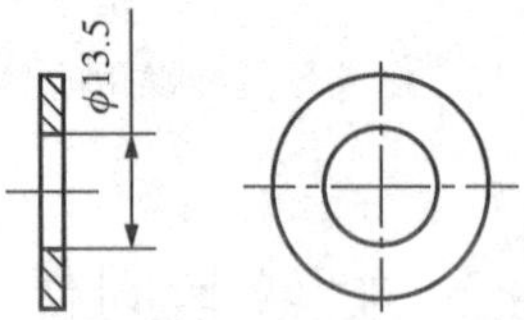 ϕ13.5	《平垫圈　C 级》（GB/T 95—2002）12 100HV 垫圈 GB/T 95　12 标准系列、公称规格 12mm、硬度等级为 100HV 级、不经表面处理、产品等级为 C 级的平垫圈
弹簧垫圈		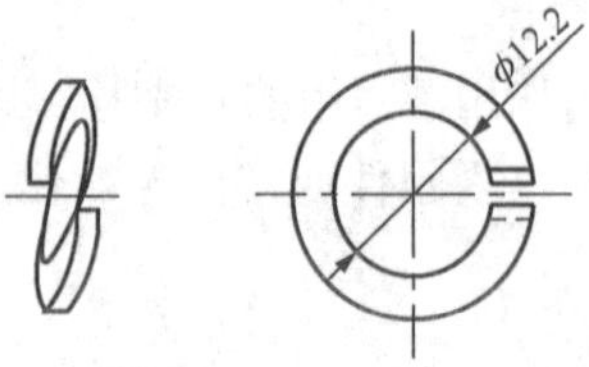 ϕ12.2	《标准型弹簧垫圈》（GB 93—1987）12 12　垫圈 GB 93—87　12 表示规格为 12mm、材料为 65Mn、表面氧化的标准型弹簧垫圈
开槽锥端紧定螺钉		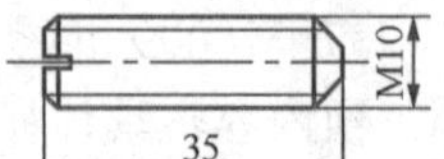 M10；35	《开槽锥端紧定螺钉》（GB/T 71—2018）螺钉 GB/T 71　M10×35 表示螺纹规格为 M10、公称长度 l=35mm，钢制、硬度等级 14H 级、表面不经处理产品等级 A 级的开槽锥端紧定螺钉

8.2.2　常用螺纹紧固件的比例画法

螺纹紧固件各部分的尺寸可以从相关的国家标准中查出，在绘图时，为了简便和提高效率，一般不按实际尺寸作图，常采用比例画法，即除公称长度 l 需要经过计算，并查出相应的国家标准选定标准值外，其余各部分尺寸都按与螺纹大径 d（或 D）成一定比例确定。

如图 8-16 所示，本节分别介绍六角头螺母、六角头螺栓、螺钉、螺柱和垫圈的比例画法及尺寸。

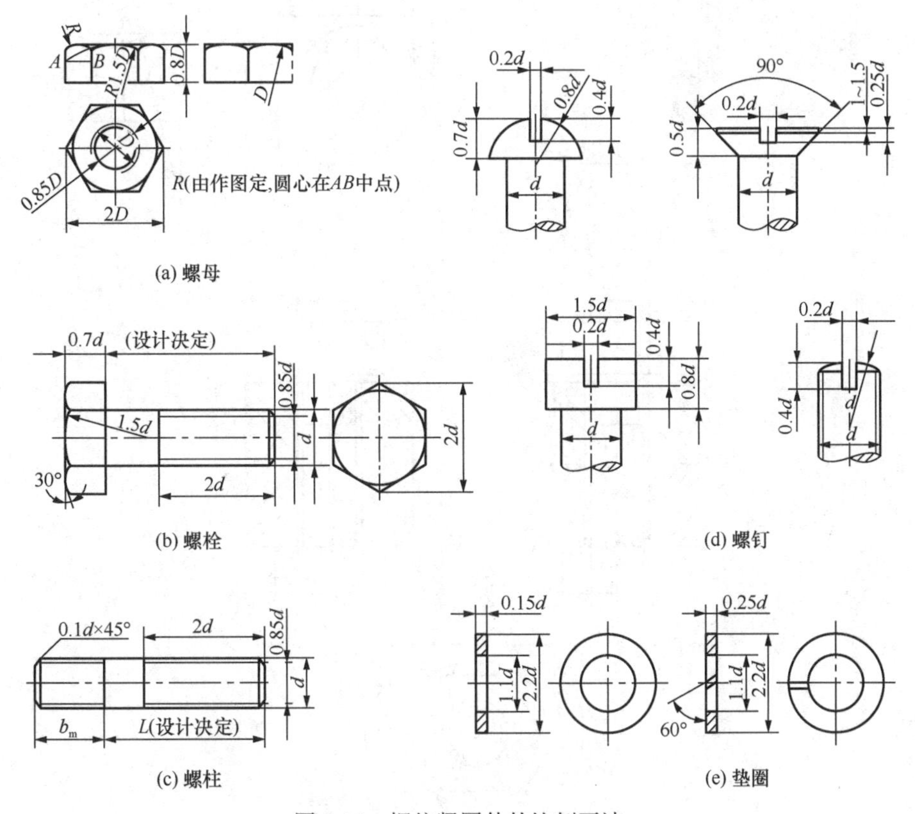

(a) 螺母

(b) 螺栓

(d) 螺钉

(c) 螺柱

(e) 垫圈

图 8-16　螺纹紧固件的比例画法

8.2.3　常用螺纹紧固件的装配画法

螺纹紧固件连接的基本型式有螺栓联接、双头螺柱联接、螺钉联接。无论采用哪种联接，其画法都应遵守下列规定。

1）两个零件的接触面只画一条粗实线，若不直接接触，为表示其间隙应画两条线，如图 8-17（b）所示。

2）在剖视图中，两个零件的剖面线方向应相反，或方向一致、间隔不等；同一零件在各视图中的剖面线方向和间隔应保持一致，如图 8-17（b）、（c）所示。

3）在剖视图中，当剖切平面通过紧固件轴线时，紧固件均按未剖切绘制，如图 8-17（b）、（c）所示。

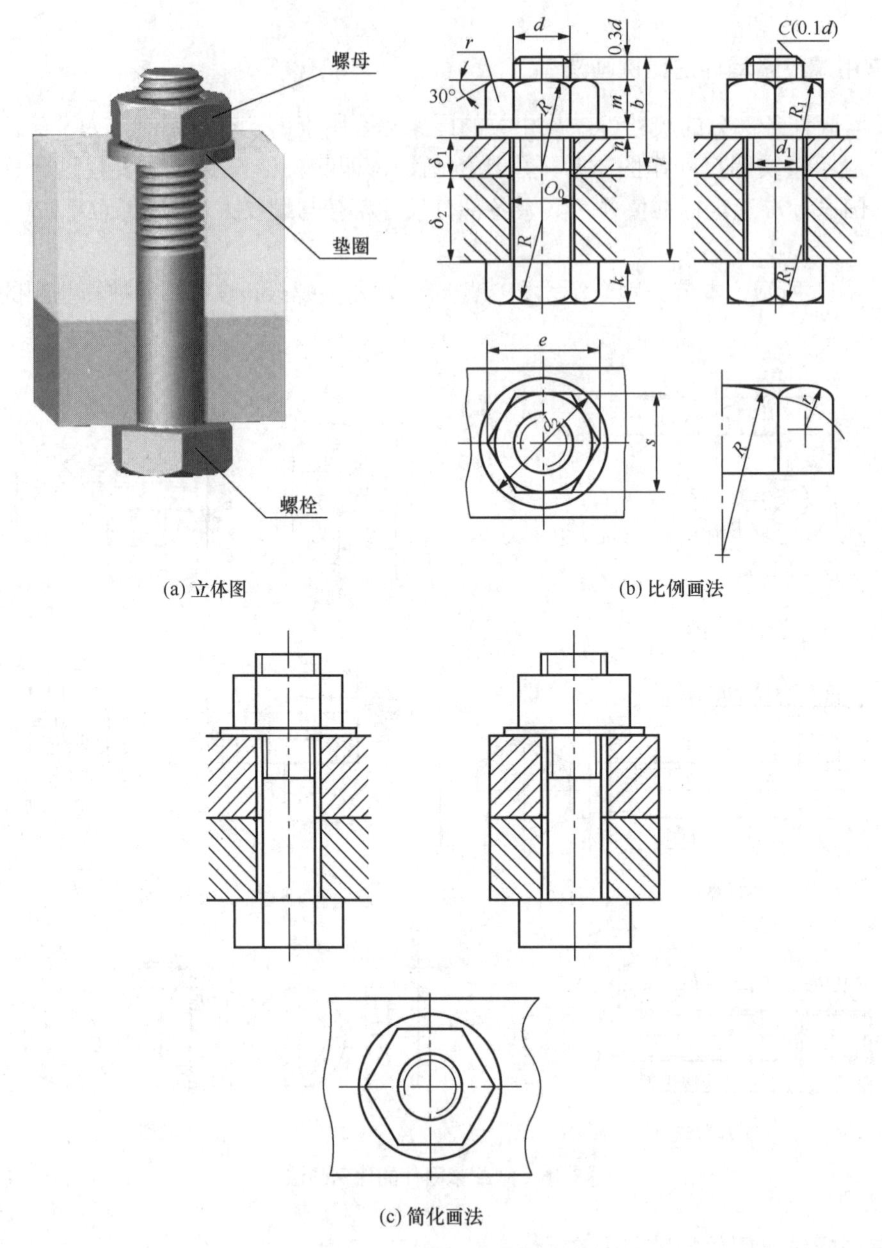

(a) 立体图　　(b) 比例画法

(c) 简化画法

图 8-17　螺栓及其联接画法

1. 螺栓联接

螺栓主要用于联接不太厚并能加工通孔的零件，在被联接的零件上先加工出通孔（一般为 1.1d），然后将螺栓插入孔中，套上垫圈，旋紧螺母。其中，垫圈的选择应根据使用要求确定。平垫圈用于增大接触面积，保护被连接面的表面；弹簧垫圈用于止动、防松，如图 8-17（a）所示。

螺栓连接装配图的画法如图 8-17（b）所示，还可采用简化画法，如图 8-17（c）所示。

画螺栓联接图时，应根据螺栓零件标准中的各部分尺寸绘制。为了方便作图，通常可按其各部分尺寸与螺栓大径 d 的比例关系近似画出，其比例关系可查表 8-3 获得。

表 8-3　螺栓紧固件比例画法的关系

零件	尺寸比例	零件	尺寸比例	零件	尺寸比例
螺栓	$b=2d$　$e=2d$ $R=1.5d$　$c=0.1d$ $k=0.7d$　$d_1=0.85d$ $R_1=d$ s 由作图决定	螺母	$e=2d$ $R=1.5d$ $R_1=d$ $m=0.8d$ r 由作图决定 s 由作图决定	垫圈	$h=0.15d$ $d_2=2.2d$
				被联接件	$D_0=1.1d$

螺栓的有效长度 l 按下式估算：

$$l=\delta_1+\delta_2+h+m+(\approx 0.3d)$$

式中，δ_1、δ_2 为两被联接件的厚度（mm）；（$\approx 0.3d$）为螺栓末端的伸出长度（mm）；h 为垫圈厚度；m 为螺母厚度。

螺栓的公称长度 L 可根据上式计算出 l 后，查国家标准中螺栓长度 l 的系列值，选取一个与其相近的标准长度值。

2. 双头螺柱联接

当被联接零件需要经常拆卸或其中一个较厚、不便加工通孔时，常采用双头螺柱联接，如图 8-18 所示。

双头螺柱的两端均有螺纹，较短的一端（旋入端）用来旋入下部较厚零件的螺孔，较长的一端（紧固端）穿过上部零件的通孔（孔径 $D_0\approx 1.1d$）后，套上垫圈，拧紧螺母即可完成联接。螺柱联接通常也采用比例画法，如图 8-18（b）所示，还可采用简化画法，如图 8-18（c）所示。

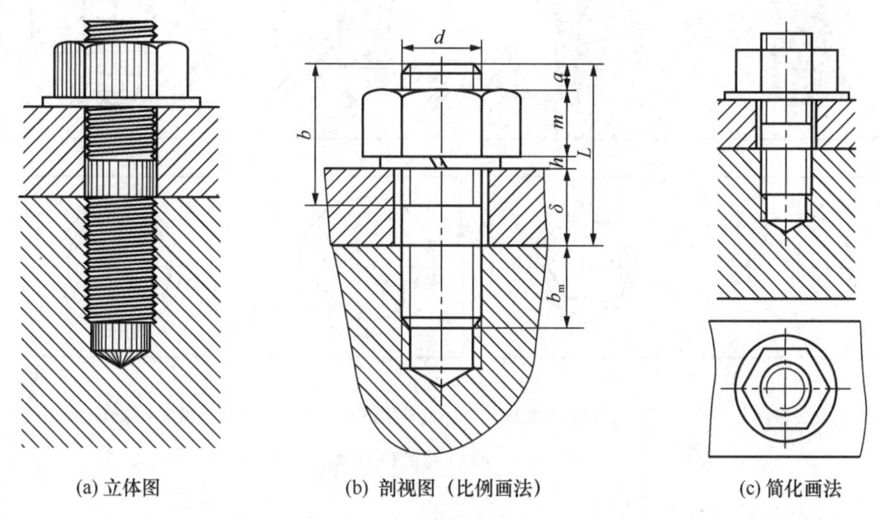

(a) 立体图　　(b) 剖视图（比例画法）　　(c) 简化画法

图 8-18　双头螺柱及其联接画法

画螺柱联接应注意以下几点。

1）双头螺柱旋入端的螺纹终止线应与两零件的接触面平齐。

2）双头螺柱旋入端的长度 b_m 与被旋入零件的材料有关。（钢或青铜，取 $b_m=d$，铸铁取 $b_m=1.25d$ 或 $1.5d$）。

3）由图 8-18（b）可知，螺柱的公称长度为

$$l=\delta+s+m+(\approx0.3d)$$

式中：δ 为联接上部零件的厚度；（≈0.3d）为螺柱紧固端伸出螺母的长度；s 为垫圈厚度；m 为螺母厚度。

双头螺柱的公称长度 L 可根据上式计算出的长度 l 查附表 b 选取标准长度值（取大于计算所得数值的接近值）。

4）攻螺纹深度应大于旋入端的长度，一般取约 $b_m+0.5d$；钻孔深度则可取约 b_m+d。

3. 螺钉联接

螺钉联接主要用于联接一个较薄、一个较厚的零件，它不需要与螺母配用，常用于受力不大而又不经常拆卸的场合。螺钉的种类很多，按其用途可分为联接螺钉和紧定螺钉。

（1）联接螺钉

如图 8-19 所示，被联接的下部零件做成螺孔，上部零件做成通孔（孔径一般取 1.1d）、将螺钉穿过上部零件的通孔，然后与下部零件的螺孔旋紧，即完成联接。

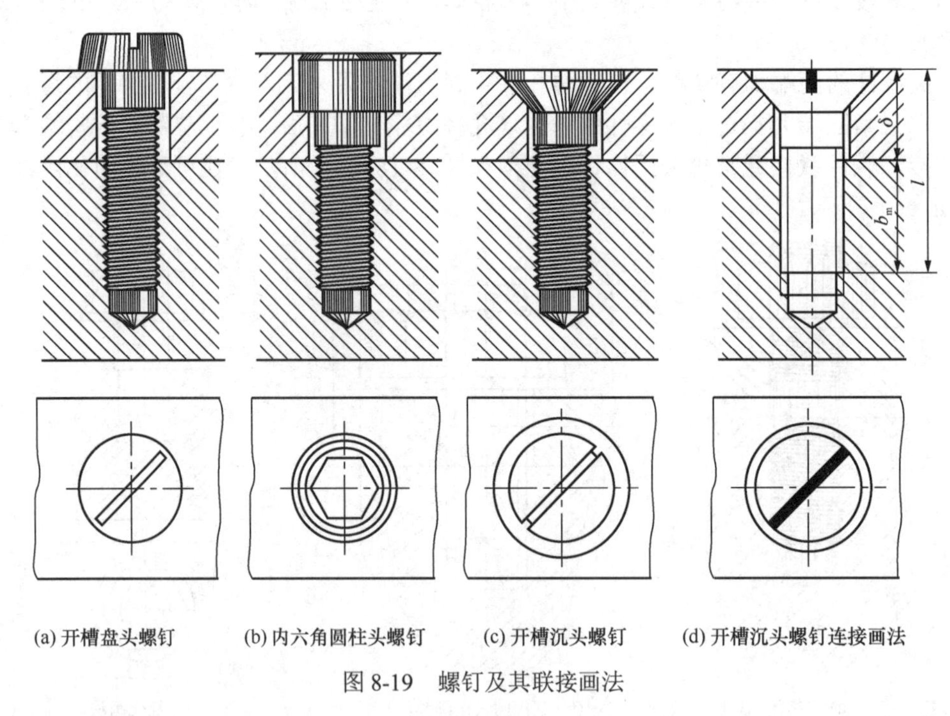

(a) 开槽盘头螺钉　(b) 内六角圆柱头螺钉　(c) 开槽沉头螺钉　(d) 开槽沉头螺钉连接画法

图 8-19　螺钉及其联接画法

画联接螺钉的要点如下。

1）螺钉旋入螺孔的深度 b_m 与双头螺柱旋入端的螺纹长度 b_m 相同，与被旋入零件的材料有关。

2）螺钉的螺纹长度应比旋入螺孔的深度 b_m 大。

3）开槽螺钉在俯视图上应画成顺时针方向旋转 45° 的位置。

4）螺钉的公称长度 L 先按下式计算 l，然后查表选取相近的标准长度值：

$$l=\delta+b_{\mathrm{m}}$$

式中，δ 为连接上部零件的厚度（mm）；b_{m} 为螺钉旋入螺孔的长度（mm）。

（2）紧定螺钉

紧定螺钉用来防止两个相互配合的零件发生相对运动。图 8-20 所示为零件图上螺孔和锥坑的画法，以及紧定螺钉联接的画法。

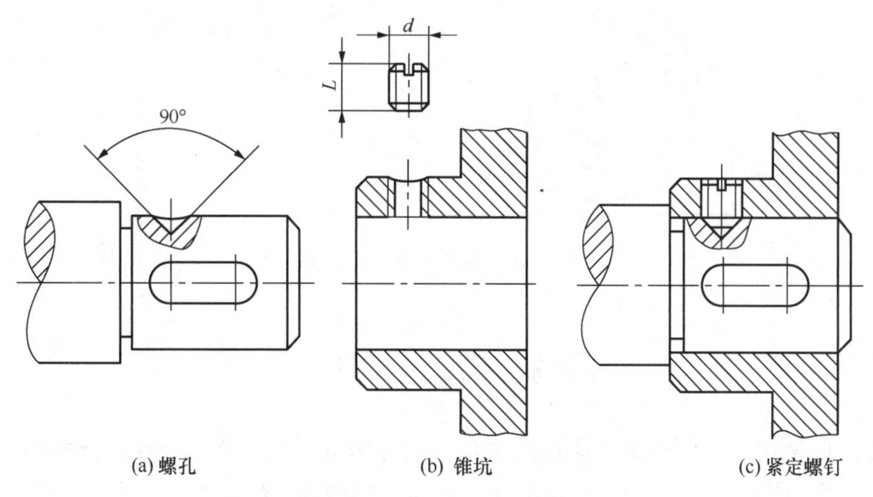

图 8-20　紧定螺钉及其联接画法

（3）螺母防松

为了防止螺母松脱，保证联接的紧固，在螺纹联接中常常需要设置防松装置。常用的有弹簧垫圈防松（图 8-21）、双螺母防松（图 8-22），开口销防松（图 8-23）和外舌止动垫圈防松（图 8-24）。

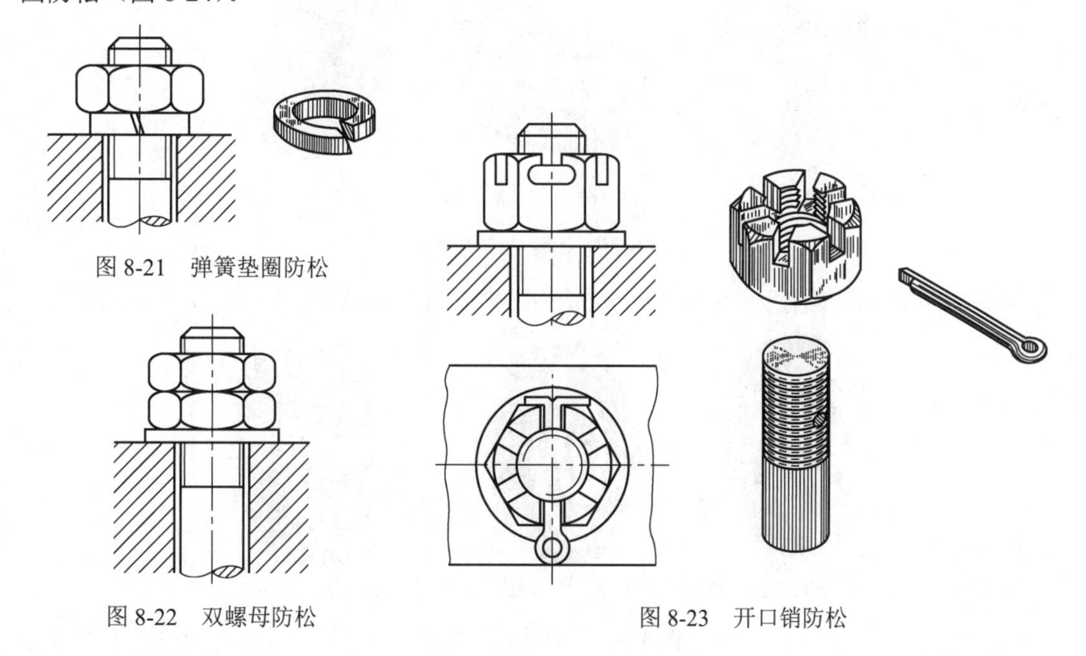

图 8-21　弹簧垫圈防松

图 8-22　双螺母防松

图 8-23　开口销防松

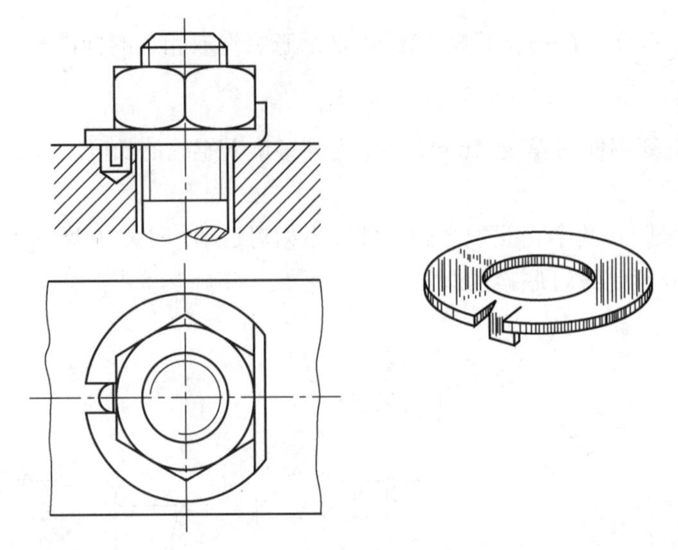

图 8-24　外舌止动垫圈防松

8.3　齿轮的画法

齿轮是机械传动中广泛应用的传动零件，可以用来传递动力，改变转速和回转方向。齿轮的参数中只有模数、压力角已标准化，它属于常用件。齿轮的种类很多，图 8-25 是常见的三种齿轮传动型式：圆柱齿轮传动用于两平行轴之间的传动；锥齿轮传动用于两相交轴之间的传动；蜗轮蜗杆传动用于两交错轴之间的传动。

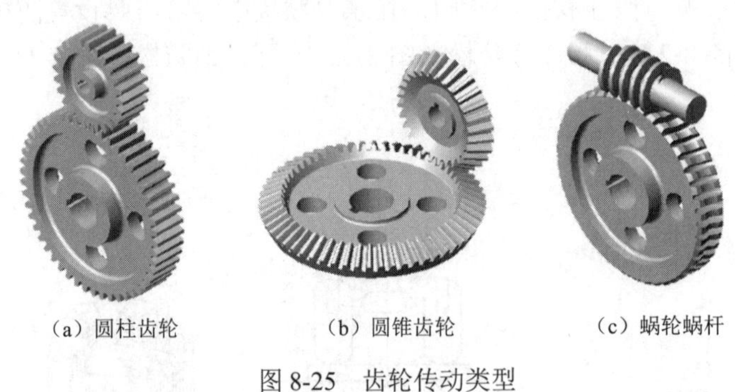

（a）圆柱齿轮　（b）圆锥齿轮　（c）蜗轮蜗杆

图 8-25　齿轮传动类型

如图 8-26 所示，圆柱齿轮按齿轮上的轮齿方向又可分为直齿、斜齿、人字齿等。

（a）圆柱直齿轮

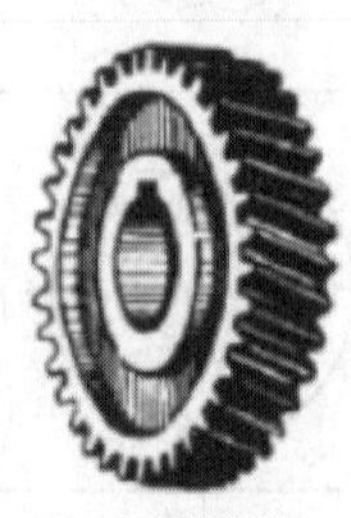

（b）圆柱斜齿轮

（c）圆柱人字齿轮

图 8-26　圆柱齿轮的类型

8.3.1　齿轮的结构

齿轮的典型结构如图 8-27 所示，主要结构要素如下：

1）最外部分为轮缘，其上有轮齿。

2）中间部分为轮毂，轮毂中间有轴孔和键槽。

3）轮缘和轮毂之间通常由辐板或轮辐连接。

4）尺寸较小的齿轮与轴做成整体。

本书主要介绍渐开线的标准直齿圆柱齿轮的画法。

8.3.2　标准直齿圆柱齿轮的画法

1. 直齿圆柱齿轮的组成和尺寸

直齿圆柱齿轮各部分名称和尺寸关系如图 8-28 所示。

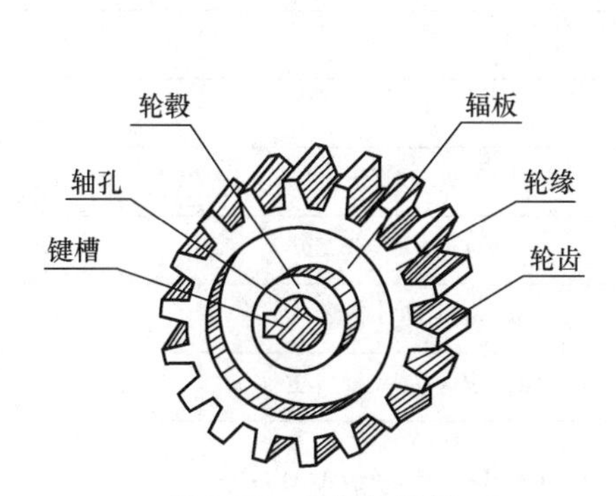

图 8-27　齿轮的结构

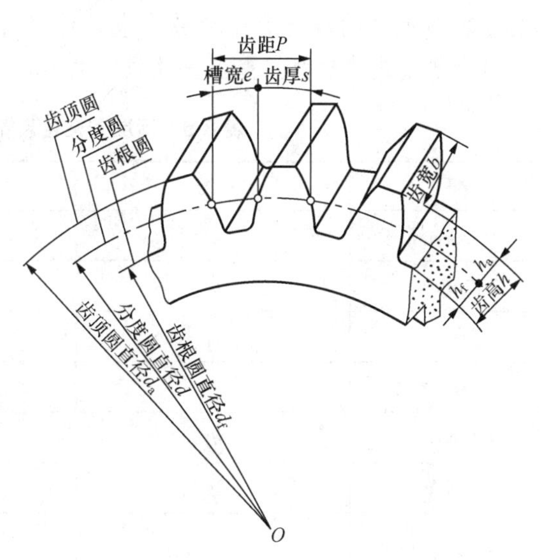

图 8-28　直齿圆柱齿轮各部分名称和尺寸关系

1）齿顶圆：通过各轮齿顶柱面所在圆，其直径用 d_a 表示。

2）齿根圆：通过各轮齿根柱面所在圆，其直径用 d_f 表示。

3）分度圆：位于齿顶圆和齿根圆之间。对于标准齿轮，此圆上的齿厚 s 与槽宽 e 相等，其直径用 d 表示。

4）齿高：齿顶圆和齿根圆之间的径向距离，用 h 表示。齿高 h 等于齿顶高 h_a 和齿根高 h_f 之和。其中，齿顶圆和分度圆之间的径向距离称为齿顶高，用 h_a 表示。分度圆和齿根圆之间的径向距离称齿根高，用 h_f 表示。

5）中心距 a：两啮合齿轮轴线之间的距离，$a=(d_1+d_2)/2$。

6）齿距、齿厚和齿槽宽。

① 在分度圆上相邻两齿对应点之间的弧长称为齿距，用 p 表示。

② 在分度圆上一个轮齿齿廓间的弧长称为齿厚，用 s 表示。

③ 相邻两个轮齿齿槽间的弧长称为槽宽，用 e 表示。

④ 对于标准齿轮，$s=e$，$p=s+e$。

7）模数 m。如果用 z 表示齿轮的齿数，则分度圆的周长=齿数×齿距，即：$zp=\pi d$，$d=zp/\pi$；令：$m=p/\pi$，则 $d=mz$。

分度圆上的齿距除以圆周率 π 所得商 m 称为模数，单位是 mm。为了便于齿轮的设计和加工，《通用机械和重型机械用圆柱齿轮　模数》（GB/T 1357—2008）中对模数作了统一规定，如表 8-4 所示。

表 8-4　标准模数系列

第一系列	1，1.25，1.5，2，2.5，3，4，5，6，8，10，12，16，20，25，32，40，50
第二系列	1.125，1.375，1.75，2.25，2.75，3.5，4.5，5.5，（6.5），7，9，11，14，18，22，28，36，45

注：在选用模数时，优先选用第一系列，其次是第二系列，括号内的数值尽可能不选。

重要提示： 当模数发生变化时，齿高和齿距也随之发生变化，即模数越大，轮齿越大，齿轮的承载能力也越大；模数越小，轮齿越小，齿轮的承载能力也越小。所以，模数是表征齿轮轮齿大小的一个重要参数，也是计算齿轮主要尺寸的一个重要依据。对于标准齿轮，可以通过这些参数推算出其他尺寸数值，如表 8-5 所示。

表 8-5　标准圆柱直齿轮各部分参数的计算

名称	代号	计算公式
分度圆直径	d	$d=mz$
齿顶高	h_a	$h_a=m$
齿根高	h_f	$h_f=1.25m$
齿高	h	$h=h_a+h_f=2.25m$
齿顶圆直径	d_a	$d_a=d+2h_a=m(z+2)$
齿根圆直径	d_f	$d_f=d-2h_f=m(z-2.5)$
中心距	a	$a=\frac{1}{2}(d_1+d_2)=\frac{1}{2}m(z_1+z_2)$

2. 直齿圆柱齿轮的规定画法

（1）单个齿轮的规定画法

对于单个齿轮，一般用两个视图表达，或用一个视图加一个局部视图表示，通常将平行于齿轮轴线的视图画成剖视图。

直齿圆柱齿轮的规定画法如图 8-29 所示，齿形画法如图 8-30 所示，主要注意如下几点。

1）轮齿部分的齿顶圆和齿顶线用粗实线绘制。

2）分度圆和分度线用细点划线绘制。

3）齿根圆和齿根线用细实线绘制，也可省略不画。

4）在剖视图中，当剖切平面通过齿轮的轴线时，轮齿一律按不剖处理，齿根线用粗实线绘制。

5）直齿轮不做任何标记，若为斜齿或人字齿，可用三条与齿线方向一致的细实线表示齿线的形状，如图 8-31 所示。

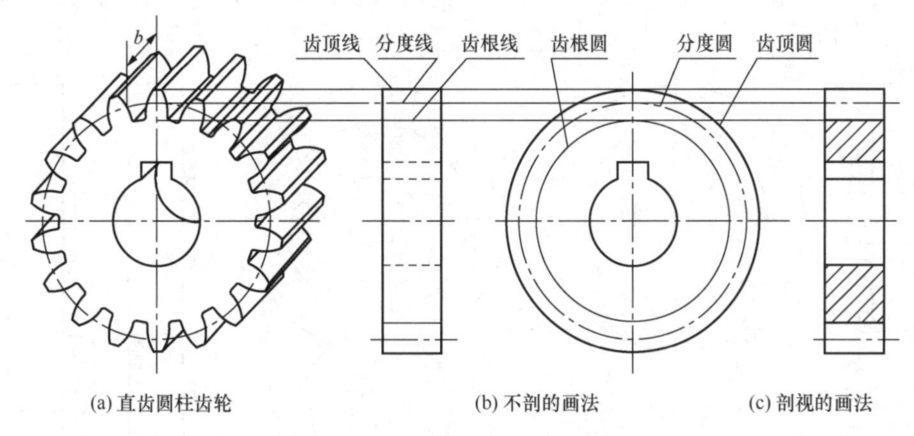

图 8-29 直齿圆柱齿轮的画法

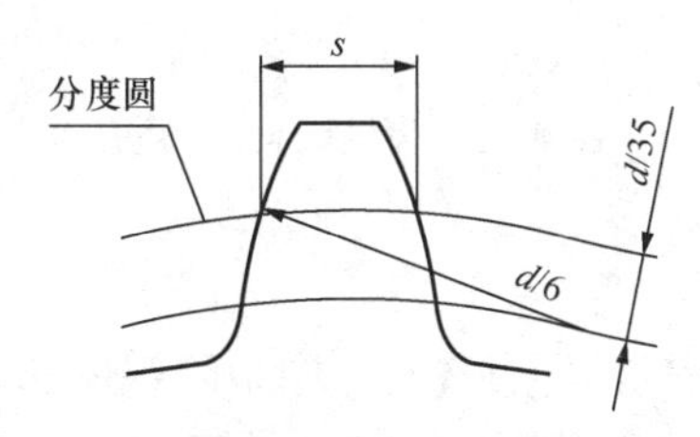

图 8-30 齿形画法

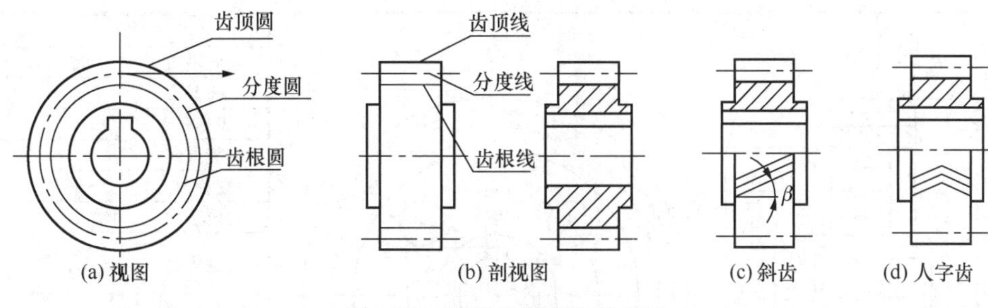

图 8-31 圆柱齿轮齿形的表示

（2）齿轮啮合的规定画法

齿轮的啮合图常用两个视图表达：一个是垂直于齿轮轴线的视图，另一个取平行于齿轮轴线的视图或剖视图，如图 8-32 所示，主要注意如下几点。

1）在剖视图中，当剖切平面通过两啮合齿轮的轴线时，在啮合区内，一个齿轮的轮齿用粗实线绘制，另一个齿轮的轮齿被遮挡的部分用虚线绘制，也可省略不画，如图 8-32（a）所示。

2）在垂直于齿轮轴线的视图中，它们的分度圆（啮合时称节圆）成相切关系，用细点画线绘制。

3）在垂直于齿轮轴线的视图中，啮合区内的齿顶圆有两种画法，一种是将两齿顶圆用粗实线完整画出，如图 8-32（a）所示；另一种是将啮合区内的齿顶圆省略不画，如图 8-32（b）所示。

4）在平行于齿轮轴线的视图中，啮合区的齿顶线不需画出，节线用粗实线绘制，如图 8-32（c）所示。

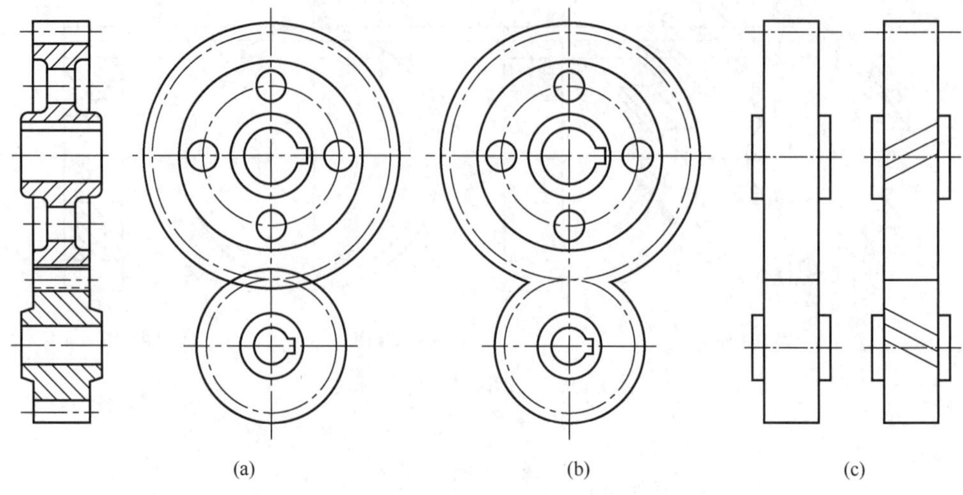

图 8-32　齿轮啮合的画法

3. 齿轮图样

图 8-33 所示为直齿圆柱齿轮的零件图样，图中除视图和应标注的尺寸外，还用表格列出了制造齿轮所需的参数。图中的参数表一般放置在图框的右上角，参数表中列出模数、齿数、齿形角、精度等级和检验项目等。

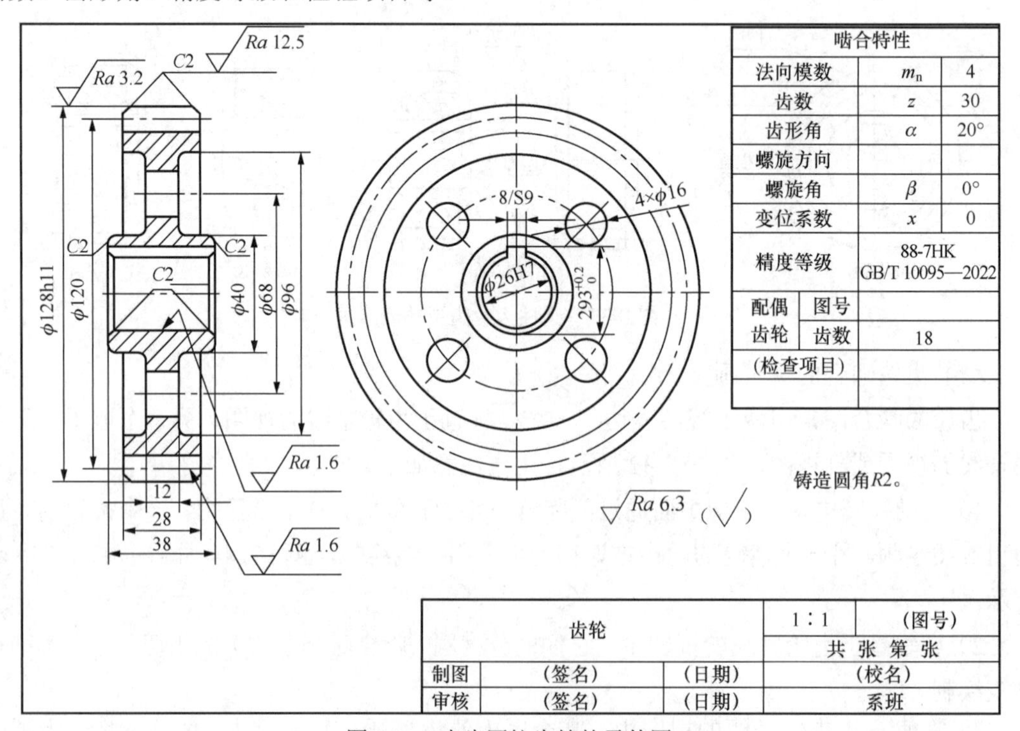

啮合特性		
法向模数	m_n	4
齿数	z	30
齿形角	α	20°
螺旋方向		
螺旋角	β	0°
变位系数	x	0
精度等级	88-7HK GB/T 10095—2022	
配偶齿轮 图号		
配偶齿轮 齿数	18	
(检查项目)		

齿轮			1∶1	(图号)
			共 张 第 张	
制图	(签名)	(日期)	(校名)	
审核	(签名)	(日期)	系班	

图 8-33　直齿圆柱齿轮的零件图

8.3.3　其他齿轮的画法

在工程应用中，除了直齿圆柱齿轮外，还有其他多种类型的齿轮，这些齿轮在结构上各有特点，在机械图样中，通常也采用简化画法来表示。

1. 直齿锥齿轮

如图 8-34 所示锥齿轮，直齿锥齿轮用于相交两轴间的传动，常见的是两轴线在同一平面内成直角相交。从图中可以看出，直齿锥齿轮是在圆锥面上制出轮齿，轮齿沿齿宽方向由大端向小端逐渐变小，其模数也随之变化，因此规定以大端的模数来确定各部分的尺寸。锥齿轮各部分名称如图 8-35 所示。

图 8-34　锥齿轮

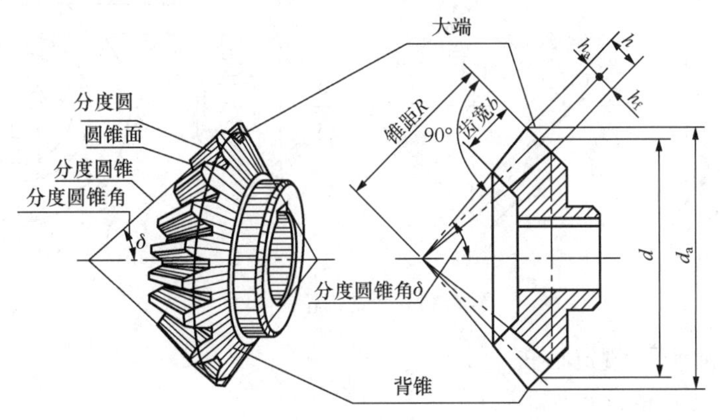

图 8-35　锥齿轮各部分名称

（1）直齿锥齿轮的几何尺寸计算

直齿锥齿轮几何尺寸计算的基本参数有模数 m、齿数 z 和分度圆锥角 δ。其齿轮部分的尺寸计算如表 8-6 所示。

表 8-6　标准圆柱锥齿轮各部分参数的计算

名称	代号	计算公式
分度圆锥角	δ	$\tan\delta_1 = \frac{z_1}{z_2}$，$\tan\delta_2 = \frac{z_2}{z_1}$ 或 δ_2=90°−δ_1
齿顶高	h_a	$h_a = m$
齿根高	h_f	$h_f = 1.2m$
分度圆直径	d	$d = mz$
齿顶圆直径	d_a	$d_a = d + 2h_a\cos\delta = m(z + 2\cos\delta)$
齿根圆直径	d_f	$d_f = d - 2h_f\cos\delta = m(z - 2.4\cos\delta)$
锥距	R	$R = \frac{d_1}{2\sin\delta_1} = \frac{d_2}{2\sin\delta_2}$

续表

名称	代号	计算公式
齿宽	b	$b \leqslant 4m$ 或 $b \leqslant \frac{1}{3}R$
齿顶角	θ_a	$\cot\theta_a = \frac{h_a}{R}$
齿根宽	θ_f	$\cot\theta_f = \frac{h_f}{R}$

（2）单个圆锥齿轮的规定画法

单个锥齿轮的轮齿画法与圆柱齿轮相近，要点如下：

1）通常采用两个视图表达，也可以用一个视图加一个局部视图表示。其中，平行于轴线的视图常取剖视图；在垂直于齿轮轴线的视图中，规定用粗实线画出大端和小端的顶圆，用细点划线画出大端的分度圆，大、小端齿根圆及小端分度圆均不画出。

2）除轮齿按上述规定画法外，齿轮其余部分均按投影绘制，如图 8-36 所示。

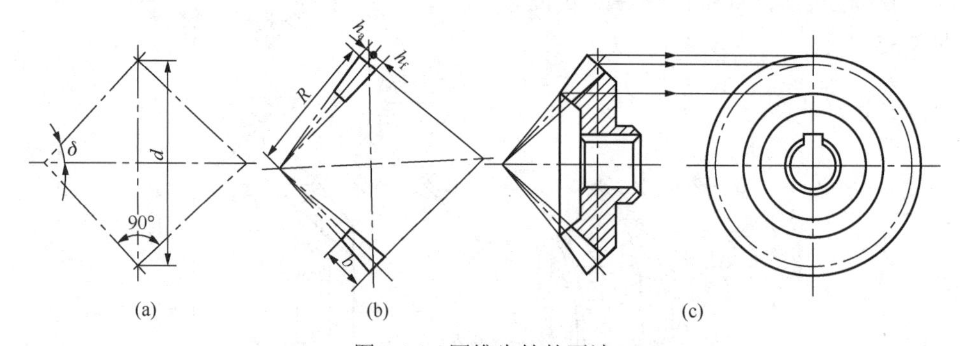

图 8-36 圆锥齿轮的画法

（3）锥齿轮啮合的规定画法

锥齿轮啮合画法的要点如下：

1）主视图常用平行于两齿轮轴线的剖视图表达。

2）两齿轮的轴线与分度圆锥线相交于一点。

3）在垂直于齿轮轴线的视图中只画出外形。

4）一个齿轮的大端节线与另一个齿轮的大端节圆相切，齿根线和齿根圆省略不画，如图 8-37 所示。

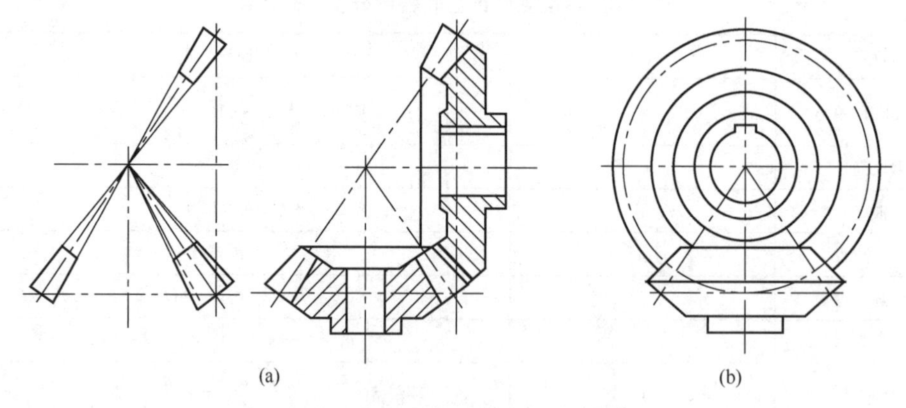

图 8-37 圆锥齿轮啮合的画法

2. 蜗杆和蜗轮

如图 8-38 所示，蜗杆、蜗轮主要用于传递两交错轴的运动和动力，其轴间角一般为 90°，在传动中蜗杆是主动件，蜗轮是从动件。蜗杆传动可实现大的降速运动，结构紧凑、传动平稳，但传动效率比齿轮传动要低。只有一条螺旋线形成的蜗杆称为单头蜗杆，有两条及两条以上的螺旋线形成的蜗杆称为多头蜗杆。蜗杆的旋向有左、右之分。为了改善蜗轮与蜗杆轮齿的接触面，将蜗轮的轮齿顶部设计成凹圆环面。一对啮合的蜗杆、蜗轮必须模数相同、导程角与螺旋角相同、旋向相同。

图 8-38 蜗杆、蜗轮传动

（1）蜗杆的规定画法

蜗杆规定画法的要点如下：

1）在平行于蜗杆轴线的视图中，齿顶线用粗实线绘制，分度线用细点画线绘制，齿根线用细实线绘制，也可省略不画。

2）在剖视图中，齿根线用粗实线绘制，在垂直于蜗杆轴线的视图中，齿顶圆用粗实线绘制，分度圆用细点画线绘制，齿根圆可省略不画，如图 8-39 所示。

3）需要时，还应画出轴向齿廓放大图和法向齿廓放大图，以便标注尺寸。

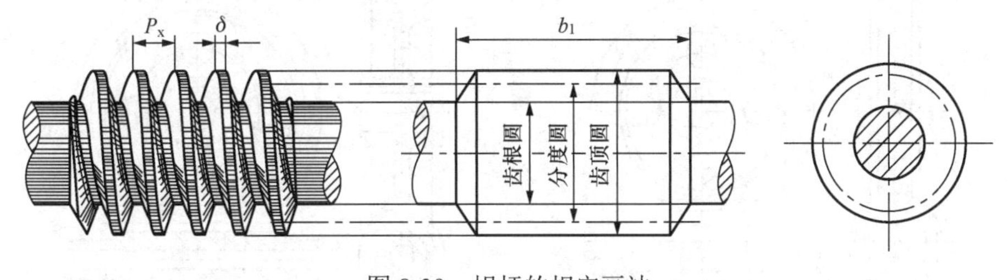

图 8-39 蜗杆的规定画法

（2）蜗轮的规定画法

蜗轮规定画法的要点如下：

1）蜗轮一般用两个视图，也可以一个视图和一个局部视图表达。

2）主视图采用平行于蜗轮轴线的剖视图，在垂直于蜗轮轴线的视图中，只画出最外圆和分度圆，而齿顶圆不画。

3）齿根圆也省略不画，如图 8-40 所示。

（3）蜗杆、蜗轮的啮合画法

蜗杆、蜗轮啮合画法的要点如下：

1）蜗杆、蜗轮啮合的外形图画法如图 8-41（a）所示。在蜗杆为圆的视图上，蜗轮与蜗杆投影重合部分，只画蜗杆；在蜗轮为圆的视图上，啮合区内蜗轮的节圆与蜗杆的节线相切。

2）在剖视图中，当剖切平面通过蜗轮的轴线时，蜗杆的齿顶圆用粗实线绘制，而蜗轮轮齿被遮挡部分可省略不画。

3）在垂直于蜗轮轴线的视图中，啮合部分用局部剖视图表达，蜗杆的齿顶线画至与蜗轮的齿顶圆相交为止，如图 8-41（b）所示。

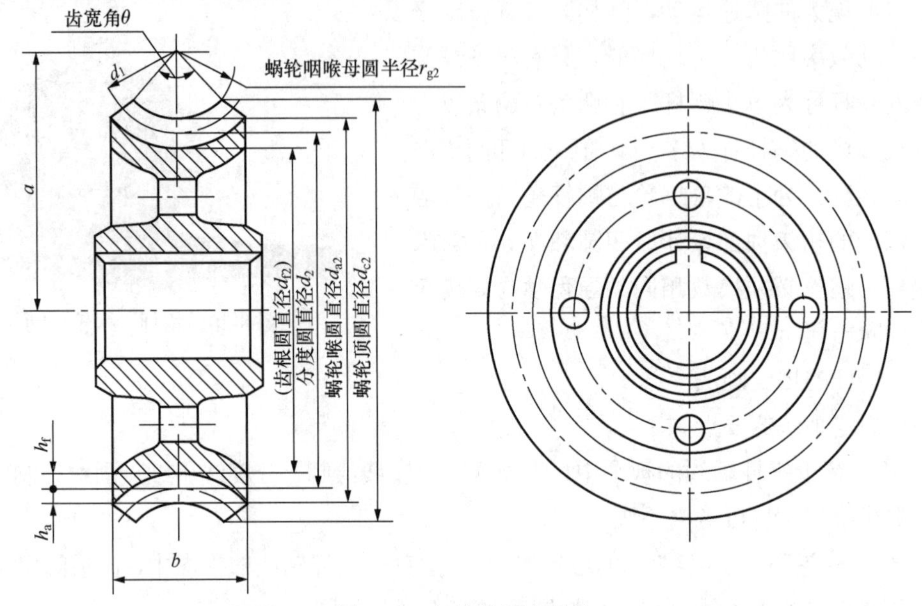

图 8-40 蜗轮的规定画法

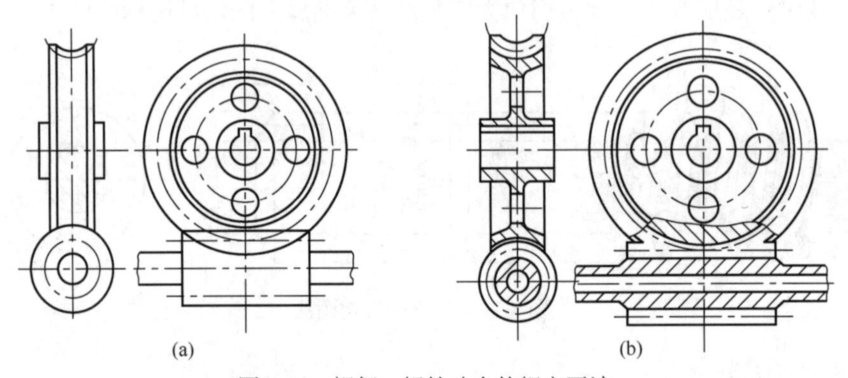

图 8-41 蜗杆、蜗轮啮合的规定画法

8.4 键和销联接的画法

8.4.1 键的类型与标识

如图 8-42 所示，键主要用于连接轴与轴上零件（如凸轮、带轮和齿轮等），用于传递转矩或导向。常用的有普通平键、半圆键和楔键等，如图 8-43 所示。

键作为标准件，其规定标记为

标准编号 键 类型代号 b×h×L

其中，b 为键宽；h 为键高；L 为键长。

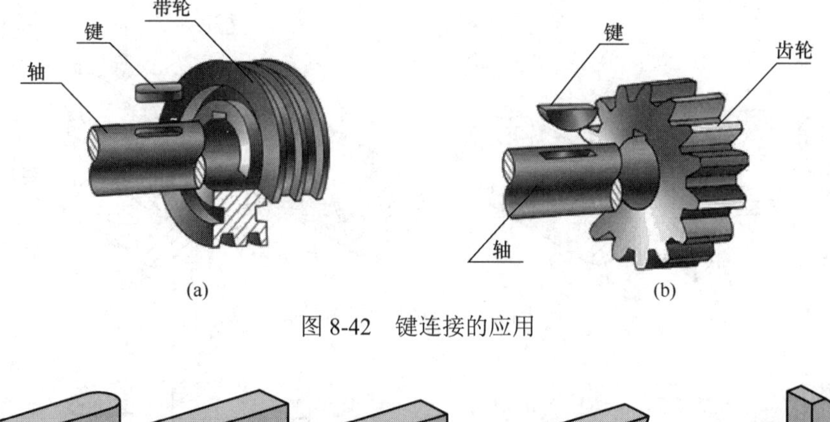

图 8-42　键连接的应用

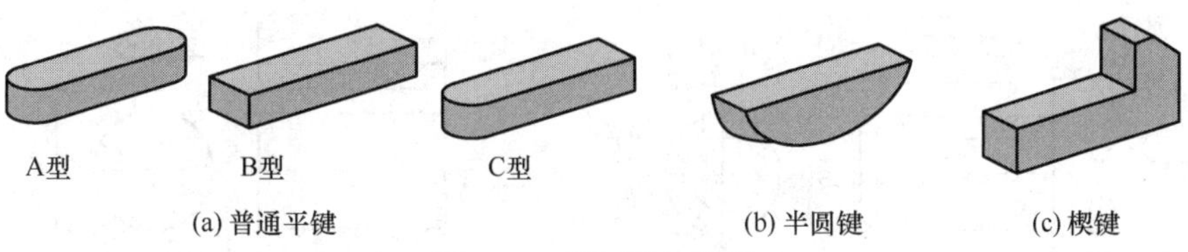

图 8-43　常用键的种类

常用键的画法和标记示例如表 8-7 所示。

表 8-7　常用键的画法和标记示例

名称	图例	标记实例
普通平键（A 型）		b=20mm、h=12mm、L=100mm 的 A 型普通平键： GB/T 1096 键 20×12×100 （A 型平键可不标注 A，B 或 C 型必须在规格尺寸前标注 B 或 C）
普通型半圆键		b=8mm、h=11mm、D=28mm 的普通型半圆键： GB/T 1099.1 键 8×11×28
钩头型楔键		b=18mm、h=11mm、L=100mm 的钩头楔键： GB/T 1565—2003 键 18×100

图 8-44 所示为键槽的常见加工方法。图 8-45 所示为平键键槽的图示及尺寸标注。键槽宽度 b、深度 t_1、根据轴颈查《普通型平键》（GB/T 1096—2003）确定。

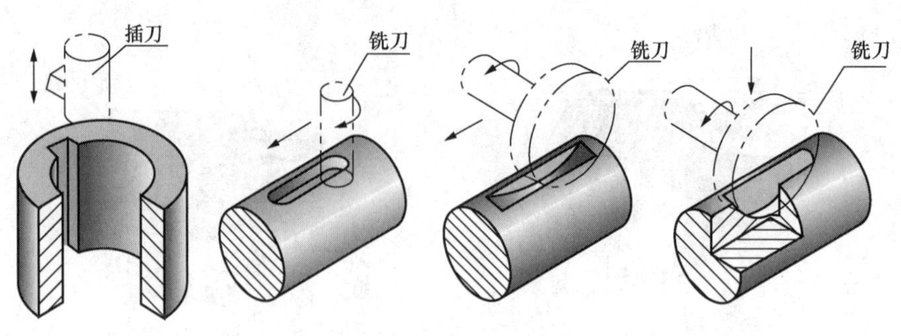

图 8-44　键槽加工方法

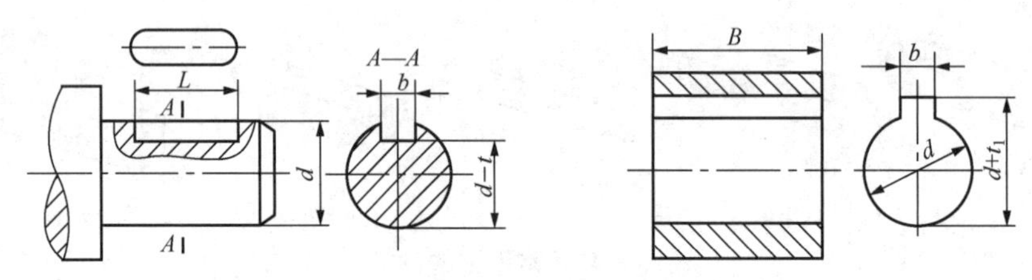

图 8-45　平键键槽的图示及尺寸标注

8.4.2　普通平键和半圆键画法

在键的连接画法中，画法要点如下：

1）普通平键和半圆键与键槽的两侧面为配合面，画成一条线；键的顶面与轴上零件间留有一定的间隙，画成两条线。

2）钩头楔键的顶面是工作面，与键槽顶面为接触面，画成一条线，两侧面是非配合面，画成两条线。

常用键详细的联接画法如表 8-8 所示。

表 8-8　常用键的联接画法

名称	联接的画法	说明
普通平键	主视图采用局部剖视图，左视图采用全剖视图	键侧面为工作面，应接触。顶面有一定间隙，键的倒角或圆角省略不画 图中，b—键宽；h—键高；t—轴上键槽深度；$d-t$—轴上键槽深度的表示；t_1—轮毂上键槽深度；$d+t_1$—轮毂上键槽深度的表示 以上代号的数值，均可根据轴的公称直径 d 从相应标准中查出

续表

名称	联接的画法	说明
半圆键	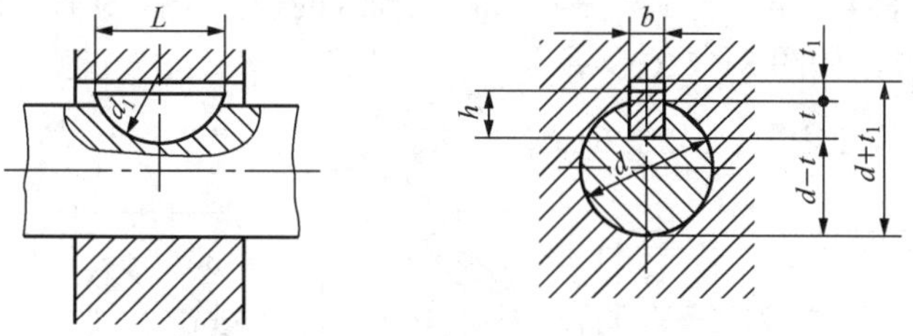 主视图采用局部剖视图，左视图采用全剖视图	键侧面为工作面，侧面、底面应接触，顶面有一定间隙
钩头楔键	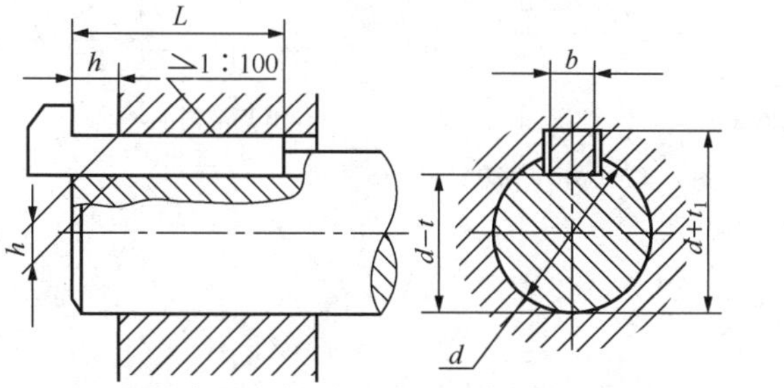 主视图采用局部剖视图，左视图采用全剖视图	键顶面为工作面，顶面和底面应接触，两侧面应有一定间隙

8.4.3　花键标识及画法

花键的结构尺寸均已标准化。常用的花键齿形有矩形、三角形、渐开线等，在轴上制成的花键称为外花键，在孔内制成的花键称为内花键，如图 8-46 所示。

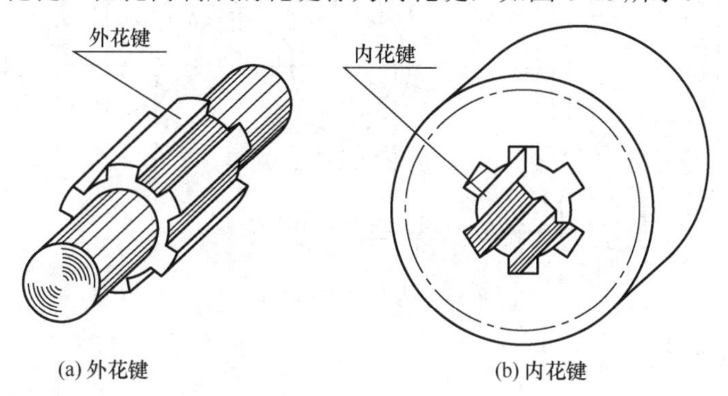

(a) 外花键　　(b) 内花键

图 8-46　花键的种类

花键标记结构为：$N\times d\times D\times B$。其中，$N$ 为齿数，有 6、8、10 三种；d 为小径直径；D 为大径直径；B 为键宽。d、D 和 B 的配合代号也列入标记中。例如，$6\times23\dfrac{\mathrm{H7}}{\mathrm{f7}}\times26\dfrac{\mathrm{H10}}{\mathrm{a11}}\times6\dfrac{\mathrm{H11}}{\mathrm{d11}}$。因为内、外花键的小径加工相对容易一些，所以花键联接以小径定位。

1. 外花键的画法

外花键画法的要点如下：

1）在平行于花键轴线的视图中，大径用粗实线、小径用细实线绘制。

2）花键工作长度的终止端和尾部长度的末端均用细实线绘制，并与轴线垂直，尾部则画成斜线，与轴线的倾斜角度一般为30°，如图8-47（a）所示。

3）局部剖视的画法如图8-47（b）所示。垂直于花键轴线的视图按图8-47（a）绘制，断面图画出一部分或全部齿形，如图8-47（a）所示。

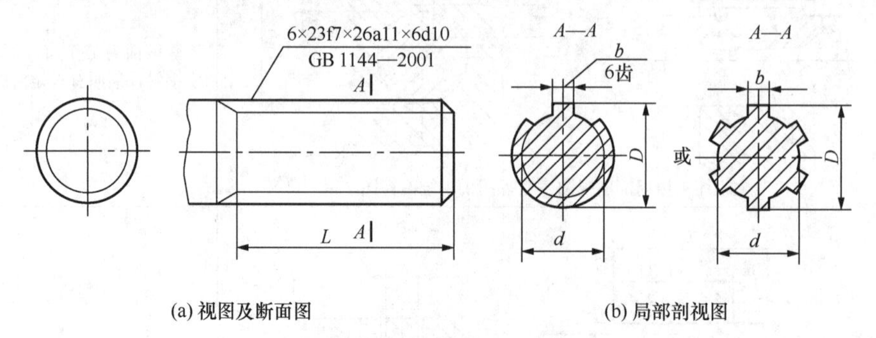

图8-47　外花键的规定画法

2. 内花键的画法

内花键画法的要点如下：

1）在平行于花键轴线的剖视图中，大径及小径均用粗实线绘制。

2）用局部视图画出全部或部分齿形，如图8-48所示。

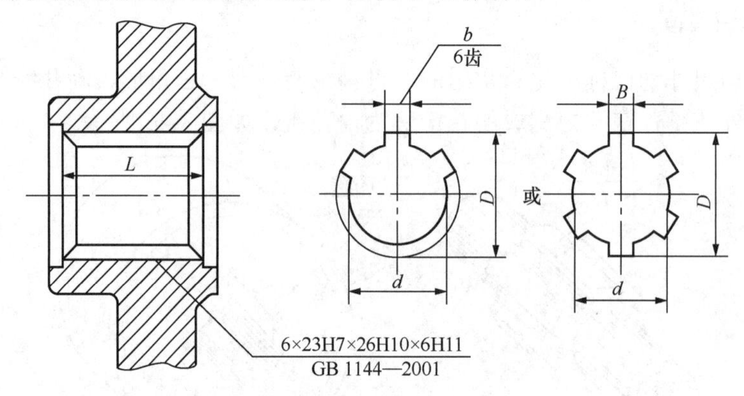

图8-48　内花键的规定画法

3. 花键联接的画法

花键联接常用剖视图表示，其联接部分按外花键的画法、非联接部分按各自的规定画法绘制，如图8-49所示。

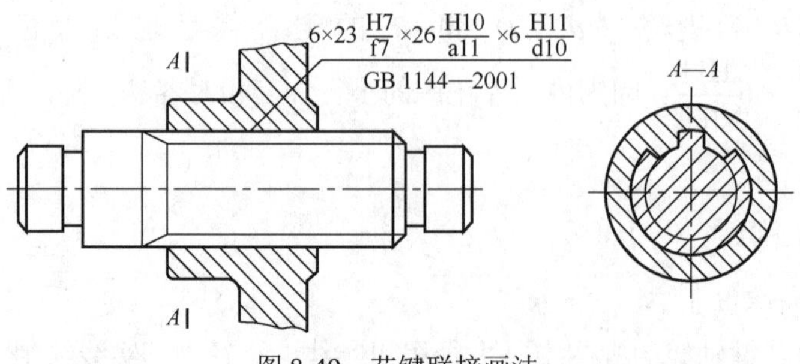

图8-49　花键联接画法

4. 花键的尺寸及代号标注

内、外花键的大径、小径、键宽、工作长度的尺寸标注如图 8-47 和图 8-48 所示。工作长度及尾部长度的标注如图 8-50（a）所示，工作长度及全长的标注如图 8-50（b）所示。

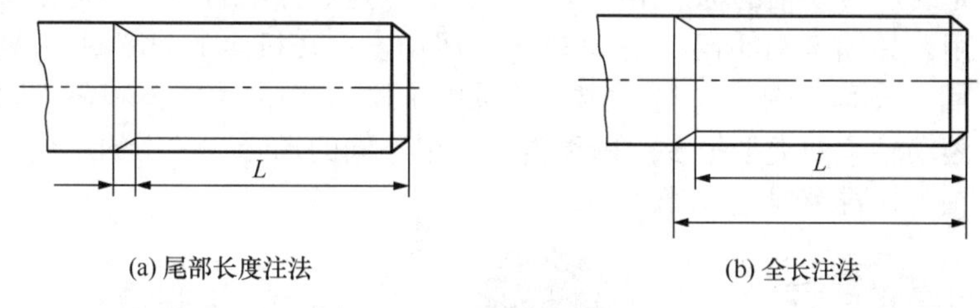

(a) 尾部长度注法　　(b) 全长注法

图 8-50　花键长度标注方法

8.4.4　销及其联接

销也是标准件，主要用于零件间的联接、定位或放松等。常用的销有圆柱销、圆锥销和开口销等，其画法和标记如表 8-9 所示。

表 8-9　销及其联接的画法

《圆柱销　不淬硬钢和奥氏体不锈钢》（GB/T 119.1—2000）		《圆锥销》（GB/T 117—2000）	
图例及标记	联接画法	图例及标记	联接画法
≈15°　c　c　d　l 标记示例： 销 GB/T 119.1 10×80 表示公称直径 d=10mm、公称长度 l=80mm，材料为钢、不经淬火、不经表面处理的圆柱销	d=5　销孔ϕ5配作	1∶50　d　r_1　r_2　a　a　l 标记示例： 销　GB/T 117 10×100 表示公称直径 d=10mm、公称长度 l=100mm，材料为 35 钢、热处理硬度 28～38HRC，表面氧化处理的 A 型圆锥销	d=5　锥销孔ϕ5配作

《开口销》（GB/T 91—2000）	
图例及标记	联接画法
b　l　a　c　d 标记示例： 销　GB/T 91 5×50 表示公称规格为 5mm、公称长度 l=50mm，材料为 Q215 或 Q235、不经表面处理的开口销	

注：圆锥销的公称直径是指小端直径。

8.5 滚动轴承的画法

滚动轴承是支承转动轴的标准组件。其主要优点是摩擦阻力小，结构紧凑。在机械设备中被广泛应用。如图 8-51 所示，滚动轴承一般由安装在机座上的座圈（又称外圈）、安装在轴上的轴圈（又称内圈）、安装在内、外圈之间滚道中的滚动体和隔离圈（又称保持架）等组成。滚动轴承的类型很多，每种类型适用不同的场合。常用的主要有：深沟球轴承、圆锥滚子轴承、推力球轴承等。

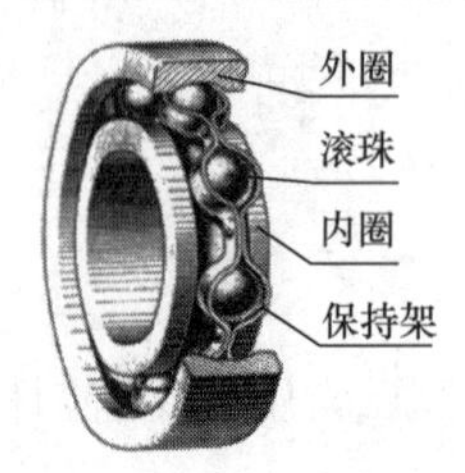

(a) 深沟球轴承

(b) 圆锥滚子轴承

(c) 推力球轴承

图 8-51　滚动轴承的类型

《机械制图　滚动轴承表示法》(GB/T 4459.7—2017）规定，滚动轴承在装配图中有两种表示法：即简化画法和规定画法。简化画法又可分为通用画法和特征画法两种。

1. 基本规定

1）无论采用哪一种画法，其中的各种符号、矩形线框和轮廓线均用粗实线绘制。

2）表示滚动轴承的矩形线框或外形轮廓的大小，应与滚动轴承的外形尺寸一致，并与所属图样采用同一比例。

2. 简化画法

采用简化画法时，在同一图样中一般只采用其中的一种。在剖视图中，采用简化画法时，一律不画剖面符号。简化画法应画在轴的两侧。

（1）通用画法

在剖视图中，当不需要确切地表示滚动轴承的外形轮廓、载荷特性、结构特征时，可用矩形线框及位于线框中央正立的十字形符号表示。十字形符号不应与矩形线框接触，如图 8-52（a）所示。如果需要确切地表示滚动轴承的外形，则应画出其断面轮廓，中间十字符号画法与上面相同，如图 8-52（b）所示。通用画法的尺寸比例，如表 8-10 所示。滚动轴承轴线垂直于投影面的视图特征画法，如图 8-53 所示。

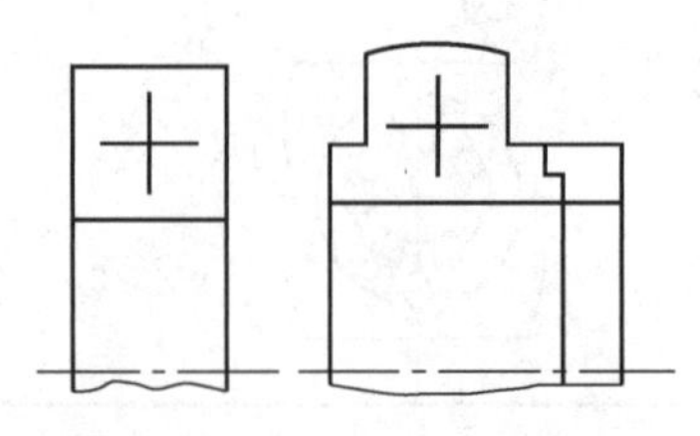
(a) 不需表示外形轮廓　(b) 画出外形轮廓

图 8-52　滚动轴承通用画法

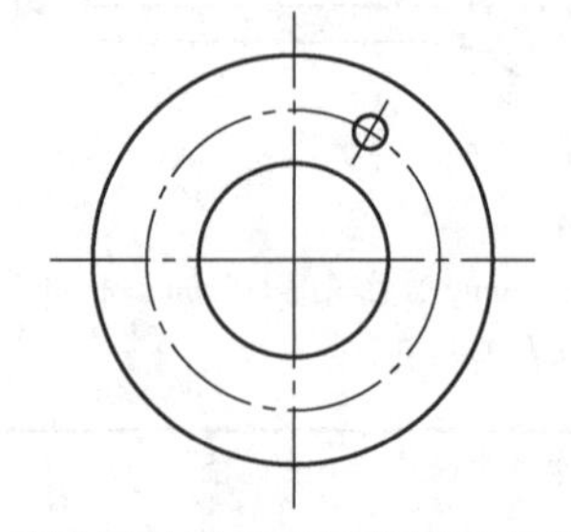
图 8-53　滚动轴承轴线垂直于投影面的视图特征画法

（2）特征画法

在剖视图中，如果需要较形象地表示滚动轴承的结构特征，可采用在矩形线框内画出其结构要素符号的方法表示。表 8-10 中列出了深沟球轴承、圆锥滚子轴承和推力球轴承的特征画法及尺寸比例。在垂直于滚动轴承轴线的投影面的视图上，无论滚动体的形状（如球、柱、针等）及尺寸如何，均可按图 8-53 绘制。

表 8-10　常用滚动轴承的画法

轴承名称、类型及标准号	类型代号	查表主要参数	规定画法	简化画法		装配示意图
				特征画法	通用画法	
深沟球轴承 GB/T 276—2013	6	D、d、B	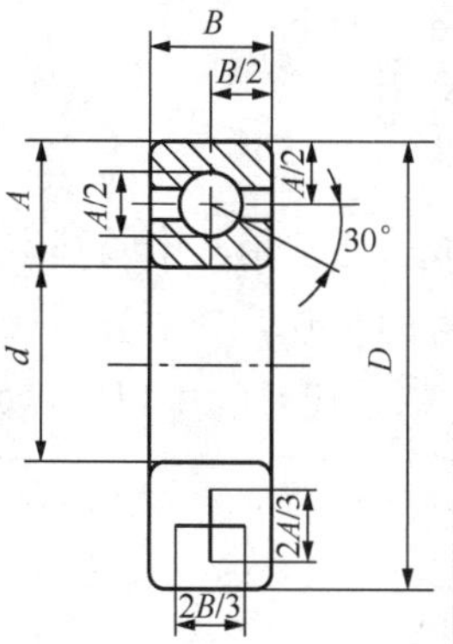	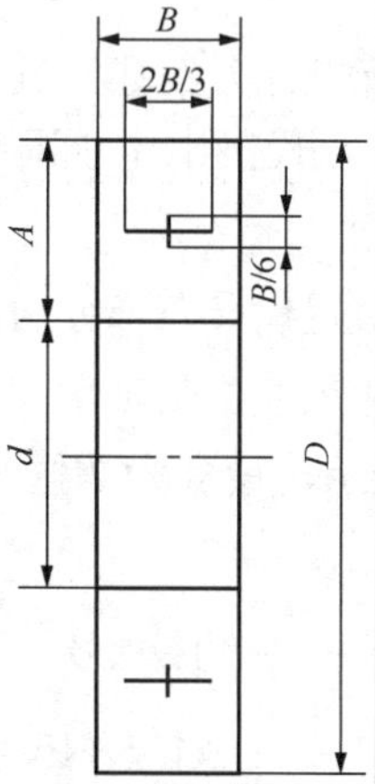	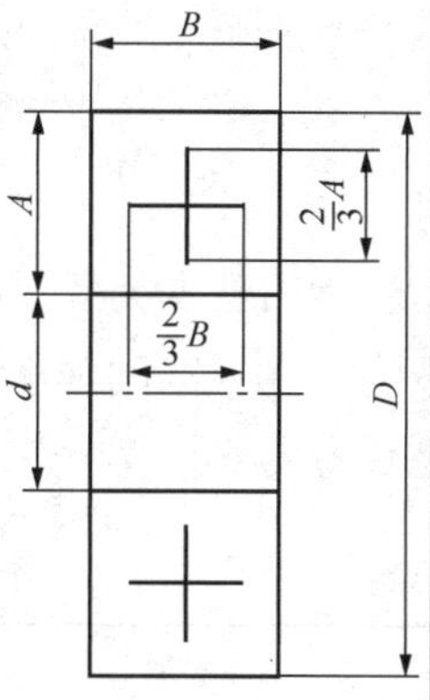	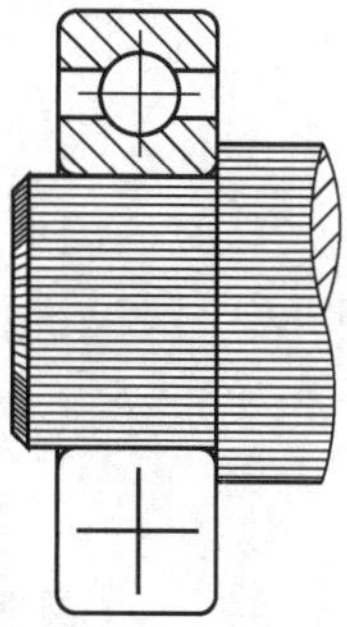
圆锥滚子轴承 GB/T 297—2015	3	D、d、B、T、C	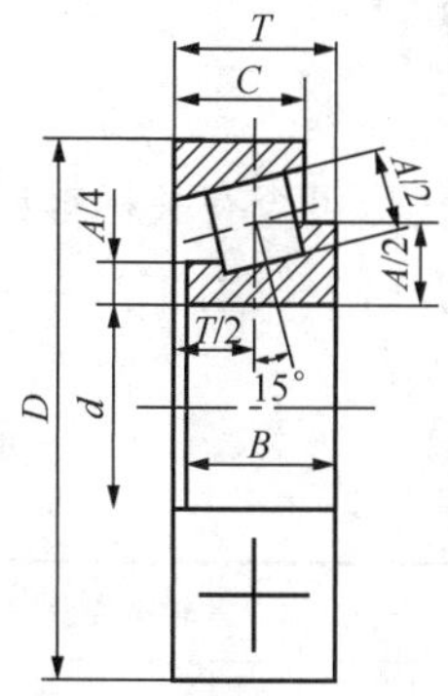	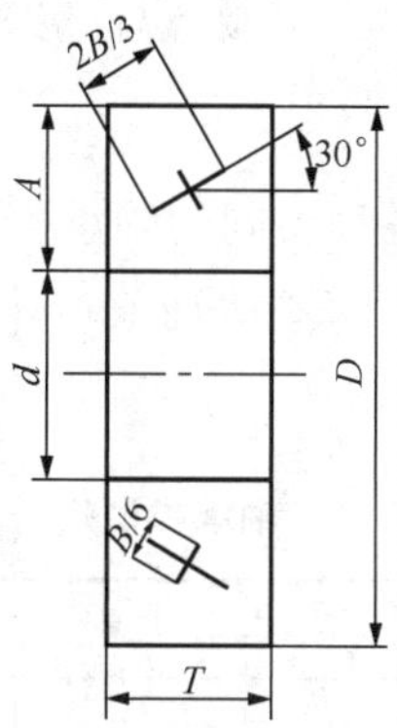		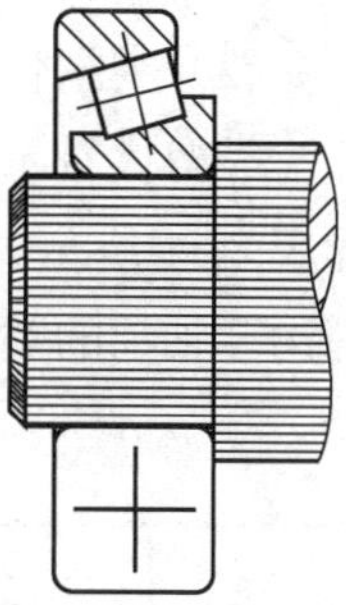
推力球轴承 GB/T 301—2015	5	D、D_1、d、d_1、T	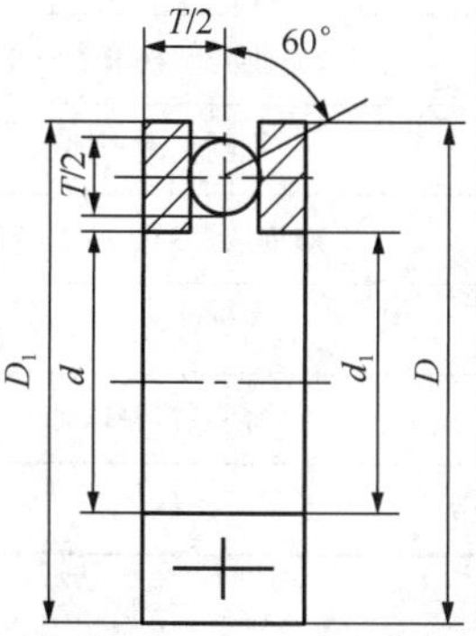	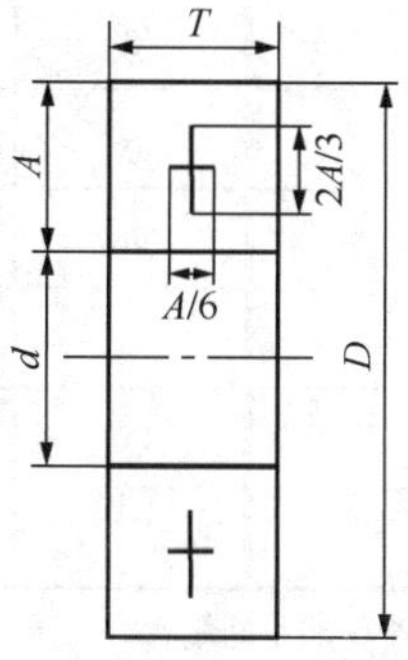		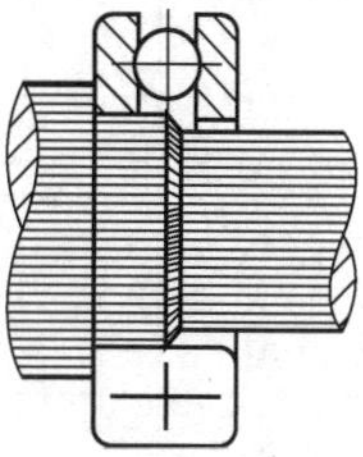

3. 规定画法

1）在剖视图中，如果需要表达滚动轴承的主要结构，则可采用规定画法。此时轴承的滚动体不画剖面线，各套圈可画成方向和间隔相同的剖面线。

2）规定画法一般只绘制在轴的一侧，另一侧用通用画法绘制。

3）在装配图中，滚动轴承的保持架及倒角等可省略不画。

4. 滚动轴承的标记和代号

滚动轴承是标准件，不需要画零件图，其结构、尺寸、公差均用代号表示。需用时根据设计要求选型，其尺寸可从《滚动轴承　代号方法》（GB/T 272—2017）中查取。

（1）代号格式

滚动轴承的标记由名称、代号和标准编号组成。其格式如下：

名称　　代号　　标准编号

名称：滚动轴承。

代号：由前置代号、基本代号、后置代号三部分组成。通常用其中的基本代号表示。基本代号表示轴承的基本类型、结构和尺寸，是轴承代号的基础。其中类型代号用数字或字母表示（表 8-10），其余都用数字表示，最多为 7 位。基本代号的排列形式如下：

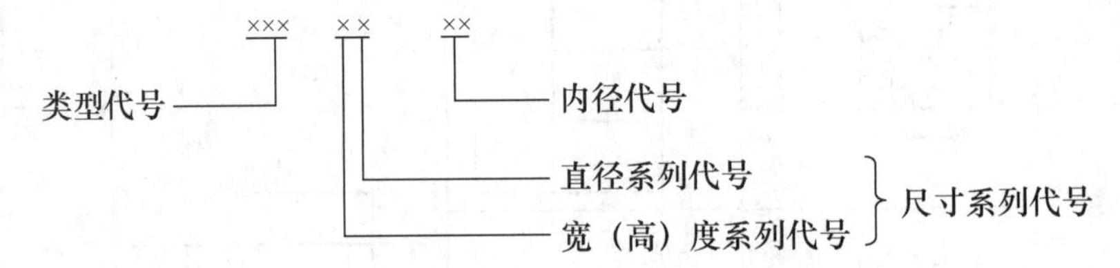

（2）类型代号

类型代号表示轴承的基本类型。各种不同的轴承类型代号可查有关标准或轴承手册，如表 8-11 所示。例如，由《滚动轴承　深沟球轴承　外形尺寸》（GB/T 276—2016）查得，深沟球轴承的类型代号为 6。

表 8-11　轴承类型代号

代号	轴承类型	代号	轴承类型
0	双列角接触球轴承	7	角接触球轴承
1	调心球轴承	8	推力圆柱滚子轴承
2	调心滚子轴承和推力调心滚子轴承	N	圆柱滚子轴承
3	圆锥滚子轴承	NN	双列或多列圆柱滚子轴承
4	双列深沟球轴承	U	外球面球轴承
5	推力球轴承	QJ	四点接触球轴承
6	深沟球轴承		

注：在表中代号后或前加字母或数字表示该类轴承中的不同结构。

（3）尺寸系列代号

尺寸系列代号由轴承的宽（高）度系列代号和直径系列代号组合而成。宽（高）度系列代号表示轴承的内、外径相同的同类轴承有几种不同的宽（高）度。直径系列代号表示内径相同的同类轴承有几种不同的外径。尺寸系列代号均可查有关标准。

（4）内径代号

表示滚动轴承的内径尺寸。当轴承内径在 20～480mm 范围内，内径代号乘以 5 为轴承的公称内径。内径不在此范围内，内径代号另有规定，可查阅有关标准或滚动轴承手册。

为了便于识别轴承，生产厂家一般将轴承代号打印在轴承圈的端面上。

（5）标注示例

轴承代号标注示例：

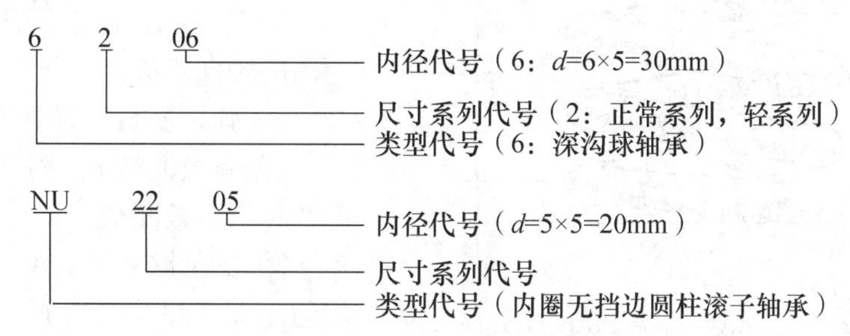

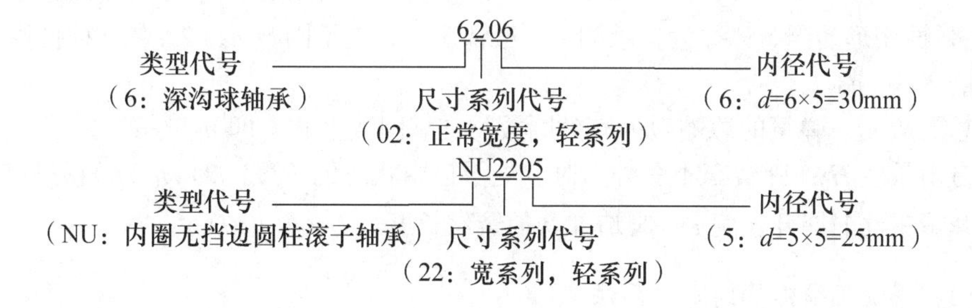

8.6　弹簧的画法

弹簧是利用材料的弹性和结构特点，通过变形和储存能量的一种机械零件，主要用于控制机械的运动、减振、能量储存以及控制和测量力的大小等。弹簧的种类很多，常用的有圆柱螺旋弹簧、涡卷弹簧、碟形弹簧和板弹簧等，如图 8-54 所示。其中，圆柱螺旋弹簧根据工作时的受力不同，又可分为压缩弹簧、拉伸弹簧和扭转弹簧。

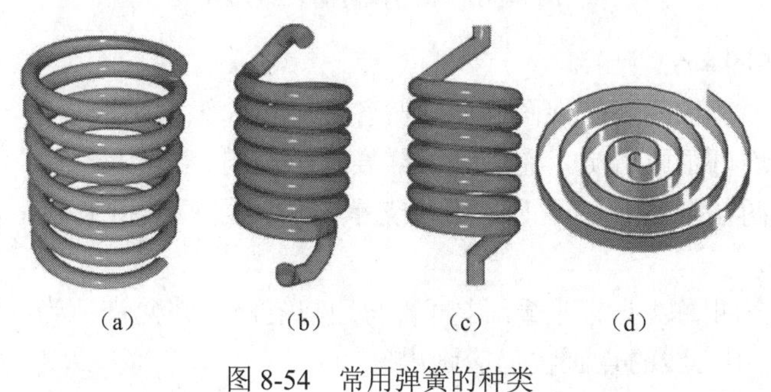

图 8-54　常用弹簧的种类

1. 圆柱螺旋压缩弹簧的基本尺寸

圆柱螺旋压缩弹簧的基本尺寸以及在图中的注法，如图8-55所示。

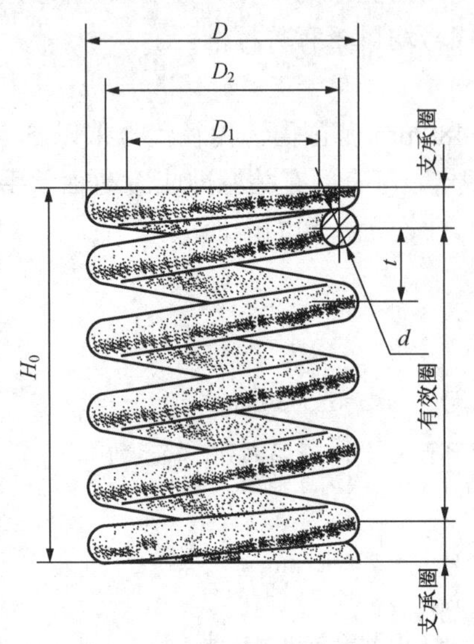

图8-55　压缩弹簧各部分名称和尺寸

其中的主要尺寸如下。

1）线径 d：弹簧的钢丝直径。

2）弹簧外径 D：弹簧的最大直径。

3）弹簧内径 D_1：弹簧的最小直径，$D_1=D-2d$。

4）弹簧中径 D_2：弹簧内、外直径的平均直径，即 $D_2=(D+D_1)/2=D_1+d=D-d$。

5）节距 t：除磨平压紧支承圈外，相邻两圈的轴向距离。

6）弹簧圈数：弹簧圈数共有以下三种。

① 有效圈数 n：弹簧中参与弹性变形的圈数称为有效圈数。

② 支承圈数 n_2：为了使弹簧工作时受力均匀，保证弹簧的端面与轴线垂直，弹簧两端的几圈一般都要靠紧并将端面磨平。这部分不产生弹性变形的圈数，称为支承圈。一般情况下，支承圈数 n_2= 2.5 圈。即两端各靠紧1/2圈、磨平3/4圈。

③ 总圈数 n_1：弹簧的总圈数为有效圈数与支承圈数之和，即 $n_1=n+n_2$。

7）自由长度 H_0：弹簧在不受外力时，处于自由状态的长度，即 $H_0=nt+(n_2-0.5)d$。

8）弹簧钢丝的展开长度 L：制造弹簧的簧丝长度，$L \approx n_1\sqrt{(\pi D_2)^2+t^2}$ 。

2. 圆柱螺旋压缩弹簧的规定画法

圆柱螺旋压缩弹簧可以画成视图、剖视图和示意图三种形式，如图8-56所示。

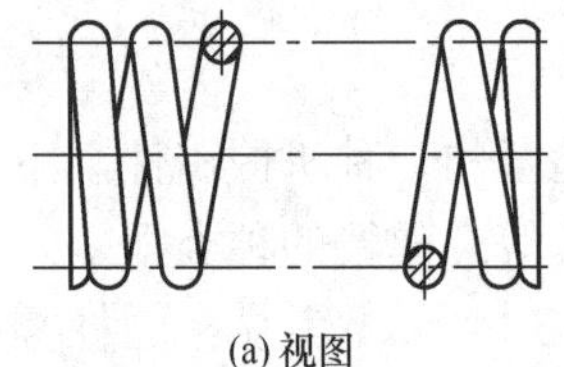

(a) 视图

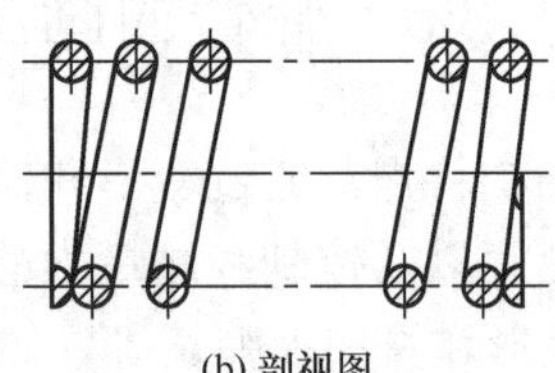

(b) 剖视图

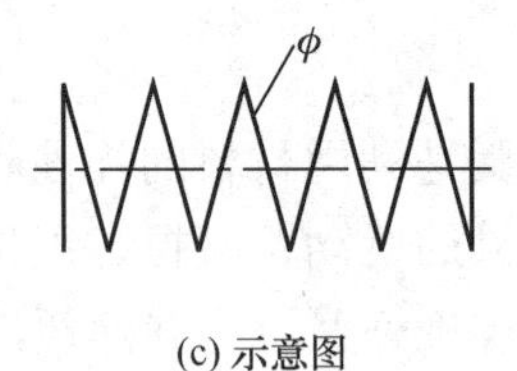

(c) 示意图

图8-56　压缩弹簧的表达形式

其画图步骤如图8-57所示。

1）在平行于弹簧轴线的剖视图中，弹簧各圈的轮廓线均画成直线。

2）螺旋弹簧均可画成右旋，左旋弹簧需要注出旋向“左”字。

3）弹簧要求两端贴紧且磨平时，不论支承圈的圈数多少和末端贴紧情况如何，均按图8-57绘制。

4）有效圈数在四圈以上的弹簧，中间部分可以省略，并允许适当缩短图形的长度。表示弹簧轴线和钢丝中心线的点画线仍应画出。

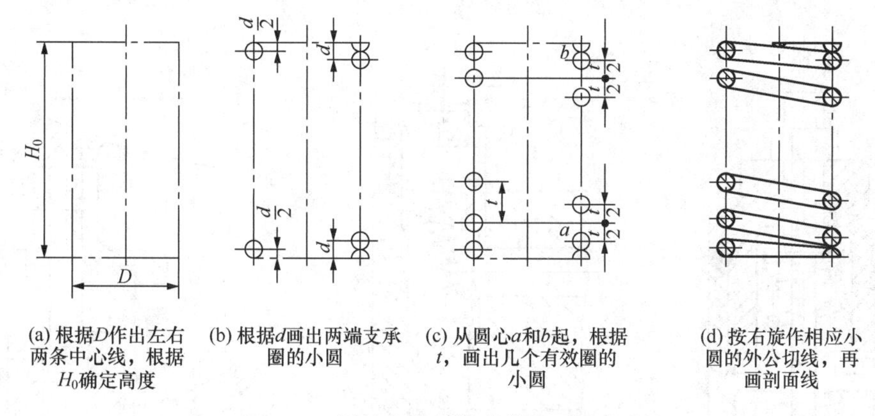

(a) 根据D作出左右两条中心线，根据H_0确定高度　(b) 根据d画出两端支承圈的小圆　(c) 从圆心a和b起，根据t，画出几个有效圈的小圆　(d) 按右旋作相应小圆的外公切线，再画剖面线

图 8-57　圆柱螺旋压缩弹簧的画图步骤

3. 弹簧的零件图

图 8-58 所示为圆柱螺旋压缩弹簧零件图样，在主视图上方用斜线表示外力与弹簧变形之间的关系，符号 F_1、F_2 为工作负荷，F_j 为极限负荷。

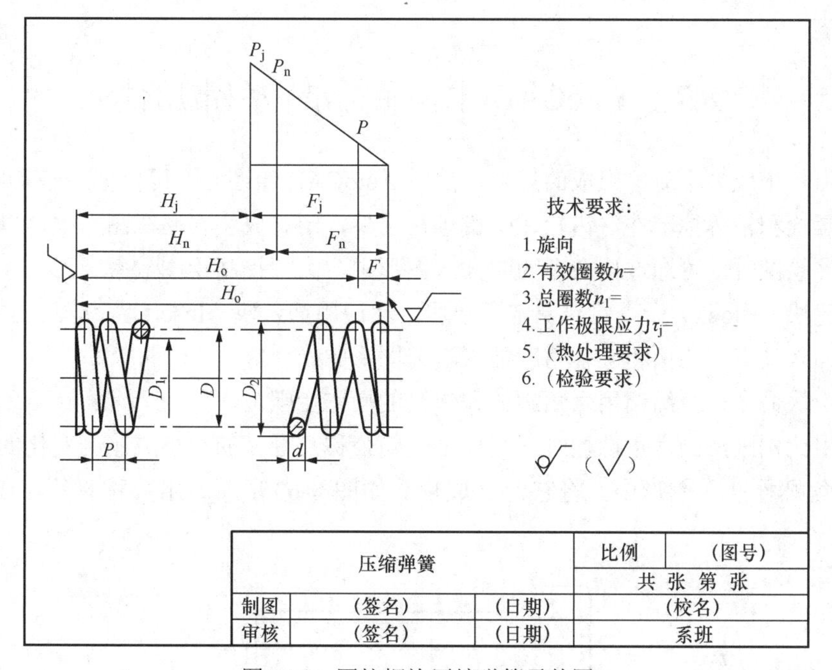

图 8-58　圆柱螺旋压缩弹簧零件图

4. 装配图中弹簧的画法

弹簧在装配图中的画法应遵守下列规定：

1）在装配图中，被弹簧挡住的结构一般不画出，可见部分应从弹簧的外轮廓线或从弹簧钢丝剖面中心画起，如图 8-59（a）所示。

2）在装配图中，型材直径或厚度在图形上等于或小于 2mm 的螺旋弹簧、蝶形弹簧、片弹簧允许用示意图绘制，如图 8-59（b）所示。弹簧被剖切时，剖面直径或厚度在图形上等于或小于 2mm 时也可用涂黑表示，如图 8-59（c）所示。

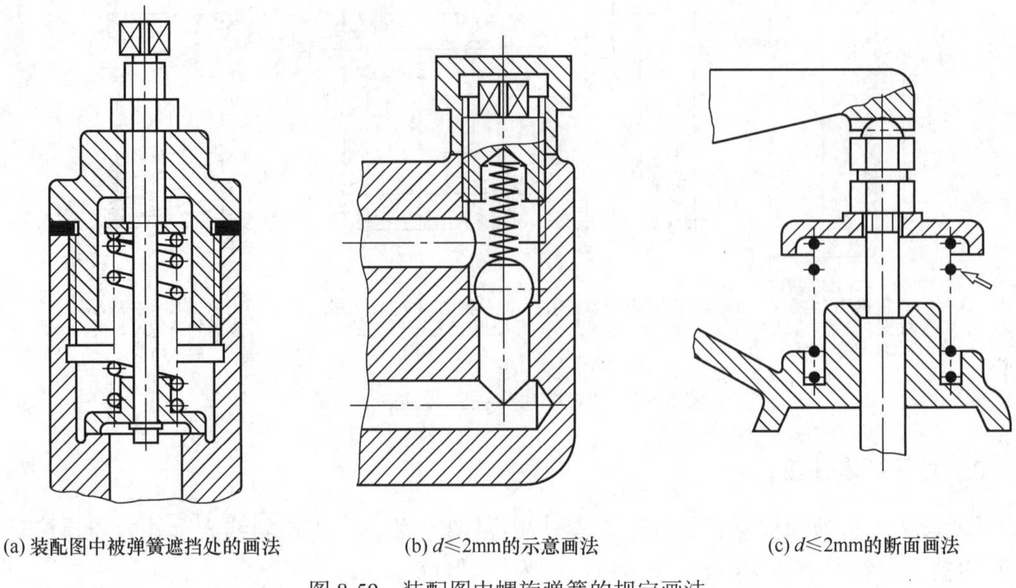

(a) 装配图中被弹簧遮挡处的画法　　(b) d≤2mm的示意画法　　(c) d≤2mm的断面画法

图 8-59　装配图中螺旋弹簧的规定画法

8.7　AutoCAD 中调用标准件和常用件

块是由一个或多个对象组成的集合，在用 AutoCAD 绘图时，可以把一些常用的图形，如螺母、螺栓和销等标准件，齿轮、弹簧等常用件，定义成块存储在图库中，以保证设计的标准化。绘图时，可通过块命令随时插入图形中，大幅提高绘图效率。

用创建块（Block）命令将对象定义成块，然后用插入块（Insert）命令将已定义的块，按指定的插入基点、比例和旋转角度插入当前图形中。

本节用块命令，介绍调用六角螺栓和弹簧的操作步骤。

在使用比例画法画六角螺栓时，其大小是随公称直径 d 的大小成比例变化的。为了方便地将六角螺栓插入图形中，将它定义成块。如图 8-60 所示，用公称直径 d=20 来绘制螺栓。

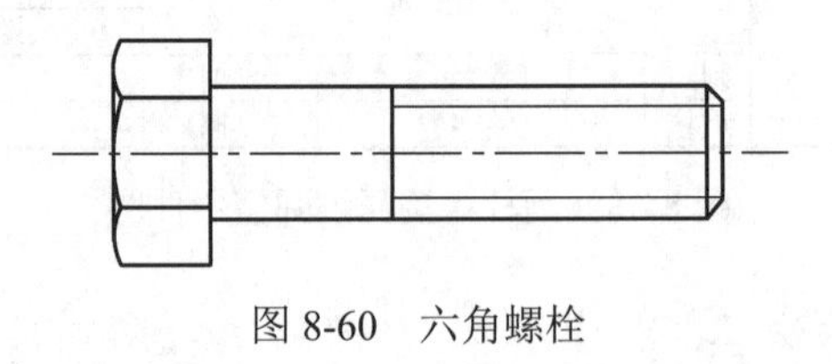

图 8-60　六角螺栓

8.7.1　执行方式

（1）步骤 1

调用：在命令行输入“WBLOCK”或“W”。此命令的功能：通过选定对象，指定插入基点并创建块的名称。调用命令后，打开“写块”对话框，如图 8-61 所示。

选项说明如下。

1）文件名和路径：给要创建的块命名，并指定保存路径，输入块名为“六角螺栓”，保存路径为 E 盘的 CAD 文件夹中。

2）基点：指定插入块时的插入基点。例如，单击“拾取点”按钮，可返回当前绘图区，在要定义为块的对象上捕捉一个特征点作为基点。这里选择图 8-62 所示的“×”点为螺栓插入基点。

3）对象：指定在创建的新块中要包含的对象。例如，单击“选择对象”按钮，选择需要定义成块的图形。

4）单击“确定”按钮，完成创建块的操作。

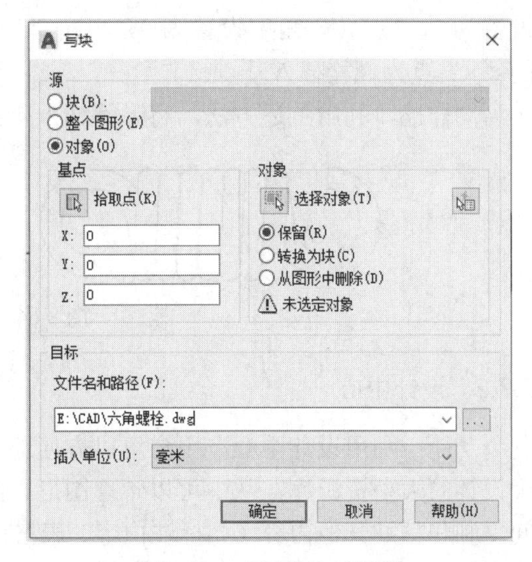

图 8-61　“写块”对话框

（2）步骤 2

调用：在命令行输入“INSERT”或“I”。此命令的功能：用于将已定义的块以块的方式插入当前图中。

调用命令后，打开“插入”对话框，如图 8-63 所示。

图 8-62　六角螺栓块

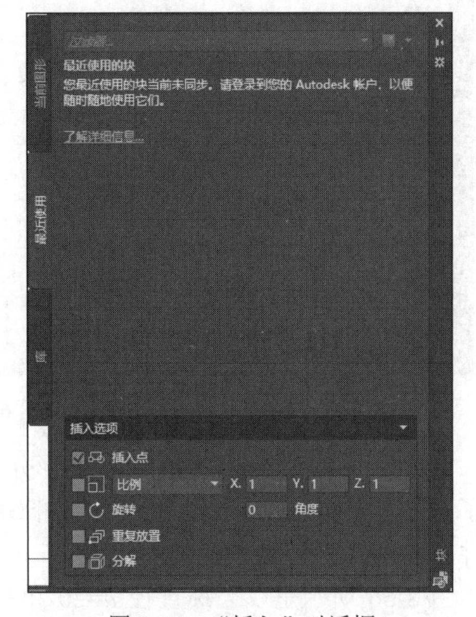

图 8-63　“插入”对话框

选项说明如下。

1）当前图形：显示当前图形中可用块定义的预览或列表。选择“当前图形”选项，打开“当前图形块”对话框，从中选择要插入图形中的块文件。这里选择图块名：六角螺栓。

2）插入点：用于指定块的插入点。选择“在屏幕上指定”选项，“比例”中 X、Y、Z

设置为 1，“旋转”角度设置为 0，单击“确定”按钮。选择图形中的基点，以图 8-62 中的“×”点为螺栓插入基点。

同样地，利用上述方法，将弹簧插入所需图形中，如图 8-64 所示。

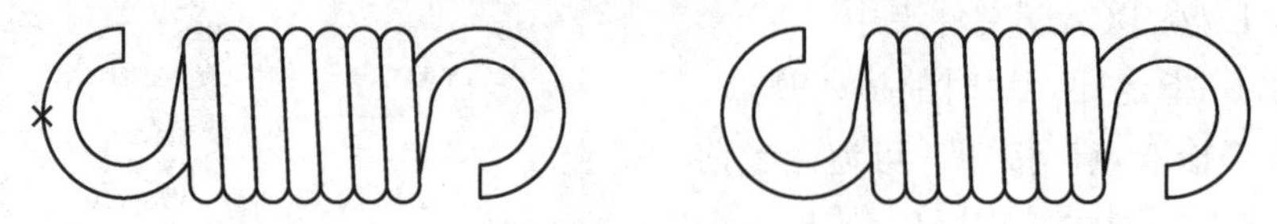

图 8-64　弹簧调用

8.7.2　设计中心

功能：利用设计中心，用户可以方便地做到资源共享与图形的重复使用。它相当于一个设计的大型资源库，从中可以管理图形、图块外部参照等；可以通过设计中心在图形之间复制和粘贴其他内容（如标注内容、表格样式、布局、块、图层、外部参照、文字样式、线型等），从而简化绘图过程。

调用：在命令行输入“ADCENTER”或“ADC”，打开图 8-65 所示的“设计中心”窗口，左边是文件目录树，包括 AutoCAD 自带的不同类型的图形库文件。

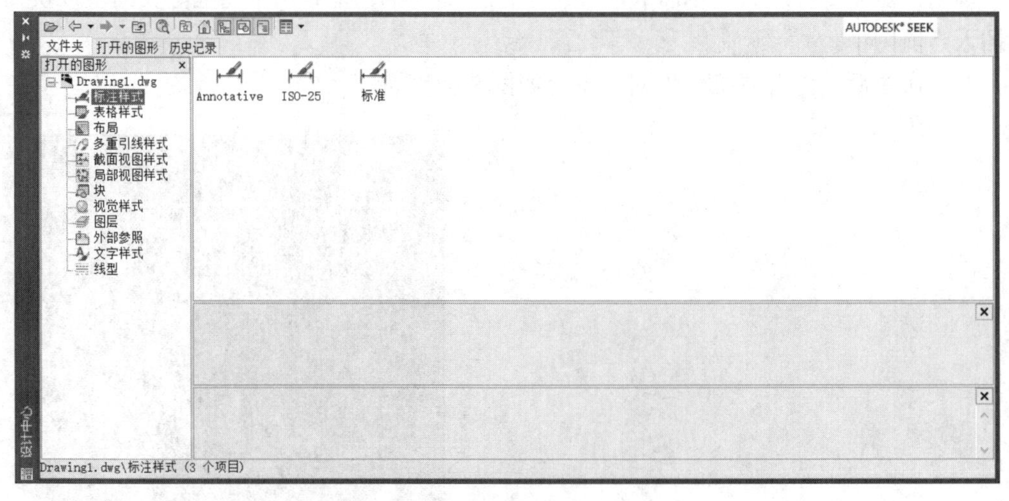

图 8-65　设计中心

用户还可以将自己常用的一些图形分别定义成块，将其保存在同一文件中，这样就构成了自己使用的图形库，当需要用到图形库的图形时，只需启动设计中心，打开需要的库文件即可。

图 8-66 所示是以公称直径 d=20 绘制螺栓、垫圈和螺母，在使用比例画法画螺栓、螺母和垫圈时，其三者的大小是随公称直径 d 的大小成比例变化的，因此对螺栓联接图［图 8-66（d）］进行分析，从图中可以看出螺栓联接分成三部分，上面部分包括螺母、垫圈和螺栓的伸出部分［图 8-66（a）］，下面部分为螺栓头部［图 8-66（b）］，中间部分为带孔的两个板件［图 8-66（c）］。为了方便地将上面部分和下面部分插入图形中，应先将上、下两部分分别定义成块。其中，板件厚度是不随公称直径变化而变化的，所以这里不用定义成块。

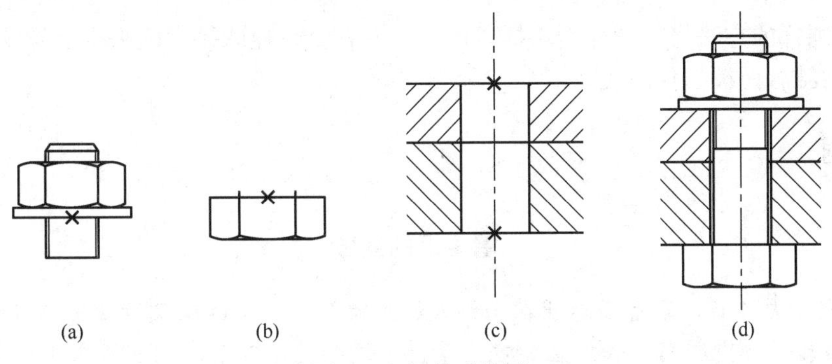

图 8-66　螺栓联接图

操作步骤如下：

1）打开以“图形库”命名的文件，同时新建一个以“Drwing1”命名的文件。在新建文件“Drwing1”中画出螺栓联接的中间部分（带孔的两个件），如图 8-66（c）所示，在命令行输入“ADCENTER”或“ADC”，打开“设计中心”窗口，在“文件夹”选项卡下目录树中选择“块”选项，进入界面，如图 8-67 所示。

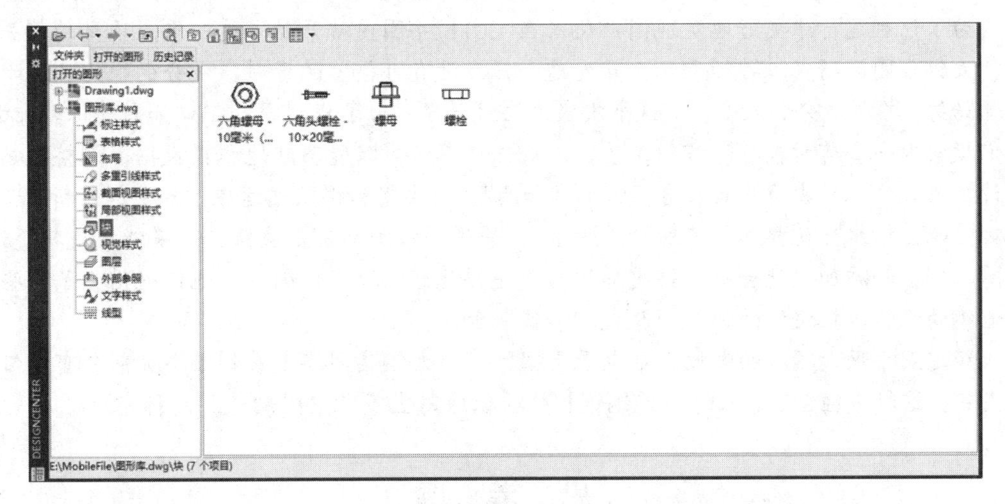

图 8-67　块文件夹窗口

2）插入点。右击“螺母”块，打开“插入”对话框，选择“在屏幕上指定”复选框，“比例”选项组中 X、Y、Z 设置为 1，“旋转”选项组中角度设置为 0，单击“确定”按钮，如图 8-68 所示，然后将鼠标指针指向图 8-66（c）中的“×”点，单击，插入基点。

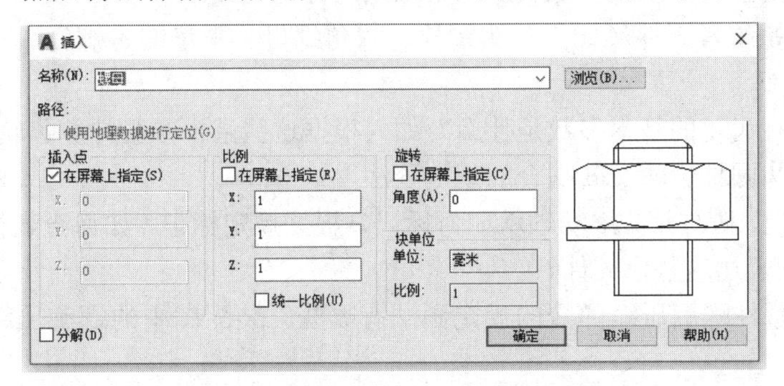

图 8-68　“插入”对话框

3）用同样的方法将“螺栓”块插入图中，并补全螺栓联接中间缺少的螺纹杆轮廓线，删除两板件结合面被挡住的线。

案例故事

笔尖钢的突破

2016 年 1 月 4 日，李克强总理在山西太原主持召开的钢铁煤炭行业化解过剩产能、实现脱困发展座谈会上透露，我们在钢铁产量严重过剩的情况下，仍然进口了一些特殊品类的高质量钢材。我们还不具备生产模具钢的能力，包括圆珠笔头上的“圆珠”，目前仍然需要进口。这都需要调整结构。

圆珠笔头看似简单，其实内有乾坤，笔头开口处厚度不到 0.1 毫米，却要承受各种书写姿势带来的压力和摩擦，因此对其硬度具有很高的要求。钢材要制造笔头，必须用很多特殊的微量元素，把钢材调整到最佳性能，微量元素配比的细微变化都会影响钢材质量，这个配比找不到，中国的制笔行业永远都需要进口笔尖钢。

为了让制笔行业更好地实现国产化，在 2011 年国内就开始了这一重点项目的相关研究。太钢集团的研发工程师表示，开发这个产品没有可借鉴的资料，成分的配比从几十公斤开始练，各种成分加入多少，这个次数没法统计了。为了找到国外守口如瓶的保密配方，他们摸索出一套前所未有的炼钢工艺，没有任何参考，只能不断地积累数据，调整参数，设计工艺方法。突破的灵感来自家常的“和面”，面要想和得软硬适中，就要加入新“料”。相对应的，钢水里就要加入工业“添加剂”，普通的添加剂都是块状，如果能把块状变细、变薄，钢水和添加剂就会融合得更加均匀，这样就可以增强切削性。他们也借鉴了一些炼其他钢的经验，把块状的加入，改成“喂线”加入。

经过五年里数不清的失败，在电子显微镜下，太钢集团终于看到了添加剂分布均匀的笔尖钢。这批直径 2.3 毫米的不锈钢钢丝，骄傲地写上了“中国制造”的标志。

思　考　题

1．螺纹的要素有几个？它们的含义是什么？内、外螺纹联接时，应满足哪些条件？

2．试述螺纹（包括内、外螺纹及其联接）的规定画法。

3．简要说明普通螺纹、管螺纹及梯形螺纹的标记格式。

4．常用的螺纹紧固件（如六角头螺栓、六角螺母、平垫圈、螺钉、双头螺柱）如何标记？

5．直齿圆柱齿轮的基本参数是什么？如何根据这些基本参数计算齿轮各部分尺寸？

6．试述直齿圆柱齿轮及其啮合的规定画法。

7．普通平键、圆柱销、滚动轴承如何标记？根据规定标记，如何查表得出其他尺寸？在装配图中如何表达这些标准件？

8．常用的圆柱螺旋压缩弹簧的规定画法有哪些？装配图中的螺旋压缩弹簧如何简化绘制？

9．在 AutoCAD 中如何调用标准件和常用件？

第9章　零　件　图

教学要求

了解零件图的作用和内容，熟悉零件图的视图选择原则和表达方法，理解零件图的尺寸标注特点。了解零件的常见工艺结构、表面粗糙度及公差、配合的基础知识，掌握其在图样上的标注方法。掌握零件测绘工具的用法及零件测绘方法。掌握读零件图的方法和步骤。

9.1　零件图的概述

任何机械或部件都是由若干零件按一定的装配关系和技术要求组装而成的。零件是组成机器（或工具、用具）的不可拆分的最小单元。设计机器时最终都会落实到每个零件的设计；制造机器时也以零件为基本制造单元，先制造出零件再装配成部件和整机。在机械制图中用于表达机械零件结构形状、尺寸大小以及技术要求的图样称为零件图。它是生产中指导制造和检验零件的重要依据，也是生产部门进行原料准备、生产安排等生产管理的重要文件。图 9-1（a）所示是一个齿轮泵，它由泵体、端盖、主动齿轮、从动齿轮、轴、垫片等零件装配而成。由图 9-1（b）可知，一个完整的零件图应包含下列内容。

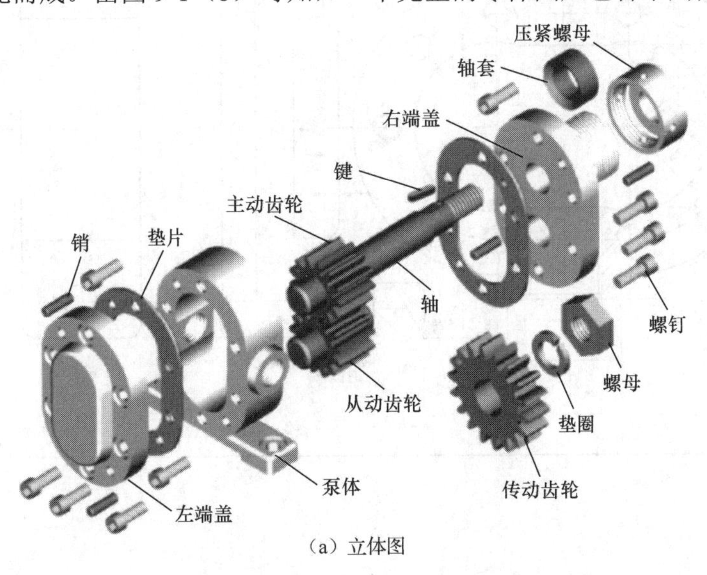

（a）立体图

图 9-1　齿轮泵立体图与零件图

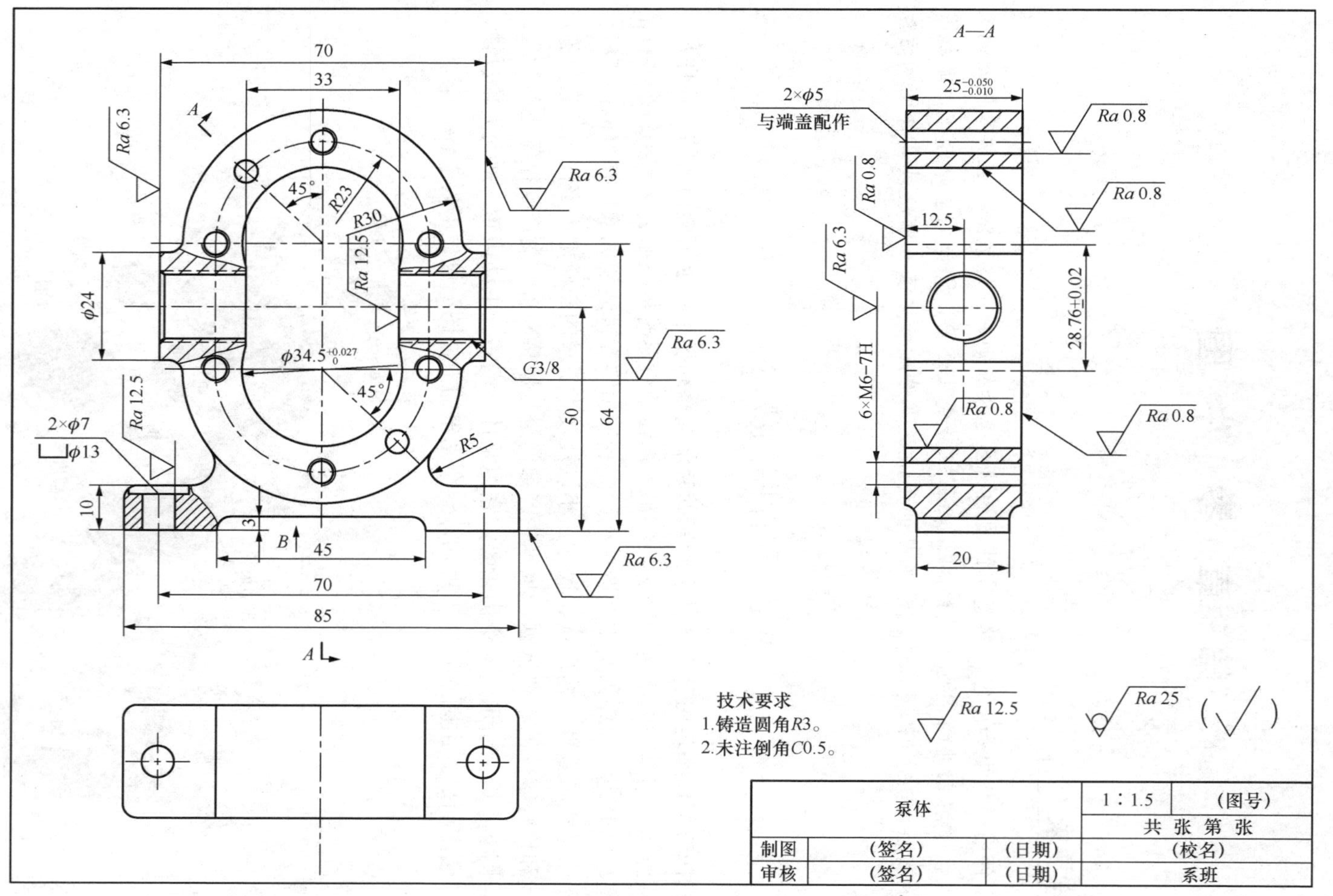
A—A
2×φ5
与端盖配作
Ra 0.8
Ra 6.3
Ra 12.5
Ra 25
28.76±0.02
12.5
20
6×M6–7H
70
33
45
85
64
50
G3/8
R5
R30
R23
φ24
2×φ7
φ13
10
45°
B
技术要求
1.铸造圆角R3。
2.未注倒角C0.5。
泵体
1∶1.5
(图号)
共 张 第 张
制图
(签名)
(日期)
(校名)
审核
系班

（b）泵体零件图

图 9-1（续）

（1）一组视图

用一组视图完整、清晰地表达零件内、外机构和形状。如图9-1（b）所示，采用主视图、左视图以及向视图来表达泵体。其中，主视图采用局部剖视图表达进出油孔的结构，左视图采用旋转剖切形成的全剖视图来表达定位孔、腔体以及螺钉孔的结构，从而可清楚地表达此零件的结构与形状。

（2）一组完整的尺寸

在零件图中应完整、正确、清晰、合理地标注制造和检验零件所需的全部尺寸。

（3）技术要求

在零件图中必须用规定的符号、数字、字母和文字简明标注零件在加工、制造时应达到的各项技术指标。其中包括表面粗糙度、尺寸公差、形状和位置公差、表面处理和材料热处理等各项技术要求。常用的热处理和表面处理可查相关手册。

（4）标题栏

在零件图右下角，用标题栏写出该零件的名称、数量、材料、图号、比例，以及设计、制图、单位名称和审核人员签字等。

9.2 零件图的视图选择

用一组视图表达零件时，首先要进行零件图视图的选择，就是根据零件的结构特点、加工制造方法、定位安装方式等要求用适当的表达方法，完整、清晰、简便地表达零件的内、外结构形状。零件图视图的选择原则是：在对零件结构形状进行分析的基础上，首先选择最能反映零件特征的视图，作为主视图；然后在完整、清晰地表达这个零件所有结构形状的基础上选取其他视图。选取其他视图时应注意在完整、清晰地表达零件内、外结构的前提下，力求表达方法简便，视图数量少，并且还要方便画图与看图。

1. 主视图的选择

主视图是最重要的视图，在绘图和读图时，一般从主视图入手。因此在表达零件时，应先确定主视图，然后再确定其他视图。在选择主视图时一般考虑以下问题。

（1）主视图的位置

1）加工位置原则。零件主视图的位置与零件在主要加工工序中的装夹位置一致。零件图的主要功能之一是为了制造零件，因此，主视图所表示的零件位置最好与该零件在机床上加工时的位置一致，以方便加工人员在加工零件时读图。例如，轴套类零件和盘类零件，图9-2所示的传动轴和尾架端盖按加工位置摆放。

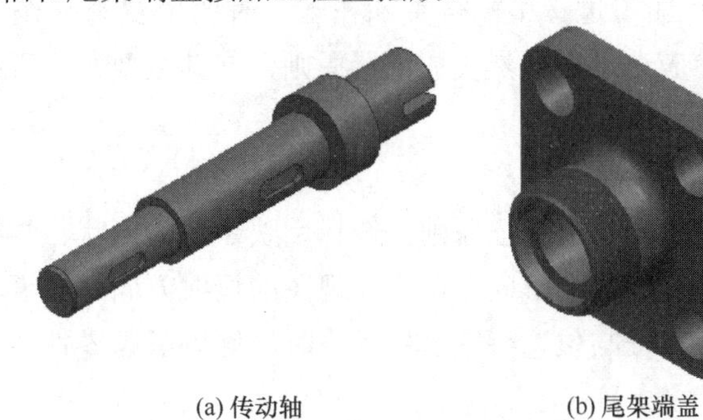

(a) 传动轴　　(b) 尾架端盖

图9-2　轴套类和盘类零件

加工零件机床的实物图，如图 9-3 所示。

图 9-3　数控机床

2）工作位置原则。零件主视图的位置与零件在机械中的工作位置要一致。如果零件在加工过程中的位置不断变化，而在工作中的位置相对固定，则主视图的位置最好与零件在机械中的工作位置一致，这样有利于了解该零件在机械中的工作情况，并可与装配图进行直接对照。例如，叉架类零件、箱体类零件等，如图 9-4 所示。

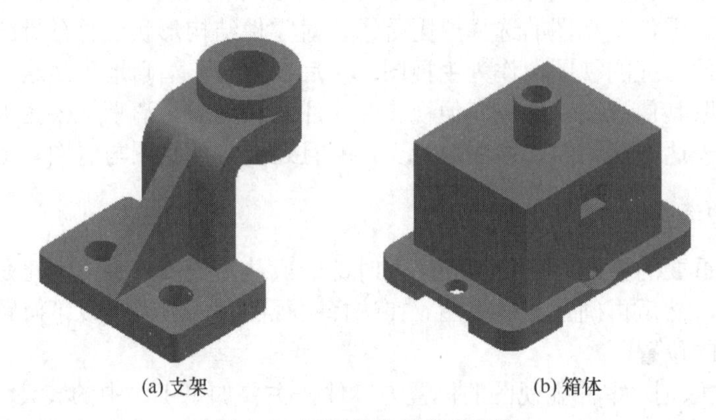

(a) 支架　　(b) 箱体

图 9-4　叉架类和箱体类零件

3）自然安放位置原则。零件主视图的位置既不与零件加工位置一致，也不与零件工作位置一致，如连杆，其在加工过程中的位置和在工作时的位置都是在不断变化的。在选择这类零件的主视图时，应该遵循自然安放位置原则，使其主要平面平行或垂直于基本投影面。

（2）主视图的投射方向

主视图的投射方向应根据形位特征原则，选择反映零件的形状、结构特征以及各组成部分之间的相对位置关系最明显的方向，作为主视图的投射方向，图 9-5 所示为轴承盖主视图的选择方案。当形位特征与位置特征发生矛盾时，优先考虑零件各组成部分的相对位置特征。

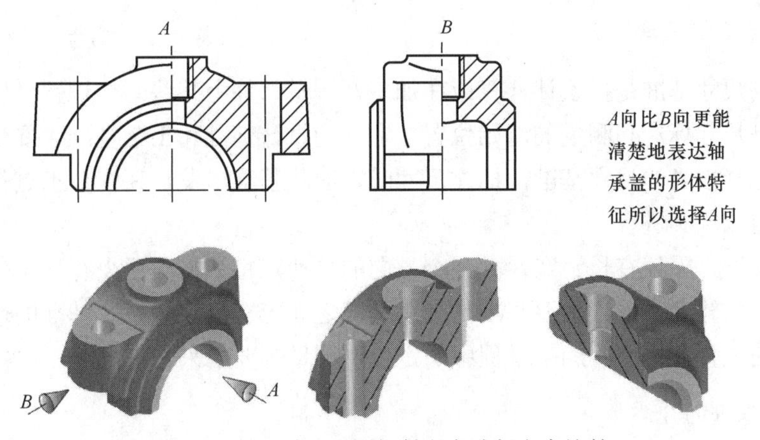

图 9-5 轴承盖主视图投射方向选择方案比较

2. 其他视图的选择

主视图确定后，其他视图的选择应根据零件的内外结构形状及各组成部分的相对位置是否表达清楚来确定。一般遵循的原则是：在完整、清晰地表达零件的内外结构形状和便于读图的情况下，尽量减少视图数量。其他视图表达的重点应明确，简明易懂，并优先考虑选择基本视图。如图 9-6 所示，轴承盖其他视图的选择，选择一个俯视图和一个左视图的半剖视图，这样，整个轴承盖就能清楚、完整地表达出来了。

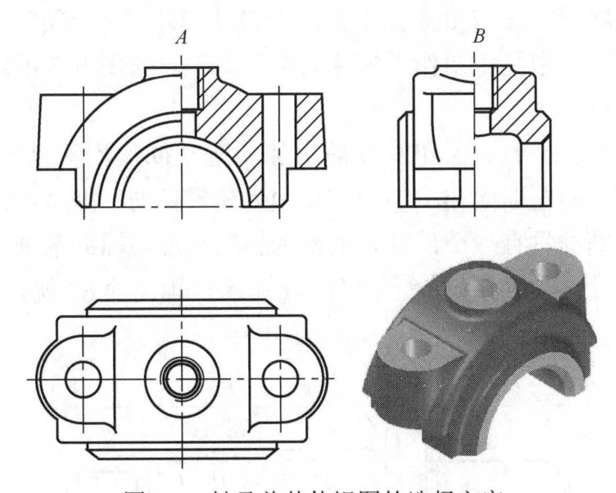

图 9-6 轴承盖其他视图的选择方案

9.3 零件图的尺寸标注

零件图中的尺寸，不但要做到标注正确、完整、清晰，还要做到标注合理。为了合理地标注尺寸，必须对零件进行全面的结构分析、形体分析和工艺分析，根据分析首先确定尺寸基准，然后再选择合理的标注形式，最后结合零件的具体情况进行尺寸标注。

合理地标注零件图的尺寸，应注意以下几点。

9.3.1 尺寸基准的选择

零件图的尺寸基准是指设计计算或在加工及测量部件上某些结构位置时所依据的点、线、面，就是尺寸标注和测量的起始位置。它分为设计基准和工艺基准。要使尺寸标注合理，首先应选择恰当的尺寸基准。标注尺寸时，应从基准出发，使在加工过程中尺寸的测量和检验都得以顺利进行。

一般情况下，零件有长、宽、高三个方向的尺寸，每个方向至少有一个主要基准。有时还要添加一些辅助基准。主要基准与辅助基准之间应有尺寸联系。基准的选择是根据零件在机器中的位置与作用、加工过程中的定位、测量等要求来考虑的。

1. 尺寸基准的分类

（1）按尺寸基准的几何形式分

1）点基准：以球心、定点等几何中心为尺寸基准。

2）线基准：以轴和孔的回转轴线位置为尺寸基准。

3）面基准：以主要加工面、断面、装配面、支承面、结构对称中心面等为尺寸基准。

（2）按尺寸基准性质分

1）设计基准。根据零件的结构特点和设计要求选定的基准称为设计基准。设计基准一般用来确定零件在机器中位置的接触面、对称面、回转面的轴线等。如图 9-7 所示，阶梯轴的$\phi 35$右端面为轴向方向设计基准。设计基准按作用又分如下两类。

① 主要基准：零件有长、宽、高三个方向的设计尺寸。对于某些零件在同一方向上可能有两个以上的基准，其中起主要作用的称为主要基准。如图 9-7 所示，尺寸$\phi 35$的右端面为该零件的主要基准。

② 辅助基准：为了便于加工和测量而增加的起辅助作用的基准称为辅助基准。如图 9-7 所示，尺寸$\phi 20$的左端面和$\phi 17$的右端面为该零件的辅助基准。零件的同一方向有多个尺寸基准，主要基准只有一个，其余的均为辅助基准，辅助基准必须有一个尺寸与主要基准相联系，该尺寸称为联系尺寸。如图 9-7 所示，轴尺寸 67 就是该零件的联系尺寸。

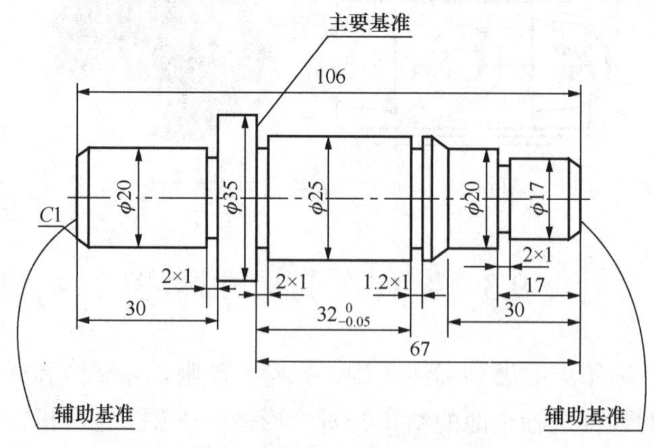

图 9-7 主要基准和辅助基准的选择

2）工艺基准。在加工时，确定零件装夹位置和刀具位置的一些基准以及检测时所使用的基准称为工艺基准。如图 9-8 所示，螺纹 M18 的右端面为阶梯轴的工艺基准。

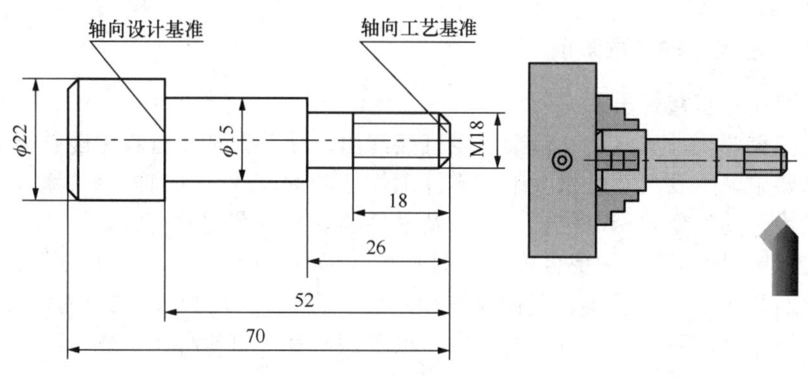

图 9-8　阶梯轴基准的选择

2．选择基准的原则

在选择基准时，应当尽可能地使设计基准与工艺基准一致，以减少两个基准不重合而引起的尺寸误差。当设计基准与工艺基准不一致时，应当保证以设计要求为主，重要尺寸从设计基准标出，次要基准从工艺基准标出，以便加工和测量。

9.3.2　零件图尺寸标注的形式

由于零件的设计、工艺要求不同，尺寸基准的选择也不尽相同，因此尺寸标注形式也不同，大体上会产生三种基本形式。

（1）坐标式

坐标式尺寸标注是指零件图上的所有尺寸都从一个基准标出，这种标注形式的特点是每个尺寸在加工时不受其余尺寸加工误差的影响，如图 9-9 所示。

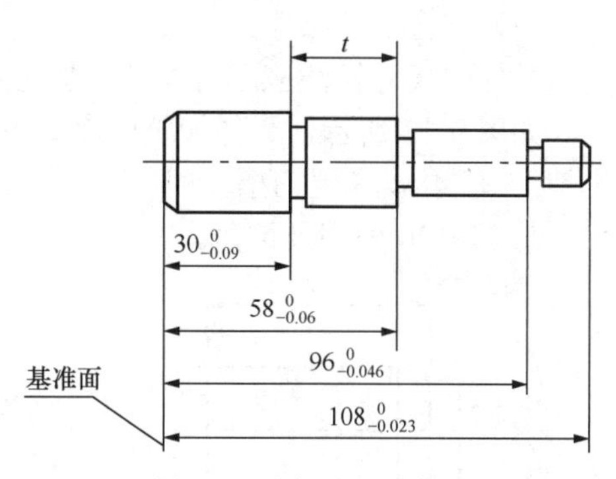

图 9-9　坐标式尺寸标注

（2）链状式

链状式尺寸标注是指所有尺寸都一次标注，即后一个尺寸分别以前一个尺寸为基准。这种标注方式的特点是每个尺寸都会受到该尺寸前所有尺寸的加工误差的影响，如图 9-10 所示。

（3）综合式

综合式尺寸标注是指坐标式和链式的综合，此种标注形式在标注中应用广泛，如图 9-11 所示。

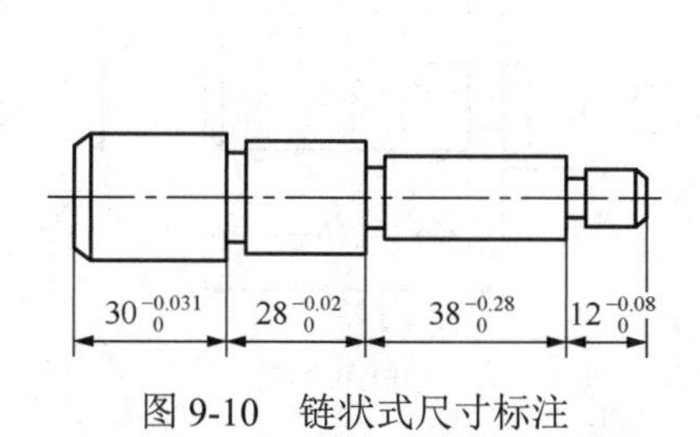

图 9-10　链状式尺寸标注

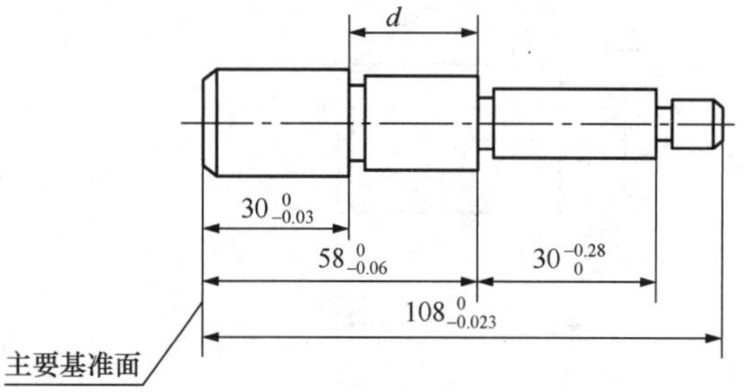

图 9-11　综合式尺寸标注

9.3.3 合理标注尺寸的注意事项

（1）重要尺寸直接标出

零件上的重要尺寸应从设计基准出发直接注出，使其在加工过程中能够得到保证，以达到其设计要求。重要尺寸是指会影响零件工作性能的尺寸，如有配合关系表面的尺寸、零件中各结构之间的重要相对位置尺寸以及零件的安装位置尺寸等。

图 9-12（a）所示的标注更合理，而图 9-12（b）的标注不合理。中心距 *B*、*L* 应直接标出，它以对称中心线为基准，是两个重要尺寸。在高度方向，以底面为基准，*D*、*C* 分别为两个定位尺寸，有着非常重要的作用，也应该从基准直接标出。

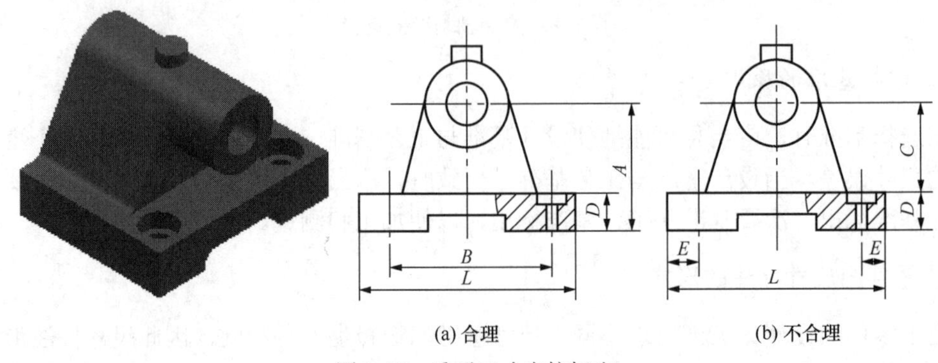

(a) 合理　　(b) 不合理

图 9-12　重要尺寸直接标出

（2）符合加工顺序

零件的尺寸标注应尽可能符合加工顺序，既能为看图和测量提供方便，又保证加工精度。如图 9-13 所示，零件加工顺序如下：

① 车 4×ϕ15 退刀槽。

② 车ϕ20 外圆及倒角。

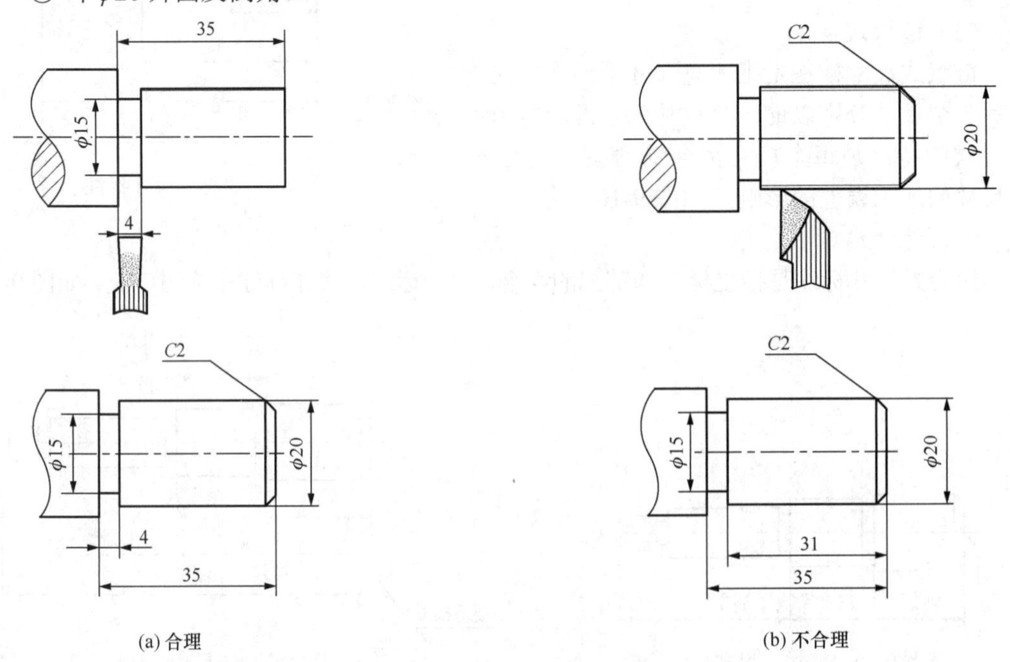

(a) 合理　　(b) 不合理

图 9-13　标注符合加工顺序

（3）避免标注成封闭尺寸

在进行尺寸标注时，避免标注封闭的尺寸链，因为封闭尺寸容易导致零件加工时尺寸精度相互影响，难以同时满足。如图 9-14（a）所示，尺寸标注不合理；如图 9-14（b）、（c）所示，零件的尺寸标注都是合理的。

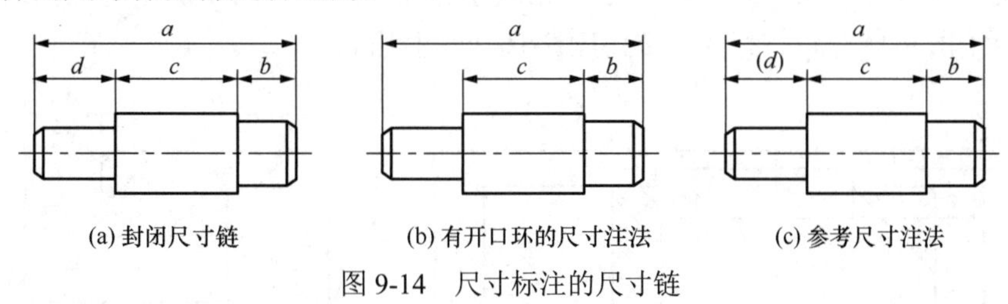

图 9-14　尺寸标注的尺寸链

（4）便于测量

在标注零件尺寸时一定要考虑零件在加工中或检验中测量方便。如图 9-15（a）所示的尺寸标注便于测量，如图 9-15（b）所示的尺寸标注不便于测量。

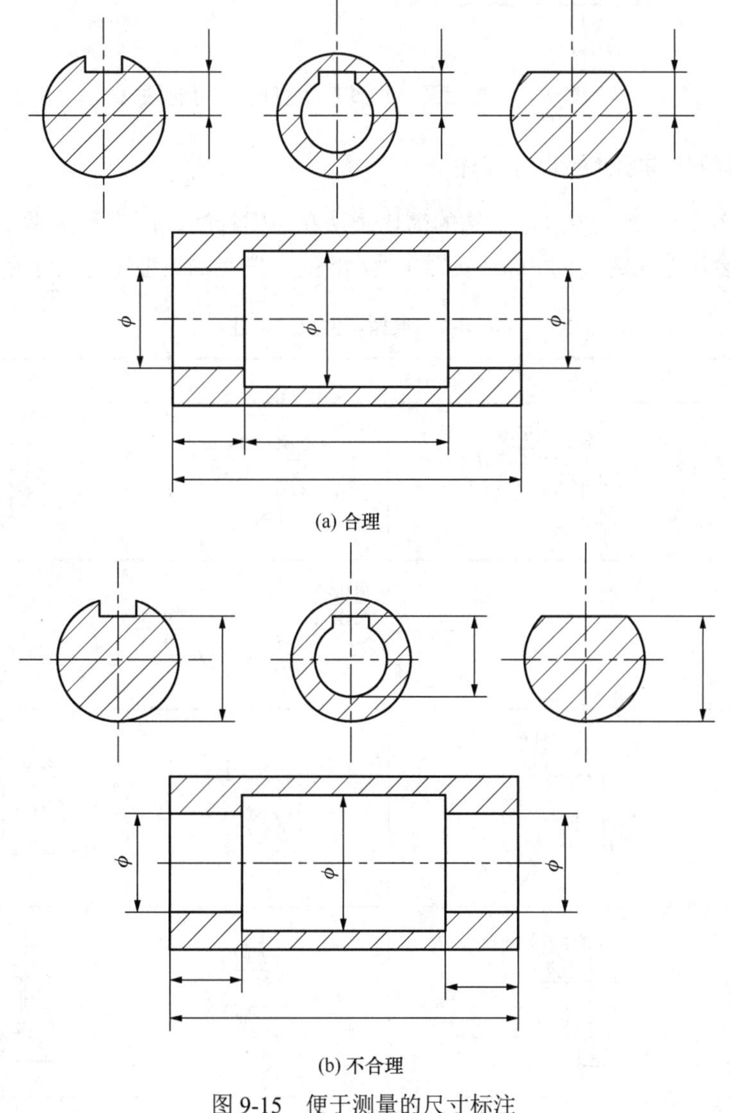

图 9-15　便于测量的尺寸标注

（5）加工面与非加工面之间的尺寸标注

加工面与非加工面按两组尺寸分别标注，各个方向都要有一个尺寸互相联系起来。图 9-16 所示为两个铸件，它们的非加工面由一组尺寸（用 M 加下标表示）相联系，加工面之间用另一组尺寸（用 L 加下标表示）相联系。非加工基准面与加工基准面之间分别用一个尺寸 A［图 9-16（a)］和尺寸 B［图 9-16（b)］相联系。

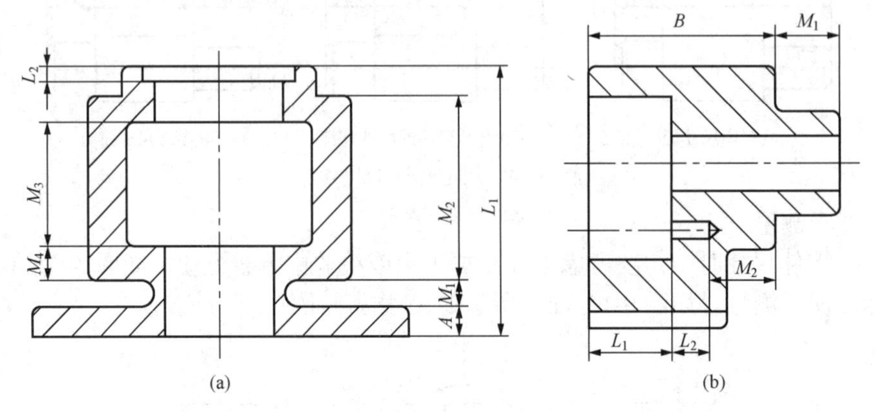

图 9-16　加工面与非加工面之间的尺寸标注

9.3.4　常见典型结构零件的尺寸标注

在尺寸标注中，对一些常见结构的简化画法和习惯标注，国家标准做了相应的规定，标注时必须符合这些规定，并在标注实践中逐渐熟记。常见的典型零件尺寸标注见表 9-1。

表 9-1　典型零件尺寸标注

类型		简化注法		普通注法
光孔	一般孔	4×φ5-7H↧10 EQS	4×φ5-7H↧10 EQS	4×φ5 EQS 10
	锥销孔	锥销孔φ5 配作	锥销孔φ5 配作	
螺孔	通孔	3×M6-7H EQS	3×M6-7H EQS	3×M6-7H EQS
	不通孔	3×M6↧10 孔↧12	3×M6↧10 孔↧12	3×M6 10 12

续表

类型		简化注法		普通注法
沉孔	锥形沉孔	6×ϕ7 ⌵ϕ13×90°	6×ϕ7 ⌵ϕ13×90°	90° ϕ13 6×ϕ7
	柱形沉孔	4×ϕ6 ⌴ϕ10↧3.5	4×ϕ6 ⌴ϕ10↧3.5	ϕ10 3.5 4×ϕ6
	锪平面	4×ϕ7⌴ϕ16	4×ϕ7⌴ϕ16	⌴ϕ16 4×ϕ7

类型	注法
长圆孔	l R
退刀槽	2×1 2×1 2×1
倒角	$C2$ $C2$ 30° 2 $C2$ $C2$ 30° 2

续表

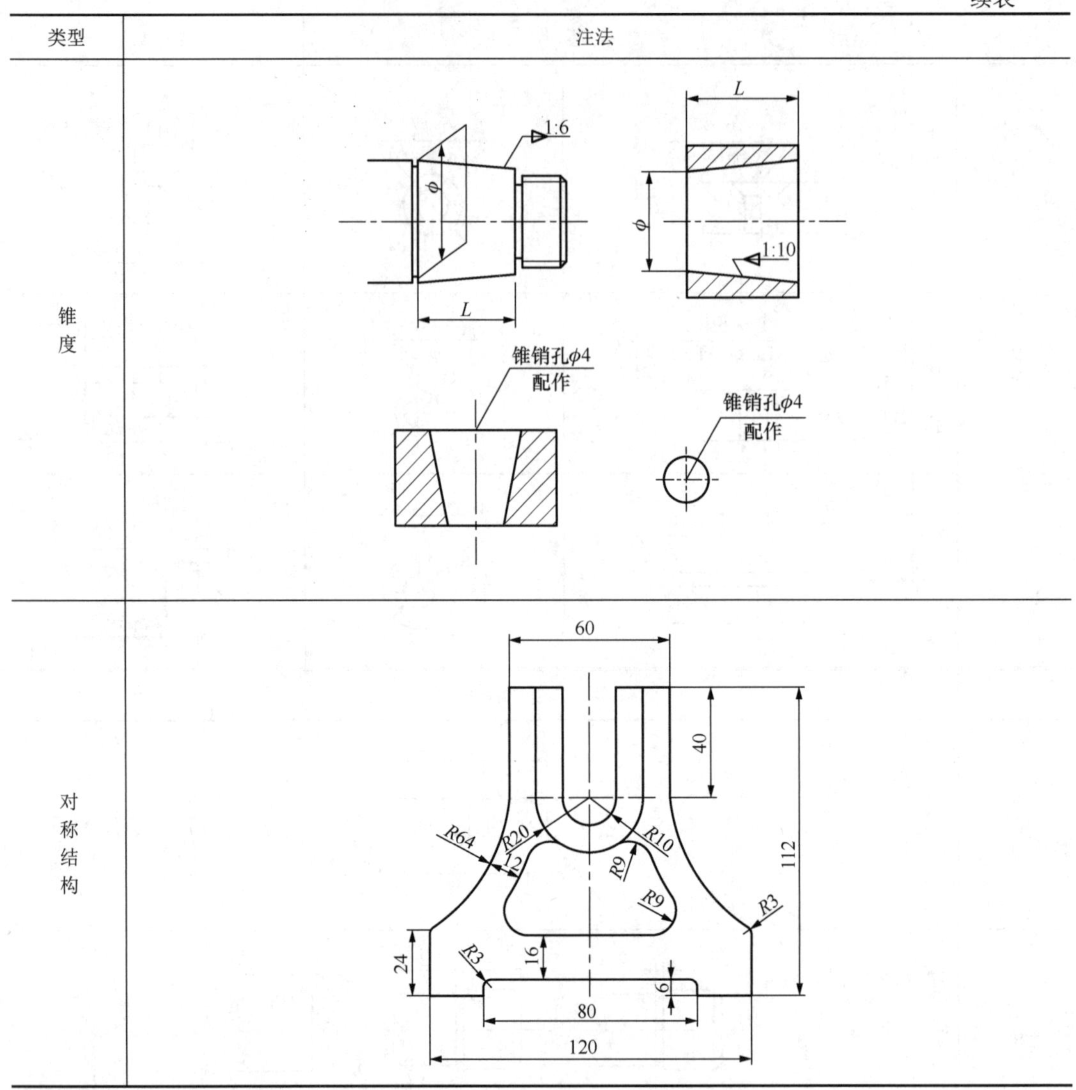

9.4 零件图的技术要求

零件图除了表达零件形状和标注尺寸外，还必须标注和说明制造零件时应达到的一些技术要求。零件图上的技术要求主要包括表面粗糙度、极限与配合、形状和位置公差、热处理和表面处理等内容。这些技术要求凡是有规定符号的，可用代号直接标注在相关的视图上；若无规定代号，则可用文字描述，通常注写在标题栏上方位置。

9.4.1 表面粗糙度

加工零件时，由于刀具在零件上留下的刀痕及切屑分裂时表面金属的塑形变形等的影响，在零件表面形成了较小的轮廓峰谷，这种表面上具有较小间距的峰谷所组成的微观几何不平度称为表面粗糙度，如图 9-17 所示。

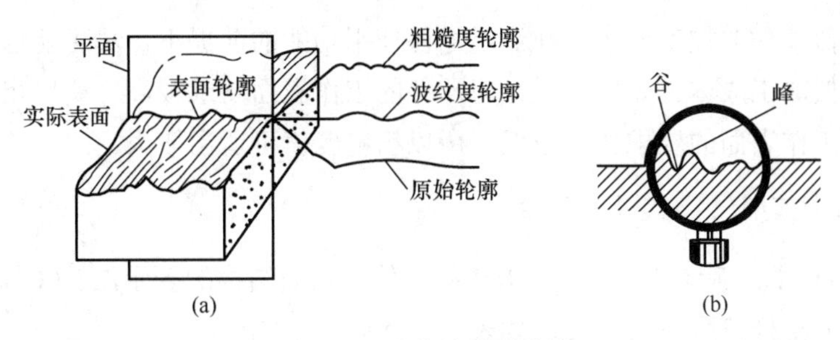

图 9-17 零件的表面结构

零件的表面粗糙度对零件的配合性质、耐磨性、抗腐蚀性、密封性、外观等都有重要的影响，应根据零件自身的配合要求或使用环境选择不同的粗糙度。一般来说，配合精度较高时，选择较小的表面粗糙度值；精度一般时，视零件性质而定。

1. 表面粗糙度的类型

表面粗糙度的类型有轮廓算术平均偏差 *Ra*、轮廓的最大高度 *Rz* 两项参数。在这两项参数中，一般情况下使用参数 *Ra*，因为参数 *Ra* 能够充分反映表面几何形状高度方向的特征，并且便于仪器（轮廓仪）测量。

1）轮廓算术平均偏差值 *Ra*：在一个取样长度 l 内，纵向坐标 y（x）绝对值的算术平均值，用公式表示如下：

$$Ra = \frac{1}{l}\int_0^l |y(x)|\,\mathrm{d}x$$

如图 9-18 所示，GB/T 1031—2009 规定，轮廓的算术平均偏差 *Ra* 的数值如表 9-2 所示。

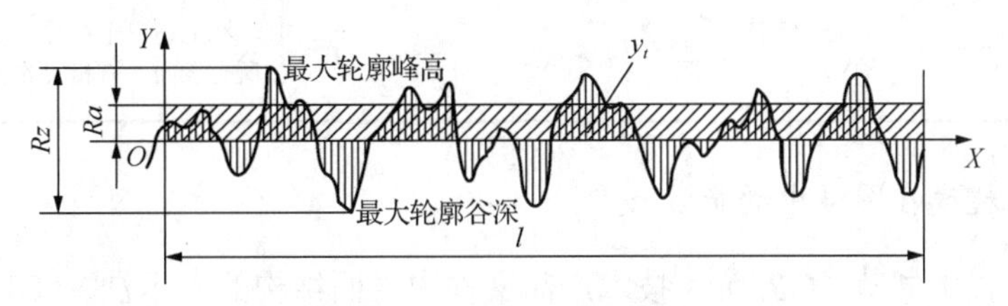

图 9-18 轮廓算术平均偏差值

表 9-2 轮廓的算术平均偏差 *Ra* 的数值 单位：μm

Ra	0.012	0.2	3.2	50
	0.025	0.4	6.3	100
	0.05	0.8	12.5	
	0.1	1.6	25	

2）轮廓的最大高度 *Rz*：在同一取样长度内，最大轮廓峰高与最大轮廓谷深之间的距离。*Rz* 的常用数值有 0.2μm、04μm、0.8μm、1.6μm、3.2μm、6.3μm、12.5μm、25μm、50μm。

表面粗糙度的选用，应以满足零件功能要求为前提，兼顾考虑零件加工生产的经济性，可参考已有类似零件的加工要求。在满足零件使用功能的前提下，尽可能选用较大的表面粗糙度，以降低加工成本。一般来说，对零件的工作表面要求较高，所以粗糙度值适当取小；对零件非工作表面的要求相对较低，所以粗糙度值可适当取大。

2. 表面粗糙度符号、代号及标注

《产品几何技术规范（GPS） 技术产品文件中表面结构的表示法》（GB/T 131—2006）规定了零件表面结构符号及其含义，如表 9-3 所示。

表 9-3　表面结构符号及其含义

符号名称	符号	意义说明
基本图形符号	 √	基本符号，表示表面可用任何方法获得。当不加注粗糙度参数值或有关说明（如表面处理、局部热处理状况等）时，仅用于简化代号标注
扩展图形符号		基本符号上加一短画，表示表面粗糙度是用去除材料的方法获得，如车、铣、钻、磨、剪切、抛光、腐蚀、电火花加工、气割等
		基本符号上加一小圆，表示表面粗糙度是用不去除材料的方法获得，如铸、锻、冲压变形、热轧、冷轧、粉末冶金等；或者是用于保持原供应状况的表面（包括保持上道工序的状况）
完整图形符号	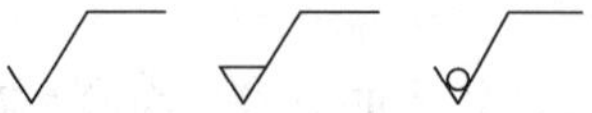	在上述三个符号的长边上均可加一横线，用于标注有关参数和说明
封闭轮廓各个表面结构要求相同时的符号	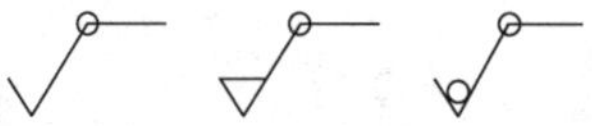	在上述三个符号上均可加一小圆，表示所有表面具有相同的表面粗糙度要求

3. 表面粗糙度在图样中的标注

《产品几何技术规范（GPS） 技术产品文件中表面结构的表示法》（GB/T 131—2006）规定了表面结构要求在图样中的注法，如表 9-4 所示。

表 9-4　表面结构要求在图样中的注法

标注方法	说明
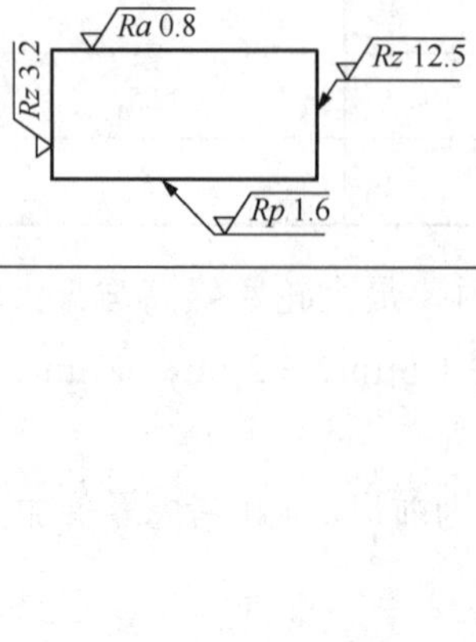 *Ra* 0.8　*Rz* 12.5　*Rz* 3.2　*Rp* 1.6	参数代号采用斜体，由大小写字母组成。表面结构要求的注写和读取方向与尺寸的注写和读取方向一致

续表

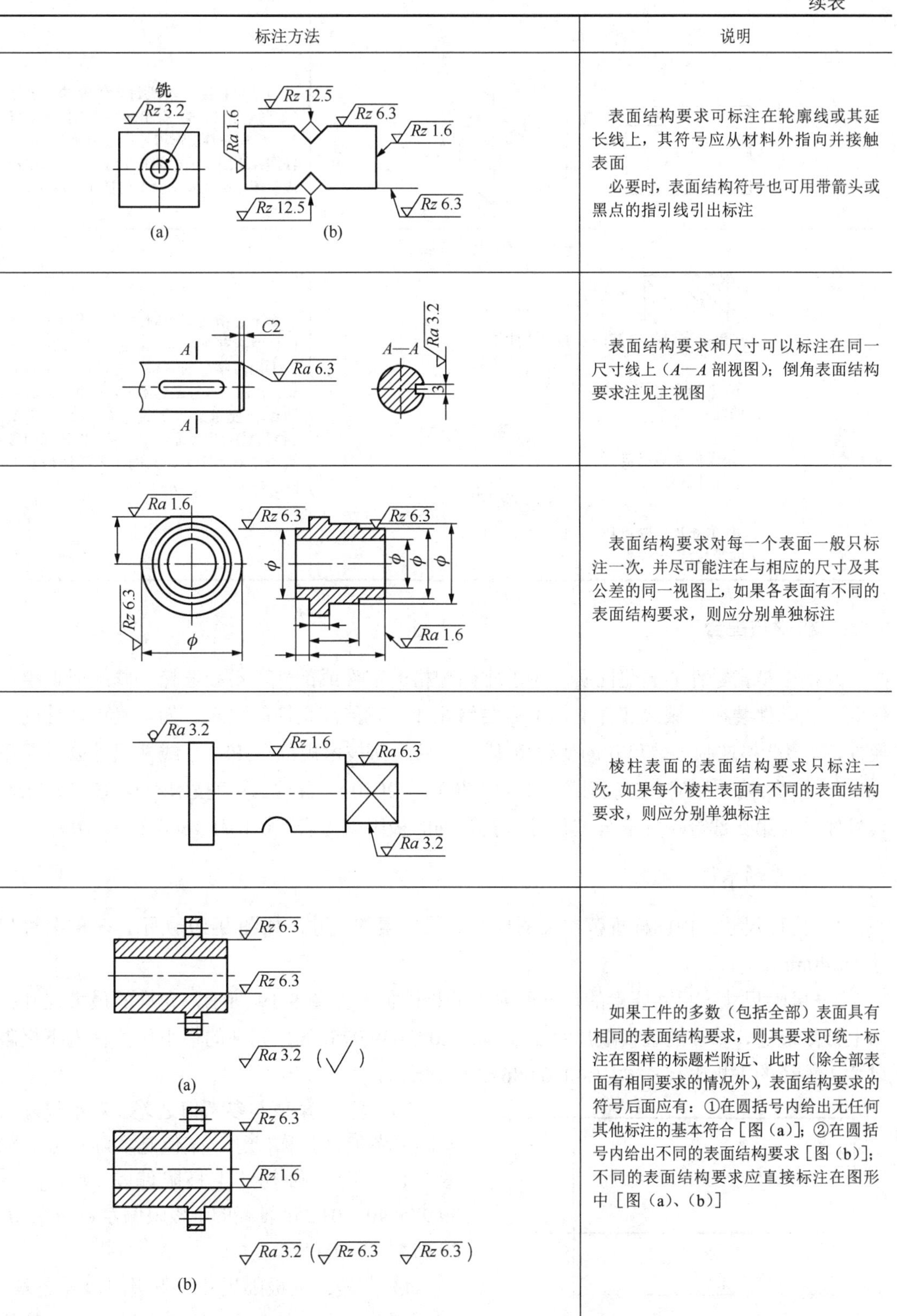

标注方法	说明
(a) (b)	表面结构要求可标注在轮廓线或其延长线上，其符号应从材料外指向并接触表面 必要时，表面结构符号也可用带箭头或黑点的指引线引出标注
	表面结构要求和尺寸可以标注在同一尺寸线上（A—A 剖视图）；倒角表面结构要求注见主视图
	表面结构要求对每一个表面一般只标注一次，并尽可能注在与相应的尺寸及其公差的同一视图上，如果各表面有不同的表面结构要求，则应分别单独标注
	棱柱表面的表面结构要求只标注一次，如果每个棱柱表面有不同的表面结构要求，则应分别单独标注
(a) (b)	如果工件的多数（包括全部）表面具有相同的表面结构要求，则其要求可统一标注在图样的标题栏附近、此时（除全部表面有相同要求的情况外），表面结构要求的符号后面应有：①在圆括号内给出无任何其他标注的基本符合［图（a）］；②在圆括号内给出不同的表面结构要求［图（b）］；不同的表面结构要求应直接标注在图形中［图（a）、（b）］

续表

标注方法	说明
1 2 3 4 5 6	当某个视图上构成封闭轮廓的各表面（如图中面 1～6）有相同的表面结构要求时，应在完整图形符号上加一圆圈，标注在图样中工件的封闭轮廓线上。图形中构成封闭轮廓的 6 个面不包括前、后面
$\sqrt{z}$ = U *Rz* 1.6 L *Ra* 3.2 $\sqrt{y}$ = *Ra* 3.2 (a) 用带字母的完整符号的简化注法 = *Ra* 3.2 (b) 未指定工艺方法的简化注法 = *Ra* 3.2 (c) 要求去除材料的简化注法 = *Ra* 3.2 (d) 不允许去除材料的简化注法	多个表面具有相同的表面结构要求或图样空间有限时，可采用简化注法： ①用带字母的完整符号，以等式的形式，在图形或标题栏附近，对有相同的表面结构要求的表面进行简化标注［图（a）］；②可用表面结构符号，以等式的形式给出对多个表面共同的表面结构要求［图（b）、（c）、（d）］

9.4.2 极限与配合

互换性是指零件的装配性质，对于相同规格的零件或部件，不经选择、修配或调整，任取一个配件装在机械或部件上，不需要修配加工就能满足性能要求。为了确保零件的互换性，应该严格控制零件尺寸的变化范围。《产品几何技术规范（GPS） 线性尺寸公差 第 1 部分：公差、偏差和配合的基础》（GB/T 1800.1—2020）、《产品几何技术规范（GPS） ISO 代号体系 第 2 部分：标准公差代号和孔、轴的极限偏差表》（GB/T 1800.2—2020）。

1. 极限的术语和定义

1）公称尺寸：由图样规范定义的理想形状要素的尺寸。如图 9-19 所示，轴的公称尺寸为ϕ40mm。

2）极限尺寸：尺寸要素的尺寸所允许的极限值。如图 9-19 所示，允许的最大尺寸称为上极限尺寸，轴径的上极限尺寸 d_{max}=40−0.025=39.975mm；允许的最小尺寸称为下极限尺寸，轴径的下极限尺寸 d_{min}=40−0.086=39.914mm。

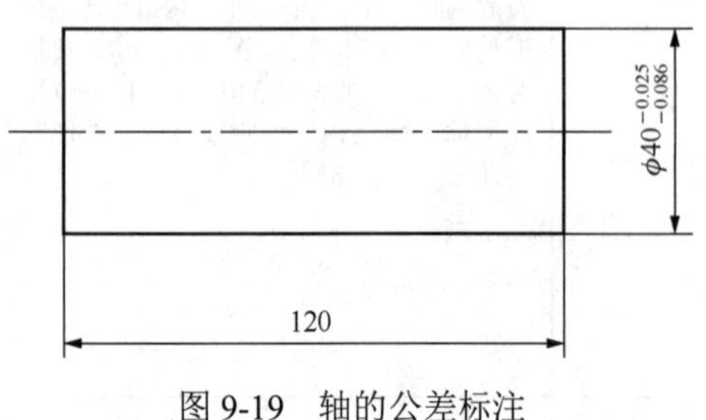

图 9-19 轴的公差标注

3）偏差：某值与参考值之差。对于尺寸偏差，参考值是公称尺寸，某值是实际尺寸。如图 9-19 所示，轴径的上极限偏差 $es=d_{max}-d=$ 39.975−40=−0.025；轴径的下极限偏差 $ei=d_{max}-d=$ 39.914−40=−0.086。

4）公差：上极限尺寸与下极限尺寸之差。它是允许尺寸的变动量，是一个没有符号的绝对值。公差越小，零件的精度越高，实际尺寸

的允许变动量也越小。如图 9-19 所示，轴径的公差 T=39.975−39.914=−0.025−（−0.086）= 0.061mm。

尺寸公差术语图解如图 9-20 所示，公差带图解如图 9-21 所示。在公差带图解中，由代表上、下极限偏差或上极限尺寸和下极限尺寸的两条直线所限定的一个区域称。它是由公差大小和其相对零线的位置如基本偏差来确定。

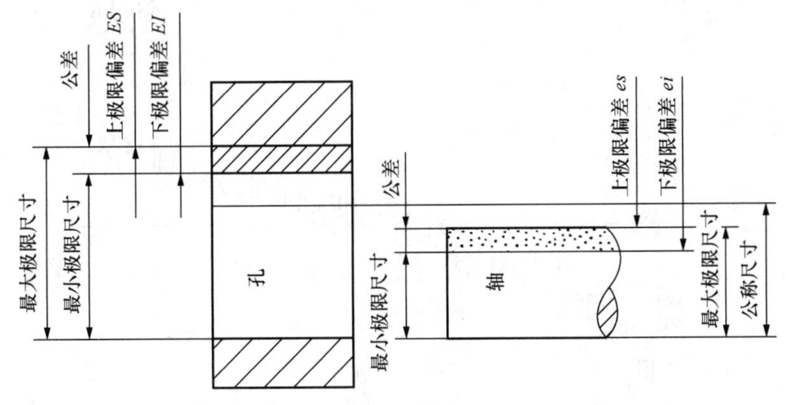

图 9-20 尺寸公差术语图解

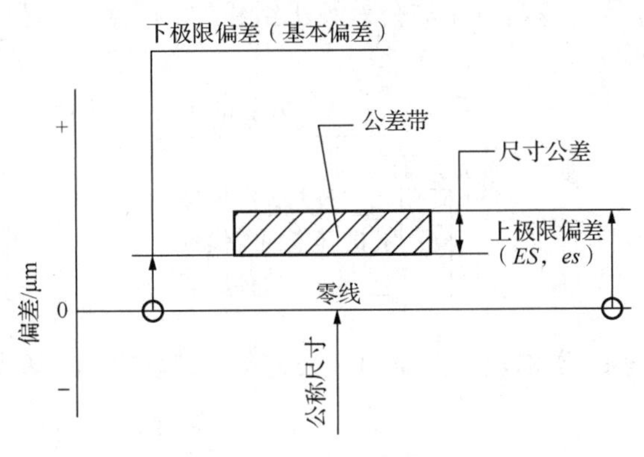

图 9-21 公差带图解

标准公差：线性尺寸公差 ISO 代号体系中的任一公差。在线性尺寸公差 ISO 代号体系中，标准公差等级标示符由 IT 及其之后的数字组成。标准公差等级分 IT01、IT0、IT1、IT2、…、IT17、IT18，共 20 级。其中，IT 代表公差等级，数字代表公差等级。IT01 公差值最小，精度最高；IT18 公差值最大，精度最低。

基本偏差：确定公差带相对公称尺寸位置的那个极限偏差。基本偏差是最接近公称尺寸的那个极限偏差。当公差带位于零线以上时，其基本偏差为下极限偏差；当公差带位于零线以下时，基本偏差为上极限偏差。基本偏差代号用字母表示，其中大写字母表示孔的基本偏差，小写字母表示轴的基本偏差。如果孔或轴的基本偏差和公差等级确定了，则孔或轴的公差带大小和相对于公称尺寸的位置就确定了。轴和孔各自有 28 个不同的基本偏差。其中，基本偏差 H 代表基准孔，h 代表基准轴。

图 9-22 所示为基本偏差系列示意图，图中各公差带只代表了公差带的位置，即基本偏差，另一端开口，由相应的公差等级确定。

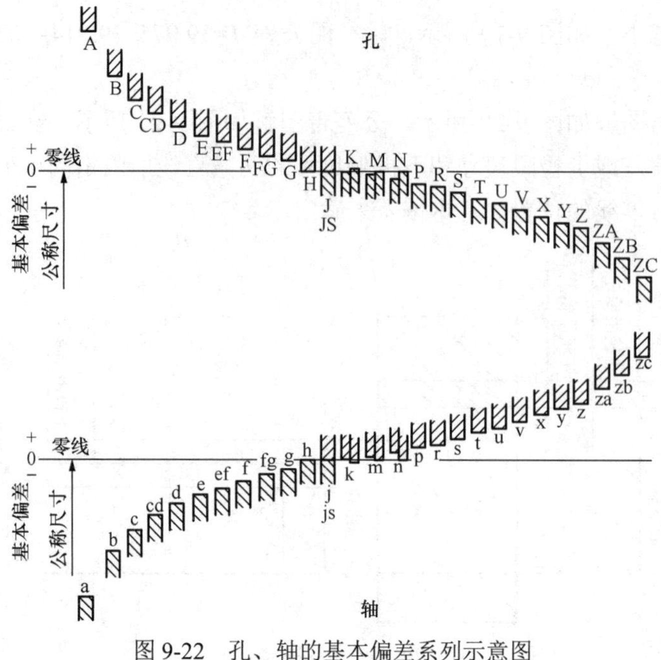

图 9-22　孔、轴的基本偏差系列示意图

孔、轴的公差带号是由基本偏差与公差等级组成的，用字母和数字书写。例如，ϕ60H7 的含义是：

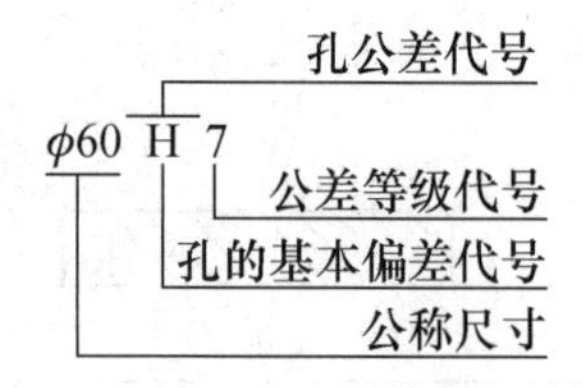

此公差带的全称是：公称尺寸为ϕ60，公差等级为 7 级，基本偏差为 H 的孔的公差带。

2. 配合

配合是指类型相同且待装配的外尺寸要素（轴）和内尺寸要素（孔）之间的关系。公称尺寸相同的孔和轴的结合是配合的条件，而孔、轴公差带之间的关系反映了配合精度和配合的松紧程度。孔、轴的配合松紧程度可用“间隙”或“过盈”来表示。孔的尺寸减去相配合的轴的尺寸为正，即孔的尺寸大于轴的尺寸，就产生间隙；孔的尺寸减去相配合的轴的尺寸为负，即孔的尺寸小于轴的尺寸，就产生过盈。

（1）配合种类

根据一批相配合的孔、轴在配合后得到的松紧程度，国家标准将配合分为以下三种。

1）间隙配合：孔和轴装配时总是存在间隙（包括最小间隙等于零）的配合。如图 9-23（a）所示，此时孔的公差带在轴的公差带之上。

2）过盈配合：孔和轴装配时总是存在过盈（包括最小过盈等于零）的配合。如图 9-23（b）所示，此时孔的公差带在轴的公差带之下。

3）过渡配合：孔和轴装配时可能具有间隙或过盈的配合。如图 9-23（c）所示，此时孔、轴的公差带互相交叠。

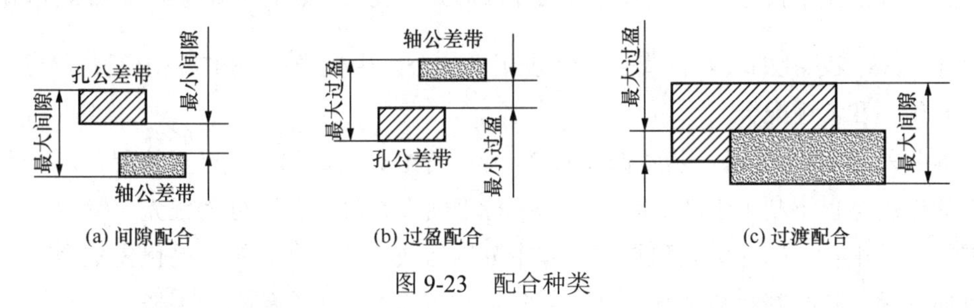

图 9-23 配合种类

（2）ISO 配合制

由线性尺寸公差 ISO 代号体系确定公差的孔和轴组成的一种配合制度称为 ISO 配合制。为了便于设计制造、降低成本，实现配合标准化，国标规定了两种基准制，即基孔制和基轴制。

1）基孔制：孔的基本偏差为零的配合，即其下极限偏差等于零。如图 9-24（a）所示，基孔制配合中的孔称为基准孔，其基本偏差代号为 H。

2）基轴制：轴的基本偏差为零的配合，即其上极限偏差等于零。如图 9-24（b）所示，基轴制配合中的轴为基准轴，其基本偏差代号为 h。

由于孔加工一般采用定值（定尺寸）刀具，轴加工采用通用刀具，因此，国标规定，一般情况下应优先采用基孔制配合。孔的基本偏差为一定，可大大减少加工孔时定值刀具的品种、规格，便于组织生产、管理和降低成本

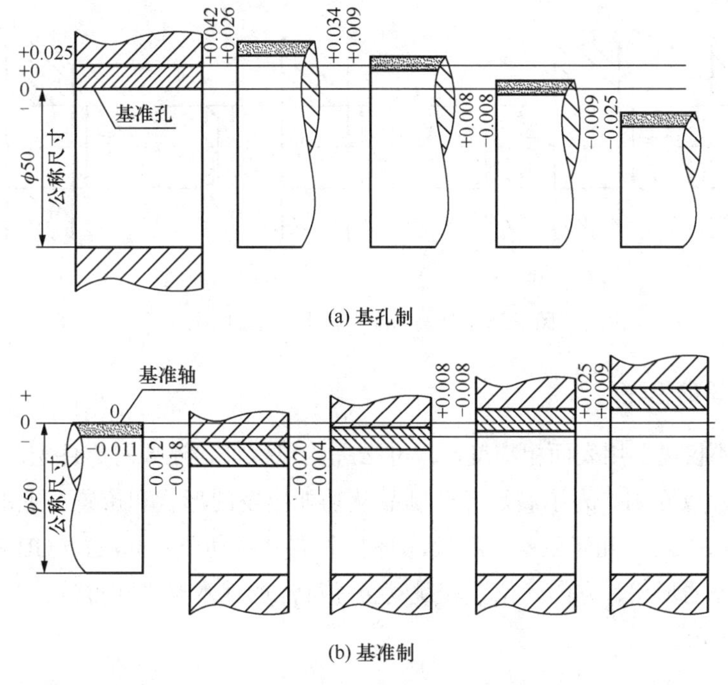

图 9-24 基孔制与基轴制

（3）配合的表示

用孔、轴公差带代号组合表示，写成分数形式。例如，$\phi 50\dfrac{\mathrm{H8}}{\mathrm{f7}}$，其中$\phi$50 表示孔、轴公称尺寸，H8 表示孔的公差带代号，f7 表示轴的公差带代号，H8/f7 表示配合代号。

（4）优先和常用配合

标准公差有 20 个等级，基本偏差有 28 种，可组成大量配合。过多的配合，既不能发挥标准的作用，也不利于生产。因此，国家标准将孔、轴的公差分为优先、常用和一般用途公差带，并由孔、轴的优先和常用公差带分别组成基孔制和基轴制的优先配合和常用配合，以便选用。基孔制和基轴制各种优先配合、常用配合可查阅有关手册。

（5）孔和轴的极限偏差值

根据公称尺寸和公差带代号，可通过查表获得孔、轴的极限偏差数值。查表时，根据孔（或轴）某一公称尺寸基本偏差代号和公差等级可得到孔（或轴）的极限偏差。

对于优先或常用配合的极限偏差，可直接查附表获得。

3. 公差与配合在图样上的标注

在装配图上，两个零件有配合要求时，应在公称尺寸的右边注出相应的配合代号，并按图 9-25（a）所示标注。

在零件图上尺寸公差可按下面三种形式之一标注：只标注公差带代号［图 9-25（b）］；只标注极限偏差的数值［图 9-25（c）］；同时标注公差带代号和相应的极限偏差，且极限偏差应加上圆括号［图 9-25（d）］。

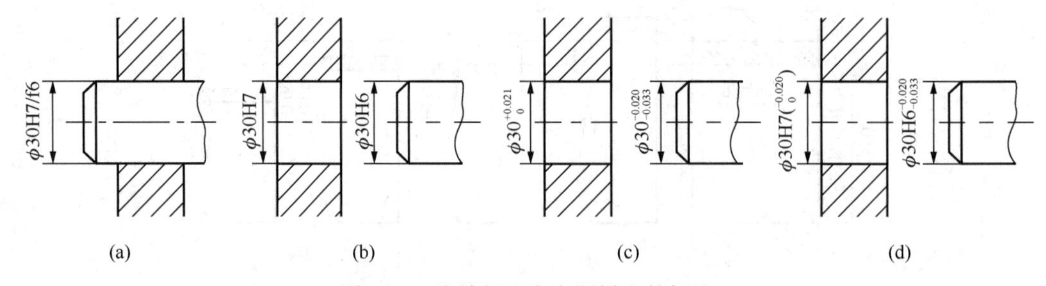

图 9-25 公差与配合在图样上的标注

9.4.3 几何公差的标注

产品质量不仅需要用表面粗糙度、尺寸公差给以保证，还要对零件宏观的几何形状和相对位置公差加以限制。为了满足工业制品从功能出发的形状和位置公差的要求，《产品几何技术规范（GPS） 几何公差 形状、方向、位置和跳动公差标注》（GB/T 1182—2018）规定了几何公差的形状、方向、位置和跳动公差标注的基本要求和方法。其中，几何特征符号如表 9-5 所示。

表 9-5 几何特征符号

公差类型	几何特征	符号	有无基准
形状公差	直线度	—	无
	平面度	▱	无
	圆度	○	无
	圆柱度	⌭	无
	线轮廓度	⌒	无
	面轮廓度	⌓	无
方向公差	平行度	//	有
	垂直度	⊥	有
	倾斜度	∠	有
	线轮廓度	⌒	有
	面轮廓度	⌓	有
位置公差	位置度	⌖	有或无
	同心度（对中心点）	◎	有
	同轴度（对轴线）		有
	对称度	⌯	有
	线轮廓度	⌒	有
	面轮廓度	⌓	有
跳动公差	圆跳动	↗	有
	全跳动	⌰	有

1. 几何公差的标注

（1）代号的标注

在机械图样中，几何公差采用框格形式表示，框格内容从左到右依次为几何特征符号、公差值、基准，框格和指引线画法如图 9-26 所示。

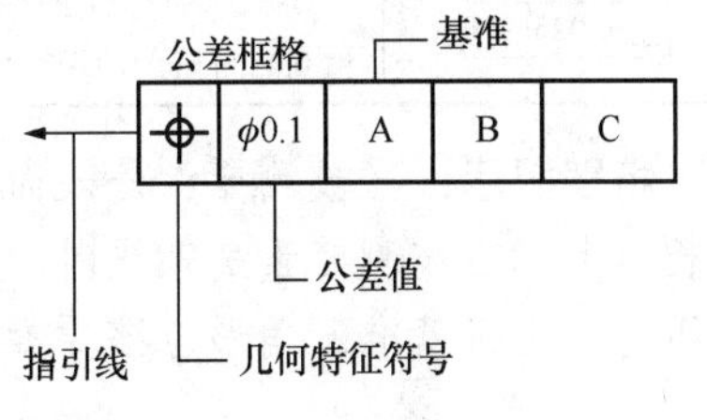

图 9-26 几何公差代号的标注

（2）基准符号的标注

基准符号的画法如图 9-27 所示，其标注如图 9-28 所示。

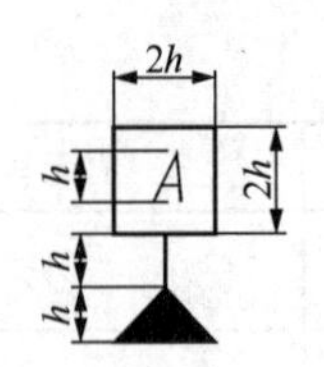

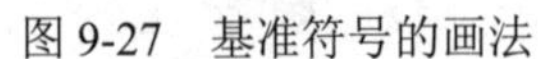
图 9-27　基准符号的画法

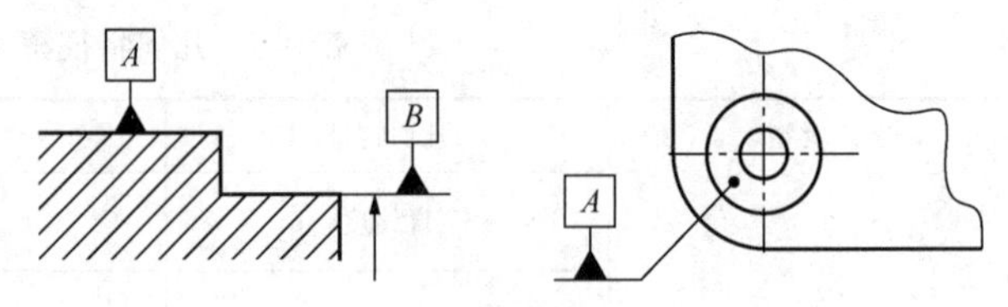

图 9-28　基准符号的标注

2. 几何公差标注综合示例

几何公差在图样上的标注示例如图 9-29 所示，几何公差标注的含义见表 9-6。

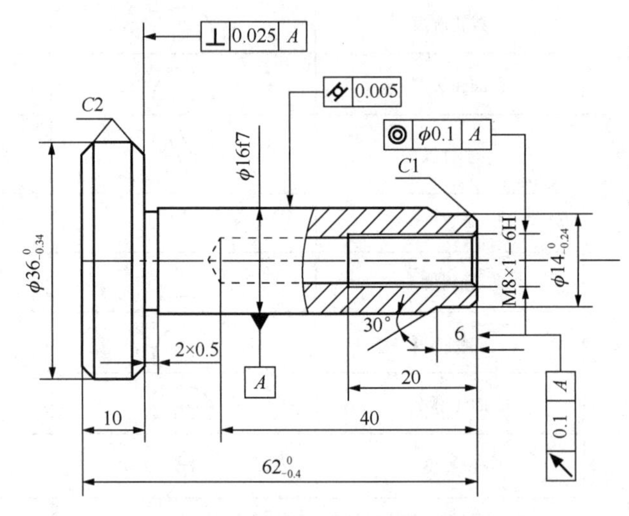

图 9-29　几何公差标注综合示例

表 9-6　综合标注示例说明

标注代号	含义说明
A（基准符号）	以 φ16f7 圆柱的轴心线为基准
⌭ 0.005	φ16f7 圆柱面的圆柱度公差为 0.005mm，其公差带是半径差为 0.005mm 的两同轴圆柱面，是该圆柱面纵向和正截面形状的综合公差
◎ φ0.1 A	M8×1 的轴线对基准 A 的同轴度公差为 0.1mm，其公差带是与基准 A 同轴，直径为公差值 0.1mm 的圆柱面
↗ 0.1 A	φ14$^{0}_{-0.24}$ 的端面对基准 A 的端面圆跳动公差为 0.1mm，其公差带是与基准轴线同轴的任一直径位置的测量圆柱面上，沿母线方向宽度为公差值 0.1mm 的圆柱面区域
⊥ 0.025 A	φ36$^{0}_{-0.34}$ 的右端面对基准 A 的垂直度公差为 0.025mm，其公差带是垂直于基准轴线的距离为公差值 0.025mm 的两平行平面内

特别提示：当被测要素是表面或素线时，框格指引线箭头应指在该要素的轮廓线或其延长线上；当被测要素是轴线时，框格指引线箭头与该要素的尺寸线对齐；当基准要素是轴线时，应将基准三角形与该要素的尺寸线对齐。

9.4.4 表面热处理

在机器制造和修理过程中，为改善材料的机械加工工艺性能（好加工），并使零件能够获得良好的力学性能和使用性能，在生产过程中常采用热处理的方法。因此，零件图样中还应有一些其他的技术要求，如材料的热处理、表面处理及硬度指标等。

（1）热处理

金属的热处理是指将工件放到一定的介质中经历加热、保温和冷却的工艺过程，从而改变金属的组织结构，以改善其使用性能及加工性能，如提高硬度、增加塑性等。常用的热处理工艺方法有淬火、正火、退火、回火。

（2）表面处理

表面处理是指在金属表面增设保护层的工艺方法。它具有改善材料表面机械物理性能、防止腐蚀、增强美观等作用。常用的表面处理工艺方法有表面淬火、渗碳、发蓝、发黑、镀铬、涂漆等。

（3）硬度

在金属材料的机械性能中，硬度是零件加工过程中经常用到的一个指标。常见的硬度指标有布氏硬度（HB）、洛氏硬度（HRC）和维氏硬度（HV）。

当零件表面有各种热处理要求时，一般可按下述原则标注：

1）零件表面需要全部进行某种热处理时，可在技术要求中用文字统一加以说明。

2）零件表面需要局部热处理时，可在技术要求中用文字说明，也可在零件图上标注。需要将零件局部热处理或局部镀（涂）覆时，应用粗点画线画出其范围并标注相应的尺寸，也可将其要求注写在表面粗糙度符号长边的横线上，如图 9-30 所示。

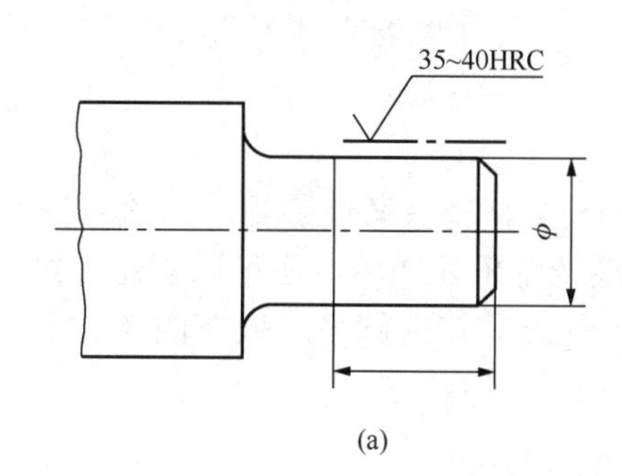

(a)

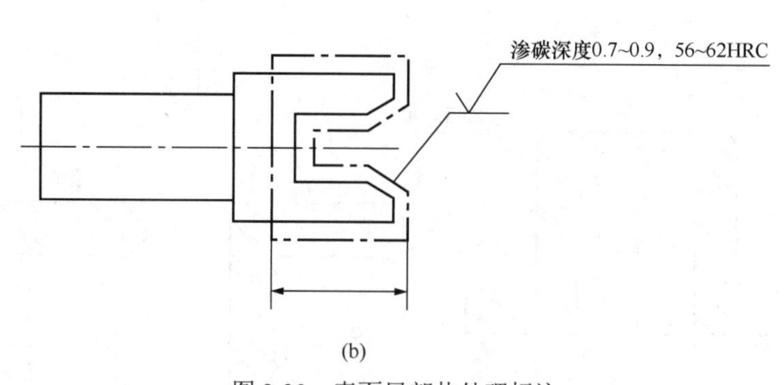

(b)

图 9-30 表面局部热处理标注

9.5　零件的工艺结构

零件在制造过程中通常由毛坯件经机械加工制造而成。零件的结构形状主要由其在机器（或部件）中的作用决定。在设计零件时不仅要考虑使零件的结构满足使用上的要求，还要考虑零件的结构在加工、测量、装配等环节的工艺要求，只有这样才能使设计的零件具有合理的工艺结构。

9.5.1　铸造工艺结构

1. 拔模斜度

用铸造方法制造零件毛坯时，为了便于在沙型中取出模型，一般沿模型方向做成 1∶20 的斜度，叫作拔模斜度。因此在铸件上也有相应的斜度，如图 9-31 所示。由于拔模斜度较小，在图上不必画出，也可以不标出，必要时，可在技术要求中注明。

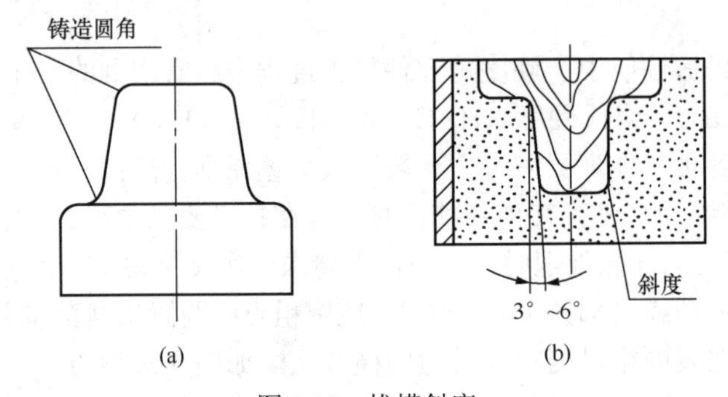

图 9-31　拔模斜度

2. 铸造圆角

在铸造毛坯件表面的相交处，都有铸造圆角，如图 9-32 所示，这样既能方便起模，又能防止浇注铁水时将沙型转弯角处冲坏，还可以避免铸件在冷却时产生裂缝或缩孔。圆角半径一般取壁厚的 1/5～2/5。铸造圆角一般在图样上不予标出，集中注写在技术要求中。

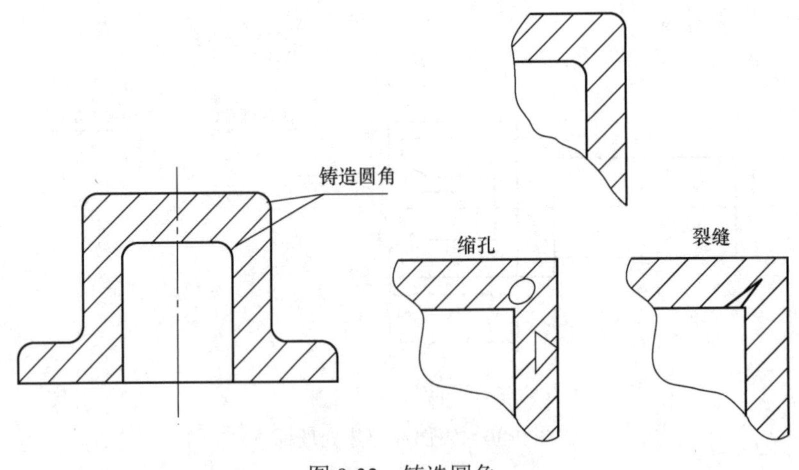

图 9-32　铸造圆角

3. 铸造件厚壁均匀

在浇注零件时，为了避免各部分因冷却速度不同而导致产生缩孔或裂缝，铸件壁厚应均匀变化、逐渐过渡，内部的壁厚应适当减小，使整个铸件能均匀冷却，如图 9-33 所示。

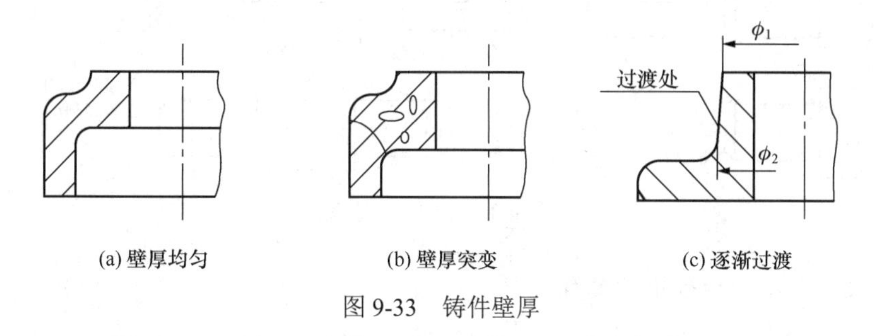

图 9-33 铸件壁厚

4. 过渡线的画法

由于铸造圆角的影响，铸件表面的截交线、相贯线变得不明显，为了便于看图时明确相邻两形体的分界面，画零件图时，仍按理论相交的部位画出其截交线和相贯线，但是在交线两端或一端留出空白，此时的截交线和相贯线称过渡线，如图 9-34 所示。

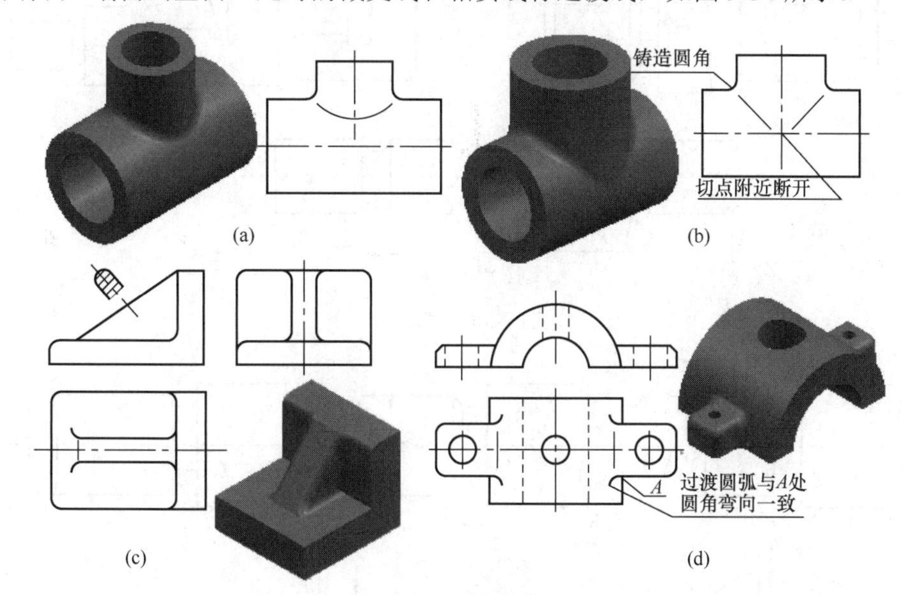

图 9-34 过渡线的画法

9.5.2 机械加工工艺结构

机械加工工艺结构主要有倒角、倒圆、越程槽、退刀槽、凸台、凹坑、中心孔等。

1. 倒圆和倒角

为了去除零件上的飞边、锐边和便于装配，在轴和孔的端部，一般都加工成倒角；为了避免应力集中而产生裂纹，在轴肩处往往加工成圆角的过渡形式。轴、孔的标准倒角和圆角的尺寸可由《零件倒圆与倒角》（GB/T 6403.4—2008）查得，其尺寸标注方法如图 9-35 所示。

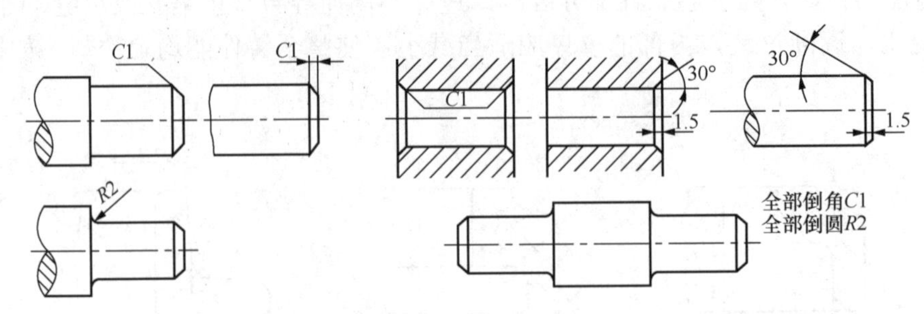

图 9-35 倒角和圆角

2. 螺纹的退刀槽和砂轮的越程槽

在加工中，为了使刀具易于退出，常在加工表面的台肩处加工出退刀槽或越程槽。常见的有螺纹退刀槽、砂轮越程槽等。退刀槽的标注尺寸一般是按“槽宽×直径”或“槽宽×槽深”进行标注，如图 9-36 所示。越程槽一般用局部放大图画出，如图 9-37 所示。

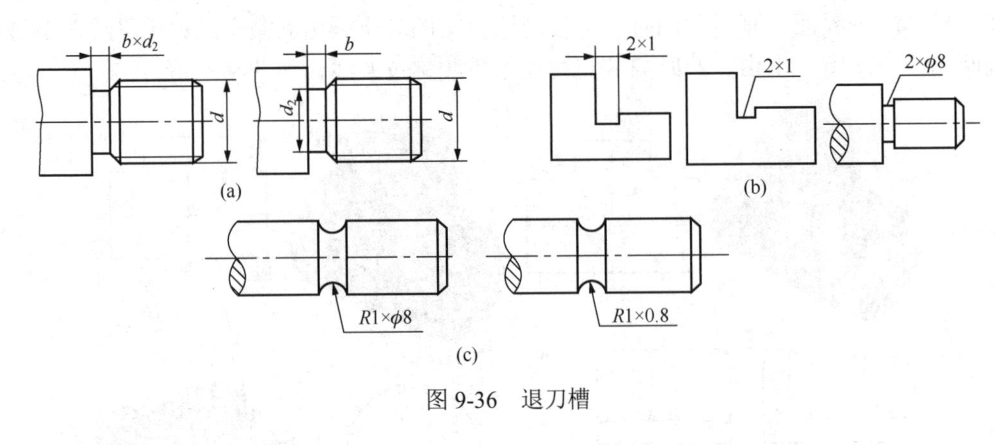

图 9-36 退刀槽

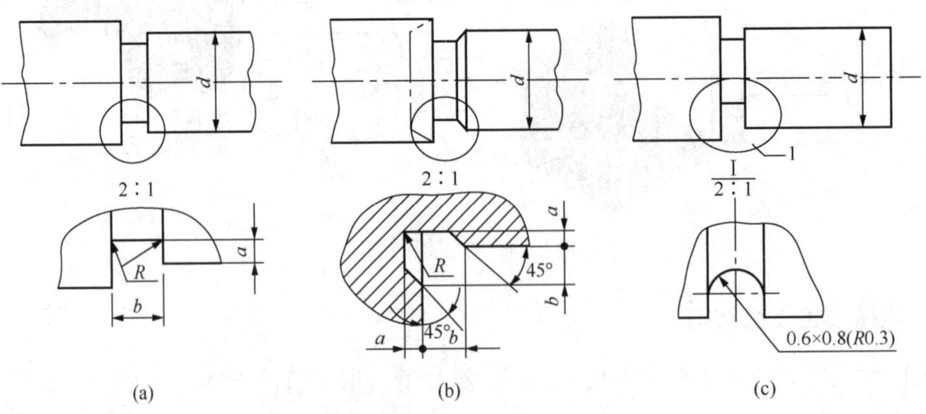

图 9-37 砂轮越程槽

3. 凸台和凹坑

零件上与其他零件的接触面，一般都要经过加工。为了减少加工面积，并保证零件表面之间的良好接触，常常在铸件上设计出凸台或凹坑，如图 9-38 所示。

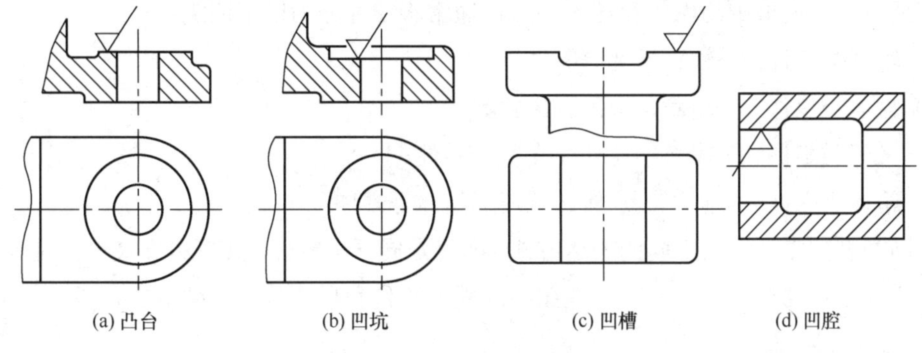

(a) 凸台　(b) 凹坑　(c) 凹槽　(d) 凹腔

图 9-38　凸台和凹坑的结构

4. 钻孔结构

一般用钻头钻出的盲孔，在底部都有一个 120° 的锥角，钻孔深度指的是圆柱部分的深度，不包括锥坑，如图 9-39（a）所示。另外，用两个直径不等的钻头加工的阶梯孔的过渡处，也有一个 120° 锥角的圆台面，如图 9-39（b）所示。

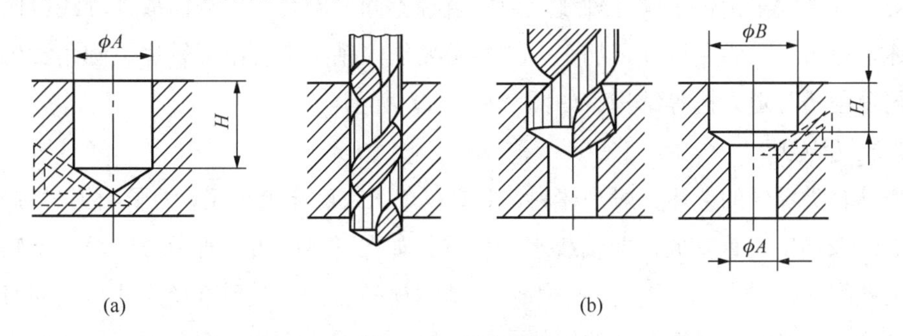

(a)　(b)

图 9-39　孔的结构

用钻头钻孔时，要求钻头轴线垂直于被钻孔的端面，以保证钻孔准确和避免钻头折断，如图 9-40 所示。

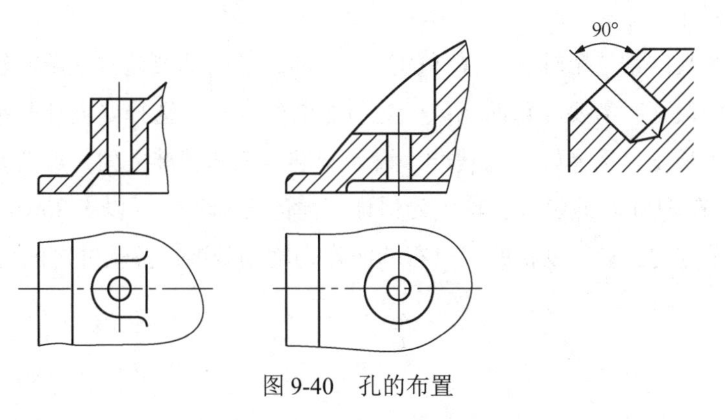

图 9-40　孔的布置

9.6　典型零件图的分析

根据零件在机械中的作用和结构特点，通常将零件分为以下四类：

1）轴套类零件——轴、衬套等零件。

2）盘盖类零件——端盖、阀盖、齿轮等零件。

3）叉架类零件——拔叉、连杆、支座等零件。

4）箱体类零件——阀体、泵体、减速器箱体等零件。

不同类型的零件采用不同的表达方式，即使是同一个零件，其表达方式也不是唯一的。一般来说，零件结构越复杂，其零件图中的视图数目和尺寸数量也越多。

1. 轴套类零件

轴套类零件是机器中常见的一类零件，轴类零件一般用来支撑传动零件（如齿轮，带轮等）和传递动力。套类零件通常安装在轴上或箱体上，在机器中起着轴向定位、支撑、导向以及保护传动零件等作用。

（1）结构分析

轴套类零件大多由位于同一轴线上数段直径不同的回转体组合而成，轴线方向的尺寸比回转体直径大。为满足设计、加工、安装等要求，轴上常会出现轴肩、圆角、倒角、键槽、砂轮越程槽、退刀槽等结构，如图9-41（a）所示。

（2）表达方法

因为轴套类零件的毛坯一般是棒料，主要在车床或磨床上加工，为了加工时方便看图，轴套类零件按加工位置安放，即轴线水平放置。如图 9-41（b）所示，以垂直于轴线的方向作为主视图的投射方向，因此，采用一个基本视图加上一系列直径尺寸，就能表达出轴套类零件的主要形状。对于轴上的销孔、键槽等，可采用移除断面图表示，这样既能表达出它的形状，也便于尺寸标注。对于轴上的局部结构，如螺纹退刀槽、砂轮越程槽等，均可采用局部放大图表示。

（3）尺寸标注

长度方向的基准常选用轴套类零件的某个端面。径向基准通常选用回转体的轴线。在标注长度方向的尺寸时需要注意两点：一是符合装配要求，选择好设计基准；二是便于测量各段回转体的长度，选择好工艺基准。设计基准与工艺基准之间一般要有联系尺寸。如图9-41（b）中在ϕ18m6处装有齿轮，为保证齿轮的正确啮合，以ϕ18m6处的右端面作为主要基准，为了方便测量，以轴的左、右端面作为辅助基准，各基准之间由尺寸57和172相联系。

（4）技术要求

根据零件的具体情况来决定表面粗糙度、几何公差及尺寸公差。如图9-41（b）所示，轴的配合尺寸ϕ18m6、ϕ18f6、ϕ20f6、ϕ16m6，保证齿轮、带轮在轴上装配的定位尺寸32、57、24、43和键槽尺寸都是功能尺寸。从所注表面粗糙度的情况看，左端轴颈面的*Ra*上限值为1.6μm，在加工表面中要求是最高的。

(a) 轴立体图

14.5 6N9 *Ra* 3.2 ϕ18m6
13 5N9 *Ra* 3.2 ϕ16m6
C_1 1.8 14 5 5.5 11 *Ra* 1.6 C_1
ϕ18f6 ϕ20f6 32 57 24 17 43 172 M10−6h
R1

技术要求

1. 进行调质处理，硬度达到224~244HBW。
2. 未注圆角*R*1。

轴			1∶1	（图号）
			共 张 第 张	
制图	（签名）	（日期）	（校名）	
审核	（签名）	（日期）	系班	

(b) 轴零件图

图9-41 轴套类零件

2. 盘盖类零件

盘类零件包括手轮、皮带轮、齿轮、各种端盖、法兰盘等，广泛应用于机械当中。这类零件基本形状多为扁平盘状，常有各种形状的凸缘、均布的圆孔和肋等局部结构。盘盖类零件一般用于传递动力和转矩或起支撑、轴向定位、密封等作用。

（1）结构分析

盘类零件的主体通常是回转体或其他平面，厚度方向的尺寸比其他两个方向的尺寸小，其零件上常有轮辐、凸缘、凹坑、键槽、螺纹、销孔等结构，常有一个端面与其他零件接触。毛坯多为铸件，这类零件的主要加工方法是车削、铣削等。图 9-42（a）所示为法兰盘立体图。

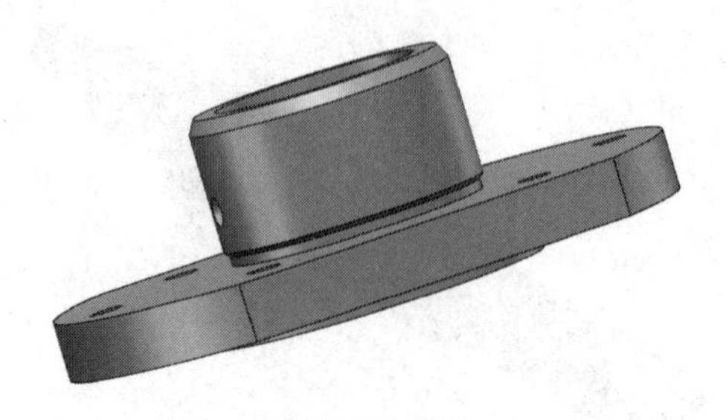

(a) 法兰盘立体图

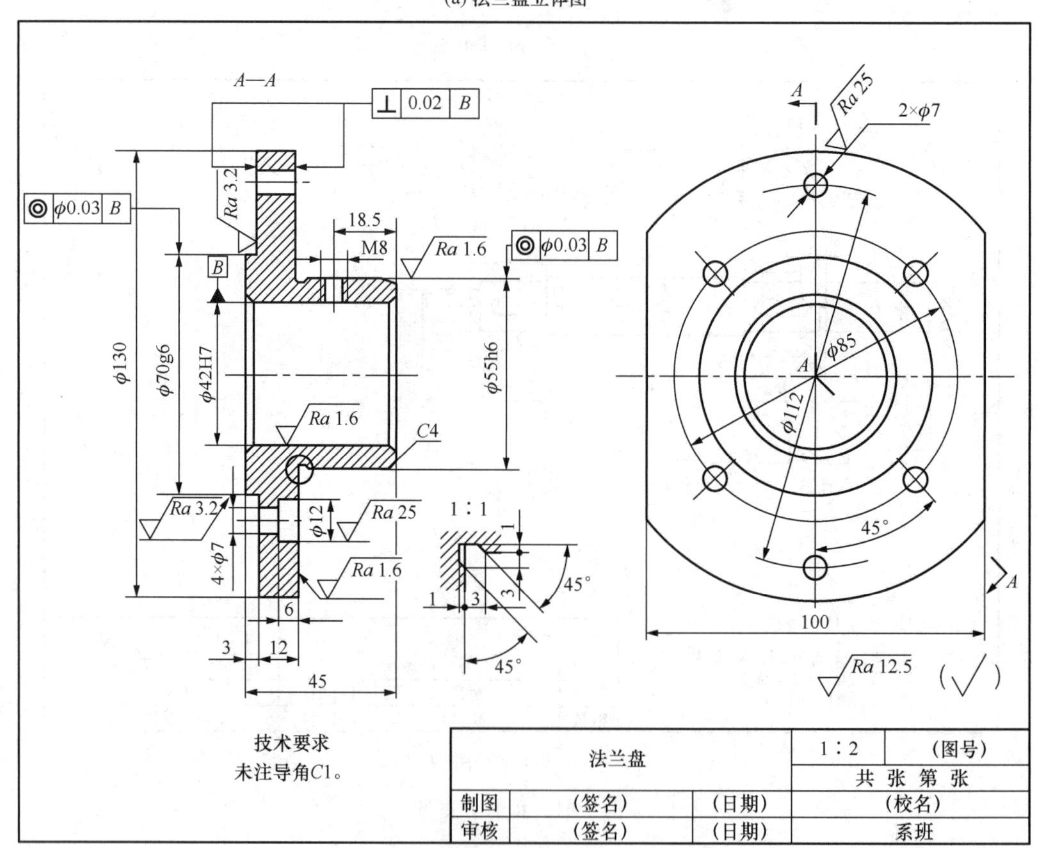

(b) 法兰盘零件图

图 9-42 法兰盘

（2）表达方法

盘类零件一般采用两个基本视图来表示，根据加工位置，选用反映盘盖厚度的方向作为主视图，采用一个剖切面、几个相交的剖切面或几个平行的剖切面等剖切方法做出半剖

视图或全剖视图，从而表达零件的结构形状和相对位置。用断面图、局部放大图等来表达盘类零件的局部结构。

如图 9-42（b）所示，为了清晰、简明地表达法兰盘的结构特点，通常采用主视图、左视图两个基本视图。为了表示法兰盘的通孔和沉头座孔，主视图采用全剖视，采用 *A—A* 移出断面表达法兰盘的断面形状。左视图表达法兰盘的整体形状以及孔的数量、宽度等特征。

（3）尺寸标注

盘类零件通常以主要回转面的轴线、主要形体的对称线、对称平面或经加工的较大结合面作为尺寸的主要基准。图 9-42（b）中ϕ130 的左端面为长度方向的主要基准，而轴线是标注直径尺寸的主要基准。

（4）技术要求

有配合要求或起定位作用的表面，其表面粗糙度要求高，尺寸精度也高。端面与轴线之间、轴线与轴线之间常有形位公差要求，以保证零件的加工质量。图 9-42（b）中，ϕ55h6 表明该孔与其他零件的配合关系。从所注表面粗糙度的情况看，轮缘端面的 *Ra* 上限值为 1.6μm，在加工表面中要求是最高的。

3. 叉架类零件

叉架类零件包括各种连杆、支架、拔叉、摇臂等。拔叉主要用在各种机器的操纵机构上，起操纵机器、调节速度的作用；支架主要起支承和连接作用。连接部分多位肋板结构，而且形状弯曲。

（1）结构分析

叉架类零件毛坯多为铸件或锻件，其毛坯形状复杂，需经不同的机械设备进行加工，结构一般分支承、工作、连接三部分。其零件上常有光孔、沉孔、铸造圆角、拔模斜度、凹坑、凸台、肋槽等结构。图 9-43（a）所示为支架立体图所示。

（2）表达方法

在表达叉架类零件时，一般需要两个以上的基本视图，主视图主要按形状特征和工作位置来选择，零件的内部结构常用局部剖视图来表示，零件上的肋板、薄壁的断面形状常用断面图来表示。如图 9-43（b）所示，肋板用了一个断面图来表示其形状结构及肋板相关尺寸；用一个局部剖视图来表示零件的内部结构情况。

（3）尺寸标注

叉架类零件通常以轴线、对称平面、安装平面或较大的端面作为长、宽、高三个方向的主要尺寸基准。如图 9-43（b）所示，基准平面 *D* 是高度方向的主要尺寸基准，基准平面 *E* 是宽度方向的主要尺寸基准，安装平面 *F* 是长度方向的主要尺寸基准。

（4）技术要求

叉架类零件应根据具体使用要求确定各加工表面的结构要求、尺寸精度以及各组成部分的几何公差。

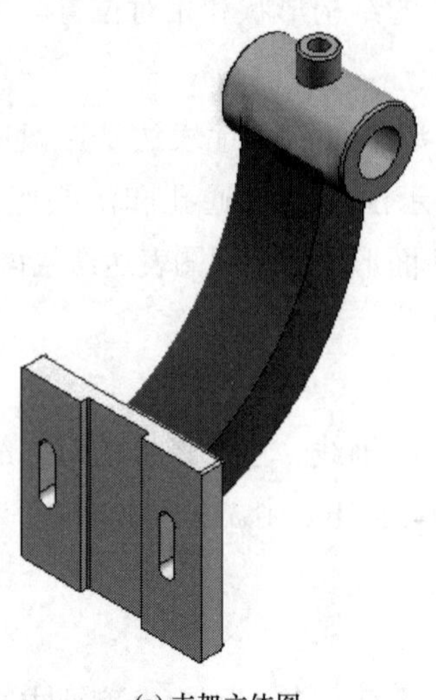

(a) 支架立体图

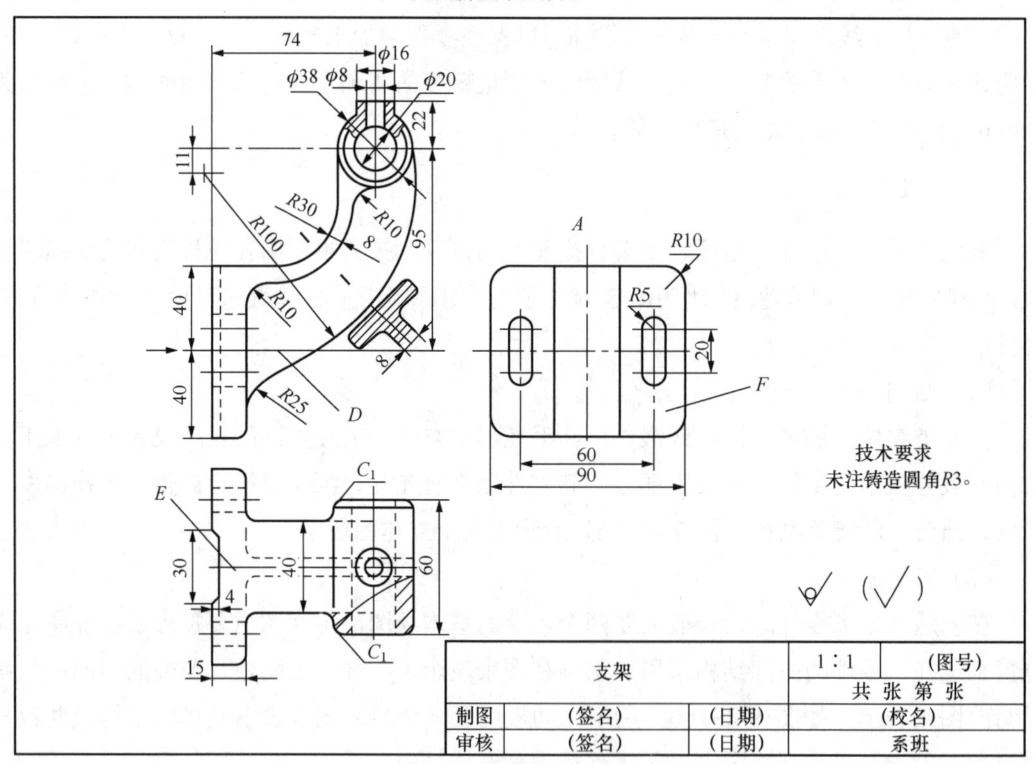

(b) 支架零件图

图 9-43 叉架类零件

4. 箱体类零件

泵体、阀体、减速器箱体都属于箱体类零件，这类零件主要用来支承、包容、保护运动零件或其他零件，同时也起定位和密封作用。

(1) 结构分析

一般来说，这类零件的形状、结构比前面三类复杂，因此，这类零件多为铸件。零件在加工时需要经过不同的加工设备进行加工，其常见结构有凸台、安装板、光孔、铸造圆角、拔模斜度、轴承孔、内腔等，如图9-44（a）手压阀阀体立体图所示。

（2）表达方法

箱体类零件的主视图主要根据工作位置、形状特征及组成部分的相对位置进行选择。通常需要三个或三个以上的基本视图进行表达，并根据具体结构采用相应的剖视图、局部放大图、断面图来表达复杂的内外结构。如图 9-44（b）所示的手压阀阀体零件图，采用了三个基本视图：主视图、俯视图、左视图。其中，主视图除了表达手柄支承孔、肋板等外部结构外，还采用全剖视图清晰地表达了其内部结构；俯视图主要表达阀体的外形，阀杆的工作孔，油或水等液体进出孔等结构的位置；左视图表达液体进、出孔的形状和螺纹结构等。此外，在左视图中采用局部剖视图表达手柄工作孔的结构等。

（3）尺寸标注

箱体类零件形状复杂，尺寸数多。因此常用主要孔的轴线、零件的对称平面或接合面、较大的加工面作为主要尺寸基准。需要注意的是孔与加工面之间、孔与孔之间的距离应直接标出。在图 9-44（b）中，ϕ10 阀杆工作孔的轴线为长度方向的主要尺寸基准，由此给出 60、28 等尺寸；前后对称平面作为宽度方向的主要尺寸基准，由此给出 30、14 等尺寸；阀体的下底面为高度方向的主要尺寸基准，由此给出 35、55 等尺寸。

（4）技术要求

箱体类零件应根据具体的使用要求确定各加工表面的表面粗糙度、尺寸公差、几何公差。给出各重要表面及重要形体之间，如重要轴线之间、重要轴线与接合面之间、重要轴线与端面之间等的几何公差要求。

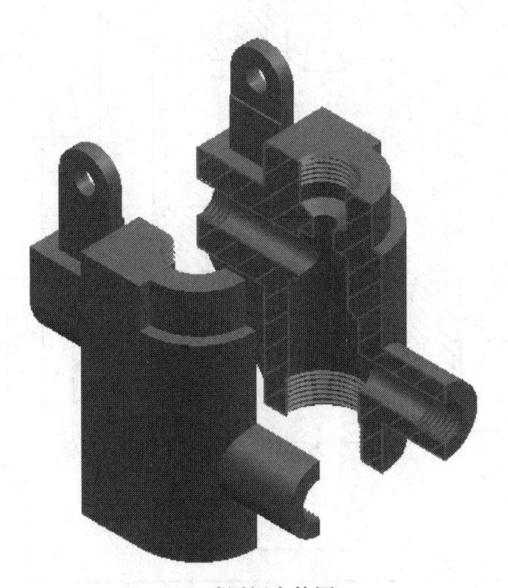

(a) 手压阀立体图

图 9-44　手压阀立体图及零件图

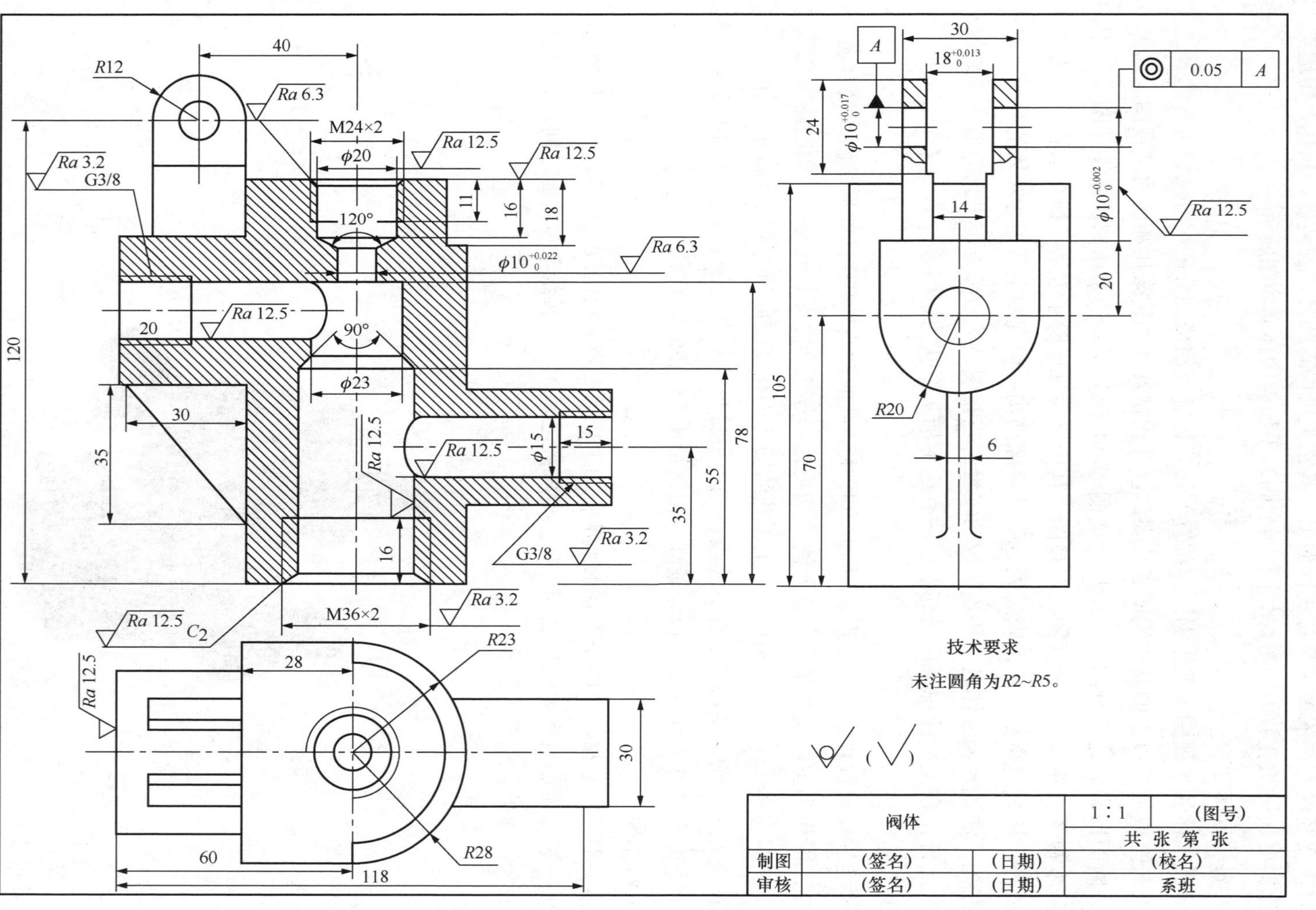

(b) 手压阀零件图

图 9-44（续）

9.7 识读零件图

零件的设计与改进、生产加工以及产品质量检验等过程中，均需要读懂零件图。因此，能准确、熟练地识读零件图，是工程技术人员必须掌握的一项基本技能。

1. 读图的目的

识读零件图，就是要根据零件图形想象出零件的结构形状，同时弄清零件在机器中的作用、零件的工作状况、零件尺寸类别、尺寸基准和技术要求等，以便在制造零件时，采用合理的加工方法。

2. 识读零件图的步骤

（1）概括了解

首先阅读标题栏，了解零件的名称、材料、绘图比例等情况，通过名称可以判断零件属于哪种类型，在机器中起什么作用等，通过材料可以判断零件采用哪种毛坯制造方式以及加工方法等，通过比例可以判断零件的真实大小等。如图 9-45（b）所示，零件图中标题栏的名称为缸体，该零件属于箱体类，起到支承和密封的作用；材料为灰口铸铁 HT200，毛坯采用铸造工艺；绘图比例为 1∶2，可以判断真实零件比图样形状大 1 倍等信息。

（2）分析视图

1）分析表达方案，并了解他们的关系。分析主视图和其他基本视图、局部视图等，了解各视图之间的相互关系及其表达的内容，并找到剖视、断面的剖切位置、投射方向，从而了解他们之间的关系。

如图 9-45（b）所示，缸体采用主视图、俯视图、左视图三个基本视图。主视图是全剖视图，用单一剖切平面（正平面）通过零件的前后对称面剖切，由前向后投射。其中，左端的 M6 螺孔并未剖切，是采用规定画法绘制的；左视图是半剖视图，由单一剖切平面（侧平面）通过底板上销孔的轴线剖切，由左向右投射。其中，在半剖视图中又进行了一次局部剖，以表达沉孔的结构；俯视图为外形图，由上向下投射。

2）分析形体，想象整体形状。识读零件图的重点是想象出零件的结构形状，前面介绍的组合体的读图方法仍然适用于零件图。读零件图的一般顺序是：先整体，后局部；先主体结构，后局部结构；先读懂简单部分，再分析复杂部分。在视图分析的方案上，运用形体分析法及线面分析法，先看懂零件各组成部分的结构，再把各部分的结构综合在一起，弄清他们之间的相对位置，逐步想象出零件的整体结构形状。有些图形不完全符合投影关系时，应查规定画法或简化法，并可查阅图上的尺寸和代号。

如图 9-45（b）所示，通过分析，可大致将缸体分为四个组成部分：①ϕ70mm（可由左视图中的 40 判定）的圆柱形凸缘；②ϕ55mm 的圆柱；③在两个圆柱上部各有一个凸台，经锪平又加工出了 M12×1.25 的螺孔；④带有 4 个ϕ9 沉孔的安装底板。在其前后还设有两个安装定位用的圆锥销孔口，这说明了这两个定位孔要求在装配时制作。此外，主视图清楚地表示出缸体的内部是直径不同的两个圆柱形空腔，右端的缸壁上设有一个ϕ8 圆柱形凸台。

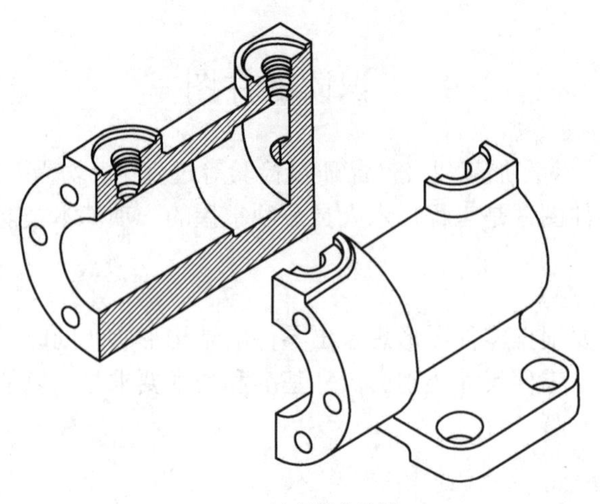

(a) 缸体立体图

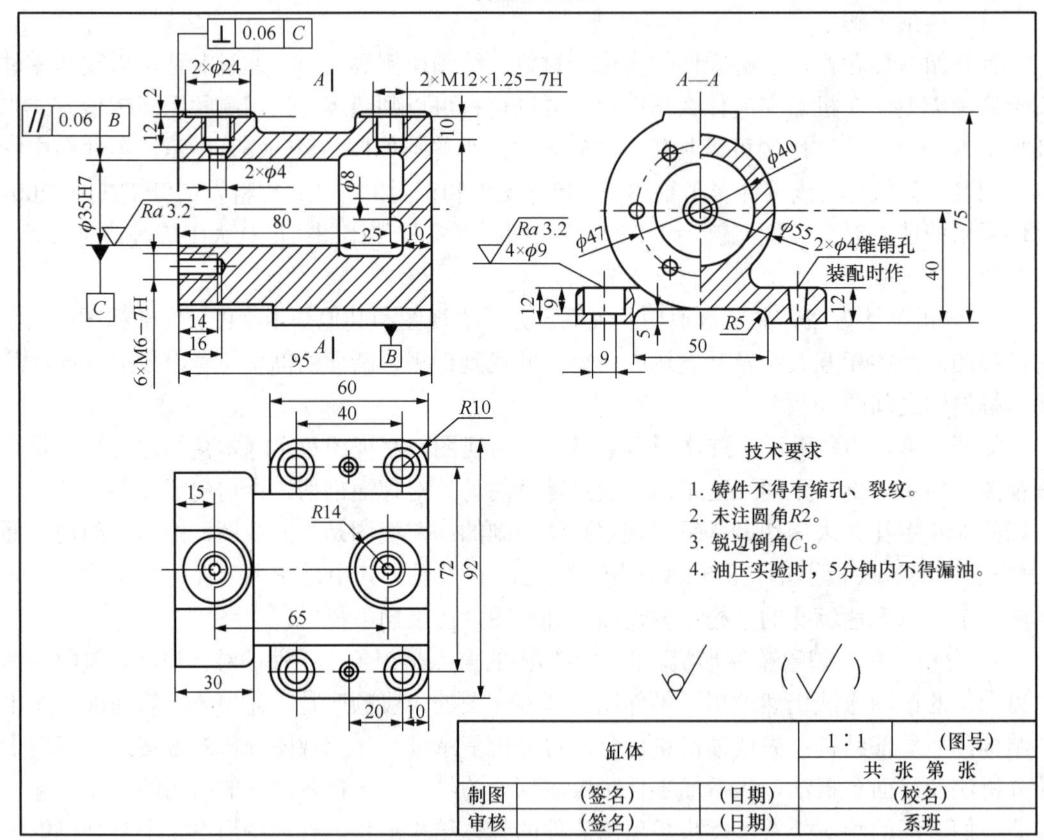

(b) 缸体零件图

图 9-45　缸体立体图及零件图

（3）分析尺寸

零件图上的尺寸是零件制造、检验的重要依据。分析尺寸的目的就是根据零件的结构特点、设计和制造的工艺要求，找出尺寸基准，分清设计基准和工艺基准，明确尺寸类型和标注形式，分析影响性能的主要尺寸标注是否合理、校核尺寸标注是否完整等。在分析

尺寸时，首先找出三个坐标方向的尺寸基准；然后从基准出发，按形体分析法，找出各组成部位的定形、定位尺寸。深入了解基准之间、尺寸之间的相互关系。

从图 9-45（b）中可以看出，其长度方向以左端面为基准，宽度方向以缸体的前后对称面为基准，高度方向以底板的底面为基准。缸体支承孔由两个不同直径的同心圆柱组成，其直径分别是ϕ35H7、ϕ40，缸体支承孔中心高 40，在缸体顶部有两个凸台，凸台上设有两个距离为 65 的螺纹孔 M12×1.25，以及主视图中的尺寸 80 都是影响其工作性能的定位尺寸。为了保证其尺寸的准确度，它们都是从尺寸基准出发直接标注的。孔径ϕ35H7 是配合尺寸，安装底板设有 4 个带沉孔的安装通孔ϕ9，其长和宽中心距分别为 40 和 72。这里还设有两个定位锥销孔轴线间的距离 72（含长向尺寸 20）等。从尺寸分析中还可看出该零件长、宽、高总体尺寸分别为 95、92、75。

（4）阅读技术要求

零件图中的技术要求是零件制造过程中的质量指标。读图时根据零件在机器中的作用，分析配合面或主要加工面的加工精度要求，了解其表面粗糙度、尺寸公差、几何公差等要求，分析零件加工面和非加工面的相应要求，了解零件的热处理、表面处理及检验等其他要求，从而推断出相应的加工工艺。

如图 9-45（b）所示，ϕ35H7 表明该孔与其他零件有配合关系，经查表，其上、下偏差分别为+0.025 和 0（即公差为 0.025），限定了该孔的实际尺寸必须在 35.025 和 35 之间。|//|0.06|*B*|表明ϕ35H7 孔的轴线对底板底面的平行度公差为 0.06，即该轴线必须位于距离为 0.06 且平行基准平面 *B* 的两平行平面之间。|⊥|0.06|*C*|表明左端面与ϕ35H7 孔轴线的垂直度公差为 0.06，即被测的左端面必须位于距离为 0.06 且垂直于基准轴线 *A* 的两平行平面之间。从所注表面粗糙度的情况看，ϕ35H7 孔表面的 *Ra* 上限值为 1.6μm，在加工表面中要求是最高的。

此外，零件图的技术要求中用文字说明了零件铸造的技术要求、未注圆角、倒角以及密封的要求。

9.8　零件图的测绘及零件图的绘制

零件测绘是根据已有的零件对其进行结构分析、测量尺寸、制定技术要求，从而画出零件草图，最后根据草图整理和绘制成零件图的过程。

1. 测量工具和测量方法

（1）常用测量工具

常用的测量工具有直尺、外卡钳、内卡钳和测量精密零件用的游标卡尺、千分尺等，如图 9-46 所示。

（2）常用的测量方法

常用的测量方法如表 9-7 所示。

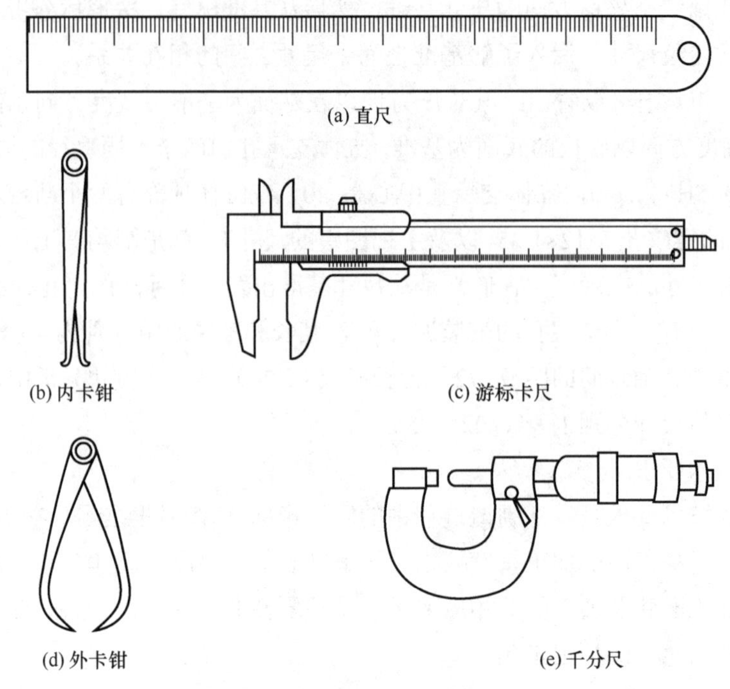

(a) 直尺

(b) 内卡钳　　(c) 游标卡尺

(d) 外卡钳　　(e) 千分尺

图 9-46　常用的测量工具

表 9-7　常用的测量方法

类型	简化图例	说明
线性尺寸		可用直尺测量线性尺寸
直径尺寸		可用游标卡尺或千分尺测量直径

续表

类型	简化图例	说明
壁厚尺寸	$h=L-L_1$	可用直尺测量壁厚尺寸，也可用内卡钳、外卡钳和直尺分步测量壁厚尺寸
阶梯孔直径	(a) (b)	用游标卡尺或直尺无法测量内孔直径时，可用内卡钳和直尺间接测量，或用内卡钳和直尺测量
中心高	$H=A+D/2$ 或 $H=B+d/2$	可用直尺、外卡钳间接测量中心高

2. 测绘零件注意事项

1）对于零件上的标准结构要素，如倒角、退刀槽、螺纹、螺栓孔、中心孔、锥度、键槽等均应将测量所得的尺寸按有关标准进行调整。

2）对于零件上的重要尺寸，必须精心测量和核对；通过计算得到的尺寸，如齿轮啮合的中心距等，不得随意进行调整；零件的尺寸公差，要根据零件的配合要求来确定，并与相关零件的尺寸协调；没有配合关系的尺寸或不重要的尺寸，允许将测量所得值进行适当调整。

3）零件上的制造缺陷，如气孔、沙眼、刀痕等应参照有关资料进行确定。

4）不同尺寸，需要用不同的测量方法；根据尺寸的重要性，测量的次数不同，可取若干次测量值的算术平均值作为测量值。

5）妥善保管被测零件和测量工具，以免丢失或损坏，从而造成不必要的麻烦。

3. 测绘零件的步骤

下面以图 9-47 为例，介绍测绘零件的步骤。

图 9-47 支架立体图

（1）分析和了解零件，确定零件的表达方案

测绘前应了解零件的名称，所属零件的类型、材料以及其在部件中的作用和位置，并对其结构进行大致分析，以确定零件的表达方案，即确定主视图和其他视图的选择。

图 9-47 所示为支架的立体图，属于叉架类零件，材料为 HT200，故应具有铸造圆角和起模斜度等结构。上下螺栓孔起连接作用，肋板主要起支承作用，位于上下螺栓孔中间。

在对支架内外结构进行分析后，可确定他的表达方案，如图 9-48（d）所示，分析如下。

支架采用两个基本视图：主视图和左视图。主视方向选择见图 9-47，主视图主要表达支架的内外结构情况。主视图采用两个局部剖视图表示通孔的结构，其中，旋转剖切的局部剖视图，主要表达上面倾斜凸台及通孔的结构，下方局部剖视图主要表达下孔左面小圆孔的结构。

左视图也采用一个局部剖视图，其主要目的是表达整个支架侧面形状、下面孔的内部结构及各个部件的位置。

此外，还采用一个向视图，其主要表达最上面部件的形状。采用一个断面图，其主要表达肋板的形状及尺寸。

（2）绘制零件草图

在测绘零件时，首先要画出零件草图，零件草图是画装配图和零件图的依据。在修理机械时，常常将草图代替零件图直接交车间制造零件。因此，应认真绘制草图。

零件草图的内容和零件图是相同的，主要区别在于作图方法上，零件草图是徒手绘制的，为了方便作图和对准投影关系，草图可画在方格纸上或坐标纸上。一个合格的草图应该做到表达完整、清晰、线型分明、字体工整、图面整洁、投影关系正确、尺寸标注完整，并写出全部的技术要求。其零件草图的绘制步骤如下：

1）定比例，选图幅。根据零件的总体尺寸、结构的复杂程度，确定绘图比例，选择合适的图幅，画好图框、标题栏和各视图的作图基准线，需要注意的是布图的同时应考虑标注尺寸的位置，如图 9-48（a）所示。

2）画视图。由已选定的表达方案徒手画出各个视图。画图顺序为：先画零件的主要轮廓，再画次要轮廓，最后画细节问题，如图 9-48（b）所示。

3）检查描深。仔细检查，擦净多余图线，按标准线型逐个加深图线。

4）画剖面线及标注尺寸。为了提高作图效率，应在标注尺寸数字以前，将尺寸界限、尺寸线、箭头画好，如图 9-48（c）所示。

5）集中测量，填写尺寸数字，最后填写技术要和标题栏中的内容，并完成全图，如图 9-48（d）所示。

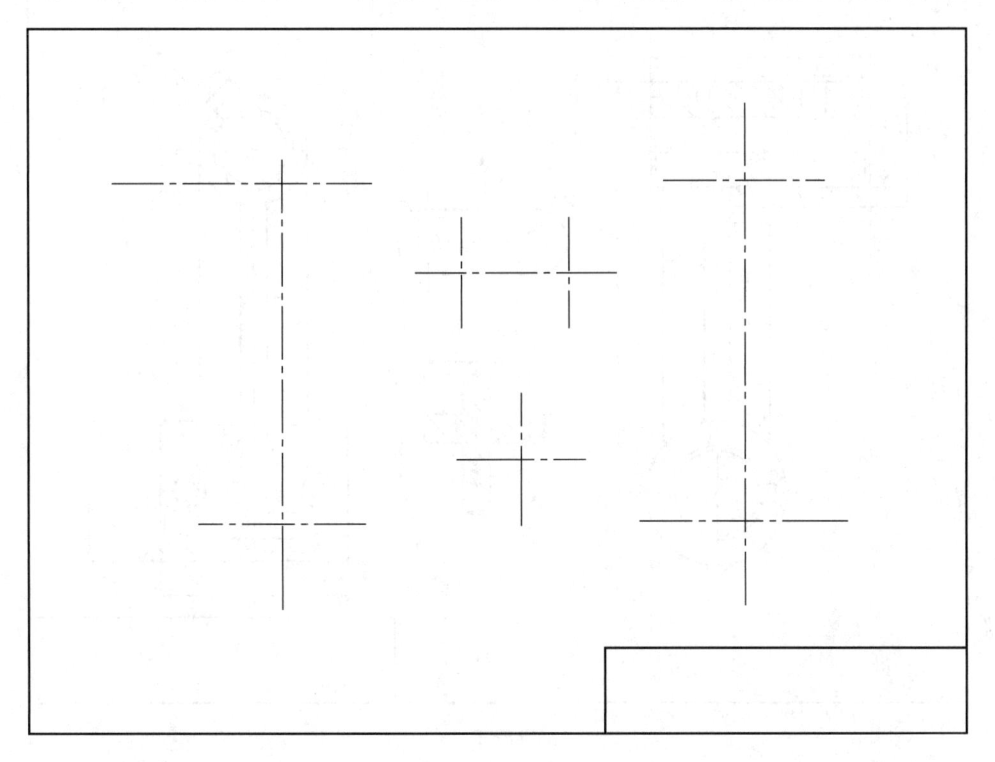

(a) 步骤一

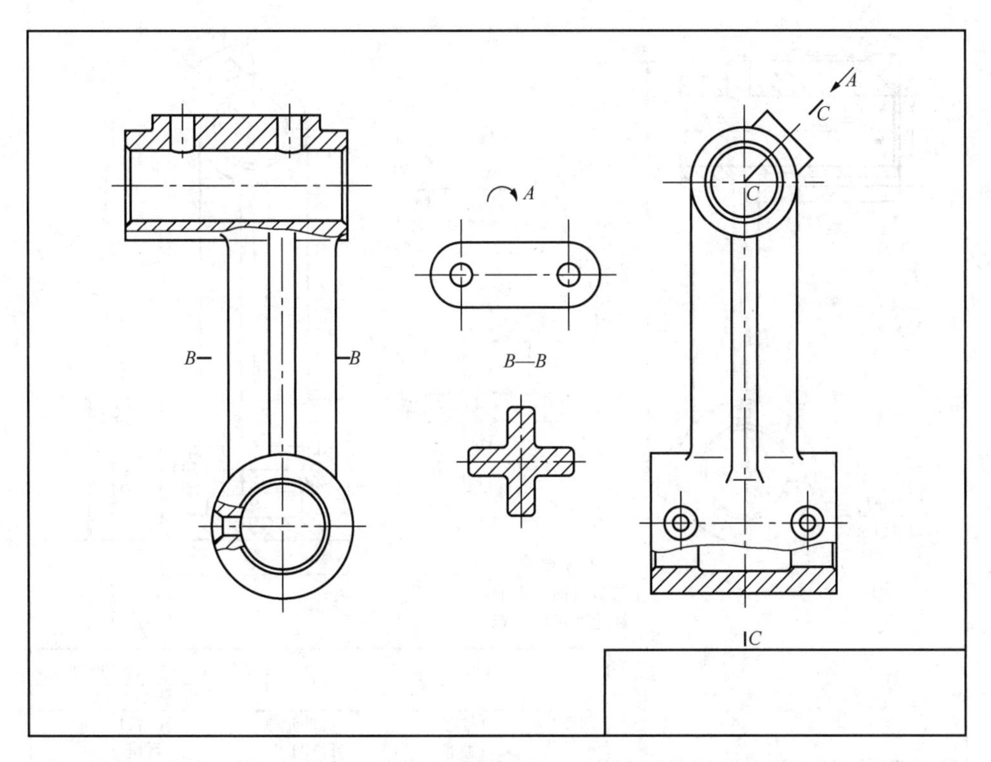

(b) 步骤二

图 9-48 支架零件草图的绘制步骤

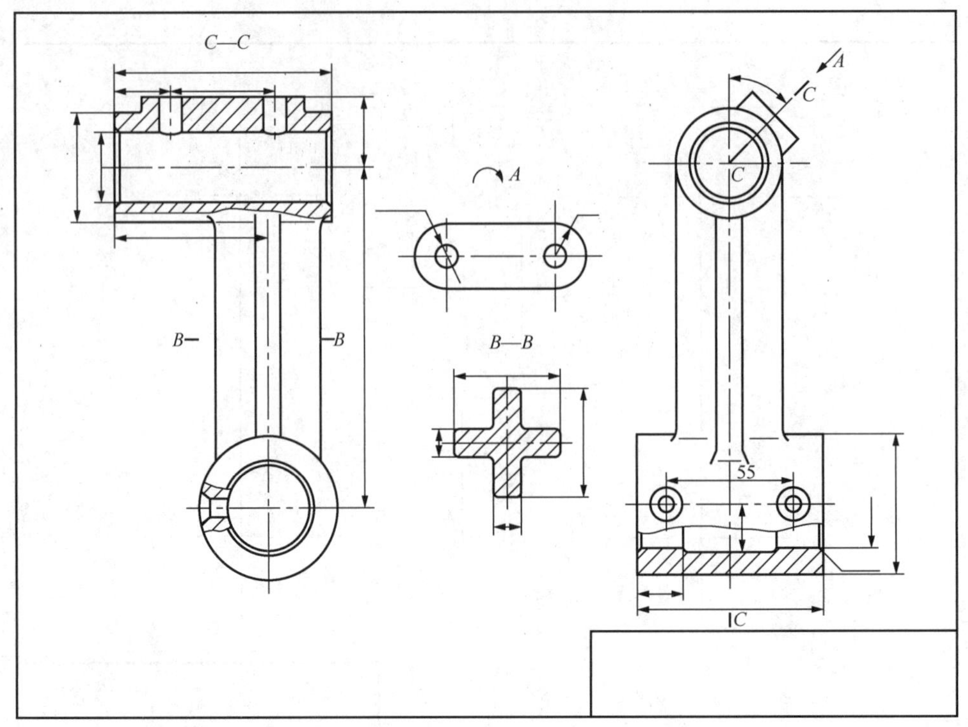

(c) 步骤三

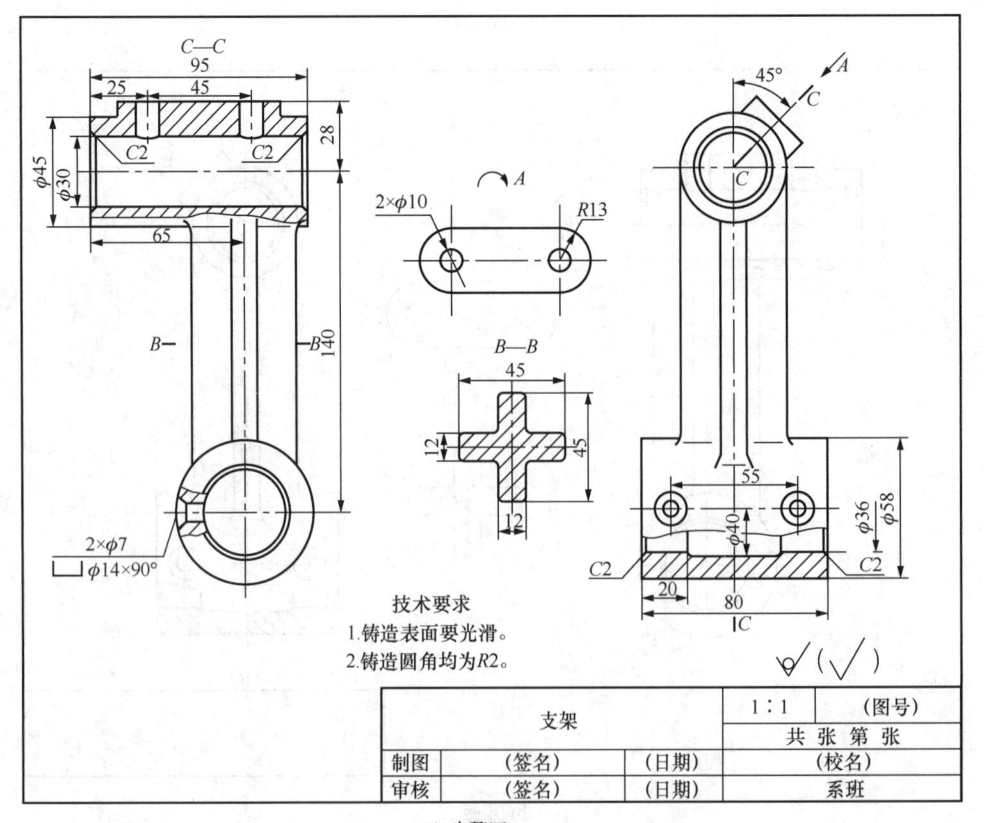

(d) 步骤四

图 9-48（续）

（3）绘制零件图

零件草图绘制完成后，应经校核、整理、并进行必要的补充或修改，即可依照草图绘制出零件图。

9.9 焊 接 图

焊接是指通过加压或加热或两者并用，并且用或不用填充材料，使焊件达到原子结合的一种加工方法。焊件是焊接对象的统称。焊接是一种不可拆的连接，具有连接可靠、节省材料、工艺简单和便于现场操作等优点，故被广泛使用。

表示焊件的工程图样称为焊接图。焊接图必须要把焊接件的结构表达清楚。除此之外，还要把焊接的有关内容表达清楚。国家标准规定了焊缝的画法、符号、尺寸标注和焊接方法的表示代号等有关内容。

9.9.1 焊缝的种类

常见的焊接接头有对接接头、搭接接头、T形接头、角接接头，如图9-49所示。

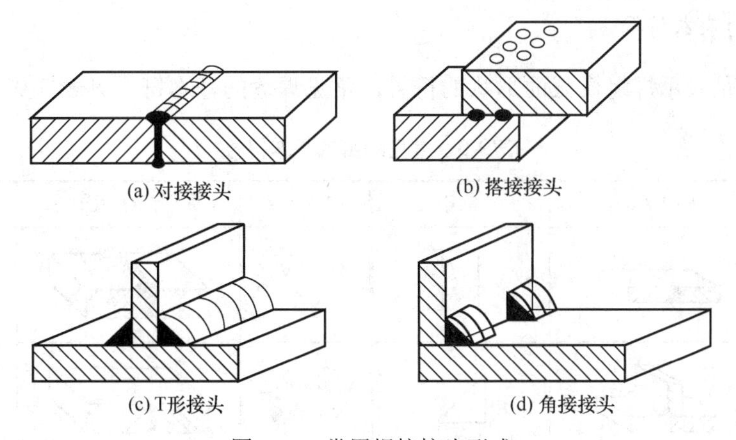

图9-49 常用焊接接头形式

9.9.2 常见焊接方法代号

焊接方法有很多，常见的有电弧焊、点焊、电渣焊和气焊等。焊接方法可用文字在技术要求中标明，也可以用数字代号直接标注在尾部符号中。常见的焊接方法和代号见表9-8。

表9-8 常见焊接方法和代号

代号	焊接方法	代号	焊接方法
1	电弧焊	4	压焊
111	手弧焊	43	锻焊
114	药芯焊丝电弧焊	44	高机械能焊
12	埋弧焊	47	气压焊

续表

代号	焊接方法	代号	焊接方法
15	等离子弧焊	72	电渣焊
21	点焊	751	激光焊
3	气焊	91	硬钎焊
311	氧-乙炔焊	912	火焰硬钎焊
32	空气-燃气焊	94	软钎焊

9.9.3 焊缝符号

焊接形成的被连接件熔接处称为焊缝。在焊接图样上标注的焊接方法、焊缝尺寸和焊缝形式等的符号称为焊缝（代）符号。

焊缝符号一般由基本符号与指引线组成，必要时还应加上辅助符号、补充符号和焊缝尺寸符号。在图样中，焊缝图形符号的线宽、字体、字高等应与图样中其他符号（如几何公差符号）的线宽、字体、字高保持一致。

1. 焊缝的基本符号

基本符号是表示焊缝横截面形状的符号，常见焊缝的基本符号见表 9-9。

表 9-9 常见焊缝的基本符号

焊缝名称	焊缝形式	符号	焊缝名称	焊缝形式	符号
I 形焊缝			带钝边 V 形焊缝		
角焊缝			带钝边单边 V 形焊缝		
V 形焊缝			带钝边 J 形焊缝		
单边 V 形焊缝			带钝边 U 形焊缝		
点焊缝	N=2		塞焊缝或槽焊缝		

2. 焊缝的辅助符号

表示焊缝表面形状特征的符号称为焊缝的辅助符号，如表 9-10 所示。注意，不需要确切地说明焊缝表面形状时，可以不加注辅助符号。

表 9-10 焊缝的辅助符号

名称	符号	符号说明	焊缝形式	标注示例及说明
平面符号	——	焊缝表面平齐		平面V形对接焊缝
凹面符号	◡	焊缝表面凹陷		凹面角焊缝
凸面符号	◠	焊缝表面凸起		凸面X形对接焊缝

3. 焊缝的补充符号

补充符号是为了补充说明焊缝的某些特征而采用的符号，如表 9-11 所示。

表 9-11 焊缝的补充符号

名称	符号	符号说明	一般图示法	标注示例及其说明
带垫板符号	▭	表示焊缝底部有垫板		表示 V 形焊缝的背面底部有垫板
三面焊缝符号	⊏	表示工件三面带有焊缝，开口的方向应与焊缝方向一致		表示工件三面带有焊缝

续表

名称	符号	符号说明	一般图示法	标注示例及其说明
周围焊缝符号		表示绕工件周围的焊缝		
现场符号		表示在现场或工地上进行焊接		表示在现场沿工件周围施焊
交错断续焊接符号		表示焊缝由一组交错断续相同焊缝组成		$n\times 1$ (*e*) $n\times 1$ (*e*) 表示有 *n* 段，长度为 *l*，间距为 *e*，交错断续角焊缝

4. 指引线

根据《技术制图　图样画法　指引线和基准线的基本规定》（GB/T 4457.2—2003）的规定，指引线由带箭头的箭头线和两条基准线（一条为细实线，一条为细虚线）两部分组成，如图 9-50 所示。细虚线可画在细实线的下侧或上侧，基准线一般与标题栏的长边相平行，必要时，也可与标题栏的长边相垂直。箭头线用细实线绘制，箭头指向有关焊缝处，必要时可允许箭头线弯折一次。

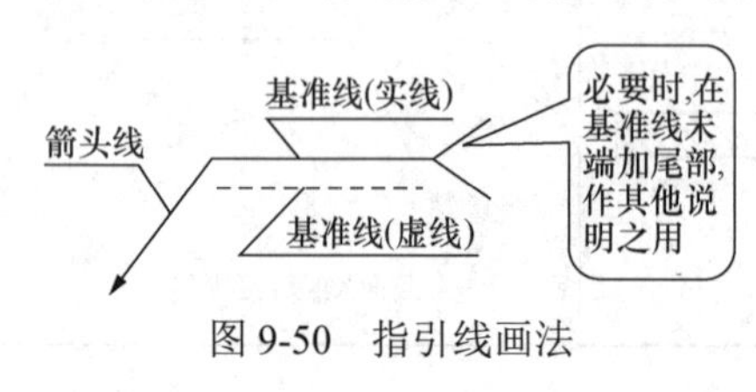

图 9-50　指引线画法

5. 焊接符号的标注

（1）基本符号相对基准线的位置

为了在图样上能够确切地表示焊缝的位置，国家标准中规定了基本符号相对基准线的位置，如图 9-51 所示。

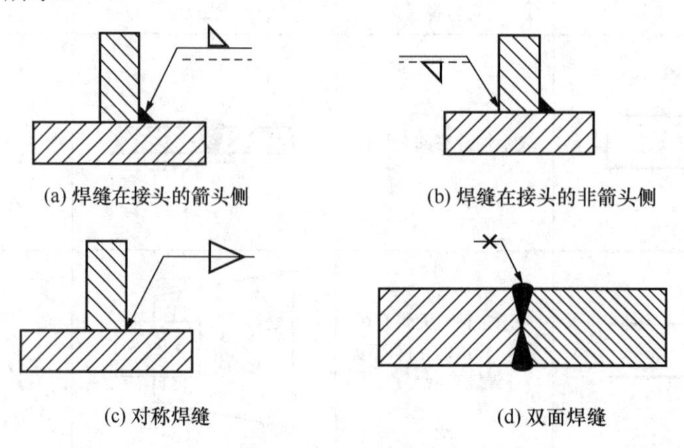

图 9-51　基本符号相对基准线的位置

1）如果焊缝在接头的箭头侧，则将基本符号标在基准线的细实线侧一侧，如图9-51（a）所示。

2）如果焊缝在接头的非箭头侧，则将基本符号标在基准线的细虚线一侧，如图9-51（b）所示。

3）标注对称焊缝及双面焊缝时，基准线可以不加虚线，如图9-51（c）、（d）所示。

（2）焊接尺寸的标注

焊接尺寸的标注位置，如图9-52所示。

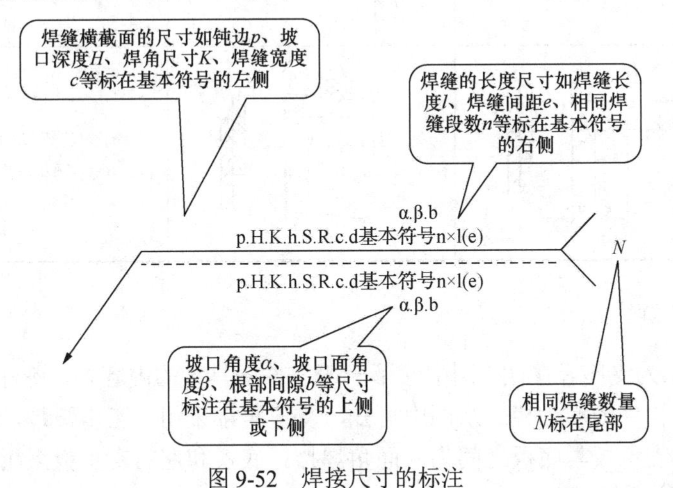

图9-52　焊接尺寸的标注

注意：焊缝尺寸在未特定说明下一般不标注，设计、施工、制造等需要标注焊缝尺寸时，可在尺寸数字前面增加相应的尺寸符号，焊缝尺寸符号及含义可查相应标准手册。

9.9.4　常见焊缝标注

常见焊缝标注示例见表9-12。

表9-12　常见焊缝标注示例

接头形式	焊接形式	标注示例	说明
对接接头			111表示用手工电弧焊，V形焊缝，坡口角度为α，根部间隙为b，焊缝长为l，有n段焊缝
T形接头			表示在现场装配进行焊接 表示双面角焊缝，焊角尺寸为k
			$n\times l(e)$表示有n段断续双面链状焊缝，l表示焊缝长度，e表示焊缝的间距

续表

接头形式	焊接形式	标注示例	说明
角接接头	α p k b	a b p k	表示双面焊缝，上面为单边 V 形焊缝，坡口角度为α，根部间隙为b，钝边高度为p，下面为角焊缝，焊角尺寸为k
搭接接头	e a	d n×(e) a	表示对称焊点，a表示焊点至板边的间距，d表示焊点直径，e表示焊点间距

9.9.5 焊接图示例

图 9-53 所示为支座焊接图。图中除了一般零件图具备的内容外，还有与焊接相关的说明、标注和每个构件的明细栏。从图中可知，支座全部采用手工电弧焊，其中圆柱孔与支承板之间、纵向支承板与底板之间为双面角焊接，底板和左右支承板采用单面角焊，焊角尺寸均为 4。在技术制图中，一般按照《焊缝符号表示法》（GB/T 324—2008）规定的焊缝符号表示焊缝，也可以按照《机械制图　图样画法　视图》（GB/T 4458.1—2002）等规定的制图方法表示焊缝。

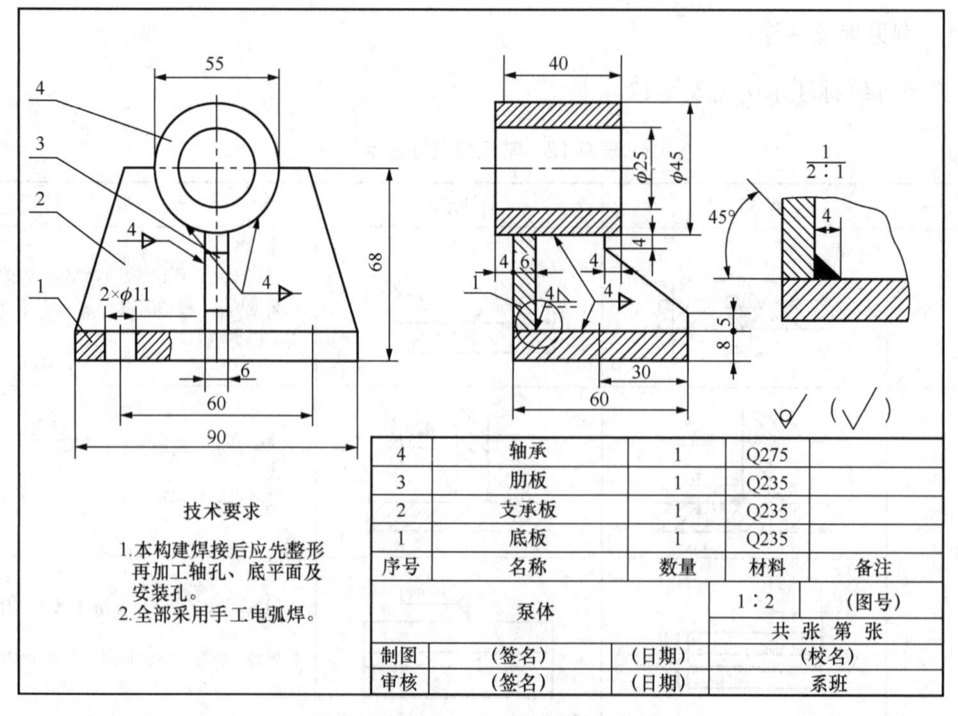

图 9-53　支座焊接图

9.10 CAD零件图绘制

根据AutoCAD绘制视图的基本方法，本节以皮带轮为例讲解零件极限与配合、几何公差等的标注方法，如图9-54所示。

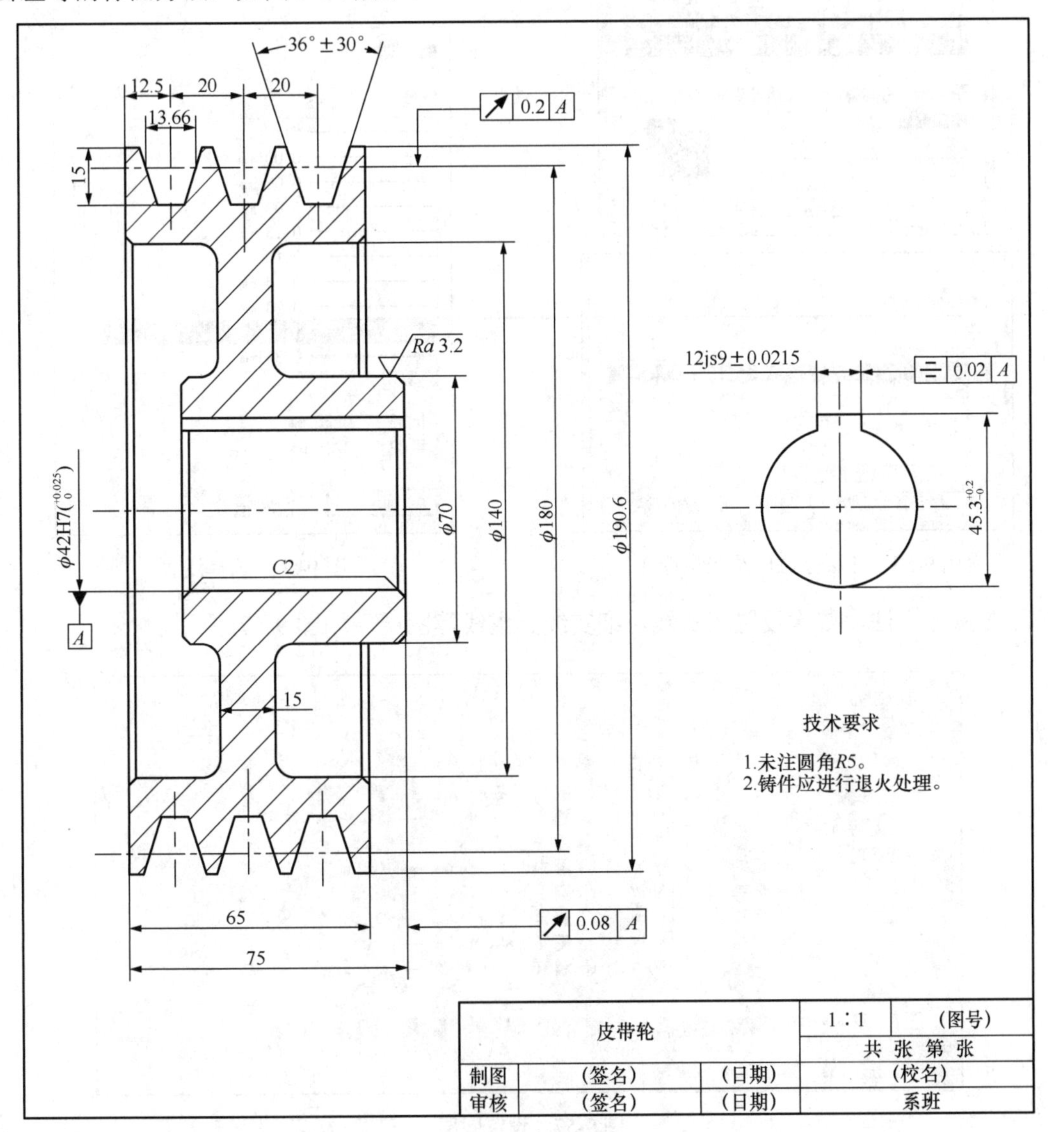

图9-54 皮带轮

1. 新建样式

创建图层。单击“默认”→“图层”→“图层特性”按钮，打开“图层特性管理器”对话框，单击“新建图层”按钮，创建图层，命名为“中以线”。在“选择颜色”对话框“索引颜色”选项卡中选择颜色为红色，在“选择线型”对话框中选择线型CENTER，单击“确定”按钮，如图9-55所示。

在“线宽”对话框中选择线宽为0.25mm，单击“确定”按钮，如图9-56所示。

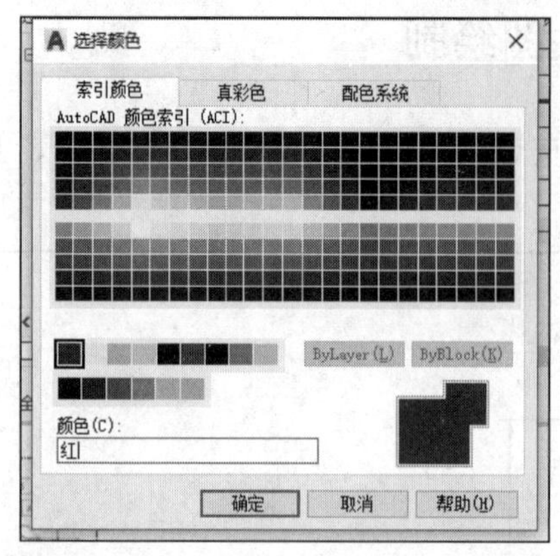

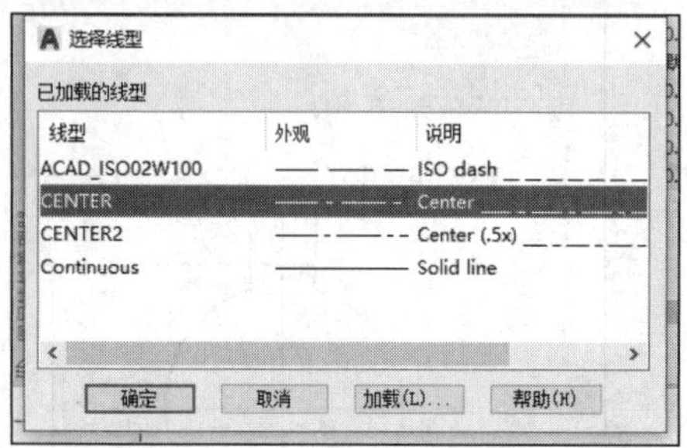

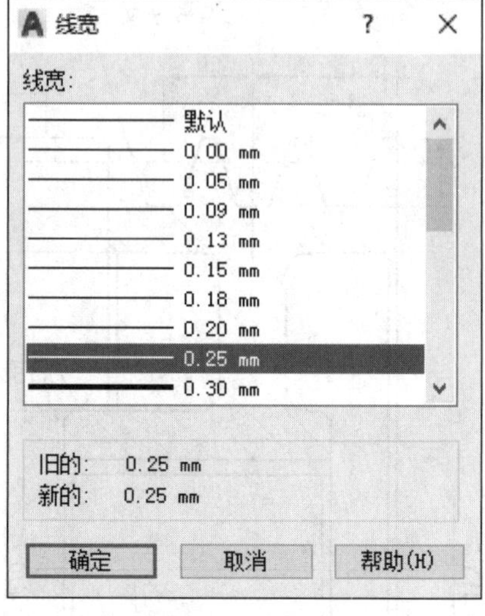

图9-55　图层颜色以及线型选择

图9-56　选择线宽

参照此方法，依次设置粗实线、细实线、虚线等图层，如图9-57所示

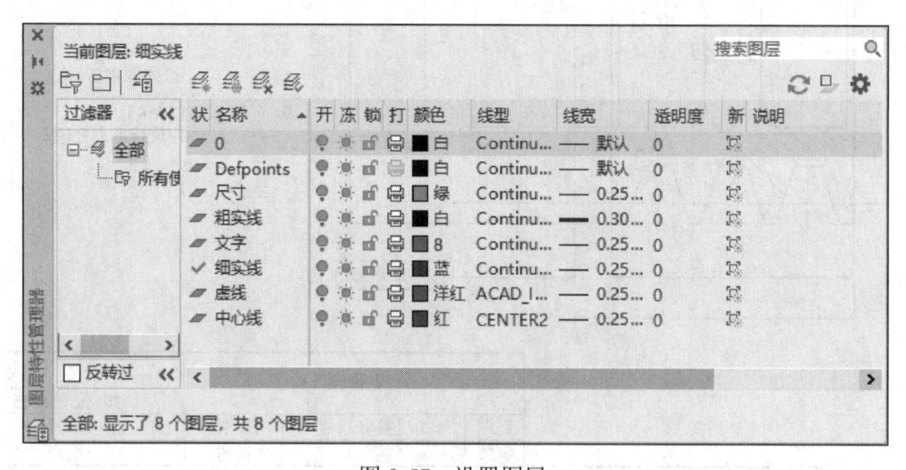

图9-57　设置图层

2. 绘制图像

1）在“图层”选项卡下选择“中心线”作为当前图层，调用直线命令LINE（快捷命令L）绘制水平中心线。

2）单击“默认”→“修改”→“偏移”按钮（快捷命令O），分别设置偏移距离21、35、70、90、95.3，将水平中心线向上偏移五条直线，选中从下向上的第1、2、3、5条直线，单击“默认”→“图层”下拉按钮，在打开的下拉列表中选择“粗实线”选项，将其图层修改为粗实线，结果如图 9-58 所示。

图 9-58 绘制上下轮廓线

3）再次调用直线命令 LINE（快捷命令 L），在水平中心线的左端附件开始，向上绘制一条直线，作为皮带轮的左端面。

4）单击“默认”→“修改”→“偏移”按钮（快捷命令 O），分别设置偏移距离 12.5、32.5、52.5、65、75，将左端面直线向右偏移出带轮槽对称线和带轮有端面线。再次调用“偏移”命令，设置偏移距离为 15，将最上一条直线向下偏移，作为带轮槽底直线，然后选择对应直线，将其修改为“粗实线”图层，结果如图 9-59（a）所示

5）再次调用“偏移”命令，分别设置偏移距离为 25、40，将带轮有端面线向左侧偏移两条线，作为腹板的端面线。再次调用偏移命令，设置偏移距离为 60，将轮毂的右端面线向左偏移一条线，作为轮毂的左端面线。

6）单击“默认”→“修改”→“修剪”按钮，修剪出带轮上半部分的基本轮廓，选择带轮槽的中心线，用夹点方式调整其长度，如图 9-59（b）所示。

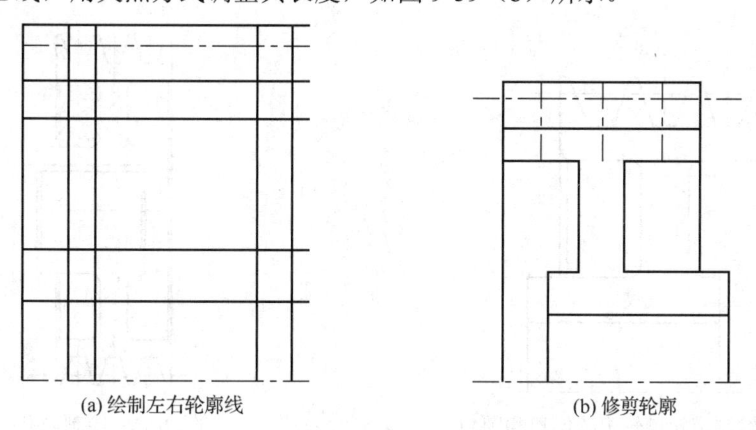

(a) 绘制左右轮廓线 (b) 修剪轮廓

图 9-59 绘制轮廓

7）调用直线命令 LINE，绘制带轮槽的一边轮廓，单击“默认”→“修改”→“镜像”按钮，镜像出带轮槽的另一边轮廓，单击“默认”→“修改”→“复制”按钮，复制出其余带轮槽轮廓。

8）单击“默认”→“修改”→“裁剪”按钮，裁剪出带轮槽的轮廓，如图 9-60 所示。

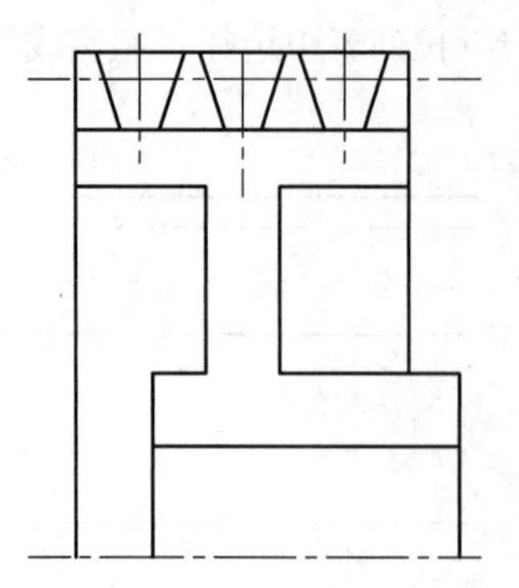
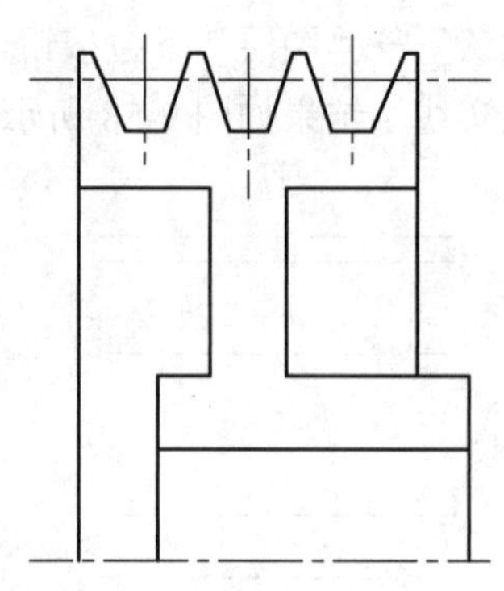

图 9-60　绘制带轮槽及轮廓

9）单击“默认”→“修改”→“圆角”按钮，设置圆角半径为 5，倒出腹板处的圆角。

10）单击“默认”→“修改”→“倒角”按钮，设置“修剪”选项为“不修剪”方式，设置“距离”选项的两个距离为 2，倒腹板孔倒角。再次调用“倒角”命令，设置“修剪”选项为“修剪”方式，倒轮毂外轮廓的倒角。调用直线命令 LINE，绘制腹板倒角处直线，如图 9-61 所示。

11）单击“默认”→“修改”→“镜像”按钮，将上半部分的图形向下镜像，形成完整的带轮轮廓。

12）单击“默认”→“修改”→“偏移”按钮，设置偏移距离为 3.3，偏移出键槽槽底轮廓。

13）单击“默认”→“修改”→“倒角”按钮，设置“修剪”选项为“不修剪”，设置“距离”选项的两个距离都为 2，倒内孔倒角。接着调用直线命令 LINE 作内孔倒角轮廓线，再调用“修剪”命令，修剪掉内孔的多余线段，如图 9-62 所示。

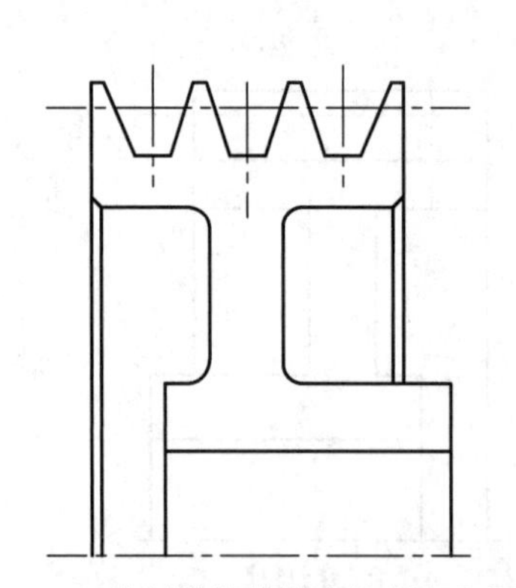

图 9-61　绘制带轮槽轮廓的倒角和圆角

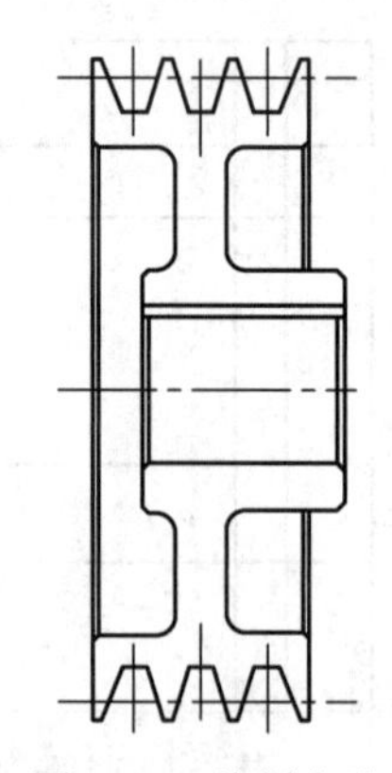

图 9-62　绘制内孔

14）在带轮水平中心线右边延长线上的适当位置，调用直线命令 LINE 和圆命令 CIRCLE 绘制带轮孔的投影，单击“默认”→“修改”→“偏移”按钮，偏移出带轮键槽，然后调用“修剪”命令，修剪出图像，如图 9-63 所示。

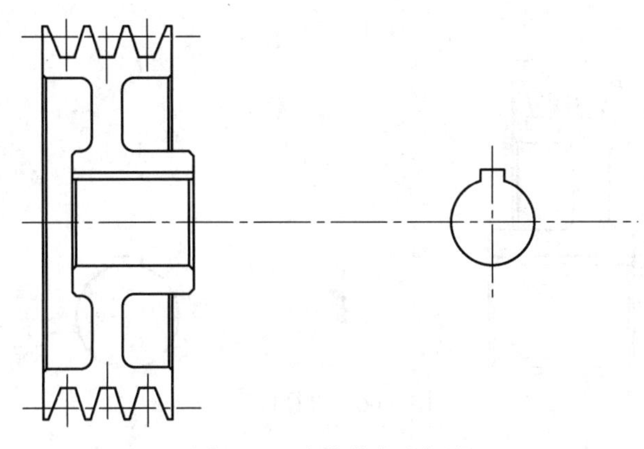

图 9-63 皮带轮内孔投影

15）将“细实线”层设置为当前图层。单击“默认”→“绘图”→“图案填充”按钮，选择“图案填充创建”→“图案”→“ANSI31”图案；在“特性”组中将填充图案比例的值设置为 2，如图 9-64 所示。然后在绘图区带轮填充区域单击，按 Enter 键确认，结果如图 9-65 所示。

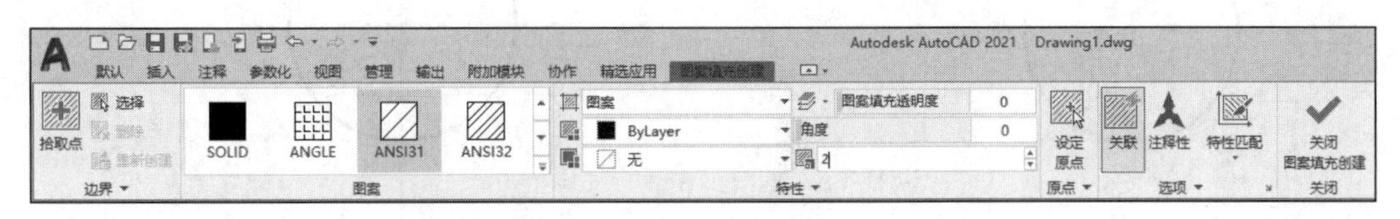

图 9-64 “图案填充创建”选项卡

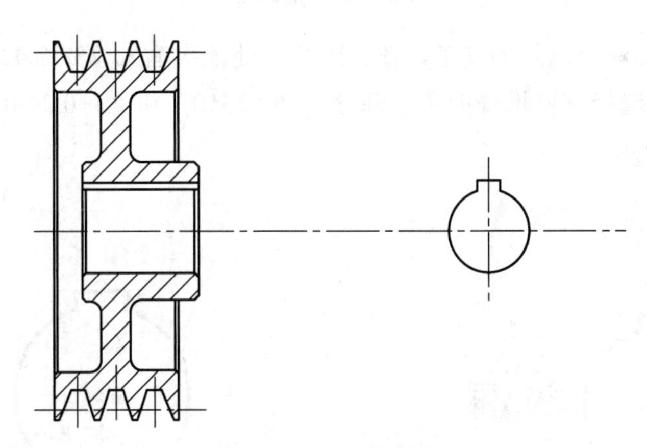

图 9-65 皮带轮填充

3. 尺寸标注

1）将“文字”层设置为当前图层，选择标注样式，标注各线性尺寸，对于需要输入直径的位置，编辑注释文字，输入“%%C”即可，结果如图 9-66 所示。

2）单击“注释”→“标注”→“线性”按钮，用光标捕捉到右边图像键槽宽的两个点，在提示下输入“t”，选择“文字”选项，在命令行输入“12js9%%p0.0215”，标注键槽宽度，结果如图 9-67 所示。

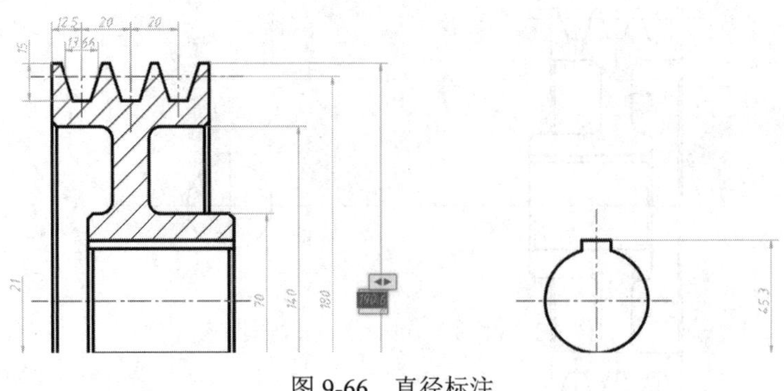

图 9-66　直径标注

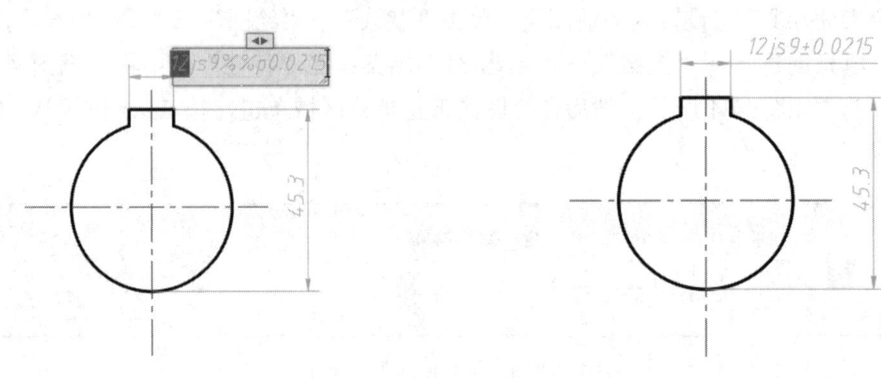

图 9-67　键槽标注

3）单击需要标注公差处的文字，在公差表示处依次输入“%%c42H7（+0.025^0）”“45.3+0.2^-0”，并选择需要堆叠的公差部分“+0.025^0”和“3+0.2^-0”，右击堆叠按钮即可，如图 9-68 所示。

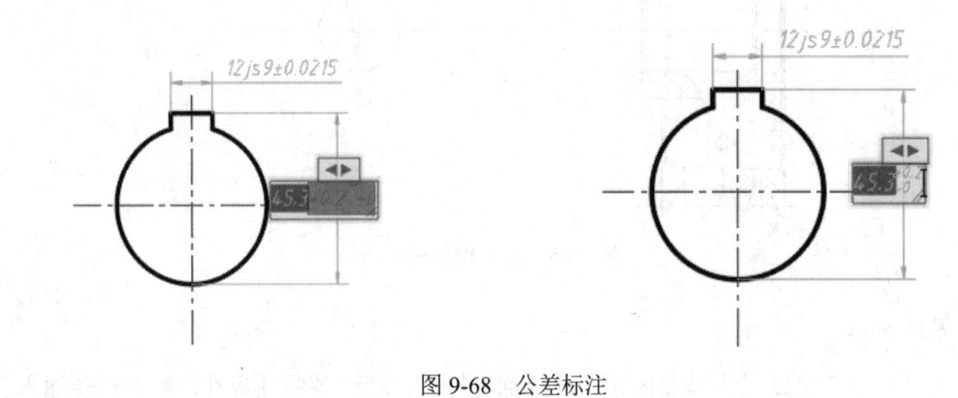

图 9-68　公差标注

4）单击“注释”→“标注”→“角度”按钮，用同样的方法标注36°的角度尺寸。

5）单击“注释”→“引线”→“多重引线样式管理器”按钮，打开“多重引线样式”对话框，在“新样式名”文本框中输入“公差”，单击“继续”按钮，打开“修改多重引线样式：公差”对话框；在“引线格式”选项卡下设置“类型”为“直线”，“符号”为“实心闭合”，“大小”为3.5；在“引线结构”选项卡下设置“最大引线点数”为3，选择“自动包含基线”复选框，“设置基线距离”为5；在“内容”选项卡下选择“多重引线类型”为“无”。单击“确定”按钮，完成设置，如图9-69～图9-71所示。

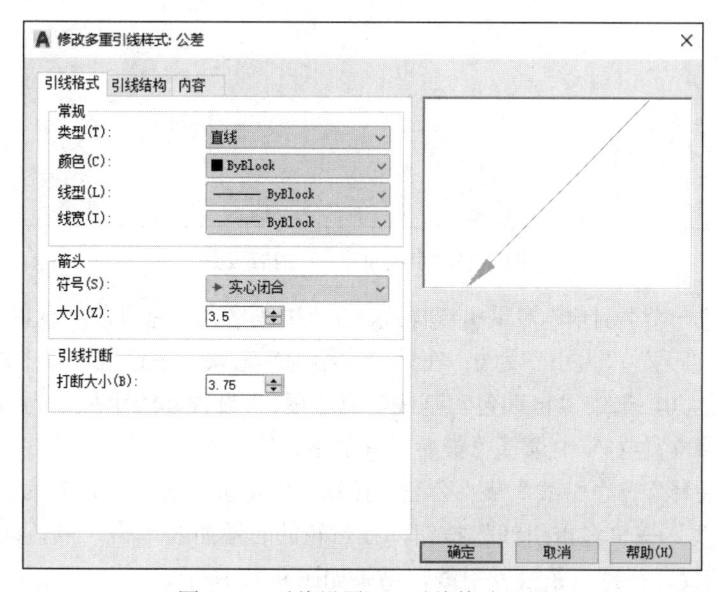

图9-69 引线设置——引线格式设置

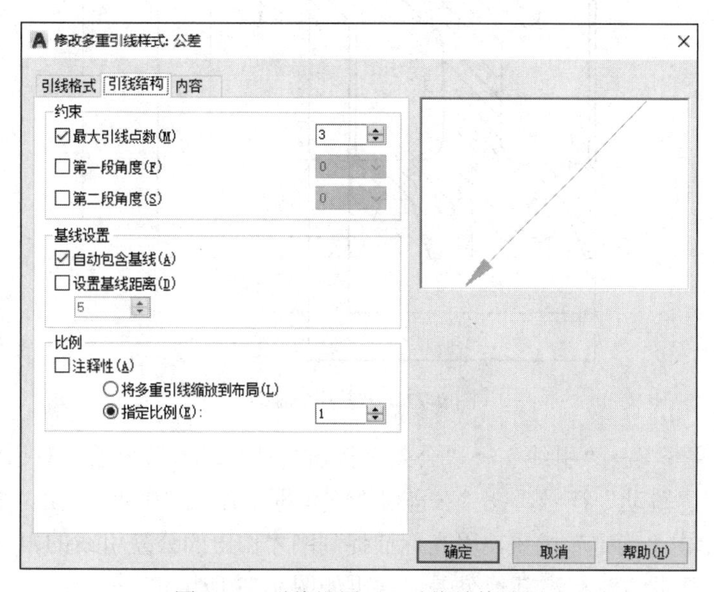

图9-70 引线设置——引线结构设置

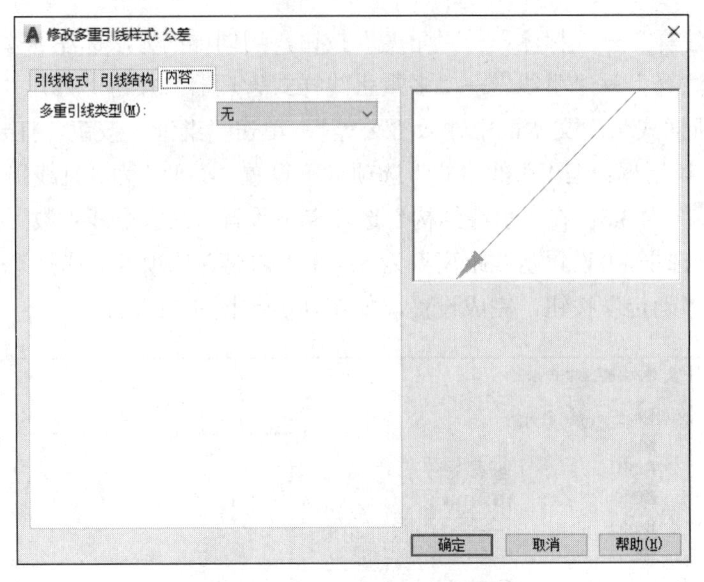

图 9-71　引线设置——内容设置

6）再次新建一个“倒角”多重引线样式。在“引线格式”选项卡下设置“类型”为“直线”,“符号”为“无”,“大小”为0；在“引线结构”选项卡下设置“第一段角度”为45,“第二段角度”为 0，选中“自动包含基线”复选框,“设置基线距离”为 1；在“连接位置-左”和“链接位置-右”中选择“最后一行加下划线”。

7）单击“注释”→“引线”→“公差”按钮，将多重引线样式设置为当前样式；单击“注释”→“引线”→“多重引线”按钮，在带轮的右端面线单击一点，向右水平拖动鼠标指针到合适位置，得到一条公差引线，结果如图 9-72 所示。

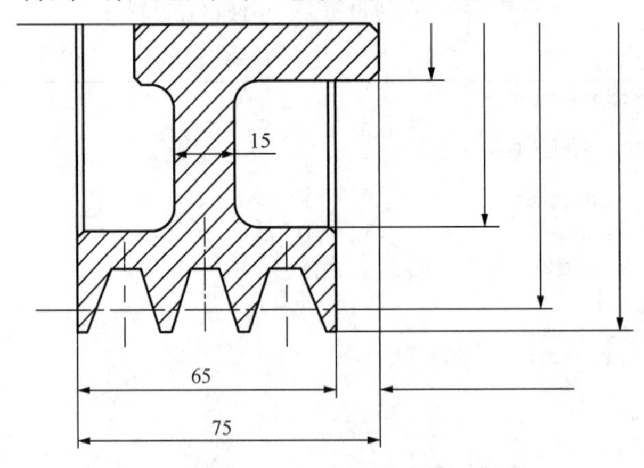

图 9-72　公差引线画法

8）单击“注释”→“引线”→“公差”按钮，打开“形位公差”对话框，在“符号”框中单击，选择“跳动”符号，在“公差 1”文本框中输入“0.08”，在“基准 1”文本框中输入“A”，单击“确定”按钮，用光标捕捉到刚才作出的公差引线的根部并单击，完成形位公差标注。用此方法标注其他公差，结果如图 9-73 所示。

9）将“引线”组中将倒角样式设置为当前样式，单击“注释”→“引线”→“多重引线”按钮，在“指定引线箭头的位”提示下，捕捉到内孔的倒角；在 “指定下一点：”的

提示下，将鼠标指针拖动到合适位置，同时打开“多行文字编辑器”，在其中输入“C2”，并单击“确定”按钮。用同样的方法完成其他位置的标注。

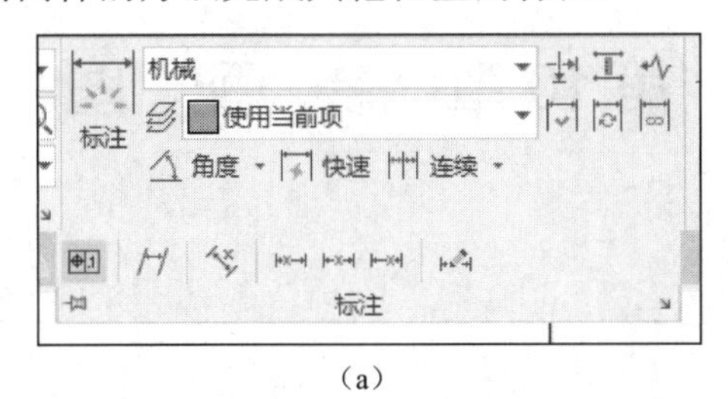

(a)

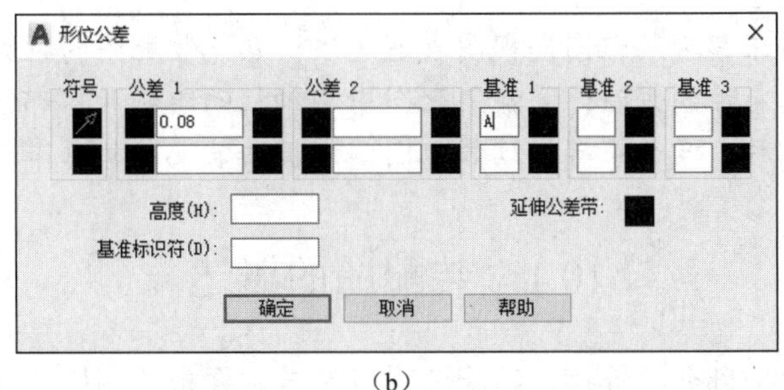

(b)

图 9-73 “形位公差”对话框

10）表面粗糙度表示。调用表面粗糙度符号，使用复制粘贴命令将符号复制至指定位置，并在符号直线下方添加 *Ra*3.2。

4. 完成绘图

调用 A3 图框，将整个零件图放置 A3 图中。同时，在空白位置添加技术要求。最终结果如图 9-54 所示。

5. 确认

最后确认图形是否存在错误，若无误，则绘制完成，保存图样即可。

思 考 题

1. 简述零件图的作用和内容。

2. 简述在零件图上标注尺寸的基本要求。正确理解零件图上的尺寸标注要“正确、合理、完整”这句话的意义。

3. 什么是形状和位置公差？形状和位置公差各有哪些项目？它们分别用什么符号表示？

4. 简述零件上的倒角、退刀槽、沉孔、螺孔、键槽等常见结构的作用、画法和尺寸注法。

5. 常见的零件按其结构形状大致可分成哪几类？它们的视图选择分别有哪些特点？

6. 简述分析零件图的目的和分析步骤。

7. 简述读零件图的步骤和方法。

8. 用 CAD 绘制图 9-47 支架零件图。

第10章 装 配 图

教学要求

通过本章学习要求掌握装配图的视图表达方法；熟悉装配图的特殊表达方法和简化画法；掌握装配图尺寸标注的方法；掌握装配图中明细栏的绘制和零部件编号的方法；了解装配体常见的工艺结构；学会正确识读装配图；掌握由装配图拆画零件图的基本方法。

10.1 装配图的概述

表达产品及其组成部分的连接、装配关系以及技术要求的图样，称为装配图。装配图是生产中重要的技术文件，它主要表达机器中零部件之间的装配关系、工作原理、主要零部件的结构和形状等。

装配图是了解机器结构、分析机器工作原理和功能的技术文件，也是制定装配工艺规程，进行机器装配、检验、安装和维修的技术依据。

10.1.1 装配图的作用

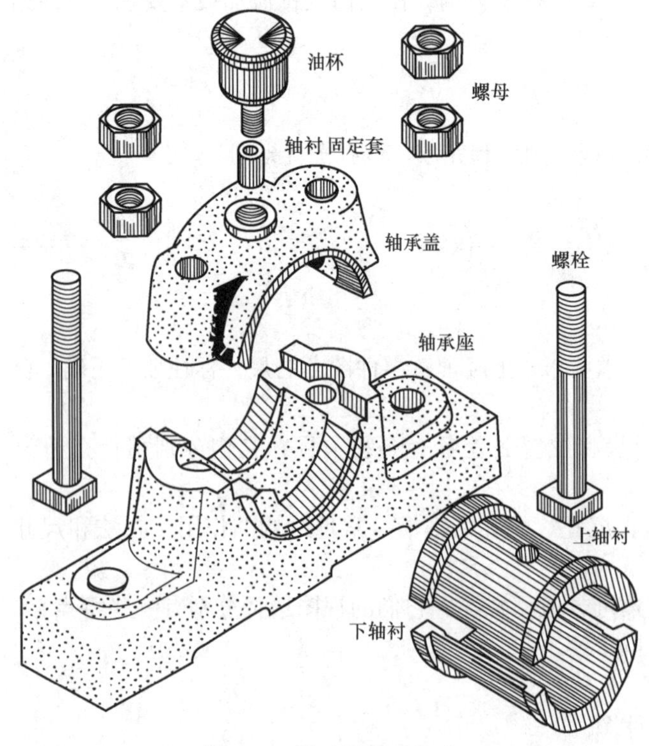

图 10-1 滑动轴承座总成

一个完整的机器通常是由多个零件或部件按照一定的规则装配而成的。图 10-1 所示为滑动轴承座总成。轴承座总成是由轴承座、轴承盖、上轴衬、下轴衬等零件组成。为了合理表达各个零件之间的装配关系以及相关的技术要求等，通常使用装配图样来实现。零件图的重点在于表达零件的结构细节和制造过程中的技术要求等，而装配图的重点在于表达零件之间的连接、装配关系以及装配机器过程中的技术要求等。

图 10-2 所示为滑动轴承座总成装配图，主要表示装配体的结构特征、各零件相对位置、装配关系和工作原理等。

在设计产品时，首先要绘制装配图，然后按照装配图设计并拆画零件图，该装配图称为设计装配图。在使用产品时，装配图又是了解产品结构和进行调试、维修的主要依据。此外，装配图也是进行科学研究和技术交流的工具。总之，装配图是生产中的主要技术文件。

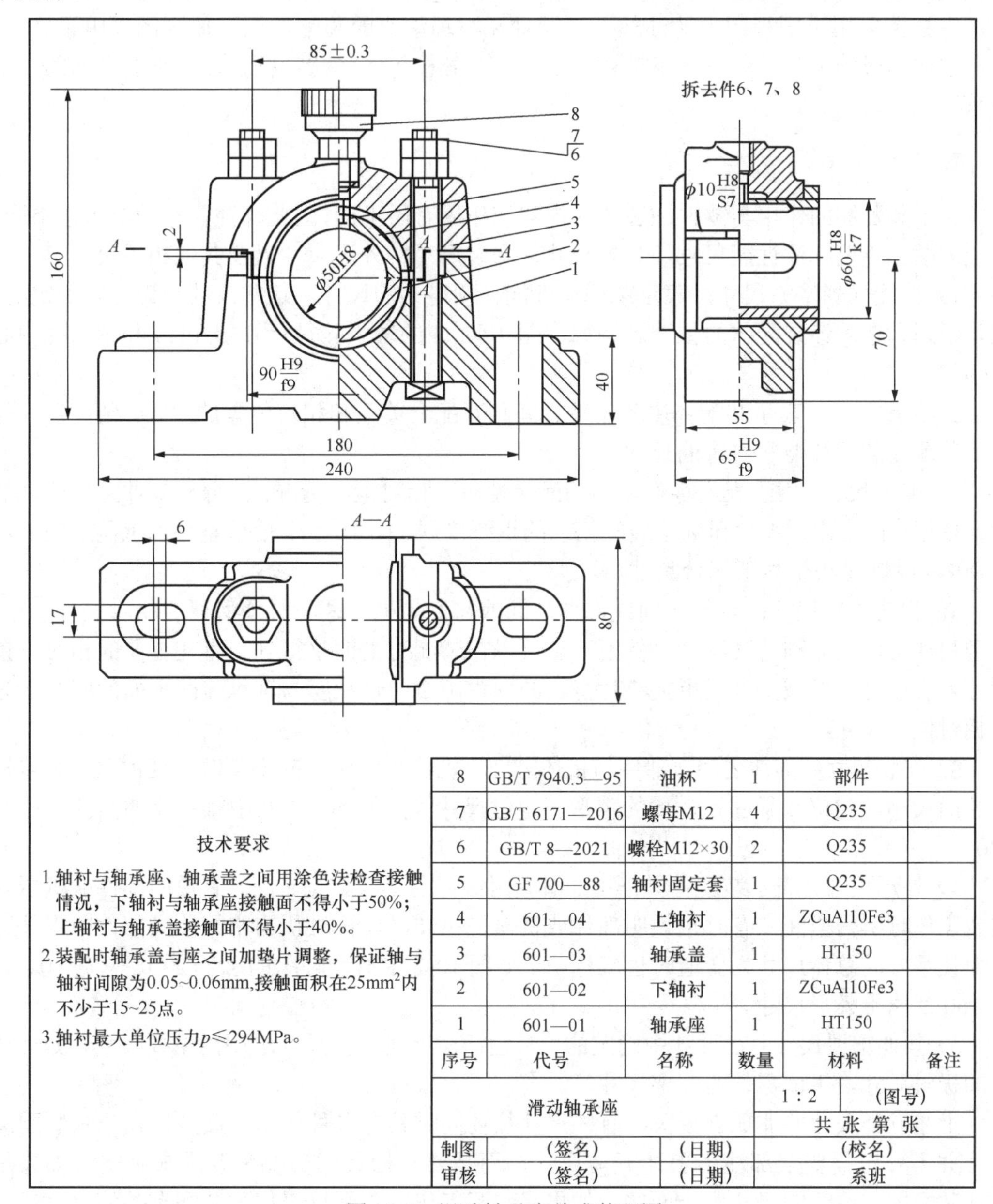

8	GB/T 7940.3—95	油杯	1	部件	
7	GB/T 6171—2016	螺母M12	4	Q235	
6	GB/T 8—2021	螺栓M12×30	2	Q235	
5	GF 700—88	轴衬固定套	1	Q235	
4	601—04	上轴衬	1	ZCuAl10Fe3	
3	601—03	轴承盖	1	HT150	
2	601—02	下轴衬	1	ZCuAl10Fe3	
1	601—01	轴承座	1	HT150	
序号	代号	名称	数量	材料	备注

滑动轴承座		1∶2	(图号)
		共 张 第 张	
制图 (签名)	(日期)	(校名)	
审核 (签名)	(日期)	系班	

图 10-2　滑动轴承座总成装配图

10.1.2　装配图的内容

装配图的内容一般包括以下四个部分。

1. 一组视图

装配图中需要一组投影视图，用于表示组成部件的零件；各零件之间的相互位置关系和连接、装配关系；部件的工作原理；部件和其他部件或机座的连接、安装关系；与工作原理有直接关系的各零件的关键结构、形状。装配图的一组视图往往也同时能把若干零件的主要结构、形状表示出来。如图 10-2 所示的滑动轴承座总成装配图，主视图采用半剖视图来表达滑动轴承座总成的所有零件的装配关系和轴承座与其他零件的安装连接关系。左视图采用半剖视图表达油杯、滑动轴瓦与轴承座的装配关系；俯视图采用了 *A—A* 阶梯剖切形成的半剖视图表达下轴衬、下瓦座、螺栓等的形状特征，以及它们之间的装配关系等。

2. 尺寸标注

由于装配图的作用与零件图表达的内容和作用有所不同，因此标注尺寸的要求也不同。在装配图上主要标注性能尺寸、装配尺寸、安装尺寸、外形尺寸以及其他相关尺寸等。

1）性能（规格）尺寸：表示装配体性能（规格）的尺寸，这些尺寸是设计时确定的，也是了解和选用该装配体的依据。例如，图 10-2 中的轴承孔径尺寸 ϕ50H8 和轴承孔中心高 70 等。

2）装配尺寸：表示装配体中各零件之间相互配合关系和相对位置的尺寸。装配尺寸是保证装配体装配性能和质量的尺寸。

① 配合尺寸：用于表示零件之间的配合性质和相对运动情况，是分析部件工作原理的重要依据，也是设计零件和制定装配工艺的重要依据。图 10-2 中轴承座与轴承盖之间的尺寸 90H9/f9 就是一个间隙配合尺寸。

② 相对位置尺寸：零件之间或部件之间或它们与机座之间必须保证的相对位置尺寸。此类尺寸可以依靠制造某零件时保证，也可以在装配时由调整得到。有些重要的相对位置尺寸是装配时由增减垫片或更换垫片得到的。图 10-2 中轴承座与轴承盖两平面的间距 2 为即相对位置尺寸。

3）安装尺寸：部件之间、部件与机体之间、机体与底座之间安装时需要的尺寸，包括安装面大小，定位和紧固孔、槽的定形、定位尺寸等，如图 10-2 中轴承座的两孔中心距 180。

4）外形尺寸：表示装配体外形的总体尺寸，即总的长、宽、高。它说明部件或机器安装或工作时所需空间，有时也说明部件或机器在包装、运输时所需空间。当部件中零件运动而使某方向总体尺寸为变值时也应标明，如图 10-2 中滑动轴承的总长 240、总宽 80、总高 160 都属于外形尺寸。

5）其他重要尺寸：在设计中确定的、未包括在上述几类尺寸之中的主要尺寸，如运动件的极限尺寸，主体零件的重要尺寸等。

上述五类尺寸并非孤立无关，有些尺寸往往同时具有多种作用。此外，在一张装配图中，并不一定需要全部注出上述五类尺寸，而是要根据具体情况和要求来确定。如果是设计装配图，所注的尺寸应全面些；如果是装配工作图，则只需把与装配有关的尺寸注出即可。

3. 技术要求

在装配图中，还应在空白处使用文字或符号书写零件或部件在装配、安装、检验及使用过程中的注意事项等技术要求。装配图中的技术要求一般可从以下几方面来考虑。

1）装配要求：对机器或部件装配准确、运动灵活、间隙恰当、润滑良好等装配要求。

如图 10-2 所示，技术要求中第 1 条，上、下轴承与轴承座及轴承盖之间的接触面要求。

2）调试和检验要求：对机器或部件设计功能的调试和检验要求。如图 10-2 所示，技术要求中第 2 条，要求调整轴与轴承的间隙及其接触面积。

3）使用要求：对机器或部件的技术性能、参数、维护、使用等要求。如图 10-2 所示，技术要求中第 3 条，指明了轴承使用的最大承受压力。

4. 零部件序号和明细表

为了便于装配时看图查找零件，便于生产准备和图样管理，必须对装配图中的零件进行编号，并列出零件的明细表。

1）零件序号：装配图中所有的零件都必须编写序号。相同的零件只编一个序号。如图 10-2 所示，零件 6 螺栓和零件 7 螺母都有两个或多个，但只编一个序号 6 和 7。标准件（如电动机、滚动轴承、油杯等）在装配图上只编写一个序号。

① 零件序号的形式：序号由圆点（实心箭头）、指引线、水平线或圆（均为细实线）及数字组成。序号写在水平线上或小圆内。序号字号应比该图中尺寸数字大一号或二号，如图 10-3 所示。

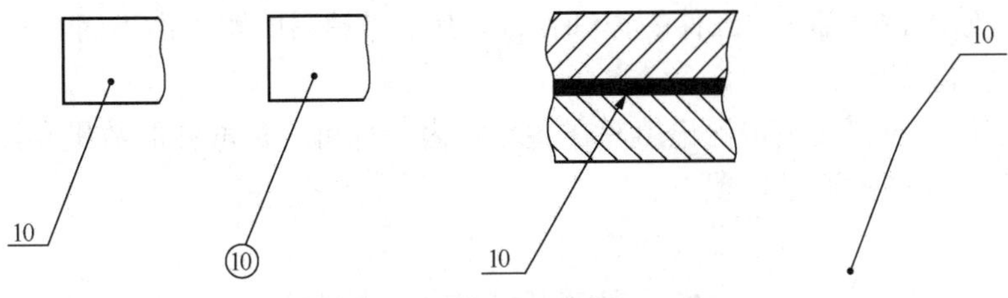

图 10-3 零部件序号的表示方法

指引线应自所指零件的可见轮廓内引出，并在其末端画一圆点；若所指的部分不宜画圆点，如很薄的零件或涂黑的剖面等，则可在指引线的末端画一箭头，并指向该部分的轮廓。

如果是一组紧固件或装配关系清楚的零件组，则可以采用公共指引线，如图 10-4 所示。

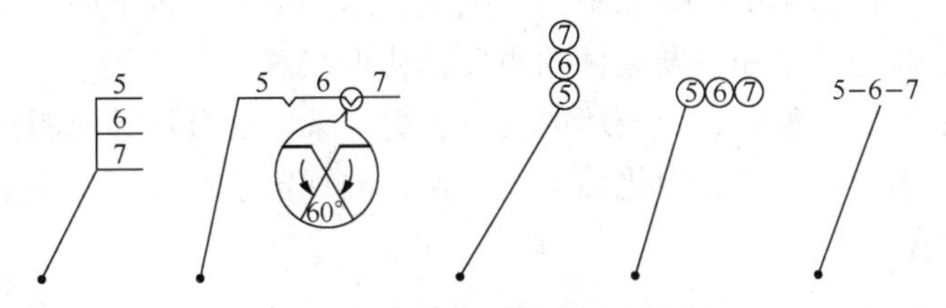

图 10-4 公共指引线的表示方法

指引线应尽可能分布均匀且不要彼此相交，也不要过长。指引线通过有剖面线的区域时，要尽量不与剖面线平行，必要时可画成折线，但只允许折一次。

② 序号编排方法：编号应按水平或垂直方向排列整齐，并按顺时针或逆时针方向顺序排列，如图 10-4 所示。

2）明细栏和标题栏。在装配图的右下角必须设置标题栏和明细栏。明细栏位于标题栏的上方，并与标题栏紧连在一起。图 10-5 所示的内容和格式可供练习中使用。

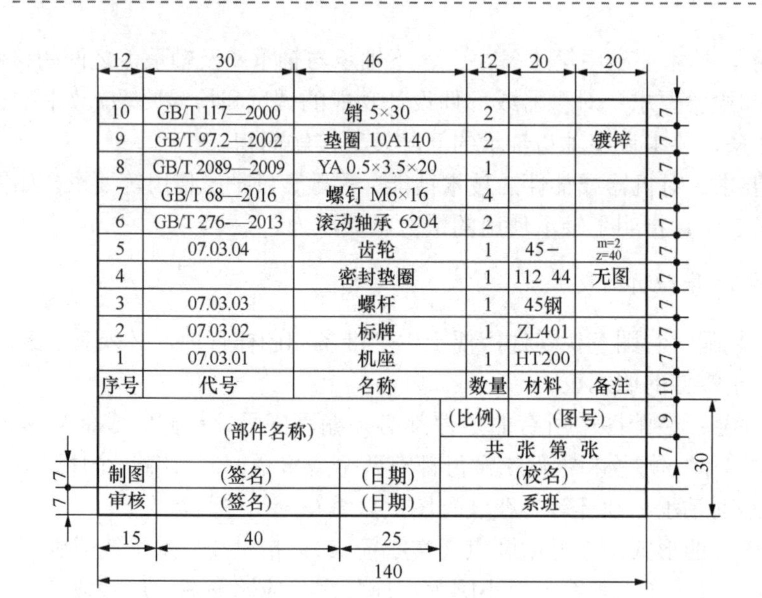

图 10-5　标题栏及明细栏格式

明细栏是装配体全部零、部件的详细目录，其序号填写的顺序由下而上。空间不够时，可移至标题栏的左边继续编写。

对于标准件，应将其规定标记填写在备注栏内，也可将标准件的数量和规定标记直接用指引线标明在视图的适当位置上。

10.2　装配图的表达方法

零件图上所采用的各种表达方法，如视图、剖视、断面、局部放大图等方法同样适用于装配图。零件图表达对象仅仅是一个零件或组件，而装配图表达对象是由许多零件组成的装配体（机器或部件等）。

正是由于两种图样的作用和要求不同，因此表达的侧重面也不同。装配图应表达出装配体的工作原理、装配关系和主要零件的主要结构形状等。

由于装配图表达的对象众多，表达的关系也更复杂，这必然导致图样的结构复杂。为了在确保表达准确的前提下尽量简化图形，国家标准规定了在装配图中采用规定画法、特殊画法和简化画法。

10.2.1　装配图的视图选择

装配图同零件图一样，以主视图的选择为中心来确定整个一组视图的表达方案。表达方案的确定依据是装配图的工作原理和零件之间的装配关系等。

1. 主视图的选择原则

如图 10-6 所示的球阀，选择主视图时，主要考虑以下基本原则：能够反映部件的工作状态或安装状态；能够反映部件的整体形状特征；能够表示主装配线零件的装配关系，能够表示部件主要的工作原理；能够表示较多零件的装配关系。

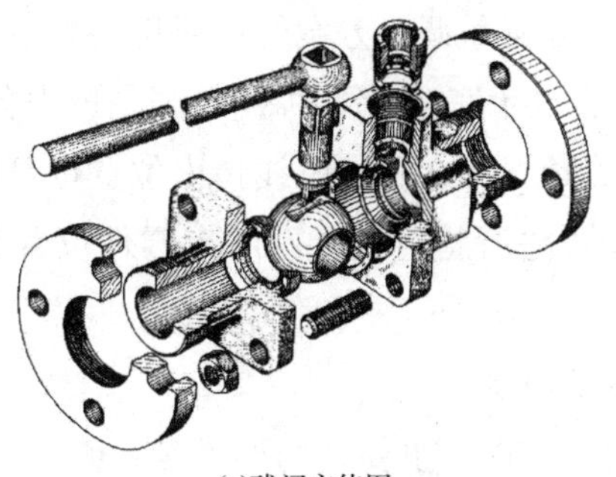

(a)球阀立体图

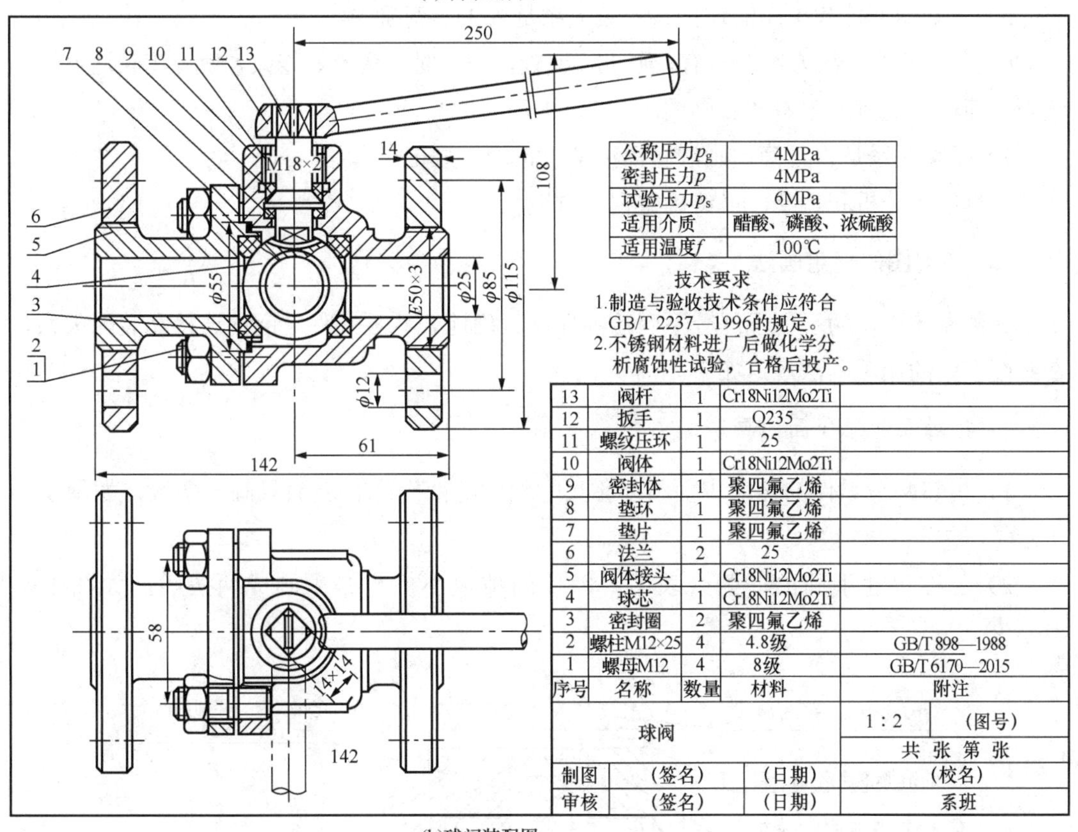

公称压力p_g	4MPa
密封压力p	4MPa
试验压力p_s	6MPa
适用介质	醋酸、磷酸、浓硫酸
适用温度f	100℃

序号	名称	数量	材料	附注
13	阀杆	1	Cr18Ni12Mo2Ti	
12	扳手	1	Q235	
11	螺纹压环	1	25	
10	阀体	1	Cr18Ni12Mo2Ti	
9	密封体	1	聚四氟乙烯	
8	垫环	1	聚四氟乙烯	
7	垫片	1	聚四氟乙烯	
6	法兰	2	25	
5	阀体接头	1	Cr18Ni12Mo2Ti	
4	球芯	1	Cr18Ni12Mo2Ti	
3	密封圈	2	聚四氟乙烯	
2	螺柱M12×25	4	4.8级	GB/T 898—1988
1	螺母M12	4	8级	GB/T 6170—2015

球阀		1∶2	(图号)
		共 张 第 张	
制图	(签名)	(日期)	(校名)
审核	(签名)	(日期)	系班

(b)球阀装配图

图 10-6　球阀立体图与装配图

以上原则同时满足为最好，不能同时满足时首先保证前三项，以利于对机器或部件全貌有所表达，在主视图表达内容的基础上再选择其他视图作为补充。力求装配图表达方法简洁、易懂。

2. 其他视图的选择

为补充表达主视图上没有而又必须表达的内容，对其他尚未表达清楚的部位必须再选择相应的视图进一步说明。所选择的视图要重点突出，相互补充，避免重复。

3. 调整并确定方案

在选择机器或部件装配图的最佳视图方案时，通常很难一次就能找到，还需要对选择的方案进行进一步的分析和调整。分析和调整方案的主要思路如下：

1）检查机器或部件的零件是否表示完全。每种零件必须在图样中出现过至少一次（对省略了其投影的螺栓、螺母、销等紧固件，被指引线指出位置也算出现过）。

2）对每条装配线和零散装配点进行检查，看看所有零件位置和装配关系是否表示完全、确定。

3）机器或部件工作原理是否表达清楚。

4）与工作原理有直接关系的各零件的主要结构形状是否确定表示。

5）与其他部件和机座的连接、安装关系是否表示明确。

6）有无其他视图方案？若有，则进行比较，需要时作调整、修改，使视图表达方案更清晰、简洁，更有利于看图和画图。

7）投影关系是否正确，画法和标注是否正确、规范。

经过以上分析和调整，最终确定视图方案。

10.2.2 装配图的规定画法

在装配图中，为了便于区分不同的零件，正确地表达各零件之间的连接和装配关系，在装配图中的相关画法规定如下。

1. 接触面和配合面的画法

1）相邻两个零件的接触表面和公称尺寸相同的两个配合表面只画一条线，如图 10-7 所示①、⑦。

2）公称尺寸不同的非配合表面，即使间隙很小，也必须画成两条线，如图 10-7 所示②。

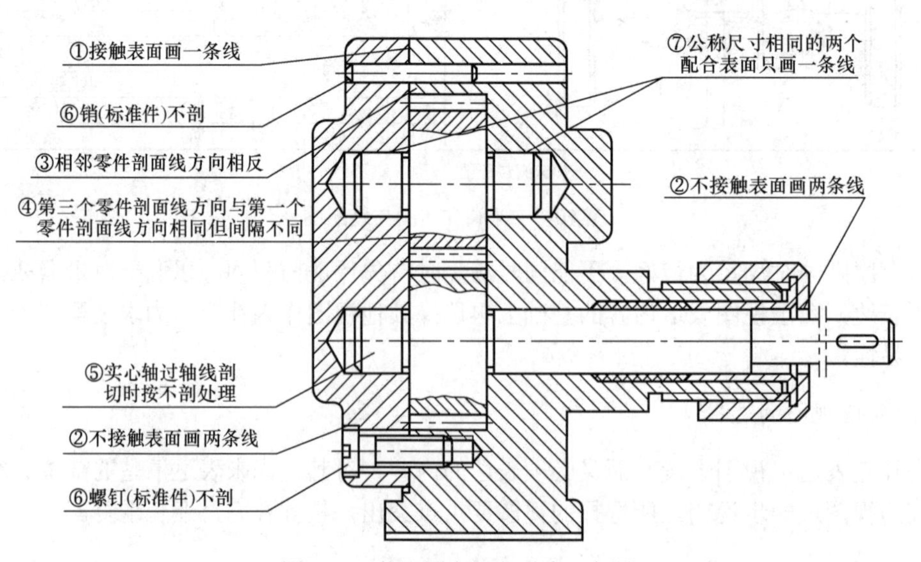

图 10-7 装配图中规定画法示意图

2. 剖面线的画法

在装配图的剖视图中，剖面线要按以下规则进行绘制。

1）在装配图中，同一个零件在所有的剖视图、断面图中，其剖面线应保持同一方向，且间隔一致。

2）相邻两零件的剖面线必须不同，或者方向相反，或者间隔不同，或者互相错开。如图 10-2 所示，相邻零件机座、轴承盖、轴承的剖面线画法。

3）当装配图中零件的厚度小于 2mm 时，允许将剖面涂黑以代替剖面线。如图 10-8 所示，密封圈的画法。

3. 实心件和标准件的画法

在装配图的剖视图中，若剖切平面纵向通过实心零件（如轴、杆等）和标准件（如螺栓、螺母、销、键等）的中心轴线，则这些零件均按不剖绘制，如图 10-9 所示轴和螺钉的画法。但是其上的孔、槽等结构需要表达时，可采用局部剖视（如图 10-9 中的 c）。当剖切平面垂直于其轴线剖切时，需要画出剖面线。

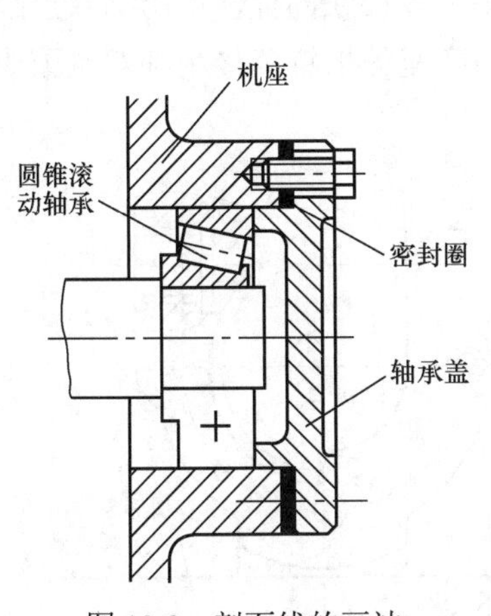

图 10-8 剖面线的画法

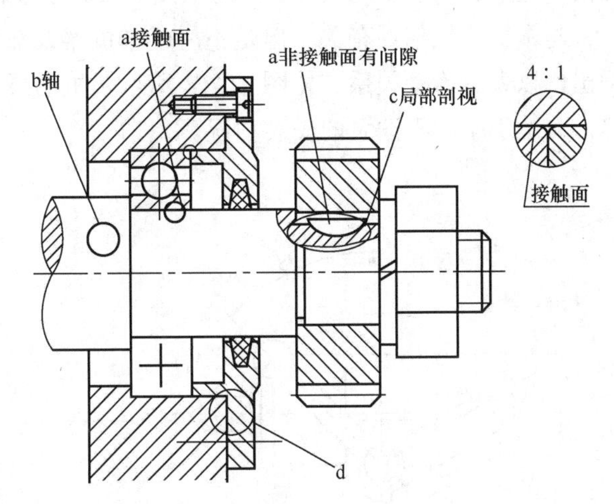

图 10-9 实心件和某些标准件的画法

10.2.3 装配图的特殊画法

为了简便清楚地表达部件，国家标准规定了装配图中的一些特殊表达方法。

1. 沿结合面剖切或拆卸画法

在装配图中，当某些零件遮住了所需表达的部分时，可假想沿某些零件的结合面剖切或拆卸某些零件后绘制欲表达的部分，需要说明时可加标注“拆去××零件”。如图 10-10 所示，滑动轴承俯视图拆去油杯、轴承盖等零件后绘制。特别强调不能为了减少画图工作量，随心所欲地拆卸而影响对装配体整体形象和功能的表达。

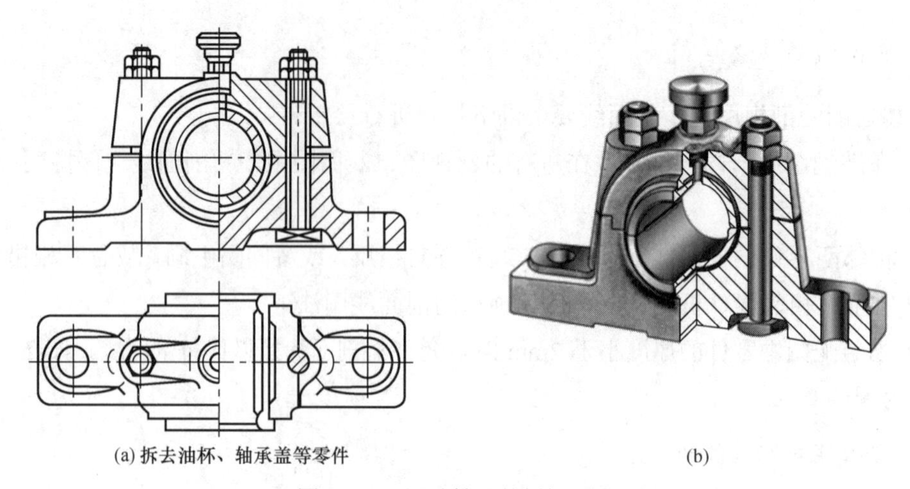

图 10-10　滑动轴承的拆卸画法

2. 假想画法

为了表示某个零件的运动极限位置，或部件与相邻部件的装配关系，可用细双点画线画出其轮廓。如图 10-11 所示，用双点画线表示手柄的另一个极限位置。

与本机器或部件有关，但是不属于本机器或部件的相邻零件或部件，可用细双点画线画出，以表示连接关系。如图 10-12 所示，机油泵机体与底座的螺钉联接用细双点画线画出，有助于了解机油泵的安装情况。

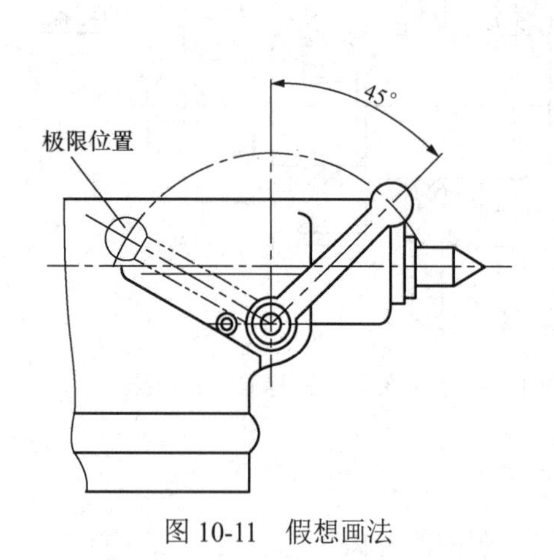

图 10-11　假想画法

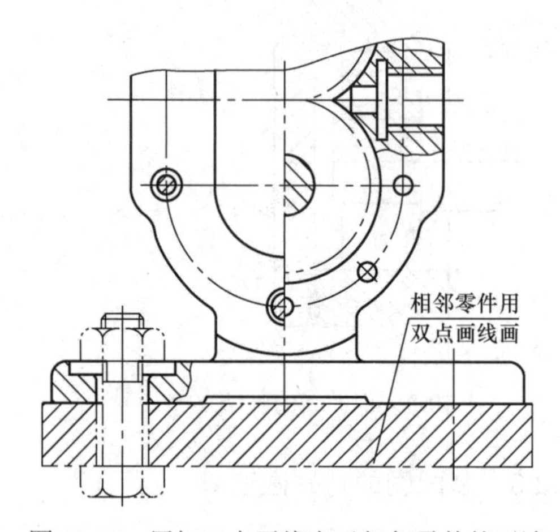

图 10-12　用细双点画线表示相邻零件的画法

3. 展开画法

为了表达传动系统的传动关系及各轴的装配关系，假想将各轴按传动顺序，沿它们的轴线剖开，并将所得断面依次展开在一个平面上绘出剖视图。这种展开画法在表达机床的主轴箱、进给箱，汽车的变速箱等装置时经常使用。用此方法画图时，必须在展开图上方标出“×—×展开”字样。如图 10-13 所示，挂轮架装配图就是运用了展开画法。

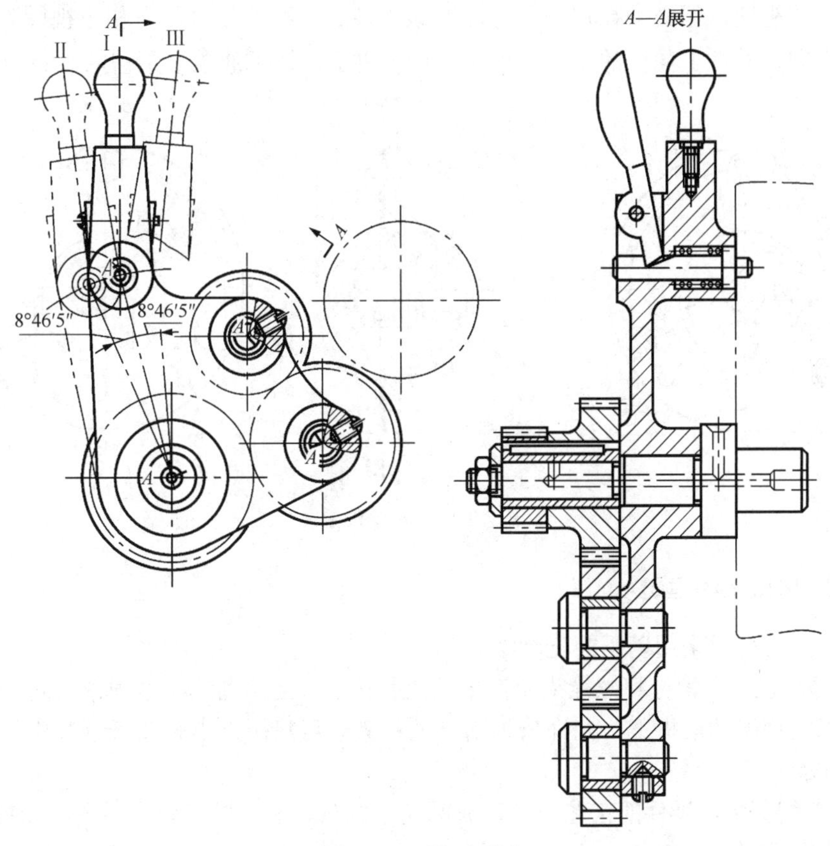

图 10-13 展开画法

4. 夸大画法

在装配图上，对于如薄垫片、小间隙、小锥度等细小结构，若按它们的实际尺寸在装配图中很难画出或难以明显表示时，允许将其适当夸大画出，便于画图和看图，如图 10-14 所示。

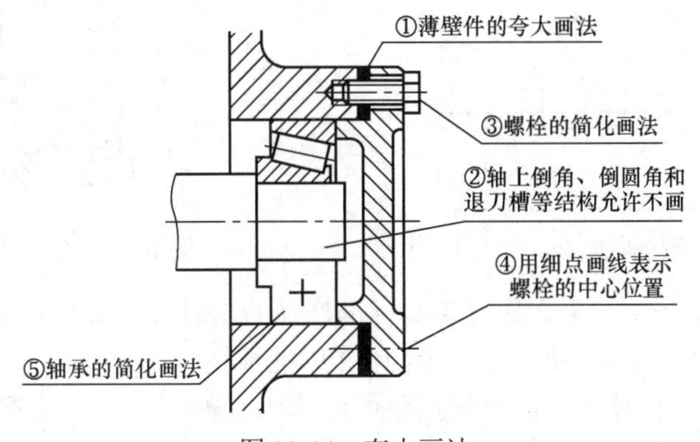

图 10-14 夸大画法

5. 单独表达某零件的画法

在装配图中，当某个零件的结构形状未表达清楚且对理解装配关系有影响时，可单独画出该零件的视图，但必须在视图上方注明该零件的名称或序号，在相应视图附近用箭头指明投射方向，并注上同样的字母。如图 10-15 所示，转子油泵中泵盖的 *B* 向视图。

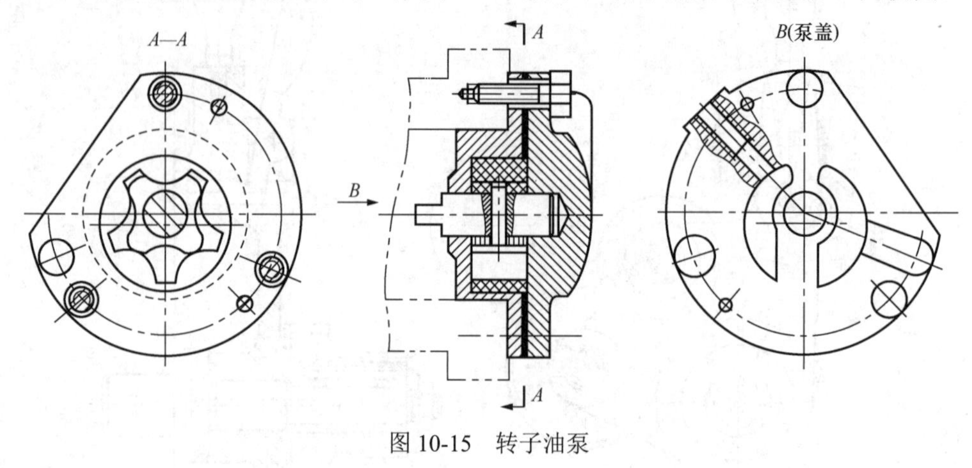

图 10-15　转子油泵

10.2.4　装配图的简化画法

装配图中还可以采用以下简化画法。

1）在装配图中，螺母和螺栓头允许采用简化画法。当遇到螺纹紧固件等相同的零件组时，在不影响理解的前提下，允许只画出一处，其余可只用细点画线表示其中心位置，如图 10-16 所示。

2）在装配图中，零件的工艺结构，如圆角、倒角、退刀槽等允许不画。如图 10-17 所示轴承的内孔和轴肩的倒角。

3）在剖视图中，表示滚动轴承的结构时，一般一半采用规定画法，另一半采用通用画法，如图 10-17 所示。

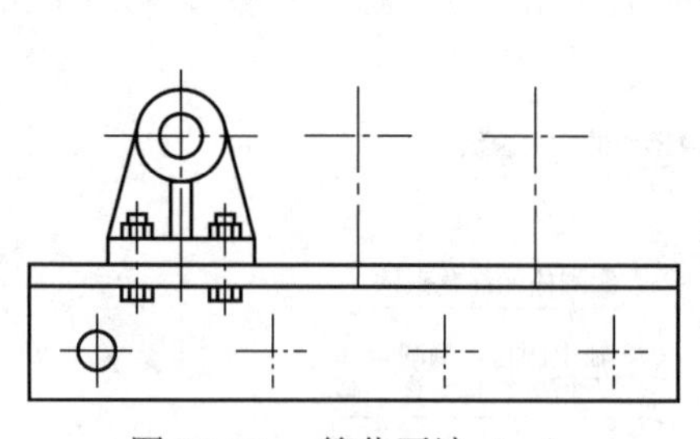

图 10-16　简化画法（一）

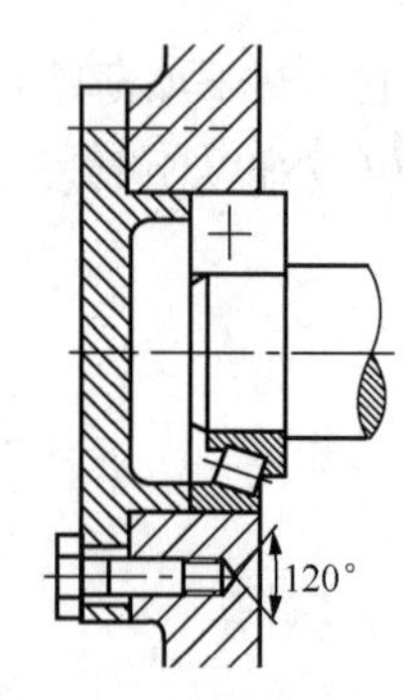

图 10-17　轴承的简化画法

4）在装配图中，当剖切平面通过某些标准产品的组合件，或该组合件已在其他视图上表示清楚时，可以只画出其外形图，如图 10-2 中的油杯。

5）弹簧有簧丝也有缝隙，被弹簧挡住的结构为全部不可见，按不可见轮廓绘制或不画。可见部分应从弹簧的外轮廓线或从弹簧钢丝的中心线画起，如图 10-18 中的零件 8。

6）在能够清楚表达产品特征和装配关系的条件下，装配图可仅画出其简化后的轮廓，如图 10-19 所示的电动机的画法。

7）装配图中可省略螺栓、螺母、销等紧固件的投影，只用细点画线和指引线指明它们的位置。此时，指示紧固件组的公共指引线应根据其不同类型从被联接件的某一端引出，如螺钉、螺柱、销联接从其装入端引出，螺栓联接从其装有螺母的一端引出。

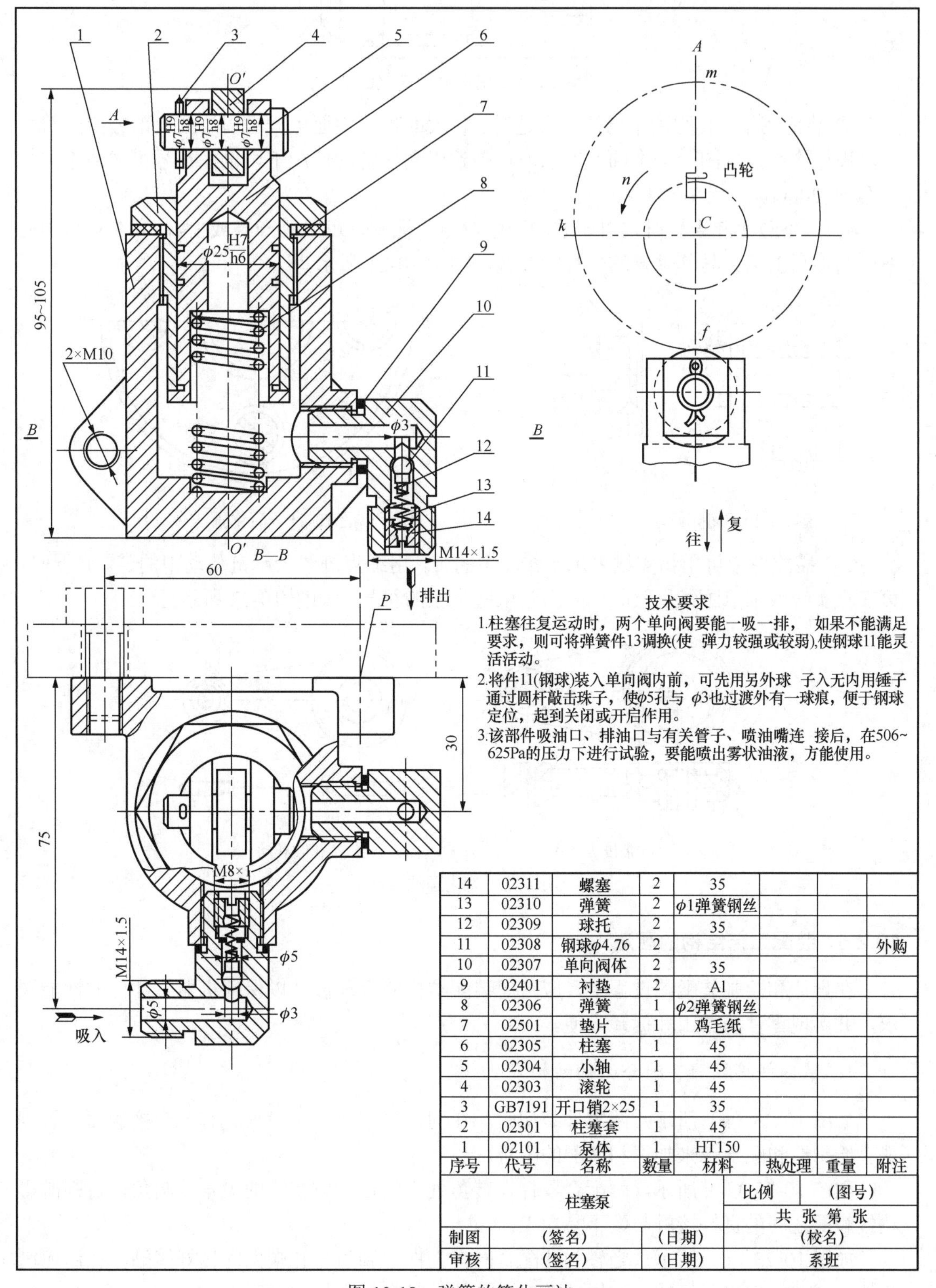

序号	代号	名称	数量	材料	热处理	重量	附注
14	02311	螺塞	2	35			
13	02310	弹簧	2	φ1弹簧钢丝			
12	02309	球托	2	35			
11	02308	钢球φ4.76	2				外购
10	02307	单向阀体	2	35			
9	02401	衬垫	2	Al			
8	02306	弹簧	1	φ2弹簧钢丝			
7	02501	垫片	1	鸡毛纸			
6	02305	柱塞	1	45			
5	02304	小轴	1	45			
4	02303	滚轮	1	45			
3	GB7191	开口销2×25	1	35			
2	02301	柱塞套	1	45			
1	02101	泵体	1	HT150			

柱塞泵			比例	(图号)
			共 张 第 张	
制图	(签名)	(日期)	(校名)	
审核	(签名)	(日期)	系班	

图 10-18 弹簧的简化画法

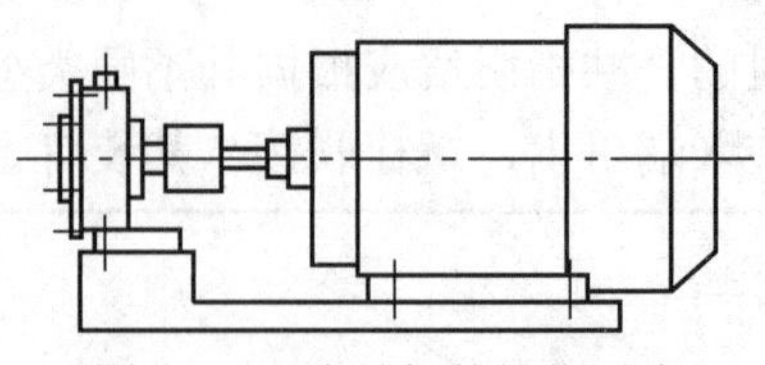

图 10-19　电动机的简化画法

8）装配图中，装配关系已清楚表达时，较大面积的剖面可只沿周边画出部分剖面符号或沿周边涂色，如图 10-20（a）所示。在不致引起误解的情况下，剖面符号可省略不画，如图 10-20（b）所示。

9）在不致引起误解时，对于装配图中对称的视图，可只画一半或 1/4，并在对称中心线的两端画出两条与其垂直的平行细实线，如图 10-21 所示。

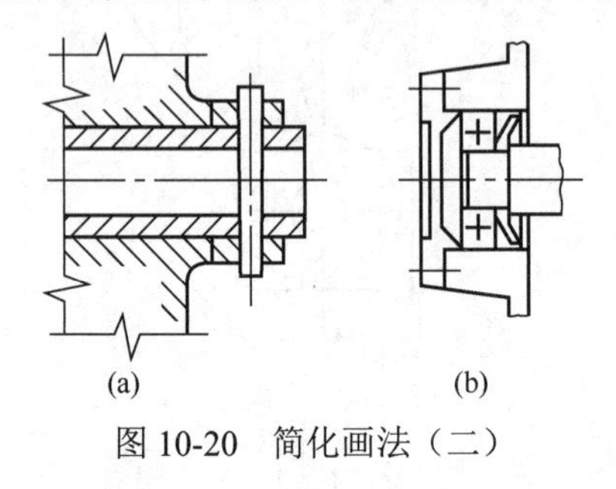

图 10-20　简化画法（二）

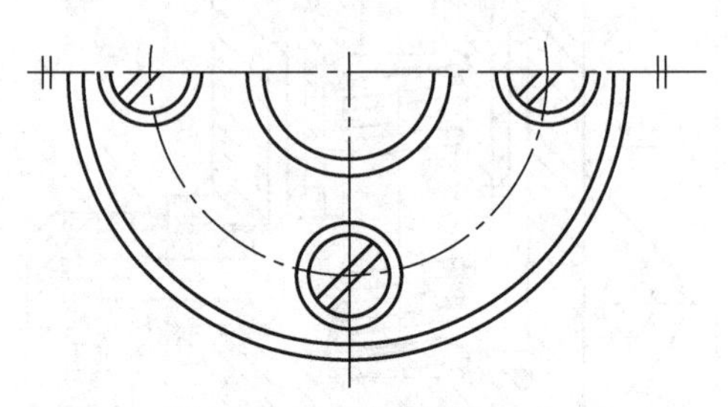

图 10-21　简化画法（三）

10）装配图中可用粗实线表示带传动中的带，用细点画线表示链传动中的链。必要时，可在粗实线或细点画线上绘制出表示带或链类型的符号，如图 10-22 所示。

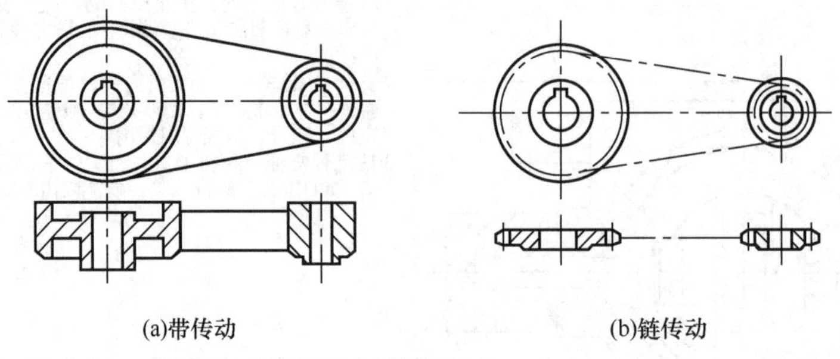

(a)带传动　　(b)链传动

图 10-22　简化画法（四）

10.2.5　装配工艺结构的画法

在设计和绘制装配图过程中，应考虑装配结构的合理性，以保证机器或部件的性能要求，并实现零件的加工和拆卸方便。

1. 零部件接触面、配合面的结构

如图 10-23（a）所示，两零件装配时，在同一方向上，一般只宜有一个接触面，否则就会给制造和配合带来加工和装配的困难。

如图 10-23（b）所示，两配合零件在转角处不应设计成相同的尖角或圆角，否则既影响接触面之间的良好接触，又不易加工。

如图 10-23（c）所示，当轴与孔配合时，为保证轴肩与孔端面的良好接触，孔沿应制成倒角或在轴肩根部切槽，这样就可以避免装配时在折角处发生干涉。

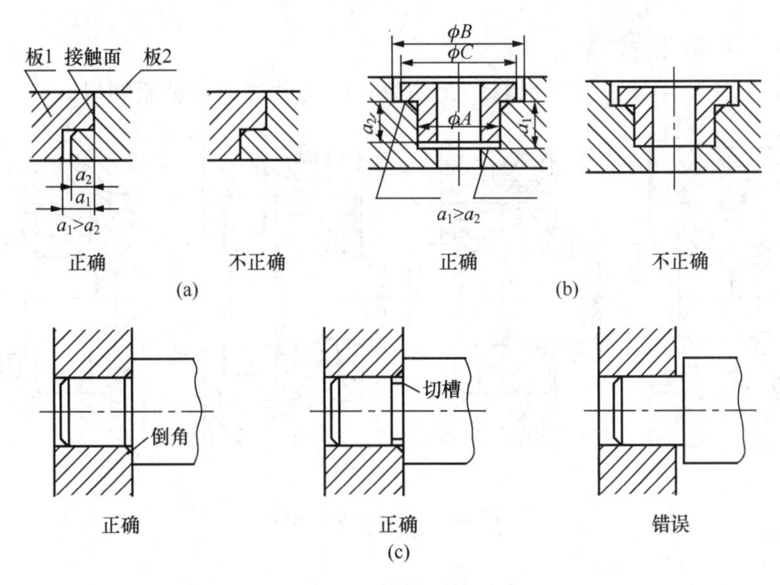

图 10-23 接触面的画法

2. 轴向定位结构

装在轴上的滚动轴承及齿轮等一般应有轴向定位结构，以保证能够在轴线方向不产生移动。轴上的滚动轴承及齿轮是由轴的台肩来定位，齿轮的一端用螺母、垫圈来压紧，垫圈与轴肩的台阶面之间应留有间隙，以便压紧，如图 10-24 和图 10-25 所示。

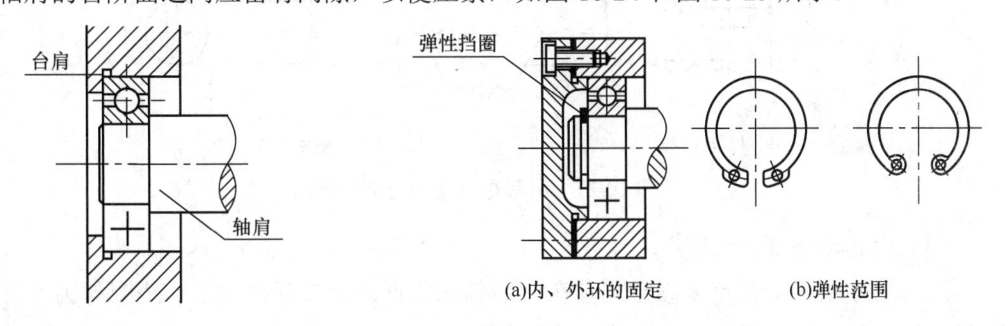

图 10-24 用轴肩固定轴承内、外圈

图 10-25 用轴端挡圈固定轴承内圈

3. 密封结构

在一些机器或部件中，常需要有密封装置，防止液体外流或灰尘进入。常见的密封方法如图 10-26 所示。各种密封方法所用零件，有的已经标准化，如矩形密封圈等，有的局部结构也已标准化，如轴承盖的毡圈槽等。这些尺寸均可在相关手册中查取。

4. 防松结构

机器运转时，由于受到振动或冲击，螺纹联接间可能发生松动，有时甚至造成严重事故，因此，在某些机构中需要防松，常用的防松方法有如下几种。

（1）用双螺母锁紧

在图 10-27（a）中依靠两螺母在拧紧后螺母之间产生的轴向力，使螺母牙与螺栓牙之间的摩擦力增大，从而防止螺母松脱。

（2）用双耳止动垫片锁紧

在图 10-27（b）中螺母拧紧后弯倒止动垫片的止动边即可锁紧螺母。

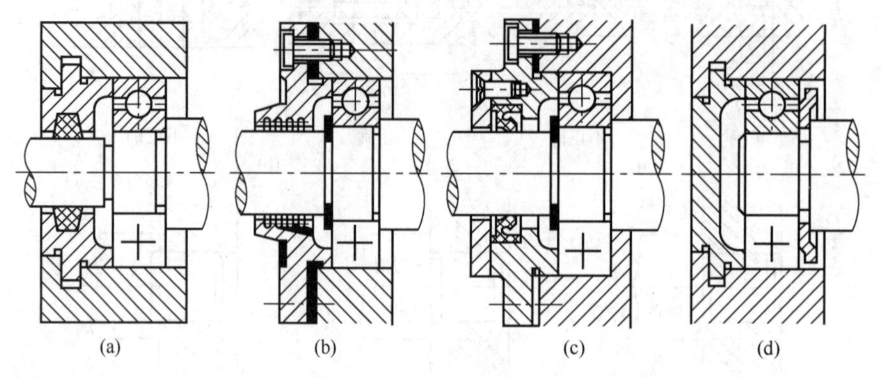

图 10-26　滚动轴承的密封

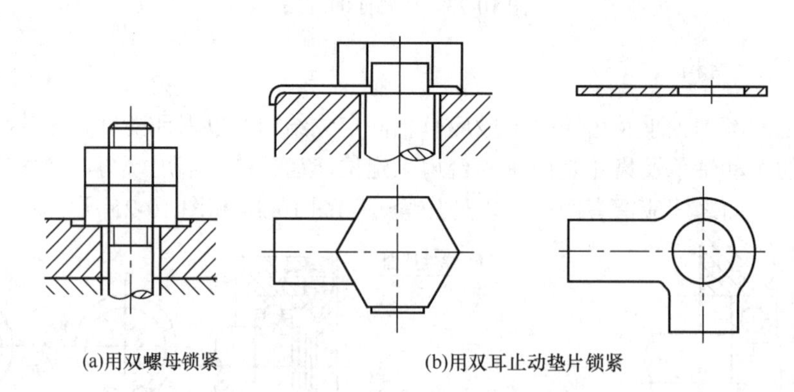

图 10-27　用双螺母及止动垫片固定

（3）用止动垫圈防松

图 10-28 所示为常用来固定安装在轴端部的零件。轴端开槽、止动垫圈与圆螺母联合使用，可直接锁住螺母。

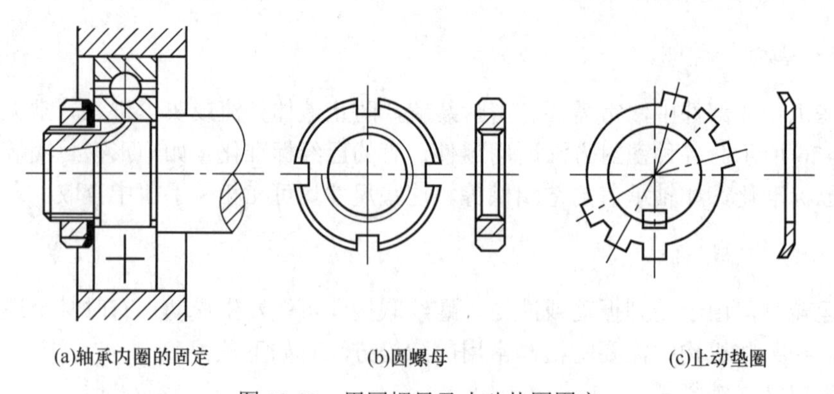

图 10-28　用圆螺母及止动垫圈固定

5. 螺纹联接的合理结构

为了拆装零件，设计时必须留出扳手的活动空间［图 10-29（a)］和装、拆的空间［图 10-29（b)］。

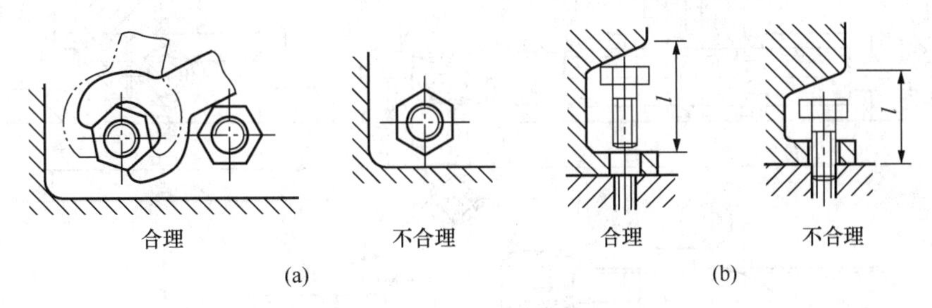

图 10-29 扳手空间和螺钉装、拆空间

10.3 识读装配图并拆画零件图

熟练地阅读装配图，并能正确地由装配图拆画零件图，是每个工程技术人员必须掌握的基本技能之一。通常识读装配图的内容主要有：了解机器或部件的性能、用途及工作原理；分析各个零件之间的装配关系及拆装顺序；分析各零件的主要结构和作用。

10.3.1 读装配图的方法和步骤

在实际设计和生产工作中，经常要阅读装配图。例如，在设计过程中要按照装配图来设计和绘制零件图；在安装机器及其部件时，要按照装配图来装配零件和部件；在技术学习或技术交流时，要参阅有关装配图才能了解、研究一些工程技术问题。

现以图 10-30 所示机用虎钳为例来说明读装配图的方法和步骤，其装配图如图 10-31 所示。

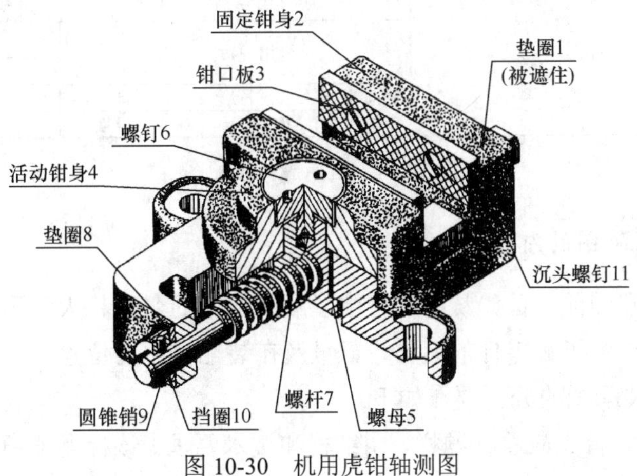

图 10-30 机用虎钳轴测图

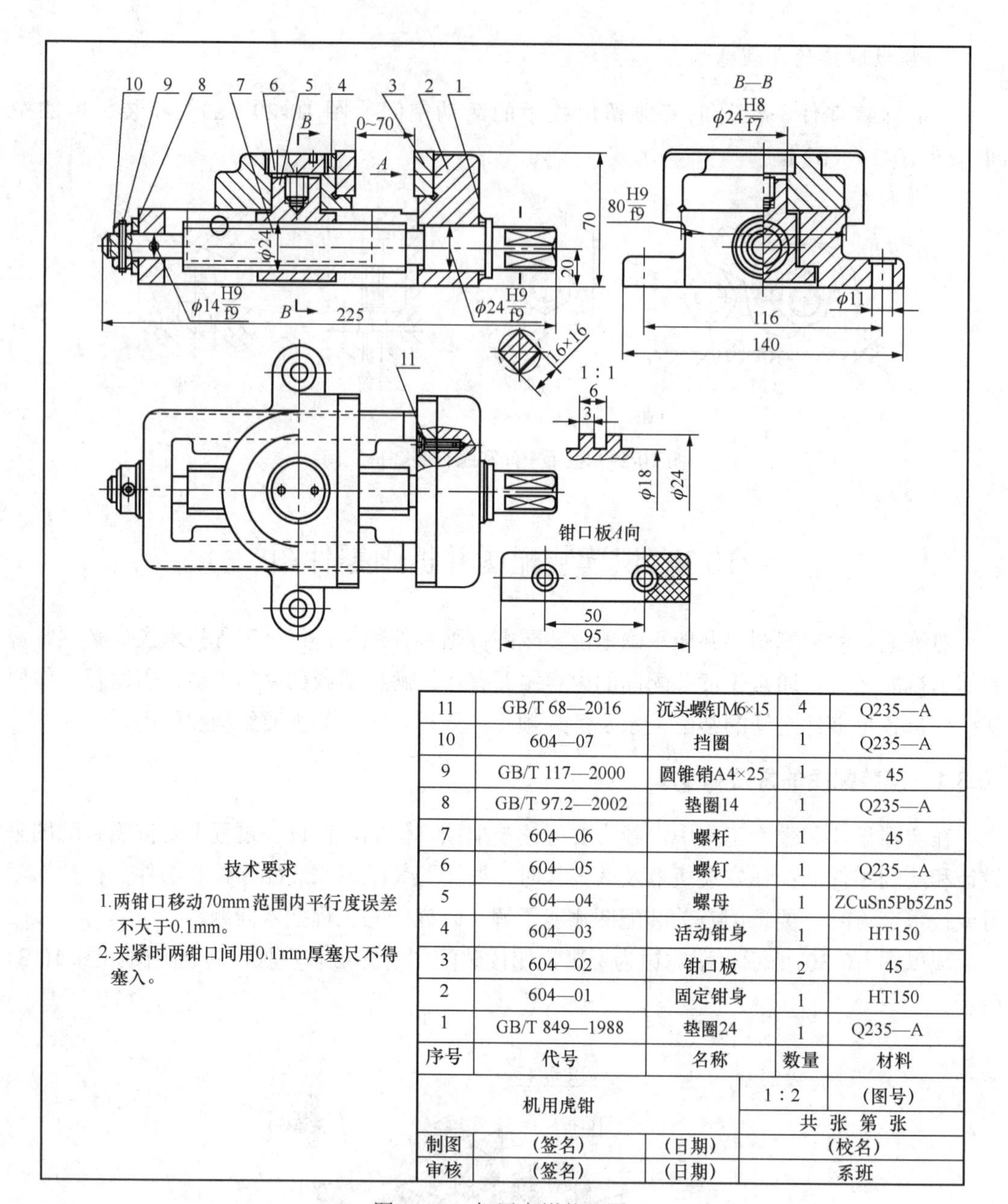

11	GB/T 68—2016	沉头螺钉M6×15	4	Q235—A
10	604—07	挡圈	1	Q235—A
9	GB/T 117—2000	圆锥销A4×25	1	45
8	GB/T 97.2—2002	垫圈14	1	Q235—A
7	604—06	螺杆	1	45
6	604—05	螺钉	1	Q235—A
5	604—04	螺母	1	ZCuSn5Pb5Zn5
4	604—03	活动钳身	1	HT150
3	604—02	钳口板	2	45
2	604—01	固定钳身	1	HT150
1	GB/T 849—1988	垫圈24	1	Q235—A
序号	代号	名称	数量	材料

机用虎钳			1 : 2	(图号)
			共 张 第 张	
制图	(签名)	(日期)	(校名)	
审核	(签名)	(日期)	系班	

图 10-31　机用虎钳装配图

1. 概括了解装配图的内容

在详细阅读装配图前，首先从标题栏中了解装配体的名称、大致用途及图的比例等。从零件编号及明细栏中了解零件的名称、数量及在装配体中的位置。

对图 10-31 中装配图的分析要点如下：

1）读装配图时，首先应看标题栏、明细栏和技术要求。该标题栏中注明了该装配体是机用虎钳，从标题栏中可以了解其名称、重量和用途等信息。

2）从明细栏中了解零件的名称、数量、材料等。虎钳是机床上用来夹持加工零件的部件。从明细栏里可知该部件共有 11 种零件，以及它们的名称、代号、数量、材料等；其中标准件有 4 种共 7 件，非标准零件有 7 种共 8 件，机用虎钳由 15 个零件装配而成。

3）从技术要求中了解机器或部件的技术性能指标。从技术要求中可知机用虎钳的装配质量指标是两钳口之间的平行度及夹紧时的间隙要求。了解上述情况后，对机用虎钳就有了初步认识。

2. 分析视图关系

首先找出主视图，再根据投影关系识别其他视图；弄清楚各视图采用了哪些剖视图及断面图，找出剖视图、断面图所对应的剖切位置，分析它们之间的相互关系和各自的表达意图等。

如图 10-31 所示，视图分析要点如下：

1）机用虎钳装配图采用主视图、俯视图和左视图三个基本视图。其中，主视图采用从前后对称面剖切形成的全剖视图，表达了机用虎钳的主要组成零件、工作位置和明显的装配关系。由于绝大多数的零件序号是从主视图上引出的，因此应重点识读主视图。

2）俯视图主要表达整个部件的结构外形，并作了一处局部剖视来表达固定钳身与钳口板的螺钉联接关系。

左视图采用半剖视图，表达了螺母与螺杆之间、螺母与活动钳身、螺母与固定钳身之间的联接装配关系，同时还表达了固定钳身、螺母等零件的结构形状。

采用移出断面表达螺杆右端的方形断面，采用 2∶1 局部放大图表达矩形螺纹的牙型。

采用 *A* 向视图表达钳口板形状。

3. 分析工作原理及传动关系

分析装配体的工作原理，一般应从传动关系入手分析视图或者阅读机器的参考说明书。在读懂零件结构和装配关系的基础上，进一步了解机器或部件的工作原理。

机用虎钳的工作原理是：采用专用手柄通过螺杆右端的方形结构使螺杆在固定钳身支承孔内旋转，通过螺母使活动钳身沿固定钳身导向板作往复直线移动，两钳口板将工件夹紧或松开。

4. 分析零件之间的装配关系

读图时，应以反映装配关系最明显的视图（一般为主视图）为主，配合其他视图，首先分析主要零件的装配主线，把零件之间的装配关系和装配体结构搞清楚。

在本例中，从主视图上可分析出以螺杆轴线为主的一条装配主线，如固定钳身、螺杆、螺母、活动钳身、垫圈、挡圈、圆锥销等都是沿着这条轴线依次装配起来的。

分析了装配主线后，再在装配图中区分出不同的零件，看懂零件结构形状和作用。

在装配图中区分不同零件，常用的方法有以下三种。

（1）利用剖面线的方向和间隔来区分

装配图中同一零件在各剖视图上的剖面线方向相同、间隔相等；相邻的两零件的剖面线方向相反，或方向一致而间隔不等。通过这些原则可以把固定钳身、活动钳身、螺母的剖面轮廓，从主、左视图上区分出来。

（2）利用轴、杆等实心件和标准件不剖的规定来区分

在主视图上，剖切平面通过螺杆轴线，螺杆按不剖画出，可以把螺杆的轮廓从主视图上区分出来。同样可以区分出俯视图中局部剖视中的螺钉轮廓。

（3）利用视图之间的三面投影规律区分

按照“高平齐”的投影规律，可以从主视图中已区分出的固定钳身剖面轮廓找到它在左视图上的投影；按照“长对正”的投影规律，找到固定钳身在俯视图上的投影，从而想象出该零件的主要结构形状。

5. 辨别零件的动静关系

分清机件上哪些零件是运动的，是如何运动的（旋转、移动、摆动、往复等）；哪些零件是不能动的。本例中，机用虎钳的固定钳身是不动的，活动钳身、螺杆、螺母是可运动的；螺杆作旋转运动时，螺母和活动钳身作往复直线移动。

零件的动静关系一般可通过配合关系和连接关系来辨别。

（1）配合关系

凡是配合的零件，都要弄清楚基准制、配合种类和公差等级。一般可根据图中所注的公差配合代号来辨别零件的配合性质。例如，主视图上螺杆与固定钳身之间的配合代号为H9/f9，说明两零件间为基孔制间隙配合，公差等级为IT9级。由此可知螺杆能够在固定钳身的ϕ24和ϕ14两孔中旋转。

（2）连接关系

从零件间的连接关系来辨别动、静关系。例如，钳口板与活动钳身之间是用螺钉固定的，因此钳口板相对活动钳身是不动的。

6. 确定装拆顺序

分析视图还需弄清楚机器或部件装配或拆卸顺序。如图10-32所示，机用虎钳的装配顺序如下：

1）先用螺钉11将钳口板3分别固定在固定钳身2和活动钳身4上。

2）将螺母5放在固定钳身的槽中。

3）将套上垫圈1的螺杆7先后装入固定钳身和螺母的孔（ϕ24）、螺孔（ϕ14）中。

4）在螺杆左端装上垫圈8、挡圈10，并配作销孔，装入销9。

5）最后将活动钳身对准螺母上端圆柱，旋紧螺钉6使活动钳身装在固定钳身上。

拆卸零件的顺序与装配顺序相反。

7. 分析尺寸标注和技术要求

在上述分析的基础上，还要对技术要求、尺寸标注等进行分析，弄清楚该机器在制造装配、性能检测等环节的技术要求和尺寸精度保证。

10.3.2 由装配图拆画零件图

通常在机械的设计过程中，一般先绘制出装配图，再根据装配图画出零件图。所以，由装配图拆画零件图是设计工作中的一个重要环节。

拆画零件图前必须认真读懂装配图。一般情况下，主要零件的结构形状在装配图上已表达清楚，而且其形状和尺寸还会影响其他零件。因此，拆画零件图可以从拆画主要零件开始，因为主要零件结构形状定了，其他零件的结构形状就比较容易确定。对于一些标准零件，只需要确定其规定标记，可以不拆画零件图。

下面以图 10-32 所示机用球阀装配图拆画零件图来说明。在拆画零件图的过程中，要注意处理好下列几个问题。

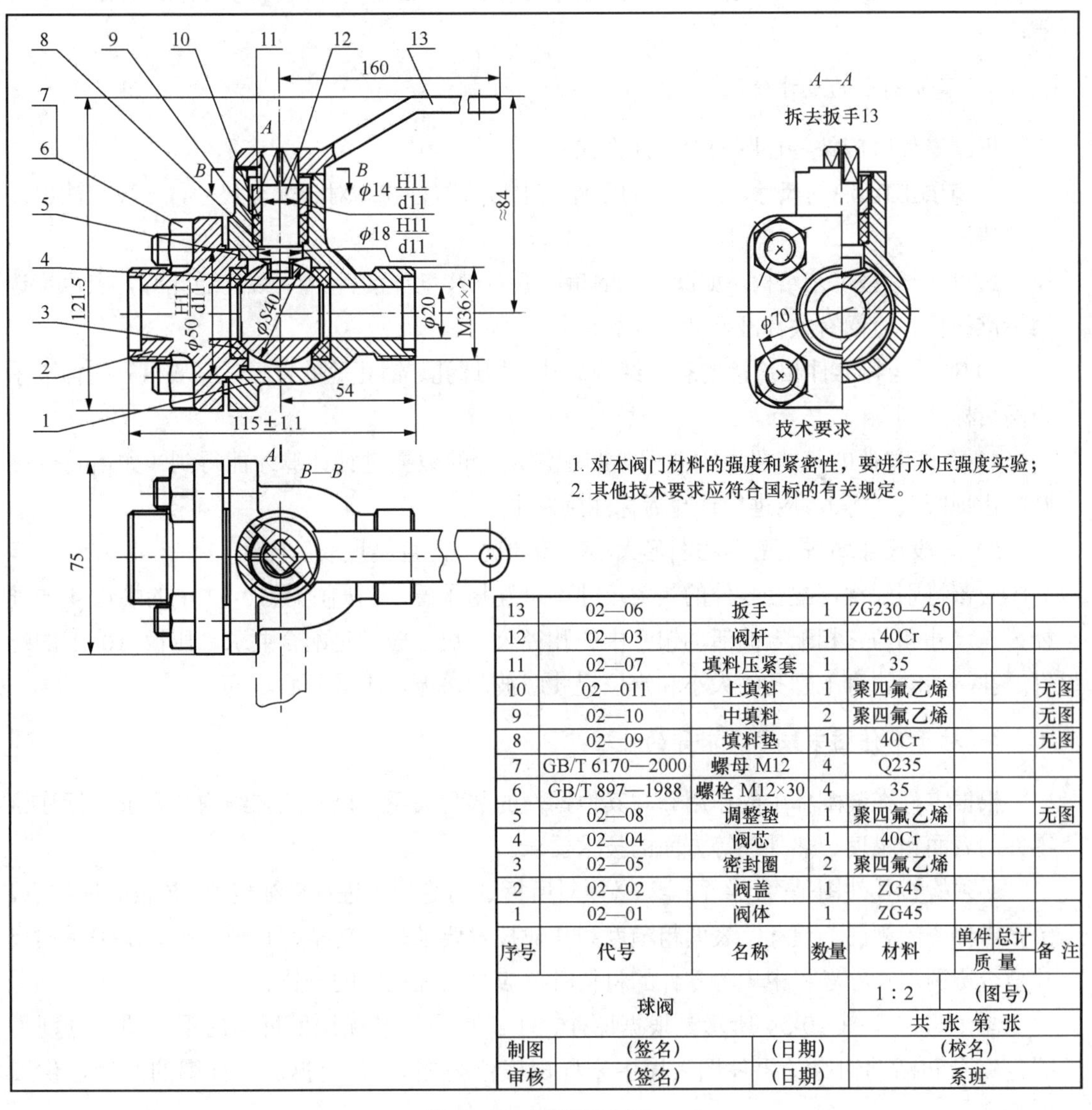

图 10-32 球阀装配图

1. 对于视图的处理

装配图的视图选择方案主要从表达装配体的装配关系和整个工作原理考虑；而零件图的视图选择主要从表达零件的结构形状这一特点来考虑。

由于表达的出发点和主要要求不同，因此在选择视图方案时，不应强求与装配图一致，即零件图不能简单地照抄装配图上对于该零件的视图数量和表达方法，而应重新确定零件图的视图选择和表达方案。

2. 零件结构形状的处理

在装配图中对零件上某些局部结构可能表达不完全，而且对一些工艺标准结构还允许省略（如圆角、倒角、退刀槽、砂轮越程槽等）。在画零件图时均应补画清楚，不可省略。

3. 零件图上的尺寸处理

拆画零件时应按零件图的要求注全尺寸。

1）装配图已注的尺寸，在有关的零件图上应直接注出。对于配合尺寸，一般应注出偏差数值。

2）对于一些工艺结构，如圆角、倒角、退刀槽、砂轮越程槽、螺栓通孔等，应尽量选用标准结构，查阅有关标准尺寸标注。

3）对于与标准件相连接的有关结构尺寸，如螺孔、销孔等的直径，应从相应的标准中查阅后标注到图中。

4）有些零件的某些尺寸需要根据装配图所给的数据进行计算才能得到（如齿轮分度圆、齿顶圆直径等），应进行计算后标注到图中。

5）一般尺寸均按装配图的图形大小、图的比例，直接量取后标注。

应该特别注意，配合零件的相关尺寸不可互相矛盾。例如，图 10-32 中的螺母 4 的外径公差尺寸和与它相配合的活动钳身中的孔径公差尺寸应满足配合要求。压板 10 上的螺钉通孔、活动钳身上螺孔的大小和定位尺寸应彼此协调，不能矛盾。

4. 对于零件图中技术要求等的处理

根据零件在装配体中的作用和与其他零件的装配关系，以及工艺结构等要求，标注该零件的表面粗糙度、热处理等方面的技术要求。

必须检查零件图是否已经画全，必须对所拆画的零件图进行仔细核校。核校时应注意，每张零件图的视图、尺寸、表面粗糙度和其他技术要求是否完整、合理，有装配关系的尺寸是否协调。在标题栏中填写零件的材料时，应与明细栏中的一致。

图 10-33 和图 10-34 所示是根据图 10-31 机用虎钳装配图所拆画的零件图，分别为固定钳身和活动钳身的零件图（图中未标出形位公差），作为拆画零件图的实例，供读者参考。

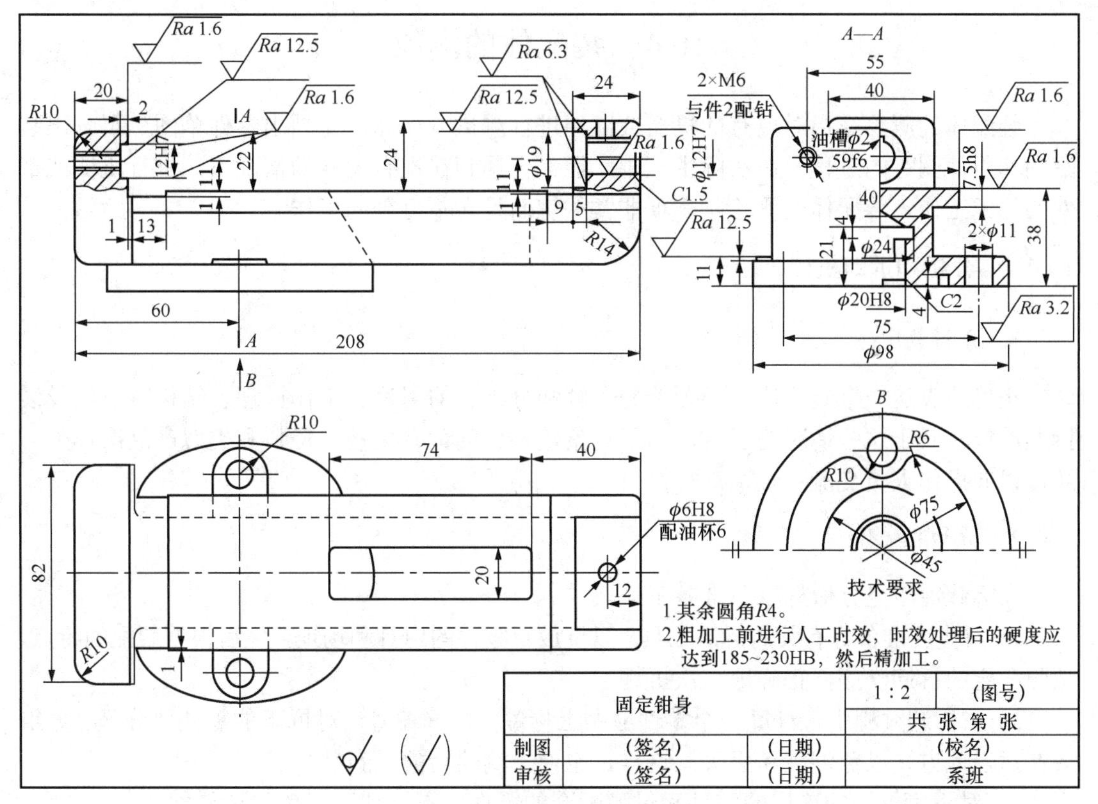

图 10-33 固定钳身零件图

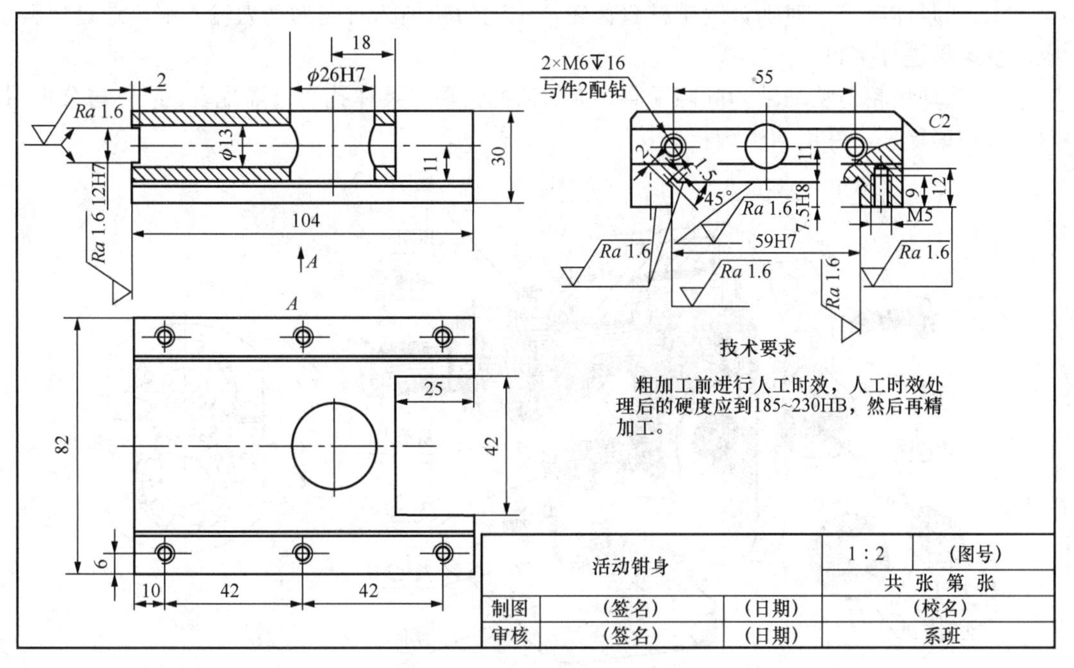

图 10-34 活动钳身零件图

10.4　装配体的测绘

装配体的测绘是指对现有的机器或部件进行测量、计算，先画出零件草图，再画出装配图和零件图等的过程。在实际生产中，经常会遇到在没有图样的情况下，进行机器或部件的修配工作，装配体的测绘是一项非常关键而且必不可少的工作。

10.4.1　分析和拆卸机械

1. 分析装配体

正确地表达一个装配体，必须首先了解和分析它的用途、工作原理、结构特点以及装拆顺序等。对于这些情况的了解，除了观察实物、阅读有关技术资料和类似产品图样外，还可以向操作人员交流和学习。

2. 拆卸装配体

在拆卸前应充分做好以下准备工作。

1）首先应准备好有关的拆卸工具，以及放置零件的用具和场地，然后根据装配的特点，按照一定的拆卸次序，正确地依次拆卸。

2）在拆卸过程中，对每一个零件应贴上标签，记好编号。对拆下的零件要分区、分组放在适当地方，以免混乱和丢失。这样，也便于测绘后的重新装配。

3）对不可拆卸的连接的零件和过盈配合的零件应不拆卸，以免损坏零件。

图 10-35 所示的齿轮油泵是机床润滑系统的供油泵，分析其结构特点如下：

① 在泵体内装一对啮合的圆柱直齿轮，主动齿轮轴的右端为动力输入端，通过填料、压盖及螺母进行密封。

② 从动齿轮与从动轴为间隙配合，从动轴另一端与泵体孔为过盈配合。泵体与泵盖用两个圆柱销定位，并用四个螺栓联接。

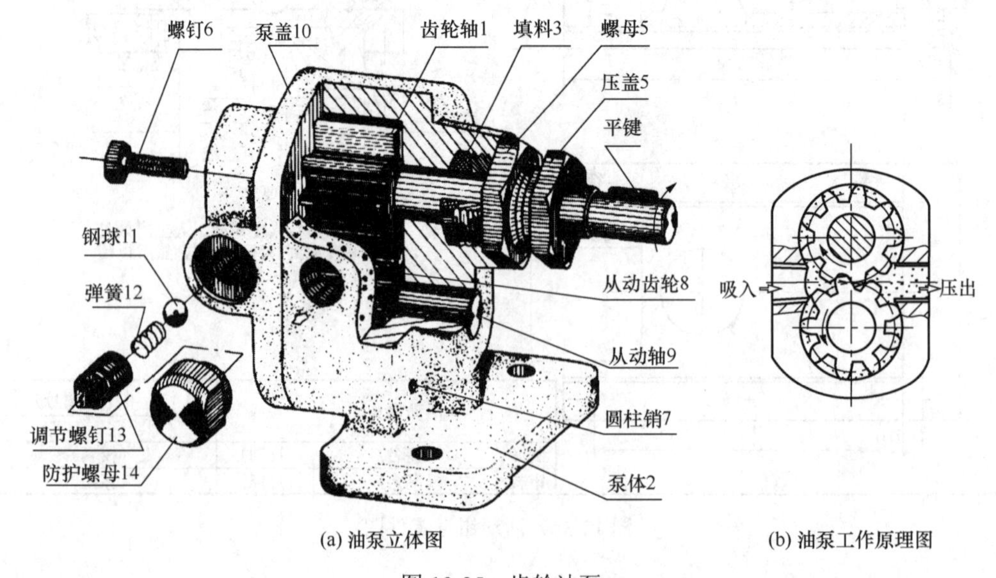

(a) 油泵立体图　　(b) 油泵工作原理图

图 10-35　齿轮油泵

③ 泵体两侧各有一个圆锥管螺纹孔，用来安装进油管和出油管。当齿轮轴带动从动齿轮旋转时，齿轮左边形成真空，油在大气压力作用下进入泵体，把油压入出油管，输往各润滑管路。

④ 在泵盖上有一套安全装置，当出油孔处油压超过额定压力时，油就顶开钢球，使高、低压通道相通，起到了安全保护作用。旋转调节螺钉，可以改变弹簧压力来控制油压。

10.4.2 绘制装配示意图

装配示意图一般是用简单的图线画出装配体各零件的大致轮廓，以表示其装配位置、装配关系和工作原理等情况的简图。国家标准中规定了一些零件的简单符号，画图时可以参考使用。

应在对装配体全面了解、分析之后画出装配示意图，并在拆卸过程中进一步了解装配体内部结构和各零件之间的关系，进行修正、补充，以备将来正确地画出装配图和重新装配装配体使用。图 10-36 所示为齿轮油泵的装配示意图。

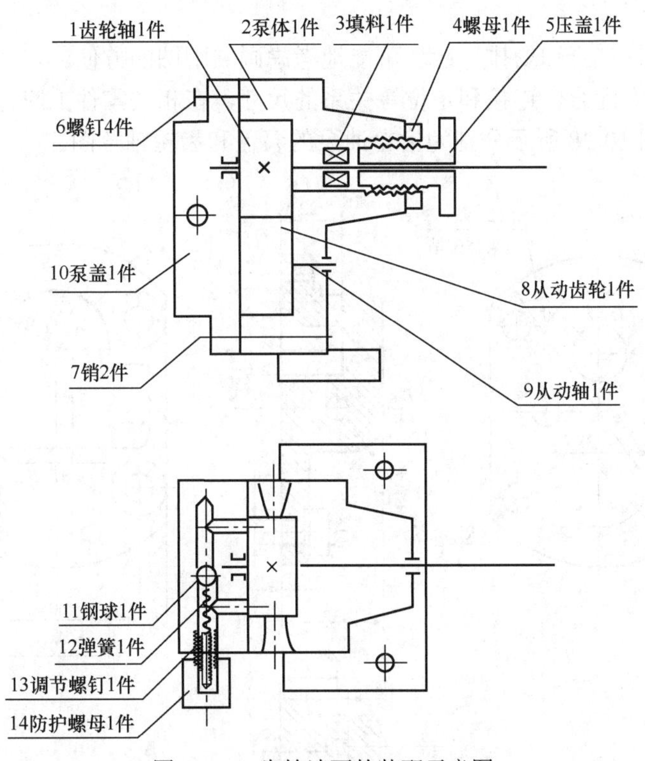

图 10-36 齿轮油泵的装配示意图

装配示意图的具体画法没有明确规定，下面几点可供画图时参考。

1）假想把装配体看作透明体，既画出外部轮廓，又画出内、外部零件的连接、装配关系。如图 10-35 中泵体外形及其内部的齿轮关系。

2）用比较形象、简单的线条，粗略地画出零件的轮廓，如图中泵体和泵盖的画法。

3）零件中的通孔、凹槽可按剖面形状画成开口，这样表示零件间的连通关系比较清楚，如图中齿轮轴穿过压盖孔的关系。

4）两接触面之间最好留出空隙，以便区分零件，如压盖与螺母、泵体之间的螺纹联接关系。但对容易区分的零件也可以不留空隙，如泵体端面与泵盖端面之间为接触面，就没有画出空隙。

5）一般只画一个图形，主要表达零件间的相互位置、装配关系及工作原理。根据需要，也可以画两个图形，如图 10-36 中的俯视图是为了表达安全装置的工作原理和装配关系而画出的。

6）零件序号按拆卸顺序编写，并注明零件的名称和件数，不同位置的相同零件只编一个序号。

10.4.3 测绘零件草图

由于工作条件的限制，常把拆下的零件徒手画出其零件草图。对于一些标准零件，如螺栓、螺钉、螺母、垫圈、键、销等可以不画，但是需要确定它们的规定标记。

画零件草图时应注意以下要点。

1）对于零件草图的绘制，除了图线用徒手完成以外，其他方面的要求均与画正式的零件图一样。

2）零件的视图选择和安排，应尽可能地考虑画装配图的方便。

3）零件之间有配合、连接和定位等关系的尺寸，在相关零件上应标注相同。

图 10-37 和图 10-38 所示分别为齿轮油泵的泵盖和齿轮轴草图。

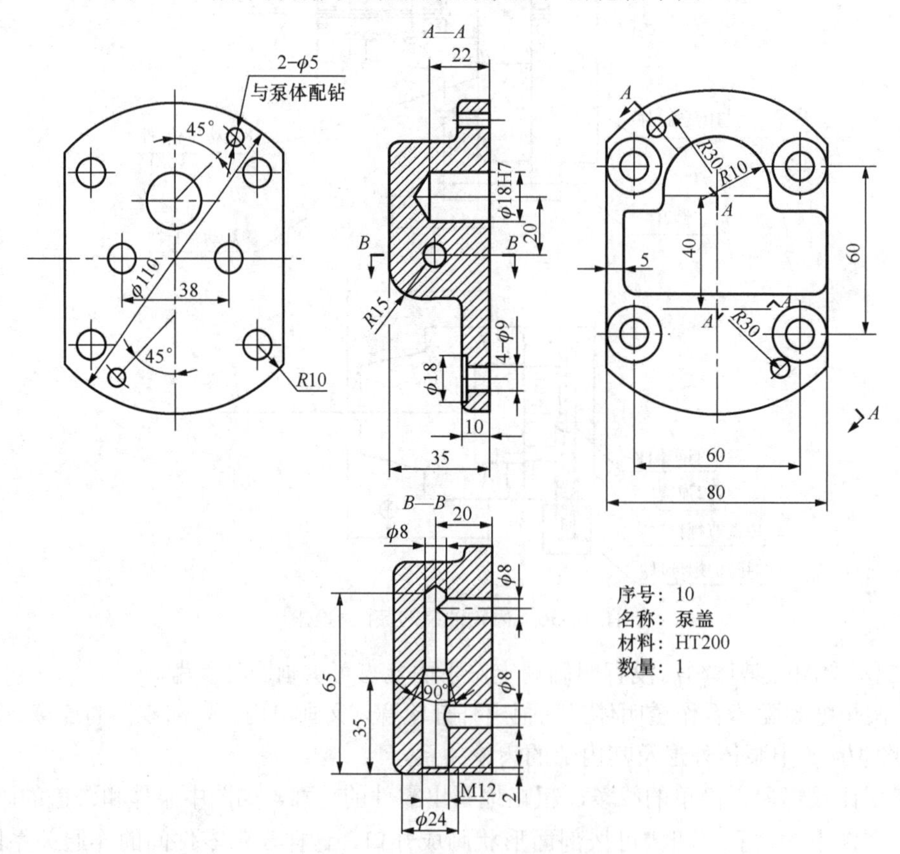

图 10-37　齿轮油泵的泵盖草图

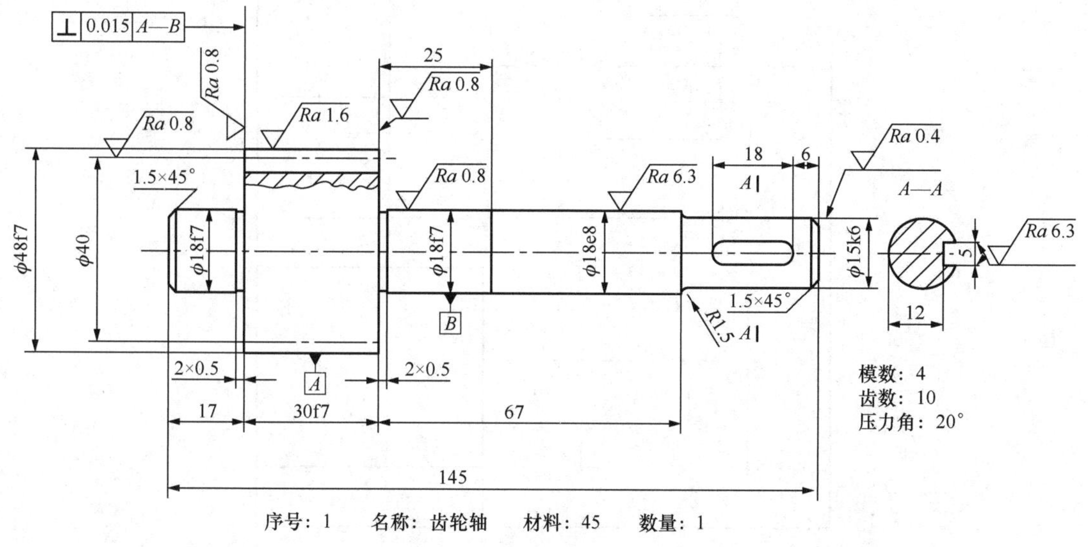

图 10-38 齿轮油泵的齿轮轴草图

10.4.4 绘制装配图

根据装配体各组成件的零件草图和装配示意图可以画出装配图。

1. 拟定表达方案

表达方案应包括选择主视图、确定视图数量和各视图的表达方法。

（1）选择主视图

一般按装配体的工作位置选择，并使主视图能够反映装配体的工作原理、主要装配关系和主要结构特征。

（2）确定视图数量和表达方法

主视图选定之后，一般只能把装配体的工作原理、主要装配关系和主要结构特征表示出来，但是，只靠一个视图是不能把所有的情况全部表达清楚的，因此，需要有其他视图作为补充，并应考虑以何种表达方法最能做到易读易画。

2. 画装配图的步骤

按照以下步骤画出完整的装配图。

1）根据所确定的视图数目、图形的大小和采用的比例，选定图幅；并在图纸上进行布局。在布局时，应留出标注尺寸、编注零件序号、书写技术要求、画标题栏和明细栏的位置。

2）画出图框、标题栏和明细栏。

3）画出各视图的主要中心线、轴线、对称线及基准线等，如图 10-39 所示。

4）画出各视图主要部分的底稿，通常可以先从主视图开始。根据各视图所表达主要内容的不同，可采取不同的方法着手。如果是画剖视图，则应从内向外画。这样被遮住的零件的轮廓线就可以不画。如果画的是外形视图，一般是从大的或主要的零件着手。

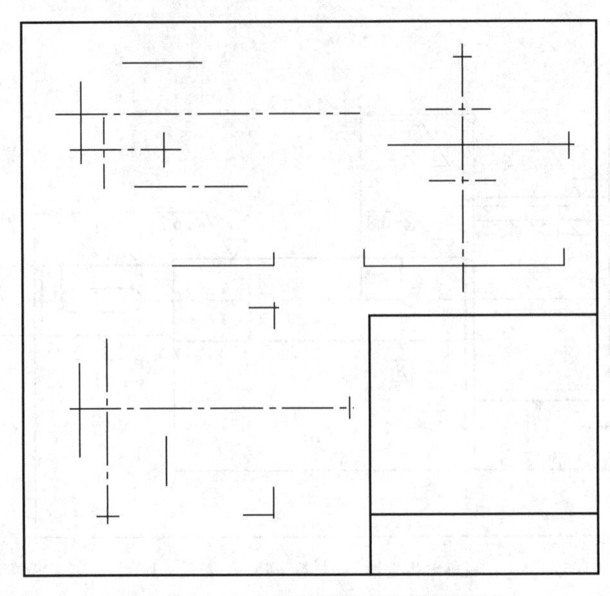

图 10-39 画出各视图的基准线和范围

5）画次要零件、小零件及各部分的细节。对齿轮油泵来说，先在主视图上画出泵体、泵盖的大致轮廓，顺着装配干线画出零件之间的装配关系；再画俯视图上安全装置装配干线上的各零件，以及左视图的大致轮廓，如图 10-40 所示。

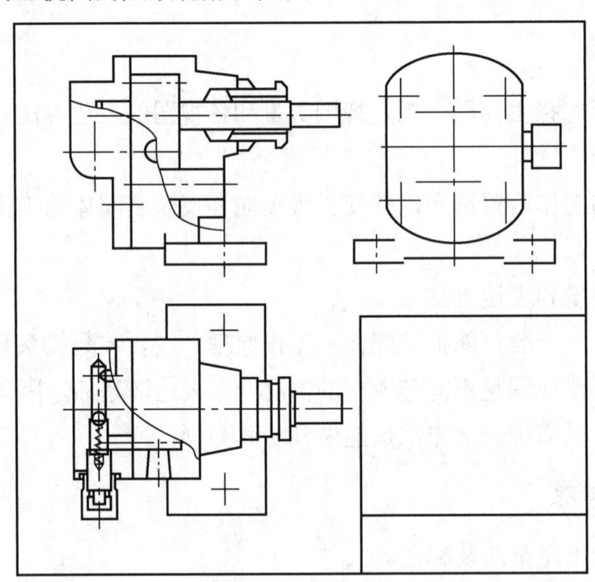

图 10-40 画主、俯视图装配干线上各零件间的装配关系

6）加深并画剖面线。在画剖面线时，主要的剖视图可以先画。最好画完一个零件所有的剖面线，然后再开始画另外一个，以免出现剖面线方向的错误。

7）注出必要的尺寸。

8）编注零件序号，并填写明细栏和标题栏。

9）填写技术要求等。

10）仔细检查全图并签名，完成全图，如图 10-41 所示。

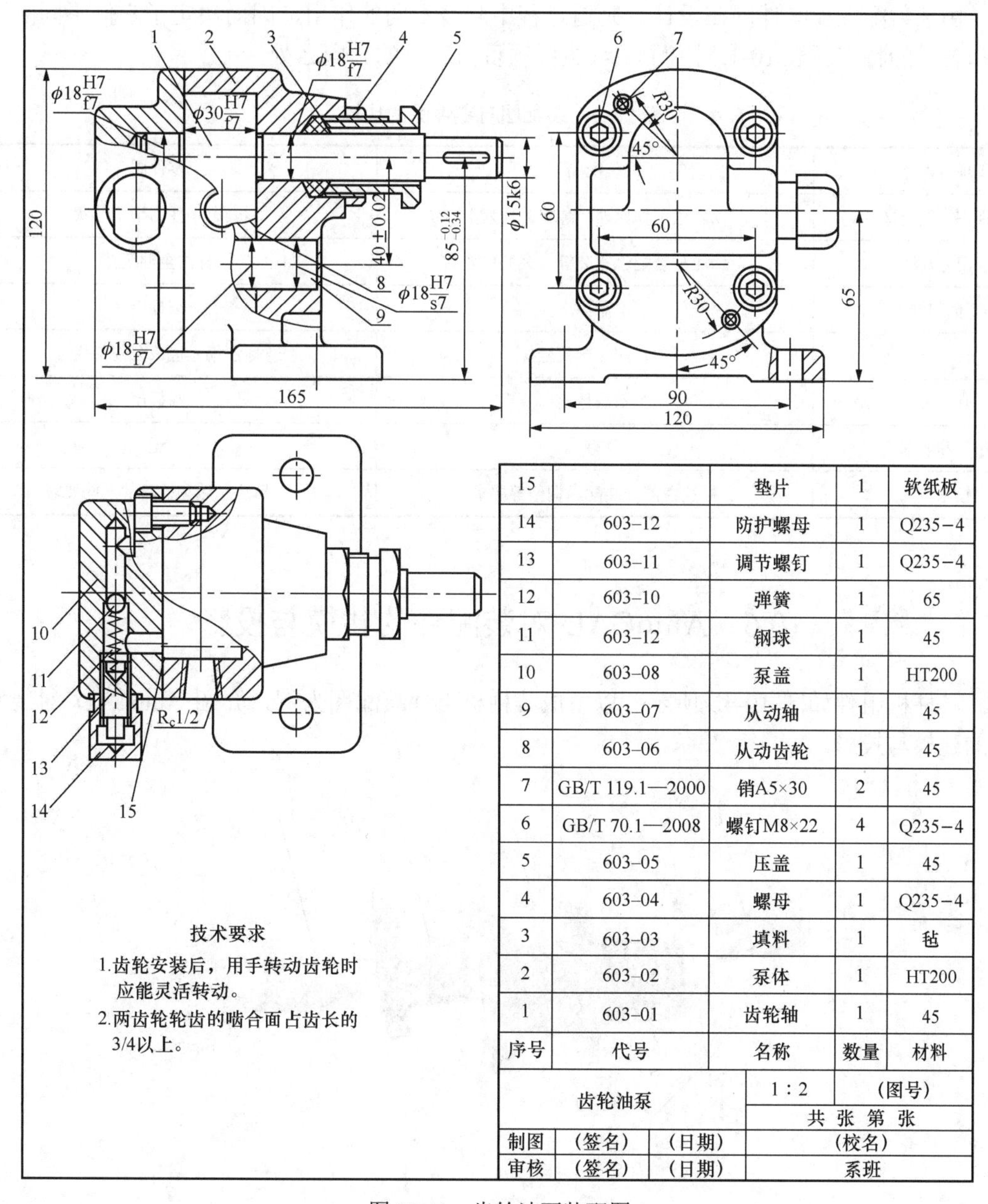

序号	代号	名称	数量	材料
15		垫片	1	软纸板
14	603–12	防护螺母	1	Q235–4
13	603–11	调节螺钉	1	Q235–4
12	603–10	弹簧	1	65
11	603–12	钢球	1	45
10	603–08	泵盖	1	HT200
9	603–07	从动轴	1	45
8	603–06	从动齿轮	1	45
7	GB/T 119.1—2000	销A5×30	2	45
6	GB/T 70.1—2008	螺钉M8×22	4	Q235–4
5	603–05	压盖	1	45
4	603–04	螺母	1	Q235–4
3	603–03	填料	1	毡
2	603–02	泵体	1	HT200
1	603–01	齿轮轴	1	45

齿轮油泵			1∶2	(图号)
			共 张 第 张	
制图	(签名)	(日期)	(校名)	
审核	(签名)	(日期)	系班	

图 10-41　齿轮油泵装配图

10.5　装配图与零件图的比较

装配图是表达机器或部件的图样，是表达设计思想、指导装配和进行技术交流的重要技术文件。一般在设计过程中用的装配图称为设计装配图，主要是表达机器和部件的结构形状、工作原理、零件之间的相互位置和配合、连接、传动关系以及主要零件的基本形状。

在产品生产过程中用的装配图称为装配工作图，主要表达产品的结构、零件之间的相对位置和配合、连接、传动关系，是用来把加工好的零件装配成整体，作为装配、调试和检验的依据。

由于装配图和零件图在设计、制造过程中起着不同的作用，因而决定了它们不同的内容和各自的特点。表 10-1 列出了二者主要项目内容上的异同之处。

表 10-1　装配图与零件图的比较

项目内容	装配图	零件图
视图方案选择	以表达工作原理、装配关系为主	表达零件的结构形状
尺寸标注	标注与装配、安装等有关的尺寸	标注全部尺寸
表面粗糙度	不需标出	需标出
尺寸公差	标注配合代号	标注偏差值或公差带代号
几何公差	不需标出	需标出
序号和明细表	有	无
技术要求	标注性能、装配、调整等要求	标注制造和检验的一些要求

10.6　AutoCAD 对装配件的建模与投影

芯柱机组件如图 10-42 所示，以生成芯柱机组件装配图为例，介绍 AutoCAD 对装配件的建模与投影。

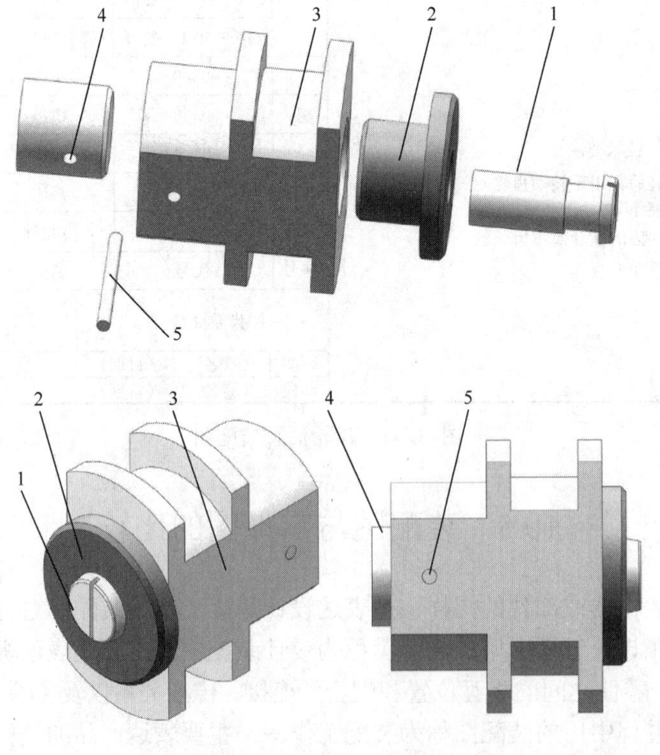

1—螺栓；2—盖；3—卡头体；4—部分轴；5—销。

图 10-42　芯柱机组件

1. 生成三投影图

1）单击绘图区下方的“布局1”标签，进入图纸空间。

2）生成水平投影。调用“实体视图”（Solview）命令（图10-43），选择UCS（U）选项（图10-44），选择坐标为“当前坐标”并按Enter键，输入视图比例为1，在靠近图纸右下方单击，指定视图中心并按Enter键，以窗口方式显示此视口，输入视图名称“水平投影”。

图10-43 实体视图命令

SOLVIEW 输入选项 [UCS(U) 正交(O) 辅助(A) 截面(S)]:

图10-44 实体视图选项界面

3）生成正面投影。调用“实体视图”（Solview）命令，选择“截面（S）”选项并按Enter键，在水平投影上选择水平对称中心线上的两点以确定剖切平面位置，在水平投影下方单击确定投影方向为“从前往后投影”，输入视图比例为1，在水平投影上方指定视图中心以窗口方式显示此视口，输入视图名称“正面投影”。

4）生成侧面投影。调用“实体视图”（Solview）命令，选择“正交（O）”选项，捕捉正面投影视口边框左边界的中点确定投影方向为从“左向右投影”，输入视图比例为1，在正面投影的右侧指定视图中心创建视图并以窗口方式显示此视口，输入视图名称“侧面投影”。

5）生成轴测图。调用“实体视图”（Solview）命令，选择UCS（U）选项，选择坐标为“当前坐标”，输入视图比例为1，在靠近图纸右下方单击，指定视图中心并以窗口方式显示此视口，输入视图名称“轴测投影”，在该视口内双击进入浮动模型空间，设置为“西南等轴测”视图。

6）建立三投影图的轮廓图、断面图。调用“实体模型”（Soldraw）命令，选择水平投影、正面投影及侧面投影的视口边框，按Enter键，将用实体模型生成的三维投影图转换成二维投影图。

7）建立三维实体的轮廓图像。对于三维模型的直观图一般情况下可采用三维图形，也可对模型进行着色。若需要生成二维直观图，方法同6），调用“实体模型”（Soldraw）命令，选择图形所在视口，将三维图形转化为二维图形。

8）调整视图比例，对齐图形。各投影图比例不统一或未满足投影规律“高平齐、长对正、宽相等”时，需要进行视图比例及位置的调整。调用“浮动视图管理”（Mvsetup）命令，选择“缩放视口（S）”选项，调整各视图比例，选择“对齐”中的“水平”及“垂直对齐”选项（图10-45），使正面投影与侧面投影高平齐，正面投影与水平投影长对正。移动视口边框可调整视图间距。当各视图比例、位置确定后，选择各视口的边框，右击，从弹出的快捷菜单中选择“显示锁定”中的“是”选项，锁定各视口，以免进入浮动模型空间后采用缩放显示等命令时改变视图比例，生成的图像如图10-46所示。

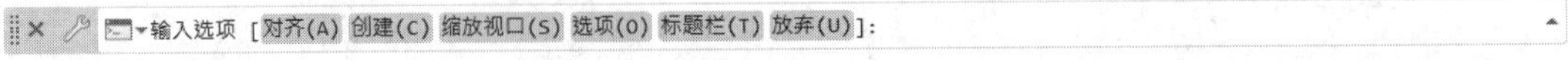

输入选项 [对齐(A) 创建(C) 缩放视口(S) 选项(O) 标题栏(T) 放弃(U)]:

图 10-45　浮动视图管理界面

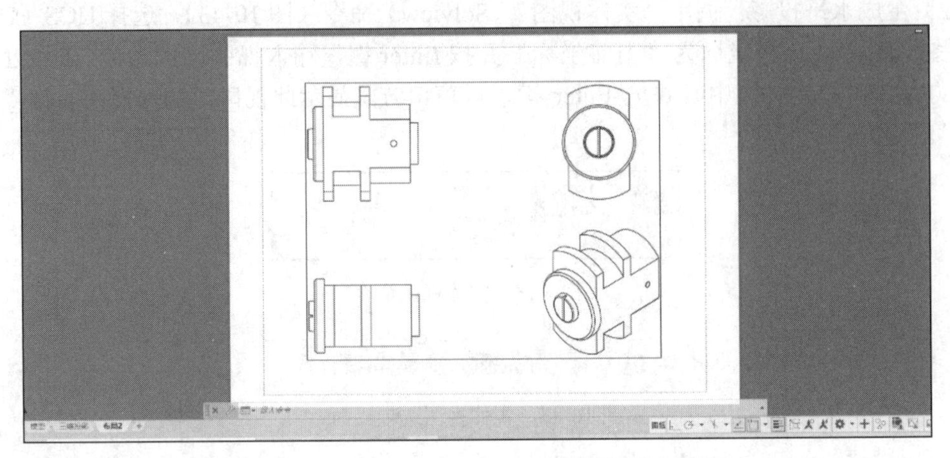

图 10-46　生成的水平、正面、侧面投影和轴测图

2. 绘制和处理断面图

为准确表达芯柱机组件的装配状态，还需处理水平投影，绘制芯柱机组件的坡面图。

（1）绘制截面

在模型截面中绘制如图 10-47 所示的白色线框所示截面，激活截面后按生成三投影图中的操作生成芯柱机组件断面图。

（2）图形处理

自动生成的截面和实际绘制断面图有一定区别（如本图中螺杆和轴无须剖切），需要手动修改和更换剖面线形式。

1）图案填充编辑。双击左键进入断面图所在视口，对填充图案进行编辑。删除不剖切处的剖面线，并在生成断面图之前通过改变系统变量 HPNAME、HPSCALE 和 HPANG 的值，设置填充的图案、比例、角度。

2）中心线绘制。将当前层设为中心线层，在图纸空间绘制各投影图中心线。

绘制和修改完成后断面图如图 10-48 所示。

图 10-47　绘制剖切面

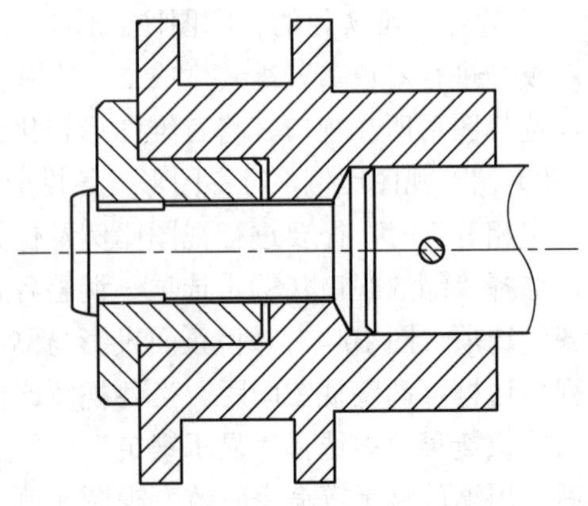

图 10-48　芯柱机组件断面图

3. 绘制图框并标注

1）绘制所需尺寸的图框。

2）设置尺寸标注样式。打开标注样式管理器对话框，将调整选项卡下的标注特征比例设为“按布局（图纸空间）缩放比例”选项。其余参数参照国标要求设置。

3）标注。将当前层设为各视图的 DIM 层（也可创建同一尺寸标注层，删除采用“实体视图”命令开视图产生的 DIM 层），在图纸空间标注各投影图尺寸，并标注各零件名称。

完成后的装配图如图 10-49 所示。

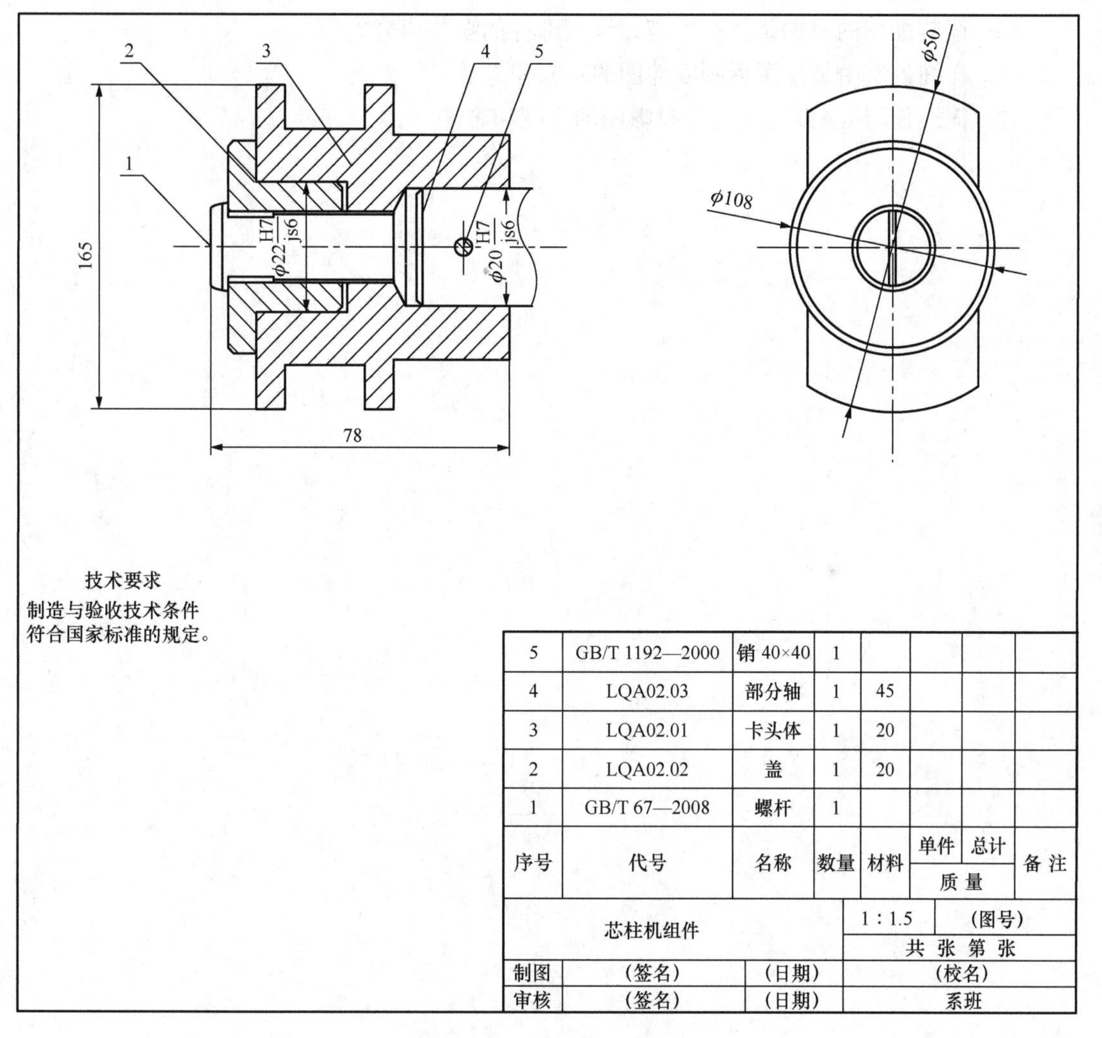

图 10-49 芯柱机组件装配图

思 考 题

1. 装配图在作用上和零件图有何不同？

2. 一张完整的装配图应该包括哪些内容？

3．装配图中常需标注哪几类尺寸？各类尺寸含义是什么？

4．选择装配图视图有哪些步骤？

5．简述装配图如何选择主视图。

6．装配图有哪些特殊画法？

7．装配图有哪些简化画法？

8．装配图中的零部件序号编注时应遵守哪些规定？在装配图中一般应标注哪几类尺寸？

9．简述由已知的零件图拼画装配图的方法和步骤。

10．读装配图的目的是什么？应该读懂部件的哪些内容？

11．详细说明由装配图拆画零件图的步骤和方法。

12．简述使用CAD生成三维投影图的步骤和方法。

附　　录

附录 A　图纸幅面与格式（GB/T 14689—2008）

附表 A-1　图纸幅面尺寸　　单位：mm

	幅面代号	尺寸 $B\times L$		幅面代号	尺寸 $B\times L$
基本幅面（第一选择）	A0	841×1189	加长幅面（第三选择）	A0×2	1189×1682
	A1	594×841		A0×3	1189×2523
	A2	420×594		A1×3	841×1783
	A3	297×420		A1×4	841×2378
	A4	210×297		A2×3	594×1261
加长幅面（第二选择）	A3×3	420×891		A2×4	594×1682
	A3×4	420×1189		A2×5	594×2102
	A4×3	297×630		A3×5	420×1486
	A4×4	297×841		A3×6	420×1783
	A4×5	297×1051		A3×7	420×2080
				A4×6	297×1261
				A4×7	297×1471
				A4×8	297×1682
				A4×9	297×1892

附图 A-1 所示，粗实线为附表 A-1 规定的基本幅面（第一选择）；细实线为附表 A-1 规定的加长幅面（第二选择）；虚线为附表 A-1 规定的加长幅面（第三选择）。

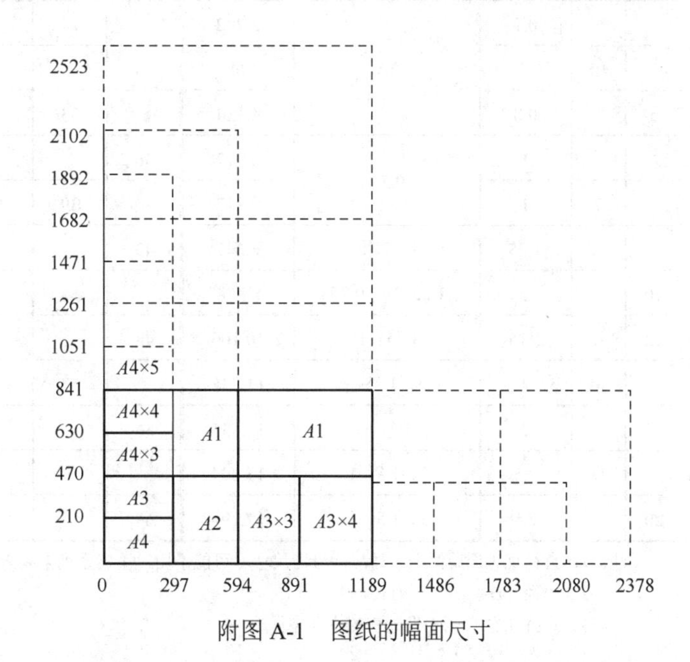

附图 A-1　图纸的幅面尺寸

附录B　螺　　纹

附表 B-1　普通螺纹的直径与螺距系列（摘自 GB/T 196—2003）

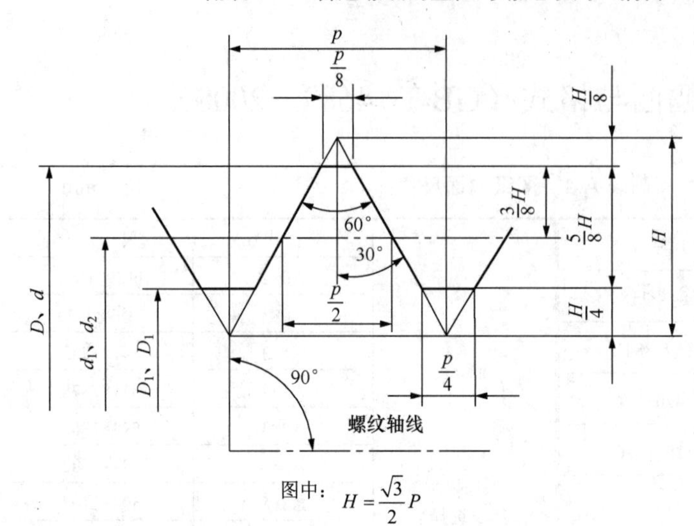

图中：$H=\frac{\sqrt{3}}{2}P$

标记示例：

M20——公称直径 20mm，螺距为 2.5mm、粗牙、右旋普通螺纹。

M20×1.5——公称直径 20mm，螺距为 1.5mm、细牙、左旋普通螺纹。

单位：mm

<table>
<tr><th colspan="2">公称直径 D、d</th><th colspan="2">螺距 P</th><th rowspan="2">粗牙小径 D_1、d_1</th><th colspan="2">公称直径 D、d</th><th colspan="2">螺距 P</th><th rowspan="2">粗牙小径 D_1、d_1</th></tr>
<tr><th>第一系列</th><th>第二系列</th><th>粗牙</th><th>细牙</th><th>第一系列</th><th>第二系列</th><th>粗牙</th><th>细牙</th></tr>
<tr><td>3</td><td></td><td>0.5</td><td rowspan="2">0.35</td><td>2.459</td><td></td><td>22</td><td>2.5</td><td rowspan="3">2、1.5、1</td><td>19.294</td></tr>
<tr><td></td><td>3.5</td><td>0.6</td><td>2.850</td><td>24</td><td></td><td>3</td><td>20.752</td></tr>
<tr><td>4</td><td></td><td>0.7</td><td rowspan="3">0.5</td><td>3.242</td><td></td><td>27</td><td>3</td><td>23.752</td></tr>
<tr><td></td><td>4.5</td><td>0.75</td><td>3.688</td><td>30</td><td></td><td>3.5</td><td>（3）、2、1.5、1</td><td>26.211</td></tr>
<tr><td>5</td><td></td><td>0.8</td><td>4.134</td><td></td><td>33</td><td>3.5</td><td>（3）、2、1.5</td><td>29.211</td></tr>
<tr><td>6</td><td></td><td>1</td><td rowspan="2">0.75</td><td>4.917</td><td>36</td><td></td><td>4</td><td rowspan="2">3、2、1.5</td><td>31.670</td></tr>
<tr><td></td><td>7</td><td>1</td><td>5.917</td><td></td><td>39</td><td>4</td><td>34.670</td></tr>
<tr><td>8</td><td></td><td>1.25</td><td>1、0.75</td><td>6.647</td><td>42</td><td></td><td>4.5</td><td rowspan="7">4、3、2、1.5</td><td>37.129</td></tr>
<tr><td>10</td><td></td><td>1.5</td><td>1.25、1、0.75</td><td>8.376</td><td></td><td>45</td><td>4.5</td><td>40.129</td></tr>
<tr><td>12</td><td></td><td>1.75</td><td>1.25、1</td><td>10.106</td><td>48</td><td></td><td>5</td><td>42.587</td></tr>
<tr><td></td><td>14</td><td>2</td><td>1.5、1.25、1</td><td>11.835</td><td></td><td>52</td><td>5</td><td>46.587</td></tr>
<tr><td>16</td><td></td><td>2</td><td>1.5、1</td><td>13.835</td><td>56</td><td></td><td>5.5</td><td>50.046</td></tr>
<tr><td></td><td>18</td><td>2.5</td><td>2、1.5、1</td><td>15.294</td><td></td><td>60</td><td>5.5</td><td>54.064</td></tr>
<tr><td>20</td><td></td><td>2.5</td><td>2、1.5、1</td><td>17.294</td><td>64</td><td></td><td>6</td><td>57.505</td></tr>
</table>

注：1．直径优先选用第一系列；括号内尺寸尽可能不用；第三系列未列入。

2．中径（D_2、d_2）未列入。

3．M14×l.25 仅用于发动机的火花塞。

附表 B-2　梯形螺纹基本尺寸（摘自 GB/T 5796.3—2005）

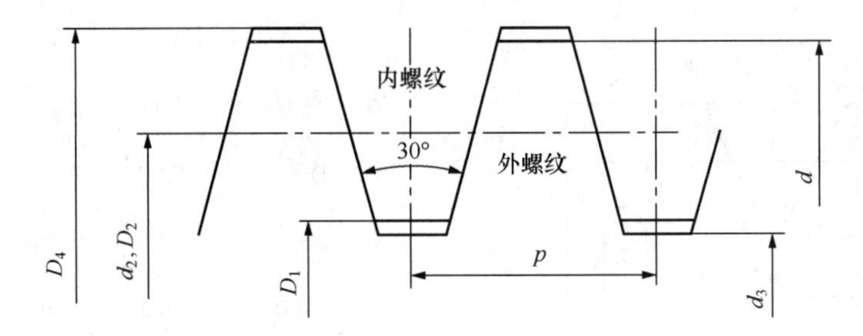

标记示例：

Tr36×6——公称直径为 36mm，螺距为 6mm，右旋的单线梯形螺纹。

Tr36×12（P6）LH——公称直径为 36mm，导程为 12mm，螺距为 6mm，左旋的双线梯形螺纹。

单位：mm

公称直径 d		螺距 P	中径 $d_2=D_2$	大径 D_4	小径		公称直径 d		螺距 P	中径 $d_2=D_2$	大径 D_4	小径	
第一系列	第二系列				d_3	D_1	第一系列	第二系列				d_3	D_1
8		1.5	7.25	8.3	6.2	6.5		30	6	27	31	23	24
	9	2	8	9.5	6.5	7	32		6	29	33	25	26
10		2	9	10.5	7.5	8		34	6	31	35	27	28
	11	2	10	11. 5	8.5	9	36		6	33	37	29	30
12		3	10.5	12.5	8.5	9		38	7	34.5	39	30	31
	14	3	12.5	14.5	10.5	11	40		7	36.5	41	32	33
16		4	14	16.5	11. 5	12		42	7	38.5	43	34	35
	18	4	16	18.5	13.5	14	44		7	40.5	45	36	37
20		4	18	20.5	15.5	16		46	8	42	47	37	38
	22	5	19.5	22.5	16.5	17	48		8	44	49	39	40
24		5	21. 5	24.5	18.5	19		50	8	46	51	41	42
	26	5	23.5	26.5	20.5	21	52		8	48	53	43	44
28		5	25.5	28.5	22.5	23		55	9	50.5	56	45	46

注：1．应优先选用第一系列的直径。

2．在每一个直径所对应的各个螺距中，本表仅摘录应优先选用的螺距和相应的公称尺寸。

附表 B-3　5° 非密封管螺纹（摘自 GB/T 7307—2001）

标记示例：

$G1\frac{1}{2}$——尺寸代号为 $1\frac{1}{2}$ 的右旋内螺纹。

$G1\frac{1}{2}$ D——尺寸代号为 $1\frac{1}{2}$，用于低压右旋内螺纹。

$G1\frac{1}{2}$ A——尺寸代号为 $1\frac{1}{2}$，右旋 A 级外螺纹。

$G1\frac{1}{2}$ B-LH——尺寸代号为 $1\frac{1}{2}$，B 级左旋外螺纹。

单位：mm

尺寸代号	每 25.4mm 内的牙数 n	螺距 P	大径 $d=D$	中径 $d_2=D_2$	小径 $d_1=D_1$
1/8	28	0.907	9.728	9.147	8.566
1/4	19	1.337	13.157	12.301	11.445
3/8			16.662	15.806	14.950
1/2	14	1.814	20.955	19.793	18.631
5/8			22.911	21.749	20.587
3/4			26.441	25.279	24.117
7/8			30.201	29.039	27.877
1	11	2.309	33.249	31.770	30.291
$1\frac{1}{8}$			37.897	36.418	34.939
$1\frac{1}{4}$			41.910	40.431	38.952
$1\frac{1}{2}$			47.803	46.324	44.845
$1\frac{3}{4}$			53.746	52.267	50.788
2			59.614	58.135	56.656
$2\frac{1}{4}$			65.710	64.231	62.752
$2\frac{1}{2}$			75.184	73.705	72.226
$2\frac{3}{4}$			81.534	80.055	78.576
3			87.884	86.405	84.926
$3\frac{1}{2}$			100.330	98.851	97.372
4			113.030	111.551	110.072

注：本标准适用于管接头、旋塞、阀门及其附件。

附录C 常用标准件

附表 C-1 六角头螺栓（摘自 GB/T 5782—2016）

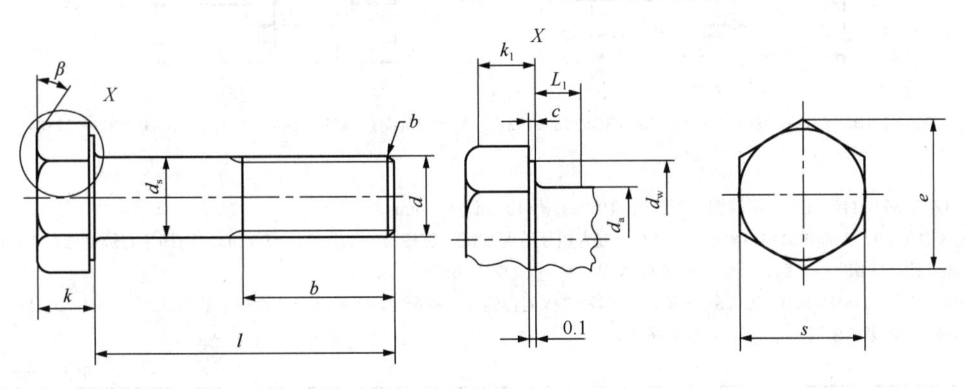

a. β=15°～30°

b. 末端应倒角，对螺纹规格<M4可为辗制末端。

单位：mm

螺纹规格 d				M1.6	M2	M2.5	M3	M4	M5	M6	M8	M10
P	螺距			0.35	0.4	0.45	0.5	0.7	0.8	1	1.25	1.5
$b_{参考}$	b			9	10	11	12	14	16	18	22	26
	c			15	16	17	18	20	22	24	28	32
	d			28	29	30	31	33	35	37	41	45
c	max			0.25	0.25	0.25	0.4	0.4	0.5	0.5	0.6	0.6
	min			0.1	0.1	0.1	0.15	0.15	0.15	0.15	0.15	0.15
d_a	max			2	2.6	3.1	3.6	4.7	5.7	6.8	9.2	11.2
d_s	公称=max			1.6	2	2.5	3	4	5	6	8	10
	产品等级	A	min	1.46	1.86	2.36	2.86	3.82	4.82	5.82	7.78	9.78
		B	min	1.35	1.75	2.25	2.75	3.7	4.7	5.7	7.64	9.64
d_w	产品等级	A	min	2.27	3.07	4.07	4.57	5.88	6.88	8.88	11.63	14.63
		B	min	2.3	2.95	3.95	4.45	5.74	6.74	8.74	11.47	14.47
e	产品等级	A	min	3.41	4.32	5.45	6.01	7.66	8.79	11.05	14.38	17.77
		B	min	3.28	4.18	5.31	5.88	7.5	8.63	10.89	14.2	17.59

注：螺纹公差：6g；机械性能等级：8.8。

附表 C-2 双头螺柱（摘自 GB/T 897～900—1988）

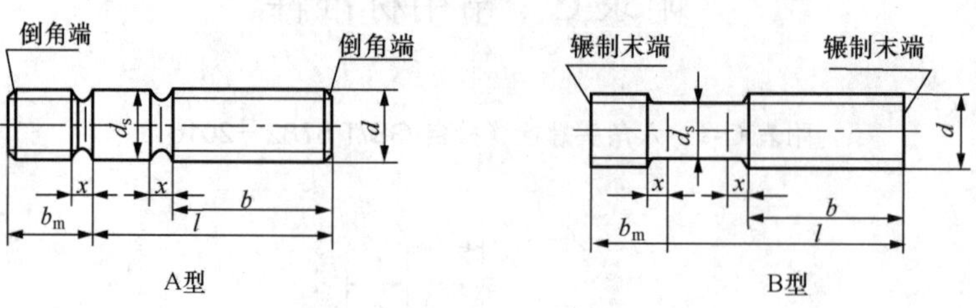

$b_m=1d$(GB/T 897—1988) $b_m=1.25d$(GB/T 898—1988) $b_m=1.5d$(GB/T 899—1988) $b_m=2d$(GB/T 900—1988)

标记示例：

螺柱 GB/T 897 M10×50——两端均为粗牙普通螺纹，d=10mm，l=50mm。

螺柱 GB/T 897 AM10-M10×1×50——旋入一端为粗牙普通螺纹，旋螺母一端为螺距 P=1mm 的细牙普通螺纹，d=l0mm，l=50mm，性能等级为 4.8 级、不经表面处理 A 型、$b_m=1d$ 的双头螺柱。

螺柱 GB/T 897 GM10-M10×50-8.8——旋入一端为过渡配合的第一种配合，旋螺母一端为粗牙普通螺纹，d=10mm，l=50mm，性能等级为 8.8 级、B 型、$b_m=1d$ 的双头螺柱。

单位：mm

螺纹规格 d		M4	M5	M6	M8	M10	M12	M16	M20	M24	M30	M36	M42	M48
b_m	GB/T 897	—	5	6	8	10	12	16	20	24	30	36	42	48
	GB/T 898	—	6	8	10	12	15	20	25	30	38	45	52	60
	GB/T 899	6	8	10	12	15	18	24	30	36	45	54	65	72
	GB/T 900	8	10	12	16	20	24	32	40	48	60	72	84	96
d_s		A 型 d_s=螺纹大径；B 型 d_s=螺纹中径												
x		1.5P												
$\frac{l}{b}$		25~40/14	25~50/16	25~30/14	25~30/16	30~38/16	32~40/20	40~55/30	45~65/35	55~75/45	70~90/50	80~110/60	85~110/70	95~110/80
				32~75/18	32~90/22	40~120/26	45~120/30	60~120/38	70~120/46	80~120/54	95~120/60	120/78	120/90	120/102
						130/32	130~180/36	130~200/44	130~200/52	130~200/60	130~200/72	130~200/84	130~200/96	130~200/108
											210~250/85	210~300/97	210~300/109	210~300/121
l 系列		16、(18)、20、(22)、25、(28)、30、(32)、35、(38)、40、45、50、(55)、60、(65)、70、(75)、80、(85)、90、(95)、100、110、120、130、140、150、160、170、180、190、200、210、220、230、240、250、260、280、300												

注：1．$b_m=d$，一般用于钢对钢；$b_m=(1.25\sim1.5)d$，一般用于钢对铸铁；$b_m=2d$，一般用于钢对铝合金。

2．允许采用细牙螺纹和过渡配螺纹。

3．末端按 GB/T2 规定。

附表 C-3　螺钉（摘自 GB/T 67—2016）

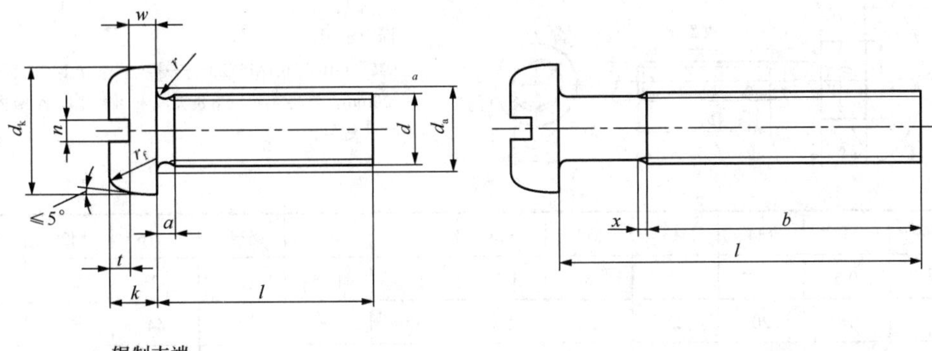

a. 辗制末端。

单位：mm

螺纹规格 d	P^b	b_{min}	n 公称	r_{min}	r_f	t	w	x
M3	0.5	25	0.8	0.1	0.9	0.7	0.7	1.25
M5	0.8	38	1.2	0.2	1.5	1.2	1.2	2
M6	1	38	1.6	0.25	1.8	1.4	1.4	2.5
M8	1.25	38	2	0.4	2.4	1.9	1.9	3.2
M10	1.5	38	2.5	0.4	3	2.4	2.4	3.8

附表 C-4　开槽平端紧定螺钉（摘自 GB/T 73—2017）

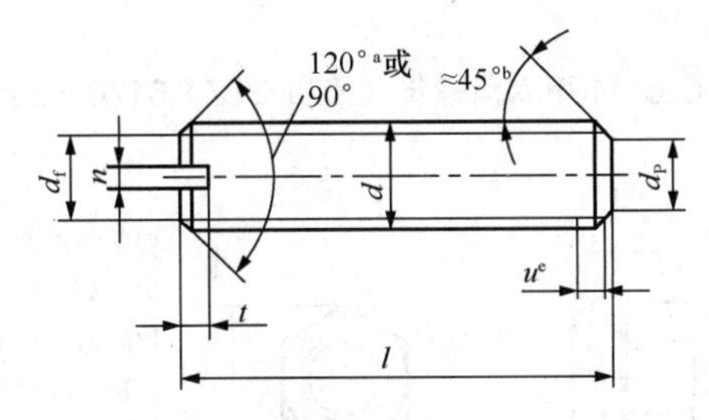

a. 不完整螺纹的长度 $u \leqslant 2P$。

b. 45° 仅适用于螺纹小径以内的末端部分。

单位：mm

螺纹规格 d	P	d_{fmax}	d_{Pmin}	d_{pmax}	t_{min}	t_{max}	n		
							公称	min	max
M3	0.5	螺纹小径	1.75	2	0.8	1.05	0.4	0.46	0.6
M4	0.7		2.25	2.5	1.12	1.42	0.6	0.66	0.8
M5	0.8		3.2	3.5	1.28	1.63	0.8	0.86	1
M6	1		3.7	4	1.6	2	1	1.06	1.2
M8	1.25		5.2	5.5	2	2.5	1.2	1.26	1.51
M10	1.5		6.64	7	2.4	3	1.6	1.66	1.91
M12	1.75		8.14	8.5	2.8	3.6	2	2.06	2.31

附表 C-5　内六角圆柱头螺钉（摘自 GB/T 70.1—2008）

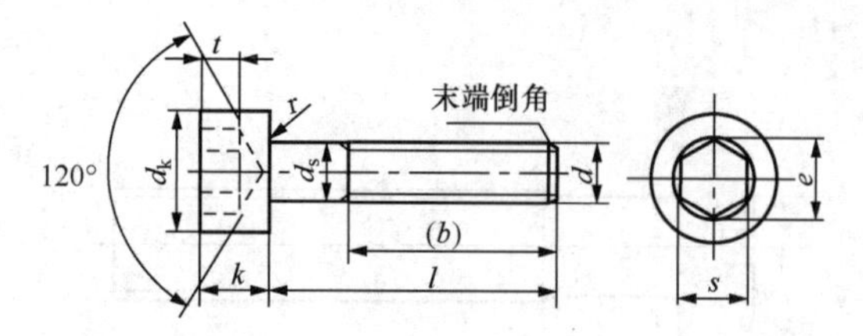

标记示例：

螺钉 GB/T 70.1M5×20——螺纹规格 d=M5、公称长度 l =20mm，性能等级为 8.8 级，表面氧化的 A 级内六角圆柱头螺钉。

螺纹规格 d	M3	M4	M5	M6	M8	M10	M12	(M14)	M16	M20	M24
p（螺距）	0.5	0.7	0.8	1	1.25	1.5	1.75	2	2	2.5	3
$b_{参考}$	18	20	22	24	28	32	36	40	44	52	60
d_{kmax}	5.5	7	8.5	10	13	16	18	21	24	30	36
k_{max}	3	4	5	6	8	10	12	14	16	20	24
t_{min}	1.3	2	2.5	3	4	5	6	7	8	10	12
s 公称	2.5	3	4	5	6	8	10	12	14	17	19
e_{min}	2.87	3.44	4.58	5.72	6.86	9.15	11.43	13.72	16.00	19.44	21.73
d_{smax}	$=d$										
r_{min}	0.1	0.2	0.2	0.25	0.4	0.4	0.6	0.6	0.6	0.8	0.8
l 范围	5～30	6～40	8～50	10～60	12～80	16～100	20～120	25～140	25～160	30～200	40～200
l 系列	5、6、8、10、12、16、20、25、30、35、40、45、50、55、60、65、70、80、90、1∞、110、120、130、140、150、160、180、200										

注：括号内的规格尽可能不采用。

附表 C-6　1 型六角螺母（摘自 GB/T 6170—2015）

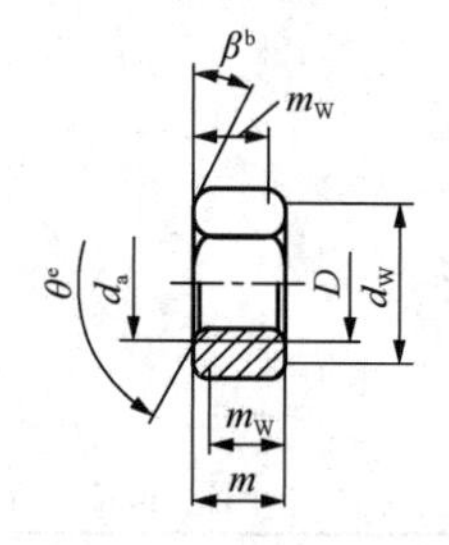

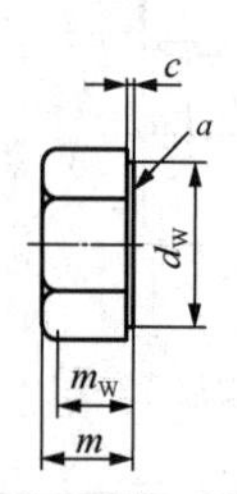

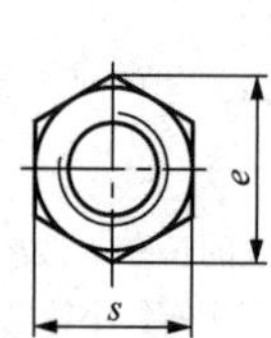

要求垫圈面型式时，应在订单中注明；

β=15°~30°；

θ= 90°~120°。

螺母 GB/T 6170 M12——螺纹规格为 M12、性能等级为 8 级、表面不经处理、产品等级为 A 级的工型六角螺母。

单位：mm

螺纹规格		M4	M5	M6	M8	M10	M12	M16	M20	M24	M30	M36	M42	M48
P		0.7	0.8	1	1.25	1.5	1.75	2	2.5	3	3.5	4	4.5	5
c_{max}		0.4	0.5		0.6			0.8					1	
e_{nim}		7.66	8.79	11.05	14.38	17.77	20.0.	26.75	32.95	39.55	50.85	60.79	71.3	82.6
m	max	3.2	4.7	5.2	6.8	8.4	10.8	14.8	18	21.5	25.6	31	34	38
	min	2.9	4.4	4.9	7.9	8.04	10.37	14.1	16.9	20.2	24.3	29.4	32.4	36.4
d_a	max	4.6	5.75	6.75	8.75	10.8	13	17.3	21.6	25.9	32.4	38.9	45.4	51.8
	min	4	5	6	8	10	12	16	20	24	30	36	42	48

附表 C-7　平垫圈（GB/T 97.1～97.2—2002）

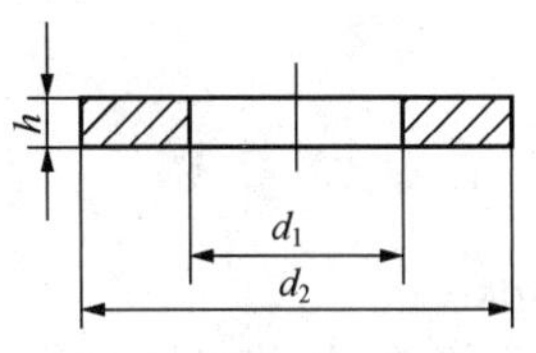

平垫圈—A级(GB/T 97.1—2002)

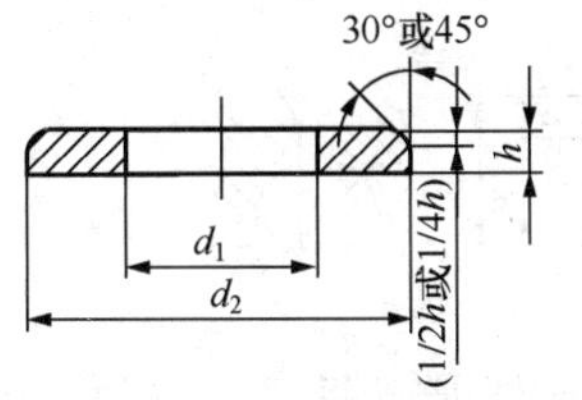

平垫圈 倒角型—A级(GB/T 97.2—2002)

标记示例：

垫圈 GB/T 97.1　8——标准系列、公称规格为 8mm、由钢制造的硬度等级为 200HV 级、不经表面处理、产品等级为 A 级的平垫圈。

单位：mm

公称规格（螺纹大经 d）	3	4	5	6	8	10	12	14	16	20	24	30	36
内径 d_1　公称（min）	3.2	4.3	5.3	6.4	8.4	10.5	13	15	17	21	25	31	37
外径 d_2　公称（max）	7	9	10	12	16	20	24	28	30	37	44	56	66
厚度 h　公称	0.5	0.8	1	1.6	1.6	2	2.5	2.5	3	3	4	4	5

注：GB/T 97.2 螺纹大经 d 为 5～36mm。

附表 C-8　标准型弹簧垫圈（摘自 GB/T 93—1987）

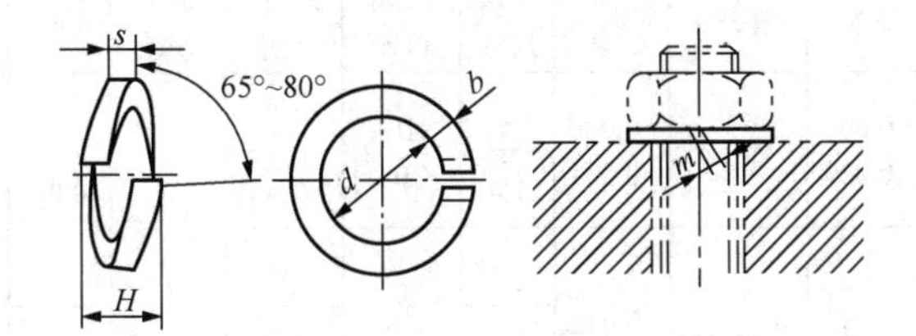

标记示例：

垫圈 GB/T 93—87　16——规格 16mm、材料为 65Mn、表面氧化的标准型弹簧垫圈。

单位：mm

规格（螺纹大径）	3	4	5	6	8	10	12	16	20	24	30	36	42	48
d_{min}	3.1	4.1	5.1	6.1	8.1	10.2	12.2	16.2	20.2	24.5	30.5	36.6	42.6	49
S（b）公称	0.8	1.1	1.3	1.6	2.1	2.6	3.1	4.1	5	6	7.5	9	10.5	12
$m\leqslant$	0.4	0.55	0.65	0.8	1.05	1.3	1.55	2.05	2.5	3	3.75	4.5	5.25	6
H_{max}	2	2.75	3.25	4	5.25	6.5	7.75	10.25	12.5	15	18.75	22.5	26.25	30

附表 C-9　普通平键（摘自 GB/T 1095～1096—2003）

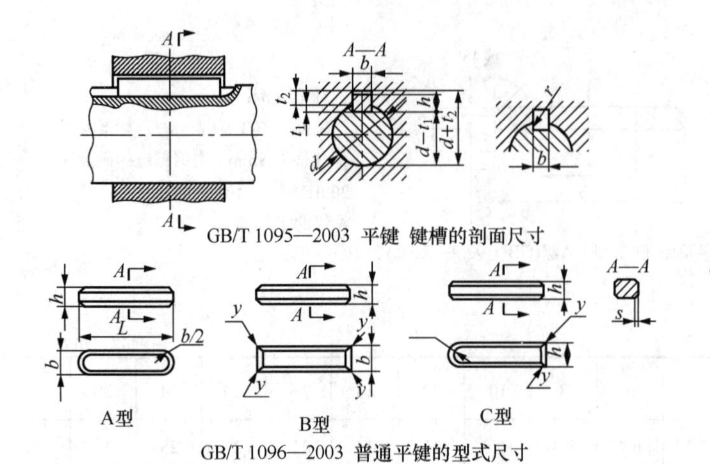

GB/T 1095—2003 平键 键槽的剖面尺寸

GB/T 1096—2003 普通平键的型式尺寸

标记示例：

GB/T 1096 键 16×10×100——宽度 b=16mm、高度 h=10mm、长度 L=100mm 的普通 A 型平键。

单位：mm

轴径 d	键的公称尺寸			键槽											
				宽度 b						深度				半径 r	
				基本尺寸	极限偏差					轴 t_1		毂 t_2			
					松联结		正常联结		紧密联结						
	b	h	L		轴 H9	毂 D10	轴 N9	毂 JS9	轴和毂 P9	基本尺寸	极限偏差	基本尺寸	极限偏差	min	max
6～8	2	2	6～20	2	+0.025 0	+0.060 +0.020	−0.004 −0.029	+0.0125	−0.006 −0.031	2	+0.1 0	1.0		0.08	0.16
>8～10	3	3	6～36	3						1.8		1.4			
>10～12	4	4	8～45	4	+0.030 0	+0.078 +0.030	0 −0.030	±0.015	−0.012 −0.042	2.5		1.8			
>12-17	5	5	10～56	5						3.0		2.3		0.16	0.25
>17～22	6	6	14～70	6						3.5		2.8			
>22～30	8	7	18～90	8	+0.036 0	+0.098 +0.040	0 −0.036	±0.018	−0.015 −0.051	4.0	+0.2 0	3.3	+0.2 0		
>30～38	10	8	22～110	10						5.0		3.3		0.25	0.40
>38～44	12	8	28～140	12	+0.043 0	+0.120 +0.050	0 −0.043	±0.0215	−0.018 −0.061	5.0		3.3			
>44～50	14	9	36～160	14						5.5		3.8			
>50～58	16	10	45～180	16						6.0		4.3			
>58～65	18	11	50～200	18						7.0		4.4			
L 系列	6、8、10、12、14、16、18、20、22、25、28、32、36、40、45、50、56、63、70、80、90、100、110、125、140、160、180、200														

注：（$d-t_1$）和（$d+t_2$）的极限偏差按相应的 t_1 和 t_2 的极限偏差选取，但（$d-t_1$）的极限偏差值应取负号。

附表 C-10 圆锥销（摘自 GB/T117—2000）

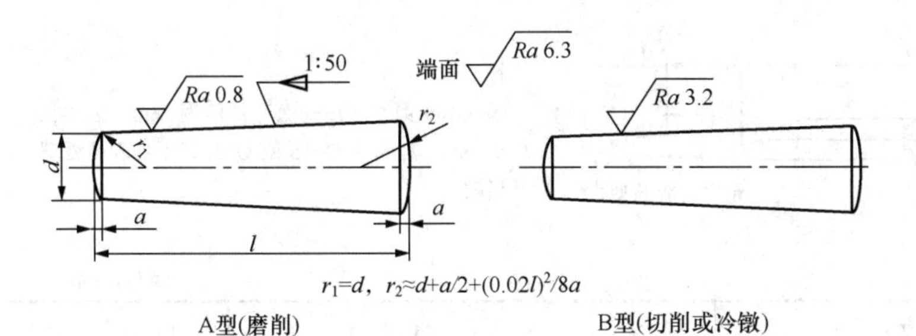

A型(磨削)　　　B型(切削或冷镦)

标记示例：

销 GB/T 117 6×30——公称直径 d=6mm、公称长度 l=30mm、材料为 35 钢、热处理硬度 28～38HRC、表面氧化处理的 A 型圆锥销。

单位：mm

d#	2	2.5	3	4	5	6	8	10	12	16	20
$a\approx$	0.25	0.3	0.4	0.5	0.63	0.8	1	1. 2	1. 6	2	2.5
l（商品范围）	10～35		12～45	14～65	18～60	22～90	22～120	26～160	32～180	40～200	45～200
l系列	10、12、14、16、18、20、22、24、26、28、30、32、35、40、45、50、55、60、65、70、75、80、 85、90、95、100、120、140、160、180、200										

注：公称长度大于 200mm，按 20mm 递增。

附表 C-11 圆柱销（摘自 GB/T 119.1—2000）

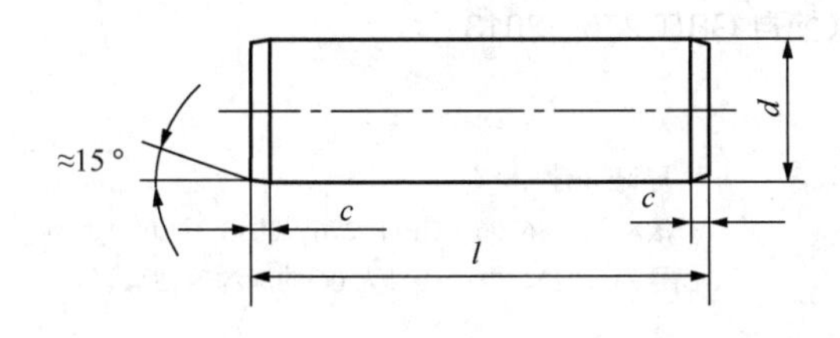

标记示例：

销 GB/T 119.1 8 m6×30——公称直径 d=8mm、公称长度 l=30mm、公差 m6、材料为钢、不经淬火、不经表面处理的圆柱销。

销 GB/T 119.1 8 m6×30-A1——公称直径 d=8mm、公差 m6、公称长度 l=30mm、材料为 A1 组奥氏体不锈钢、表面简单处理的圆柱销。

d#m6/h8	2	2.5	3	4	5	6	8	10	12	16	20
$c\approx$	0.35	0.4	0.5	0.63	0.8	1. 2	1. 6	2	2.5	3	3.5
l（商品范围）	6～20	6～24	8～30	8～40	10～50	12～60	14～80	18～95	22～140	26～180	35～200
l系列	6、8、10、12、14、16、18、20、22、24、26、28、30、32、35、40、45、50、55、60、65、70、75、80、85、90、95、100、120、140、160、180、200										

注：公称长度大于 200mm，按 20mm 递增。

附表 C-12 开口销（摘自 GB/T 91—2000）

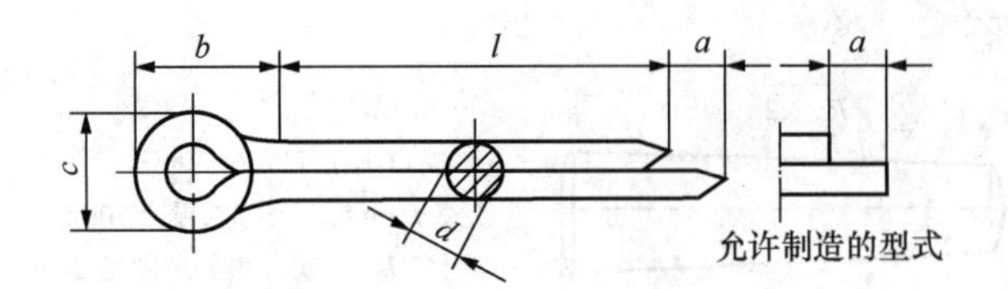

标记示例：

销 GB/T 91 5×50——公称规格为 5mm、公称长度 l =50mm、材料为 Q215 或 Q235、不经表面处理的开口销。

单位：mm

公称规格		2	2.5	3.2	4	5	6.3	8	10	13
c	max	3.6	4.6	5.8	7.4	9.2	11.8	15.0	19.0	24.8
	min	3.2	4.0	5.1	6.5	8.0	10.3	13.1	16.6	21.7
b≈		4	5	6.4	8	10	12.6	16	20	26
a_{max}		2.5		3.2	4				6.3	
l（商品范围）		10～40	12～50	14～63	18～80	22～100	32～125	40～160	45～200	71～250
l系列		10、12、14、16、18、20、22、25、28、32、36、40、45、50、56、63、71、80、90、100、112、125、140、160、180、200、224、250								

注：公称规格等于开口销孔的直径。

附录D 滚动轴承

附表 D-1 深沟球轴承（摘自 GB/T 276—2013）

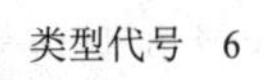

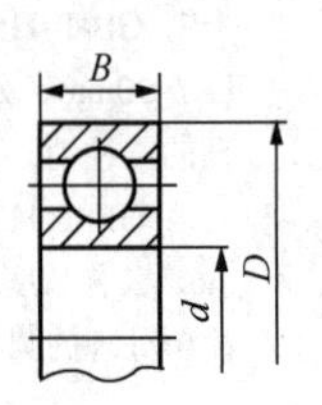

标记示例：

滚动轴承 6206 GB/T 276−2013——尺寸系列代号为（02），内径代号为 06 的深沟球轴承。

单位：mm

轴承代号		外形尺寸			轴承代号		外形尺寸		
		d	D	B			d	D	B
（1）0 系列	6004	20	42	8	（0）3 系列	6304	20	52	15
	6005	25	47	8		6305	25	62	17
	6006	30	55	9		6306	30	72	19
	6007	35	62	9		6307	35	80	21
	6008	40	68	9		6308	40	90	23
	6009	45	75	10		6309	45	100	25
	6010	50	80	10		6310	50	110	27

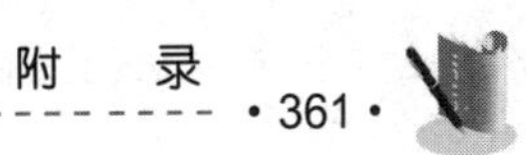

续表

轴承代号		外形尺寸			轴承代号		外形尺寸		
		d	*D*	*B*			*d*	*D*	*B*
（1）0系列	6011	55	90	11	（0）3系列	6311	55	120	29
	6012	60	95	11		6312	60	130	31
	6013	65	100	11		6313	65	140	33
	6014	70	110	13		6314	70	150	35
	6015	75	115	13		6315	75	160	37
	6016	80	125	14		6316	80	170	39
	6017	85	130	14		6317	85	180	41
	6018	90	140	16		6318	90	190	43
	6019	95	145	16		6319	95	200	45
	6020	100	150	16		6320	100	215	47
（0）2系列	6204	20	47	14	(0)4 系列	6404	20	72	19
	6205	25	52	15		6405	25	80	21
	6206	30	62	16		6406	30	90	23
	6207	35	72	17		6407	35	100	25
	6208	40	80	18		6408	40	110	27
	6209	45	85	19		6409	45	120	29
	6210	50	90	20		6410	50	130	31
	6211	55	100	21		6411	55	140	33
	6212	60	110	22		6412	60	150	35
	6213	65	120	23		6413	65	160	37
	6214	70	125	24		6414	70	180	42
	6215	75	130	25		6415	75	190	45
	6216	80	140	26		6416	80	200	48
	6217	85	150	28		6417	85	210	52
	6218	90	160	30		6418	90	225	54
	6219	95	170	32		6419	95	240	55
	6220	100	180	34		6420	100	250	58

附表 D-2 圆锥滚子轴承（摘自 GB/T 297—2015）

类型代号 3

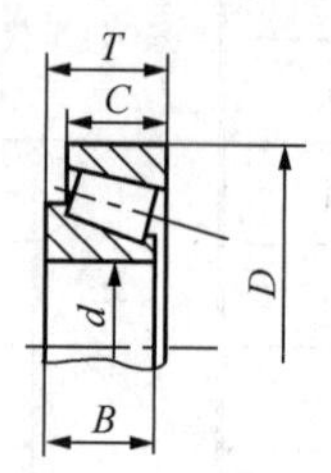

标记示例：

滚动轴承 30312 GB/T 297−2015——尺寸系列代号为 03、内径代号为 12 的圆锥滚子轴承。

单位：mm

轴承代号		尺寸/mm					轴承代号		尺寸/mm				
		d	D	T	B	C			d	D	T	B	C
02系列	30204	20	47	15.25	14	12	22系列	32204	20	47	19.25	18	15
	30205	25	52	16.25	15	13		32205	25	52	19.25	18	16
	30206	30	62	17.25	16	14		32206	30	62	21.25	20	17
	30207	35	72	18.25	17	15		32207	35	72	24.25	23	19
	30208	40	80	19.75	18	16		32208	40	80	24.75	23	19
	30209	45	85	20.75	19	16		32209	45	85	24.75	23	19
	30210	50	90	21.75	20	17		32210	50	90	24.75	23	19
	30211	55	100	22.75	21	18		32211	55	100	26.75	25	21
	30212	60	110	23.75	22	19		32212	60	110	29.75	28	24
	30213	65	120	24.75	23	20		32213	65	120	32.75	31	27
	30214	70	125	26.25	24	21		32214	70	125	33.25	31	27
	30215	75	130	27.25	25	22		32215	75	130	33.25	31	27
	30216	80	140	28.25	26	22		32216	80	140	35.25	33	28
	30217	85	150	30.50	28	24		32217	85	150	38.50	36	30
	30218	90	160	32.50	30	26		32218	90	160	42.50	40	34
	30219	95	170	34.50	32	27		32219	95	170	45.50	43	37
	30220	100	180	37.00	34	29		32220	100	180	49.00	46	39
03系列	30204	20	52	16.25	15	13	23系列	32304	20	52	22.25	21	18
	30205	25	62	18.25	17	15		32305	25	62	25.25	24	20
	30206	30	72	20.75	19	16		32306	30	72	28.75	27	23
	30307	35	80	22.75	21	18		32307	35	80	32.75	31	25
	30308	40	90	25.25	23	20		32308	40	90	35.25	33	27
	30309	45	100	27.25	25	22		32309	45	100	38.25	36	30
	30310	50	110	29.75	27	23		32310	50	110	42.25	40	33
	30311	55	120	31.5	29	25		32311	55	120	45.50	43	35

续表

轴承代号		尺寸/mm					轴承代号		尺寸/mm				
		d	D	T	B	C			d	D	T	B	C
03系列	30312	60	130	33.5	31	26	23系列	32312	60	130	48.50	46	37
	30313	65	140	36.00	33	28		32313	65	140	51.00	48	39
	30314	70	150	38.00	35	30		32314	70	150	54.00	51	42
	30315	75	160	40.00	37	31		32315	75	160	58.00	55	45
	30316	80	170	42.50	39	33		32316	80	170	61.50	58	48
	30317	85	180	44.50	41	34		32317	85	180	63.50	60	49
	30318	90	190	46.50	43	36		32318	90	190	67.50	64	53
	30319	95	200	49.50	45	38		32319	95	200	71.50	67	55
	30320	100	215	51.50	47	39		32320	100	215	77.50	73	60

附表 D-3　推力球轴承基本尺寸（摘自 GB/T 301—2015）

类型代号　5

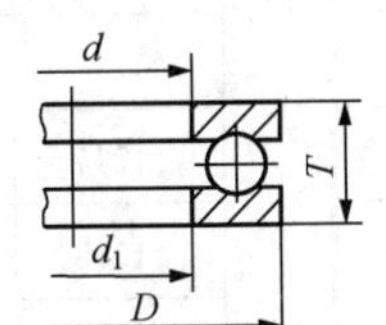

标记示例：

滚动轴承 51215 GB/T 301－2015——尺寸系列代号为 12、内径代号为 15 的推力球轴承。

轴承代号		尺寸/mm				轴承代号		尺寸/mm			
		d	D	T	d_{min}			d	D	T	d_{min}
11系列	51104	20	35	10	21	12系列	51204	20	40	14	22
	51105	25	42	11	26		51205	25	47	15	27
	51106	30	47	11	32		51206	30	52	16	32
	51107	35	52	12	37		51207	35	62	18	37
	51108	40	60	13	42		51208	40	68	19	42
	51109	45	65	14	47		51209	45	73	20	47
	51110	50	70	14	52		51210	50	78	22	52
	51111	55	78	16	57		51211	55	90	25	57
	51112	60	85	17	62		51212	60	95	26	62
	51113	65	90	18	67		51213	65	100	27	67
	51114	70	95	18	72		51214	70	105	27	72
	51115	75	100	19	77		51215	75	110	27	77
	51116	80	105	19	82		51216	80	115	28	82
	51117	85	110	19	87		51217	85	125	31	88
	51118	90	120	22	92		51218	90	135	35	93
	51120	100	135	25	102		51220	100	150	38	103

续表

轴承代号		尺寸/mm				轴承代号		尺寸/mm			
		d	D	T	d_{min}			d	D	T	d_{min}
13系列	51104	20	47	18	22	14系列	51205	25	60	24	27
	51105	25	52	18	27		51206	30	70	28	32
	51106	30	60	21	32		51207	35	80	32	37
	51107	35	68	24	37		51208	40	90	36	42
	51108	40	78	26	42		51209	45	100	39	47
	51109	45	85	28	47		51210	50	110	43	52
	51110	50	95	31	52		51211	55	120	48	57
	51111	55	105	35	57		51212	60	130	51	62
	51112	60	110	35	62		51213	65	140	56	68
	51113	65	115	36	67		51214	70	150	60	73
	51114	70	125	40	72		51215	75	160	65	78
	51115	75	135	44	77		51216	80	170	68	83
	51116	80	140	44	82		51217	85	180	72	88
	51117	85	150	49	88		51218	90	190	77	93
	51118	90	155	50	93		51220	100	210	85	103
	51120	100	170	55	103		51222	110	230	95	113

附录E　极限与配合

附表 E-1　基准制的选择依据

基准制	选择依据
基孔制	在一般情况下优先选用，因为： 1．加工精确孔所需要的劳动量比加工同样精确的轴的劳动量要多，且改变轴径在制造上的困难比改变孔径要小 2．可以节省一些价格昂贵的加工孔的刀具，如扩孔钻、铰刀、拉刀等 3．采用现成的零部件有规定要求，如与滚动轴承内圈的配合
基轴制	1．可采用冷拉光轴，不再进行机械加工 2．在同一公称尺寸的光轴上可装有不同要求的零件 3．采用现成的零部件有规定要求，如与滚动轴承外圈的配合

附表 E-2　基孔制优先、常用配合

基准孔	轴																				
	a	b	c	d	e	f	g	h	js	k	m	n	p	r	s	t	u	v	x	y	z
	间隙配合								过渡配合				过盈配合								
H6						H6/f5	H6/g5	H6/h5	H6/js5	H6/k5	H6/m5	H6/n5	H6/p5	H6/r5	H6/s5	H6/t5					
H7						H7/f6	▼ H7/g6	▼ H7/h6	H7/js6	▼ H7/k6	H7/m6	▼ H7/n6	▼ H7/p6	H7/r6	▼ H7/s6	H7/t6	▼ H7/u6	H7/v6	H7/x6	H7/y6	H7/z6
H8					H8/e7	▼ H8/f7	H8/g7	▼ H8/g7	H8/js7	H8/k7	H8/m7	H8/n7	H8/p7	H8/r7	H8/s7	H8/t7	H8/u7				
				H8/d8	H8/e8	H8/f8		H8/h8													
H9			H9/c9	▼ H9/d9	H9/e9	H9/f9		▼ H9/h9													
H10			H10/c10	H10/d10				H10/h10													
H11	H11/a11	H11/b11	▼ H11/c11	H11/d11				▼ H11/h11													
H12		H12/b12						H12/h12													

注：1．标注▼的配合为优先配合。

2．$\frac{\mathrm{H6}}{\mathrm{n5}}$、$\frac{\mathrm{H7}}{\mathrm{p6}}$ 在公称尺寸≤3mm 和 $\frac{\mathrm{H8}}{\mathrm{r7}}$ 在公称尺寸≤100mm 时，为过渡配合。

附表 E-3　基轴制优先、常用配合

基准轴	孔																				
	A	B	C	D	E	F	G	H	Js	K	M	N	P	R	S	T	U	V	X	Y	Z
	间隙配合								过渡配合				过盈配合								
h5						F6/h5	G6/h5	H6/h5	Js6/h5	k6/h5	M6/h5	N6/h5	P6/h5	R6/h5	S6/h5	T6/h5					
h6						F7/h6	▼ G7/h6	▼ H7/h6	Js7/h6	▼ K7/h6	M7/h6	N7/h6	P7/h6	▼ R7/h6	▼ S7/h6	T7/h6	▼ U7/h6				
h7					E8/h7	▼ F8/h7		▼ H8/h7	Js8/h7	K8/h7	M8/h7	N8/h7									
h8				D8/h8	E8/h8	F8/h8		H8/h8													
h9				▼ D9/h9	E9/h9	F9/h9		▼ H9/h9													
h10				D10/h10				H10/h10													

续表

基准轴	孔																				
	A	B	C	D	E	F	G	H	Js	K	M	N	P	R	S	T	U	V	X	Y	Z
	间隙配合								过渡配合				过盈配合								
h11	A11/h11	B11/h11	▼ C11/h11	D11/h11				▼ H11/h11													
h12		B12/h12						H12/h12													

注：标注▼的配合为优先配合。

附表 E-4 优先配合特性及应用举例

基孔制	基轴制	优先配合特性及应用举例
H11/c11	C11/h11	间隙非常大，用于很松的、转动很慢的动配合；要求大公差与大间隙的外露组件；要求装配方便、很松的配合
H9/d9	D9/h9	间隙很大的自由转动配合，用于精度要求非常高时，或有大的温度变动、高转速或大的轴颈压力时
H8/f7	F8/h7	间隙不大的转动配合，用于中等转速与中等轴压力的精确转动，也用于装配较易的中等定位配合
H7/g6	G7/h6	间隙很小的滑动配合，用于不希望自由转动，但可自由移动和滑动并精密定位时，也可用于要求明确的定位配合
H7/h6 H8/h7 H9/h9 H11/h11	H7/h6 H8/h7 H9/h9 H11/h11	均为间隙定位配合，零件可自由装拆，而工作时一般相对静止不动。在最大实体条件下的间隙为零，在最小实体条件下的间隙由公差等级决定
H7/k6	K7/h6	过渡配合，用于精密定位
H7/h6	N7/h6	过渡配合，允许有较大过盈的更精密定位
H7*/p6	P7/h6	过渡定位配合，即小过盈配合，用于定位精密特别重要时，能以最好的定位精度达到部件的刚性及对中性要求，而对内孔承受压力无特殊要求，不依配合的紧固性传递摩擦载荷
H7/s6	S7/h6	中等压入配合，适用于一般钢件或用于薄壁件的冷缩配合
H7/u6	U7/h6	压入配合，适用于可以承受大压入力的零件或不宜承受大压入力的冷缩配合

* 小于或等于 3mm 为过渡配合。

附表 E-5 优先及常用配合轴的极限偏差表

代号		a	b	c	d	e	f	g	h						
公称尺寸/mm		公差													
大于	至	11	11	*11	*9	8	*7	*6	5	*6	*7	8	*9	10
—	3	−270 −330	−140 −200	−60 −120	−20 −45	−14 −28	−6 −16	−2 −8	0 −4	0 −6	0 −10	0 −14	0 −25	0 −40
3	6	−270 −345	−140 −215	−70 −145	−30 −60	−20 −38	−10 −22	−4 −12	0 −5	0 −8	0 −12	0 −18	0 −30	0 −48

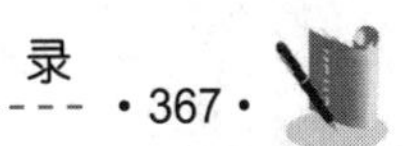

续表

代号		a	b	c	d	e	f	g	h						
公称尺寸/mm		公差												
大于	至	11	11	*11	*9	8	*7	*6	5	*6	*7	8	*9	10
6	10	-280 -370	-150 -240	-80 -170	-40 -76	-25 -47	-13 -28	-5 -14	0 -6	0 -9	0 -15	0 -22	0 -36	0 -58
10	14	-290 -400	-50 -260	-95 -205	-50 -93	-32 -59	-16 -134	-6 -17	0 -8	0 -11	0 -18	0 -27	0 -43	0 -70
14	18													
18	24	-300 -430	-160 -290	-110 -240	-65 -117	-40 -73	-20 -41	-7 -20	0 -9	0 -13	0 -21	0 -33	0 -52	0 -84
24	30													
30	40	-310 -470	-170 -330	-120 -280	-80 -142	-50 -89	-25 -50	-9 -25	0 -11	0 -16	0 -25	0 -39	0 -62	0 -100
40	50	-320 -480	-180 -340	-130 -290										
50	65	-340 -530	-190 -380	-140 -330	-100 -174	-60 -106	-30 -60	-10 -29	0 -13	0 -19	0 -30	0 -46	0 -74	0 -120
65	80	-360 -550	-200 -390	-150 -340										
80	100	-380 -600	-220 -440	-170 -390	-120 -207	-72 -126	-36 -71	-12 -34	0 -15	0 -22	0 -35	0 -54	0 -87	0 -140
100	120	-410 -630	-240 -460	-180 -400										
120	140	-460 -710	-260 -510	-200 -450	-145 -245	-85 -148	-43 -83	-14 -39	0 -18	0 -25	0 -40	0 -63	0 -100	0 -160
140	160	-520 -770	-280 -530	-210 -460										
160	180	-580 -830	-310 -560	-230 -480										
180	200	-660 -950	-340 -630	-240 -530	-170 -285	-100 -172	-50 -96	-15 -44	0 -20	0 -29	0 -46	0 -72	0 -115	0 -185
200	225	-740 -1030	-380 -670	-260 -550										
225	250	-820 -1110	-420 -710	-280 -570										
250	280	-920 -1240	-480 -800	-300 -620	-190 -320	-110 -191	-56 -108	-17 -49	0 -23	0 -32	0 -52	0 -81	0 -130	0 -210
280	315	-1050 -1370	-540 -860	-330 -650										
315	355	-1200 -1560	-600 -960	-360 -720	-210 -350	-125 -214	-62 -119	-18 -54	0 -25	0 -36	0 -57	0 -89	0 -140	0 -230
355	400	-1350 -1710	-680 -1040	-400 -760										
400	450	-1500 -1900	-760 -1160	-440 -840	-230 -385	-135 -232	-68 -131	-20 -60	0 -27	0 -40	0 -63	0 -97	0 -155	0 -250
450	500	-1650 -2050	-840 -1240	-480 -880										

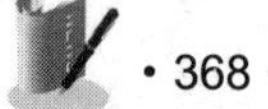

续表

h		js	k	m	n	p	r	s	t	u	v	x	y	z
等级														
*11	12	6	*6	6	*6	*6	6	*6	6	*6	6	6	6	6
0 -60	0 -100	±3	+6 0	+8 +2	+10 +4	+12 +6	+16 +10	+20 +14	—	+24 +18	—	+26 +20	—	+32 +26
0 -75	0 -120	±4	+9 +1	+12 +4	+16 +8	+20 +12	+23 +15	+27 +19	—	+31 +23	—	+36 +28	—	+42 +35
0 +90	0 -150	±4.5	+10 +1	+15 +6	+19 +10	+24 +15	+28 +19	+32 +23	—	+37 +28	—	+43 +34	—	+51 +42
0 -110	0 -180	±5.5	+12 +1	+18 +7	+23 +12	+29 +18	+34 +23	+39 +28	—	+44 +33	—	+51 +40	—	+61 +50
									—		+50 +39	+56 +45	—	+71 +60
0 -130	0 -210	±6.5	+15 +2	+21 +8	+28 +15	+35 +22	+41 +28	+48 +35	—	+54 +41	+60 +47	+67 +54	+76 +63	+86 +73
									+54 +11	+61 +48	+68 +55	+77 +64	+88 +75	+101 +88
0 -160	0 -250	±8	+18 +2	+25 +9	+33 +17	+42 +26	+50 +34	+59 +43	+64 +48	+76 +60	+84 +68	+96 +80	+110 +94	+128 +112
									+70 +54	+86 +70	+97 +81	+113 +97	+130 +114	+152 +136
0 -190	0 -300	±9.5	+21 +2	+30 +11	+39 +20	+51 +32	+60 +40	+72 +53	+85 +66	+106 +87	+121 +102	+141 +122	+163 +144	+191 +172
							+62 +43	+78 +59	+94 +75	+121 +102	+139 +120	+165 +146	+193 +174	+229 +210
0 -220	0 -350	±11	+25 +3	+35 +13	+45 +23	+59 +37	+73 +51	+93 +71	+113 +91	+146 +124	+168 +146	+200 +178	+236 +214	+280 +258
							+76 +54	+101 +79	+126 +104	+166 +144	+194 +172	+232 +210	+276 +254	+332 +310
0 -250	0 -400	±12.5	+28 +3	+40 +15	+52 +27	+68 +43	+88 +63	+117 +92	+147 +122	+195 +170	+227 +202	+273 +248	+325 +300	+390 +365
							+90 +65	+125 +100	+159 +134	+215 +190	+253 +228	+305 +280	+365 +340	+440 +415
							+93 +68	+133 +108	+171 +146	+235 +228	+277 +252	+335 +310	+405 +380	+490 +465
0 -290	0 -460	±14.5	+33 +4	+46 +17	+60 +31	+79 +50	+106 +77	+151 +122	+195 +166	+265 +236	+313 +284	+379 +350	+454 +425	+549 +520
							+109 +80	+159 +130	+209 +180	+287 +258	+339 +310	+414 +385	+499 +470	+604 +575
							+113 +84	+169 +140	+225 +196	+313 +284	+369 +340	+454 +425	+549 +520	+669 +640
0 -320	0 -520	±16	+36 +4	+52 +20	+66 +34	+88 +56	+126 +94	+190 +158	+250 +218	+347 +315	+417 +385	+507 +475	+612 +580	+742 +710
							+130 +98	+202 +170	+272 +240	+382 +350	+457 +425	+557 +525	+682 +650	+822 +790
0 -360	0 -570	±18	+40 +4	+57 +21	+73 +37	+98 +62	+114 +108	+226 +190	+304 +268	+426 +390	+511 +475	+626 +590	+766 +730	+936 +900
							+150 +114	+244 +208	+330 +294	+471 +435	+566 +530	+696 +660	+856 +820	+1036 +1000
0 -400	0 -630	±20	+45 +5	+63 +23	+80 +40	+108 +68	+166 +126	+272 +232	+370 +330	+530 +490	+635 +595	+780 +740	+960 +920	+1140 +1100
							+172 +132	+292 +252	+400 +360	+580 +540	+700 +660	+860 +820	+1040 +1000	+1290 +1250

注：带“*”者为优先选用。

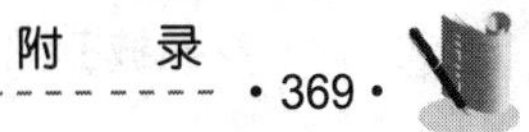

附表 E-6　优先及常用配合孔的极限偏差表

代号		A	B	C	D	E	F	G	H					
公称尺寸/mm		公差												
大于	至	11	11	*11	*9	8	*8	*7	6	*7	*8	*9	10	*11
	3	+330 +270	+200 +140	+120 +60	+45 +20	+28 +14	+20 +6	+12 +2	+6 0	+10 0	+14 0	+25 0	+40 0	+60 0
3	6	+345 +270	+215 +140	+145 +70	+60 +30	+38 +20	+28 +10	+16 +4	+8 0	+12 0	+18 0	+30 0	+48 0	+75 0
6	10	+370 +280	+240 +150	+170 +80	+76 +40	+47 +25	+35 +13	+20 +5	+9 0	+15 0	+22 0	+36 0	+58 0	+90 0
10	14	+400 +290	+260 +150	+205 +95	+93 +50	+59 +32	+43 +16	+24 +6	+11 0	+18 0	+27 0	+43 0	+70 0	+110 0
14	18													
18	24	+430 +300	+290 +160	+240 +110	+117 +65	+73 +40	+53 +20	+28 +7	+13 0	+21 0	+33 0	+52 0	+84 0	+130 0
24	30													
30	40	+470 +310	+330 +170	+280 +120	+142 +80	+89 +50	+64 +25	+34 +9	+16 0	+25 0	+39 0	+62 0	+100 0	+160 0
40	50	+480 +320	+340 +180	+290 +130										
50	65	+530 +340	+380 +190	+330 +140	+174 +100	+106 +60	+76 +30	+40 +10	+19 0	+30 0	+46 0	+74 0	+120 0	+190 0
65	80	+550 +360	+390 +200	+340 +150										
80	100	+600 +380	+440 +220	+390 +170	+207 +120	+125 +72	+90 +36	+47 +12	+22 0	+35 0	+54 0	+87 0	+140 0	+220 0
100	120	+630 +410	+460 +240	+400 +180										
120	140	+710 +460	+510 +260	+450 +200	+245 +145	+148 +85	+106 +43	+54 +14	+25 0	+40 0	+63 0	+100 0	+160 0	+250 0
140	160	+770 +520	+530 +280	+460 +210										
160	180	+830 +580	+560 +310	+480 +230										
180	200	+950 +660	+630 +340	+530 +240	+285 +170	+172 +100	+122 +50	+61 +15	+29 0	+46 0	+72 0	+115 0	+185 0	+290 0
200	225	+1030 +740	+670 +380	+550 +260										
225	250	+1110 +820	+710 +420	+570 +280										
250	280	+1240 +920	+800 +480	+620 +300	+320 +190	+191 +110	+137 +56	+69 +17	+32 0	+52 0	+81 0	+130 0	+210 0	+320 0
280	315	+1370 +1050	+860 +540	+650 +330										
315	355	+1560 +1200	+960 +600	+720 +360	+350 +210	+214 +125	+151 +62	+75 +18	+36 0	+57 0	+89 0	+140 0	+230 0	+360 0
355	400	+1710 +1350	+1040 +680	+760 +400										
400	450	+1900 +1500	+1160 +760	+840 +440	+385 +230	+232 +135	+165 +68	+83 +20	+40 0	+63 0	+97 0	+155 0	+250 0	+400 0
450	500	+2050 +1650	+1240 +840	+880 +480										

续表

H	JS		K			M	N		P		R	S	T	U
等级														
12	6	7	6	*7	8	7	6	*7	6	*7	7	*7	7	*7
+100 0	± 3	± 5	0 −6	0 −10	0 −14	−2 −12	−4 −10	−4 −14	−6 −12	−6 −16	−10 −20	−14 −24	—	−18 −28
+120 0	± 4	± 6	+2 −6	+3 −9	+5 −13	0 −12	−5 −13	−4 −16	−9 −17	−8 −20	−11 −23	−15 −27	—	−19 −31
+150 0	± 4.5	± 7	+2 −7	+5 −10	+6 −16	0 −15	−7 −16	−4 −19	−12 −21	−9 −24	−13 −28	−17 −32	—	−22 −37
+180 0	± 5.5	± 9	+2 −9	+6 −12	+8 −19	0 −18	−9 −20	−5 −23	−15 −26	−11 −29	−16 −34	−21 −39	—	−26 −44
+210 0	± 6.5	± 10	+2 −11	+6 −15	+10 −23	0 −21	−11 −24	−7 −28	−18 −31	−14 −35	−20 −41	−27 −48	—	−33 −54
													−33 −54	−40 −61
+250 0	± 8	± 12	+3 −13	+7 −18	+12 −27	0 −25	−12 −28	−8 −33	−21 −37	−17 −42	−25 −50	−34 −59	−39 −64	−51 −76
													−45 −70	−61 −86
+300 0	± 9.5	± 15	+4 −15	+9 −21	+14 −32	0 −30	−14 −33	−9 −39	−26 −45	−21 −51	−30 −60	−42 −72	−55 −85	−76 −106
											−32 −62	−48 −78	−65 −94	−91 −121
+350 0	± 11	± 17	+4 −18	+10 −25	+16 −38	0 −35	−16 −38	−10 −45	−30 −52	−24 −59	−38 −73	−58 −93	−78 −113	−111 −146
											−41 −76	−66 −101	−91 −126	−131 −166
+400 0	± 12.5	± 20	+4 −21	+12 −28	+20 −43	0 −40	−20 −45	−12 −52	−36 −61	−28 −68	−48 −88	−77 −117	−107 −147	−155 −195
											−50 −90	−85 −125	−119 −159	−175 −215
											−53 −93	−93 −133	−131 −171	−195 −235
+460 0	± 14.5	± 23	+5 −24	+13 −33	+22 −50	0 −46	−22 −51	−14 −60	−41 −70	−33 −79	−60 −106	−105 −151	−149 −195	−219 −265
											−63 −109	−113 −159	−163 −209	−241 −287
											−67 −113	−123 −169	−179 −225	−267 −313
+520 0	± 16	± 26	+5 −27	+16 −36	+25 −56	0 −52	−25 −57	−14 −66	−47 −79	−36 −88	−74 −126	−138 −190	−198 −250	−295 −347
											−78 −130	−150 −202	−220 −272	−330 −382
+570 0	± 18	± 28	+7 −29	+17 −40	+28 −61	0 −57	−26 −62	−16 −73	−51 −87	−41 −98	−87 −144	−169 −226	−247 −304	−369 −426
											−93 −150	−187 −244	−273 −330	−414 −471
+630 0	± 20	± 31	+8 −32	+18 −45	+29 −68	0 −63	−27 −67	−17 −80	−55 −95	−45 −108	−103 −166	−209 −272	−307 −370	−467 −530
											−109 −172	−229 −292	−337 −400	−517 −580

附录F 表面粗糙度及其应用

附表 F-1 表面粗糙度数值应用举例

Ra 值/μm	表面形状特征	加工方法	应用举例
50	明显可见刀痕	粗车、镗、刨、钻	粗加工的表面，如粗车、粗刨、切断等表面，用粗锉刀和粗砂轮等加工的表面一般很少采用
25			粗加工后的表面、一般非结合的加工面均用此级粗糙度，如焊接前的焊缝、粗钻孔壁等
12.5	微见刀痕	粗车、刨、铣、钻	半精加工表面、不重要零件的非配合表面，如轴的端面、倒角、平键及键槽的上下面、齿轮及皮带轮的侧面等
6.3	可见加工痕迹	车、镗、刨、铣、钻、锉、磨、粗铰、铣齿	半精加工表面和其他零件连接的非配合表面，如支柱、支架、外壳、衬套、轴、盖等的端面。紧固件的自由表面，紧固件通孔的表面，内、外花键的非定心表面，不作为计量基准的齿轮顶圆表面等
3.2	微见加工痕迹	车、镗、刨、铣、刮 1～2 点/平方厘米、拉、磨、锉、滚齿、铣齿	和其他零件连接面不形成配合的表面，如箱体、外壳、端盖等零件的端面；要求有定心及配合特性的固定支承面，如定心的轴肩，键和键槽的工作表面；不重要的紧固螺纹的表面；需要滚花或氧化处理的表面等
1.6	看不见加工痕迹	车、镗、刨、铣、铰、拉、磨、滚压、刮 1～2 点/cm^2、铣齿	安装直径超过 80mm 的 G 级轴承和外壳孔，普通精度齿轮的齿面，定位销孔，三角带轮的表面，外径定心的内花键外径，轴承盖的定中心凸肩表面等
0.8	可辨加工痕迹的方向	车、镗、铣、拉、磨、滚压、刮 3～10 点/cm^2	要求保证定心及配合特性的表面，如锥销与圆柱销的表面，与 G 级滚动轴承相配合的轴颈和外壳孔，中速转动的轴颈，直径超过 80mm 的 E 级和 D 级轴承配合的轴颈及外壳孔，内、外花键的定心内径，外花键键侧及定心外径，过盈配合 IT7 级的孔（H7），间隙配合 IT8～IT9 级的孔（H8、H9），磨削的轮齿表面等
0.4	微辨加工痕迹的方向	镗、铣、铰、拉、磨、滚压、刮 3～10 点/cm^2	要求长期保持配合性质稳定的配合表面，IT7 级的轴、孔配合表面，精度较高的轮齿表面，受变应力作用的重要零件，与直径小于 80mm 的 E 级和 D 级轴承配合的轴颈表面，与橡胶密封件接触的轴表面，尺寸大于 120mm 的 IT13～IT16 级孔和轴用量规的测量表面
0.2	不可辨加工痕迹的方向	布轮磨、磨、研磨、超级加工	工作时受变应力作用的重要零件的表面；保证零件的疲劳强度、防腐性和耐久性，并在工作时不破坏配合性质的表面，如轴颈表面、要求气密的表面、支承表面和圆锥定心表面等；IT5、IT6 级配合表面，高精度齿轮的齿面，与 C 级滚动轴承配合的轴颈表面，尺寸大于 315mm 的 IT7～IT9 级孔和轴用量规，尺寸大于 120～315mm 的 IT10～IT12 级孔和轴用量规的测量表面等
0.1	暗光泽面		工作时承受较大变应力作用的重要零件的表面，保证精确定心的锥体表面，液压传动用的孔表面，汽缸套的内表面，活塞销的外表面，仪器导轨面，阀的工作面，尺寸小于 120mm 的 IT10～IT12 级孔和轴用量规测量表面等
0.05	亮光泽面	超级加工	保证高度气密性的结合表面，如活塞、柱塞和汽缸内表面。摩擦离合器的摩擦表面，对同轴度有精确要求的轴和孔，滚动导轨中钢球或滚子和高速摩擦的工作表面等
0.025	镜状光泽面		高压柱塞泵柱塞和柱塞套的配合表面，中等精度仪器零件配合表面，尺寸小于 120mm 的 IT6 级孔用量规及小于 120mm 的 IT7～IT9 级轴和孔用量规测量表面等
0.012	雾状镜面		仪器的测量表面和配合表面，尺寸超过 100mm 的块规工作面
0.008			块规的工作表面，高精度测量仪器的测量面，高精度仪器摩擦机构的支承表面

附录 G　零件倒角与倒圆

附表 G-1　零件倒圆与倒角尺寸（GB/T 6403.4—2008）

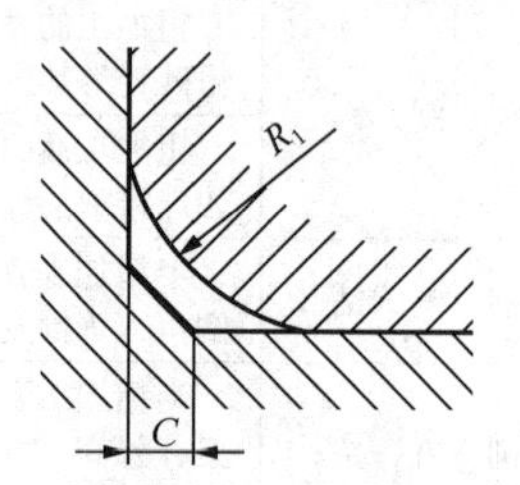

内角倒角，外角倒圆图

与直径 Φ 相应的倒角 C、倒圆 R 的推荐值　　　单位：mm

Φ	>3～6	>6～10	>10～18	>18～30	>30～50	>50～80	>80～120	>120～180	>180～250
C 或 R	0.4	0.6	8.0	1.0	1.6	2.0	2.5	3.0	4.0

Φ	>250～320	>320～400	>400～500	>500～630	>630～800	>800～1000	>1000～1250	>1250～1600
C 或 R	5.0	6.0	8.0	10	12	16	20	25

附表 G-2　砂轮越程槽（摘自 6403.5－2008）

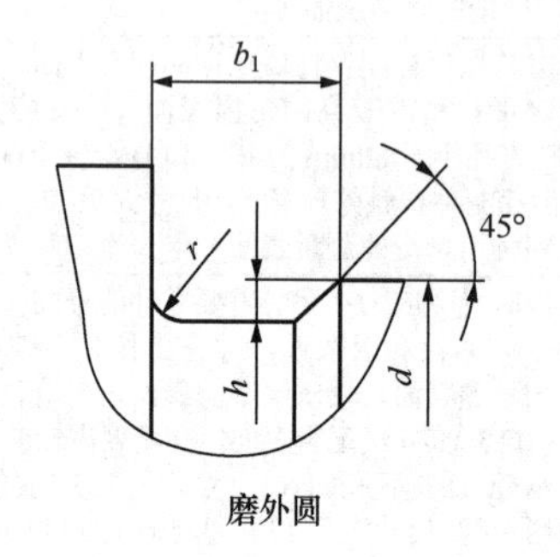

磨外圆

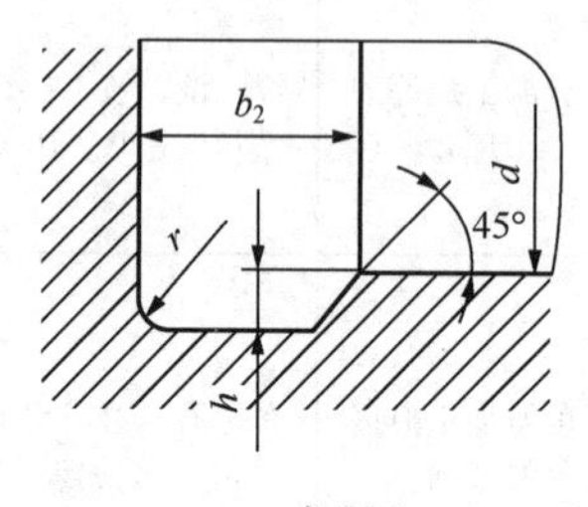

磨内圆

回转面及端面砂轮越程槽的尺寸　　　单位：mm

d	～10			10～50		50～100		100	
b_1	0.6	1.0	1.6	2.0	3.0	4.0	5.0	8.0	10
b_2	2.0	3.0		4.0		5.0		8.0	10
h	0.1	0.2		0.3	0.4		0.6	0.8	1.2
r	0.2	0.5		0.8	1.0		1.6	2.0	3.0

注：1．越程槽内与直线相交处，不统许产生尖角。

2．越程槽深度 h 与圆弧半径 r，要满足 $r \leqslant 3h$。

附录 H　常用钢铁材料

附表 H-1　常用钢铁材料的牌号

牌号	统一数字代号	使用举例	说明
灰铸铁件（摘自 GB/T 9439—2010）、一般工程用铸造碳钢件（摘自 GB/T 11352—2009）			
HT150 HT200 HT350		中强度铸铁：底座、刀架、轴承座、端盖 高强度铸铁：床身、机座、齿轮、凸轮、联轴器、机座、箱体、支架	“HT”表示灰铸铁，后面的数字表示最小抗拉强度值（MPa）
ZG230-450 ZG310-570		各种形状的机件、齿轮、飞轮、重负荷机架	“ZG”表示铸钢，第一组数字表示屈服强度（MPa）最低值，第二组数字表示抗拉强度最低值（MPa）
碳素结构钢（摘自 GB/T 700—2006）、优质碳素结构钢（摘自 GB/T 699—2015）			
Q195 Q215 Q235 Q275	U11952 U121529（A） U12352（A） U12752（A）	受力不大的螺钉、轴、凸轮、焊件等 螺栓、螺母、拉杆、钩、连杆、轴、焊件 金属构造物中的一般机件、拉杆、轴、焊件 重要的螺钉、拉杆、钩、连杆、轴、销、齿轮	“Q”表示钢的屈服强度，数字为屈服强度数值（MPa），同一牌号下分质量等级，用 A、B、C、D 表示
30 35 40 45 65Mn	U20302 U20352 U20402 U20452 U21652	曲轴、轴销、连杆、横梁 曲轴、摇杆、拉杆、键、销、螺栓 齿轮、齿条、凸轮、曲柄轴、链轮 齿轮轴、联轴器、衬套、活塞销、链轮 大尺寸的各种扁、圆弹簧、如座板簧/弹簧发条	牌号数字表示钢中平均含碳量的万分数，例如，“45”表示平均含碳量为 0.45%，数字依次增大，表示抗拉强度、硬度依次增加，延伸率依次降低。当含锰量在 0.7%～1.2%需要注出“Mn”
合金结构钢（摘自 GB/T 3077—2015）			
15Cr 40Cr 20CrMnTi	A20152 A20402 A26202	用于渗碳零件、齿轮、小轴、活塞销和凸轮。用于心部韧性较高的渗碳零件 工艺性好，汽车拖拉机的重要齿轮，供渗碳处理	符号前数字表示含碳量的质量分数，符号后数字表示元素含量的百分数，当含量小于 1.5%时，不注数字

附录 I　金属材料的常用热处理和表面处理

附表 I-1　金属材料的常用热处理和表面处理（GB/T 7232—2012 和 JB/T 8555—2008）

名称	有效硬化层深度和硬度标注举例	说明	目的
退火	退火（163～197）HBW 或退火	加热、保温、缓慢冷却	用来消除铸、锻、焊零件的内应力，降低硬度，以利切削加工，细化晶粒，改善组织，增加韧性
正火	正火（170～217）HBW 或正火	加热、保温、空气冷却	用于处理低碳钢、中碳钢、结构钢及渗碳零件，细化晶粒，增加强度与韧性，减少内应力，改善切削性能
淬火	淬火（42～47）HRC	加热、保温、急冷 工作加热奥氏体化后以适当方式冷却获得马氏体或（和）贝氏体的热处理工艺	提高机件强度及耐磨性。但淬火后引起内应力，使钢变脆，所以淬火后必须回火

续表

名称	有效硬化层深度和硬度标注举例	说明	目的
回火	回火	回火是将淬硬的钢件加热到临界点（Ac_1）以下的某一温度，保温一段时间，然后冷却到室温	用来消除淬火后的脆性和内应力，提高钢的塑性和冲击韧性
调质	调质（200～230）HBW	淬火、高温回火	提高韧性及强度、重要的齿轮轴及丝杠等零件需要调质
感应淬火	感应淬火 DS=0.8～1.6（48～52）HRC	用感应电流将零件表面加热、急速冷却	提高机件表面的硬度及耐磨性，而心部保持一定的韧性，使零件既耐磨又能承受冲击，常用来处理齿轮
渗碳淬火	渗碳淬火 DC=0.8～1.2（58～63）HRC	将零件在渗碳介质中加热、保温、使碳原子渗入钢的表面后，再淬火、回火、渗碳深度（0.8～1.2）mm	提高机件表面的硬度、耐磨性、抗拉强度等适用于低碳、中碳（C<0.40%）结构钢的中小型零件
渗氮	渗氮 DN=0.25～0.4 ≥850HV	将零件放入氨气内加热，使氮原子渗入钢表面。氮化层（0.25～0.4）mm，氮化时间（40～50）h	提高机件的表面硬度、耐磨性、疲劳强度和抗蚀能力。适用于合金钢、碳钢、铸铁件，如机床主轴、丝杠、重要液压元件中的零件
碳氮共渗淬火	碳氮共渗淬火 DC=0.5～0.8（58～63）HRC	钢件在含碳氮的介质中加热，使碳、氮原子同时渗入钢表面。可得到（0.5～0.8）mm 硬化层	提高表面硬度、耐磨性、疲劳强度和耐蚀性，用于要求硬度高、耐磨的中小型、薄片零件及刀具等
时效	自然时效 人工时效	机件精加工前，加热到（100～150）℃后，保温（5～20）h，空气冷却，铸件也可自然时效（露天放一年以上）	消除内应力，稳定机件形状和尺寸，常用于处理精密机件，如精密轴承、精密丝杠等
发蓝、发黑	—	将零件置于氧化剂内加热氧化、使表面形成一层氧化铁保护膜	防腐蚀、美化，如用于螺纹紧固件
镀镍	—	用电解方法，在钢件表面镀一层镍	防腐蚀、美化
镀铬	—	用电解方法，在钢件表面镀一层铬	提高表面硬度、耐磨性和耐蚀能力，也用于修复零件上磨损了的表面
硬度	HBW（布氏硬度见 GB/T 231.1—2018） HRC（洛氏硬度见 GB/T 230—2018） HV（维氏硬度见 GB/T 4340.1—2009）	材料抵抗硬物压入其表面的能力 依测定方法不同而有布氏、洛氏、维氏等几种	检验材料经热处理后的力学性能 —硬度 HBS 用于退火、正火、调制的零件及铸件 —HRC 用于经淬火、回火及表面渗碳、渗氮等处理的零件 —HV 用于薄层硬化零件

参 考 文 献

符春生，张克义，2010．机械制图[M]．北京：北京航空航天大学出版社．

何铭新，钱可强，2005．机械制图[M]．北京：高等教育出版社．

祁红志，2007．机械制图[M]．北京：化学工业出版社．

熊建强，李汉平，涂筱艳，2010．机械制图[M]．北京：北京理工大学出版社．

叶琳，2007．工程图学基础教程[M]．北京：机械工业出版社．

张黎骅，鲍安红，2011．土建工程制图[M]．北京：北京大学出版社．

张黎骅，端木光明，2008．机械制图[M]．北京：人民邮电出版社．

张淑娟，全腊珍，2007．画法几何与机械制图[M]．北京：中国农业出版社．

朱冬梅，胥北澜，何建英，2008．画法几何与机械制图[M]．北京：高等教育出版社．